国家出版基金项目
NATIONAL PUBLICATION FOUNDATION

现代农业高新技术成果丛书

花生生物活性物质概论

Conspectus of Peanut Bioactive Compounds

王 强 主编

中国农业大学出版社
·北京·

内 容 简 介

《花生生物活性物质概论》一书针对我国花生加工产业与科技发展存在的主要问题，系统全面地介绍花生生物活性物质研究的与开发应用情况，旨在为加强我国花生资源的深度开发、促进产业升级、提高花生产业国际竞争力提供技术支撑。本书是在作者多年花生加工研究的基础上，依据课题组一名博士后、四名博士生、八名硕士生毕业论文撰写的，全书分为七章，主要内容包括花生营养与生物活性物质（蛋白质、油脂、碳水化合物、维生素、无机盐、活性短肽、功能性磷脂、活性多糖、酚类物质等）相关领域的研究方向、重点和趋势，活性物质的来源与分布、化学组成与理化性质、生物活性与功能评价，以及分析检测技术、制备技术与工艺、开发与应用前景等。

本书可供农产品加工职能部门的管理人员、科研院所及高等院校相关专业的师生，以及从事花生加工产业的企业家、技术人员阅读参考。

图书在版编目（CIP）数据

花生生物活性物质概论/王强主编．—北京：中国农业大学出版社，2012.12
ISBN 978-7-5655-0638-3

Ⅰ.①花…　Ⅱ.①王…　Ⅲ.①花生-生物活性-物质-研究　Ⅳ.①S565.-201

中国版本图书馆 CIP 数据核字（2012）第 285332 号

书　名　花生生物活性物质概论
作　者　王　强　主编

责任编辑　姚慧敏　康昊婷　　**责任校对**　王晓凤　陈　莹
封面设计　郑　川
出版发行　中国农业大学出版社
社　址　北京市海淀区圆明园西路 2 号　　**邮政编码**　100193
电　话　发行部 010-818525，2618　　读者服务部　010-26732336
编辑部 010-62732627，2618　　出 版 部　010-62733440
网　址　http://www.cau.edu.cn/caup　　**E-mail** cbsszs@cau.edu.en
经　销　新华书店
印　刷　涿州市星河印刷有限公司
版　次　2012 年 12 月第 1 版　2012 年 12 月第 1 次印刷
规　格　787×1092　16 开　28.5 印张　710 千字
定　价　118.00 元

现代农业高新技术成果丛书
编审指导委员会

《花生生物活性物质概论》
编 委 会

主　　编　王　强

副 主 编　刘红芝　王　丽　赵冠里　刘　丽

参编人员　（以姓氏笔画为序）

马铁铮　王春艳　刘媛媛　朱　捷　李　宁　许振国
张宇昊　张建书　吴海文　何轩辉　杜　寅　沈敏江
陈琼玲　林伟静　钟　葵　封小龙　姜　楠　胡　晖
段玉权　高　洁

出版说明

瞄准世界农业科技前沿，围绕我国农业发展需求，努力突破关键核心技术，提升我国农业科研实力，加快现代农业发展，是胡锦涛总书记在2009年五四青年节视察中国农业大学时向广大农业科技工作者提出的要求。党和国家一贯高度重视农业领域科技创新和基础理论研究，特别是863计划和973计划实施以来，农业科技投入大幅增长。国家科技支撑计划、863计划和973计划等主体科技计划向农业领域倾斜，极大地促进了农业科技创新发展和现代农业科技进步。

中国农业大学出版社以973计划、863计划和科技支撑计划中农业领域重大研究项目成果为主体，以服务我国农业产业提升的重大需求为目标，在“国家重大出版工程”项目基础上，筛选确定了农业生物技术、良种培育、丰产栽培、疫病防治、防灾减灾、农业资源利用和农业信息化等领域50个重大科技创新成果，作为“现代农业高新技术成果丛书”项目申报了2009年度国家出版基金项目，经国家出版基金管理委员会审批立项。

国家出版基金是我国继自然科学基金、哲学社会科学基金之后设立的第三大基金项目。国家出版基金由国家设立、国家主导，资助体现国家意志、传承中华文明、促进文化繁荣、提高文化软实力的国家级重大项目；受助项目应能够发挥示范引导作用，为国家、为当代、为子孙后代创造先进文化；受助项目应能够成为站在时代前沿、弘扬民族文化、体现国家水准、传之久远的国家级精品力作。

为确保“现代农业高新技术成果丛书”编写出版质量，在教育部、农业部和中国农业大学的指导和支持下，成立了以石元春院士为主任的编审指导委员会；出版社成立了以社长为组长的项目协调组并专门设立了项目运行管理办公室。

“现代农业高新技术成果丛书”始于“十一五”，跨入“十二五”，是中国农业大学出版社“十二五”开局的献礼之作，她的立项和出版标志着我社学术出版进入了一个新的高度，各项工作迈上了新的台阶。出版社将以此为新的起点，为我国现代农业的发展，为出版文化事业的繁荣做出新的更大贡献。

中国农业大学出版社

2010年12月

序

花生是我国具有资源禀赋的油料作物，2010 年种植面积 6 825 万亩，居世界第二位，年产量 1 570 万 t，居世界首位。我国花生种植区域广阔，除西藏、青海以外的省区都有种植，农民种植 1 亩花生所获得收入约是大豆的 5 倍、油菜籽的 12 倍，每年全国农民花生种植收入约 148.45 亿元。我国是世界最大的花生出口国，2007 年我国带壳花生贸易总量 8.83 万 t，占世界总贸易量的 46.97%，居世界首位。花生已经成为农民增收致富的重要经济来源，是我国为数不多的具有国际竞争力的优势出口农产品之一。

花生含有 50%左右的脂肪、24%～36%的蛋白质和 10%～23%的碳水化合物，除此之外还含有维生素、酚类物质、植物甾醇、活性多糖、磷脂、膳食纤维等生物活性成分。目前我国花生加工主要是榨油和饼粕利用，而对花生中功能性活性成分的研发才刚刚起步。与发达国家相比，不管是在功能成分的分析检测、提取制备、功能性评价等研究方面，还是在高附加值产品的开发与产业化应用方面均存在较大差距。

目前我国花生加工产业与科技发展存在的主要问题是：一是传统高温压榨花生油感官品质差、营养素损失重。传统高温压榨花生油维生素 E、甾醇、磷脂等营养因子损失严重，且油的稳定性差。分析检测表明：热榨花生油中总甾醇含量 104.11 mg/100 g、β-谷甾醇含量 56.86 mg/100 g，均低于冷榨花生油（总甾醇 114.57 mg/100 g、β-谷甾醇 86.76 mg/100 g）。二是花生粕中蛋白质变性程度高、利用率与附加值低。高温压榨后花生粕蛋白氮溶指数仅为 11.60%，表明花生粕中蛋白质严重变性，营养与物化特性降低，通常只用作饲料或肥料，无法在食品工业应用，进而开发具有广阔市场前景的花生蛋白粉、浓缩蛋白、分离蛋白等高附加值的产品势在必行。三是综合利用水平低，花生功能性成分开发应用滞后。我国一年大约有 270 万 t 的花生饼（粕）、30 万 t 花生红衣和 300 万 t 的花生壳，但目前综合利用程度较低，维生素 E、植物甾醇、白藜芦醇、活性多糖等生物活性物质尚未开发应用。四是相关理论与应用技术研究薄弱。花生生物活性物质的量效、构效关系、活性组分间的相互作用机制等理论研究还十分薄弱，花生低温压榨工艺技术、蛋白分子修饰改性技术、功能性短肽与生物活性成分的产业化制备技术与产品开发始终没有破题。

《花生生物活性物质概论》是作者在参与有关国家“十五”、“十一五”、“十二五”科技计划项目研究中形成的思路，也是作者及其研究团队多年从事花生加工研究取得的成果。该书立足我国花生加工产业与科技发展存在的主要问题，从花生中功能性蛋白质、活性短肽、脂类、碳水化合物类、酚类等功能成分的组成与分布、结构与性质、功能与活性、检测与制备、开发与应用等方面，系统地介绍了花生生物活性物质基础与开发应用情况。该书内容丰富，资料新颖、翔实，是目前有关花生生物活性物质的一本较为系统、全面的书籍。该书的出版不管是对从事花生加工研究的科技工作者，还是对从事花生加工产品开发的企业家，都会有较大的启示与帮助，相信该书的出版将为进一步加强我国花生特色优势资源的深度开发、促进产业技术升级、提升花生产业的国际竞争能力提供重要依据。

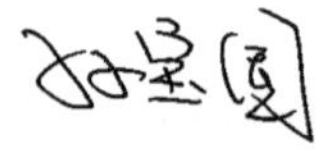

2012 年 10 月 1 日

前　　言

花生在我国分布广泛，除西藏、青海以外，其他省份均有种植，其中以山东、河南、河北、广东、安徽等地的产量和种植面积较大，长江以北产区种植面积占全国总面积的65%～70%，长江以南产区占30%～35%。目前我国花生种植面积约455万 hm^2，产量约1 570万 t，居世界首位。花生仁中含有多种营养物质与生物活性成分，尤其以功能性蛋白质、氨基酸、单不饱和脂肪酸、白藜芦醇、植物甾醇、叶酸和维生素E最为突出，这些成分对调节人体机能，抑制血小板非正常凝集、预防心脑血管疾病有着重要作用。花生壳中含有木犀草素及膳食纤维，这些组分可降血压、降血脂。花生红衣含有大量的维生素 B_1、维生素 B_2 及用来止泻的单宁成分。加强花生生物活性物质的研究与开发应用，对于提升我国花生加工的技术水平、改善人们营养与健康具有重要意义。

近年来，本课题组承担了"花生功能性短肽加工技术中试及产业化生产"、"农副产品中功能成分制备关键技术合作"、"食品物性修饰与油脂加工新技术开发研究"、"花生产地加工储藏装备与设施工程集成技术与模式研究"等国家科技支撑计划、科技部国际合作重点项目、农业科技成果转化、公益性行业科研项目等项目或课题。在花生加工研究领域进行了十年的深入研究，攻克了一批关键技术，取得了一批科研成果，培养了一批技术人才。在此基础上编写了《花生生物活性物质概论》一书。本书内容包括七章：第一章为花生营养与生物活性物质概述，介绍花生中的营养物质及花生中生物活性物质研究进展；第二章为功能性花生蛋白的开发与应用，介绍了功能性花生蛋白的研究进展、花生蛋白的组成及结构、花生蛋白的主要功能特性、花生蛋白制备工艺与技术，以及花生蛋白的应用与开发前景；第三章为功能性花生短肽的开发与应用，介绍功能性花生短肽组成、生物活性、检测方法、制备工艺与技术、应用与开发前景；第四章为花生中脂类功能成分的开发与利用，介绍了花生油脂、花生磷脂、花生植物甾醇的开发与应用；第五章为花生中碳水化合物类功能成分的开发与应用，介绍了花生多糖、花生低聚糖及花生膳食纤维的开发与应用；第六章为花生中酚类功能成分的开发与应用，介绍了花生原花色素、木犀草素、白藜芦醇的开发与应用；第七章为花生中维生素的开发与应用，介绍了维生素E、维生素K、叶酸等的开发与应用情况。本书是在本课题组一名博士后、四名博士生、八名硕士毕业论文的基础上撰写的，内容上更加突出系统性、新颖性与创新性。本书旨在为花生生物活性物质的研究与开发提供有益的参考和指导，进而为我国花生产业的科技创新提供技术支撑。

本书共分为七章。第一章由王强、王丽编写，第二章由赵冠里、许振国（第1、3、4、5节）、杜寅（第2节）编写，第三章由张宇昊（第1节）、刘红芝（第2、3、4、5节）编写，第四章由王丽、许振国（第1节）、封小龙（第2节）、张建书（第3节）编写；第五章由姜楠（第1节）、钟葵（第2节）、高洁（第3节）编写；第六章由陈琼玲（第1、3节）、何轩辉（第2节）编写；第七章由沈敏江（第1节）、张建书（第2节）、朱捷（第3节）编写。刘丽、胡晖、吴海文、马铁铮、刘媛媛、林伟静、李宁、王春艳、段玉权也参与了本书的编写。同时在编写过程中参考了国内外有关专家学者的论著，在此表示最衷心的感谢。

鉴于作者水平所限以及花生生物活性物质研究与开发领域发展迅猛，书中内容难免有不当或遗漏之处，恳请各位读者批评指正。

编　者

2012年9月

目　　录

图目录

表目录

第一章　花生营养与生物活性物质概述

花生素有“长生果”、“植物肉”、“素中之荤”、“绿色牛乳”等诸多美称，是全世界公认的健康食品。花生是世界第四大油料作物，是第三位的蛋白质来源（Jamdar et al.，2010）。花生仁营养丰富，含有38%～60%的脂肪，24%～36%的蛋白质，10%～23%的碳水化合物，3%左右的矿物质，同时还含有维生素、酚类物质、植物甾醇、活性多糖、磷脂、膳食纤维等生物活性成分（万书波，2007；禹山林，2008，2003；张忠信，2007），被营养学家划分为A+级作物（Mulualem，2009）。

第1节　花生中的营养物质

花生果中，花生壳占整个花生质量的28%～32%，籽仁占68%～72%。在花生籽仁内，种皮占3.0%～3.6%，子叶占62.1%～64.5%，胚芽占2.9%～3.9%（周瑞宝，2003）。花生籽粒中的主要营养物质包括蛋白质、脂肪、碳水化合物、维生素和矿物质。

1.1　蛋白质

花生籽仁中含有24%～36%的蛋白质，根据其溶解特性可分为水溶性蛋白和盐溶性蛋白两大类，其中大约10%的蛋白质是水溶性蛋白，称之为清蛋白，其余的90%为盐溶性蛋白（高焕春等，1995）。盐溶性蛋白主要包括花生球蛋白（Arachin）、伴花生球蛋白（Conarachin），它们之间含量的比例分别为花生球蛋白73%，伴花生球蛋白为27%（Yamada.，1979）。花生球蛋白含分子量介于20 000 u和80 000 u之间，伴花生球蛋白分子量介于23 000 u和84 000 u之间。

花生中蛋白质含量丰富，相当于牛奶的8～10倍，牛肉和猪肉的1.2倍，稻米和麦面的3～4倍，是一种高营养价值的植物蛋白，其生物价（BV）为58，效率值为1.7（周瑞宝，2003）。它含有人体必需的8种氨基酸，除蛋氨酸含量较低外，赖氨酸、色氨酸、苏氨酸含量均接近联合国粮农组织所规定的标准，其他四种氨基酸含量也接近或超过了此标准，赖氨酸含量比大米、小麦、玉米高3～8倍，其有效利用率达98.94%，而大豆中的赖氨酸有效利用率仅为78%。花生蛋白质中精氨酸和谷氨酸含量很高（Lumpklins，2005），分别为11.3%和19.9%，天门冬氨酸达14.1%，这些氨基酸对脑细胞发育和增强记忆力有良好的促进作用（胡子槐，1992；刘志同，2004）。花生蛋白质与菜籽、棉籽蛋白相比，抗营养因子较少；另外花生蛋白色泽洁白、风味良好，可溶性蛋白质和氮溶解指数高，无论添加到动物食品或植物食品中，都能起到改善食品品质、强化食品营养的作用。花生蛋白的不消化糖、棉籽糖和水苏糖含量只相当于大豆蛋白的1/7，食用后不会产生食用大豆蛋白常出现的腹胀、嗝气现象，因此花生蛋白的生物学效价比大豆高得多，被认为是一种极具开发潜力的乳糖不耐症消费者的蛋白基料和牛乳等动物奶类的代替品(其化学组成及氨基酸组成见表1-1-1,1-1-2)。

表1-1-1 花生蛋白粉与肉、蛋、奶食物营养成分比较表

名称	蛋白质(g)	脂肪(g)	碳水化合物(g)	钙(mg)	镁(mg)	铁(mg)
花生蛋白粉(100 g)	55	4.5	23	93	510	2.6
鲫鱼(100 g)	13	1.1	0.1	54	203	2.5
干虾米(100 g)	58.1	2.1	4.6	577	614	13.1
瘦猪肉(100 g)	16.7	28.8	1	11	177	2.4
牛肉(100 g)	20.1	10.2	0.1	7	170	0.9
牛奶(100 g)	3.3	4	5	600	465	1
鸡(100 g)	21.5	2.5	0.7	11	190	1.5
鸡蛋(100 g)	14.6	11.6	1.6	55	210	2.7

表1-1-2 花生、花生浓缩、分离蛋白及其他油料作物蛋白的氨基酸组成 g/16 g N

氨基酸	花生蛋白(PP)	花生浓缩蛋白(PPC)	花生分离蛋白(PPI)	菜籽蛋白(CP)	大豆蛋白(SP)	棉籽蛋白(CSP)	FAO/WHO
赖氨酸(Lys)	3.0	3.0	3.0	5.8	6.85	4.4	5.5
组氨酸(His)	2.3	2.4	2.4	2.7	2.6	2.9	—
精氨酸(Arg)	11.3	12.6	12.8	6.6	8.4	12.4	—
天门冬氨酸(Asp)	14.1	12.5	12.3	7.1	12.0	9.1	—
苏氨酸(Thr)	2.5	2.5	2.5	4.5	4.3	3.0	4.0
丝氨酸(Ser)	4.9	5.2	5.1	4.7	5.6	4.1	—
谷氨酸(Glu)	19.9	20.7	21.4	17.9	21.0	20.4	—
脯氨酸(Pro)	4.4	4.6	4.8	6.1	6.2	3.6	—
甘氨酸(Gly)	5.6	4.2	4.1	5.3	4.6	4.1	—
丙氨酸(Ala)	4.1	4.0	3.9	4.9	4.5	3.7	—
胱氨酸(Cys)	1.3	1.4	1.4	2.6	1.6	0.8	—
缬氨酸(Val)	4.5	4.5	4.4	5.2	5.3	4.6	5.0
蛋氨酸(Met)	0.9	1.0	1.0	2.3	1.56	1.3	3.5
异亮氨酸(Ile)	4.1	3.4	3.6	4.2	5.1	3.4	4.0
亮氨酸(Leu)	6.7	6.7	6.6	7.3	7.72	5.8	7.0
酪氨酸(Tyr)	4.1	4.4	4.3	3.1	3.9	3.1	—
苯丙氨酸(Phe)	5.2	5.6	5.6	4.1	5.0	5.5	6.0
色氨酸 Try	1.0	1.0	1.0	1.4	1.2	1.1	1.0

由于花生蛋白具有一定的功能性质、营养特性以及良好的风味，已被广泛应用于许多食品加工中(Mouécoucou et al.，2004)。目前我国花生蛋白产品主要为花生蛋白粉，主要作为食品加工中的基础原料。可应用于肉制品加工、谷物焙烤制品加工、植物蛋白饮料和冷饮冷食的生产，以及副食品、调味品、休闲食品的生产中，可以起到改善产品质地和营养结构、提高产品营养价值的作用。欧美等发达国家由于消费习惯不同，对花生酱、花生糖果及花生相关减肥食品等研究较多，但是对花生蛋白制品研究相对较少(吴海文，2009)。花生蛋白质的制备、改性、功能性质及蛋白质组成等研究逐渐成为近些年来的研究热点。

1.2　油脂

花生籽仁中油脂含量为 38%～60%，主要成分是甘油三酯，约占花生脂质含量的 97.4%，其次是磷脂 1.6%、1，2-二酰甘油酯 0.31%、1，3-二酰甘油酯 0.27%、甾醇酯 0.22%、其他脂质 0.16%(周瑞宝，2003)。花生油是以花生仁为原料通过压榨方法制取的在室温下呈轻微黏度的淡黄色液体。其一般理化性质如表 1-1-3 所示。

表 1-1-3　花生油的特性

特性	范围	特性	范围
熔点(℃)	0～3	折射率	1.469 7～1.471 9
碘价(gI_2/100 g)	82～106	相对密度(25℃)	0.910～0.915
皂化值(mgKOH/g)	188～195	黏度(20℃)(cP)	71.07～86.15
游离脂肪酸(%)	0.02～0.60	色泽	淡黄色
脂肪酸冻点(℃)	26～32	气味	类坚果味
不皂化物(%)	0.3～0.7		

注：1cP=10^{-3}Pa·s

花生油气味清香，滋味纯正，营养丰富，是炸制食品的优良油脂。我国花生油年产量约为 254.4 万吨，占世界消费量的 49.42%，是世界上最大的花生油生产与消费国(USDA，2012)。

花生油的主要脂肪酸包括饱和脂肪酸和不饱和脂肪酸，其组成成分见表 1-1-4，含量超过 1%的脂肪酸有 8 种，即棕榈酸(C16∶0)、硬脂酸(C18∶0)、油酸(C18∶1)、亚油酸(C18∶2)、花生酸(C20∶0)、山嵛酸(C22∶0)、棕榈油酸(C16∶1)、亚麻酸(C18∶3)，占总量的 98%以上，其中油酸和亚油酸的含量超过 75%。

表 1-1-4　花生油脂肪酸组成与含量　　%

脂肪酸	平均值	范围	脂肪酸	平均值	范围
棕榈酸(C16∶0)	12.37	10.1～15.4	花生烯酸(C20∶1)	0.7	0.48～1.02
硬脂酸(C18∶0)	3.63	1.87～15.8	亚油酸(C18∶2)	34.21	24.3～40.3
花生酸(C20∶0)	1.1	0.59～1.1	亚麻酸(C18∶3)	2.2	0.18～7.96

续表 1-1-4

脂肪酸	平均值	范围	脂肪酸	平均值	范围
山嵛酸(C22:0)	1.77	0.98～2.61	十四烷酸(C14:0)	0.03	0～0.05
二十四碳烷酸(C24:0)	0.65	0～1.15	十七烷酸(C17:0)	0.07	0～0.13
棕榈油酸(C16:1)	1.43	0.28～5.31	十七碳一烯酸(C17:1)	0.03	0～0.22
油酸(C18:1)	37.7	30.8～46.5			

花生油脂肪酸的组成与橄榄油的脂肪酸组成很相近，而橄榄油具有降低心血管病发病率的功效，因此花生油有“中国人的经济橄榄油”之称(姚云游，2005)。表 1-1-5 显示了几种常见植物油的脂肪酸组成及含量，由表可以看出，与其他植物油相比，花生油含有长链脂肪酸(C20:0～C24:0)，它们在其他植物油中不存在或含量甚微。

1.3 碳水化合物

花生中的碳水化合物组分比较复杂，从结构组成上分为单糖、低聚糖，其中多糖根据组成不同又可分为均多糖和杂多糖。均多糖是由相同的糖基组成的多糖，包括纤维素、淀粉；杂多糖是两种或多种不同的单糖单位组成的多糖。花生仁含有 10%～23%的碳水化合物，其中淀粉约占 4%，其余是游离糖，分为可溶性和不溶性两种。可溶性糖主要是蔗糖、果糖、葡萄糖，以蔗糖为主，还有少量水苏糖、棉子糖和毛蕊糖等；不溶性糖有半乳糖、木糖、阿拉伯糖和氨基葡糖等。脱脂花生粉中总碳水化合物为 38.0%，其中淀粉含量为 12.5%、半纤维素含量为 40%、单糖含量为 1.2%、低聚糖含量为 18.0%(阚建全，2008；周瑞宝，2012)。在碳水化合物中，蔗糖是最重要的糖，生花生的甜味来源于蔗糖；烘烤花生的特有风味(Newell et al.，1967)和坚果风味(Mason et al.，1969)是单糖(葡萄糖和果糖)和游离氨基酸在花生烘烤过程中发生美拉德反应产生的(Savage，1994)。

花生中的膳食纤维化学组成主要有纤维素、半纤维素、果胶和木质素，其主要来源为花生壳、花生饼(粕)和花生茎叶，花生壳中粗纤维素的含量为 65.7%～79.3%，花生饼(粕)中为 4%～6%，花生茎叶中约为 21.8%(廖朝东，2004)。

1.4 无机盐和维生素

花生籽仁中的矿物质含量仅为 2%～3%，但是从营养角度而言，花生仁中钾、磷、镁含量较为丰富，钙、碘、铁含量较为缺乏。Mg^{2+}、Zn^{2+} 等金属离子是很多金属酶的组成成分或激活剂，100 g 花生油中 Zn^{2+} 含量达到 8.48 mg，是色拉油的 37 倍，菜籽油的 16 倍，大豆油的 7 倍。

花生中富含维生素，其中维生素 E 最多，每百克花生油中含维生素 E 为 26.3～59.4 mg，其次为维生素 B_2，维生素 B_1，维生素 B_6(董文召，2002)。维生素 E 具有增强免疫力、延缓衰老、降低癌症发病率、抗不育等作用，可作为疾病的辅助治疗药物；花生中主要含有上述 3 种维生素 E 异构体，其大致含量分别为 20 mg/100 g、7 mg/100 g、0.5 mg/100 g(吴时敏等，2003a；吴时敏等，2003b)。维生素 B 具有调节人体中蛋白质、脂肪和糖类等相关酶的作用，是人体不可或缺的营养素。

表 1-1-5 几种常见植物油脂肪酸含量

来源	C14:0	C16:0	C17:0	C18:0	C20:0	C22:0	C24:0	C16:1	C18:1	C20:1	C22:1	C18:2	C18:3	文献
杏仁油	—	2.65	0.02	0.18	0.02	—	—	—	86.79	—		9.82	0.03	孔令明,2011
茶油	1.79	—	3.55	—	—	—	11.99	74.41	—			8.26	0.97	廖杰,2009
棉籽油	0.50	20.40	—	1.40	—	—	—	0.30	14.60	—		62.80		巫淼鑫等,2003
橄榄油	1.30	14.41	—	3.26	0.52	—	—	—	71.25			9.77	1.15	韩深等,2007
花生油	—	10.90	—	2.70	1.10	1.70	0.60	—	6.50	0.70		35.40	0.10	巫淼鑫等,2003
大豆油	—	19.05	—	3.87	—	—	—	—	16.99	—		51.39	8.70	康辉等,2008
芝麻油	—	8.77	—	5.30	—	0.10	—	0.15	39.70	0.19		44.69	0.96	廖成华等,1992
葵花籽油	—	4.44	—	3.82	0.28	1.06	0.31	—	38.11	0.16		51.82	—	赵华锋等,2008
玉米油	—	11.60	—	1.30	—	—	—	—	30.60	—		55.80	—	巫淼鑫等,2003
麦胚油	—	27.89	—	1.48	2.92	—	—	—	15.06	—		52.64	—	鲁明等,2006
米糠油	0.61	22.14	0.03	—	—	0.93	—	—	32.70	1.54		35.30	—	霍文兰,2009
菜籽油	—	4.50		1.40	0.50	0.30	0.20	—	32.00	4.40	24.80	23.60	8.10	巫淼鑫等,2003
紫苏油	0.21	3.94		1.62	0.31			0.61	12.14			15.32	62.91	简毓峰等,2011

第2节 花生中生物活性物质研究进展

花生中除含有丰富蛋白质、脂肪、碳水化合物外，还含有活性短肽、磷脂、植物甾醇、活性多糖、酚类物质等生物活性成分。本书在查阅分析国内外大量科技文献的基础上，对近10～20年来花生中主要活性物质的研究进展进行了综述，提出了花生活性物质研究的重点、方向与趋势。

2.1 活性短肽

生物活性肽(biologically active peptides 或 biopeptides)是指对生物机体的生命活动有益或具有生物活性的肽类化合物，由2到十几个氨基酸组成。研究表明蛋白质经消化道酶作用后并不是完全以游离氨基酸的形式被吸收，而是主要以短肽的形式被吸收。因此功能性短肽的生物学意义主要体现在其不但具有多种功能活性，而且具有完全独立的吸收机制。相关实验证明，短肽的功能活性主要包括如抗高血压、抗氧化作用、改善元素吸收和矿物质运输、激素作用、免疫调节、抗血栓、降胆固醇、抑制细菌、病毒和抗癌作用、促进生长等。目前关于花生肽的研究进展如下分析(文献来源：CNKI，Sciencedirect)。

2.1.1 研究文献数目随年份变化

国内花生肽研究从1999年开始有相关文献报道，而国外最早研究报道在2001年，国内外研究文献共80篇。各年份具体研究文献数目如表1-2-1所示。

表1-2-1 各年份花生肽研究文献数目

	年份	1999	2000	2001	2002	2003	2004	2005	2006	2007	2008	2009	2010	2011
篇数	国内	1	2	0	0	0	3	2	5	8	13	10	11	9
	国外	0	0	1	0	0	0	0	0	1	1	4	3	5

各年份研究文献变化趋势如图1-2-1所示。

从图中可以看出，2003年以前，国内外对花生肽的研究均较少，国内在2004年以后文献报道逐渐增多，而国外自2009年才开始花生肽的研究，且国内对花生肽的研究关注度高于国外。

2.1.2 国内外文献分析

从国内外文献报道来看，对花生肽的研究主要分为以下几个方面：制备工艺、生理活性、分离鉴定、检测方法、应用以及综述等，具体如图1-2-2所示。

由图1-2-2可以看出，国内外对花生肽的研究关注度都主要集中在制备工艺以及体内外生理活性方面，对花生肽分离鉴定国内外也有研究。此外国内有少量的花生肽应用研究，而国外还未见这方面报道。

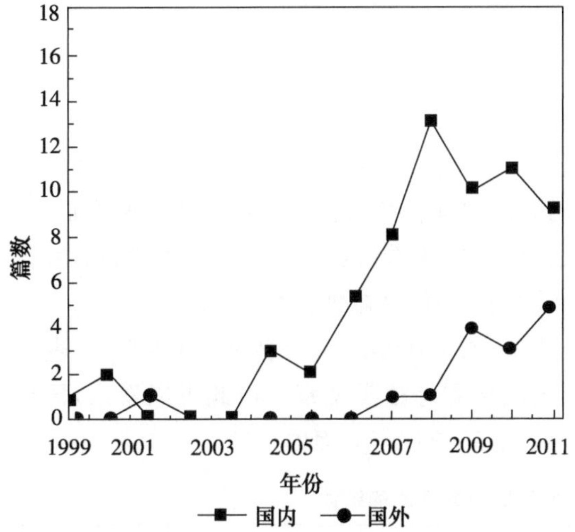

图 1-2-1　花生肽研究文献随年份变化

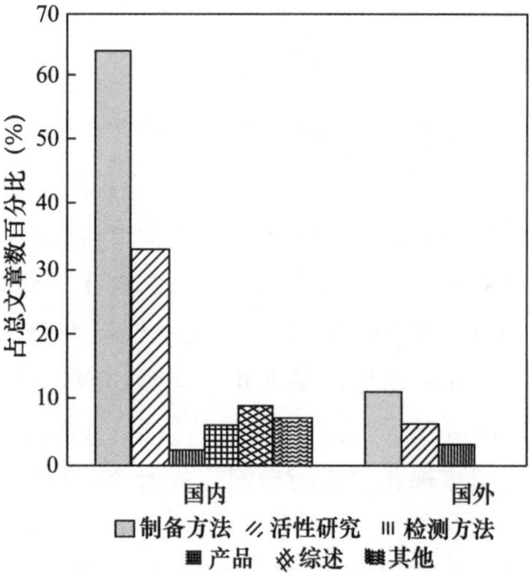

图 1-2-2　国内外花生肽研究文献统计

2.1.3　研究的重点与趋势

文献统计可以看出，花生肽逐渐成为国内外学者的研究热点，但研究热点集中于制备工艺以及体内外生理活性方面，基础理论研究不够深入，应用研究不够广泛。未来花生肽研究的重点领域如下：

(1)建立花生肽的产业化、高效制备工艺。生产工艺与加工参数不当造成目前市场上肽类产品的水解度和得率低、纯度低、分子质量大，产品品质无法保障，因此要确定花生肽产业化生产工艺与技术参数，研究蛋白肽键进行靶向性地酶解技术，实现对肽链长度的控制以及对功能肽序列的保护。采用适度的亚基解离技术，适度变性技术、接枝技术等对蛋白进行预处理，使底物蛋白形成有利于控制酶解的功能结构，实现生物活性肽高效控制酶解，为生产高质量的产品奠定基础。

(2)明确花生肽结构与功能性质之间的相关性。关于肽的亲疏水性、相对分子质量以及肽段中携带的氨基酸电性或者酸碱性等对肽活性的影响，在不同的蛋白水解物体系、不同活性方面等都有不同的结论，但有关花生肽的抗氧化、ACE 抑制活性与氨基酸组成、肽的高级结构之间的关系尚待进一步研究。

(3)探明肽的不同结构的混合体是否具有协同或者拮抗效应。花生肽的工业应用是以蛋白水解物的混合物状态呈现的，肽的不同结构的混合体是否具有协同或者拮抗效应，及其对功能性的影响尚未明确。

(4)确定食品体系的复杂组分和食品加工条件的多样化对花生肽的影响。有研究显示，蛋白水解物与酚类成分有协同效应，但是 Huang 等报道蛋白水解物与酚类之间未必都是协同效应，它们之间的相互作用还有待于进一步探索。食品体系包含多种复杂组分，食品加工条件对各组分的影响存在诸多不确定性，因此食品体系的复杂组分和食品加工条件的多样化对花生肽的影响尚需进一步深入研究。

2.2 磷脂

2.2.1 国内外文献分析

通过对1992—2011年花生磷脂文献(查自CNKI、万方数据库、维普中文科技期刊数据库)的统计分析(表1-2-2)看出，花生磷脂的研究整体偏少，自1999年开始有所增加，但尚需进一步深入系统研究。从花生磷脂相关研究内容来看(表1-2-3)，磷脂活性的研究占16.4%，制备、应用、综述文献比例也都在20%以下，检测文献的比例占37.3%。

花生磷脂的英文相关文献(查自Science Direct、Springer Link数据库)共9篇(表1-2-4)，有关磷脂检测的文献居多，其次是磷脂的制备和综述类文章。由此可以看出，国内外均重视花生磷脂检测相关研究，但缺乏活性、制备、应用等方面的研究。

表1-2-2 花生磷脂各个年份研究文献的统计

年份	篇数	年份	篇数
1992	1	2002	2
1993	0	2003	2
1994	1	2004	5
1995	0	2005	2
1996	1	2006	7
1997	1	2007	1
1998	0	2008	5
1999	4	2009	0
2000	3	2010	0
2001	2	2011	0

表1-2-3 花生磷脂研究内容相关中文文献统计

项目	磷脂活性	磷脂检测	磷脂应用	磷脂的制备	综述类
花生相关文献	1	9	0	3	3
花生磷脂相似文献	10	16	8	10	7
总计	11	25	8	13	10
所占比例(%)	16.4	37.3	11.9	19.5	14.9

表1-2-4 花生磷脂英文文献的统计

项目	磷脂检测	磷脂应用	综述类
篇数	6	2	1
所占比例(%)	67	22	11

(1)检测方法。在花生磷脂检测最常用的方法是高效液相色谱法(HPLC)和薄层色谱法(TLC),这两种方法都是利用正相的硅胶对磷脂各部分进行吸附,再用展开剂(流动相)对吸附的样品洗脱解吸,根据各组成部分极性的差异达到分离检测目的。相对而言,TLC 方便快捷,能实现多个样品同时检测,但定量分析的准确性和重现性差、灵敏度低,故常用于磷脂的快速定性分析;HPLC 的准确性、重现性及灵敏度均较 TLC 好,常用于磷脂的定量分析。但 HPLC 的柱效较低,对混合磷脂中结构相似的组分分离效果不太理想,常用的硅胶及化学键合硅胶固定相的 pH 适用范围窄,色谱柱易被污染且难以再生,需要大量的有机溶剂。

国标所规定的磷脂含量的检测方法有钼蓝比色法和重量法,此外红外光谱法、电泳法等也可用于磷脂含量检测。红外光谱法是指经柱色谱纯化的磷脂产品,涂于 KBr 片上测定;电泳法是指以氯仿为参照物,以各磷脂迁移时间与氯仿迁移时间之差作为各磷脂的相对迁移时间来考察分离度,提高重现性。

(2)制备方面。在花生磷脂的制备方面,国外常用的花生磷脂制备方法是通过 2 cm 的硅胶柱和采用不经过提前浓缩的色谱层析法的中性磷脂进行持续的分离。国内仅一篇文献对花生磷脂的超临界 CO_2 萃取制备工艺进行了报道。

(3)活性方面。关于磷脂的活性研究相关文献较少,仅在少数文献综述中对花生磷脂活性有相关报道。花生油含有 0.3%~0.4%的磷脂,主要为脑、卵磷脂。磷脂是人体内的一种重要成分,在生理上有重要作用,对人体有很高的营养价值和药用价值,并且是一种天然抗氧化剂。磷脂中有机磷可以补充人体对磷化合物的需要,对神经衰弱、肝炎和肺结核均有辅助疗效。磷脂脂质体作为药物载体可提高药物治疗指数,降低药物毒性,减少药物副作用,并且可以减少药物剂量等。

(4)应用方面。磷脂的应用是一个很广阔的范畴,与花生磷脂相关的文献报道还比较少,以总体磷脂的应用为主。磷脂具有乳化、溶解、发泡、润湿等作用,它的这些特殊性质决定了应用广泛性。磷脂作为表面活性剂,现已被广泛应用在食品、医药、纺织印染、化妆品、农药等各个领域。

2.2.2 研究的重点与趋势

由上述文献统计情况可以看出,近些年来国内对花生磷脂的研究比较少,对大豆磷脂的研究比较多,而且对花生磷脂的研究主要集中在检测方面,在制备和应用涉及比较少。因此,可比照大豆磷脂的研究方法和技术手段,加强对花生磷脂的研究,拓宽研究范围,从而更好地开发花生中的磷脂。

2.3 植物甾醇

2.3.1 国内外文献分析

植物甾醇广泛存在于各种油料植物种子中,在其他植物性食物如蔬菜、水果中也有分布,不同植物种类其含量不同,以小麦胚芽油、玉米胚芽油、米糠油、芝麻油中含量较高,花生中植物甾醇的含量为 190~250 mg/100 g(张姣勤等,2008),主要含有菜油甾醇、豆甾醇、β-谷甾醇三种植物甾醇，其含量分别约为 22 mg/100 g、63 mg/100 g、77 mg/100 g，(刘清，2006；Clough.，1992)。目前关于花生中植物甾醇的研究文献较少，具体分析如下(文献来源：CNKI，Sciencedirect)。

查得植物甾醇相关文献共 396 篇，其中花生甾醇文献 1 篇，为厄瓜多尔花生栽培种籽仁的脂肪、蛋白质、灰分、脂肪酸及甾醇含量的研究(Grosso，1997)。植物甾醇研究从 1980 年开始有相关文献报道，各年份具体研究文献数目如表 1-2-5 所示，可以看出，2000 年以前，植物甾醇相关研究较少，2001 年开始至今，文献数目逐年增加，植物甾醇研究趋热。

表 1-2-5　各年份甾醇研究文献数目

年份	1980	1982	1983	1984	1985	1986	1987	1988	1989	1990	1991	1992	1993	1994	1995	1996
篇数	2	1	1	4	1	1	1	2	4	8	3	2	4	8	3	4
年份	1997	1998	1999	2000	2001	2002	2003	2004	2005	2006	2007	2008	2009	2010	2011	
篇数	5	6	6	9	17	23	12	29	27	43	52	38	24	36	20	

从对植物甾醇的研究内容来看，主要包括检测技术、制备、生理活性与应用方面。由表 1-2-6 可以看出，甾醇测定方法文献报道的主要有气相色谱法和液相色谱法两种，对上述两种方法进行研究报道的文献数目分别为 27 篇和 30 篇，分别占甾醇测定方法研究文献总数的 28.7%和 31.9%，其中研究结构鉴定的文献有 13 篇，且对于甾醇测定前处理方法的研究仅有一篇报道。由表 1-2-7 可见，有关植物甾醇检测方法的研究 2001 年开始趋热，由 2000 年的 2 篇增加到 2001 年的 6 篇，检测方法的种类开始增多，出现液相检测方法的研究报道，在 2007 年时研究报道的文献最多，占近 11 年研究文献总数的 20.8%，表明植物甾醇检测方法逐步完善并开始向多样化及高精尖发展，其中气相和液相色谱法仍为甾醇主要的检测方法。

表 1-2-6　植物甾醇检测方法文献统计

	检测方法	篇数
气相色谱法	毛细管、GC-MS、GC-FID、GC-MS-SIM	中文 27
液相色谱法	反相液相-紫外，液相-二极管阵列、HPLC-ELSD，正相液相色谱、柱前衍生高效液相荧光，HPLC-MS	中文 30
前处理方法		中文 1
总甾醇	硫磷铁法、薄层色谱-分光光度法、可见分光光度法、紫外分光光度法、	中文 6
其他	三波长光度法(麦角甾醇)、薄层扫描法(β-谷甾醇、麦角甾醇)、TLC 法(β-谷甾醇)、紫外光谱(β-谷甾醇、豆甾醇)、红外光谱(β-谷甾醇、豆甾醇)、高速逆流色谱法(β-谷甾醇、菜油甾醇)、双波长薄层扫描(β-谷甾醇)、自动多步展开仪(豆甾醇)、重量法、AMD-TLCS、薄层色谱-氯胺 T 浓硫酸比色法(无甲基甾醇)	中文 17
结构鉴定		中文 13

表 1-2-7　甾醇检测方法相关文献按年份统计

年份	气相	液相	总甾醇	结构鉴定	其他	合计	百分比(%)
2000	2	0	0	0	0	2	3.8
2001	3	1	0	0	2	6	11.3
2002	3	2	0	0	0	5	9.4
2003	0	1	1	0	3	5	9.4
2004	2	3	0	0	2	7	13.2
2005	2	3	0	1	1	7	13.2
2006	4	5	0	1	0	10	18.9
2007	2	3	3	2	1	11	20.8
2008	2	4	0	0	1	7	13.2
2009	3	2	0	0	0	5	9.4
2010	3	4	1	0	0	8	15.1
合计	26	28	5	4	10	53	
百分比(%)	49.1	52.8	9.4	7.5	18.9		

2.3.1.1　提取制备文献分析

(1)提取原料。文献统计(表 1-2-8)可见，提取原料以植物为主，2006 年以后提取原料范围扩大，有关真菌和海洋生物中的植物甾醇开始被人们重视，将酿酒酵母及造纸副产物用于植物甾醇提取的研究也开始有涉猎。说明近年来，甾醇提取方面，文献统计可以看出，甾醇提取的主要原料有植物、真菌、海洋生物及植物甾醇酯的合成等，共有 69 篇甾醇提取相关的文献报道，其中有 52 篇文献涉及以植物为原料的甾醇提取，占甾醇提取文献总数的 75.4%，其次是真菌来源甾醇的提取，有 7 篇相关文献报道，占甾醇提取文献总数的 10.1%，植物甾醇酯的合成相关文献报道也较多，占提取文献总数的 7.2%。

表 1-2-8　甾醇提取原料及文献数目汇总

	来源	篇数
植物	米糠、蒲公英、麻疯树籽、麻疯树籽饼粕、栀子、棉籽油、玉米须、南瓜籽、文冠果油、松花粉、绵萆薢、叶下珠、玉米油、玉米秸秆、大豆、菜籽、苹果籽油、植物油沥青、银杏叶、裸燕麦麸皮、甘蔗滤泥、酿酒葡萄及葡萄酒、翅果油、羊栖菜、桃仁油、葵花籽油、白花蛇舌草、刺芹、麦胚油、月见草籽油渣	中文 65
真菌	灵芝子实体、人工蛹虫草子实体、红曲、球孢白僵菌、灵芝、姬松茸	中文 6
海洋生物	柳珊瑚、小刺豆荚软珊瑚	中文 2
合成		中文 8
其他	酿酒酵母、植物油沥青、塔尔油沥青、纸浆浮油、妥尔油	中文 8

表 1-2-9　近 11 年甾醇提取原料文献统计(2000—2010)

年份	植物	真菌	海洋生物	合成	其他	合计	百分比(%)
2000	2	0	0	0	0	2	2.9
2001	0	0	0	0	0	0	0
2002	2	0	0	0	1	3	4.3
2003	1	0	0	0	0	1	1.4
2004	3	0	0	1	1	5	7.2
2005	3	0	0	0	0	3	4.3
2006	8	0	1	0	0	9	13.0
2007	9	4	0	0	1	14	20.3
2008	9	2	0	0	0	11	15.9
2009	5	1	0	2	0	8	11.6
2010	10	0	0	2	1	13	18.8
合计	52	7	1	5	4	69	
百分比(%)	75.4	10.1	1.4	7.2	5.8		

(2)提取方法。由表 1-2-10 可知,植物甾醇的提取以传统的回流萃取为主,占总提取文献数的 60.4%,其次是超临界 CO_2 萃取,有关此方面研究的文献数占总提取文献数的 11.3%,其他提取方法如络合、超声、分子蒸馏、微波萃取及热提取也有文献报道。

表 1-2-10　甾醇提取方法汇总

提取方法	篇数	百分比(%)
回流萃取、溶剂结晶	32	60.4
络合提取	2	3.8
超声提取	5	9.4
分子蒸馏	3	5.7
超临界 CO_2 萃取	6	11.3
微波萃取	3	5.7
热提取	2	3.8
合计	53	

甾醇提取从 2007 年起研究文献数开始显著增多(表 1-2-11),占总提取文献数的 26.8%,且自 2007 年以来甾醇研究一直较热,并开始出现超声、分子蒸馏、超临界 CO_2、微波等新提取技术。

表 1-2-11 近 11 年甾醇提取方法统计(2000—2010)

年份	回流结晶	络合提取	超声提取	分子蒸馏	超临界 CO_2	微波萃取	热提取	合计	百分比(%)
2000	1	0	0	0	0	0	0	1	2.4
2001	0	0	0	0	0	0	0	0	0
2002	2	0	0	0	0	0	0	2	4.9
2003	2	0	0	0	0	0	0	2	4.9
2004	2	0	0	0	0	0	0	2	4.9
2005	1	0	0	0	0	0	0	1	2.4
2006	3	0	0	0	0	0	0	3	7.3
2007	5	0	3	1	1	1	0	11	26.8
2008	4	0	0	1	0	0	0	5	12.2
2009	2	0	0	0	2	0	0	4	9.8
2010	1	1	1	1	2	2	2	10	24.4
合计	23	1	4	3	5	3	2	41	
百分比(%)	56.1	2.4	9.8	7.3	12.2	7.3	4.9		100

上述有关提取方法的文献统计中可以得知:目前甾醇提取仍多采用传统的“回流结晶”方法,其他方法的研究仍较少,众所周知,大规模的提取制备是实现甾醇生物活性功能利用的有效途径,因此,今后对于提取方法的创新、提取效率的提高以及提取方法的工业化可行性方面的研究有待进一步深化。

2.3.1.2 生理活性、应用领域文献分析

(1)生理活性文献分析。文献总计(表 1-2-12)可知,甾醇的生理功能主要有抗炎、降血脂、降胆固醇、抗氧化、抑菌等,其中甾醇降胆固醇方面的研究文献最多,占总文献数的 48.0%,反映了其显著的降低血脂胆固醇功效,其次是抗氧化及抗癌方面的研究,从 2003 年开始有文献报道,之后每年均有相关研究报道,且主要集中在体内和体外两个方面的抗氧化功效研究上。从年份来看,甾醇生理活性的研究从 2005 年开始趋热,文献数由 2004 年的 2.0%骤增至 16%,并且降胆固醇研究的文献也从 0~1 篇增至 5 篇,说明甾醇生理活性尤其是其降胆固醇方面的功效开始受到重视。

表 1-2-12 甾醇生理活性文献统计

年份	抗炎	降胆固醇	抗癌	抗氧化	抑菌	其他	合计	百分比(%)
2000	1	1	1	0	0	2	5	10.0
2001	0	1	0	0	0	0	1	2.0
2002	0	0	0	0	0	0	0	0
2003	0	1	0	2	0	0	3	6.0
2004	0	0	0	1	0	0	1	2.0
2005	0	5	2	1	0	0	8	16.0

续表 1-2-12

年份	抗炎	降胆固醇	抗癌	抗氧化	抑菌	其他	合计	百分比(%)
2006	0	5	1	1	0	0	7	14.0
2007	0	5	0	2	0	0	7	14.0
2008	0	3	3	2	0	1	9	18.0
2009	0	2	1	0	1	0	4	8.0
2010	2	1	0	1	1	0	5	10.0
合计	3	24	8	10	2	3	50	
百分比(%)	6.0	48.0	16.0	20.0	4.0	6.0		100

(2)应用领域。由查阅的文献总结(表 1-2-13)得出,甾醇的应用领域主要在饲料、医药、食品行业,其中食品行业的研究文献最多,占总文献数的 54.9%,其次是医药行业的应用,占文献总数的 25.5%;根据每年的甾醇研究文献数进行统计,可以看出,关于甾醇的研究文献在 2004 年之前均较少,2005 年相关研究文献增加,所占的近 12 年研究文献总数由 2004 年的2.0%在 2005 年骤增至 15.7%,且之后的几年研究文献总数均较多。

表 1-2-13　植物甾醇应用领域文献统计

年份	饲料行业	医药行业	食品工业	其他	合计	百分比(%)
2000	0	1	0	4	5	9.8
2001	0	1	0	0	1	2.0
2002	0	0	0	0	0	0
2003	0	0	3	0	3	5.9
2004	0	0	1	0	1	2.0
2005	1	1	6	0	8	15.7
2006	0	2	5	0	7	13.7
2007	1	2	5	0	8	15.7
2008	2	3	2	0	7	13.7
2009	2	0	3	0	5	9.8
2010	0	3	3	0	6	11.8
2011	2	1	0	0	3	5.9
合计	6	13	28	4	51	
百分比(%)	11.8	25.5	54.9	7.8		100

2.3.2　研究的重点与趋势

(1)检测方法。目前甾醇的测定方法实现同时测定的甾醇组分种类较少、较单一,有待深入研究;尚需对检测出的新甾醇组分结构进行进一步鉴定;甾醇测定的前处理方法还较为单一，有待进一步研究，得到更为简便、快捷、操作性强的甾醇测定前处理方法，以实现甾醇的快速检测。

(2)应用领域。甾醇应用领域的研究上，主要集中在食品、医药、饲料三大行业，且在食品领域应用的研究最多，说明甾醇的生理功效已经为人所认知，在食品领域的研究主要是食品基料中植物甾醇含量及其生理功效。但是因为甾醇组分种类较多且各组分的生理功效不同，而对于甾醇在食品领域应用中的按组分分类进行的精细化研究较少，有待进一步深入研究。

2.4 活性多糖

2.4.1 国内外文献分析

活性多糖是指具有某种特殊生理活性的多糖化合物，如真菌多糖、植物多糖等。活性多糖能够参与生物体的免疫调节，参与生命细胞的各种活动，降血糖、降血脂、抗炎症、抗氧化、抗衰老、抗肿瘤等。

以花生多糖为主题词，通过 CNKI 数据库对国内 1979—2012 年的花生多糖相关文献统计分析，见表 1-2-14。由表中可以看出，国内对花生多糖的研究很少，从 2007 年开始才有相关文献报道。研究内容主要集中在多糖的提取制备，2011 年研究报道了花生粗多糖对肝损伤的保护作用，目前只有一篇硕士论文探讨了花生粕多糖和低聚糖的制备工艺，而博士论文未有相关报道。以 peanut polysaccharide 为关键词，通过 Science Direct 和 Springer Link 检索英文文献，只有一篇英文文献报道响应面分析法脱脂花生粕多糖的最佳提取工艺及其结构的初步研究，此篇文献是中国农业大学于 2011 年发表。由此可见，国际上目前对花生多糖的开发利用探索较少。

表 1-2-14 花生多糖相关文献统计分析

年份	提取制备	分离纯化	功能活性	合计
2007	1	—	—	1
2008	3	—	—	3
2010	5	—	—	5
2011	—	—	1	1
2012	—	1	—	1
合计	9	1	1	11

2.4.2 研究的重点与趋势

目前对花生活性多糖的研究主要集中在提取制备，分离纯化、结构表征、构效关系、生物活性等方面的研究还很欠缺。在提取制备方面，仅确定了花生多糖的实验室制备工艺，尚需进一步研究产业化制备工艺，填补市场上花生多糖产品空缺。在分离纯化方面，需纯化出高活性的花生多糖组分，为结构表征及构效关系的分析奠定基础。在结构表征方面，活性多糖的化学结构是其生物活性的基础，多糖的构效关系是指其一级结构和高级结构与其生物活性的关系，这也是当前糖化学和糖生物学所关注的焦点问题。花生活性多糖的一级结构，包括单糖组成、糖环的构型（呋喃环或吡喃环）、糖环的绝对构型（*D*-或 *L*-）、糖苷键的构型（*α*-和 *β*-）、糖苷键的连接方式以及糖序列分析等方面还存在很大的研究空间，而其高级结构，包括分子质量、链尺寸、空间构象等更是无人涉足，如果将这块空白填补上会为花生活性多糖应用于食品、药品、农产品开发等相关领域奠定基础。在功能活性评价方面，目前仅对花生多糖的保护肝脏和抗氧化活性有相关报道，尚未研究花生多糖是否具有其他多糖具有的抗肿瘤、降血脂等活性，因此需进一步评价其活性功能，拓宽应用领域。

2.5 酚类

2.5.1 原花色素

通过对国内 CNKI、万方数据库等检索，发现国内原花色素研究文献共 117 篇，但花生中原花色素的报道相对较少。按文献发表年份来看，从 1999 年开始有相关文献的报道，2005—2010 年原花色素方面的研究较多，表明近年来研究者开始关注原花色素的相关研究。从研究内容来看，主要集中在原花色素的结构、功能活性和提取制备方面，而检测方法与应用方面的研究较少，见图 1-2-3 和表 1-2-15。

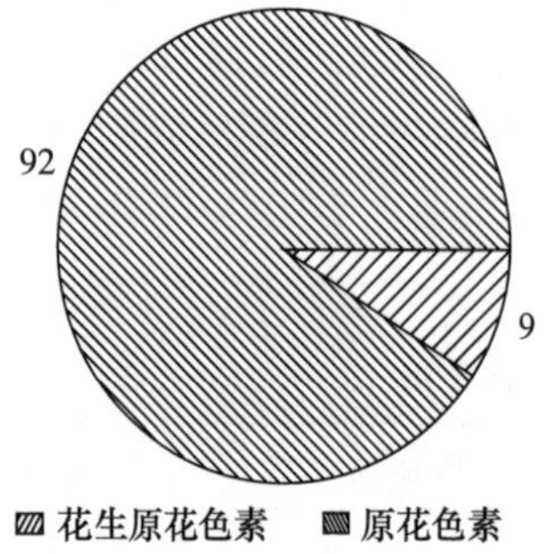

图 1-2-3 原花色素研究文献统计

表 1-2-15 原花色素文献研究情况

研究内容	中文文献	英文文献
综述	7	0
性质	13	1
活性	23	6
检测方法	5	2
制备	28	3
应用	2	0
其他	21	0

分析国内外原花色素文献总体情况发现，花生原花色素已经成为目前研究的热点，且国内相关研究占国际前沿地位，但总体研究较薄弱，今后的研究中需要加强对花生原花色素检测和实际应用方面的研究。此外，不同聚合度的原花色素具有不同的化学与生物活性和应用价值，花生红衣中原花色素的组成和结构也亟待研究，以为其开发应用提供指导和依据。

2.5.2 木犀草素

木犀草素是一种很具有代表性的天然黄酮，在植物界中分布较广，以木犀草素为检索词，通过 Google 学术和 CNKI 系列数据库对木犀草素相关文献进行检索，结果如图 1-2-4 所示，共检索出有关木犀草素的研究文献 317 篇，其中花生木犀草素研究文献 19 篇，占总体研究的5.99%。进一步对花生中木犀草素的相关文献按研究内容进行统计，结果见表 1-2-16 所示（数据来源：Google 学术、CNKI 数据库、Springer Link、Science Direct），发现国内对花生木犀草素的研究文献共 25 篇，主要集中在提取、检测方面，分别占总体研究内容的 36%和 24%，国外对花生木犀草素的研究文献共 6 篇，均匀分布在提取、活性和检测方法等研究方面。综上所述，花生中木犀草素的研究仍然是今后研究的重点方向，除了完善其提取、检测方法和活性检测外，还需加强其制备、纯化技术的研究，同时可收集不同区域的多个花生品种，分别检测其各个部位的木犀草素含量，针对含量较多的品种进行针对性的药物和保健食品的开发应用。

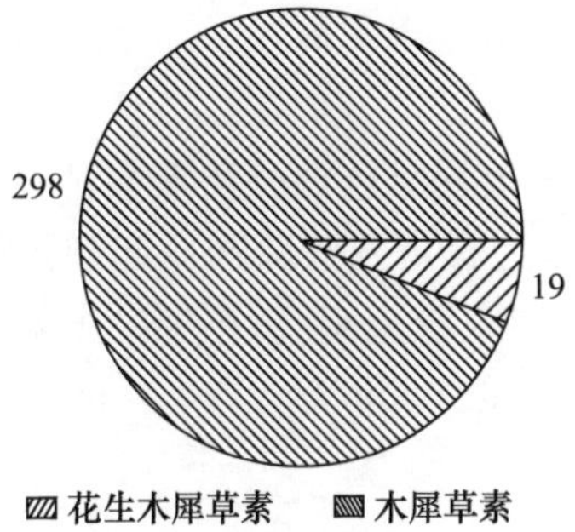

图 1-2-4　木犀草素研究文献统计

表 1-2-16　国内外花生木樨草素研究情况

分类	中文(篇)	英文(篇)
提取	9	2
纯化	2	—
活性	2	2
检测方法	6	2

2.5.3　白藜芦醇

通过对 CNKI、万方、Google 学术、德国 Springer Link 等数据库进行检索，发现白藜芦醇的相关中文文献共 2 530 篇，其中花生中白藜芦醇的研究共 78 条，而虎杖和葡萄中白藜芦醇的研究文献分别为 238 和 178 篇，因此花生中白藜芦醇的研究具有较大的发展空间。

近年来研究者将花生作为一种新的白藜芦醇提取的植物资源，开始关注花生中白藜芦醇的相关研究，见图 1-2-5。中国农业科学院下属各地方院所对花生中白藜芦醇进行了大量的研究，发表文献达 23 篇，一些高等院校如福建师范大学、中南林业科技大学等以及蒙牛乳业等企业也对此进行了相关研究。花生中白藜芦醇的研究主要集中在制备与检测方面，而花生白藜芦醇的功能活性尚待进一步研究，见表 1-2-17。

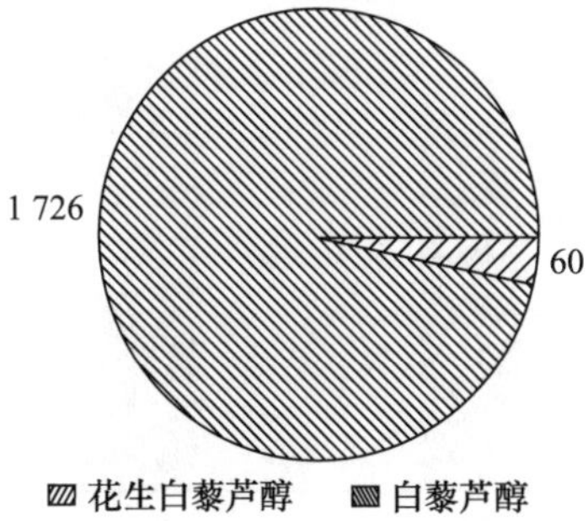

图 1-2-5　白藜芦醇研究文献统计

表 1-2-17　白藜芦醇文献研究情况

研究内容	中文文献	英文文献
综述	5	0
制备	33	2
功能	2	1
检测	17	2
基因表达	12	2
其他	7	4

分析国内外白藜芦醇文献总体情况发现，花生根茎、红衣中的白藜芦醇已经引起了

研究者的广泛关注，且国内研究占据国际研究前沿地位。在今后的研究中，需要进一步深入对花生白藜芦醇功能活性的研究，并探讨通过基因工程、细胞培养等手段提高白藜芦醇的得率的手段与方法。另外白藜芦醇遇热见光易分解、稳定性差、贮存条件要求苛刻，新剂型的开发可提高其贮存稳定性和体内作用效果，扩大其在食品、药品、化妆品行业的应用范围，而国内外相关报道仅 13 篇。所以白藜芦醇新剂型的开发也是今后研究的一大重点与难点。

2.6 维生素

维生素 E 是生育酚和生育三烯酚的总称，广泛存在于植物绿色部分及禾本科种子如小麦胚芽、玉米胚芽、大豆胚芽等胚芽中。维生素 E 可作为自由基清除剂而起到抗氧化作用，且 α-维生素 E 的抗油脂氧化活性低于 γ-维生素 E 和 δ-维生素 E，花生中主要含有上述三种维生素 E 异构体，其大致含量分别为 20 mg/100 g、7 mg/100 g、0.5 mg/100 g（吴时敏等，2003a；吴时敏等，2003b）。

2.6.1 维生素 E

2.6.1.1 国内外文献分析

查得维生素 E 相关文献共 4 132 篇（文献来源：CNKI、万方、Google 学术、德国 Springer Link），其中花生维生素 E 文献 1 篇，为遗传育种方面的研究（刘风珍等，2005）。由文献统计可以看出，我国有关维生素 E 的研究始于 20 世纪 80 年代初期（1980 年），至 20 世纪 90 年代中期（1995 年）维生素 E 的研究开始受到关注，之后研究的文献数目逐年递增，逐渐成为研究热点。（图 1-2-6）

从国内外文献报道来看，对维生素 E 的研究主要分为以下几个方面：功能活性、检测方法、提取制备、综述。因有关花生维生素 E 的研究较少，因此文献统计基于维生素 E 总体研究情况，具体如图 1-2-7 所示。国内有关维生素 E 的研究在提取制备、检测方法和生理活性方面均有涉及，其中生理活性方面的研究远远高于检测和制备，国外研究侧重于生理活性和检测方法，对维生素 E 提取制备的研究较少，因此国内外有关维生素 E 的研究形成互补，今后的研究中可以相互借鉴。

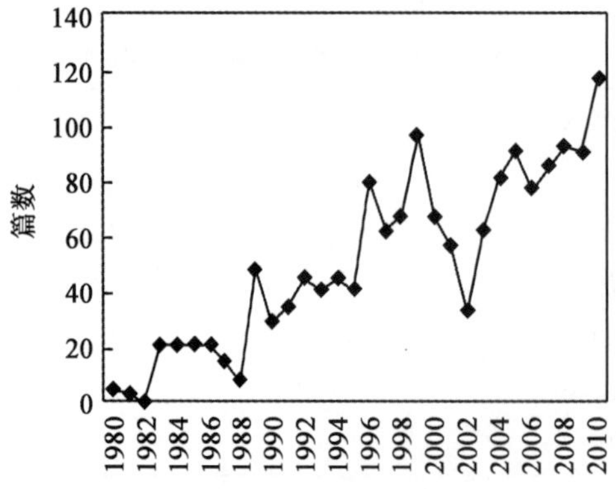

图 1-2-6 维生素 E 研究文献数目随年份变化

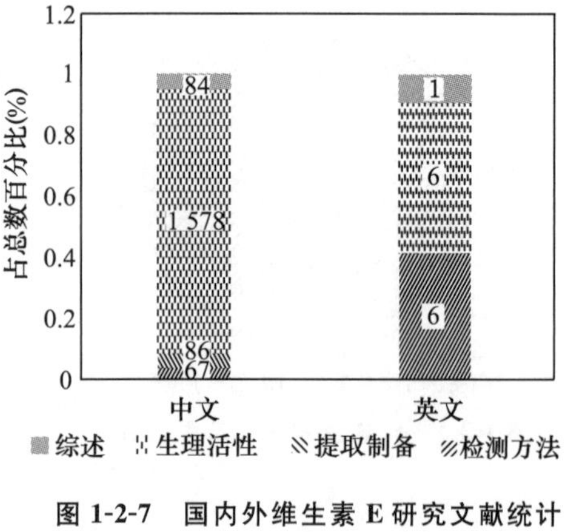

图 1-2-7 国内外维生素 E 研究文献统计

根据文献统计，我国维生素 E 在应用领域方面研究主要集中在医药、养殖、食品行业，其中医药行业的应用研究最多，占总研究文献数的 83.32%；其次是养殖业，占近 11 年总文献数的 15.06%，维生素 E 在食品应用方面的文献数占1.41%，近几年研究较少，同时从查阅的文献中也可以看出，维生素 E 不仅在食品领域应用少，且应用的范围也较窄，多作食品抗氧化剂用，食品中对其生理功能方面的应用较少，后续研究有待加强。

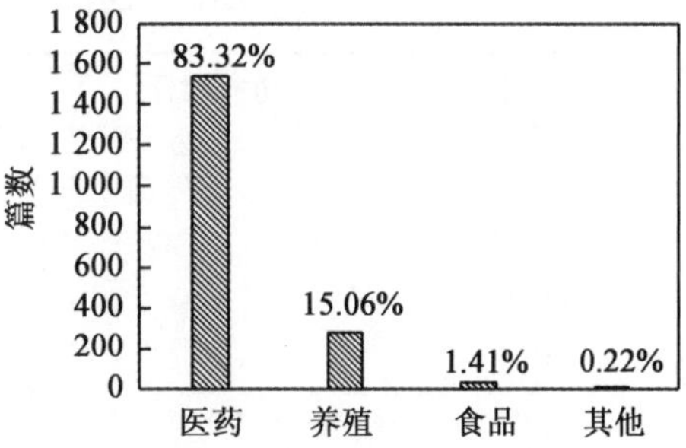

图 1-2-8　维生素 E 活性应用研究领域文献分析

表 1-2-18　维生素 E 活性应用领域近 11 年文献数统计(2000—2010)

年份	医药	养殖	食品	总计	百分比(%)
2000	55	11	0	66	7.74
2001	45	8	1	54	6.33
2002	22	9	1	32	3.75
2003	50	11	3	64	7.50
2004	68	13	2	83	9.73
2005	64	24	3	91	10.67
2006	62	14	2	78	9.14
2007	64	19	2	85	9.96
2008	60	33	0	93	10.90
2009	61	28	0	89	10.43
2010	77	35	1	113	13.25
总计	633	205	15	853	
百分比(%)	74.21	24.03	1.76		

2.6.2　维生素 K

2.6.2.1　国内外文献分析

通过对国内 1999—2010 年的维生素 K 相关文献统计分析(见表 1-2-19)，文献均检索自 CNKI 数据库)可以看出，最近 10 年关于维生素 K 的文献有所增加，功能活性方面的研究文献占大多数，而关于生产制备和检测方法的文献较少。目前维生素 K 的生产技术已经比较成熟，大多数的研究都集中在对维生素 K 活性在医疗的应用上，在食品健康上的研究也有所增加，但是还没有出现关于花生中的维生素 K 研究的文献报道。国内外对维生素 K 的研究主要集中在其活性及应用上，国内主要涉及医疗领域，国外已经开始在食品领域对维生素 K 有研究。

表 1-2-19　1991—2010 年维生素 K 相关文献统计分析

年份	功能活性	检测方法	生产制备	合计
1990	0	0	0	0
1991	1	0	0	1
1992	2	0	0	2
1993	0	0	0	0
1994	0	0	0	0
1995	0	0	0	0
1996	1	0	0	1
1997	0	1	1	2
1998	0	1	2	3
1999	2	0	0	2
2000	0	0	0	0
2001	0	0	0	0
2002	0	2	2	4
2003	2	1	1	4
2004	2	3	3	8
2005	1	0	0	1
2006	1	4	4	9
2007	3	0	0	3
2008	3	3	3	9
2009	3	1	1	5
2010	1	1	1	3

2.6.2.2　研究的重点与趋势

(1)研究单一的维生素 K 在医疗上的作用已经非常广泛，在饲料添加剂上也有较广泛的应用。如果将维生素 K 和其他活性物质结合起来，研究其协同作用，可能会有更好的活性功能。

(2)花生中的维生素 K 的研究目前还是个空缺，可以将其与花生中的其他的活性物质结合起来，研究出新的功能性质，开发以维生素 K 为主的新的功能性食品，将会有较好的前景。

参考文献

[1] 董文召，汤丰收. 我国花生优质育种的研究进展及育种策略探讨[J]. 中国农学通报，2002，18(2)：77-81.

[2] 高焕春，李文英，吕晓玲. 花生蛋白质稳定性及加工品工艺条件的研究[J]. 中外技术情报，1995，12：

39-40.
[3] 韩深,卢晓宇,邵瑞婷,等. GC-FID 甲酯化法测定橄榄油中六种脂肪酸[J]. 分析试验室,2007,26(12):136-139.
[4] 胡子槐. 花生"水溶法"取油和蛋白新工艺探讨[J]. 中国油脂,1992:57-62.
[5] 霍文兰. 超临界 CO_2 流体萃取法和溶剂法萃取米糠油脂肪酸成分研究[J]. 中国油脂,2009,34(8):77-79.
[6] 简毓峰,胡浩斌,朱继华. 两种紫苏油理化性质及脂肪酸组成研究[J]. 中国食物与营养,2011,17(1):64-66.
[7] 康辉,孙凤卿,马文婵. 豆油中脂肪酸酯的气相色谱测定方法研究[J]. 应用化工,2008,37(4):449-450.
[8] 孔令明. 杏仁油中脂肪酸成分分析及其软胶囊的制备[J]. 2011,11(6)7-39.
[9] 黎鹏. 动态超高压微射流技术对花生球蛋白功能性质的影响及其机理研究[D]. 南昌:南昌大学,2007.
[10] 廖成华,向仲朝,唐星素,等. 芝麻油脂肪酸的组成及其掺伪检测的研究[J]. 中国油脂,1992,6:31-35.
[11] 廖杰,赵玉兰,李宁,等. 茶籽油中脂肪酸成分的气相色谱/质谱分析[J]. 现代仪器,2009,5:46-47.
[12] 林鹿,傅家瑞. 花生种子 2S 蛋白[J]. 花生科技,1994(3):1-4.
[13] 刘清,姚惠源. 油料种子中的抗氧化活性成分[J]. 中国食品添加剂,2006(2):95-99.
[14] 刘志同. 中国植物油料蛋白生产现状与发展趋势[J],中国油脂,2004,29(10):5-10.
[15] 鲁明,张晓黎,于淼,等. 不同方法提取的麦胚油质量分析[J]. 辽宁农业科学,2006(3):73-74.
[16] 万书波. 花生品质学[M]. 北京:中国农业科学技术出版社,2007.
[17] 巫淼鑫,邬国英,韩瑛,等. 6 种食用植物油及其生物柴油中脂肪酸成分的比较研究[J]. 中国油脂,2003,28(12):65-67.
[18] 吴时敏,吴谋成,马莉. 植物甾醇在菜籽高级烹调油中的抗氧化作用 II-高温下抗氧化作用的研究[J]. 中国油脂,2003,28(5):32-33.
[19] 吴时敏,吴谋成,马莉. 植物甾醇在菜籽高级烹调油中的抗氧化作用 I-常温下抗氧化作用的研究[J]. 中国油脂,2003,28(4):52-54.
[20] 杨晓泉,张水华,黎茵,等. 花生 2S 蛋白的提取分离及部分性质研究[J]. 华南理工大学学报(自然科学版),1998,26(4):1-5.
[21] 杨晓泉,陈中,赵谋明. 花生蛋白的分离及部分性质研究[J]. 中国粮油学报,2001,16(5):25-28.
[22] 姚云游. 花生油与橄榄油营养价值的比较[J]. 中国油脂,2005,30(4):66-68.
[23] 张姣勤,陈军,李子雨,等. 花生功能活性成分研究进展[J]. 油脂工程,2008,12(3)72-76.
[24] 张宇昊,马良,王强. 花生短肽降血压活性研究[J]. 食品科学,2008,29(6):399-400.
[25] 张忠信,朱松. 花生的营养成分与食疗方剂[J]. 中国食物与营养,2007(11):57-58.
[26] 周瑞宝. 花生加工技术[M]. 北京:化学工业出版社,2003.
[27] 禹山林. 中国花生品种及其谱系[M]. 上海:上海科学技术出版社,2008.
[28] Burks A. W. , James J. M. , Hiegel A. , Wilson G. , Wheeler J. G. , Jones S. M. , Zuerlein N. Atopic dermatitis and food hypersenditivity reactions[J]. The journal of pediatrics, 1998, 132(1):132-136.
[29] Clough A. The determination of tocopherols in vegetable oils by square-wave voltammetry[J]. Journal of the American Oil Chemists' Society, 1992, 69:456-460.
[30] Jamdar S. N. , Rajalakshmi V. , Pednekar M. D. , et al. Infl uence of degree of hydrolysis on func-

tional properties, antioxidant activity and ACE inhibitory activity of peanut protein hydrolysate [J]. Food chemistry, 2010, 121(1):178-184.

[31] Jangchud A., Chinnan M. S. Properties of peanut protein film: Sorption isotherm and plasticizer effect[J]. LWT- Food Science and Technology, 1999,32(2):89-94.

[32] Kella N. K. D, Poola I. Sugars decrease the thermal denaturation and aggregation of arachin [J]. Journal of Peptide and Protein Research, 1985, 26: 390-399.

[33] Kella N. K. D., Rao M. S. N. Effect of cetyl trimethyl ammonium bromide on the heat-induced denaturation and protein-protein interactions of arachin at pH 3.6 [J]. International Journal of Peptide and Protein Research, 1985, 26(2): 79-186.

[34] Kumar K. D. N., Nandi P. K., Rao M. S. N. Reversible gelation of arachin [J]. International journal of peptide protein research, 1980, 15:67-72.

[35] Lumpkins B., Batal A. and DDale N. Use of distillers dried grains plus soluble in laying hen diets [J]. The Journal of Applied Poultry Research. 2005,14:25-31.

[36] Mason M. E., Newell J. A., Johnson B. R., et al. Non volatile flavour components of groundnut [J]. Journal of Agricultural Food and Chemistry, 1969, 17: 732-782.

[37] Mouécoucou J., Frémont S., Sanchez, C., et al. In vitro allergenicity of peanut after hydrolysis in the presence of polysaccharides[J]. Experimental Allergy, 2004, 34 (9):1429-1437.

[38] Newell J. A., Mason M. E., Matlock R. S. Precursors of typical and atypical roasted peanut flavour [J]. Journal of Agricultural and Food Chemistry, 1967, 15: 767-772.

[39] Panyam D., Kilara A. Enhancing the functionality of food proteins by enzymatic modification [J]. Trends in Food Science and Technology, 1996,7: 120-125.

[40] Prakash V., Narasinga Rao M. S. Physicochemical properties of oilseed proteins [J]. Critical Reviews in Biochemistry and Molecular Biology, 1986, 20(3): 286-298.

[41] Savage G. P., Keenan J. I. The composition and nutritive value of groundnut kernels. In: Smartt, J. (Ed.). The Groundnut Crop: A Scientific Basis for Improvement. Chapman & Hall, London, 1994, 173-213.

[42] Tombs M. P. An electrophoretic investigation of Groundnut proteins: the structure of arachin A and B [J]. Biochemical Journal, 1965, 96: 119-133.

[43] Yamada T., Aibara S., Morita Y. Dissociation-association behaviour of arachin between dimeric and monomeric forms [J]. Agricultural Biology and Chemistry 1979a, 43(12): 2549-2556.

[44] Yamada T, Aibara S., Morita Y. Isolation and some properties of arachin subunits [J]. Agricultural Biology and Chemistry 1979b, 43:2 563-2 568.

[45] USDA. http://usda.mannlib.cornell.edu/MannUsda/viewDocumentInfo.do?documentID=111. 2012.

第二章　功能性花生蛋白的开发与应用

蛋白质是由各种氨基酸通过肽键相互连接而构成的具有空间结构的生物大分子。蛋白质的功能特性是指食品体系在加工、贮藏、制备和消费过程中蛋白质对食品产生需要特征的某些物理、化学性质（王盼盼，2010）。根据蛋白质所发挥作用的特点，可以将其功能性质分为 4 类：一是水合性质（蛋白质-水相互作用），包括吸水性、持水性、溶胀性、溶解性和黏度等；二是蛋白质-蛋白质相互作用，包括沉淀性、胶凝性、组织化、面团形成等；三是表面性质，蛋白质在极性不同的两相之间所产生的作用，主要指乳化性和起泡性；四是感官性质，包括色泽、风味、咀嚼性、爽滑感、混浊度等。这些性质并非完全独立，而是相互影响、相互作用（Fennema，2003；赵新淮，2005；管斌，2005）。蛋白质的这些功能性质与植物蛋白的分子质量分布、亚基的大小/组成、亚基的解离/聚合性质、二硫键多寡及其热稳定性、亲水/疏水性有密切的关系。花生蛋白作为具有功能特性的生物大分子，深入研究其组成和分子结构特性对我国植物蛋白资源的深度开发和利用具有十分重要的意义。

第 1 节　功能性花生蛋白研究进展

1.1　文献综述

通过对 1998—2011 年花生蛋白中英文文献（主要检索自 CNKI、万方数据库、Sciencedirect、Springerlink 等数据库）统计（图 2-1-1），可知近 10 年发表的中文期刊、硕

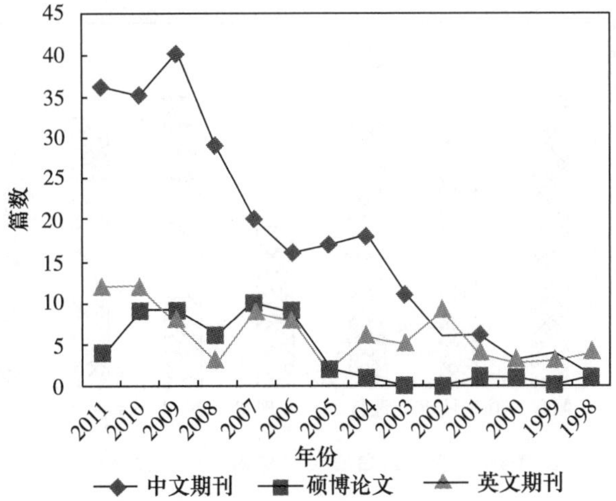

图 2-1-1　花生蛋白相关文章年度统计

博论文、英文期刊中，花生蛋白相关研究总体呈逐年增加的趋势。我国对花生蛋白的研究自 2003 年以来在中文期刊中发表的文章数量迅速增加；硕博论文也呈现整体上升趋势，在 2007 年最多；相比国内的研究，国际期刊中发表关于花生蛋白的相关研究的递增趋势相对平稳，此外部分在国际期刊上发表文章的作者是来自于国内。然而在国际期刊中各国发表的文章总量和我国所占比例来看（表 2-1-1），世界上对花生蛋白的研究相比大豆蛋白的理论研究的深度和产业化开发的程度均相对落后，这与西方国家花生消费方式与习惯有关。而我国作为世界上花生产量第一的国家，在国际相对权威期刊中发表文章的数目并不多，导致花生蛋白相关产品的开发和在实际食品体系中的应用受到限制。

表 2-1-1 世界各国在 SCI 刊源发表花生蛋白相关文章数目（1998—2011）

国别	篇数	比例（%）
美国	24	41
中国	12	20
英国	9	15
法国	4	6
德国	4	6
荷兰	2	3
澳大利亚	2	3

从国内外期刊中发表花生蛋白相关的研究内容看（图 2-1-2，图 2-1-3），近 10 年的研究主要集中在对花生蛋白的功能特性及分子修饰与改性方面，由于我国花生产量居世界首位，对花生及其蛋白的深加工利用与产业现状的相关报道较多。国外比较注重对花生蛋白的功能性质和改性的理论研究，这占据国外对花生蛋白研究的一半以上。

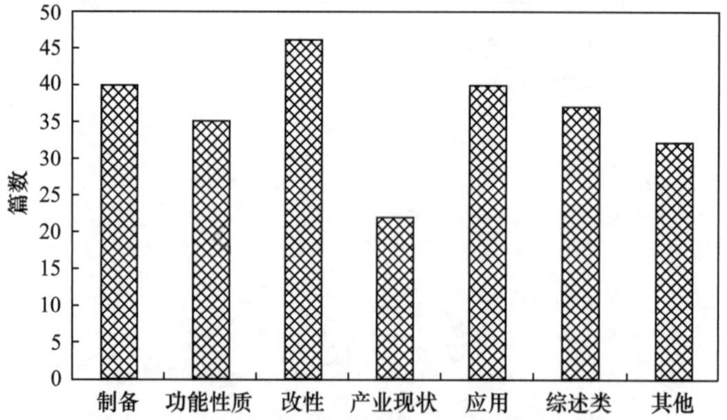

图 2-1-2 花生蛋白研究内容相关中文文献统计

通过对不同花生蛋白(蛋白粉、分离蛋白、浓缩蛋白等)的研究来看(图 2-1-4,图 2-1-5),我国对花生蛋白粉的研究最多,占 42.6%,其次是花生分离蛋白、花生浓缩蛋白,对花生蛋白组分的研究最少,仅为 4 篇;而国外研究最多的是花生分离蛋白、其次是花生浓缩蛋白和花生蛋白粉,而对关于花生蛋白组分的研究近 10 年几乎未有涉及,主要是因为目前针对花生蛋白组分的制备大多仍处于实验室少量制取的阶段。

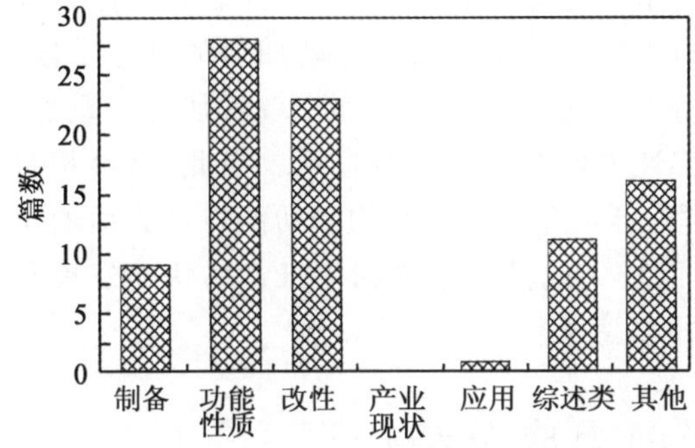

图 2-1-3　花生蛋白研究内容相关英文文献统计

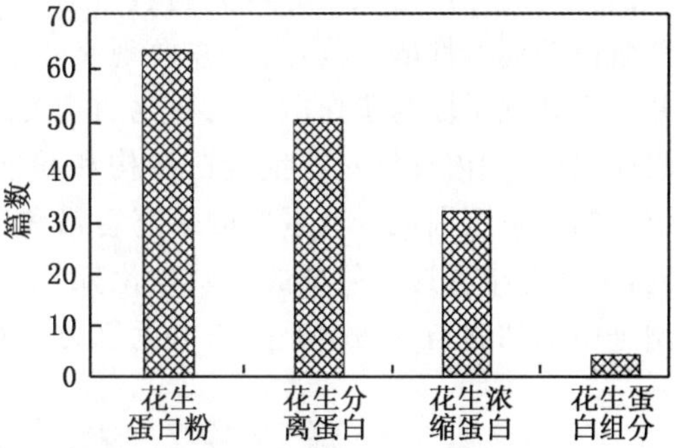

图 2-1-4　花生蛋白不同产品形式中文文献统计

从花生蛋白应用现状研究(图 2-1-6)来看,花生蛋白相关的应用研究集中在是花生蛋白饮料领域,其次是面制品,肉制品中应用最少。这说明了花生蛋白的理论与应用研究涉及的面不够广泛和深入,限制了花生蛋白在多种食品体系中的应用。此外,目前花生蛋白主要的应用的食品体系对花生蛋白功能特性的要求不高,也反映了目前我国的应用研究正因为理论和改性技术的薄弱而仍停留在低附加值产品应用。

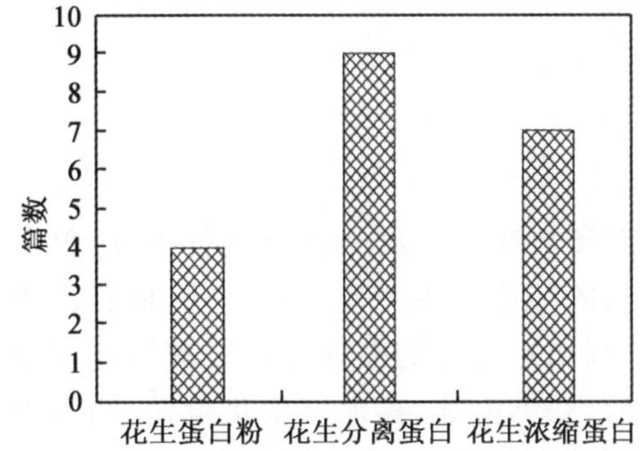

图 2-1-5　花生蛋白不同产品形式英文文献统计

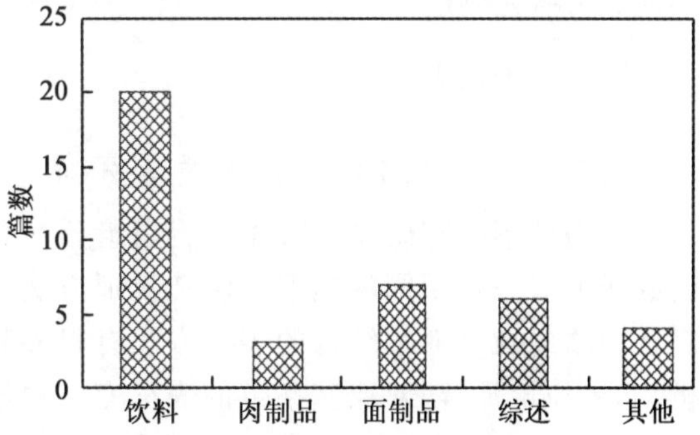

图 2-1-6　花生蛋白应用文献统计

1.2　研究重点与趋势

目前在我国花生油的压榨主要有热压榨与冷压榨提取两种工艺。前者最终所获得的花生油香气浓郁,但花生经历若干高温热处理的工序,其蛋白质热变性严重,目前只能用作畜禽饲料,资源浪费严重。此外,由于热压榨制油后产生的大量花生粕在仓储的过程中,极易产生黄曲霉毒素超标的问题,这无疑对花生资源的综合利用雪上加霜;而采用后者的压榨工艺，虽然花生油的香气没有前者那么浓郁，但最终获得的花生脱脂粉中蛋白质变性程度低，油脂与蛋白质都可以被充分利用，不但减少了大宗优质蛋白资源的浪费，而且极大地提高了花生相关产品的附加值，资源综合利用率高，是未来花生加工业发展趋势之一。

如何将花生蛋白应用于不同类型的食品及非食品领域，拓宽其应用范围，发挥花生蛋白应有的作用，核心就是花生蛋白的改性技术。物理、化学和酶解等方法是常用于改性蛋白功能特性的手段，尝试并发现真正有利于提高花生蛋白资源附加值的处理手段，并建立处理手段与蛋白质结构变化的相关关系应当是目前对花生蛋白领域研究的重点。然而，目前国内外针对花生蛋白结构和功能特性方面的研究少有报道。因此，借鉴相对成熟的大豆蛋白或者乳蛋白的研究思路和手段，开展花生蛋白结构和功能特性方面的研究，填补并丰富这一领域的基础理论知识，进而极大地推动整个花生工业的快速发展和增进中国油脂与蛋白企业的市场竞争力具有重要意义。

第 2 节　花生蛋白组成及结构

花生蛋白主要是由清蛋白与球蛋白组成，而球蛋白是由花生球蛋白与伴花生球蛋白组成。花生蛋白不同组分具有相似但不完全一致的氨基酸组成和序列，同时来自于不同品种的花生蛋白主要组分的含量比例、亚基组成或氨基酸构成也会有所差别，这些无疑会影响到花生蛋白在食品体系中物化功能特性的表现。前人对花生蛋白及其组分已经做了许多深入的研究，尤其在分离鉴定花生球蛋白及其亚基的组成数目方面做了大量的工作。目前花生蛋白制备技术、分子修饰改性技术、蛋白结构与功能特性相关性等已经逐渐成为研究热点。

2.1　组成

2.1.1　主要组分与分子质量分布

国内外不断有研究者对花生蛋白组分的分离及其亚基组成和数目进行表征，但不同的研究者采用不同的提取方法和表征方法得到的结论很多时候并不一致，而且由于对蛋白质组成和亚基结构的表征方法有很多种，例如对组分的表征方法有凝胶过滤层析、非还原电泳等，对亚基条带的表征有还原电泳、二维电泳、等电点聚焦电泳、高效液相色谱、免疫电泳等方式，每种表征方式都从不同的侧面表征蛋白组分及其亚基的数目和组成。

目前，对花生蛋白组分也有很多种不同的定义或者分类方式：例如，根据溶解特性可将花生蛋白分为两大类，即水溶性蛋白和盐溶性蛋白，其中有大约 10％的蛋白质是水溶性蛋白，称之为清蛋白，其余的 90％为盐溶性蛋白(高焕春等，1995)。盐溶性蛋白主要包括花生球蛋白(Arachin)、伴花生球蛋白Ⅰ (Conarachin I)和伴花生球蛋白Ⅱ(Conarachin Ⅱ)，它们之间含量的比例分别为花生球蛋白 73％，伴花生球蛋白Ⅰ 为 6％和伴花生球蛋白Ⅱ为 21％(黄上志等，1992；Yamada.，1979)。也有研究者把花生球蛋白进一步分为花生球蛋白Ⅰ和花生球蛋白Ⅱ两个组分。

花生蛋白经蔗糖梯度密度离心主要包含 5 种组分，分别为 2S、5S、9S、14S、19S 蛋白，结合电泳分析可知 2S 和 5S 含有多种蛋白质，但不包括 Arachin 和 Conarachin Ⅱ，9S 蛋白主要由 Conarachin Ⅱ 组成，14S 蛋白主要由 Arachin Ⅰ 和 Arachin Ⅱ 组成，19S 蛋白由可溶性 Arachin 聚合物组成(Yamada et al.，1980)。

由 DEAE-纤维素层析法和聚丙烯酰胺凝胶电泳分析表明，花生种子蛋白提取物包含两种类型的球蛋白：花生球蛋白(主要贮藏在糊粉层)和伴花生球蛋白(主要存在于细胞质中)，此二者是花生蛋白中最主要蛋白质片段，花生蛋白的功能特性也在很大程度上取决于这两种蛋白组分(图 2-2-1)(Cherry et al.，1973)。

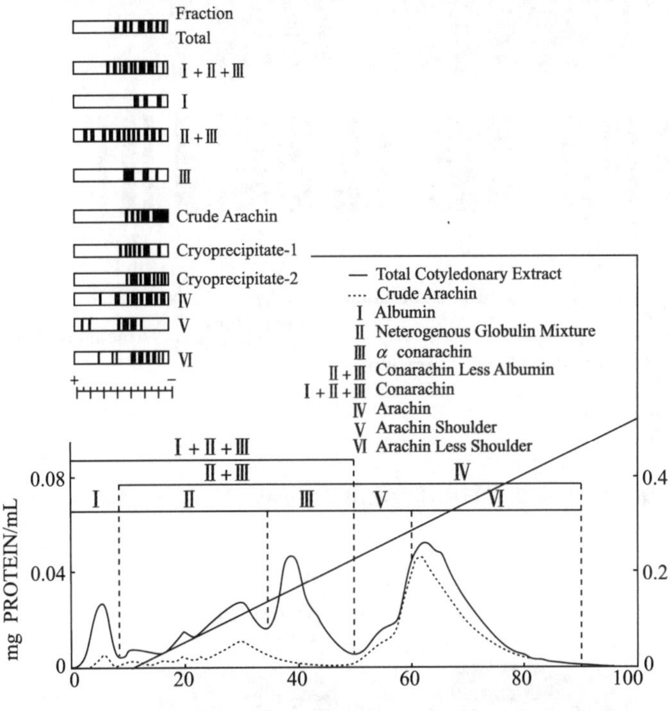

图 2-2-1 花生种子蛋白 DEAE-纤维素层析和聚丙烯酰胺凝胶电泳图

此外，通过琼脂凝胶电泳和聚丙烯酰胺凝胶电泳的经典方法，可将花生球蛋白和伴花生球蛋白纯化为 α-花生球蛋白和 α-伴花生球蛋白(Tombs 1965，1967)，见图 2-2-2。α-花生球蛋白包括 4 条不同的多肽链(α、β、γ 和 δ)，通过 SDS-PAGE 表明通过 10%NaCl 分离提取得到的花生球蛋白 P6 组分含有 9 条多肽亚基(Singh et al.，1973)。

水、磷酸盐缓冲液(I=0.03，pH 7.9)和 10%的 NaCl 溶液既不能完全提取，也不能分离开花生球蛋白、伴花生球蛋白和非球蛋白组分(Basha，et al.，1976)。α-花生球蛋白和 α-伴花生球蛋白可用含 1 mol/L NaCl 的 20 mmol/L 磷酸盐缓冲液分级制备，通过 SDS-PAGE 表明(见图 2-2-3)，α-花生球蛋白含有 1 个次要组分和 4 个主要组分，分子质量介于 20 000 u 和80 000 u之间；而 α-伴花生球蛋白则含有 2 个主要组分和 3 个次要组分，分子质量介于23 000 u和 84 000 u 之间(Basha et al.，1990)。

Tombs 等(1967)研究表明，α-花生球蛋白的分子质量大约为 320 000 u。在后续研

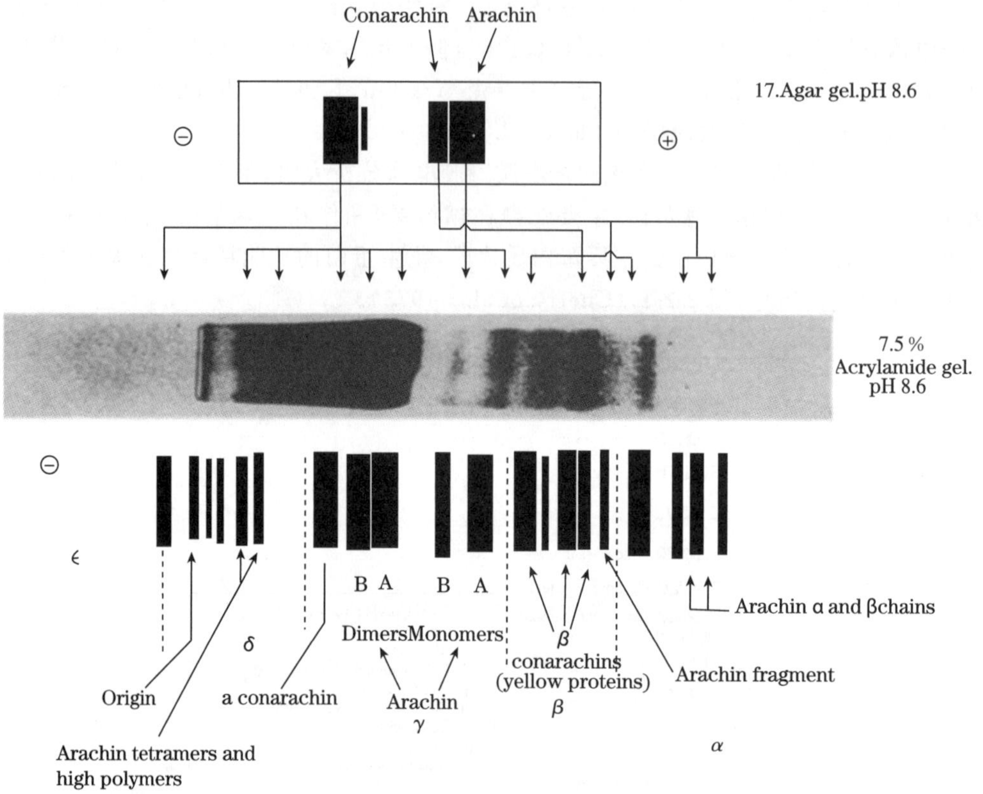

图 2-2-2 花生蛋白电泳分级图谱(Tombs, M. P., 1965; 1967)

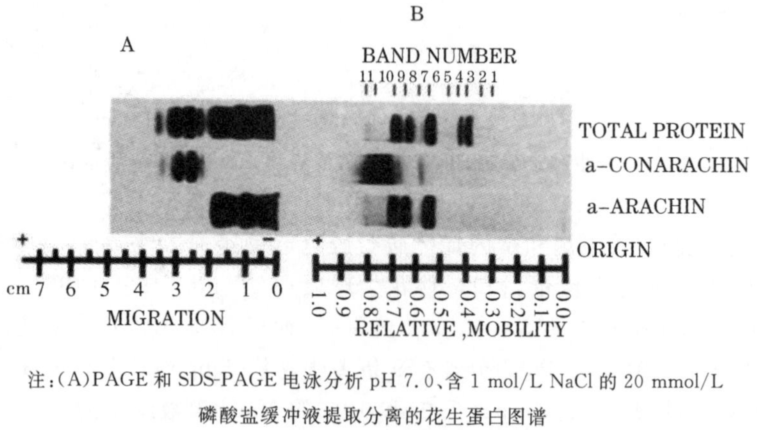

注:(A)PAGE 和 SDS-PAGE 电泳分析 pH 7.0、含 1 mol/L NaCl 的 20 mmol/L 磷酸盐缓冲液提取分离的花生蛋白图谱

图 2-2-3 标准聚丙烯酰胺凝胶电泳

究中,Yamada 等采用蔗糖密度梯度等电点聚焦法发现,花生球蛋白中分子质量为 180 000 u 的组分由 6 个不同的亚基组成,其分子质量介于 19 500 u 和 40 500 u,如图 2-2-4 所示。花生球蛋白和伴花生球蛋白采用含 10%NaCl 的 0.01 mol/L 的磷酸盐缓冲液(pH 7.9)提取,经过蔗糖密度梯度离心分离,表明在高离子强度下,花生球蛋白和

伴花生球蛋白以一种二聚体(分子质量为 350 000 u)和一种单体形式(分子质量为 180 000 u)存在。

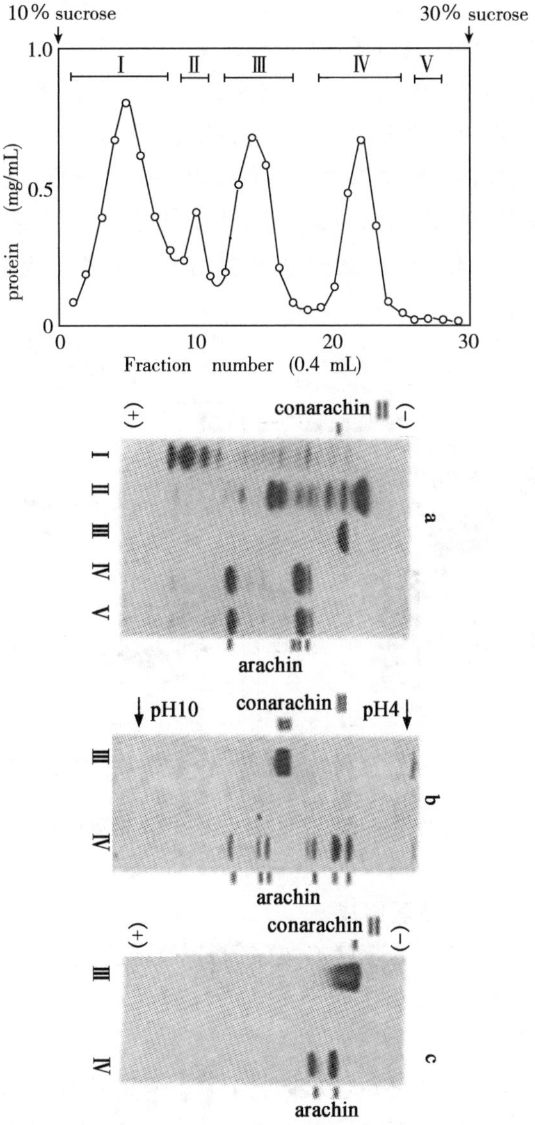

注:凝胶电泳分析经 SDGC 分离的组分,(a)SDS 聚丙烯酰胺凝胶电泳;
(b)等电点聚焦凝胶电泳;(c)标准凝胶电泳

图 2-2-4 花生蛋白蔗糖密度梯度离心分析(SDGC)

2.1.2 亚基组成

Mazhar 等(2002)采用 SDS-PAGE 对花生蛋白进行分析,结果显示出约 15 条谱带,分子质量范围 14～97 ku。韦一能等(1995)采用等电聚焦后分别提取不同等电点的花生蛋白质进行聚丙烯酰胺凝胶电泳(PAGE)和十二烷基磺酸钠-聚丙烯酰胺凝胶电泳(SDS-

PAGE)分析,结果显示花生蛋白有两种主要组分和一种次要组分。韦一能等(1998)对花生蛋白乳状液及其经等电聚焦,或用硫酸铵分级分离后,分别进行 SDS-PAGE,结果均显示出 18 条谱带。其中 A1,B1,B2,B3,C3,C4,C6,D8 等 8 条区带,在不同等电点蛋白质,不同饱和度的硫酸铵所沉淀的蛋白质,以及乳状液中的蛋白质,都共同显出的主要区带,它们的相对分子质量分别是4.0 ku、28 ku、34 ku、38 ku、52 ku、54 ku、56 ku、78 ku。这 8 条区带可能是构成花生蛋白质主要组成的亚基或肽链。

花生蛋白的亚基组分在一维电泳中并不会获得完全的分离,但可以通过二维凝胶电泳进行鉴定,将等电聚焦电泳作为第一维,SDS-PAGE 作为第二维,分析表明,花生蛋白中含有多达 74 个主要组分和 125 个微量组分,其分子质量范围为 15 000 u 到 175 000 u (图 2-2-5)(Basha, 1988)。

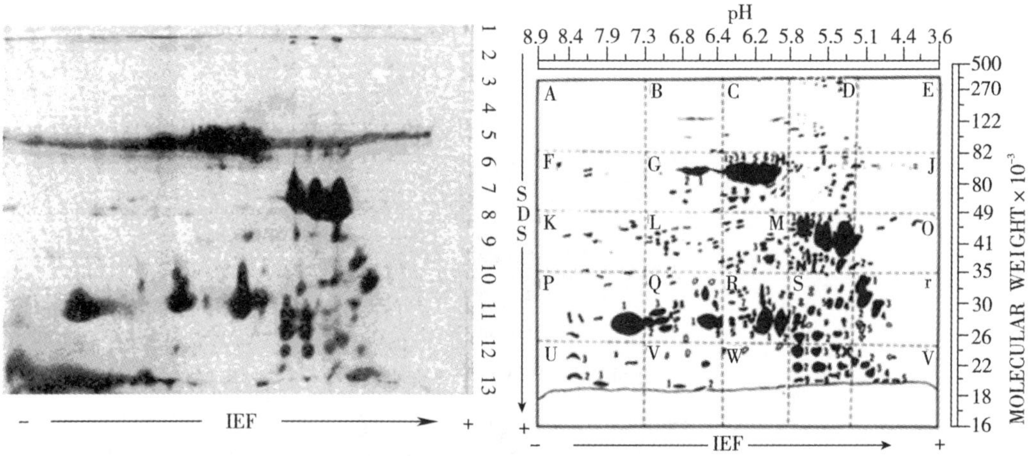

图 2-2-5 花生种子蛋白二维凝胶电泳实际谱图和分析图解

2.1.2.1 花生球蛋白的亚基组成

Mouécoucou 等(2004)采用 β-巯基乙醇(β-ME)处理后进行十二烷基磺酸钠-聚丙烯酰胺凝胶电泳(SDS-PAGE)对花生球蛋白分析,得到 7 个条带(72.4 ku,60.3 ku,39.8 ku,33.1 ku,29.0 ku,21 ku),分子质量为 350 ku。

Yamada 等(1980)报道花生球蛋白包含两个分子质量系列(花生球蛋白Ⅰ和Ⅱ)。其中花生球蛋白Ⅰ在 0.01 mol/L 磷酸盐缓冲液(pH 7.9)是以单体形式存在,分子质量为 180 000 u;但是在 0.3 mol/L 的磷酸盐缓冲液(pH 7.9)中花生球蛋白Ⅰ可逆的聚合为二聚体,分子质量为 350 000 u。花生球蛋白Ⅱ在上述两种条件下都是以二聚体形式存在,分子质量为350 000 u。Yamada 等(1979)已详尽地研究过花生球蛋白的亚基组成,证实花生球蛋白由 3 个分子质量较大的酸性亚基和 3 个分子质量较小的碱性亚基组成。杨晓泉等(2001)通过 2D-PAGE 显示花生球蛋白由 2 个酸性亚基(40.5 ku,pI 5.5;37.5 ku,pI 5.0)和 3 个碱性亚基(19.5 ku,pI 6.3、pI 7.0、pI8.2)组成,通过 SDS-PAGE 显示花生球蛋白分子质量为(40.5 ku、37.5 ku 及 19.5 ku),该结果与 Yamada 等(1979)基本一致。

黎茵等(1998)通过对 46 个花生品种蛋白质进行 SDS-PAGE 电泳和双向电泳,得出

4类型的蛋白组成模式。花生种子蛋白组成的主要差异在于花生球蛋白亚基组成的不同，其中类型Ⅰ花生球蛋白主要含有41 ku、38.5 ku和2个18 ku亚基；类型Ⅱ主要含41 ku、38.5 ku、37.5 ku和3个18 ku亚基；类型Ⅲ主要含41 ku、38.5 ku、36.5 ku和3个18 ku亚基；类型Ⅳ主要含41 ku、38.5 ku、37.5 ku、36.5 ku和3个18 ku亚基，与印度学者Krishna等(1986)总结的4种蛋白组成模式相印证。

花生球蛋白、花生球蛋白Ⅰ和Ⅱ分别被分离纯化出来，采用聚丙烯酰胺凝胶电泳(PAGE)，对其纯度和均一性进行分析(Bhushan et al.，2006)得到花生球蛋白一条带，其分子质量为430 000 u，进一步PAGE分析，在10%、10.5%、11%凝胶浓度下，花生球蛋白显示出两个条带，分子质量分别为229 000 u和436 000 u，其比例为2∶1。上述结论与采用体积排阻色谱(SEC)得到的两个峰相一致，其分子质量分别为229 000 u和436 000 u，比例为2.1∶1。进一步采用反相高效液相色谱(RP-HPLC)法，也支持上述结果，其比例为2.2∶1。根据文献报道(Yotsuhashi，1973)，这两个组分被称之为花生球蛋白Ⅰ和花生球蛋白Ⅱ。通过管式凝胶电泳，可以纯化和回收这两个组分。所得到得两个分子质量组分在甘氨酸-NaOH缓冲体系(0.02 mol/L，pH 9.0)中、凝胶浓度为10%，表现出均一性。

Bhushan等(2006)采用聚丙烯酰胺凝胶电泳(PAGE)、体积排阻色谱(SEC)和反相高效液相色谱(RP-HPLC)法对花生蛋白亚基进行分离(见表2-2-1)。花生球蛋白采用管式凝胶电泳，在不连续缓冲体系中，分离胶浓度12%，能够清晰的分离出6个条带。电泳中不加SDS，而添加2-巯基乙醇。而在连续缓冲体系条件下，虽然在分离胶浓度12.5%时，能够获得5个条带，但是管式凝胶电泳不能很好地分离。而平板凝胶电泳在分离胶浓度15%，浓缩胶浓度5%条件下，可以得到12个条带(图2-2-6)。

表2-2-1 花生蛋白亚基成功分离的实验参数表

Sample	Tube gel electrophoresis				Slab gel electrophoresis			Sample with	RP-HPLC wavelength	Flow rate (mL/min)	Peaks
	Sample (μg)	Gel (%)	Voltage	Bands	Sample (μg)	Gel (%)	Bands				
Arachin	50	12R	100 V	6	40	15R	12	0.06%TFA+SDS	210 nm	0.75	12
		5S	100 V			5S		(2.0×10⁻⁶g/mL)			
Arachin Ⅰ	50	12R	100 V	6	40	15R	6	0.06%TFA+SDS	210 nm	0.75	6
		5S	100 V			5S		(2.0×10⁻⁶g/mL)			
Arachin Ⅱ	50	12R	100 V	6	40	15R	12	0.06%TFA+SDS	210 nm	0.75	12
		5S	100 V			5S		(2.0×10⁻⁶g/mL)			

在没有浓缩胶的条件下，也可以获得12个条带，但不是很清晰。所有上述实验样品中都添加了SDS，而没有添加2-巯基乙醇，结果都相同。花生球蛋白的12个亚基的分子质量以及分子质量的比例，可以通过SDS-PAGE计算得到(表2-2-2)。该结论与采用RP-HPLC法得到的关于花生球蛋白有12个条带是一致的(表2-2-2，图2-2-7)。

在不同条件RP-HPLC下，样品中添加SDS和0.06%三氟乙酸(TFA)，210 nm在线检测得到12个峰。之前也有研究报道花生球蛋白含有12个亚基(Yamada et al.，1979)。这12个亚基组分的RP-HPLC的保留时间和出峰比率见表2-2-2。

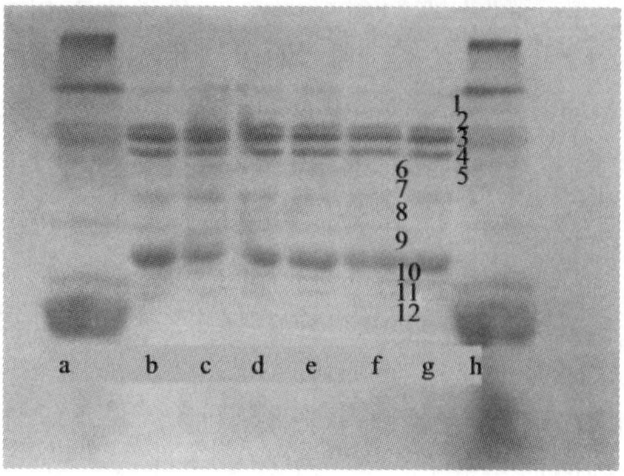

b，c，d，e,f，g 花生球蛋白样品　a 和 h Marker

图 2-2-6　花生球蛋白亚基的 SDS-PAGE 图谱

表 2-2-2　花生蛋白亚基 PAGE,RP-HPLC 分析结果

Sample	Subunit	PAGE		RP-HPLC	
		Molecular Weight	Weight Ratio[a]	RT	Peak ratio[b]
Arachin	1	66 069	1.67	12.32	3.69
	2	52 480	1.07	15.57	1.86
	3	47 863	2.60	18.77	1.89
	4	42 657	1.67	20.80	3.83
	5	38 904	1.33	22.45	3.37
	6	36 307	1.00	24.58	1.44
	7	35 481	1.20	32.58	3.89
	8	29 512	1.47	33.54	2.05
	9	23 988	1.67	34.08	1.44
	10	19 054	2.27	35.52	1.00
	11	17 782	1.53	47.30	1.47
	12	15 488	2.00	48.48	1.00
Arachin Ⅰ	S1	66 069	1.25	12.20	3.59
	S2	47 863	1.95	18.52	1.78
	S3	42 657	1.25	20.54	3.75
	S4	38 904	1.00	22.35	3.45
	S5	29 512	1.40	33.54	2.12
	S6	19 054	1.70	35.40	1.00
Arachin Ⅱ	A	66 069	1.57	12.40	3.74
	B	52 480	1.00	15.02	1.92
	C	47 863	2.50	18.32	1.80
	D	42 657	1.60	20.50	3.70
	E	38 904	1.37	22.04	3.47
	F	36 307	1.00	24.78	1.32

续表 2-2-2

Sample	Subunit	PAGE		RP-HPLC	
		Molecular Weight	Weight Ratio[a]	RT	Peak ratio[b]
	G	25 481	1.10	32.44	3.72
	H	29 512	1.30	33.60	2.15
	I	23 988	1.60	34.28	1.35
	J	19 054	2.30	35.60	1.00
	K	17 782	1.40	47.50	1.46
	L	15 488	1.89	48.58	1.00

注：[a] Absorbance recorded at 280 nm against bovine serum abumin[b] Absorbance recorded at 210 nm on line

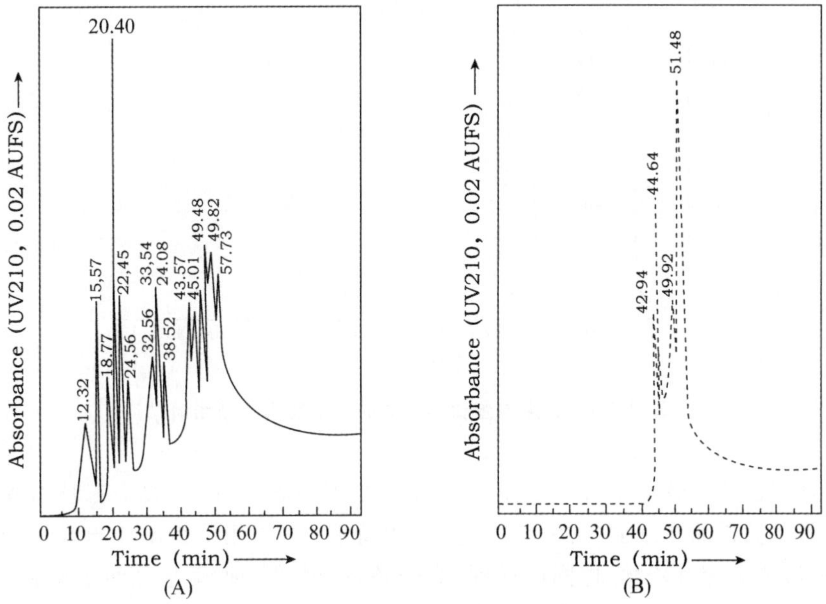

图 2-2-7 花生球蛋白亚基的高效液相色谱图谱

(A)样品；(B)空白对照

花生球蛋白Ⅰ组分在不连续缓冲体系下，管式凝胶电泳和平板凝胶电泳分析结果均表明，含有 6 个亚基(图 2-2-8)。

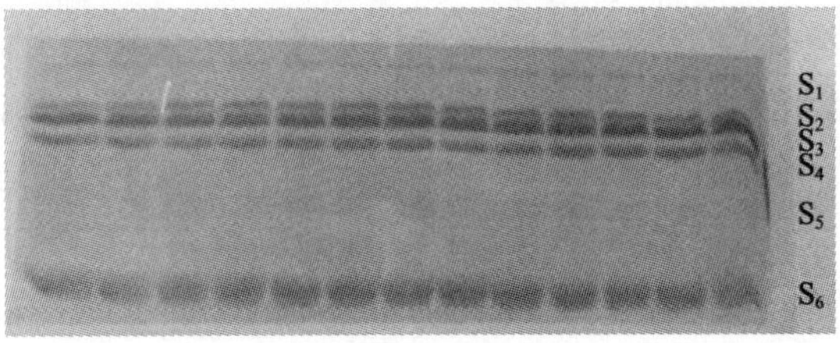

图 2-2-8 花生球蛋白Ⅰ亚基的 SDS-PAGE 图谱

此外，添加β-巯基乙醇并未使花生球蛋白Ⅰ的电泳条带出现明显变化，说明在其亚基之间不存在二硫键作用。其分子质量以及分子质量的比例，可以通过 SDS-PAGE 计算得到(表 2-2-2)。这 6 个亚基的分子质量之和达到 244 059 u，与花生球蛋白Ⅰ的分子质量(229 000 u)很接近。花生球蛋白Ⅰ在 RP-HPLC 方法中(图 2-2-9)，样品中添加 SDS 和 0.06%三氟乙酸(TFA)，210 nm 在线检测得到 6 个峰，其 RP-HPLC 的保留时间和出峰比率见表 2-2-2。

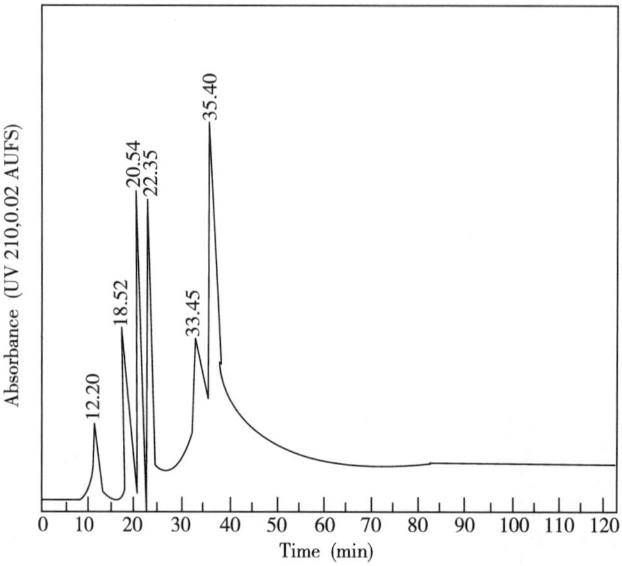

图 2-2-9　花生球蛋白Ⅰ亚基的高效液相色谱图谱

花生球蛋白Ⅱ组分采用管式凝胶电泳，电泳中不加 SDS，而添加 2-巯基乙醇，仅分离出 6 个条带。而样品在添加 SDS 和 2-巯基乙醇条件下，采用平板凝胶电泳可以得到 12 个条带；不添加 2-巯基乙醇，也同样得到 12 个条带，说明这些亚基之间不存在二硫键作用。各亚基的分子质量以及分子质量的比例，可以通过 SDS-PAGE 计算得到(表 2-2-2)。花生球蛋白Ⅱ的 12 个亚基的分子质量之和达到 425 000 u，与花生球蛋白的分子质量(436 000 u)非常接近。花生球蛋白Ⅱ在 RP-HPLC 方法中，样品中添加 SDS 和 0.06%三氟乙酸(TFA)检测得到 6 个峰(表 2-2-2)。

2.1.2.2　伴花生球蛋白的亚基组成

伴花生球蛋白，是一个 8S 球蛋白，分子质量为 180 ku，是由 60 ku 的亚基组成的三聚物(Owusu Apenten，2002)。杨晓泉(2001)等通过 SDS-PAGE 显示伴花生球蛋白(61 ku)和 2S 蛋白(15.5 ku、17 ku 及 18 ku)。伴花生球蛋白仅有一个亚基(61 ku，pI 7.0)，而 2S 蛋白由 6 个组分共用两个等电点(pI 5.0 与 pI 5.5)。通过激光质谱法测定了花生 2S 蛋白各组分的分子质量，确认 2S 蛋白六个主要多肽是以解离形式而非亚基形式存在(杨晓泉等，1998)。林鹿等(1994)研究表明花生的 2S 蛋白主要由 6 个亚基组成，分子质量分别为 12.5 ku、13 ku、14 ku、15.5 ku、16.5 ku、17 ku，与杨晓泉等研究结果相近。

2.1.3 花生蛋白及其组分的氨基酸组成

植物蛋白是由各种氨基酸组成的具有空间结构的高分子聚合物，从本质上来说，蛋白质的二、三、四级构象实际上是取决于其中氨基酸的种类、数量和排序。一方面，不同来源的蛋白其氨基酸的种类和序列不同，导致其功能特性差异巨大；另一方面，相同来源但不同品种的花生蛋白其理化性质（分子大小及形状、氨基酸组成及顺序、电荷分布以及分子内和分子间的作用、有效疏水作用）与功能性质又不尽相同，对不同品种花生蛋白的研究有利于对适用于不同功能特性要求的专用花生品种进行评价和分类。

2.1.3.1 花生品种对其蛋白中氨基酸组成的影响

花生籽仁蛋白质含量及其氨基酸组成是花生重要品质指标之一。本课题组从全国花生主产区内收集花生主栽品种 45 个，收获年份为 2010 年。其中包括来自山东（19 个）、河南（8 个）、广东（6 个）、江苏（5 个）、福建（4 个）、广西（1 个）、河北（1 个）、吉林（1 个），样品低温保藏，花生品种编号见表 2-2-3（杜寅等，2011）。

表 2-2-3 供试花生品种与来源编号

品种编号	名称	品种来源	品种编号	名称	品种来源
1	中花 8 号	山东省	24	丰花 4 号	山东省
2	山花 7 号	山东省	25	徐花 5 号	江苏省
3	四粒红	吉林省	26	源花 8 号	江苏省
4	鲁花 11	山东省	27	徐花 13 号	江苏省
5	汴花 3 号	河南省	28	徐花 14 号	江苏省
6	海花 1 号	山东省	29	花育 19	山东省
7	双纪 2 号	山东省	30	花育 20	山东省
8	山花 9 号	山东省	31	花育 22	山东省
9	丰花 5 号	山东省	32	花育 23	山东省
10	粤油 14	广东省	33	花育 28	山东省
11	粤油 40	广东省	34	花育 31	山东省
12	粤油 45	广东省	35	白沙 1016	山东省
13	粤油 86	广东省	36	五彩花生	江苏省
14	闽花 9 号	福建省	37	黑花生	山东省
15	桂花 771	广东省	38	034-256-1	山东省
16	湛花 82	福建省	39	冀 9814	河北省
17	汕油 250	福建省	40	豫花 15	河南省
18	龙花 243	福建省	41	豫花 9326	河南省
19	贺油 11 号	广西壮族自治区	42	豫花 9327	河南省
20	珍珠红	广东省	43	开农 30	河南省
21	白花生	河南省	44	开农 37	河南省
22	丰花 1 号	山东省	45	远杂 9102	河南省
23	丰花 3 号	山东省			

被测试的45个花生品种的氨基酸总量平均值为23.99%(见表2-2-4),因品种和产地的不同,其范围为19.08%~30.69%。由表可见,就人体必需的8种氨基酸而言,花生籽仁中较为富含亮氨酸(Leu)、苯丙氨酸(Phe)、缬氨酸(Val),而赖氨酸(Lys)、色氨酸(Trp)、苏氨酸(Thr)、蛋氨酸(Met)不足。含量差异最为显著的氨基酸为含硫氨基酸,其中蛋氨酸和胱氨酸含量的变异系数分别达43.56%和37.94%。

表2-2-4 45个品种花生籽仁的氨基酸组成及含量 %

氨基酸	平均值	标准差	变异系数	变幅
必需氨基酸(Essential Amino Acid)				
苏氨酸(Thr)	0.63	0.08	12.76	0.40~0.87
亮氨酸(Leu)	1.61	0.19	11.76	1.28~1.99
异亮氨酸(Ile)	0.92	0.13	14.56	0.71~1.26
赖氨酸(Lys)	0.97	0.09	8.80	0.77~1.15
苯丙氨酸(Phe)	1.39	0.18	12.83	0.80~1.81
蛋氨酸(Met)	0.32	0.14	43.56	0.09~0.71
缬氨酸(Val)	1.13	0.12	10.76	0.90~1.51
色氨酸(Trp)	0.24	0.05	19.22	0.16~0.42
非必需氨基酸(none ential amino acid)				
天门冬氨酸(Asp)	2.78	0.30	10.62	2.22~3.61
谷氨酸(Glu)	4.36	0.66	15.14	2.05~6.12
丝氨酸(Ser)	1.10	0.11	10.45	0.81~1.42
组氨酸(His)	0.63	0.12	18.22	0.47~0.92
甘氨酸(Gly)	1.36	0.13	9.20	1.11~1.66
丙氨酸(Ala)	0.90	0.17	18.58	0.63~1.38
精氨酸(Arg)	2.92	0.30	10.37	2.38~3.78
酪氨酸(Tyr)	0.91	0.25	27.09	0.46~1.51
胱氨酸(Cys)	0.62	0.23	37.94	0.35~1.14
脯氨酸(Pro)	1.21	0.21	17.62	0.79~1.70
氨基酸总量	23.99	2.26	9.44	19.08~30.69

食物蛋白质营养价值的优劣,主要取决于所含必需氨基酸(essential amino acid, EAA)的种类、数量和组成比例。故下述评价方法均围绕样品中EAA展开综合分析和讨论。如果人体长期缺乏必需氨基酸会导致健忘、早衰、抵抗力弱等症状,儿童若缺乏必需氨基酸,将导致发育迟缓、智力低下、反应迟钝等(胡子槐,1992)。

从必需氨基酸组成模式来看(见表2-2-5),花生蛋白营养价值存在一定缺陷,其必需氨基酸组成比例不平衡,由必需氨基酸平均值与WHO/FAO推荐值比较可见,花生蛋白的第一限制性氨基酸是苏氨酸,第二限制性氨基酸是赖氨酸。必需氨基酸/总氨基酸量

(E/T 值)高说明其营养价值高,本试验中花生蛋白的 E/T 的平均值为 36.49%,变异系数 6.30%,低于全鸡蛋蛋白,接近 WHO/FAO 评分模式推荐的 36%。山花 7 号(山东)的 E/T 最高为 42.46%,高于 WHO/FAO 模式 17.94%;其中必需氨基酸总和含量最高的是山花 7 号,达到384.15 mg/g蛋白质,比 FAO 评分模式高 6.71%。

表 2-2-5 花生蛋白的必需氨基酸组成与比较 mg/g 蛋白

氨基酸	平均值	变幅	全鸡蛋蛋白	WHO/FAO 评分模式
赖氨酸(Lys)	40.42	36.07~53.06	64	55
苯丙氨酸+酪氨酸(Phe+Tyr)	95.57	36.07~53.06	100	60
蛋氨酸+胱氨酸(Met+Cys)	36.64	28.94~47.79	55	35
苏氨酸(Thr)	26.33	19.29~29.21	51	40
亮氨酸(Leu)	66.98	58.86~75.41	88	70
异亮氨酸(Ile)	38.13	32.44~49.14	66	40
缬氨酸(Val)	47.01	40.42~57.62	73	50
色氨酸(Trp)	10.31	6.36~20.48	16	10
必需氨基酸总和	314.85	252.10~384.15	513	360
E/T(%)	36.49±2.30	33.13~42.46	48.9	36

注:所有指标均以干基计。E/T:必需氨基酸/总氨基酸量。

花生蛋白含有大量人体必需氨基酸,其赖氨酸有效利用率达到 98.18%,而大豆蛋白中赖氨酸的有效利用率仅为 78%(王在序等,1999)。花生蛋白中的谷氨酸、精氨酸和天门冬氨酸含量很高,分别达 18.12%±1.66%、12.20%±1.03%和 11.59%±0.48%,与文献报道接近(Batal, et al., 2005)。花生蛋白中的天门冬氨酸和精氨酸含量明显高于其他油料作物蛋白中的含量,因此,可以认为这两种氨基酸可能是花生中的特征性氨基酸。

我国花生品种多,种植区域分布广,基因、品种以及种植过程中的土壤、气候等环境因素均直接或间接影响花生蛋白的营养品质。根据国际卫生/农业组织制定的 WHO/FAO 模式,计算不同产地间花生蛋白质中第一限制氨基酸——苏氨酸含量、氨基酸评分(AAS)、化学评分(CS)、必需氨基酸指数(EAAI)、生物价(BV)、营养指数(NI)及氨基酸比值系数分(SRCAA)等营养指标(表 2-2-6)。其中氨基酸评分(AAS)、必需氨基酸指数(EAAI)、生物价(BV)、营养指数(NI):采用 Bano(1982)的方法。化学评分(CS):采用 FAO(1970)的方法。氨基酸比值系数(RCAA)和氨基酸比值系数分(SRCAA):按照朱圣陶(1988)的方法。

$$氨基酸比值=\frac{Ax(mg/g)}{As(mg/g)},RCAA=\frac{氨基酸比值}{氨基酸比值之均值};$$

SRCAA=100-CV×100;CV:RCAA 的变异系数。

表 2-2-6 不同产地间花生蛋白质营养品质比较

营养成分	产地				
	山东	河南	广东	江苏	福建
粗蛋白	27.03±2.13 c	26.43±1.60 c	29.79±1.07 ab	28.07±1.38 bc	30.34±2.59 a
苏氨酸(%)	0.65±0.08 ab	0.59±0.04 b	0.63±0.03 b	0.71±0.03 a	0.60±0.17 b
氨基酸评分(AAS)	59.06±4.52 ab	55.54±2.67 bc	53.04±2.61 c	60.65±3.30 a	49.27±11.91 c
化学评分(CS)	71.46±7.77 a	74.11±4.40 a	67.32±4.79 a	74.92±11.63 a	66.82±10.94 a
必需氨基酸指数(EAAI)	69.88±3.58 ab	69.12±3.68 abc	68.55±3.77 bc	72.88±5.02 a	63.94±7.24 c
生物价(BV)	64.47±3.90 ab	63.65±4.01 abc	63.02±4.11 bc	67.74±5.47 a	57.99±7.89 c
营养指数(NI)	18.88±1.77 ab	18.26±1.38 b	20.42±1.26 a	20.41±0.64 a	19.40±2.83 ab
氨基酸比值系数分	67.15±3.88 a	65.41±4.61 a	64.90±4.31 a	65.55±3.06 a	65.37±0.32 a

注:表中同列中标注不同字母数值在 $p<0.05$ 水平上差异显著

比较 5 个不同产地间花生蛋白质营养品质,江苏地区的花生蛋白质的营养价值最高,其苏氨酸含量、氨基酸评分(AAS)、化学评分(CS)、必需氨基酸指数(EAAI)和生物价(BV)均居第一位,营养指数(NI)和氨基酸比值系数分(SRCAA)居于第二位,基本上,各营养指标都与其他产地的花生蛋白质呈显著差异。其次是山东地区的营养品质最好。福建地区的样品蛋白质营养价值最差,且品种之间的差异较大,其 AAS 变异系数最大,达到 24.17%,CS 的变异系数也达 16.37%。从粗蛋白和苏氨酸(第一限制性氨基酸)含量来看,5 个产区之间差异较大,福建地区粗蛋白含量显著高于其他 4 个地区,平均达到 30.34%,山东、河南地区的粗蛋白含量最低,显著低于其他 3 个地区。产地间苏氨酸含量有显著差异,江苏地区苏氨酸含量最高,平均为 0.71%,变异系数为 4.23%,显著高于其他 4 个地区,其次是山东。

营养品质评价结果表明,产地间 AAS、EAAI、BV 均具有显著性差异,江苏地区这 3 个指标均显著高于其他地区;相反,福建地区这 3 个指标均显著低于其他地区。而各产地间 CS 和 SRCAA 无显著差异,其中 CS 分值在 66~75,是小麦(34.85)的 2 倍左右(朱圣陶等,1988),SRCAA 分值在 64~68,略低于大米(70.5),广东和江苏地区的样品 NI 较高。营养品质评价表明,不同产地间花生蛋白的 AAS、EAAI、BV 均具有显著性差异,江苏地区这 3 个指标均显著高于其他地区;相反,福建地区这 3 个指标均显著低于其他地区。

2.1.3.2 不同花生品种蛋白的氨基酸组成

Monteiro 等(1994)对于不同花生蛋白组分氨基酸进行了分析,如表 2-2-7,结果表明各组分均含有 18 种氨基酸。其中总蛋白中半胱氨酸、蛋氨酸、酪氨酸、赖氨酸含量低,天门冬氨酸、谷氨酸、精氨酸含量较高。总体来看,伴花生球蛋白Ⅰ中丝氨酸、甘氨酸、赖氨酸的含量水平比较高,其中,甘氨酸的含量水平是总蛋白中甘氨酸含量的 6 倍;但是,天门冬氨酸、脯氨酸、丙氨酸、缬氨酸、异亮氨酸、精氨酸的含量均低于其他蛋白组分。

表 2-2-7 花生蛋白各组分氨基酸组成分析 g/100 g 蛋白

氨基酸	总蛋白	花生球蛋白	伴花生球蛋白Ⅱ	伴花生球蛋白Ⅰ
Asp	12.91	12.29	12.68	7.95
Thr	2.50	2.68	2.97	3.06
Ser	5.22	4.60	5.50	7.97
Glu	23.01	21.43	22.24	8.28
Pro	5.01	5.84	3.11	2.63
Gly	5.15	3.99	4.16	29.73
Ala	3.74	3.87	3.99	2.87
Cys	0.33	0.33	0.19	0.23
Val	3.65	4.77	5.73	3.47
Met	0.52	0.71	0.78	0.34
Ile	2.83	3.61	4.12	2.40
Leu	6.25	6.42	7.22	4.26
Tyr	4.12	4.13	2.38	5.69
Phe	5.41	6.87	6.27	6.07
Lys	3.12	3.06	5.46	7.13
His	2.22	3.50	2.81	2.54
Arg	12.43	10.69	10.19	4.82
Trp	1.59	1.21	0.91	0.59

芦春斌等(2000)分析了两种不同来源的花生蛋白质 3 个主要组分的氨基酸组成，如表 2-2-8 所示。结果表明它们均含 17 种氨基酸，其中天冬氨酸、谷氨酸和精氨酸含量最高，而甲硫氨酸和半胱氨酸含量都极低，结果与 Monteiro 等(1994)一致。

表 2-2-8 两个花生品种贮藏蛋白各组分的氨基酸组成分析 mg/g 氨基酸

氨基酸	汕油 523			海花 1 号		
	花生球蛋白	伴花生球蛋白Ⅰ	伴花生球蛋白Ⅱ	花生球蛋白	伴花生球蛋白Ⅰ	伴花生球蛋白Ⅱ
Asp	133.35	126.82	138.27	131.48	129.13	137.34
Thr*	26.27	32.57	21.71	25.53	25.61	24.96
Ser	33.79	33.52	41.20	37.01	31.73	38.39
Glu	208.52	183.70	283.80	210.58	217.55	213.85
Gly	58.32	51.76	33.67	39.31	46.92	59.64
Ala	48.53	53.52	21.07	46.47	41.70	43.97
Val*	55.22	67.43		52.81	55.02	49.81
Cys				2.60		8.69
Met*	9.72	13.88	25.64		5.71	9.15

续表 2-2-8

氨基酸	汕油 523			海花 1 号		
	花生球蛋白	伴花生球蛋白Ⅰ	伴花生球蛋白Ⅱ	花生球蛋白	伴花生球蛋白Ⅰ	伴花生球蛋白Ⅱ
Ile*	42.27	49.28	29.43	42.20	46.92	37.69
Leu*	73.38	80.96	68.51	74.97	67.27	66.03
Tyr	47.85	42.08	7.71	45.92	13.66	36.85
Phe*	64.96	69.06	25.47	69.29	56.82	25.38
Lys*	25.78	42.45	29.25	25.33	60.48	38.17
His	18.52	19.26	12.64	24.02	29.16	25.57
Arg	108.55	90.63	158.52	126.44	133.09	138.72
Pro	49.88	44.59	33.14	45.97	44.82	43.80

注：* 必需氨基酸

花生 2S 蛋白富含天冬氨酸、谷氨酸、精氨酸等，与花生脱脂粉蛋白的氨基酸组成相似。但 2S 蛋白的蛋氨酸和半胱氨酸含硫氨基酸含量明显高于脱脂粉蛋白。其中蛋氨酸含量为2.93 g/100 g 蛋白，比脱脂蛋白高两倍；半胱氨酸含量为 8.10 g/100 g 蛋白，比脱脂粉蛋白高 8 倍(杨晓泉等，1998)。

花生蛋白主要组分花生球蛋白和伴花生球蛋白含量在不同品种间有较大变异，类型丰富。其中，双纪 2 号，粤油 14 号，闽花 9 号，湛油 82 号，汕油 250，龙花 243，贺油 11 号，珍珠红，源花 8 号，白沙 1016 等 10 个品种的 35.5 ku 条带的缺失(图 2-2-10)，占所分析品种的 22.2%。Shokarii 等(1991)已报道花生的某些品种花生球蛋白缺少 36.5 ku 亚

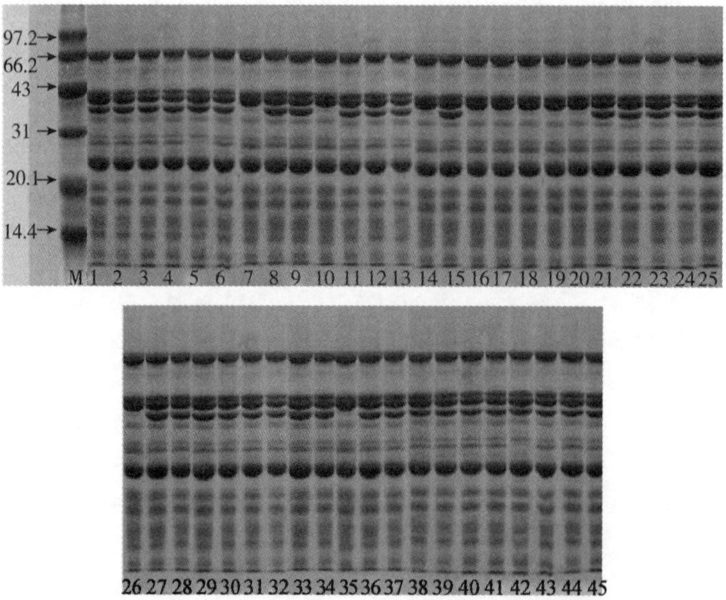

图 2-2-10 品种 1-45 花生蛋白 SDS-PAGE 电泳图谱

基，Krishna 等(1986)则报道除此外还有某些品种的花生球蛋白同时含有 36.5 和 37.5 ku 亚基，或者不含 37.5 ku 亚基，与本试验结果相印证。

本课题组研究表明：变异系数最大的是花生球蛋白的 35.5 ku 亚基，变异系数达 51.36%；而伴花生球蛋白中 15.5 ku 亚基变异较大，变异系数为 22.09%。由各亚基含量平均值分析可见，花生球蛋白含量高于伴花生球蛋白含量。花生球蛋白中 23.5 ku 亚基含量高于其他各亚基，平均含量为 21.72%；伴花生球蛋白中 61 ku 亚基含量远高于其他各个亚基，平均达到 18.47%。

花生中 Arachin/Conarachin 比值的最大和最小值分别为 1.68 和 0.91，平均值为 1.32，变异系数为 13.41%。Arachin/Conarachin 比值主要分布于 1.3～1.5 之间。最高值达到 1.68，是江苏品种徐花 5 号，比值最低的花生品种是山东的双纪 2 号。说明不同产地、品种间 Arachin/Conarachin 差异较大，从中可以选出比值较大的品种(表 2-2-9)。

表 2-2-9 花生蛋白主要组分亚基相对含量变异分析 %

	亚基	最大值	最小值	变幅	平均值	标准差	变异系数
Arachin	40.5 ku	14.50	7.70	6.80	10.57	1.72	16.28
	37.5 ku	17.90	10.50	7.40	13.98	1.73	12.36
	35.5 ku	19.20	0.00	19.20	10.45	5.37	51.36
	23.5 ku	23.90	18.70	5.20	21.72	1.26	5.81
总花生球蛋白		62.70	47.60	15.10	56.72	3.37	5.95
Conarachin Ⅰ	18 ku	11.40	6.40	5.00	8.64	1.40	16.14
	17 ku	12.50	6.90	5.60	9.52	1.30	13.63
	15.5 ku	11.90	3.70	8.20	6.68	1.48	22.09
Conarachin Ⅱ	61 ku	23.90	14.70	9.20	18.47	2.02	10.94
总伴花生球蛋白		52.20	37.30	14.90	43.32	3.42	7.89
Arachin/Conarachin		1.68	0.91	0.77	1.32	0.18	13.41

花生蛋白组分的变异主要包括亚基含量和亚基组成的变异。45 个来自不同产地不同品种的花生籽仁中 Arachin、Conarachin 和 Arachin/Conarachin 比值的变异非常广泛，变异系数大都在 10%以上或接近 10%。表明我国花生蛋白 Arachin 与 Conarachin 组分含量变异种质资源非常丰富，花生蛋白品质遗传育种改良以及花生蛋白的开发利用方面的潜力巨大；为筛选某一蛋白质组分含量高的品种提供一定的理论依据。

花生中 Arachin/Conarachin 比值的最大和最小值分别为 1.68 和 0.91，平均值为 1.32，变异系数为 13.41%。从图 2-2-11 和表 2-2-10 可见，Arachin/Conarachin 比值主要分布于 1.3～1.5 之间。最高值达到 1.68，是江苏品种徐花 5 号，比值最低的花生品种是山东的双纪 2 号。说明不同产地、品种间 Arachin/Conarachin 差异较大，从中可以选出比值较大的品种。

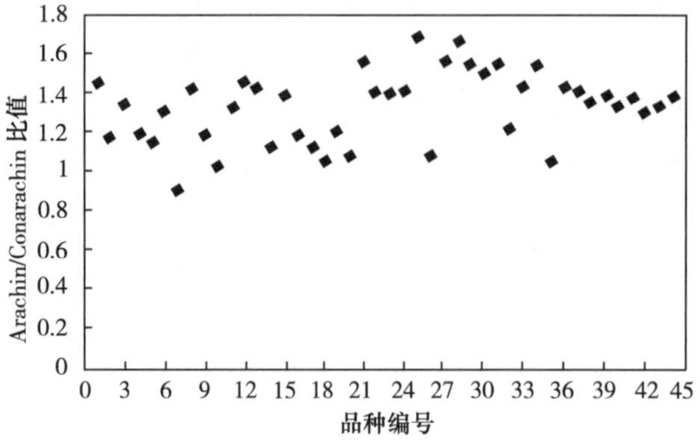

图 2-2-11 Arachin 与 Conarachin 的比值散点图

表 2-2-10 Arachin/Conarachin 比值的分布

Arachin/Conarachin 比值	品种个数	平均比值	比例(%)
<1.1	6	1.03	13.33
1.1～1.3	11	1.19	24.44
1.3～1.5	21	1.39	46.67
>1.5	7	1.58	15.56

2.2 花生蛋白及其组分的结构

蛋白质分子的一级结构，即氨基酸组成及排列顺序，决定其分子二、三、四级结构，而高级立体结构是影响蛋白质在食品体系中功能特性的主要因素。影响蛋白质高级结构稳定性的化学作用力主要有 4 种：范德华力、氢键、离子力和非极性键(疏水键)。其中，非极性键的含量和分布决定了分子内疏水性相互作用的强弱及蛋白三级构象是否紧凑，其对蛋白的界面特性相当重要，主要影响乳化作用、起泡性、凝胶性和风味结合能力；而高比例的极性残基则影响蛋白结合水分的能力，即水化作用、溶解性等；当然，在许多情况下蛋白质中各种化学作用力对功能特性的影响是极为复杂的。此外，蛋白质的组成与结构对蛋白质-蛋白质之间的相互作用也有着重要影响。蛋白质若要满足在食品体系中的应用通常需要通过物理、化学或者酶解/交联等手段改变其氨基酸组成、稳定蛋白天然构象的化学作用力、亚基组成、功能基团的含量和分布等来实现，因此深入研究花生蛋白及其组分的结构与功能特性之间的内在关系，对花生蛋白的实际产业化应用有着十分重要的意义。

对花生蛋白常用的提取方法有很多种，通常认为饱和硫酸铵分级沉淀的方法能够最大限度地维持蛋白天然不变性的状态，虽然此方法并不能满足蛋白大规模制备的工业化生产需要，但很多时候研究者需要知道花生蛋白在经历一系列加工之前究竟是怎样的结构和特性。以便确定其适用于的目标食品体系和更有针对性地选择改性方法。

2.2.1 花生蛋白巯基与二硫键含量与分布

巯基和二硫键是蛋白质分子中稳定蛋白质构象的重要化学键。蛋白分子中具有较高的巯基/二硫键含量，可通过巯基氧化或巯基与二硫键间的交换反应诱导蛋白质之间的相互交联/聚集。蛋白质中巯基和二硫键的含量与分布对其在食品体系中所表现功能特性优劣的影响非常显著，一般用暴露巯基（exposed SH）、总巯基（total SH）和二硫键（SH-SH）含量来表征其在蛋白质中存在的状态与分布，其中总巯基包含暴露在分子表面和包埋在分子内部的巯基。此外还原和非还原电泳及热差示扫描（DSC）等手段也能定性地分析出蛋白质中二硫键与巯基的分布情况。

2.2.1.1　天然花生蛋白及其组分的巯基与二硫键含量与分布

花生球蛋白中暴露巯基、游离巯基和二硫键含量分别为 3.46 μmol/g、19.34 μmol/g 和 7.94 μmol/g，而花生伴球蛋白中暴露巯基、游离巯基和二硫键含量分别为 8.07 μmol/g、13.01 μmol/g和 2.47 μmol/g 见图 2-2-12。球蛋白中暴露巯基的含量仅约为伴球蛋白中暴露巯基含量的一半，而花生球蛋白中总巯基和二硫键的含量则显著高于花生伴球蛋白中总巯基与二硫键的含量，表明分布于花生球蛋白分子表面的巯基较少，大部分巯基包裹于球蛋白分子内部，花生伴球蛋白的情况则相反，分子中大部分巯基暴露于伴球蛋白分子的表面。球蛋白与伴球蛋白这一结构特性的差异，将有可能影响到两种蛋白组分的热特性和凝胶特性。此外，球蛋白中的二硫键含量是伴球蛋白的 3 倍左右，二硫键作为蛋白质分子中较为稳定的化学价键，因此球蛋白内部包含了大量的功能性基团，采用改性手段使其功能性基团可控地释放出来，对调节其物化功能特性具有十分重要的作用(赵冠里，2011)。

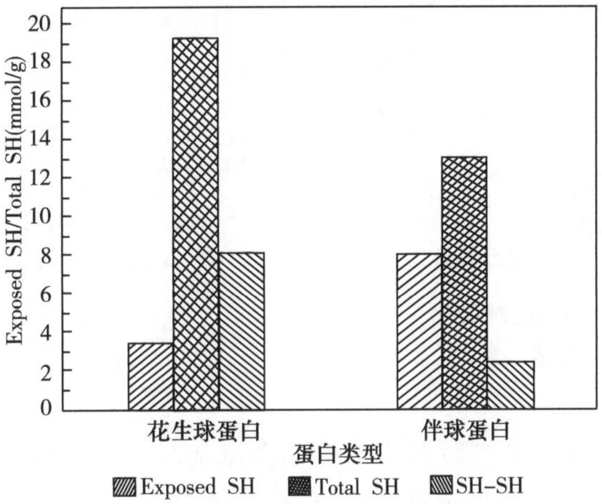

图 2-2-12　花生球蛋白与伴球蛋白的暴露巯基、总巯基和二硫键含量

2.2.1.2　改性对巯基与二硫键含量与分布的影响

花生蛋白分子中的巯基与二硫键的含量和分布会因分子修饰改性而发生改变，这主要是由于蛋白分子在外加能量输入的过程中，蛋白肽链伸展或断裂会导致分子内部的巯基和二硫键重新排布，进而对蛋白的功能特性产生重要的影响。

(1)热处理改性。与饱和硫酸铵提取的天然花生蛋白及其组分不同，经历了生产加工或者改性后的花生蛋白产品中巯基与二硫键的含量会发生较大的变化，例如，经历了醇洗制备的花生浓缩蛋白，其游离巯基含量为 9.09 μmol/g，而二硫键含量为 26.22 μmol/g，可见花生浓缩蛋白中硫主要以—S—S—形式存在。如图 2-2-13 所示，花生浓缩蛋白在经历 40～100℃ 的热改性处理后，蛋白中的—SH 含量呈先增加后降低的趋势；在 50℃时，蛋白的游离巯基含量达到10.66 μmol/g，随温度升高，—SH 含量略有下降，到 80℃，游离巯基含量为 9.98 μmol/g，随后，蛋白的—SH 含量下降迅速；而蛋白的二硫键含量的变化随温度变化趋势正好相反，在 50℃时，仅为 12.84 μmol/g，随温度升高。二硫键含量增加缓慢，到 80℃时，二硫键含量增加为 15.25 μmol/g，随后急剧增加。图 2-2-14 为在热处理温度为 80℃时，不同处理时间对浓缩蛋白巯基和二硫键的影响。处理时间为 0～6 min 时，蛋白的游离巯基含量逐渐增大，二硫键含量则逐渐减少，到 6 min 时达到理想值，分别为：9.97 μmol/g，13.48 μmol/g 和 9.52 μmol/g；随时间的延长，蛋白的游离巯基含量迅速降低，二硫键含量增加，这表明，随作用时间的延长，蛋白中游离的巯基与二硫键发生了交换反应，形成了分子间和分子内的二硫键，从而引起蛋白表面疏水基团再次被包裹，导致表面疏水性指数降低。植物蛋白热变性对其结构的影响存在两个方面：一是球蛋白的球状结构展开成线性大分子，原本包埋在卷曲结构内部的疏水性基团暴露；二是随着作用强度或时间的增加，疏水基团的相互作用或—SH 氧化生成—S—S—导致致密的网状结构形成，导致原先暴露的基团重新被包裹起来（吴海文，2009）。

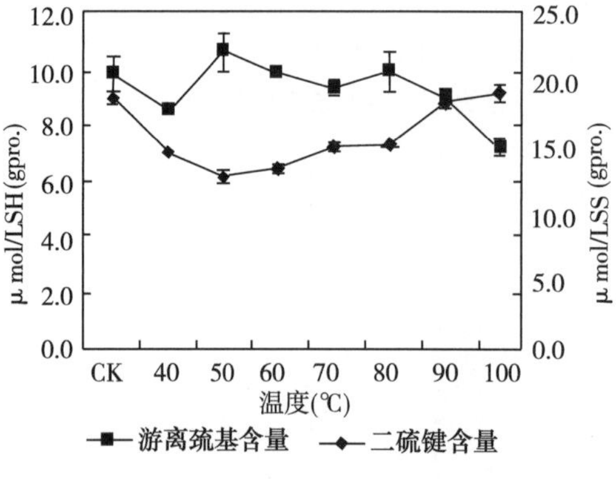

图 2-2-13　热处理温度对蛋白—SH/—S—S—含量的影响

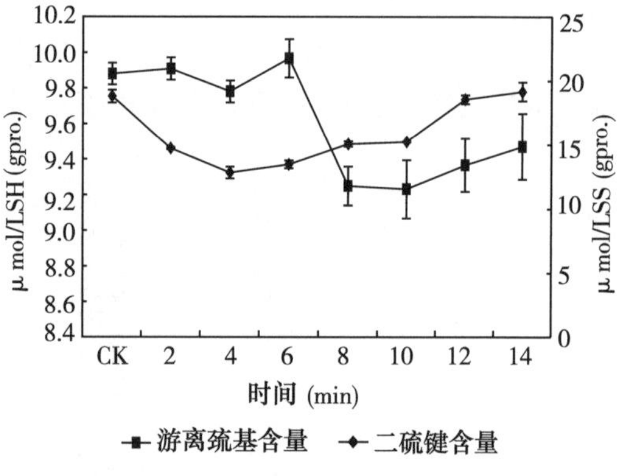

图 2-2-14　热处理时间对蛋白—SH/—S—S—含量的影响

(2)超声波改性。超声处理对花生浓缩蛋白巯基与二硫键的含量具有较大的影响。由图 2-2-15 可知，随超声功率的增加，蛋白的游离巯基含量缓慢增加，从 600～1 000 W 变化最显著，游离巯基含量迅速升到 11.91 μmol/g，而二硫键含量降为 19.47 μmol/g；随后超声功率增大反而使蛋白的游离巯基含量迅速下降。由图 2-2-16 可知，超声时间是影响蛋白巯基与二硫键含量的重要因素。当超声时间为 1～6 min 时，蛋白质的游离巯基含量始终呈现出增加的趋势，二硫键含量呈现降低趋势，到 6 min 时达到理想状态，游离巯基含量和二硫键含量分别为：11.21 μmol/g 和 22.25 μmol/g，作用时间延长至 8 min，蛋白的游离巯基含量和二硫键含量与 6 min 时相比，并没有显著的变化（吴海文，2009）。

(3)微波改性。微波改性对花生浓缩蛋白巯基和二硫键的变化如图 2-2-17 和图 2-2-18 所示，在 160～800 W 的处理条件下，随微波功率的增加，蛋白的游离巯基含量始终呈现出增大的趋势，而二硫键含量呈现出减小的趋势；功率为 800 W 时，蛋白的游离巯基含量为 10.04 μmol/g，二硫键含量为 20.49 μmol/g。在微波功率 800 W，不同的处理时间 20～60 min 时，蛋白的巯基与二硫键含量的变化情况如图 2-2-17 所示，在处理 30 s 时，蛋白的游离巯基含量最高，而二硫键含量最低（吴海文，2009）。

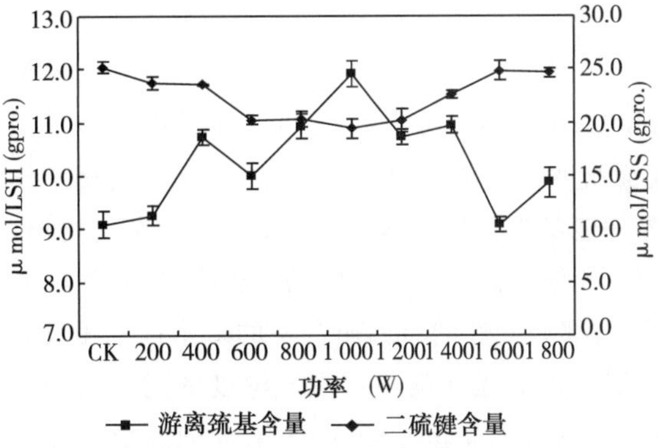

图 2-2-15　超声处理功率对蛋白—SH/—S—S—含量的影响

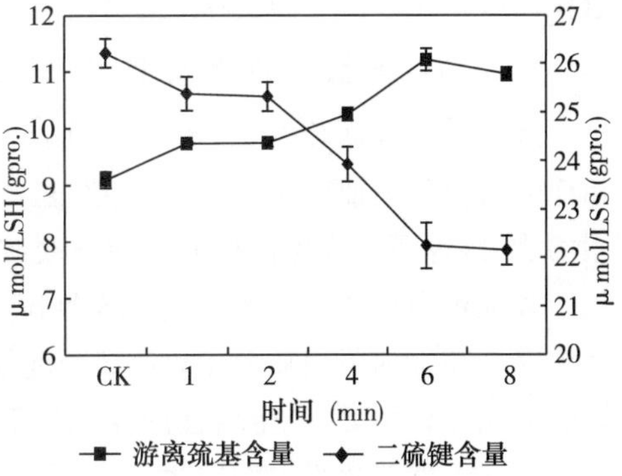

图 2-2-16　超声处理时间对蛋白—SH/—S—S—含量的影响

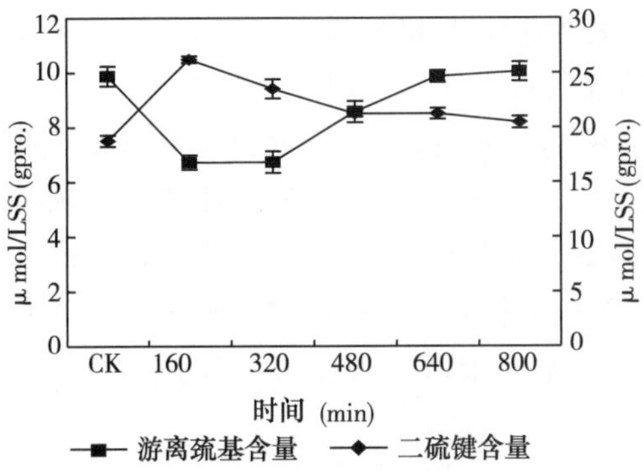

图 2-2-17　微波处理强度对蛋白—SH/—S—S—含量的影响

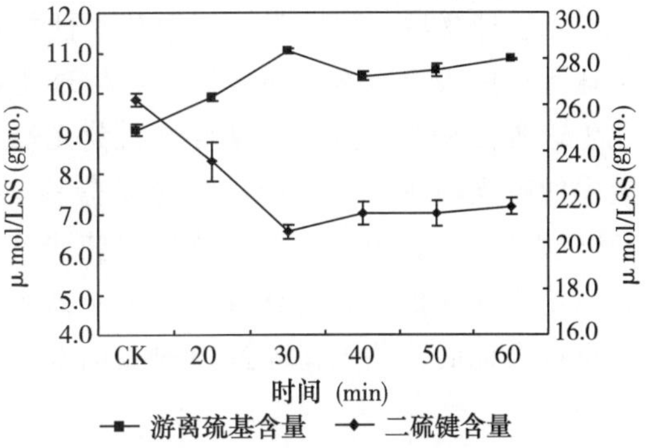

图 2-2-18　微波处理时间对蛋白—SH/—S—S—含量的影响

（4）酶法改性。花生分离蛋白及其水解产物的巯基和二硫键含量如图 2-2-19 所示。酶水解导致了暴露巯基和总巯基含量的降低，同时伴随着二硫键含量的迅速升高。在应用了同样的蛋白酶（alcalase）对大豆浓缩蛋白酶解修饰，也同样发现了这一现象（Surówka et al.，2004）。alcalase 对蛋白质的水解能够使更多的疏水性基团和巯基暴露于分子表面，此时对其进行热处理会促使这些暴露于蛋白质分子表面的活性基团进一步相互作用形成聚集物（Creusot，et al.，2007）。因此，这一结果说明 alcalase 对花生分离蛋白的水解诱导了水解产物形

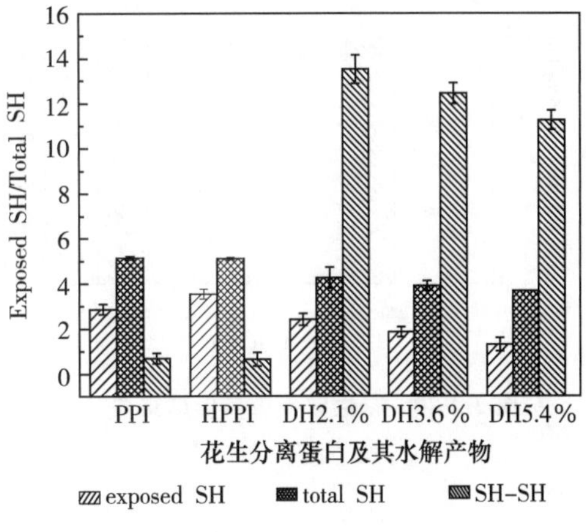

图 2-2-19　花生分离蛋白及其水解产物的巯基、二硫键含量

成大分子的聚集物，而巯基的相互作用形成二硫键可能对聚集物的形成起到了部分的贡献作用(Zhao et al.，2011)。

2.2.2 花生蛋白表面疏水性

蛋白质的表面疏水性(Surface hydrophobicity，H_0)可以表征其与外界极性水环境相连的蛋白质表面疏水性基团的数量。表面疏水性的高低决定了蛋白质分子间相互作用的能力，进而影响蛋白质的界面或凝胶等功能特性。以ANS为荧光探针的荧光光谱，用于表征蛋白质疏水性基团的暴露情况。ANS是一种对极性敏感的荧光探针，相对于天然或完全变性的蛋白质分子，ANS荧光探针与部分变性的蛋白质分子的疏水性基团具有更强的相互作用力，产生增强的荧光发射光谱。以荧光强度与蛋白质浓度的初始斜率来定量表征天然花生蛋白和花生分离蛋白的表面疏水性，蛋白与ANS结合的发射荧光光谱则可以定性的比较改性前后蛋白表面疏水性的差异。

2.2.2.1 天然花生蛋白及其组分的表面疏水性

花生球蛋白与伴球蛋白表面疏水性指数分别为147.6和213.7(图2-2-20)。花生伴球蛋白的表面疏水性显著高于花生球蛋白的表面疏水性。如图2-2-21所示ANS与花生球蛋白和伴球蛋白的复合物的荧光峰分别在471 nm和463 nm处，而ANS在水溶液中的荧光峰在509 nm处。荧光峰蓝移，表明ANS与蛋白结合后其微环境的非极性(疏水性)增加。相比花生伴球蛋白荧光峰蓝移更为明显(从509 nm蓝移至463 nm)，表明花生伴球蛋白表面具有更强的疏水性。ANS与伴球蛋白复合物具有更强荧光强度也再次证明了花生伴球蛋白的表面疏水性比花生球蛋白的表面疏水性强(赵冠里，2011)。

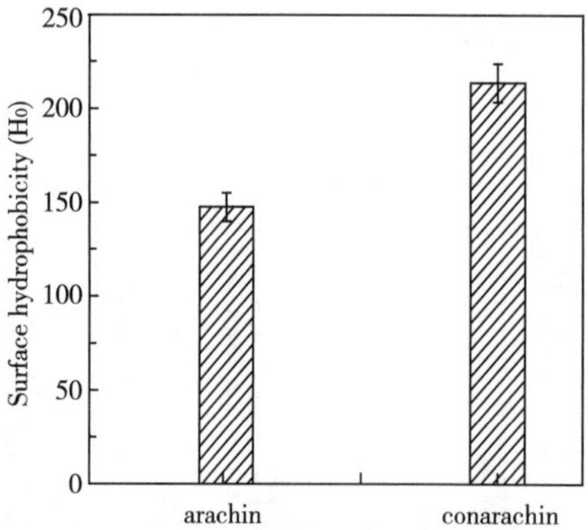

图2-2-20 花生球蛋白与伴球蛋白的表面疏水性

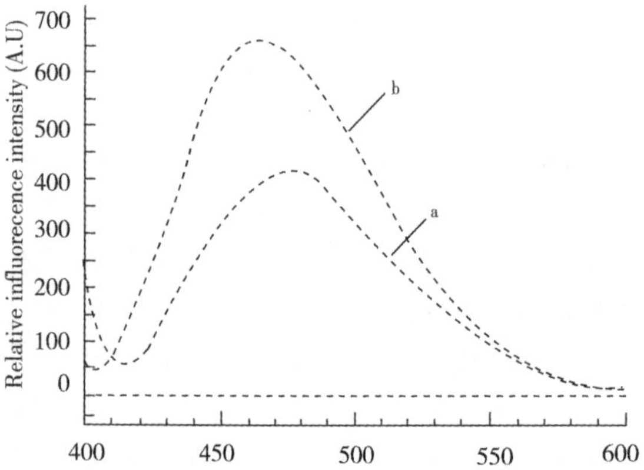

图2-2-21 花生球蛋白及伴球蛋白的外部荧光发射光谱

a. 花生球蛋白(arachin)；b. 花生伴球蛋白(conarachin)

2.2.2.2 加工及改性对表面疏水性的影响

(1)碱溶酸沉提取。天然花生蛋白的表面疏水性指数为507.1，低于分离蛋白的表面疏水性指数，约为541.9(图2-2-22)，从表面疏水性变化的数据可以判断，花生分离蛋白在碱溶酸沉的提取制备过程中，蛋白质的有序结构在迅速的减少，继而埋藏于蛋白质内部的疏水性基团暴露出来。图 2-2-23 为 ANS 与天然花生蛋白（NPP）和花生分离蛋白（PPI）的复合物的荧光光谱。花生分离蛋白与 ANS 的复合物的荧光强度相比天然花生蛋白更高，表明 ANS 与蛋白质结合后其微环境的非极性（或疏水性）增加。ANS 与分离蛋白复合物具有更强的荧光强度也再次证明了花生分离蛋白是部分变性的（Liu，2011）。

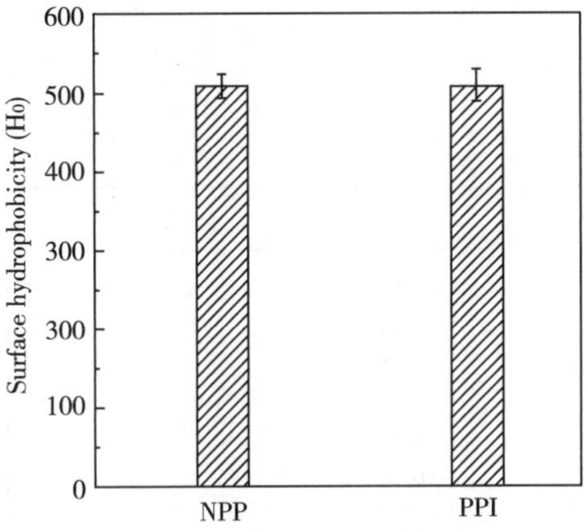

图 2-2-22 天然花生蛋白和花生分离蛋白的表面疏水性

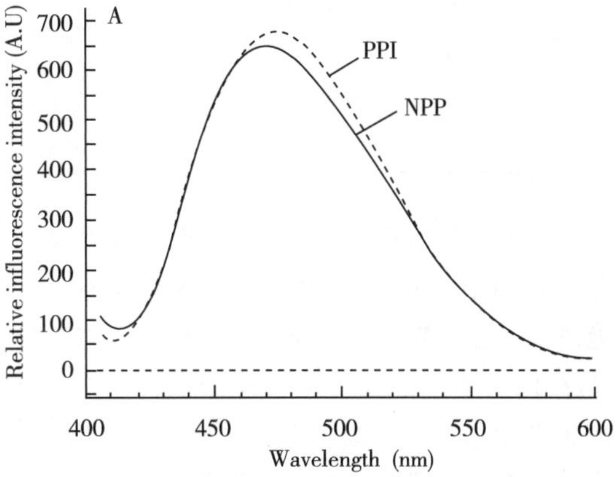

图 2-2-23 天然花生蛋白和花生分离蛋白的荧光光谱

（2）热处理改性。通常加热会使蛋白的分子肽链伸展，原先埋藏于蛋白质内部的集团暴露出来，从而使蛋白的表面疏水性指数（Ho）随热处理温度升高逐渐增大。例如，对于醇洗法获得的花生浓缩蛋白，当温度为 90℃时其 Ho 值达到最大，为 9.084 5，随后，温度升高，So 值迅速降低。在热处理强度为 80℃时，处理时间从 0～6 min，Ho 值增大，到 6 min 时达到最大值 9.52；随时间的延长，疏水性集团相互作用增加，同时蛋白中游离的巯基与二硫键发生了交换反应，形成了分子间和分子内的二硫键合，从而引起蛋白表面疏水基团再次被包裹，导致表面疏水性指数降低。这也印证了 Friedman 等（1982）的结论，植物蛋白热变性对其结构的影响存在两个方面：一是球蛋白的球状结构展开成线性大分子，原本包埋在卷曲结构内部的疏水性基团暴露；二是随着作用强度或时间的增加，疏水基团的相互作用或 SH 氧化生成—S—S—导致致密的网状结构形成，反而导致原先暴露的基团重新被包裹起来，如表 2-2-11 所示（吴海文，2009）。

（3）酶法改性。花生蛋白及其水解产物的表面疏水性如图 2-2-24 所示。有限酶解后的水解产物比改性前蛋白的 Ho（541.9）显著降低（分别为 173.6、131.0 和 101.9），并随着水解度的增加酶解产物的表面疏水性逐渐降低。酶水解使花生蛋白的分子质量降低，同时产生大量的小分子肽段，而小分子肽段通常无法检测出表面活性，这主要原因为，相对于完整的蛋白质和大分子肽段而言，小分子肽段与探针 ANS 之间疏水性结合位点减少或者肽链中和探针结合的位点被蛋白酶破坏（Zhao，et al.，2011）。

表 2-2-11　热处理后的蛋白表面疏水性指数 So 变化情况

热处理强度(℃)	表面疏水性指数 So	热处理时间(min)	表面疏水性指数 So
40	7.77	2	8.13
50	7.55	4	8.82
60	8.06	6	9.52
70	8.53	8	9.08
80	9.01	10	8.53
90	9.08	12	8.23
100	7.41	14	8.19
CK	7.46	CK	7.46

(4)超高压微射流均质改性。花生分离蛋白溶液在经历超高压微射流均质处理后,花生蛋白表面疏水性的变化如图 2-2-25 所示。相比未经均质的花生分离蛋白溶液,经过 20 MPa 预均质后的花生分离蛋白的荧光强度大为提高,随着超高压微射流均质压力的升高,荧光强度不断增大。因此,超高压微射流均质容易使花生分离蛋白空间结构发生改变,使其分子肽链更加舒展,从而暴露原来埋藏于内部的疏水性基团,增加了蛋白的表面疏水性(涂宗财等,2012)。

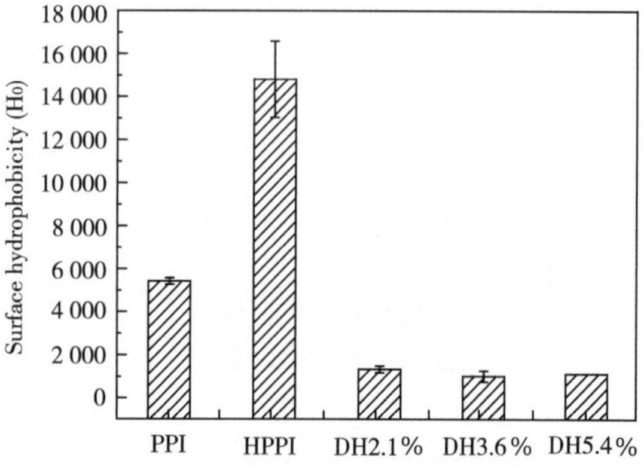

图 2-2-24　花生分离蛋白及其水解产物的表面疏水性

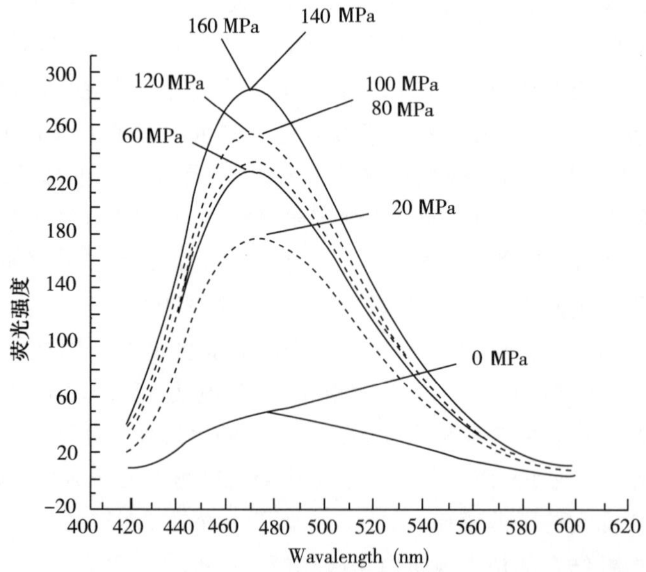

图 2-2-25　超高压微射流均质后花生分离蛋白溶液疏水基团含量的变化

2.2.3 花生蛋白二、三级构象

2.2.3.1 花生蛋白二级构象

蛋白质是由氨基酸通过肽键连接而成的具有特定结构的生物大分子。在蛋白质中，氨基酸的 α-碳原子是不对称碳原子，具有光学活性，当平面圆偏振光通过这些光活性的生色基团时，光活性中心对平面圆偏振光中的左、右圆偏振光的吸收不相同，产生了吸收差值，由于这种吸收差的存在，造成了偏振光矢量的振幅差，圆偏振光变成了椭圆偏振光，这就是蛋白质的圆二色性。根据这一特性，可以定量地表征蛋白中所含有的 α 螺旋、β-折叠及无规则结构的比例在改性前后发生的变化。

花生球蛋白和伴球蛋白远紫外区域圆二色光谱（Far-UV CD）如图 2-2-26 所示，花生球蛋白在 210～220 nm 之间有个较宽的负峰，在 196 nm 处存在一个明显的正峰，表明花生球蛋白二级结构中 β-类结构多于 α 螺旋结构。花生伴球蛋白的远紫外区域圆二色光谱图与球蛋白的相似，但 190～220 nm 之间的信号强度低于球蛋白，表明花生球蛋白与伴球蛋白的二级结构类似但比例稍有不同。通过曲线拟合软件 CDPro 计算得到花生球蛋白与伴球蛋白二级结构组成，如表 2-2-12 所示。螺旋结构总量，β-类结构，无规则卷曲结构比例相近（赵冠里，2011）。

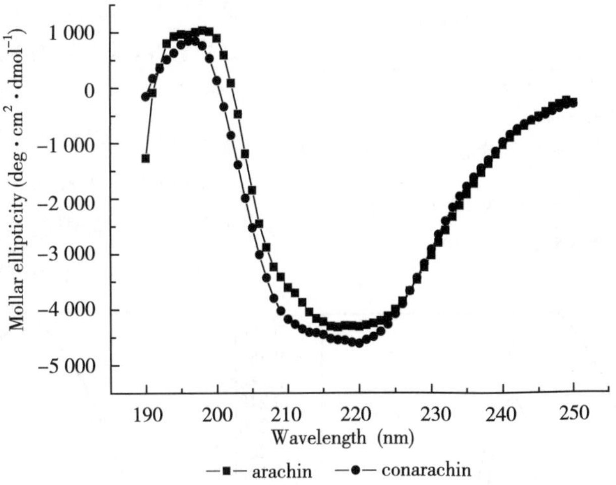

图 2-2-26 花生球蛋白与伴球蛋白的远紫外区域圆二色光谱

表 2-2-12 花生球蛋白和伴球蛋白的二级结构分析 %

Sample	α-helix	β-sheet	β-turns	Unordered
Arachin	7.1	32.3	19.9	40.7
Conarachin	6.1	31.7	21.1	41.1

傅里叶变换红外光谱法是近十几年发展起来的能对蛋白质二级结构进行定量研究的方法，最多用于二级结构分析的红外谱带为酰胺Ⅰ带，位于 1 600～1 700 cm^{-1}之间，主要涉及C＝O 的伸缩振动。根据前人研究（Byler et al.，1986；Susi et al.，1986；Krimm et al.，1980；Jackson et al.，1995）认为当蛋白质的氨基酸残基间形成的氢键（C ═O…H-）较强时，C ═O 的电子云密度较低，仅需提供较少的能量就可以使其发生振动，C ═O 的吸收峰向低波数方向移动，接近 1 600 cm^{-1}，基于此原理，指认各子峰位置与二级结构成分的对应关系为：(1 694±2) cm^{-1}、(1 689±2) cm^{-1}、(1 683±2) cm^{-1}、(1 671±3) cm^{-1}、(1 663±4) cm^{-1}为转角结构，(1 653±4) cm^{-1}为 α- 螺旋，(1 645±4) cm^{-1}为自由卷曲（无序结构），(1 675±5) cm^{-1}及(1 630±10) cm^{-1}为伸展肽链（β-折叠片）。本研究结合 Karren 等(2001)的研究结果，进一步将 1 600～1 625 cm^{-1}指认为 β_1，即蛋白质分子间的强相互作用氢键；1 600～1 700 cm^{-1}指认为 β_2，即蛋白质分子间形成的非平面弱氢键（偶极子转换引起的）作用；将 $\beta_1+\beta_2$ 指认为蛋白质分子间的总相互作用氢键；将 1 626～1 639 cm^{-1}指认为分子内 β-折叠氢键，$\beta+\alpha$ 指认为蛋白质分子内总相互作用氢键，代表蛋白质分子的紧密程度。

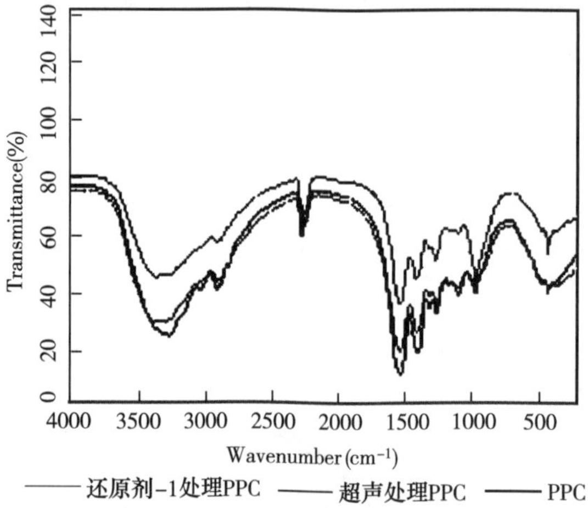

图 2-2-27　蛋白样品的 FT-IR 光谱
(400～4 000 cm^{-1})

对经历不同方式改性的醇洗花生浓缩蛋白样品的 FT-IR 谱图进行处理，如图 2-2-27，求二阶导数，拟合谱图如图 2-2-28、图 2-2-29、图 2-2-30 所示。根据二阶导数拟合峰面积进行统计，将各组相关峰位的指认和面积列于表 2-2-13，同时将计算峰面积的百分含量，作为对应结构的百分含量，结果见表 2-2-13。

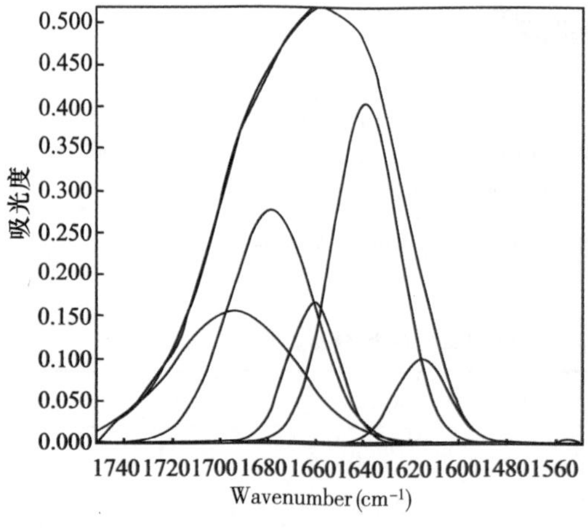

图 2-2-28　PPC 的 1 600～
1 700 cm^{-1}拟合谱

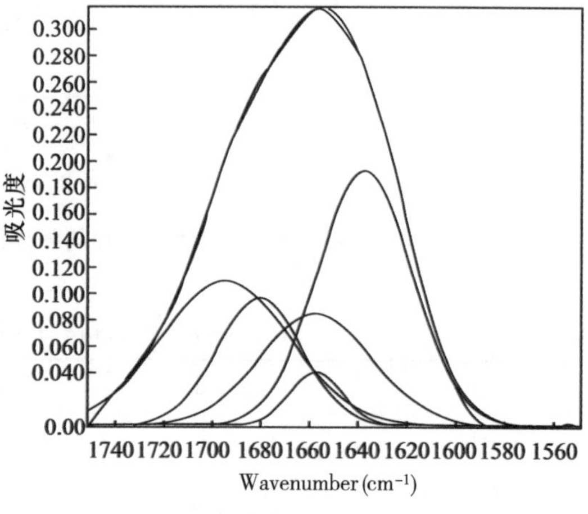

图 2-2-29　超声处理后 PPC 的 1 600～
1 700 cm^{-1}拟合谱

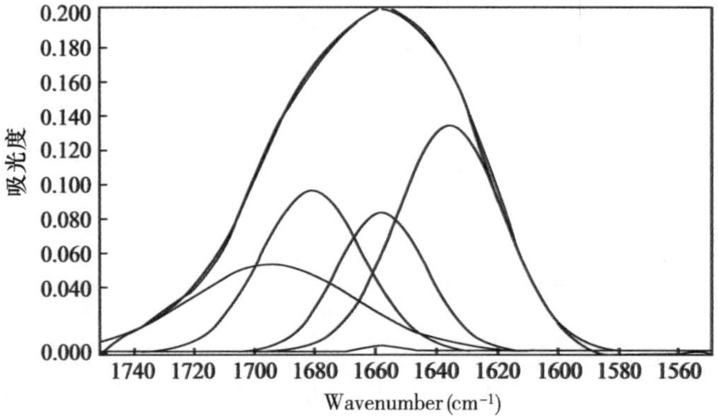

图 2-2-30 还原剂-1 处理后 PPC 的 1 600～1 700 cm^{-1} 拟合谱

表 2-2-13 蛋白样品 FT-IR 拟合谱与二级结构相关的波数与面积

图 2-2-28	cm^{-1}	1 637.08	1 679.53	1 659.08	1 694.65	1 657.39
	%	27.97	28.05	27.01	11.85	5.13
图 2-2-29	cm^{-1}	1 637.08	168.42		1 694.65	1 657.53
	%	35.17	46.49		3.34	15.01
图 2-2-30	cm^{-1}	1 635.52	1 680.64		1 693.98	1 657.75
	%	42.54	56.14		1.09	0.23
	Assignment	E	E	T	T	H

注：H：total helix；E：extended chain；T：turns

原始 PPC 的强峰位于 1 635 cm^{-1} 附近，1 685 cm^{-1} 和 1 690 cm^{-1} 附近也有较强吸收，而1 610 cm^{-1} 附近的峰位与二级结构关系不大，属于氨基酸侧链的振动，其二级结构定量分析结果为：5.13％为 α-螺旋，56.02％为 β-折叠，38.86％为转角结构。超声处理后的 PPC 的强峰位于 1 638 cm^{-1} 和 1 690 cm^{-1} 附近，在 1 680 cm^{-1} 和 1 655 cm^{-1} 附近也有较强吸收，其二级结构定量分析结果为：15.01％为 α-螺旋，81.66％为 β-折叠，3.34％为转角结构。经还原剂-1 处理后的 PPC 的在 1 635 cm^{-1} 附近，1 680 cm^{-1} 和 1 690 cm^{-1} 附近均有较强吸收，其二级结构定量分析结果为：0.23％为 α-螺旋，98.68％为 β-折叠，1.09％ 为转角结构(图 2-2-28，图 2-2-29，图 2-2-30 和表 2-2-13)。

蛋白经超声处理，β-折叠含量显著增加($p<0.01$)，转角结构急剧减少，同时 α-螺旋结构显著增加，这可能是因为超声辐射作用是使蛋白中部分二硫键迅速解离，成为游离-SH，由于超声波在介质中传播时，会产生热效应，机械效应或空化效应，增加了分子相互碰撞的概率，因此游离的-SH 又会在介质中相互交联形成更多的二硫键；而超声作用打断了分子间部分氢键，破坏了蛋白的疏水区域，疏水键暴露出来，使致密的蛋白结构松散开来，因此 β-折叠含量显著增加。蛋白经还原剂-1 处理后，蛋白中几乎都是 β-折叠结构，说明还原剂-1 几乎还原了蛋白中所有的二硫键，因为反应条件温和，所以游离-SH 没有机会再次形成二硫键，蛋白结构松散开来，这些特征都是易于蛋白速凝和速溶的。

表 2-2-14 不同处理后的蛋白质二级结构变化过程 %

样品	β_1(%) 1 600～1 625	β_2(%) 1 690～1 700	$\beta_1+\beta_2$ (%)	β(%) 1 626～1 639
PPC	8.27	29.5	37.77	41.87
超声处理 PPC	0	27.07	27.07	25.08
还原剂-1 处理 PPC	0	14.06	14.06	18.95
样品	α(%) 1 651～1 660	$\alpha+\beta$ (%)	T(%) 1 661～1 689	R (%) 1 640～1 650
PPC	18.14	60.01	49.8	0
超声处理 PPC	29.03	54.11	15.7	0
还原剂-1 处理 PPC	0.062	19.01	18.95	0

在上述分析的基础上，对蛋白二级结构间分子作用力情况进一步分析会得到更多的空间构象的信息。由表 2-2-14 可知，超声处理和还原剂-1 处理后的 PPC 中蛋白质分子间强相互作用氢键(β_1)下降为 0，主链间的总相互作用氢键($\beta_1+\beta_2$)也分别下降为 27.07% 和 14.06%，降幅分别为 28.33%和 62.77%；不同处理使得蛋白分子内 β-折叠氢键含量减少，蛋白质分子内总相互作用氢键($\alpha+\beta$)也迅速降低，说明原先紧密的蛋白质分子结构变得松散，但是随机结构始终为 0，所以推断蛋白分子虽然变松散，但是仍然是有序的结构，而不是随意伸展的肽链。(吴海文，2009)

2.2.3.2 花生蛋白三级构象

(1)圆二色谱测定三级结构。采用近紫外区域圆二色光谱(Near UV-CD)进一步表明花生球蛋白和伴球蛋白具有不同的三级构象。在近紫外区域(250～320 nm)，CD 信号主要源于芳香簇氨基酸，每种芳香簇氨基酸有其特征的谱图，色氨酸(Trp)的峰值主要在 290 nm，在 290～305 nm 具有精细结构；而酪氨酸(Tyr)的吸收峰在 275～282 nm 之间；苯丙氨酸残基(Phe)具有尖锐的吸收峰，其精细结构在 255～270 nm 范围。蛋白近紫外区域 CD 光谱图形状主要取决于蛋白中所含的芳香簇氨基酸种类、流动性以及其微环境(氢键，极性基团和极化度)。如图 2-2-31 所示，花生球蛋白(arachin)的近紫外-CD 光谱呈现出两个主要的正峰在 280 nm 和 305 nm 处，两个弱的吸收峰在 259 nm 和 265 nm，分别归结为酪氨酸(Tyr)和色氨酸(Trp)的特征峰。花生伴球蛋白的近紫外-CD 光谱呈现出两个主要的正峰在 260 nm 和280 nm 处，分别归结为苯丙氨酸(Phe)和酪氨酸(Tyr)残基(赵冠里，2011)。

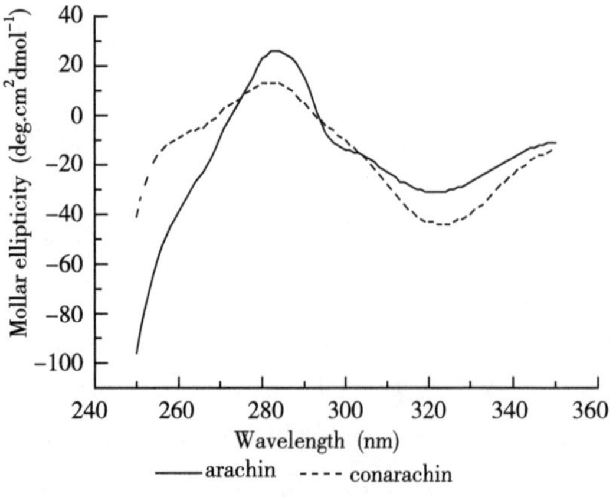

图 2-2-31 花生球蛋白与伴球蛋白的近紫外区域圆二色光谱

(2)荧光光谱测定三级结构。采用发

射荧光光谱技术同样可以表征花生球蛋白与花生伴球蛋白的三级构象特性，如图 2-2-32 所示。用 290 nm 作为激发波长，所得到的主要是色氨酸为发射基团的荧光光谱，反映色氨酸微环境极性的变化，是一种比较灵敏的反映三级结构变化的技术手段。荧光峰红移表明荧光发射基团更为暴露于溶剂，即荧光发射基团的微环境极性增加，蓝移表明发射基团(Try)位于更疏水的微环境中；而荧光峰强度下降与荧光猝灭相关联(猝灭剂可存在于溶剂或蛋白质分子内部)。图 2-2-32 所示，花生球蛋白与伴球蛋白的荧光光谱皆是典型的色氨酸荧光光谱。荧光峰分别在 318.6 nm 和 343.4 nm 处，表明色氨酸残基位于花生球蛋白或伴球蛋白的疏水性区域，如蛋白分子内部。相对于花生伴球蛋白，花生球蛋白的荧光峰发生了蓝移，表明花生球蛋白内部色氨酸残基位于更加疏水的微环境中，球蛋白内部包裹了更加丰富的疏水性基团，与伴球蛋白相比具有更加紧凑的三级结构(赵冠里，2011)。

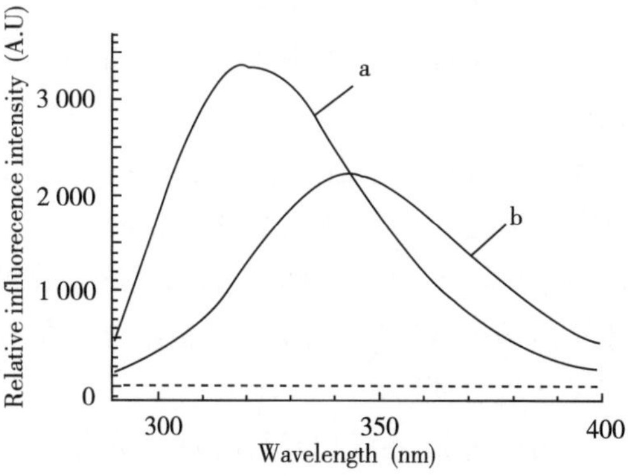

图 2-2-32 花生球蛋白及伴球蛋白的内部荧光发射光谱

a:花生球蛋白(arachin)；
b:花生伴球蛋白(conarachin)

吴海文(2009)对经历不同方式改性的醇洗花生浓缩蛋白样品在不同溶剂中(PBS 缓冲液，0.025 mol SDS 缓冲液和 6 mol/L 尿素缓冲液中)荧光强度和最大发射波长的变化情况进行测定。结果见表 2-2-15。

表 2-2-15 不同溶剂中蛋白样品的荧光强度和最大发射波长

缓冲液	样品	Start(nm)	λ_{em}(nm)	荧光强度
PBS	PPC	290.0	331.5	617.5
	超声处理 PPC	291.0	332.0	717.0
	还原剂-1 处理 PPC	290.5	330.5	798.7
0.025 mol/L SDS	PPC	290.5	338.5	842.6
	超声处理 PPC	290.5	337.5	851.4
	还原剂-1 处理 PPC	290.5	337.5	899.3
6 mol/L 尿素	PPC	292.0	337.5	796.4
	超声处理 PPC	292.0	336.5	855.6
	还原剂-1 处理 PPC	292.0	335.5	948.5

在 PBS 缓冲液中，当激发波长为 280 nm 时，蛋白样品的最大发射波长分别为：331.5 nm、332.0 nm、330.5 nm；在 0.025 mol/L SDS 缓冲液中，蛋白样品的最大发射波长分别为：338.5 nm、337.5 nm 和 337.5 nm；在 6 mol/L 尿素缓冲液中，蛋白样品的最大发射波长分别为：337.5 nm、336.5 nm 和 335.5 nm。无论在哪种缓冲液中，处理后的蛋

白样品的荧光强度总是比原始蛋白的荧光强度值大，它们荧光强度大小的顺序依次为：还原剂-1 处理 PPC>超声处理 PPC>原始 PPC(表 2-2-15)。

一般情况下，蛋白质只有 Phe、Tyr 和 Trp 三种基团可发射荧光，但是 Phe 的荧光发射强度很低，Tyr 的荧光易被蛋白质中的羧基、氨基等熄灭，或通过非辐射途径将能量转移给 Trp，因此，蛋白质本身的荧光基本上来自 Trp 基团。最大发射波长 λ_{em} 与生色基团在蛋白质分子中所处位置紧密相关，当激发波长为 280 nm 时，若发射波长 λ_{em} 为 330～333 nm，表明生色基团位于蛋白质疏水区域内，若 λ_{em} 为 340～342 nm，说明生色基团位于蛋白质的极性区域，基团可能被结合水包围；若发射波长为 350～353 nm，则表示基团处于微环境已同游离 Trp 相似。

由此可知，在 PBS 缓冲液中，蛋白样品的最大发射波长都在 330～333 nm 范围内，说明蛋白的生色基团(至少部分)位于蛋白质的疏水区域；在 0.025 mol/L SDS 缓冲液和 6 mol/L 尿素缓冲液中，蛋白样品的最大发射波长发生了不同程度的红移，说明蛋白位于疏水区域的生色基团有部分暴露出来。

然而，荧光强度不但与不同的改性方法有关，还与在不同的溶剂中有关。与荧光发射波长的情况不同的是，荧光发射强度的影响因素非常复杂，取决于诸如温度、黏度、pH、溶剂极性、淬灭剂等条件。根据一般规律，溶剂黏度增大，极性减少，将使荧光强度增加。在同一缓冲液中，不同改性方法使得蛋白的溶解度有不同的改善，即不断增大，因此溶液黏度增大，而极性随之减小，因此蛋白的荧光强度增大；不同的缓冲液黏度也不一样，其大小为：6 mol/L 尿素>0.025 mol/L SDS>PBS，这就能很好地解释荧光强度逐渐增大的原因了。当然除了这一点，荧光强度增大的另一个因素是 Tyr→Trp 能量转移在溶液中增大。能量转移效率：

$$E=\frac{A}{A+n^4r^6}\quad 且\ A=\frac{161.9K^2\varphi_D}{\pi^5\cdot N}\int_0^{\infty}\frac{F_D(\bar{v})\varepsilon_a}{\bar{v}^4}\mathrm{d}\bar{v}$$

式中：K 为定向系数；φ_D 为提供(Tyr)量子产率；π 为圆周率；N 为 Avogadro 常数；n 为溶剂折射率；r 为供体(Tyr)和受体(Trp)之间的平均距离；积分项为示供体与受体的光谱重叠程度，对于 Tyr 和 Trp 它是一常数。由此可见，当蛋白浓度逐渐增大时，Tyr 的量子产率(φ_D)增加，从而使 E 值增大。

由于不带电荷的丙烯酰胺在 295 nm 处的光吸收会引起蛋白质荧光强度的变化，因此，荧光淬灭时，溶液中的淬灭剂必须同 Trp 基团相互作用，使荧光物质 Trp 的荧光强度降低。当蛋白质分子中 Trp 的荧光不能被丙烯酰胺等荧光淬灭剂熄灭时，则 Trp 基团一定位于蛋白质分子内部，淬灭剂分子不能进入。丙烯酰胺淬灭荧光的原理是基于 Stern-Volmer 方程推导的。

添加丙烯酰胺浓度 1-12 分别为：0、0.04、0.08、0.12、0.16、0.20、0.24、0.28、0.36、0.40、0.44 和 0.48 mol/L。由图 2-2-33、图 2-2-34 和图 2-2-35 可以看出，改性前后蛋白的 λ_{em} 和未加淬灭剂的荧光强度值(F_0)均有变化，原始 PPC 的 λ_{em} 和 F_0 值分别为 363 nm 和 52.54，经超声处理和还原剂-1 处理后后，λ_{em} 分别蓝移 4 nm 和 7 nm，荧光强度值增加 57.19%和90.52%。由 F_0/F 对[Q]作图，见图 2-2-36，其中 F_0、F 分别为有无淬灭剂时

的荧光强度，[Q]为淬灭剂浓度。从图中可知，丙烯酰胺的 F_0/F 对[Q]作图均呈线性关系，因此丙烯酰胺的淬灭作用是扩散控制机制符合 Stern-Volmer 方程：

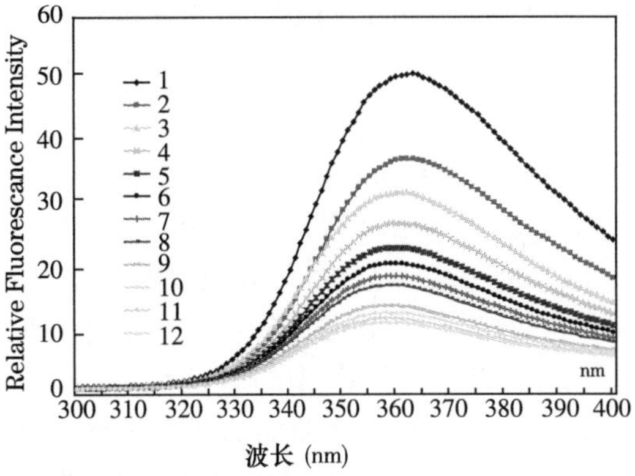

图 2-2-33　丙烯酰胺(Acr)对 PPC 荧光的淬灭

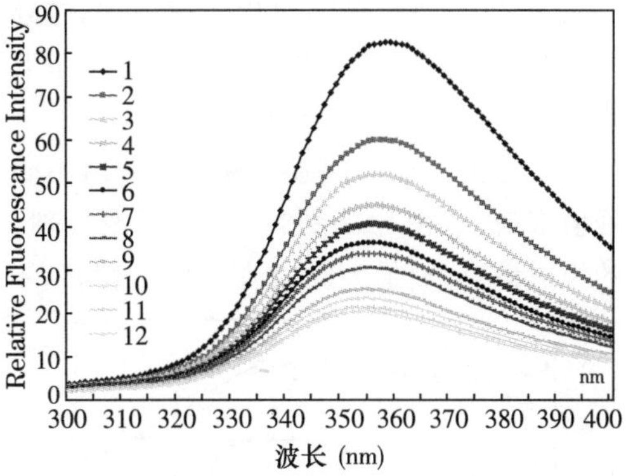

图 2-2-34　丙烯酰胺对超声处理 PPC 荧光的淬灭

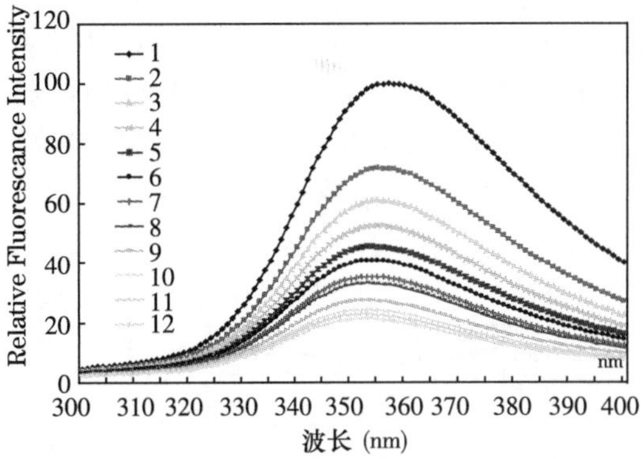

图 2-2-35　丙烯酰胺对还原剂-1 处理 PPC 荧光的淬灭

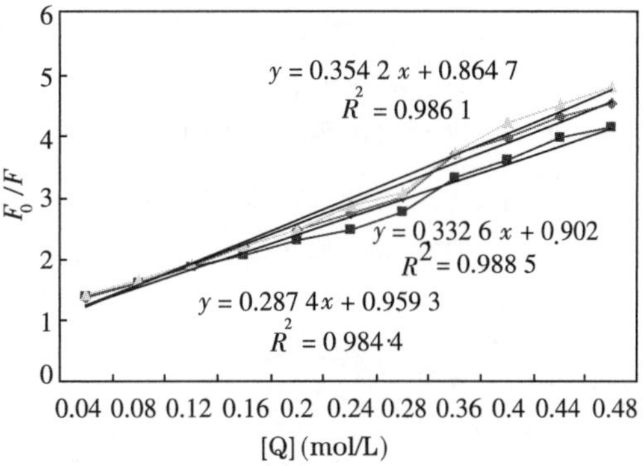

图 2-2-36　丙烯酰胺对蛋白内源荧光的淬灭

$$F_0/F=1+K_Q[Q]$$

式中：K_Q 为淬灭常数，由图中可计算丙烯酰胺的淬灭常数分别为：PPC：0.287 4 L/mol，超声处理 PPC：0.332 6 L/mol，还原剂-1 处理 PPC：0.354 2 L/mol。由上式推导可得：

$$F_0/\Delta F=1/fa+1/(faK)\times 1/[Q]$$

其中 K 为可被淬灭剂 Q 所接近的发色基团的 Stern-Volmer 的常数。以 $F_0/\Delta F$ 对 1/[Q]作图，将 1/[Q]外推至 0，截距为 $1/fa$，其倒数 fa 为可被荧光淬灭剂接近的发色基团占总的发色基团的百分比。经计算，得到 fa 分别为：PPC：0.680 9，超声处理 PPC：0.731 9，还原剂-1 处理 PPC：0.794 4。可见丙烯酰胺还不能完全淬灭蛋白中的 Trp 荧光。

虽然 Trp 的 R 基团具有较大的疏水性，但是原始 PPC 分子中仍有一半数量的 Trp 位于蛋白质分子表面，而处理后有更多的 Trp 暴露于蛋白质分子表面，这主要与它所占较大空间体积，因而不能全部进入疏水核心有关。Nakai 等人将蛋白质疏水性分为“芳香疏水性”(aromatic hydrophobicity)，由 Trp、Tyr、Phe 等带芳香环基团产生，和“脂肪疏水性”(aliphatic hydrophobicity)，由 Val、Leu、Ilu 等脂肪链基团产生，并认为蛋白质的溶解度主要与芳香疏水性有关，而与脂肪疏水性无关，其主要原因也是前者位于分子表面，而后者位于分子内部。

(3)紫外吸收光谱分析三级结构。醇法制备的花生浓缩蛋白(PPC)及其经历超声波和还原剂处理的样品在 190～400 nm 波长范围内扫描，截取蛋白样品的紫外吸收光谱值(250～300 nm)进行分析。

同一蛋白在不同缓冲液中的峰值不同，表现的规律为：在 Urea 中的所有蛋白样品的峰值都最大，在 SDS 缓冲液中，超声处理 PPC 的峰值最小，在 PBS 缓冲液中，原始 PPC 的峰值最小，而最大吸收峰位发生蓝移；不同蛋白在同一缓冲液中，最大吸收峰位相同，但峰值不同，变化规律是：还原剂-1 处理 PPC＞超声处理 PPC＞PPC(图 2-2-37 至图 2-2-39 和表 2-2-16)。这与荧光测定结果相一致。蛋白在 276～282 nm 处的特征吸收峰主要有肽链上的 Trp 残基的吲哚环和 Tyr 残基的苯环 π-π′ 跃迁引起。峰位蓝移，从溶剂效应来看，Trp 残基的微环境进行增强，可能的原因应是氢键效应，即 Tyr 残基的酚基在不同的缓冲液中电离受阻，酚氧原子的孤对电子与芳环之间的激发态电荷转移作用部分受到抑制(Sharma, et al., 1996)。

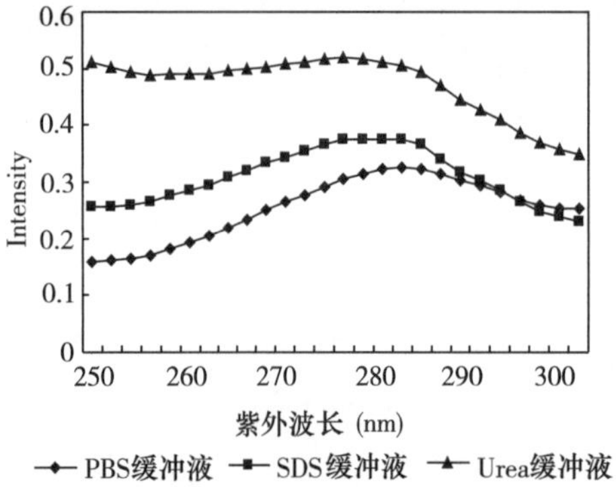

图 2-2-37　PPC 在不同缓冲液中的紫外吸收光谱

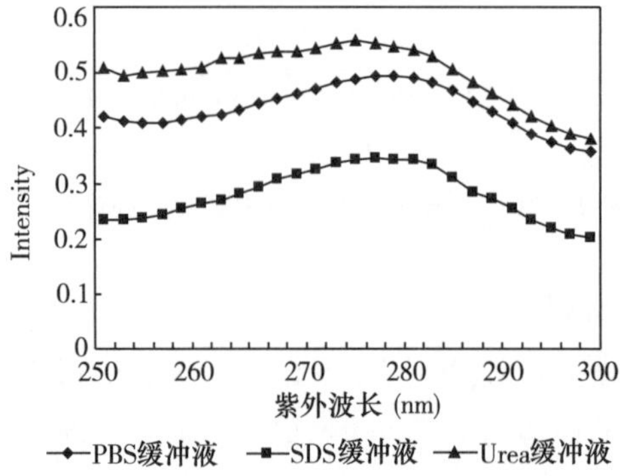

图 2-2-38　超声处理 PPC 在不同缓冲液中的紫外吸收光谱

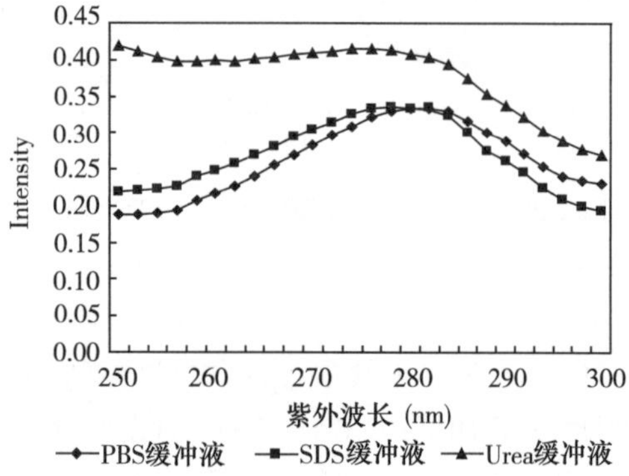

图 2-2-39　还原剂-1 处理 PPC 在不同缓冲液中的紫外吸收光谱

表 2-2-16　蛋白样品在不同缓冲液中的 λ_{apex} 和峰值

缓冲液	样品	λ_{apex}(nm)	Height
PBS	1	282	0.325 8
	2	282	0.492 1
	3	282	0.334 1

续表 2-2-16

缓冲液	样品	λ_{apex}(nm)	Height
SDS	1	278	0.375 8
	2	278	0.344 3
	3	278	0.334 8
Urea	1	276	0.519 1
	2	276	0.559 0
	3	276	0.415 6

第 3 节 花生蛋白的主要功能特性

3.1 溶解性

3.1.1 花生蛋白及其组分的溶解性

蛋白的功能特性对蛋白资源利用至关重要，而蛋白质的多数功能特性在一定程度上取决于其溶解度。溶解性能够影响蛋白质的其他功能特性，包括蛋白质的界面活性、流变特性等。对于许多需要添加蛋白质成分的食品体系来说，比如乳浊体系，泡沫和凝胶体系，好的蛋白质溶解性通常都是必需满足的前提条件。花生蛋白中球蛋白与伴球蛋白的溶解特性如图 2-3-1 所示。其溶解性最低处出现在蛋白质的等电点附近。花生伴球蛋白在 pH 2～4 和 pH 7～10 两个区域的溶解度比花生球蛋白高，花生球蛋白在接近等电点的 pH 4.5～6 的区域溶解性相对比伴球蛋白更好。蛋白质分子的结构与组成决定其功能特性，因此两种蛋白质组分溶解性的差异可以根据它们结构特性的差异来解释。由于暴露在球蛋白分子表面的巯基含量相比伴球蛋白低，而与此同时伴球蛋白表面疏水性值显著高于球蛋白的表面疏水性值。当蛋白质溶液 pH 值在等电点附近时，其分子表面电荷被中和，分子之间的斥力减弱而相互作用增强，同时，伴球蛋白表面具有更强的疏水性相互作用，巯基的氧化反应和巯基/二硫键的交换反应形成的分子间二硫键也可诱导蛋白聚集，这是伴球蛋白在等电点附近具有相对较低溶解度的原因。而当 pH 值远离等电点时，蛋白质分子在酸性或者碱性的条件下，表面的正电荷或者负电荷堆积诱导蛋白构象伸展和疏水性基团的暴露，由于花生球蛋白分子内包裹了更加丰富的疏水性氨基酸和未交联的游离巯基，所以增加了球蛋白分子间相互作用而发生聚集的几率，表现为溶解性的降低(Liu, et al., 2011)。

天然花生蛋白和花生分离蛋白随溶液 pH 值变化的曲线如图 2-3-2 所示。天然花生蛋白的溶解性在 pH 5.0～6.0 之间达到最小值，在 pH $<$ 5.0 和 pH $>$ 6.0 的范围能观察到较高的蛋白溶解性。相比之下，花生分离蛋白的溶解性较差。这种溶解性的差异主要归因于碱溶酸沉的分离提取过程诱导了花生分离蛋白的变性，进而产生聚集并沉淀(Liu, et al., 2011)。

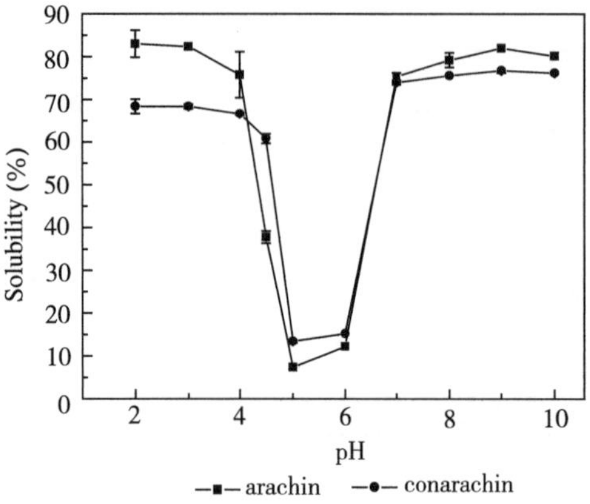

图 2-3-1 花生球蛋白与伴球蛋白的溶解性-pH 曲线

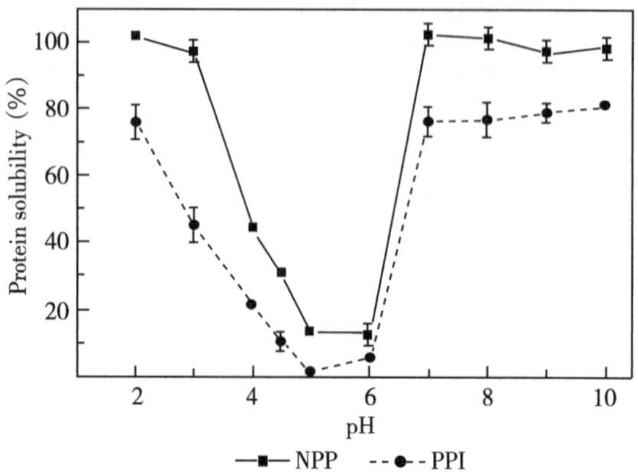

图 2-3-2 天然花生蛋白和花生分离蛋白的溶解度-pH 曲线

不同方法制备的花生浓缩蛋白溶解性差异较大。如图 2-3-3 所示，在 pH 2.0～4.0 时，碱溶酸沉技术制备的花生分离蛋白(PPI)的可溶性氮含量显著性高于其他 PPC 的可溶性氮含量，乙醇浸提技术制备的花生浓缩蛋白(AAPPC)的可溶性氮含量则要显著性低于等电沉淀技术制备的花生浓缩蛋白(IPPPC)和等电沉淀与乙醇浸提相结合制备的花生浓缩蛋白(IAPPC)，而与 DPF 之间无显著性差异；在 pH 4.5 时，IPPPC、AAPPC、IAPPC 和 PPI 的可溶性氮含量降至最低，分别仅为 0.93%、2.24%、1.22%和 2.03%；在 pH 6.0～12.0 时，PPC 可溶性氮含量均呈现出随 pH 值上升而明显增大的趋势，尤以 PPI 的可溶性氮含量要显著性高于其他 PPC；当溶液体系 pH 为 7.0 时，PPC 的溶解性从高到低依次为 PPI、AAPPC、IPPPC 和 IAPPC(Wu, et al., 2010)。

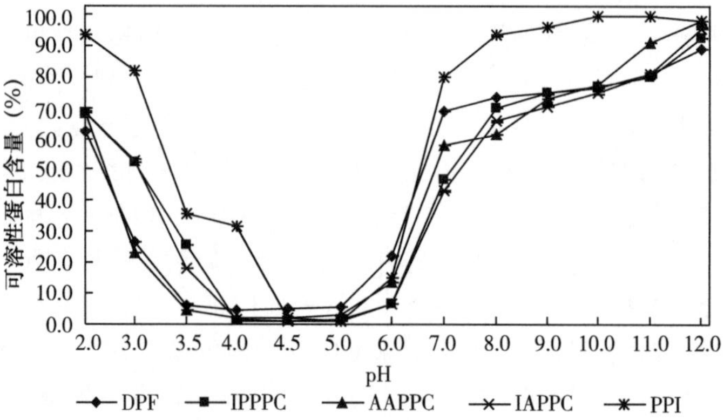

图 2-3-3 不同制备方法对花生蛋白产品溶解性的影响

3.1.2 改性方法对花生蛋白溶解性的影响

3.1.2.1 物理改性

通过对醇提花生浓缩蛋白分别使用超声波处理、热处理、高速搅拌和微波处理四种物理方法改性，蛋白质的氮溶指数均有一定程度的提高，在选定的最优工艺参数下，溶解性改善效果的排序是：超声波处理＞热处理＞高速搅拌＞微波处理。由于不同改性方法的作用机理不同，经过其中一种方法处理过的蛋白质继续采用其他方法进一步改性，溶解性还有继续提高的可能。表 2-3-1 为 4 种物理改性方法分别单独使用时，所摸索出的最优工艺参数。在此基础上，探讨不同物理方法复合改性对溶解性的影响，见表 2-3-2。加粗表示的结果表明复合处理后蛋白质的氮溶指数比单独使用其中任何一种都要高，即此种复合工艺对溶解性的提升有着部分叠加的效果。

表 2-3-1　不同物理方法增溶改性花生浓缩蛋白的最优工艺参数

改性方法	改性后 NSI	最适料液比	最优工艺其他参数
高速搅拌	72.39%±0.42%	1:7	搅拌转速 22 000 r/min，搅拌时间 66 s
微波处理	69.83%±0.80%	1:(7～11)	微波功率 640 W，微波时间 30 s，溶液高度 1.5 cm
热处理	72.94%±0.61%	1:9	加热温度 75℃，加热时间 7 min
超声波处理	73.72%±0.57%	1:10	超声功率 210 W，超声时间 7 min，水浴温度 75℃

由表 2-3-1 可知，高速搅拌是最适合与其他物理改性处理复合使用的方法，无论是在微波处理、热处理和超声波处理之前还是之后使用，都能够在原有基础上进一步提高蛋白质的溶解性，起到单独使用一种处理不能达到的良好效果。这主要是由于高速搅拌处理的增溶机理不同于其他方法，其通过机械力促使物料间相互碰撞和摩擦使蛋白颗粒破碎而促进溶解的，而微波处理和热处理主要是通过热能破坏蛋白质分子内和分子间的共价键，水浴超声波处理也借助了热变性来增溶。尽管长时间的高速搅拌也会使蛋白溶液升温，但本实验所选定的最优搅拌时间仅为 1 min 左右，几乎无法起到加热效果。因此，高速搅拌处理的机械力作用和其他处理的热作用良好地复合，不会出现热变性过度或机械力变性过度的情况。采用高速搅拌与热处理复合使用，花生浓缩蛋白先后受到了机械能、热能和超声波能的作用，醇提时变性聚集的结构解散，抵消了乙醇变性对溶解性的不良影响，并且由于复合变性作用，蛋白质分子内部和分子间不利于溶解的共价键有所断裂，溶解性得到进一步的提升，并且没有出现导致溶解性降低的过度变性。高速搅拌在前，超声波处理在后的操作顺序也更有利于各种变性作用的协同，使物理增溶改性取得最佳的效果。

表 2-3-2　不同物理方法复合增溶改性花生浓缩蛋白

先进行的工艺操作	后进行的工艺操作			
	高速搅拌	微波处理	热处理	超声波处理
高速搅拌	—	73.34%±0.74%	76.20%±0.67%	78.18%±0.54%
微波处理	74.82%±0.77%	—	72.81%±1.03%	72.73%±0.83%
热处理	73.83%±0.50%	71.35%±0.90%	—	72.44%±0.65%
超声波处理	75.06%±0.36%	74.25%±0.61%	74.78%±0.46%	—

3.1.2.2　酶法改性

酶水解对蛋白质溶解性的改善则主要归因于不溶性聚集物或者沉淀在蛋白酶作用

下释放出可溶性多肽，这一过程同时也增加了蛋白质的电荷数与羰基的数目。此外，酶解作用下展开的蛋白质肽链所暴露出更多的亲水性基团，能够吸附更多的水分子，从而使蛋白质更加亲水易溶于水溶液中。同时，变得更加疏松的蛋白三级结构也有利于水分子的直接进入，并在蛋白质的内部对其进行更有效的浸润、膨胀与水化作用。因此，有限的酶解能够作为一种非常有效的手段改善花生蛋白的溶解性。

在酶解改性的过程中，对改性效果影响的最重要的因素主要有：底物蛋白的来源、酶的种类及其对目标蛋白的水解程度。不同氨基酸组成和空间构象的底物蛋白具有不同的酶解敏感性；不同来源和种类的蛋白酶具有不同的优势酶切位点，例如，来源于植物的木瓜蛋白酶（papain），其活性中心优先水解含有精氨酸残基的肽链；而来源与细菌和真菌的碱性蛋白酶（alcalase）和真菌蛋白酶（fungal protease）的酶切位点主要在含有丝氨酸残基的侧链上面。水解程度则决定了蛋白酶对底物蛋白肽链的修饰程度，对改性的具体效果具有十分重要的影响。在对分离提取后的花生球蛋白进行酶解改性时，可以发现不同蛋白酶的水解度-时间曲线并不相同（图 2-3-4），真菌蛋白酶具有更高的水解效率，其次为木瓜蛋白酶和碱性蛋白酶（Govindaraju, et al., 2006）。

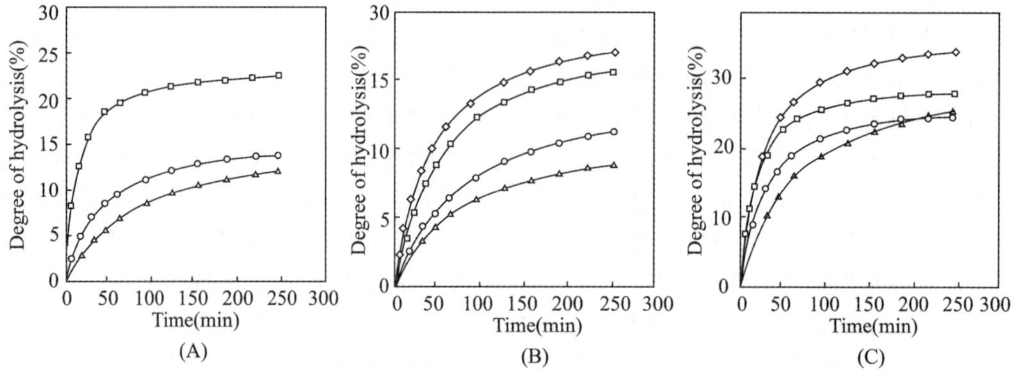

（A）Papain，（B）Alcalase，（C）Fungal protease；酶添加量：（△）0.5 g/100 g，（◇）1 g/100 g，（□）2 g/100 g，（○）4 g/100 g，（▽）5 g/100 g

图 2-3-4 不同种类的蛋白酶对花生球蛋白水解度-时间曲线

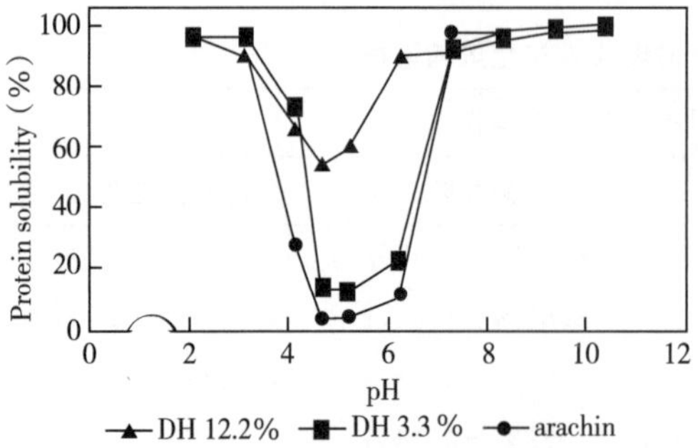

图 2-3-5 碱性蛋白酶水解花生球蛋白溶解度曲线

此外，同样是采用碱性蛋白酶对花生球蛋白和花生分离蛋白进行酶解，如图 2-3-5 和图 2-3-6 所示，水解度为 12%左右的花生球蛋白在接近 pH 值 4.5 处的溶解性与水解度在 5.4%时的花生分离蛋白相近，这说明了花生分离蛋白对酶解具有更高的敏感性，这是因为花生分离蛋白相对于天然的花生球蛋白具有更高的变性程度，其蛋白的分子肽链相对更加伸展，酶切位点相对暴露较多，更易酶解。因此，底物蛋白在酶解改性之前通常会有一个前处理的过程，主要的目的就是使蛋白质在适当的范围内变性，使蛋白酶更加易于与底物中的活性位点结合（Zhao et al.，2011；Govindaraju et al.，2006）。

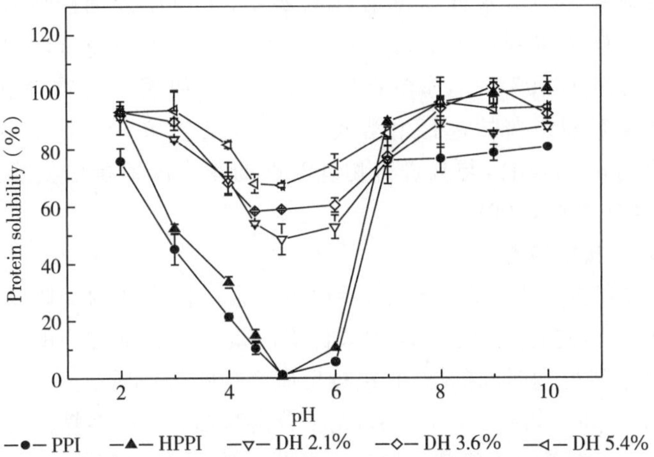

图 2-3-6　花生分离蛋白及其水解产物的溶解性-pH 曲线

花生浓缩蛋白提取过程中的醇洗步骤，通常会使蛋白产生较严重的变性，进而溶解性降低。采用物理方法前处理配合酶解改性是改善浓缩蛋白溶解特性的重要手段之一。通过酶解前处理方法的比较表明，超声波处理或高速搅拌配合超声波处理是较适宜的前处理手段（图 2-3-7）（马铁铮，2009）。

此外，木瓜蛋白酶（Papain）相比具有更好的增溶效果。如图 2-3-8 所示，木瓜蛋白酶（Papain）的增溶改性作用效果显著优于其他 4 种中性蛋白酶。N120P、Neutrase 和 Protamex 对蛋白溶解性的作用效果相近，Flavourzyme 作用效果最差，这 4 种酶限制性酶解产物的氮溶指数均比复合物理增溶处理后低，Flavourzyme 酶解后甚至低于原料醇提花生浓缩蛋白。究其原因，其一是可能由于灭酶时 95℃ 的高温使蛋白质过度变性，限制性酶解对蛋白溶解性的少量提升远远不能抵消热变性对其的降低；其二可能

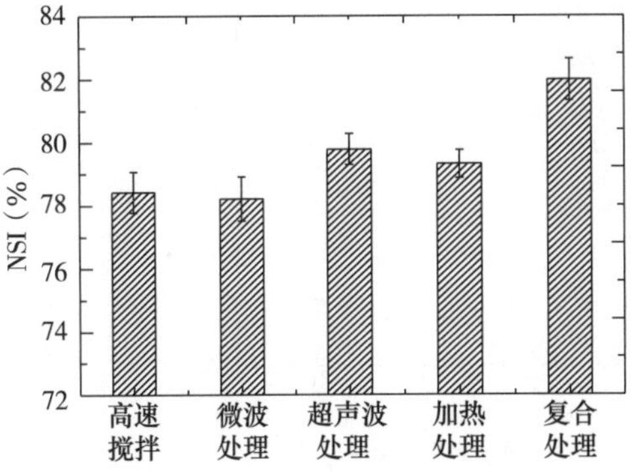

图 2-3-7　不同酶解前处理方法对酶解增溶改性花生浓缩蛋白氮溶指数的影响

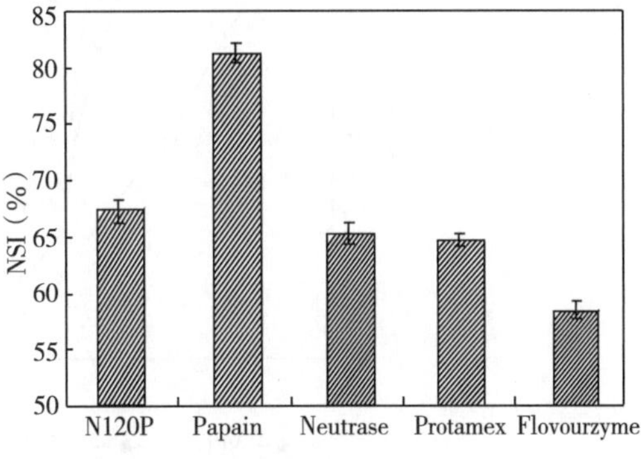

图 2-3-8　不同蛋白酶对限制性酶解增溶改性花生浓缩蛋白氮溶指数的影响

是参照厂商提供资料所选定的工艺参数不适用于花生浓缩蛋白的增溶改性。限制性酶解增溶时，酶解相对不充分会造成低水解度下蛋白质间发生聚集，溶解度降低；而酶解相对过度会造成较多的疏水性氨基酸残基暴露，蛋白质表面疏水性增加，也会降低溶解度。通过优化确定限制性木瓜蛋白酶酶解增溶的最优工艺确定为：加酶量(E∶S) 0.291 3%，酶解时间 18.95 min，酶解温度 46.70℃。使用复合物理酶解前处理、限制性酶解工艺对花生浓缩蛋白的进行增溶改性，在各工艺参数均处于最优条件下，产物的氮溶指数可达到 86%左右，与只进行物理改性的花生浓缩蛋白氮溶指数 78.18% 相比有了显著提高(马铁铮，2009)。

3.1.2.3 多糖接枝改性

由于多糖中含有更多亲水性的羟基，蛋白质与亲水性多糖的交联反应会使蛋白质与水分子的亲和力增加，同时限制了在酸性条件下的蛋白质分子之间的相互作用。随着对蛋白-多糖混合物干热处理时间的增加，接枝反应产物的蛋白质溶解性也随之在所检测的 pH 值范围内逐渐增加。如图 2-3-9 所示，花生分离蛋白、蛋白-多糖混合物及其热处理不同时间制备的接枝产物随 pH 值变化曲线。花生分离蛋白与葡聚糖(dextran)的混合过程会提高蛋白质在所检测 pH 值范围内的溶解性，尤其提高了 pH 2～4 和 pH 7～10 之间的蛋白溶解性，这是由于多糖的混合使花生蛋白间的相互作用减弱，变性程度降低而导致的。此外，花生分离蛋白与葡聚糖干热处理 1 天获得的接枝产物在 pH 4.5～6.0 之间的溶解性相对花生分离蛋白对照样及混合样品显著改善。然而，在等电点附近的蛋白溶解性仅获得了非常有限的提高，这可能是由于花生分离蛋白与葡聚糖的接枝反应程度有限，仅有有限的亲水性多糖通过交联反应改善花生分离蛋白在酸性条件下的溶解性及其稳定性(Liu et al.，2012)。

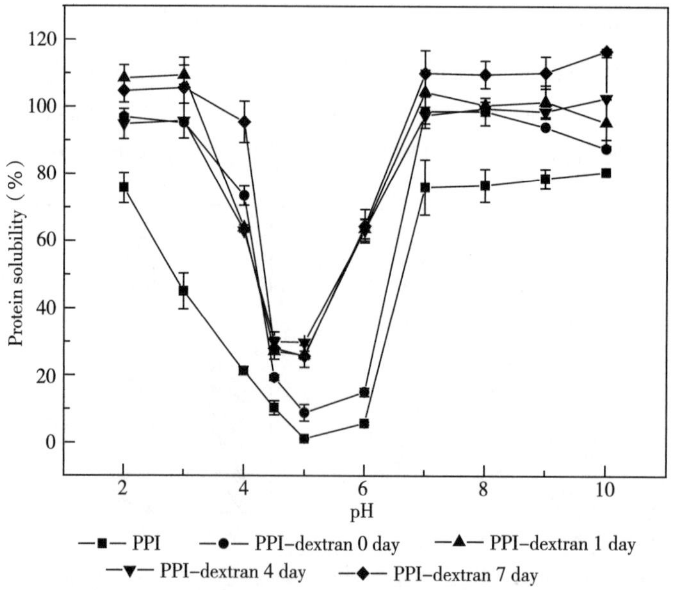

图 2-3-9 花生分离蛋白及其糖接枝产物溶解性-pH 曲线

3.2　凝胶性

凝胶是指在分散介质中的胶体粒子或高分子溶质形成整体构造而失去了流动性，或胶体全体虽含有大量液体介质但处于固化的状态。凝胶可分为加热凝胶和金属离子凝胶：加热凝胶又可分为热不可逆凝胶和热可逆凝胶（李里特，1998）。凝胶特性是植物蛋白主要功能特性之一，它赋予食品良好的凝胶组织结构，使食品对水分、脂质、糖类和其他成分具有良好的束缚作用，同时增加食品咀嚼感，为肉制品保持水分、脂肪提供基础。蛋白凝胶特性表现在拥有高的黏附力，塑性和弹性。这一性质在香肠制品中非常重要，同时也是豆腐形成的基础（Shand P. J.，2007）。植物蛋白不仅组成具有高度的不均一性，而且分子空间结构较为复杂，因此，研究其热变性和热凝胶机理非常困难。尽管如此，由于植物蛋白的热行为在蛋白加工和利用上具有特别的重要性，因此引起了国内外许多科研工作者的极大兴趣，进行了大量的研究工作。

3.2.1　花生蛋白及其组分的凝胶特性

对于采用85%饱和硫酸铵提取的天然花生蛋白来说，其在蛋白质浓度10%，pH 7.0的条件下，弹性模量（G′）约为40 Pa，这一数值表明，天然花生蛋白只能在这一条件下形成较弱的凝胶体系。这与花生蛋白的组成与变性温度有关。流变仪设定的升温程序最高为95℃，所测定蛋白只有在被加热到其变性温度时才开始凝胶，而花生蛋白中只有占少数的伴球蛋白可以达到变性温度，花生球蛋白在测定过程中却始终不能产生凝胶。花生球蛋白与伴球蛋白是花生蛋白中的主要组分，将这两种组分分离提取出来，在相同条件下研究单一组分的热凝胶特性，有利于对花生蛋白的凝胶行为增进理解。

采用小振幅流变仪研究花生球蛋白和花生伴球蛋白的凝胶特性曲线如图2-3-10所示。机械模量包括贮存模量（G′）和损失模量（G″）用来评价凝胶网络结构的形成，以及凝胶形成之后凝胶流变学性在保温和降温过程的变化。在加热过程中，在约89℃时（接近花生伴球蛋白的变性温度），G′和G″开始出现明显的增加；在接下来的升温和之后的保温阶段，G′和G″仍然迅速增加，在随后的降温缓慢增加或者不变。而对于花生球蛋白的G′和G″在整个升温、保温和降温过程中，一直处于缓慢升高的趋势。在完成所有过程后，花生伴球蛋白的弹性模量值（G′）约为花生球蛋白的5倍，表明花生伴球蛋白具有较强的凝胶形成能力。凝胶性与蛋白构型变化有密切关系，如二硫键、氢键和疏水键等。相对花生球蛋白，伴球蛋白中含有较高的巯基和二硫键含量，而巯基和二硫键含量有利于蛋白间通过蛋白质氧化/还原状态对植物蛋白凝胶性有着关键性的影响，此外，伴球蛋白具有较高的表面疏水性，在一定的加热条件下疏水性相互作用会趋于增强。而花生球蛋白的变性温度较高，且热变性的协同性较差（参考DSC相关数据），在一定加热强度下很难迅速完全变性，这影响了球蛋白空间结构的伸展，不能即时暴露出大量的疏水键和活性的巯基，另外，球蛋白在结构比较紧凑的情况下，疏水性与分子表面可用于形成二硫键的暴露巯基含量相比较低，不能满足整个体系形成具有一定强度的凝胶网络（Liu et al.，2012）。

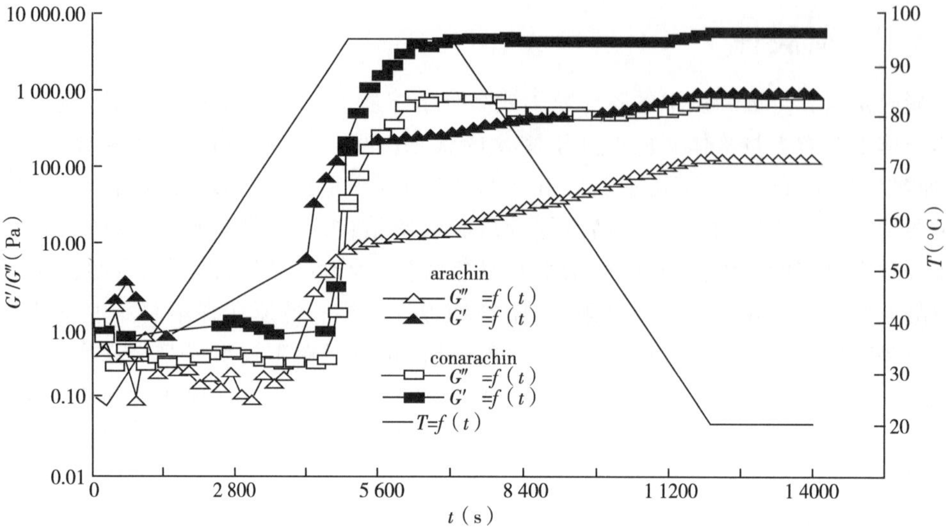

图 2-3-10 花生球蛋白和伴球蛋白的凝胶性曲线(pH 7.0)

3.2.2 改性方法对凝胶特性的影响

3.2.2.1 提取方式对花生蛋白凝胶性的影响

不同制备方法对花生分离蛋白(PPI)或者花生浓缩蛋白(PPC)的凝胶硬度有显著性的影响,如表 2-3-3 所示,IPPPC、AAPPC 的凝胶强度要显著性的高于 IAPPC 和 PPI 的凝胶硬度,而 PPI 的凝胶硬度则显著性的低于其他 PPC 的凝胶硬度;由不同制备方法对 PPC 凝胶弹性影响可知,PPI 的凝胶弹性显著性低于其他 PPC 的凝胶弹性,而其余 PPC 的凝胶弹性之间无显著差异;不同制备方法对 PPC 的凝胶黏结力影响也并不明显,仅 PPI 的凝胶黏结力要显著性低于其他 PPC 的凝胶黏结力,而其他 PPC 之间无显著性差异。由此可见,PPI 的凝胶硬度、弹性和黏附力与其余蛋白产品显著不同,这可能是因为在凝胶体系中蛋白粉的含量太低而未能形成凝胶,前人研究表明热处理形成强凝胶的最适蛋白含量为 19.6%(*m*/*m*)(Shand.,2007),或也可能是因为它的吸水性和持油性太差导致。而 IPPPC、AAPPC、IAPPC 的凝胶硬度,弹性及黏附力都很好,其中又以 AAPPC 最好,分别为 6.95N、0.90、0.53,说明乙醇能够提高蛋白凝胶性质,这与前人的研究结果一致。陈复生等(陈复生等,2001)研究了乙醇对大豆蛋白凝胶透明性和强度的影响,结果表明,乙醇提高大豆蛋白凝胶透明性和强度的作用是与乙醇分子组成密切相关的。乙醇是一种极性有机溶剂,羟基是乙醇的官能团,羟基中氧原子的电负性远大于氢原子和碳原子,因此乙醇分子中的碳氧键都是强极性键,羟基中的氢原子带正电,而氧原子带负电,因而它们可以分别与蛋白分子中的相反电荷作用,降低蛋白分子间的无序凝聚,而有利于有序网络结构的形成,提高蛋白的凝胶强度(吴海文,2009)。

3.2.2.2 物化改性对凝胶特性的影响

蛋白质的凝胶特性与其所具有的巯基/二硫键含量和表面疏水性相互作用较为相关,已有研究者据此预测花生蛋白在改性过程中的凝胶特性的变化,并确定了不同物化改性最佳作用条件分别为：热处理：温度 80℃，处理时间 6 min；高速搅拌处理：搅拌速度 12 000 r/min，处理时间 60 s；超声辐射处理：超声强度 1 000 W，处理时间 6 min；微波辐射处理：微波功率 800 W，处理时间 30 s；还原剂-1 处理：加入量 0.625 mmol/L，处理时间 90 min；还原剂-2 处理：加入量 0.75 mmol/L，处理时间 120 min。在这些处理条件下，蛋白的速凝性质的变化如图 2-3-11 和表 2-3-3 所示：

表 2-3-3 不同制备方法对花生蛋白产品凝胶性质的影响

样品	硬度(N)	弹性	黏结力
DPF	5.67±0.28[b]	0.90±0.02[a]	0.56±0.01[a]
IPPPC	6.50±0.29[a]	0.86±0.03[a]	0.52±0.02[b]
AAPPC	6.95±0.40[a]	0.90±0.03[a]	0.53±0.02[ab]
IAPPC	5.75±0.06[b]	0.88±0.03[a]	0.51±0.02[bc]
PPI	1.64±0.05[c]	0.58±0.02[b]	0.48±0.01[c]

注：同一列中标记完全不同字母，显著性 $p<0.05$；数据用平均值±标准差表示

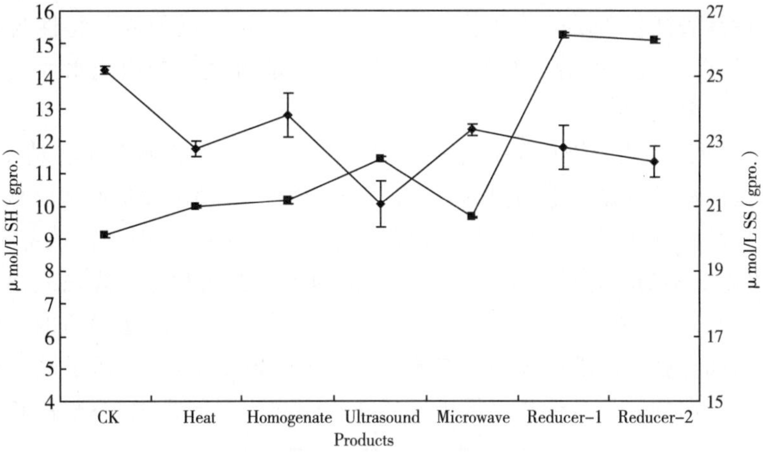

图 2-3-11 不同处理在最佳条件下，蛋白的游离巯基和二硫键含量变化情况

由图 2-3-11 和表 2-3-4 可知，在物理改性中，热处理、高速搅拌处理和超声辐射处理对蛋白中的游离巯基和二硫键含量影响极显著($p<0.01$)，其中又以超声辐射处理的影响最大。在超声辐射处理下，蛋白中的游离巯基含量达到 11.44 μmol/g，二硫键含量降为21.06 μmol/g，此时表面疏水性指数 So 为 12.14，与原始 PPC 相比，分别增加或减少了25.88%，16.32%，62.64%；而微波辐射处理对蛋白中的游离巯基和二硫键含量影响不显著($p>0.05$)。在化学改性中，还原剂-1 的处理效果要优于还原剂-2 的，还原剂-1 处理后的蛋白游离巯基含量达到 15.25 μmol/g，比大豆分离蛋白(12.1 μmol/g)、小麦面筋蛋白(15.16 μmol/g)高，比原始 PPC 高出 70.04%，So 值也达到最大，为 15.34。这些现象都说明还原剂-1 处理蛋白能有效的提高蛋白的-SH 含量和表面疏水性指数，从而提高了蛋白形成凝胶的潜质(吴海文，2009)。

表 2-3-4　不同处理在最佳条件下，蛋白表面疏水性指数 So 变化情况

样品	F (0.019 mg/mL)	F (0.038 mg/mL)	F (0.075 mg/mL)	F (0.15 mg/mL)	表面疏水性指数(So)
热处理	19.726	24.183	38.033 5	62.028	9.153 8
高速搅拌	19.316 5	23.057	36.896	53.282 5	8.789 7
超声处理	20.628	27.316 5	44.907 5	79.227	12.14
微波处理	22.099 5	26.667	38.504	112.785	8.202 3
还原剂-1	19.21	23.472 5	36.466	54.159 5	15.344
还原剂-2	19.147 5	25.339	34.942 5	49.841 5	12.251
CK	19.043	24.0505	33.971 5	50.264	7.4643

3.3　乳化性

3.3.1　花生蛋白及其组分的乳化特性

乳化活性是表征蛋白质的乳化特性的指标之一。蛋白质的乳化特性与蛋白质溶解度，表面疏水性以及表面电荷分布相关。一般而言，溶解性和表面疏水性是决定蛋白乳化特性的两个主要因素。

图 2-3-12 为天然花生蛋白与花生分离蛋白的乳化活性指数随 pH 值变化的规律。所有测定的蛋白样品皆显示了相似的乳化活性指数随 pH 值变化的趋势。两种提取方式制备的蛋白样品的乳化活性指数的最小值都位于 pH 5.0 处，同时最高值都位于 pH 9.0 处。此外，可以观察到乳化活性指数随 pH 变化的关系曲线相似于蛋白质溶解性-pH 值曲线变化的规律，同样在 pH 5.0 处为最小值。这一结果表明了蛋白质的溶解性与其乳化活性指数之间存在一定的相关性。在所检测的 pH 值范围内，经历了碱溶酸沉提取过程的花生分离蛋白的乳化活性显著低于天然花生蛋白。一般来说，溶解性和表面疏水性

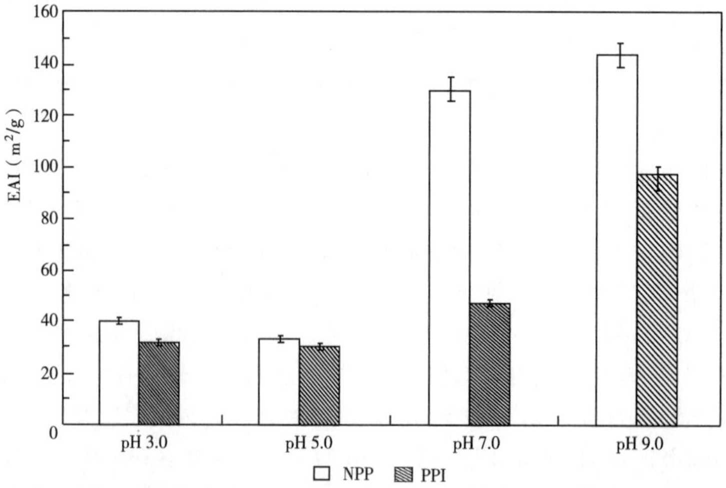

图 2-3-12　天然花生蛋白和花生分离蛋白的乳化活性指数-pH 曲线

是决定乳化特性的两个主要因素。然而,由图 2-3-12 可以看出花生分离蛋白的表面疏水性显著高于天然花生蛋白,这一结果表明对于花生蛋白碱溶酸沉的提取过程来说,乳化活性和其表面疏水性之间的正相关性并不存在。Yin 等(2010)报道了相似的结果,发现芸豆蛋白经历了碱溶酸沉提取后其表现了更高的表面疏水性,但相对于芸豆蛋白却具有更低的乳化活性,并将这一结果归因于分离蛋白在碱溶酸沉的提取条件下,蛋白质变性或聚集程度增加导致乳化活性指数的降低(Liu, et al., 2012)。

花生球蛋白和伴花生球蛋白乳化活性指数与 pH 的关系如图 2-3-13 所示。在测定的 pH 范围内,花生球蛋白与伴球蛋白的乳化活性指数具有 pH 依赖性。在 pH 5.0(等电点附近),乳化活性指数最低,而偏离等电点区域乳化活性指数迅速增加,在中性和碱性条件下花生球蛋白的乳化活性指数达到 60～130 m^2/g(图 2-3-13)。伴花生球蛋白乳化活性指数呈现出相似的变化趋势,在检测范围内的 pH 条件下,花生伴球蛋白的乳化活性指数显著高于花生球蛋白,其乳化活性指数在 70～180 m^2/g 之间。溶解度和表面疏水性是决定蛋白乳化特性的两个主要因素。在蛋白质溶解度较低的情况下,溶解度是决定蛋白质乳化特性的主要因素;而在蛋白质溶解度较高的情况下,表面疏水性是决定蛋白质乳化性的主要因素。在蛋白质溶解度较高的情况下(70%～85%),花生伴球蛋白的表面疏水性指数远远高于花生球蛋白,且花生伴球蛋白的乳化活性指数也高于花生球蛋白。此外,花生球蛋白和伴球蛋白的乳化活性指数与蛋白质溶解度具有正相关性(Liu,et al., 2012)。

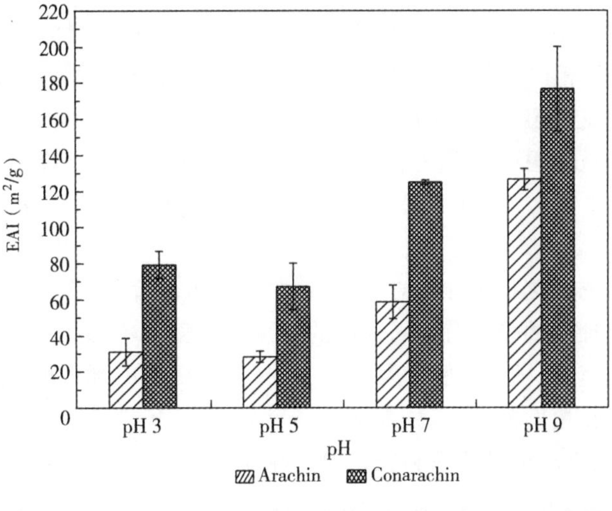

图 2-3-13 花生球蛋白与伴球蛋白的乳化活性指数-pH 曲线

3.3.2 改性对花生蛋白乳化性的影响

3.3.2.1 提取方式对乳化性的影响

当 pH 2.0～12.0 时,不同处理方法得到的花生分离蛋白(PPI)或花生浓缩蛋白(PPC)乳化能力随 pH 值增大均呈现出先减小后升高的趋势(图 2-3-14)。当 pH 2.0～4.5时,PPC 乳化能力呈逐渐降低趋势,而 AAPPC 的乳化能力显著性高于其他 PPC 的乳化能力;当pH 4.5时(除 AAPPC 外),PPC 的乳化能力均降至最低,而 AAPPC

在 pH 6.0 时才降至最低(0.27);当 pH 6.0～12.0时,随着 pH 进一步升高,PPC 的乳化能力均呈逐渐上升趋势,且在 pH 6.0～10.0 时,IPPPC 的乳化能力显著性高于其他 PPC 的乳化能力。当 pH 增至 12 时,PPC 的乳化能力均达到最大值。一般来讲,蛋白乳化性质随 pH 变化与蛋白溶解性随 pH 变化是相一致的。因为 pH 首先影响了蛋白的溶解性,而可溶解蛋白的乳化性质又依赖于乳化液中的亲油-亲水基的动态平衡(Sosulski, et al., 1977)(Wu, 2009)。

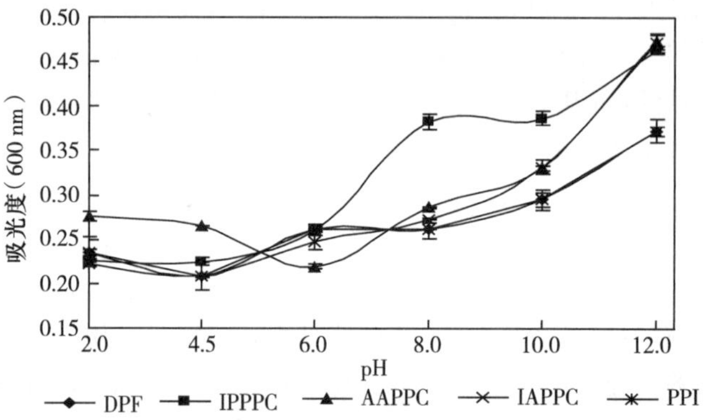

图 2-3-14 不同制备方法对花生蛋白产品乳化性的影响

本课题组发现了不同处理方法对 PPC 的乳化稳定性有显著性差异(表 2-3-5)。在相同 pH 值下,与 DPF 相比,PPC 的乳化稳定性显著性的降低。尤以 PPI 的乳化稳定性最差。PPC 的乳化稳定性随 pH 值的升高,呈现比较复杂的变化趋势。在 pH2.0～6.0 时,PPC 的乳化稳定性先下降后逐渐升高,在 pH4.5 时,乳化稳定性降至最低;在 pH8.0～12.0 时,乳化稳定性变化无明显规律,但 IAPPC 的乳化稳定性要显著性的高于其他 PPC 的乳化稳定性。

花生浓缩蛋白的乳化稳定性比对照 DPF 的要显著性降低(图 2-3-14 和表 2-3-5),可推测,酸、碱或醇处理后的蛋白有不同程度的变性;而随 pH 值变化 PPC 的乳化能力及稳定性变化趋势相似,说明随 pH 值增大,花生蛋白分子在水中都可能会进一步伸展,其极性侧链基团的水合作用增强,亲水性提高,原先包含在分子内部的疏水基团也暴露出来,增强了亲油性,宏观表现为乳化性和乳化稳定性提高。

表 2-3-5 不同制备方法对花生蛋白产品乳化稳定性的影响

样品	2.0	4.5	6.0	8.0	10.0	12.0
DPF	50.68 ± 1.55^{a}	43.36 ± 1.57^{a}	54.03 ± 3.21^{a}	60.04 ± 0.62^{a}	64.94 ± 0.70^{a}	31.72 ± 1.38^{b}
IPPPC	47.80 ± 1.01^{ab}	23.92 ± 1.45^{d}	46.95 ± 0.65^{b}	22.58 ± 0.49^{c}	23.54 ± 3.19^{c}	20.45 ± 0.64^{d}
AAPPC	34.50 ± 1.18^{c}	28.37 ± 2.77^{c}	29.58 ± 1.59^{d}	34.54 ± 1.26^{b}	24.79 ± 1.25^{c}	26.10 ± 0.23^{c}
IAPPC	46.42 ± 3.57^{b}	34.44 ± 1.48^{b}	40.02 ± 3.20^{c}	35.27 ± 5.48^{b}	37.78 ± 0.06^{b}	40.49 ± 0.81^{a}
PPI	16.71 ± 0.40^{d}	14.89 ± 0.19^{e}	19.18 ± 0.48^{e}	20.45 ± 0.19^{c}	24.32 ± 1.34^{c}	20.36 ± 0.39^{d}

注:同一列中标记完全不同字母,显著性 $P<0.05$;数据用平均值±标准差表示

3.3.2.2　酶解对乳化性的影响

酶解改性对花生蛋白乳化特性的影响主要取决于所采用酶的种类及其水解程度。表 2-3-6 为采用三种蛋白酶(papain、alcalase 和 fungal protease)对花生球蛋白组分进行有限的水解(DH 3%～5%)或高度水解(DH > 10%)后，蛋白水解产物的乳化能力的差别。如表可知，此三种酶的有限的水解可以有效地质花生球蛋白分子的肽链展开，暴露更多的疏水性基团，从而使其乳化能力增加，其中尤以 papain 对乳化能力的提高最为明显。随着水解程度的加深，花生球蛋白中已经通过酶解而暴露具有良好疏水性的肽链，又进一步被水解成为分子质量较小并不具有表面活性的肽段，因此其乳化能力相对于空白大幅度降低(Govindaraju, et al., 2006)。

表 2-3-6　有限酶解(DH 3%～5%)对花生球蛋白乳化和起泡特性的影响

enzyme	emulsification capacity(mL/g)	foaming capacity(% volume)
control	80.7±1.4	24.0±1.6
papain	102.7±2.0	28.0±1.6
alcalase	92.0±2.6	46.0±3.3
fungal protease	94.0±2.0	33.0±1.5

不同的花生蛋白底物在同种蛋白酶水解后，其乳化特性也会展现不同的变化趋势。图 2-3-15 为花生分离蛋白及其 Alcalase 酶水解产物在酸性(pH 5.0)和中性(pH 7.0)条件下的乳化活性指数(EAI)。与饱和硫酸铵提取的天然花生球蛋白不同，经历了碱溶酸沉提取的花生分离蛋白的酶解产物的乳化活性指数随着水解度的升高而逐渐降低。此外，被检测的蛋白样品在 pH 5.0 时测得的乳化活性指数变化规律与在 pH 7.0 时相似，但整体数值均低于pH 7.0时测得的乳化活性值，这一结果是由于在酸性条件下蛋白质的溶解性减少，减慢了其从溶液中向油水界面转移并吸附的速度(Zhao et al., 2011)。

3.3.2.3　多糖接枝对乳化性的影响

花生分离蛋白-葡聚糖混合物或接枝产物的乳化和起泡特性如图 2-3-16 所示。花生分离蛋白与多糖的混合或接枝改善了分离蛋白的乳化特性。与多糖的混合使花生分离蛋白的乳化活性增强，随着热处理的时间增加，接枝产物的乳化活性(EAI)也逐渐增加。与花生分离蛋白和蛋白-多糖的混合物相比，热处理至第 7 天的接枝产物的乳化活性分别增加 136%和 55%。乳化稳定性(ESI)在热处理后 1 天达到最大值，随着加热时间的延长，乳化稳定性又逐渐降低。通常，干热诱导蛋白质与多糖的接枝反应通常能改善蛋白质的乳化活性及其稳定性，进而对其乳化特性起到积极的影响(Dickinson 等)。然而，本实验中花生分离蛋白-多糖干热反应 4～7 天的接枝产物，其乳化稳定性逐渐降低，这是由于花生分离蛋白在经历干热反应后其三级结构变得更加紧凑所致(Liu et al., 2012)。

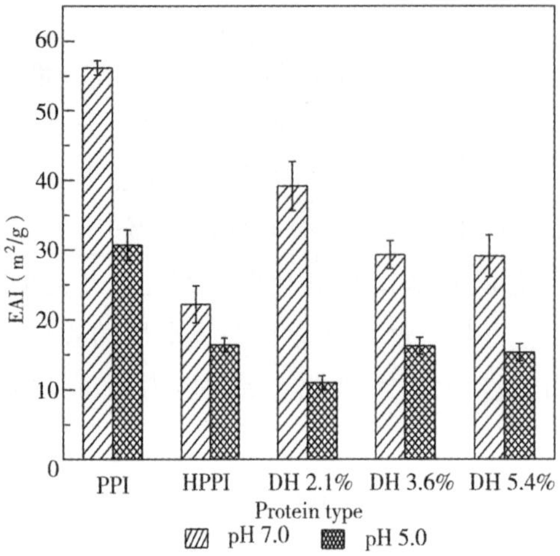

图 2-3-15 花生分离蛋白及其水解产物的乳化活性指数

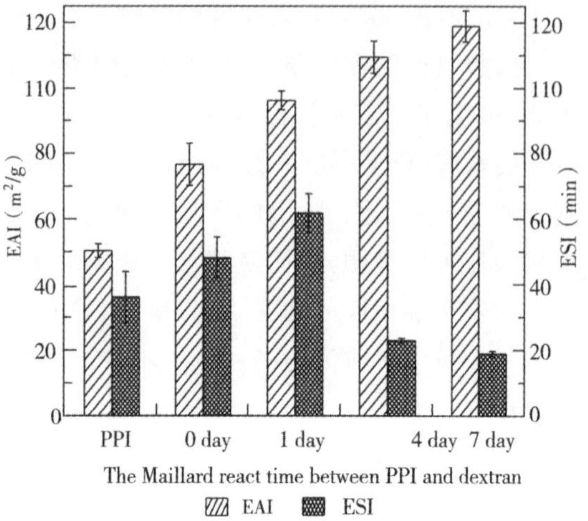

图 2-3-16 糖接枝反应对花生分离蛋白乳化特性的影响

3.4 起泡性

3.4.1 花生蛋白及其组分的起泡特性

蛋白质在悬浮状态下会造成在水-空气界面的表面张力降低，从而具备一定的起泡能力，这种能力与蛋白质分子中暴露在外面的疏水性氨基酸数量有关。良好的蛋白起泡剂必须能够在空气-水界面快速扩散，并能够通过部分解链形成一种强的具有黏弹性的膜。图 2-3-17 为天然花生蛋白(NPP)与花生分离蛋白(PPI)的起泡能力随蛋白质溶液 pH 值变化的规律。天然花生蛋白的起泡能力在 pH 7.0 或 pH 9.0 达到最小值，而在pH 3.0

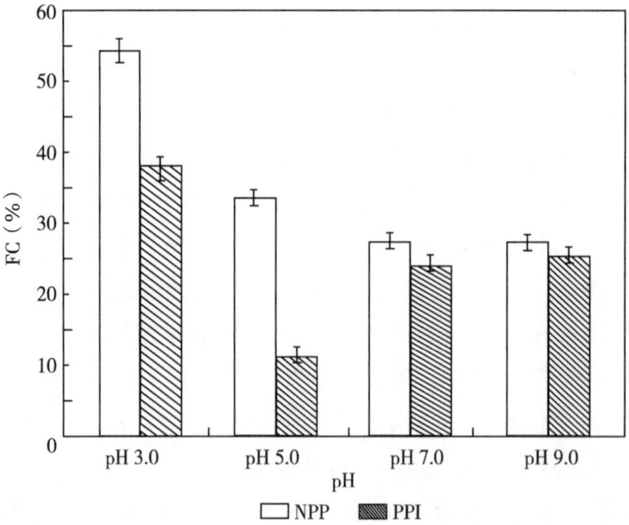

图 2-3-17 天然花生蛋白和花生分离蛋白的起泡能力-pH 曲线

处获得最大值。对于花生分离蛋白来说，它的起泡能力在 pH 5.0 处到达最小值而在 pH 3.0 获得最大值。在所有 pH 值检测范围内，花生分离蛋白的起泡能力显著的低于天然花生蛋白，说明碱溶酸沉的提取过程会破坏蛋白质的起泡能力。根据 Wierenga 等报道的研究结果，具有更高表面疏水性的蛋白质分子会降低其与空气-水界面吸附的能级。Hiller 等研究者也得出蛋白质的起泡能力与其表面疏水性之间具有正相关关系。然而对于花生分离蛋白和天然花生蛋白来说，两者之间并没有发现类似的相关性。一个可能的解释是由于花生分离蛋白相对于天然蛋白溶解性的降低和有大量的聚集物生成所导致起泡能力的下降(Liu et al.，2011)。

对于分离提取的花生球蛋白与伴球蛋白来说，它们的起泡能力-pH 曲线与溶解度-pH 曲线轮廓相似，如图 2-3-18 所示，在接近等电点(pH 5.0)处起泡能力偏低，在偏离等电点处则达到最高值。这表明花生球蛋白与伴球蛋白的起泡能力与溶解性具有一定的相关性。花生伴球蛋白的起泡能力在 36%～57%之间，而球蛋白的起泡能力在 19%～33%之间。伴球蛋白的起泡能力显著高于球蛋白在相应 pH 下的起泡能力。蛋白质的起泡能力与蛋白质分子中暴露在外面的疏水性氨基酸数量有关。在一定的条件下(pH 值和离子强度)，蛋白质分子的柔性越好，结构越疏松，起泡性就越好；相反，蛋白质分子结构越紧密，刚性越好，越难变性，则蛋白质的起泡性越低。与花生伴球蛋白相比花生球蛋白具有较高的表面疏水性和较好的分子柔性，而球蛋白具有较紧凑的三级结构，刚性更强，且花生球蛋白相比更难变性，不易使分子肽链展开提供能多的疏水性基团。此外，花生伴球蛋白的分子表面相比具有更多的游离巯基，当蛋白吸附于界面时，分子间大量的游离巯基相互作用更易于形成稳定的具有良好强度和黏弹性的网状蛋白质膜，从而增强其起泡能力(赵冠里，2011)。

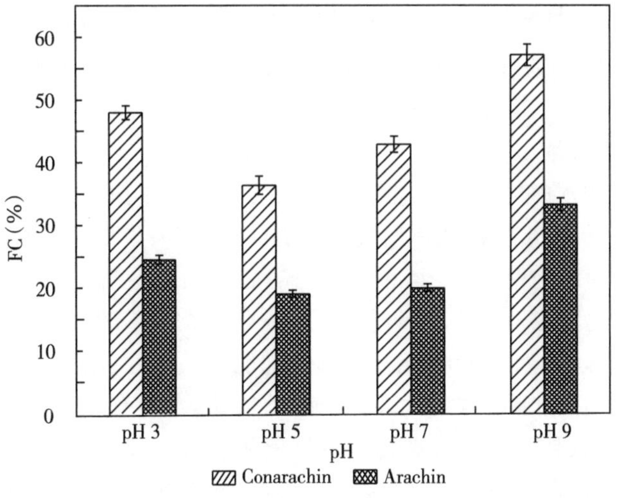

图 2-3-18 花生球蛋白与花生伴球蛋白的起泡能力-pH 曲线

3.4.2 改性方法对花生蛋白起泡特性的影响

3.4.2.1 提取方式对起泡特性的影响

碱溶酸沉法提取的花生分离蛋白(PPI)和不同处理方法得到的花生浓缩蛋白(PPC)的起泡性有显著性差异，如图 2-3-19。PPI 的起泡能力(0 min 时)显著性地高于其他 PPC，为 50%。而 AAPPC 的起泡能力(0 min 时)显著性地低于其他 PPC，仅有 26.5%。而在 30 min 和 60 min 时，AAPPC 的泡沫稳定性无显著下降，这说明 AAPPC 有良好的泡沫稳定性。与 DPF 相比，PPC 的起泡能力及泡沫稳定性均增加，这可能是因为不同的制备方法不但提高了蛋白含量而且增加了盐含量，尤其是碱溶酸沉技术使得蛋白中产生 NaCl，从而使溶液体系中离子浓度增大，导致起泡性及泡沫稳定性增加。有研究表明，增加盐含量可以增强起泡性及泡沫稳定性(Kinsella，1979)(吴海文，2009)。

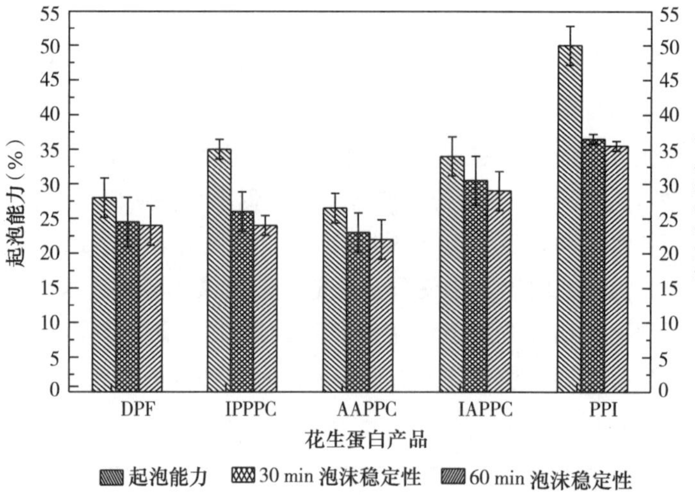

图 2-3-19 不同制备方法对花生蛋白产品的起泡能力及泡沫稳定性的影响

3.4.2.2 酶解改性

酶水解在一定的水解度范围内能够有效地改善花生蛋白的起泡能力，例如，花生球蛋白在木瓜蛋白酶(papain)、碱性蛋白酶(alcalase)和真菌蛋白酶(fungal protease)作用下，水解度在 3%—5%的范围内，其水解产物的起泡能力得到了显著的改善，其中 alcalase 酶水解产物的起泡能力相比对照样品提高一倍。图 2-3-20 为花生分离蛋白及其 alcalase 酶水解产物在 pH 7.0和 pH 5.0 下的起泡能力。随着水解度的增加花生分离蛋白水解产物的起泡能力随之显著增加。Townsend 等认为，具有良好起泡能力的蛋白质应该具备一定的黏度、较高的表面疏水性和良好的溶解性。然而，对于花生分离蛋白及其水解产物来说，并不存在表面疏水性与起泡能力之间的相关关系，花生分离蛋白的酶水解产物所具有良好的溶解性，使其更快的转移至气-水界面，同时酶解产物中较高的二硫键含量会使蛋白质在吸附于界面并伸展后易于形成具有一定黏弹性的蛋白膜。在酸性条件下(pH 5.0)，花生分离蛋白及其热处理样品的起泡能力均低于在中性条件下(pH

7.0)的测定值,而花生分离蛋白酶解产物在酸性条件下的起泡能力与在中性条件下无显著性差异(DH2.1% 和 DH3.6%)或者非常接近(如:DH5.4%),这表明经 Alcalase 有限酶解修饰的花生分离蛋白在改善酸性食品体系起泡特性方面具有一定的应用潜力(Zhao et al.,2011)。

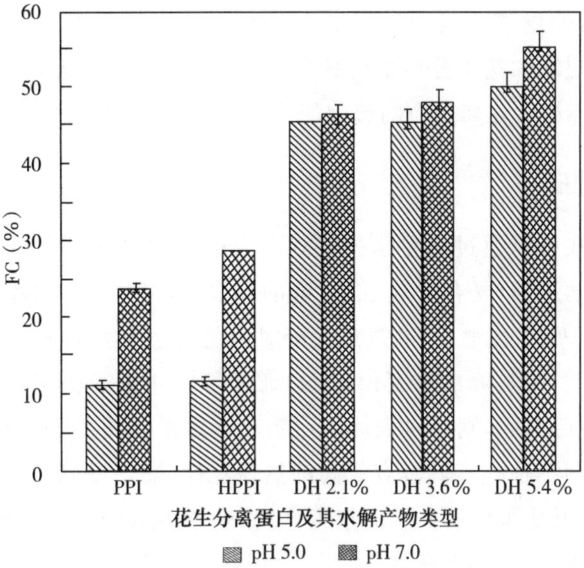

图 2-3-20　花生分离蛋白及其水解产物的起泡能力(pH 5.0 和 pH 7.0)

3.4.2.3　多糖接枝改性

花生分离蛋白与多糖的混合或接枝改善了分离蛋白的起泡特性(图 2-3-21)。花生分离蛋白的起泡能力(FC)和泡沫稳定性(FS)也由于与多糖的混合而显著增加,随着蛋白-多糖混合物干热处理时间的延长,接枝产物的起泡能力及泡沫稳定性也随之增加。尤

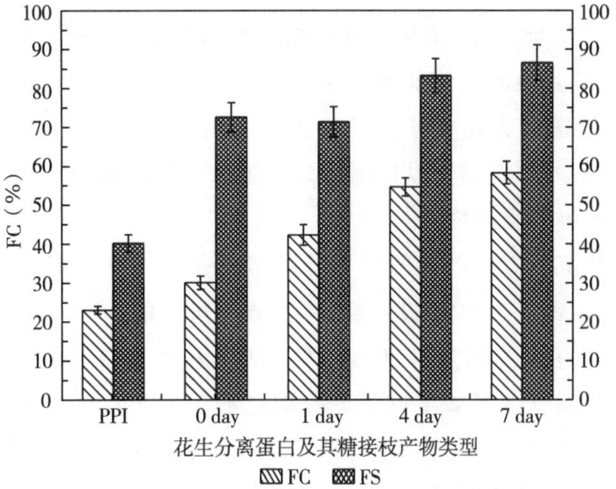

图 2-3-21　花生分离蛋白及其糖接枝产物起泡特性(pH 7.0)

其，当干热处理至第 7 天时，接枝产物的泡沫稳定性相对于花生分离蛋白和蛋白-糖混合物分别增加了 115%和 19%，这表明了花生分离蛋白与葡聚糖的混合对改善蛋白质泡沫稳定性的贡献要大于蛋白与多糖的接枝反应对泡沫稳定性的贡献。

葡聚糖作为一种具有亲水性但无表面活性的多糖，其并不会自发的吸附于气-水界面，但它们作为体系的增稠剂或者胶凝剂会强有力的增加蛋白分子所包裹泡沫的稳定性。与葡聚糖接枝交联的花生分离蛋白具有更高的溶解性，并能更迅速地从体相转移至气-水界面，而从改善花生分离蛋白的起泡能力(Liu et al.，2011)。

3.5 热特性

蛋白质的热特性可以通过热差示扫描(DSC)的方法来表征。蛋白质变性是个复杂的热力学及热动力学过程，既有吸热(如氢键的断裂)又有放热(如疏水作用的破坏)，但总的结果是吸热，在 DSC 图谱中，通过最大峰对应的温度和峰面积可分别确定这种变性温度和变性焓(ΔH)。吸热峰的焓变值(ΔH)通常可以用来表征蛋白质中空间有序结构的含量，与天然球蛋白对照，则可以表征蛋白质在一定条件下处理前后的热变性程度，一般来说，较高的 T_d 值往往代表其具有更高的热稳定性，而焓变则反映蛋白质分子的疏水性和亲水性，同时也反映蛋白质分子的聚集程度，热焓值大则表示蛋白质变性小，而峰的宽窄可说明变性的协同性，如果变性转变发生在很窄的温度范围内，说明它具有很高的协同性。

3.5.1 花生蛋白及其组分的热特性分析

采用 85%饱和度的硫酸铵沉淀的方式可以制备出被认为是较接近天然状态的蛋白质，经此方法制备的天然花生蛋白样品在 DSC 图谱上呈现两个主要的吸热峰，对应的变性温度 T_d 分别为 92.38℃ 和 105.28℃，另外在 98.12℃处还存在一个肩峰。据报道花生球蛋白在 pH 7.0 的磷酸缓冲液中通常具有两种不同的存在形式，即花生球蛋白单体 arachin Ⅰ(分子质量为 180 ku)和花生球蛋白二聚体 arachin Ⅱ(分子质量为 350 ku)。在一定条件下，花生球蛋白的单体能够可逆的转化为花生球蛋白二聚体，然而花生球蛋白二聚体只能部分的解离为花生球蛋白单体。因此，图 2-3-22 中所观察到的一个主峰(105.28℃)及其肩峰(98.12℃)可以推测其为花生球蛋白单体或者花生球蛋白二聚体在热变性的情况下所产生的吸热峰。

目前通过碱溶酸沉的方式制备的花生分离蛋白是在实际食品体系中最长应用的花生蛋白产品形式，而由图 2-3-22 可以看到，花生分离蛋白的 DSC 图谱只能观察到两个主要的吸热峰，它们分别在 89.62℃和 101.47℃。天然花生蛋白与分离蛋白的球蛋白组分 DSC 图谱的差别可以被认为是碱溶酸沉的提取过程阻碍了花生球蛋白单体与其二聚体之间的转化机制所导致的。相对于天然花生蛋白，花生分离蛋白样品中的花生球蛋白和伴球蛋白组分的 T_d 值显著降低($p < 0.05$)，表明碱溶酸沉的提取过程导致了花生分离蛋白热稳定性的显著降低($p < 0.05$)。此外，与天然花生蛋白相比，花生分离蛋白中的

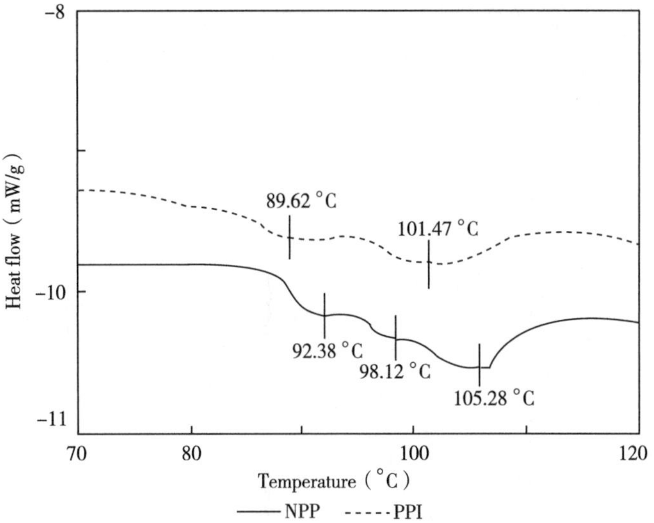

注：pH 7.0，蛋白样品分散于 0.01 mol/L 的磷酸缓冲液中，加热速率从 20～120℃每分钟升高 5℃

图 2-3-22　天然花生蛋白和花生分离蛋白的 DSC 图谱

球蛋白与伴球蛋白组分吸热峰的焓变值（ΔH）也显著降低（$p < 0.05$）（表 2-3-7）。由此可以判断碱溶酸沉提取过程诱导了天然花生蛋白肽链的展开，同时花生球蛋白焓变值降低的速度比伴球蛋白更快，由此可知花生球蛋白的热变性对分离蛋白样品焓变值的改变起到了主要作用（Liu，et al.，2011）。

表 2-3-7　天然花生蛋白和花生分离蛋白的热学特性

Sample	Conarachin		Arachin	
	T_{d_1}（℃）	ΔH_1（J/g）	T_{d_2}（℃）	ΔH_2（J/g）
NPP	92.4±0.08	2.57±0.03	105.3±0.16	12.4±0.12
PPI	89.6±0.12	2.35±0.05	101.5±0.09	6.26±0.23

通过对饱和硫酸铵分离提取后的花生球蛋白与花生伴球蛋白采用热差示扫描（DSC）图谱分析（图 2-3-23），发现它们的变性峰分别位于 89.47℃和 104.84℃，表明了花生球蛋白相对伴球蛋白具有更高的热稳定性。花生球蛋白相对于伴球蛋白具有更高的焓变值，表明在相同质量的情况下，花生球蛋白比伴球蛋白具有更多有序的空间构象以及维持空间构象所需要的疏水键、二硫键和离子键等功能性官能团。此外，表 2-3-8 中球蛋白与伴球蛋白的半峰宽分别为 16.54℃和 5.06℃，说明花生伴球蛋白在较窄的温度范围内即可达到完全的变性，即具有较好的变性协同性，而花生球蛋白则具有较高的变性焓值和较差的变性协同性，即花生球蛋白相对要经历更长时间的热处理才能使蛋白质完全变性（赵冠里，2011）。

通常在蛋白质溶液中加入一定剂量的变性剂后再进行 DSC 测定，会令我们了解更多蛋白的结构特性。例如，分别添加了一定量尿素（urea）、十二烷基磺酸钠（SDS）和二硫苏糖醇(DTT)的蛋白质溶液样品,与未经处理的空白样品对照,根据热变性温度和焓变值的变化,分别可以推测出所检测蛋白分子内部的氢键、疏水键或二硫键的相互作用等(Colombo, et al., 2010)。

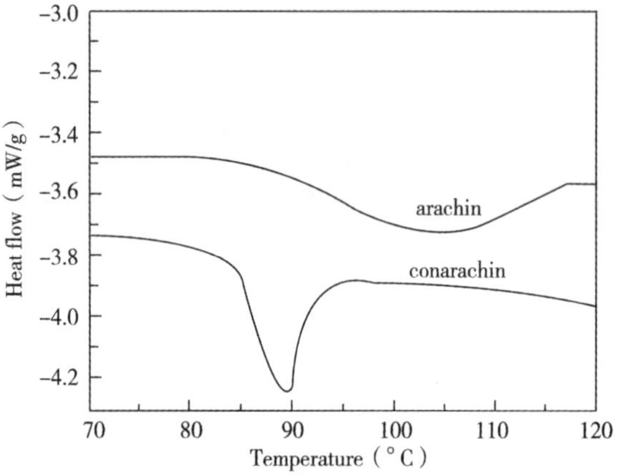

图 2-3-23 花生球蛋白与伴球蛋白的 DSC 图谱

表 2-3-8 花生球蛋白和伴球蛋白的热学特性

	T_d(℃)	ΔH (J/g protein)	$\Delta T_{d1/2}$(℃)
arachin	104.84±0.16[a]	13.78±0.57[a]	16.54±0.57[a]
conarachin	89.47±0.23[b]	8.11±0.31[b]	5.06±0.12[b]

花生分离蛋白溶液中添加了不同浓度的尿素对其热变性温度及焓变值的影响如图 2-3-24 所示。花生分离蛋白中的伴球蛋白组分的 T_d 值随着尿素浓度的变化展示了先增加后减小的趋势。尿素一般用来使蛋白质的结构变得更加不稳定进而发生变性,但有的时候也会形成一种特殊的新构想使蛋白质的结构变得更加稳定,其热稳定性甚至会超过天然花生蛋白。对于花生球蛋白组分来说,其稳定性在尿素浓度为 4 mol/L 时开始降低,而花生伴球蛋白的焓变值却并不会随着尿素浓度的变化而产生显著地改变。

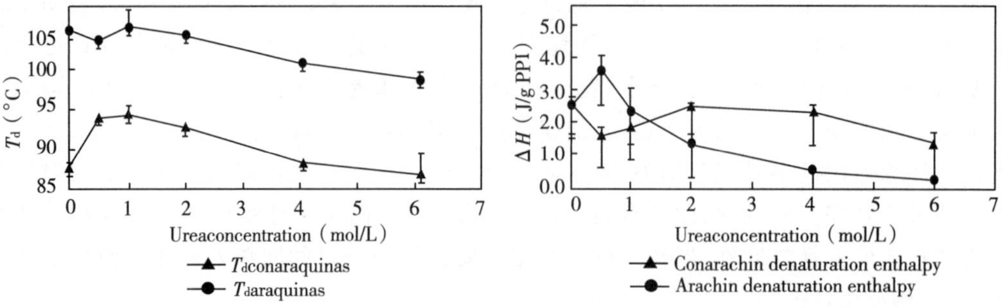

图 2-3-24 尿素浓度对花生球蛋白与伴球蛋白组分热特性的影响

SDS作为一种阴离子表面活性剂，在不同的浓度下会使蛋白质分子的结构出现稳定或者失稳的现象。如表2-3-9所示，添加了SDS的花生分离蛋白的样品，其伴球蛋白组分的半峰宽增加，同时焓变值降低。当SDS的浓度高于20 mmol/L时，伴球蛋白组分的热稳定性发生了显著的变化——变性和蛋白结构的失稳，大量的蛋白肽链展开，导致热焓值的降低。对花生球蛋白组分来说，其变性温度在SDS浓度40 mmol/L时才开始显著降低。此外，当SDS浓度在20 mmol/L时，才开始显著降低，由于花生球蛋白具有350 ku的分子质量，且由6个不同的亲水或者疏水性的亚基组成，加热处理会增加球蛋白表面区域疏水性基团的相互作用，导致球蛋白组分对SDS诱导的变性具有更强的耐受力。

表2-3-9 SDS浓度对花生球蛋白与伴球蛋白组分热特性的影响

SDS concentration(mmol/L)	T_d(℃)	ΔH(J/g of PPI)	$\Delta T_{t/2}$(℃)
	Conarachin Endothermic Peak		
0(control)	88.47 ± 0.47^{b}	2.39 ± 0.12^{b}	5.19 ± 0.25^{a}
5	87.03 ± 1.18^{ab}	1.50 ± 0.25^{a}	5.56 ± 0.21^{a}
10	87.17 ± 0.70^{ab}	1.14 ± 0.06^{a}	6.27 ± 0.01^{b}
20	85.15 ± 0.48^{a}	1.18 ± 0.00^{a}	6.23 ± 0.04^{b}
40		**No thermal response**	
	Arachin Endothermic Peak		
0(control)	104.34 ± 0.11^{b}	3.73 ± 0.34^{b}	5.87 ± 0.00^{ab}
5	103.81 ± 0.04^{b}	3.63 ± 0.52^{b}	6.16 ± 0.14^{b}
10	103.72 ± 0.35^{b}	4.16 ± 0.05^{b}	6.59 ± 0.01^{c}
20	104.11 ± 0.02^{b}	2.02 ± 0.05^{a}	5.51 ± 0.18^{a}
40	101.81 ± 0.45^{a}	2.44 ± 0.02^{a}	7.65 ± 0.25^{d}

二硫苏糖醇(DTT)作为一种能够还原二硫键的还原剂，会使花生蛋白分子中所含有的二硫键断裂，肽链展开进而蛋白的空间构象失稳。当DTT的浓度低于20 mmol/L时，花生伴球蛋白组分的热变性温度随DTT的浓度显著的增加，但当浓度高于20 mmol/L时，其热稳定性也不会发生显著的改变。伴球蛋白的焓变值随着DTT浓度的增加逐渐降低。二硫键的断裂需要大量的能量，因此，在热变性之前二硫键的大量断裂会显著降低花生蛋白展开所需要的能量。花生球蛋白的热变性温度和焓变值会随着二硫键的断裂而显著降低。此外，二硫键还原剂的加入会使花生分离蛋白中两种蛋白组分DSC曲线的半峰宽明显减小，表明了二硫键的断裂会增加花生蛋白组分的变性协同性(表2-3-10)。

盐离子的种类和浓度同样会对蛋白质的热特性有十分显著的影响，表2-3-11为不同浓度的NaCl与$CaCl_2$对花生浓缩蛋白及其改性产物热特性的影响。

表 2-3-10 DTT 浓度对花生球蛋白和伴球蛋白组分热特性的影响

DTT concentration(mmol/L)	T_d(℃)	ΔH(J/g of PPI)	$\Delta T_{1/2}$(℃)
Conarachin Endothermic Peak			
0	87.73±0.76^a	2.63±0.03^b	6.07±0.10^c
10	89.37±0.33^b	1.80±0.08^a	4.62±0.11^a
20	90.81±0.36^c	1.53±0.27^a	4.95±0.14^b
50	88.93±0.15^b	1.45±0.04^a	4.56±0.09^a
100	88.60±0.43^{ab}	1.42±0.25^a	5.12±0.13^b
Arachin Endothermic Peak			
0	104.89±0.05^c	3.88±0.10^c	6.03±0.41^c
10	101.50±0.57^b	2.59±0.24^b	5.76±0.30^{bc}
20	101.75±0.35^b	1.27±0.15^a	5.56±0.27^{abc}
50	99.74±0.15^a	2.21±0.35^b	5.32±0.21^{ab}
100	99.29±0.55^a	0.98±0.11^a	4.97±0.00^a

表 2-3-11 不同盐浓度中蛋白溶液热变性温度(T_d)和 ΔH

样品 盐浓度 (mol/L)	PPC		超声处理 PPC		还原剂-1 处理 PPC	
	T_d(℃)	ΔH (J/g)	T_d(℃)	ΔH (J/g)	T_d(℃)	ΔH(J/g)
峰值 1	**	**	**	**	**	**
0 NaCl	67.09±1.03^c	0.06±0.001^d	65.74±0.96^c	0.01±0.001^d	67.85±1.02^b	0.01±0.001^c
0.1 NaCl	71.69±0.56^b	0.08±0.002^{cd}	73.18±1.42^b	0.02±0.001^c	73.43±1.47^a	0.02±0.002^c
0.5 NaCl	74.02±2.01^a	0.104±0.007^c	75.95±1.33^{ab}	0.03±0.003^b	73.88±2.11^a	0.06±0.011^b
1.0 NaCl	77.78±1.58^a	0.362±0.011^a	75.22±1.55^a	0.05±0.004^a	78.47±2.58^a	0.11±0.015^a
0.1 $CaCl_2$	75.93±1.47^a	0.302±0.023^b	76.00±1.17^a	0.01±0.001^d	72.54±1.14^a	0.07±0.012^b
0.3 $CaCl_2$	74.11±1.31^a	0.061±0.003^d	74.77±1.02^{ab}	0.03±0.002^d	63.83±1.05^b	0.16±0.024^a
峰值 2	**	**	**	**	**	*
0 NaCl	91.48±0.55^c	0.03±0.001^b	92.70±0.36^c	0.01±0.001^d	95.65±0.56^a	0.01±0.002^b
0.1 NaCl	91.70±0.84^c	0.01±0.001^d	93.92±0.44^b	0.01±0.002^d	87.69±0.48^c	0.02±0.007^{ab}
0.5 NaCl	92.24±0.34^c	0.02±0.001^c	93.94±0.50^b	0.02±0.001^c	87.46±0.41^c	0.03±0.005^{ab}
1.0 NaCl	94.13±0.93^b	0.04±0.002^a	96.06±0.21^a	0.03±0.003^a	92.12±0.55^b	0.04±0.018^{ab}
0.1 $CaCl_2$	95.65±0.36^a	0.02±0.001^c	91.01±0.48^c	0.02±0.001^c	95.52±0.28^a	0.02±0.006^{ab}
0.3 $CaCl_2$	94.63±1.01^{ab}	0.01±0.002^e	87.80±0.11^d	0.03±0.001^b	92.84±0.37^b	0.05±0.019^a

注：同一列中相同字母表示差异不显著($p>0.05$)；处理间，* $p<0.05$，** $p<0.01$

对于 PPC 而言，无盐时的蛋白热转化温度分别出现在 67.09℃和 91.48℃，随 NaCl 浓度逐渐增大，热转化温度（T_d）和 ΔH 显著升高（$p<0.05$，随 $CaCl_2$ 浓度的增大，热转化温度却降低，但是不显著（$p>0.05$），ΔH 的变化也不显著（$p>0.05$）；超声处理 PPC 和还原剂-1 处理 PPC 都表现出了相同的趋势（表 2-3-11）。盐浓度对花生蛋白热转化温度和焓变的研究虽未见报道，但是，Zheng 等（1993）研究发现 NaCl 的加入显著性地提高了蚕豆蛋白的热变性温度；Meng 等（2001）和 Arntfield 等（1986）在研究 NaCl 对红豆球蛋白和蚕豆球蛋白热变性温度的影响时得到了一致的结论。蛋白热稳定性的增加是因为 NaCl 的存在增加了分子间的疏水缔合（Arntfield et al.，1990a，1990b）和静电相互作用或改变了蛋白周围水合状态，这些变化都能增加蛋白分子的水合（Meng et al.，2001）。

总之，随 Na 盐离子浓度的增加，蛋白的热变性温度和吸收焓值也呈增加趋势；而在 Ca 盐溶液中，随浓度增加，蛋白的热变性温度呈减小趋势，而吸收焓呈增加趋势；在 Na 盐溶液中，随盐浓度增加，蛋白趋向于形成大分子溶液状态，需要吸收更多的热量，因此吸收焓增大；而在钙盐溶液中，蛋白表现出更易吸收高价盐离子的状态，此刻蛋白是以稀流体状态存在，黏度始终大于弹性，在不断的吸热过程中形成大分子黏稠液体状态（吴海文，2009）。

3.5.2 改性方法对花生蛋白热特性的影响

3.5.2.1 热处理

热处理对蛋白组分及其亚基条带的影响通常与其所在体系的水分含量相关。对于花生分离蛋白来说，其花生球蛋白与伴球蛋白组分的热稳定性随水分含量的升高而逐渐降低（图 2-3-25）（Colombo，et al.，2010）。因而，据此现象可以解释为什么当花生仁在经历干热烘烤或湿热蒸煮时，其花生球蛋白与伴球蛋白组分亚基条带随热处理温度和时间的变化。如图 2-3-26 所示，对于在 150℃干热烘烤与 100℃沸水中蒸煮的花生仁来说，前者花生蛋白组分的亚基条带变化速度要远低于后者。同时，相比花生球蛋白，伴球蛋白的亚基条带在加热条件下首先消失，说明其对热处理较球蛋白组分更加敏感（Chiou，1990）。

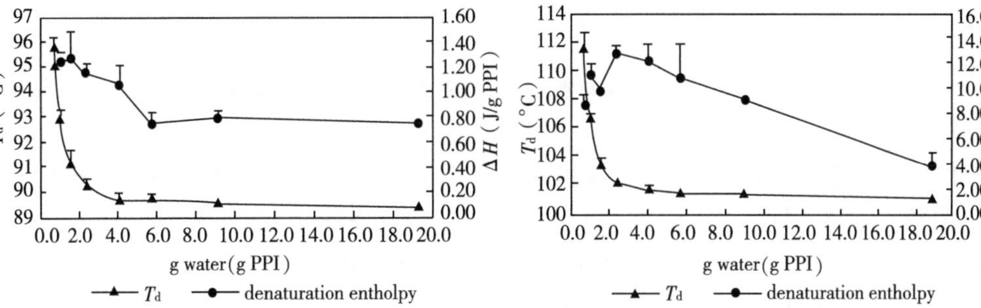

图 2-3-25 水分含量对花生分离蛋白热加工特性的影响

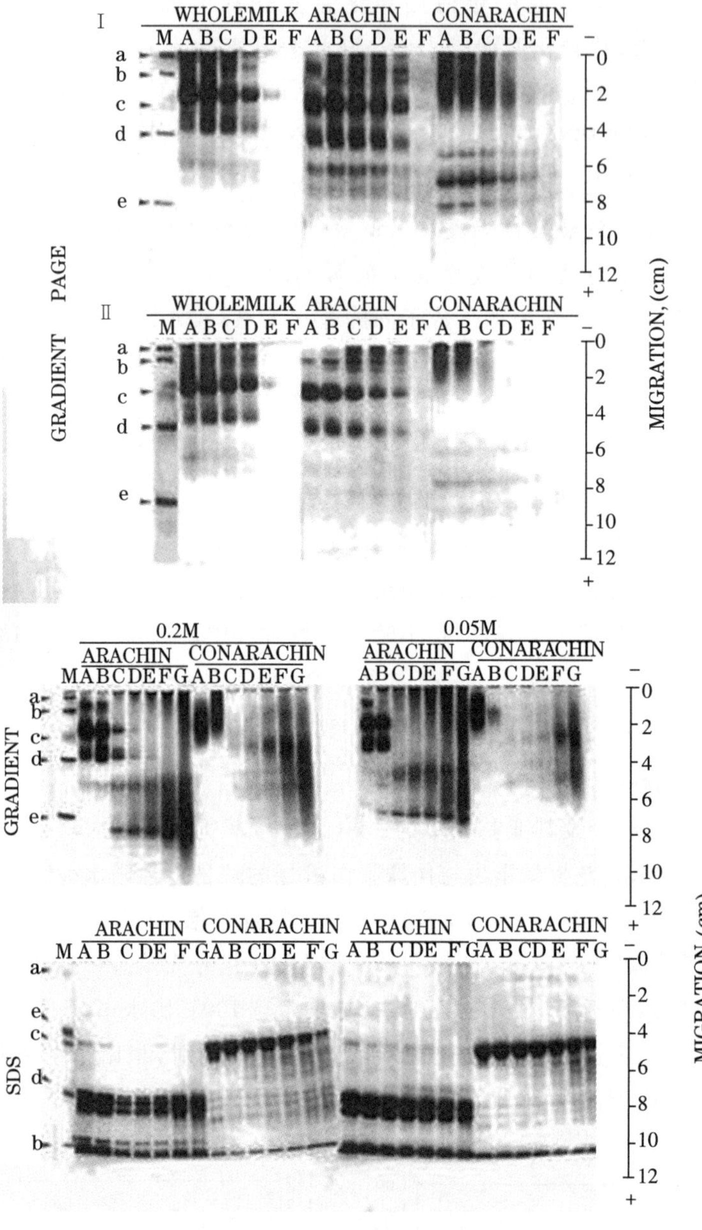

图 2-3-26　干热烘烤与沸水加热对花生蛋白亚基组成的影响

此外,研究者还发现,对于花生球蛋白在超速离心下分离的两种球蛋白组分(9S 和 3S)的耐热性并不相同,如图 2-3-27 所示,在一定的条件下(0.01 mol/L,pH 7.9,70℃的磷酸缓冲液)加热至 10 min 时,蛋白沉淀:3S:9S 的质量比为 85:15:0。同时,采用等电聚焦电泳发现花生球蛋白具有 6 条亚基条带,其等电点分别为 5.8,6.0,6.3,7.1,7.4 和 8.3,质量比分别为 2.5:2.2:2.6:1.6:1.1:1.0,而加热沉淀中 6 条亚基条带所占的比例分别为 3/4:3/4:3/4:1:1:1,说明热处理条件下,花生球蛋白中各个亚基对热的敏感性具有显著的差异(Yamada et al.,1983)。

3.5.2.2 酶水解

花生分离蛋白及其水解产物的热差示扫描的热学参数(表 2-3-12)。花生分离蛋白的 DSC 曲线分别在 89.6℃ 和 101.5℃ 展示了两个主要的吸热峰。花生分离蛋白水解产物中的花生球蛋白组分的热变性温度(T_{d_2})随着水解度的升高而显著增加,而花生伴球蛋白的热变性温度(T_{d_1})在具有不同水解度的酶解产物中无显著变化。此外,如表 3-2-7 所示,对于热处理花生分离蛋白和花生分离蛋白水解产物样品来说,球蛋白组分焓变值(ΔH_2)的减少速度显著快于伴球蛋白。由此判断酶水解对花生球蛋白热稳定性的影响也高于其对花生伴球蛋白热稳定性的影响。焓变值(ΔH)代表了蛋白质分子结构有序性的程度。相对于花生伴球蛋白组分,花生球蛋白对 Alcalase 酶水解处理更加敏感(Zhao et al., 2011)。

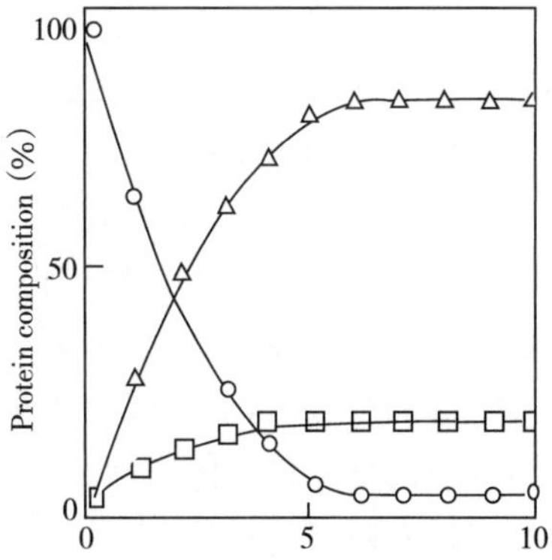

(○)代表 9S,(□)代表 3S,(△)代表沉淀

图 2-3-27 热处理对花生球蛋白组成的影响

表 2-3-12 花生分离蛋白及其水解产物的热特性

Sample	Conarachin		Arachin	
	T_{d_1}(℃)	ΔH_1(J/g)	T_{d_2}(℃)	ΔH_2(J/g)
PPI	89.6±0.12[a]	2.35±0.07[a]	101.5±0.09[d]	6.26±0.23[a]
DH 2.1%	88.1±0.13[b]	2.21±0.07[a]	102.9±0.07[c]	3.79±0.04[b]
DH 3.6%	88.0±0.07[b]	1.75±0.09[c]	104.4±0.03[b]	2.45±0.06[c]
DH 5.4%	88.2±0.16[b]	1.62±0.06[c]	106.1±0.06[a]	1.97±0.11[d]

3.5.2.3 多糖接枝反应

目前,热差示扫描(DSC)技术已经被许多研究者用来表征糖与蛋白质反应复合物的热特性变化情况。表 2-3-13 为花生分离蛋白、花生分离蛋白-葡聚糖混合物经历了不同热处理时间的热特性变化数据。

表 2-3-13 不同干热反应时间花生分离蛋白-葡聚糖接枝产物的热特性

Sample	Conarachin		Arachin	
	T_{d_1}(℃)	ΔH_1(J/g)	T_{d_2}(℃)	ΔH_2(J/g)
PPI	89.6±0.12[c]	2.35±0.05[a]	101.5±0.08[b]	6.3±0.13[c]
PPI-dextran 0 day	95.9±0.17[b]	0.85±0.06[b]	107.3±0.25[a]	10.1±0.05[a]
PPI-dextran 1 day	96.5±0.19[a]	0.83±0.04[b]	107.5±0.23[a]	10.2±0.36[a]
83PPI-dextran 4 days	96.9±0.23[a]	0.67±0.02[c]	107.8±0.32[a]	8.9±0.21[b]
PPI-dextran 7 days	96.8±0.21[a]	0.52±0.07[d]	107.3±0.28[a]	6.2±0.06[c]

花生分离蛋白中的伴球蛋白及球蛋白组分的变性温度分别为89.6℃和101.5℃(表2-3-13)。这一温度显著低于花生分离蛋白-葡聚糖混合物和不同热处理时间糖接枝反应产物中相应组分的热变性温度。对分离蛋白-葡聚糖混合物的热处理使伴球蛋白组分的热变性温度增加,但并未显著改变球蛋白组分的热变性温度。此外,在对蛋白糖混合物热处理不同时间所获得的接枝产物之间,花生蛋白组分热变性温度并无显著差异。在未经热处理的蛋白-多糖混合物样品中,伴球蛋白组分的焓变值低于花生分离蛋白对照样品中相应组分的焓变值,而在混合物中的花生球蛋白组分的焓变值则高于花生分离蛋白对照样品相应的焓变值。随着热处理时间的增加,花生伴球蛋白与花生球蛋白组分的焓变值均呈现逐渐降低的趋势。

一般来说,蛋白质热变性温度(T_d)越高,则其热稳定性越好。由此可以判断,在这一实验条件下,与多糖的混合和接枝反应显著地改善了花生分离蛋白的热稳定性,这一结果与Ibanoglu等的报道一致。蛋白质的聚集和疏水性键的断裂皆属于放热反应,放热反应会使蛋白质在差示扫描测试中获得的焓变值(ΔH)降低。位于蛋白质分子之间的葡聚糖大分子增加了蛋白质分子之间的空间位阻,进而减少了因花生蛋白质分子表面疏水性交互作用而发生聚集的几率。这可以用来解释为什么在花生分离蛋白-多糖的混合物中的球蛋白组分焓变(ΔH_2)增加的原因。然而,在蛋白-多糖混合物中的花生伴球蛋白组分的焓变值(ΔH_1)降低可归因于在热处理之前伴球蛋白由于体系中较高的电荷浓度或者由于相分离导致的蛋白质聚集而已经发生了部分变性。另外,随着对蛋白-多糖混合物热处理时间的增加,伴球蛋白与球蛋白组分的焓变值逐渐降低,这一结果产生原因有两种可能,其一是由于蛋白质在加热期间发生热变性使焓变降低;其次,是由于糖与蛋白质发生美拉德交联反应促使焓变降低,这是因为多糖与蛋白质之间的美拉德反应同样属于会使焓变值降低的放热反应。总之,结合凝胶电泳部分的数据分析,伴球蛋白组分焓变值的降低部分是由于其与葡聚糖发生美拉德反应导致的,而球蛋白的焓变值降低则主要归因于热变性(Liu,et al., 2012)。

第4节　花生蛋白制备工艺与技术

花生蛋白是以低变性花生脱脂粉为原料,加工生产的蛋白质含量≥50%的粉状花生制品。采用不同的生产加工方法,可以获得不同种类的花生蛋白产品,主要分为花生蛋白粉、花生组织蛋白、花生浓缩蛋白、花生分离蛋白、花生球/伴球蛋白组分以及花生蛋白膜等。以下将针对不同种类的花生蛋白产品分别阐述生产原理及其生产工艺与技术等。

4.1　花生蛋白粉生产工艺

传统的冷榨技术解决了花生油高温压榨过程中蛋白质变性严重的问题。在此工艺中,花生油得率一般在41%~43%,花生蛋白粉得率一般在38%~42%,残油量一般8%~12%。可见,仅凭冷榨工艺来获取油脂和蛋白,不但出油率低,而且花生蛋白粉的含油量也很大,这种蛋白粉不仅不耐贮存且限制了其作为基料或添加剂在食品中的应用。该方法虽实现了制油的同时得到低变性花生蛋白粉，但还是不能完全解决油脂和蛋白的高效彻底分离。目前，已成功实现产业化的低温压榨制取花生油与功能性花生蛋白的联产技术可以有效地解决以上问题，通过对烘干、调质、压榨等工艺的参数优化，及对饼粕进一步采用短链烷烃高效萃取技术进行处理，从而达到全面提高出油率，保证花生蛋白的少变性或不变性。

4.1.1 原理

采用低温压榨法脱脂技术，同步制取花生油和低变性花生蛋白粉。该生产工艺通过彻底脱除花生红衣，经冷榨制油得到的花生油产品质量达到国家一级食用植物油标准，由于本工艺完全在低温下进行，可最大限度地保留各种营养成分，使花生油中富含不饱和脂肪酸，不含胆固醇，色泽浅，磷脂含量低，煎炸油烟少，不含黄曲霉毒素，无任何有毒化学成分添加和残留。同时利用烷烃低温高效萃取技术得到花生蛋白粉中蛋白基本不变性，残油 1.5%，蛋白含量 55.8%。该项技术实现了整个加工工艺的连续化、规模化生产，依此工艺流程建立的一条50 t/d低温冷榨花生油的生产线，现已成功运行。同时为了有效利用低油、低变性花生蛋白粉，使其具有更好的溶解性和凝胶性质，拓宽其在食品加工中的应用范围。

4.1.1.1 低含油、低变性花生蛋白粉的制备

(1)高效萃取制备低油、低变性花生粕。以低温压榨制油工艺获得的冷榨花生饼为原料，采取 C_3～C_4 短链烷烃进行高效萃取。在保证油脂浸出率、蛋白质性质不变的前提下，对于实际生产还要充分考虑生产成本。实践中，我们自主研发出的节能器即冷凝系统，是为了回收溶剂而设置的。在结构上考虑到系统阻力问题，节能器设计为圆柱形空罐容器。收集冷凝液自顶部喷下与下部进入的溶剂水蒸气进行接触式热交换，使大部分溶剂气冷凝，排除液温度上升到 55℃经分水后不用再加热即可直接使用。

为了得到无异味的纯净的花生油，还要在萃取步骤之后进行混合油脱溶，即在溶剂回收过程中利用了热量自身循环利用的原理，当混合油蒸发出来的溶剂经压缩机压缩后变为高温高压的气体后，自身产生的热量来补充溶剂蒸发时所需的热量，减少能源投资。同时利用减压蒸发进行饼粕脱溶，由于压力变低一部分溶剂从粕中挥发出来，在溶剂挥发过程中要吸收热量，所以在此过程中要有少量热量的补充。脱溶温度一般在 45℃左右，该温度不足以引起粕内蛋白的变性，溶剂通过回收重复利用。

经过生产实践证明，采用萃取剂短链烷烃，将榨饼在萃取罐中搅拌萃取 5 遍，萃取温度控制在 10～80℃，优选 40℃。可使花生蛋白粉中的残油量降为 1.5%以下，粕中蛋白质含量可达到 55%～57%。

(2)超微粉碎。为获得优质的花生蛋白粉，满足不同工艺的需求，在上述技术方案的榨饼萃取步骤之后，还要对全脱脂饼进行粉碎。制粉为多道磨粉和筛选的过程，使其细度达到所要求的指标为止。本研究选用无筛气流涡旋粉碎机，可以根据产品要求，调节风速，将全脱脂饼粉碎成 200 目以上，得到不同细度的花生蛋白粉。花生蛋白粉细度增加，其可溶性越大，在食品的应用价值也会增大。通过制粉所得的脱脂花生粉由于其色

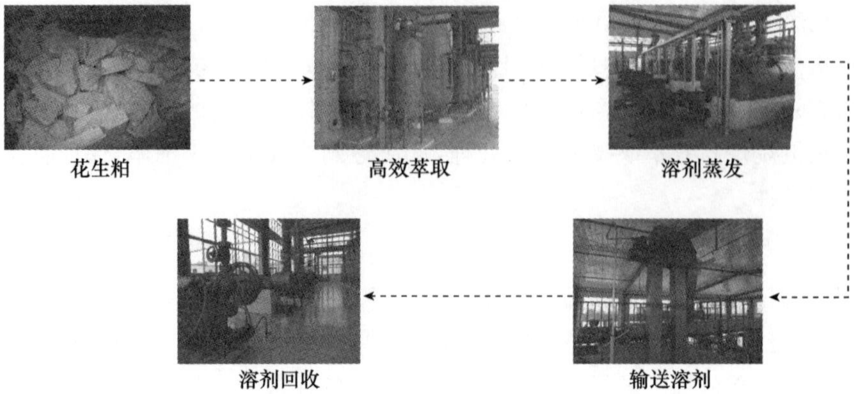

图 2-4-1　高效萃取实际生产流程图

泽淡，与面粉相似，可添加到面粉中食用，亦可用于面包、挂面、糕点、火腿肠等食品中。此外花生低温脱脂粕亦可用于分离蛋白和浓缩蛋白等的制取。

4.1.1.2　微波灭菌

(1)微波灭菌单因素试验。

①微波功率的确定。试验以微波功率 300 W 为基础进一步提高微波功率，来研究微波功率对花生蛋白粉灭菌率和氮溶指数的影响。结果表明(图 2-4-2，图 2-4-3)，微波功率在 300～500 W 范围内，灭菌率迅速升高，花生蛋白粉的氮溶指数随微波功率的升高也有上升，当微波功率达到 500 W 时灭菌率和氮溶指数分别达到 99.93%和 68.79%，灭菌率达到最大，微生物基本全部杀灭。当微波功率超过 500 W 时，灭菌率变化趋于平缓，而氮溶指数却下降剧烈，当微波功率达到 700 W 时灭菌率为 96.58%，而氮溶指数仅为 21.96%，降为最低。在微波处理进行的初期，花生蛋白粉表面的微生物先被杀死，由于功率较低，花生蛋白粉的性质基本保持不变，功率上升到 500W 时微生物基本全部被杀灭，继续升高功率，花生蛋白粉的氮溶指数下降剧烈，可见已引起蛋白质变性。综合灭菌率与氮溶指数两项指标，微波功率确定为 500 W 是最佳值。

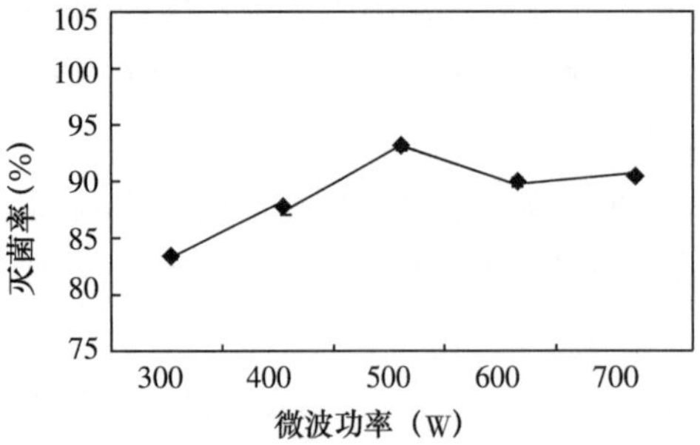

图 2-4-2　微波功率对灭菌率的影响

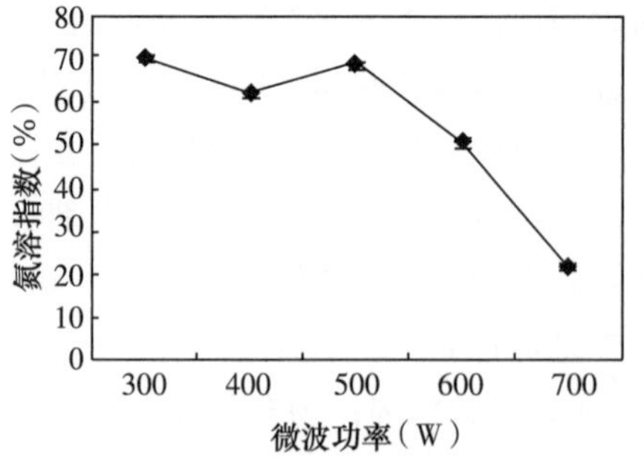

图 2-4-3　微波功率对氮溶指数的影响

②灭菌时间的确定。由图 2-4-4，图 2-4-5 可知，在灭菌时间为 5～20 s 范围内，灭菌

率直线上升，即随着灭菌时间的增加灭菌率持续上升。当灭菌时间为 20 s 时，灭菌率和氮溶指数分别是 99.95％和 50.13％，当灭菌时间从 20 s 增加至 25 s 时，灭菌率基本保持不变，为99.97％，氮溶指数下降幅度较大，下降到 20.45％。可见，随灭菌时间的延长，花生蛋白粉的氮溶指数下降迅速，说明花生蛋白粉变性严重。为保证花生蛋白粉微生物指标完全达标，且花生蛋白粉基本不产生变性，灭菌时间选择为 20 s。

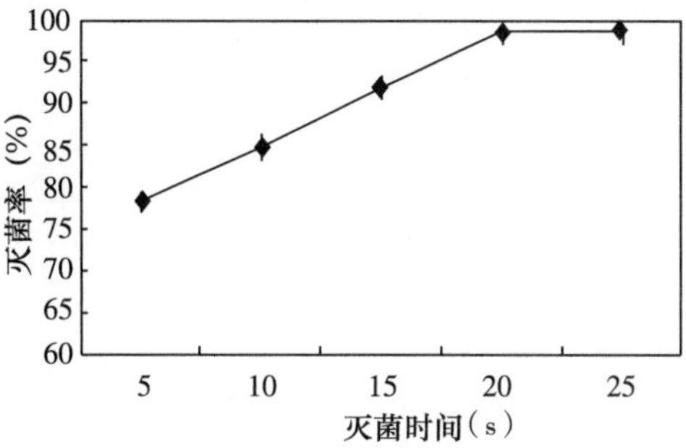

图 2-4-4 灭菌时间对灭菌率的影响

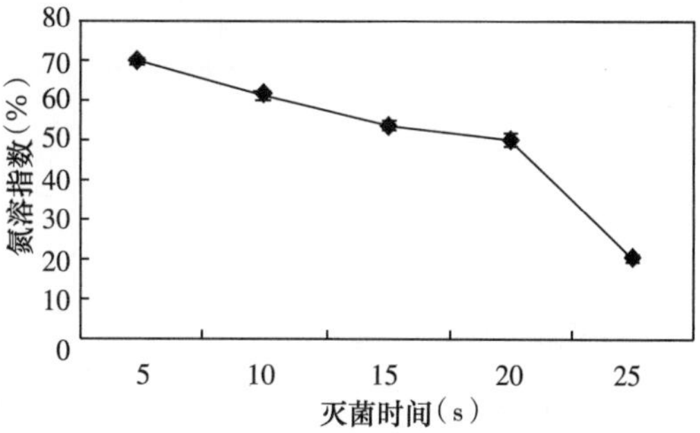

图 2-4-5 灭菌时间对氮溶指数的影响

③物料浓度的确定。从理论上来说体系底物浓度过大会造成体系中的有效水分的浓度过低，因此就降低了物料的扩散和运动，从而对微波杀菌产生抑制作用；当物料浓度过低时，会增加蛋白分子和微波辐射射线的碰撞概率，使氮溶指数降低。从试验结果看 80％的物料浓度还不足以降低蛋白分子与微波辐射射线的碰撞概率，即在 80％～90％的取值范围内，只体现出了高浓度对微波杀菌的抑制，并未表现出低浓度对微波辐射射线的抑制。在实际生产中蛋白浓度过低会增加能耗、降低设备利用率，因而物料浓度过低没有实际意义，因此本试验未将物料浓度进一步降低。最终试验选择物料浓度 85％作为最佳物料浓度，相对于梁进等证明辣椒粉微波杀菌时的最适物料浓度在 70％～90％之间，物料浓度 85％更利于实际推广。

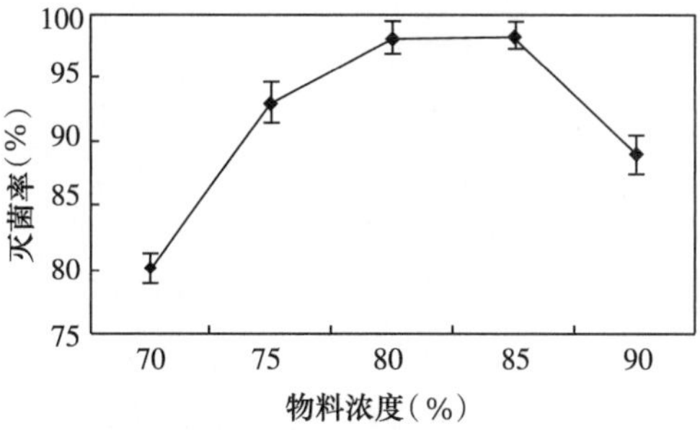

图 2-4-6 物料浓度对灭菌率的影响

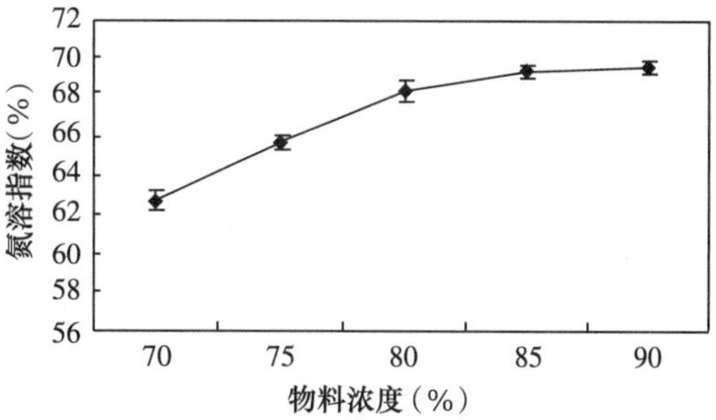

图 2-4-7 物料浓度对氮溶指数的影响

（2）微波杀菌的正交组合试验。在单因素实验基础上，通过四因素三水平正交组合的 9 个处理组合试验测得的灭菌率和氮溶指数的结果见表 2-4-1。用 DPS 工作平台对结果进行分析处理，得到灭菌率以及氮溶指数与各因素关系，并分析而获得最佳的工艺条件。

表 2-4-1　正交试验结果($L_9 3^4$)

试验号	影响因素			试验结果	
	微波功率	时间	物料浓度	时间	物料浓度
1	450	15	80	89.45	70.12
2	450	20	85	99.56	65.78
3	450	25	90	95.45	54.51
4	500	15	85	93.23	60.13
5	500	20	90	92.47	62.25
6	500	25	80	94.52	51.03
7	550	15	90	90.31	56.12
8	550	20	80	91.64	52.36
9	550	25	85	90.58	57.43
灭菌率极差分析结果					
	总和	因子	水平 1	水平 2	水平 3
		A	286.650 3	306.112 3	274.028 9
		B	283.800 4	307.696 9	290.425 3
		C	277.732 2	309.553 4	279.760 3
	均值	因子	水平 1	水平 2	水平 3
		A	98.574 87	101.318 2	94.041 01
		B	91.697 34	103.293 7	94.031 01
		C	95.508 05	102.457 2	96.007 89
	因子	极小值	极大值	极差 R	调整 R′
	A	99.237 26	95.550 1	4.344 1	3.601 35
	B	100.105 4	98.301 1	3.861 5	3.319 24
	C	100.358 8	95.184	2.825 7	2.342 54
氮溶指数极差分析结果					
	总和	因子	水平 1	水平 2	水平 3
		A	191.876 15	189.433 08	166.822 50
		B	193.750 25	195.669 04	168.706 53
		C	174.846 02	200.280 61	173.830 84
	均值	因子	水平 1	水平 2	水平 3
		A	65.983 41	62.699 28	57.250 01
		B	62.601 68	65.686 01	54.622 11
		C	60.127 00	66.289 63	59.655 12
	因子	极小值	极大值	极差 R	调整 R'
	A	60.413 36	63.958 7	8.921 3	7.395 90
	B	59.761 10	64.583 4	8.460 7	7.272 48
	C	62.951 37	61.583 9	3.808 9	3.157 60

由表 2-4-1 正交试验灭菌率极差分析结果可知，各因素不同水平均值中，以水平 2 值最高，说明在同一因素中水平 2 下，灭菌率最高；从极差值可看出，各因素对灭菌率的影响为：A＞B＞C，因此，对于灭菌率的最佳工艺组合为 $A_2B_2C_2$，即微波功率 500 W，灭菌时间 20 s，物料浓度 85％。由氮溶指数极差分析结果可知，因素 A 中，以水平 1 均值最高；因素 B 中，以水平 2 值最高；因素 3 中，以水平 2 值最高；从极差值可看出，各因素对氮溶指数的影响为：A＞B＞C，因此，对于氮溶指数的最佳工艺组合为 $A_1B_2C_2$，即微波功率 450 W，灭菌时间 20 s，物料浓度 85％。综合灭菌率及氮溶指数的指标，得出微波功率选择为 450 W，灭菌时间 20 s，物料浓度 85％为微波灭菌最佳工艺条件。

4.1.1.3 产品质量指标

花生蛋白粉的质量指标如下：

色泽：乳白色；气味：具有花生应有的香味，无异味；溶剂残留：未检出；细度（100 目筛），99.76％；铅（mg/kg）：0.05；砷（mg/kg）：0.04。

微生物指标：细菌总数（个/g）：≤2.2×10^3；大肠菌群（个/g）：未检出＜30；致病菌：未检出

制备的花生蛋白粉经测定组分见表 2-4-2。

表 2-4-2 花生蛋白粉的理化指标 ％

蛋白质（干基）	水分	脂肪（干基）	灰分	总糖	其他
56.1	9.2	1.2	4.2	26.7	2.6

4.2 花生组织蛋白生产工艺

4.2.1 生产原理

花生组织蛋白的有关工艺、设备与产品质量指标等均与大豆组织蛋白相同，不同点仅在于原料成分与性质。制取花生组织蛋白的原料有低变性预榨浸出粕、混合脱脂花生粉（掺和浓缩花生蛋白）以及冷榨花生饼粕（粉）等。花生组织蛋白挤压生产利用的主要原料是脱脂花生粉。花生组织蛋白生产工艺流程如图 2-4-8 所示。脱脂花生粉的典型组分：含蛋白质（N×6.25）56％，碳水化合物 32.0％，水分 4.0％脂肪 6.0％灰分5.0％。脱脂花生粉相比大豆脱脂豆粉的优点是色泽白，价格便宜，没有豆腥味，含硫氨基酸含量低，相比大豆脱脂豆粉更容易挤压膨化。花生组织蛋白是指花生经加工后，其蛋白质发生了变性，蛋白质分子重新定向，形成新的组织结构。脱脂花生粉是油脂加工中的重要副产品，脱脂花生粉中的蛋白质含量高达 56％，其蛋白质中所含的各种氨基酸缺乏赖氨酸和含硫氨基酸。花生组织蛋白产品主要是以脱脂花生粉为原料，经加工后形成一定的组织结构或形成类似于肉一样的纤维结构，具有吸水性和吸油脂特性，可作为食品添加剂加到其他原料中。

脱脂花生粉深加工的方法主要是生产花生组织蛋白、花生浓缩蛋白和花生分离蛋

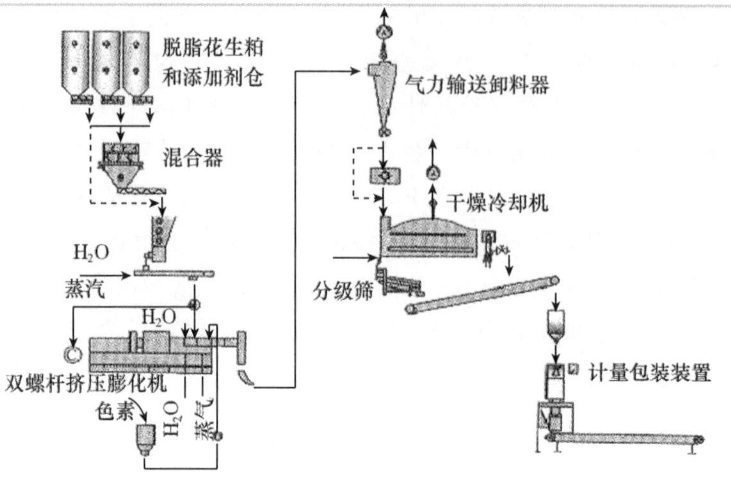

图 2-4-8 花生组织蛋白生产工艺流程

白。由于生产花生浓缩蛋白、花生分离蛋白的工艺复杂,而且需经酸、碱水解以及水洗分离、干燥工艺等,花生的成分损失较多、耗能也较多。而花生组织蛋白的加工工艺相对简单,脱脂花生粉的成分全部能获得利用。性能良好的组织蛋白,其纤维结构类似于肉,可以添加到肉制品中,作为肉的代用品,可提高肉制品中的蛋白质含量,并降低产品成本。

可以利用单螺杆挤压机加工花生组织蛋白,用单螺杆挤压机挤出的花生组织蛋白的特点是可充分利用单螺杆挤压机的高压、高剪切功能,是花生组织蛋白在极高的剪切力作用下被挤压成薄片状产品。这种薄片状花生组织蛋白是纤维状的(王瑞元,2009)。

4.2.2 花生饼粕生产花生组织蛋白的工艺

图 2-4-8 是利用挤压机加工具有膨松网孔结构的花生组织蛋白的工艺流程图。加工时,低温脱脂花生粕粉和添加剂经计量从料仓进入混合器。粉料送入搅拌器中搅拌均匀,再依次送入膨化机进行挤压膨化。膨化机由主轴、机壳、孔板、割刀等组成。壳体内可通入蒸汽加热,壳体内膛有不同形状的齿形槽,主轴呈螺旋齿状,旋转式将物料向前挤压推移。物料在机膛内逐步升温到 160℃,压力为 1.96～3.92 MPa(20～40 kg/cm^2),在此高温压力下,蛋白质分子发生变性作用,同时有许多粒状蛋白质形成了分子排列整齐均匀的物体,并由于在出口处减压蒸汽蒸发形成的空膛体状,粒状蛋白质形成纤维状、咀嚼油肉感的食品。虽然加工温度较高,但时间极短,在 2～3 min 内即可完成。膨化后的粒状颗粒经风力输送、脱气和干燥。通过干燥冷却机进行脱水冷却,冷却后的物体再经细碎分级和计量包装。

双螺杆挤压机在加工花生组织蛋白时,原料供给量、螺杆转速、捏合盘数目、添加水量等因素对产品性能影响较大,其中原料喂入量和水的添加量对产品的质量影响最大。

添加水量对物料的滞留时间影响明显，添加水量越多，滞留时间越长。在机筒内花生蛋白变成熔融状态，经过长嘴机头减压，冷却后成为条状产品。

花生组织蛋白具有特有的花生风味，色泽浅而细腻。利用普通浸出粕生产的花生组织蛋白，其主要性能参数如下。色泽：棕黄色；口味：有花生特有的香味；吸水性：每 100 g 干品吸水量为 134～170 g，吸水后呈海绵状，有弹性；容量：133～169 g/L；水分：9%左右；脂肪：2.67%（干基）；总蛋白质：56.89%；灰分：5.83%；浸出溶剂油残留量：$<50\times10^{-6}$；黄曲霉毒素：不得检出。如图 2-4-9 所示为由花生仁加工的脱皮花生仁、低温脱脂花生饼、低温花生蛋白粉和花生组织蛋白。

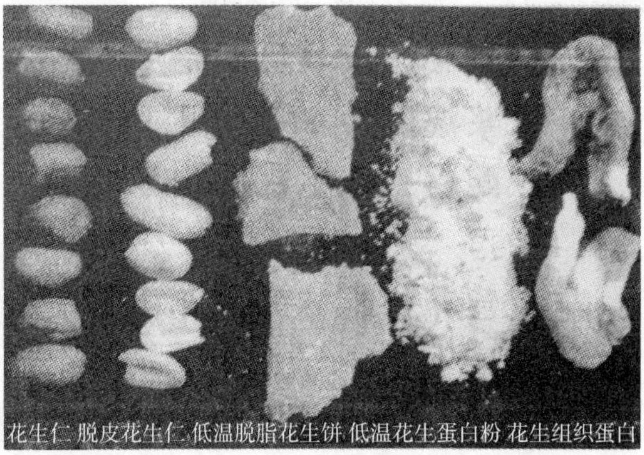

图 2-4-9　花生仁、脱皮花生仁、低温脱脂花生饼、低温花生蛋白粉和花生组织蛋白

花生组织蛋白口感和风味是重要参数。对于脱脂花生蛋白组织来说，很重要的指标是其内部是否形成纤维结构，挤出产品口味如何。因此，在挤压加工时，为了除产品的异味、消除花生中的抗营养因子、改善花生组织蛋白的口感，根据情况还需要添加食用碱、植物油、卵磷脂、盐、调味品和色素等。

4.3　花生浓缩蛋白生产工艺

目前，我国对花生的利用多在食用油脂的摄取一面，对花生蛋白的利用较少。国内市场上的花生蛋白产品主要是花生蛋白粉，一般是作为食品加工中的基础原料。由于花生蛋白粉的蛋白含量较之于浓缩蛋白相对较低，故而存在其功能性如溶解性、乳化活性、起泡性及凝胶特性较差等缺点，所以在花生蛋白粉的基础上，进一步开发具有各种不同功能性质和用途的花生浓缩蛋白产品成为当务之急。目前，国内外对蛋白产品的制备及其溶解性、凝胶性的研究多集中在大豆蛋白，菜籽蛋白等，而对花生浓缩蛋白产品的制备及其溶解性、凝胶特性的研究还未见报道。本课题组采用醇沉工艺制备花生浓缩蛋白，并采用生物酶法在温和条件下对蛋白进行修饰改性，制备高溶解性和强凝胶型的花生浓缩蛋白产品具有很高的应用前景。

4.3.1 醇法制备花生浓缩蛋白

4.3.1.1 工艺流程

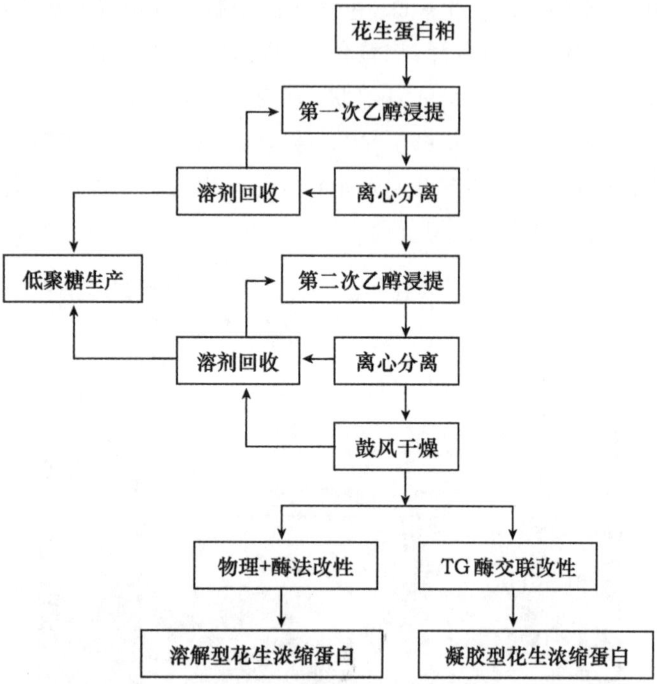

图 2-4-10 花生浓缩蛋白制备与改性工艺流程

4.3.1.2 第一次浸提的单因素实验

(1)料液比的确定。由图 2-4-11 可知,在料液比(1∶6)～(1∶12)范围内,PPC 蛋白含量逐步增加,由 64.46%增加至 72.11%,比花生蛋白粉(干基蛋白含量 61.04%)增加 18.14%。在(1∶12)～(1∶14)的范围内,PPC 蛋白含量变化不明显。经方差分析可知,料液比 1∶12 与 1∶14 时的 PPC 蛋白含量无显著差异,而与其他水平的蛋白含量值相比有显著差异。在料液比 1∶12 时蛋白含量达到最大值 72.11%。从理论上来说料液比逐渐增大会使乙醇溶液的提取更加充分,更有效地除去可溶性糖等物质,最终产品中蛋白含量增加。但当料液比超过一定值,增加溶液量对蛋白含量的影响就不会有显著变化。在实际生产中料液比过高会增加溶剂使用成本、延长浸提周期,降低工作效率,因而料液比过高没有实际意义,因此本试验未将料液比进一步升高。最终试验选择料液比 1∶12 作为初选料液比。

(2)乙醇浓度的确定。乙醇水溶液的浓度对 PPC 产品的蛋白含量影响见图 2-4-12。最佳乙醇水溶液浓度在 70%时,所得 PPC 产品中的蛋白含量最高,达到70.49%;乙醇浓度增加到 80%时,其蛋白含量呈下降趋势,随后继续增加乙醇浓度,蛋白含量变化不明显。其机理可能是当乙醇水溶液的浓度在 70%左右时,花生蛋白质在醇变性的作用下,蛋白结构发生变化,由原来的紧凑的球形变成松散的结构,增加了原来与蛋白质结合的非蛋白物质如糖、色素等同乙醇水溶液的接触机会,其中一部分可溶性物质被乙醇水溶液萃取出，从而进一步提高了PPC产品中的蛋白质含量。而乙醇浓度进一步增加后，一些非蛋白类可溶性物质（如小分子糖）在乙醇溶液中也沉淀下来，从而使PPC产品中的蛋白含量相对降低。

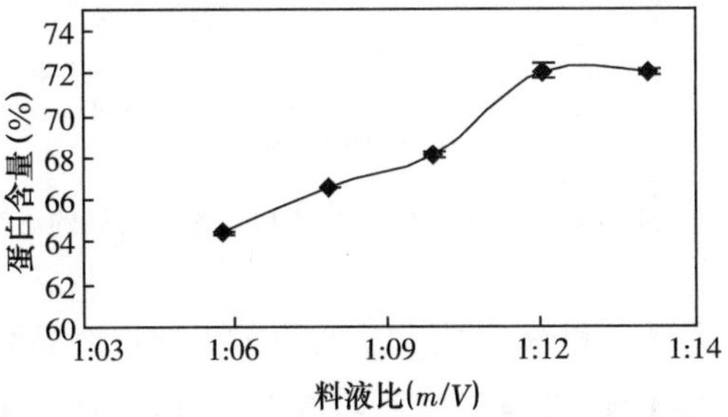

图 2-4-11 不同料液比对PPC蛋白含量的影响

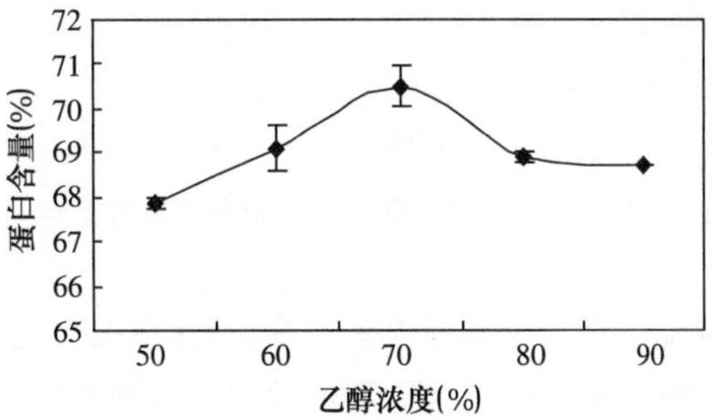

图 2-4-12 不同乙醇浓度对PPC蛋白含量的影响

(3)浸提时间、浸提温度和搅拌速度的确定。方差分析表明，浸提时间、浸提温度和搅拌速度的各水平间PPC产品蛋白含量值无显著差异。由图2-4-13可知，随浸提时间的延长，PPC产品蛋白含量呈现先上升后缓慢下降的趋势，从浸提20 min时的68.8%升至40 min时，蛋白含量达到最大值68.9%，延长浸提时间后，蛋白含量有所下降，到浸提100 min时，蛋白含量为68.28%，从数值上可以看出浸提时间对PPC产品蛋白含量的影响不显著，故而在工艺参数优化中确定浸提时间为最大值时的时间20 min。由图2-4-14可知，PPC产品的蛋白含量随浸提温度上升呈先上升后下降的趋势，温度从20℃上升到40℃时，蛋白含量由68.25%上升到69.66%，PPC产品的蛋白含量在40℃时达到最大值；温度从40℃上升至60℃时，蛋白含量由69.66%下降至68.76%，因此工艺参数优化中确定浸提温度为40℃。其原因可能是随温度升高，花生蛋白粉中的可溶性物质在乙醇水溶液中的溶解速度增大，提高了浸出效果，加快了可溶物的提取速率，使产品中的蛋白含量升高；但温度过高，会导致蛋白一定程度的变性，降低其溶解性，从而阻碍了可溶性物质的浸出，使得产品中的蛋白含量有所降低。由图2-4-15可知，搅拌速度对产品蛋白含量的影响不大，转速70～130 r/min时，蛋白含量从66.10%升至66.89%，在130 r/min时达到最大值；随后随转速增大，产品蛋白含量值无显著变化。结合生产实际，为了减少能耗，搅拌速度确定为70 r/min 。

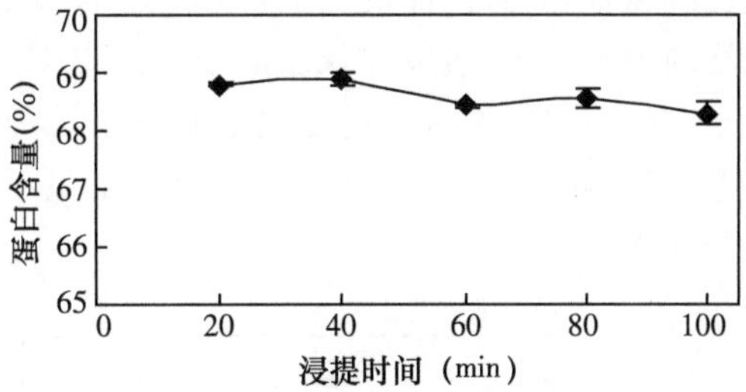

图 2-4-13 不同浸提时间对PPC蛋白含量的影响

4.3.1.3 **第二次浸提的单因素实验**

从第一次单因素实验结果可以看出，搅拌速度对产品蛋白含量的影响不大，故而将第二次浸提搅拌速度也确定为70 r/min。

由方差分析可知，料液比和乙醇浓度对产品蛋白含量的影响很显著，而浸提时间和浸提温度对产品蛋白含量的影响不显著。由图2-4-16可知，产品蛋白含量随料液比的增

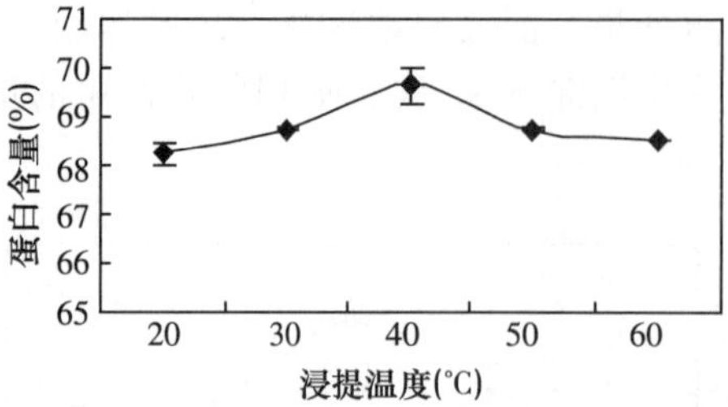

图 2-4-14　不同浸提温度对 PPC 蛋白含量的影响

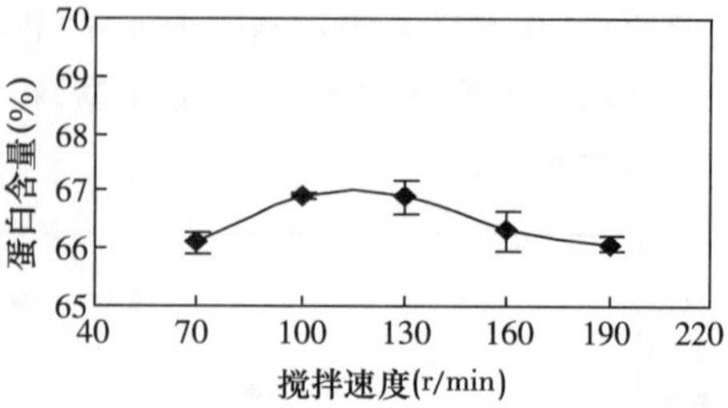

图 2-4-15　不同搅拌速度对 PPC 蛋白含量的影响

加而逐渐增加到最大值后降低，然后变化趋于平缓。料液比从 1∶5 变为 1∶15 时，产品蛋白含量由 63.88%增加到 72.18%；到料液比 1∶15 时，蛋白含量达到最大值，比原花生蛋白粉(干基蛋白含量 61.04%)的蛋白含量增加 18.25%。由图 2-4-17 可知，当乙醇溶液浓度从 55%增加到 75%时，产品蛋白含量的变化呈上升趋势，从 66.62%增加到 71.72%，当乙醇浓度继续增大后，蛋白含量的变化不显著。这是由于高浓度的乙醇会使蛋白结构发生变化，蛋白变性程度增加，不但阻碍了与蛋白结合的非蛋白可溶性物质与乙醇结合，而且产品的功能性质还会降低。从实际生产的角度考虑，增加乙醇浓度就是增加生产成本，所以建议乙醇浓度采用 75%。由图 2-4-18 可知，浸提时间从 10 min 延长至 50 min 时，蛋白含量变化不显著，所以确定浸提时间为 10 min；由图 2-4-19 可知，浸提温度从 40℃升至 60℃时，蛋白含量变化不明显，其均值为 69.508%，因此确定浸提温度为 40℃。

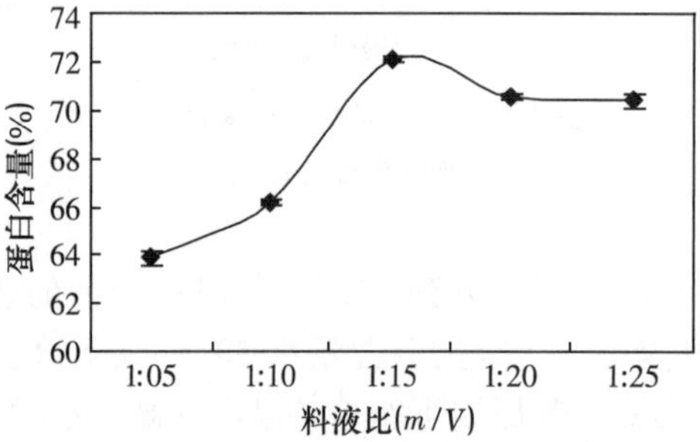

图 2-4-16　不同料液比对 PPC 蛋白含量的影响

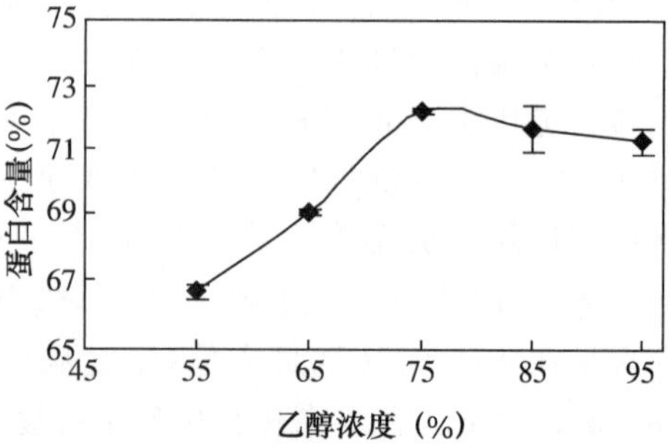

图 2-4-17　不同乙醇浓度对 PPC 蛋白含量的影响

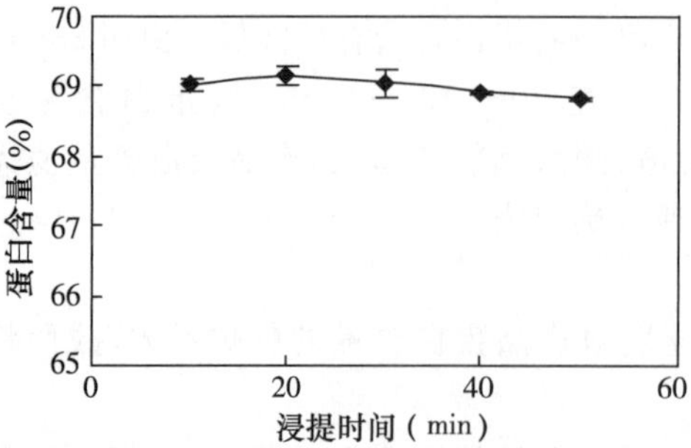

图 2-4-18　不同浸提时间对 PPC 蛋白含量的影响

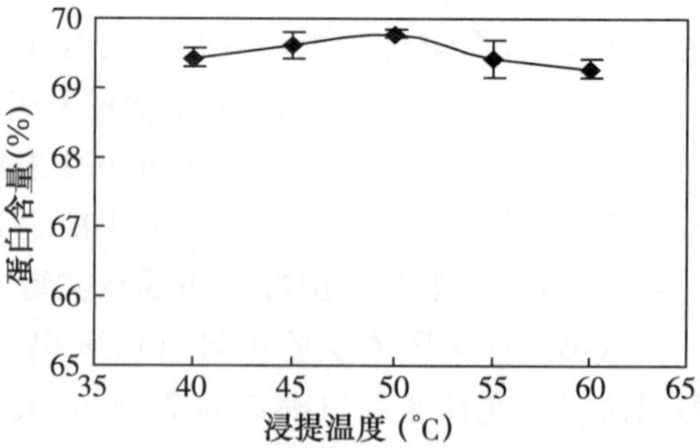

图 2-4-19　不同浸提温度对 PPC 蛋白含量的影响

4.3.1.4 二次浸提制备花生浓缩蛋白的正交旋转组合试验

从单因素实验结果来看，可知第一次浸提和第二次浸提各因素中只有料液比和乙醇浓度各水平间有显著差异，其余因素如浸提温度、浸提时间和搅拌速度各水平间均无显著差异，故而根据单因素实验结果，选取蛋白含量最大值点将这三个因素参数确定为：第一次浸提：浸提温度，40℃，浸提时间，20 min，搅拌速度，70 r/min；第二次浸提：浸提温度，40℃，浸提时间，10 min，搅拌速度，70 r/min。挑选第一次浸提和第二次浸提的料液比和乙醇浓度四因素进行正交旋转组合试验。通过四元二次正交旋转组合的 23 个处理组合试验测得 PPC 产品蛋白含量的结果见表 2-4-3。用 DPS 工作平台对结果进行分析处理，建立产品蛋白含量与各因素关系的数学模型，并通过对模型分析而获得最佳的工艺条件。

表 2-4-3 正交旋转试验结果

处理号	第一次浸提		第二次浸提		蛋白含量(%)
	料液比(X_1)	乙醇浓度(X_2)	料液比(X_3)	乙醇浓度(X_4)	
1	1	1	1	1	62.79
2	1	1	−1	−1	62.80
3	1	−1	1	−1	65.45
4	1	−1	−1	1	66.8
5	−1	1	1	−1	71.97
6	−1	1	−1	1	66.57
7	−1	−1	1	1	72.65
8	−1	−1	−1	−1	65.90
9	−1.681 79	0	0	0	72.20
10	1.681 79	0	0	0	66.50
11	0	−1.681 79	0	0	78.21
12	0	1.681 79	0	0	68.13
13	0	0	−1.681 79	0	64.56
14	0	0	1.681 79	0	76.08
15	0	0	0	−1.681 79	66.60
16	0	0	0	1.681 79	71.29
17	0	0	0	0	75.16
18	0	0	0	0	74.47
19	0	0	0	0	76.08
20	0	0	0	0	73.56
21	0	0	0	0	74.15
22	0	0	0	0	74.47
23	0	0	0	0	75.16

对试验结果进行二次多项式逐步回归分析，以回归模型的复相关系数 R 为指标，半自动的删除方程中不显著的相，最终得到回归模型为：

$$Y=74.9893922-2.1114832447X_1-1.7297154426X_2+2.2087263124X_3+0.7745274401X_4-2.2768543575X_1*X_1-0.9262804452X_2*X_2-1.9339075787X_3*X_3-2.4200434765X_4*X_4-0.8312500000$$

回归模型相关系数 $R=0.9510$，方程 Durbin－Watson 统计量 $d=2.2759$，说明残差相互独立。因此本试验建立的回归模型可信。

根据回归模型得到产品蛋白含量最高时优化组合为 $X_1=-0.6679$，$X_2=-0.6340$，$X_3=0.8627$，$X_4=0.1600$。即第一次浸提料液比 1∶10，乙醇浓度 63.7%；第二次浸提料液比1∶19，乙醇浓度 76.6%，在此条件下进行试验测得的产品蛋白含量（干基）为 77.26%。最优组合同单因素试验结果基本一致。

由模型分析结果可知，在试验所选范围内随着料液比和乙醇浓度的增大，产品蛋白含量逐渐下降，因此生产时选取适当的料液比和乙醇浓度可以减少能耗、提高设备利用率。单因素试验结果显示第一次浸提料液比从 1∶10 减少至 1∶14 时，产品蛋白含量增加幅度不大，因此选择 1∶12 作为较佳料液比；乙醇浓度在 70%时，蛋白含量变化显著，而继续增大或降低乙醇浓度，蛋白含量的变化不显著。第二次浸提从 1∶15 减少至 1∶20 时，产品蛋白含量增加幅度不大，因此选择 1∶15 作为较佳料液比；乙醇浓度在 70%～80%时，蛋白含量变化显著，在浓度为 75%左右时产品蛋白含量达到最大，而继续增大或降低乙醇浓度，蛋白含量的变化不显著。有研究表明，乙醇浓度的提高，可除去花生蛋白粉中与蛋白质结合的脂类物质、风味前体及色素类，使其在醇法花生浓缩蛋白中的含量明显降低（因为此类物质可溶于乙醇），因而醇洗蛋白粉可去除异味及其使色泽变浅；另有研究发现，乙醇使蛋白质变性的机理不同于热变性，热变性使蛋白质松散、无序，而醇变性则使蛋白质分子重新构造，形成了比天然花生蛋白更加有序的结构，在熵变驱动下伴随自聚集循环形成了蛋白聚集微粒，蛋白聚集微粒的刚性较大、构象力大、构象更紧密，维持这种紧密构象的作用力是键能较低的次级键。

综合实践和理论分析，我们提出二次浸提制备花生浓缩蛋白的工艺为：第一次浸提料液比 1∶12，乙醇浓度 70%，浸提时间为 20 min，浸提温度 40℃，搅拌速度 70 r/min；第二次浸提料液比 1∶15，乙醇浓度 75%，浸提时间 10 min，浸提温度 40℃，搅拌速度 70 r/min，得到的花生浓缩蛋白的含量达到 72.11%。

4.3.2 溶解型花生浓缩蛋白的制备

4.3.2.1 物理改性增加花生浓缩蛋白溶解性

通过对醇提花生浓缩蛋白分别使用超声波处理、热处理、高速搅拌和微波等 4 种物理方法改性，蛋白质的氮溶指数均有一定程度的提高，在对单一物理改性摸索最优工艺中确定增溶效果的大小依次是：超声波处理＞热处理＞高速搅拌＞微波处理（表 2-4-4）。由于不同增溶改性方法的作用机理不同，经过其中一种改性方法处理过的蛋白质在使用其他方法进一步改性，溶解性还有继续提高的可能。实验通过对四种方法的复合使用考察溶解性的变化，以选择最优物理改性方法组合。

表 2-4-4 不同物理方法增溶改性花生浓缩蛋白的最优工艺参数

改性方法	改性后 NSI	最适料液比	最优工艺其他参数
高速搅拌	72.39%±0.42%	1:7	搅拌转速 22 000 r/mim,搅拌时间 66 s
微波处理	69.83%±0.80%	1:(7～11)	微波功率 640 W,微波时间 30 s,溶液高度 1.5 cm
热处理	72.94%±0.61%	1:9	加热温度 75℃,加热时间 7min
超声波处理	73.72%±0.57%	1:10	超声功率 210 W,超声时间 7 min,水浴温度 75℃

四种不同物理方法复合增溶改性的实验测定结果如表 2-4-5 所示,加粗表示的结果表明复合处理后蛋白质的氮溶指数比单独使用其中任何一种都要高,即此种复合工艺对溶解性的提升有着部分叠加的效果。

表 2-4-5 不同物理方法复合增溶改性花生浓缩蛋白实验测定结果 %

先进行的工艺操作	后进行的工艺操作			
	高速搅拌	微波处理	热处理	超声波处理
高速搅拌	—	73.34±0.74	76.20±0.67	78.18±0.54
微波处理	74.82±0.77	—	72.81±1.03	72.73±0.83
热处理	73.83±0.50	71.35±0.90	—	72.44±0.65
超声波处理	75.06±0.36	74.25±0.61	74.78±0.46	—

高速搅拌是最适合与其他物理改性处理复合使用的方法,无论是在微波处理、热处理和超声波处理之前还是之后使用,都能够在原有基础上进一步提高蛋白质的溶解性,起到单独使用一种处理不能达到的良好效果。这主要是由于高速搅拌处理的增溶机理不同于其他方法,其通过机械力促使物料间相互碰撞和摩擦使蛋白颗粒破碎而促进溶解的,而微波处理和热处理主要是通过热能破坏蛋白质分子内和分子间的共价键,水浴超声波处理也借助了热变性来增溶。尽管长时间的高速搅拌也会使蛋白溶液升温,但本实验所选定的最优搅拌时间仅为 66 s,几乎无法起到加热效果。因此,高速搅拌处理的机械力作用和其他处理的热作用良好地复合,不会出现热变性过度或机械力变性过度的情况。

操作的先后顺序对于高速搅拌处理参与的复合改性的效果也有影响,高速搅拌在其他处理之前进行要好于在它们之后进行的效果。究其原因,其一是由于后进行高速搅拌处理时其料液比不再是 1:7 的最适条件,影响了增溶效果;其二则可能是由于高速搅拌在前使得醇提聚集的蛋白结构解散,更利于所有分子均匀受热所致。但当高速搅拌与微波处理复合时情况有异,微波处理在前反而效果更好。这首先是因为微波处理不受料液比的影响,高速搅拌即便在后也是在 1:7 的最适条件下进行的;此外,微波加热不同于传统加热方式,其穿透力强,加热迅速均匀,蛋白无需搅拌解散即可均匀受热。因此,高速搅拌不具备了先进行的优势。据推测,可能是微波处理对蛋白质电性质的改变使其在搅拌产生的离心力场中能够更有效地被冲击破碎,使得微波处理在前有更好的增溶叠加效果。

超声波处理先于两种热变性为主要增溶机理的处理工艺的复合也起到了一定的叠加效果，但效果并不显著，只使得蛋白质的氮溶指数在原有超声波处理的基础上增加了至多1%。其原因在于超声波处理时使用了75℃的水浴条件，本身已经相当于超声波改性与热改性两种作用的复合，再辅之以其他热改性处理方法，溶解性进一步提升的空间势必有限。超声波处理在前时起到叠加效果的原因可能是超声波产生的空化效应可以将蛋白颗粒变形、破碎，从而能够更均匀有效地受热。超声波处理在后则使得原本受热变性不均的蛋白质中变性程度较高的一部分变性过度，反而降低了溶解性。

微波处理和热处理间的复合均没有起到叠加的效果。原因在于，热处理完全是热变性增溶，微波处理也主要是通过此种方式增溶，不同点在于微波加热更迅速、均匀。复合实验使用的工艺已经分别经过优化，也就是微波处理和热处理分别改性后的蛋白质的热变性程度对于增溶来讲都是适当的，继续对其加热改性势必导致溶解性的降低。

综上所述，采用高速搅拌与热处理复合使用，花生浓缩蛋白先后受到了机械能、热能和超声波能的作用，醇提时变性聚集的结构解散，抵消了乙醇变性对溶解性的不良影响，并且由于复合变性作用，蛋白质分子内部和分子间不利于溶解的共价键有所断裂，溶解性得到进一步的提升，并且没有出现导致溶解性降低的过度变性。高速搅拌在前，超声波处理在后的操作顺序也更有利于各种变性作用的协同，使物理增溶改性取得最佳的效果。

4.3.2.2 限制性酶解改性增加花生浓缩蛋白溶解性

(1)蛋白酶的选定。不同蛋白酶对限制性酶解增溶改性花生浓缩蛋白氮溶指数的影响如图2-4-20所示。

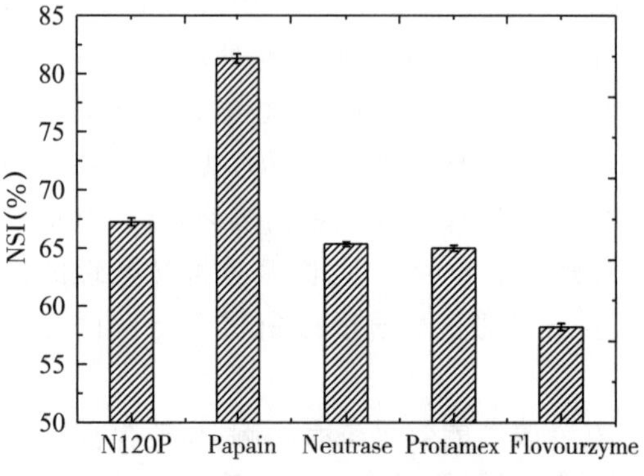

图2-4-20　不同蛋白酶对限制性酶解增溶改性花生浓缩蛋白氮溶指数的影响

木瓜蛋白酶(papain)的增溶改性作用效果显著优于其他4种中性蛋白酶。N120P、Neutrase和Protamex对蛋白溶解性的作用效果相近，Flavourzyme作用效果最差，这4种酶限制性酶解产物的氮溶指数均比复合物理增溶处理后低，Flavourzyme酶解后甚至低于原料醇提花生浓缩蛋白。究其原因，其一是可能由于灭酶时95℃的高温使蛋白质过度变性，限制性酶解对蛋白溶解性的少量提升远远不能抵消热变性对其的降低；其二可能是参照厂商提供资料所选定的工艺参数不适用于花生浓缩蛋白的增溶改性。限制性酶解增溶时，酶解相对不充分会造成低水解度下蛋白质间发生聚集，溶解度降低；而酶解相对过度会造成较多的疏水性氨基酸残基暴露，蛋白质表面疏水性增加，也会降低溶解度。

其后，对以上五种蛋白酶的酶解产物进行了简单的感官评定。结果表明，五种酶中只有木瓜蛋白酶的酶解产物没有出现苦味，Neutrase、Protamex和Flavourzyme的酶解产物都出现了微弱的苦味，而N120P的酶解产物则出现了较为明显的苦味。由于高溶解性花生浓缩蛋白产品的主要用途是功能性食品添加剂，尤其是在蛋白饮料中添加使用，苦味显然会损害终产品的食用品质。

因此，综合增溶改性效果和感官评定结果，选定木瓜蛋白酶(papain)作为花生浓缩蛋白增溶改性的最适蛋白酶，并对其酶解工艺参数进一步优化。

(2)单因素试验。料液比对限制性酶解增溶改性花生浓缩蛋白氮溶指数的影响如图2-4-21所示。

料液比从1∶10变为到1∶12，限制性酶解产物的氮溶指数基本没有变化，而料液比再增加，氮溶指数便开始下降。由于作为限制性酶解前处理方法的超声波处理的最适料液比为1∶10，酶解料液比不能再减少。从实际工艺操作的角度考虑，较低的料液比有利于提高处理效率，因而选定1∶10作为限制性酶解增溶改性单因素最佳料液比。

加酶量对限制性酶解增溶改性花生浓缩蛋白氮溶指数的影响如图2-4-22所示。

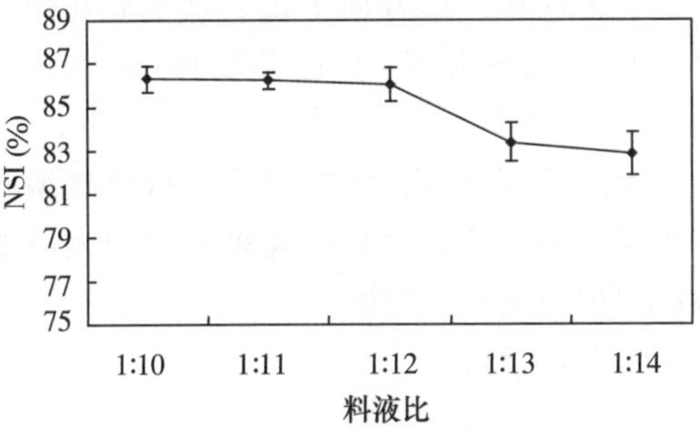

图2-4-21 料液比对限制性酶解增溶改性花生浓缩蛋白氮溶指数的影响

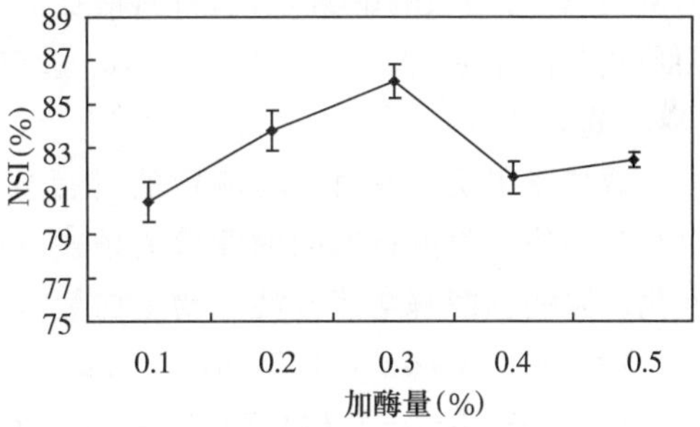

图2-4-22 加酶量对限制性酶解增溶改性花生浓缩蛋白氮溶指数的影响

加酶量从(E∶S，下同)0.1%增加到0.3%，氮溶指数随之上升，这表明，加酶量0.3%以下，底物没有被酶饱和，增加加酶量可以使底物充分地参与反应，并且可以避免酶解相对不充分造成的低水解度下的蛋白质聚集。而加酶量超过0.3%后，氮溶指数出现降低，这可能是由于限制性酶解相对过度，造成较多的疏水性氨基酸残基暴露，蛋白质表面疏水性增加，从而降低了溶解性。因此，确定限制性酶解增溶改性单因素最佳加酶量为0.3%。

酶解温度对限制性酶解增溶改性花生浓缩蛋白氮溶指数的影响如图2-4-23所示。

酶解温度从40℃增加到50℃，酶解产物的氮溶指数略有上升，这说明相对较高的温度有利于蛋白酶的充分有效作用。而超过50℃后，继续提升酶解温度会使产物氮溶指数迅速下降，这是由于温度超过了蛋白酶的耐受范围，蛋白酶失去作用活性所致。因此，确定限制性酶解增溶改性单因素最佳作用温度为50℃。

酶解时间对限制性酶解增溶改性花生浓缩蛋白氮溶指数的影响如图2-4-24所示。

酶解时间从10 min增加至30 min，酶解产物的氮溶指数随之显著提升，这说明蛋白酶需要一定的时间才能作用得相对充分，以起到较好的增溶效果。而超过30 min后，氮溶指数开始降低，这与加酶量过多相似，会使得限制性酶解相对过度，产物溶解性因而降低。因此，确定限制性酶解增溶改性单因素最佳酶解时间为30 min。

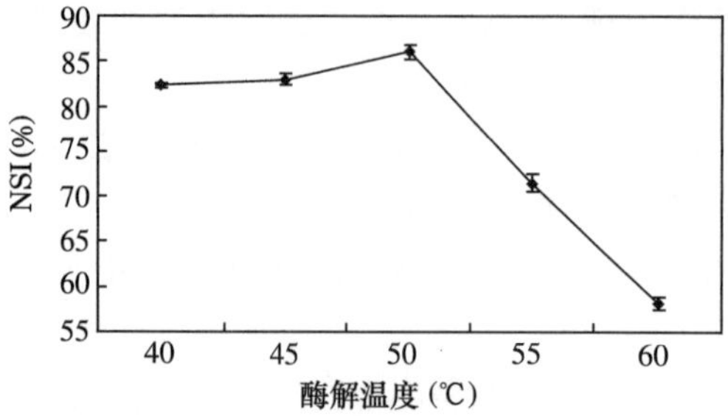

图 2-4-23　酶解温度对酶解增溶改性花生浓缩蛋白氮溶指数的影响

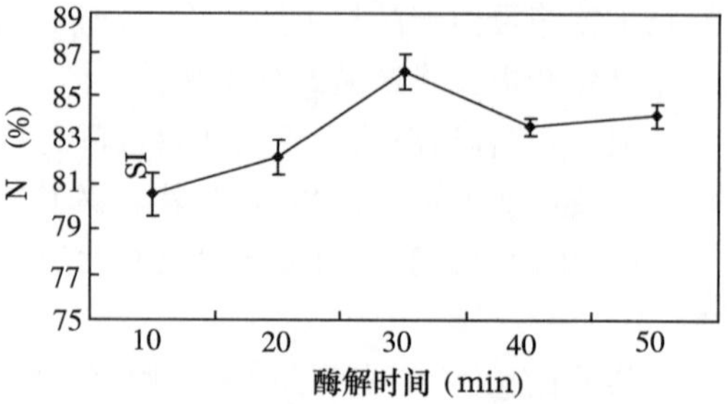

图 2-4-24　酶解时间对限制性酶解增溶改性花生浓缩蛋白氮溶指数的影响

(3)响应面优化试验。通过单因素实验，选定了限制性酶解增溶改性的 3 因素为加酶量、酶解时间和酶解温度，而将料液比直接确定为 1∶10。结合简单正交预实验和响应面预实验的结果，将 p_1 选定为 0.2，q_1 选定为 0.1；p_2 选定为 20，q_2 选定为 10；p_3 选定为 45，q_3 选定为 5。

通过浸提实验并对实验测定值进行分析，得到回归方程式，该方程式是自变量编码值与蛋白质的氮溶指数间的经验关系式，可以用来预测给定自变量变化范围内的响应值变化。限制性酶解增溶改性产物蛋白氮溶指数 Y 的回归方程式为：

$$Y=86.11474+1.10366x_1+0.26755x_2-0.12853x_3$$
$$-0.77358x_1^2-1.61479x_2^2-0.55189x_3^2$$
$$-0.90887x_1x_2+0.62703x_1x_1x_3+0.65869x_2x_3$$

限制性酶解增溶改性响应面中心合成实验设计参数如表 2-4-6 所示，表中将每组实验的实验测定值与模型预测值进行了比较。

表 2-4-6　限制性酶解增溶改性响应面实验设计以及实验测定值与模型预测值

序号	自变量水平编码值（实际值）			实验值			预测值
	x_1(%)	x_2(min)	x_3(℃)	Ⅰ	Ⅱ	平均值	
1	1 (0.3)	1 (30)	1 (50)	85.018	85.364	85.191	84.794
2	1 (0.3)	1 (30)	−1 (40)	81.629	81.085	81.357	82.480
3	1 (0.3)	−1 (10)	1 (50)	83.979	83.211	83.595	84.759
4	1 (0.3)	−1 (10)	−1 (40)	85.964	86.073	86.019	85.080
5	−1 (0.1)	1 (30)	1 (50)	82.239	81.396	81.817	83.150
6	−1 (0.1)	1 (30)	−1 (40)	83.548	84.681	84.114	83.344
7	−1 (0.1)	−1 (10)	1 (50)	80.087	80.330	80.209	79.480
8	−1 (0.1)	−1 (10)	−1 (40)	81.773	81.262	81.518	82.309
9	−1.682 (0.032)	0 (20)	0 (45)	82.563	81.942	82.252	82.071
10	1.682 (0.368)	0 (20)	0 (45)	85.952	86.364	86.158	85.783
11	0 (0.2)	−1.682 (3.18)	0 (45)	81.596	80.561	81.079	81.097
12	0 (0.2)	1.682 (36.82)	0 (45)	83.036	82.111	82.573	81.997

续表 2-4-6

序号	自变量水平编码值（实际值）			实验值			预测值
	x_1(%)	x_2(min)	x_3(℃)	Ⅰ	Ⅱ	平均值	
13	0 (0.2)	0 (20)	−1.682 (36.59)	84.317	85.086	84.701	84.770
14	0 (0.2)	0 (20)	1.682 (53.41)	84.732	85.194	84.963	84.338
15	0 (0.2)	0 (20)	0 (45)	86.387	85.777	86.082	86.115
16	0 (0.2)	0 (20)	0 (45)	86.394	85.829	86.112	86.115
17	0 (0.2)	0 (20)	0 (45)	85.926	86.407	86.167	86.115
18	0 (0.2)	0 (20)	0 (45)	86.421	85.954	86.188	86.115
19	0 (0.2)	0 (20)	0 (45)	86.039	86.150	86.095	86.115
20	0 (0.2)	0 (20)	0 (45)	86.385	85.762	86.074	86.115
21	0 (0.2)	0 (20)	0 (45)	86.041	86.317	86.179	86.115
22	0 (0.2)	0 (20)	0 (45)	86.369	85.643	86.006	86.115
23	0 (0.2)	0 (20)	0 (45)	86.367	85.704	86.036	86.115

每个参数的显著性通过 Student t 检验与 p 值加以衡量，如表 2-4-7 所示。T 的绝对值越大或 p 值越小，则相应的变量的显著性更高。可以看到，酶解时间的二次项（$x_2\ x_2$）是最为显著的，其次是加酶量的一次项（x_1）和二次项（$x_1\ x_1$）。根据 t 检验和 p 值，酶解时间的一次项（x_2）和酶解温度的一次项（x_3）没有统计显著性（$p>0.05$）。分析结果显示，对限制性酶解增溶而言，影响氮溶指数的因素按主次顺序排列为：加酶量＞酶解时间＞酶解温度。

该回归模型的相关系数 $R=0.956\ 0$，总决定系数 $R^2=0.914\ 0$，因而使用该模型对限制性酶解产物的氮溶指数进行预测是可靠的。

表 2-4-7　限制性酶解增溶改性回归方程式系数显著性分析

变量	回归系数	标准差	t 计算值	p 值
常数项	86.114 74	0.263 210	327.16 53	0.000 000
x_1	1.103 66	0.213 820	5.161 7	** 0.000 183
x_2	0.267 55	0.213 816	1.251 3	0.232 873
x_3	−0.128 53	0.213 816	−0.601 1	0.558 082
x_1x_1	−0.773 58	0.198 225	−3.902 5	** 0.001 818
x_2x_2	−1.614 79	0.198 225	−8.146 2	** 0.000 002
x_3x_3	−0.551 89	0.198 230	−2.784 2	* 0.015 492
x_1x_2	−0.908 87	0.279 360	−3.253 4	** 0.006 287
x_1x_3	0.627 03	0.279 360	2.244 5	* 0.042 842
x_2x_3	0.658 69	0.279 360	2.357 8	* 0.034 715
R	0.956 0			
R^2	0.914 0			

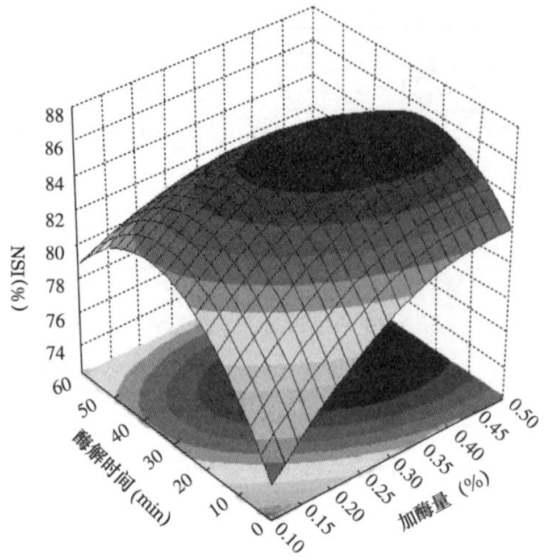

图 2-4-25 加酶量与酶解时间对限制性酶解增溶改性蛋白氮溶指数影响的响应面

限制性酶解增溶改性加酶量与酶解时间对产物蛋白氮溶指数的影响如图 2-4-25 所示。

在加酶量与酶解时间对蛋白氮溶指数的交互影响中，加酶量对响应值既有二次影响作用(quadratic effect)又有一次影响作用(linear effect)，而酶解时间对响应值则起着二次影响作用(quadratic effect)。加酶量和酶解时间二者间的交互作用十分显著。

限制性酶解增溶改性加酶量与酶解温度对产物蛋白氮溶指数的影响如图 2-4-26 所示。

在加酶量与酶解温度对蛋白氮溶指数的交互影响中，加酶量在酶解温度较低的条件下对响应值主要起着二次影响作用(quadratic effect)，在酶解温度较高的条件下则主要起着一次影响作用(linear effect)，酶解温度对响应值起着二次影响作用(quadratic effect)。加酶量和酶解温度二者间的交互作用比较显著。

限制性酶解增溶改性酶解时间与酶解温度对产物蛋白氮溶指数的影响如图 2-4-27 所示。

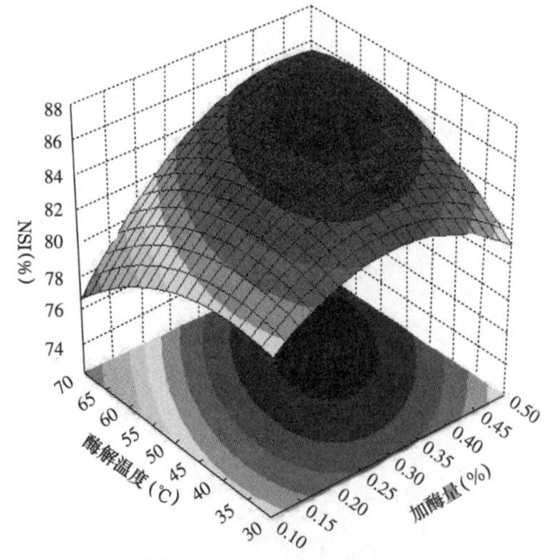

图 2-4-26 加酶量与酶解温度对限制性酶解增溶改性蛋白氮溶指数影响的响应面

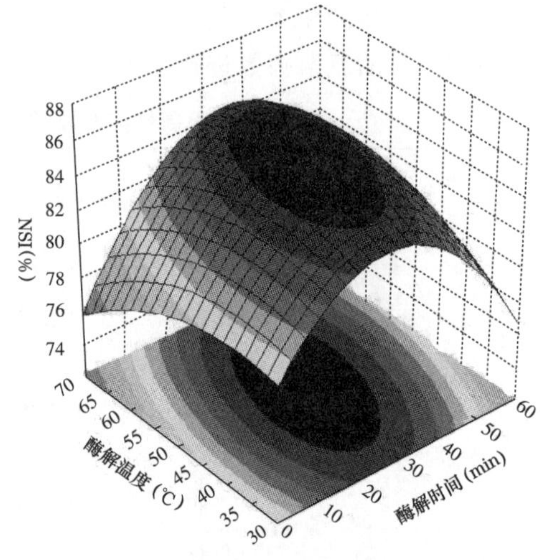

图 2-4-27 酶解时间与酶解温度对限制性酶解增溶改性蛋白氮溶指数影响的响应面

在酶解时间与酶解温度对蛋白氮溶指数的交互影响中，二者对响应值均起着二次影响作用(Quadratic Effect)酶解时间的影响大于酶解温度。酶解时间与酶解温度二者间的交互作用比较显著。

为了得到精确的最佳工艺参数，对限制性酶解增溶改性产物的氮溶指数 Y 的回归方程式的 3 个自变量分别求偏导并令它们等于零，可以得到以下 3 个方程式：

$$1.10366-1.54716x_1-0.90887x_2+0.62703x_3=0$$

$$0.26755-0.90887x_1-3.22958x_2+0.65869x_3=0$$

$$-0.12853+0.62703x_1+0.65869x_2-1.10378x_3=0$$

通过方程组联立，可以解得限制性酶解增溶改性的最佳工艺参数为：

$x_1=0.91340$　$x_2=-0.10471$　$x_3=0.33938$

$X_1=0.2913\%$　$X_2=18.95\text{min}$　$X_3=46.70℃$

以上对限制性酶解提高蛋白氮溶指数的最优工艺进行了研究。通过模型计算，最优工艺条件下所得花生浓缩蛋白的氮溶指数为 86.58%，验证实验测定值为 86.34%±0.69%，与模型预测值相符，与复合物理增溶改性花生浓缩蛋白的氮溶指数 78.18%相比有了显著提高。以下酶解后处理增溶改性实验均建立在这里得到的限制性酶解增溶改性的最佳工艺参数条件下。

(4)酶解后处理增溶改性工艺优化。

①后处理方法的确定。不同限制性酶解后处理方式对酶解增溶改性花生浓缩蛋白氮溶指数的影响如图 2-4-28 所示。

高压均质处理的增溶效果明显优于添加表面活性剂或还原剂的方法。在实际生产中，高压均质也是食品工业中应用最广泛的工艺。吐温 80 和大豆磷脂两种表面活性剂的添加基本没有增加蛋白质的溶解性，这是由于表面活性剂自身的亲水性不佳，不能对花生浓缩蛋白有效增溶所致。亚硫酸钠和亚硫酸氢钠两种还原剂的添加对蛋白溶解性有一定的提高，这是由于还原剂可以有效抑制蛋白质分子内和分子间二硫键的形成，但由于还原剂添加等化学改性方法在食品加工中的使用还面临诸多安全性上的质疑，因此本实验也仅对还原剂增溶进行了初步尝试，未对添加量等具体工艺参数进行优化。

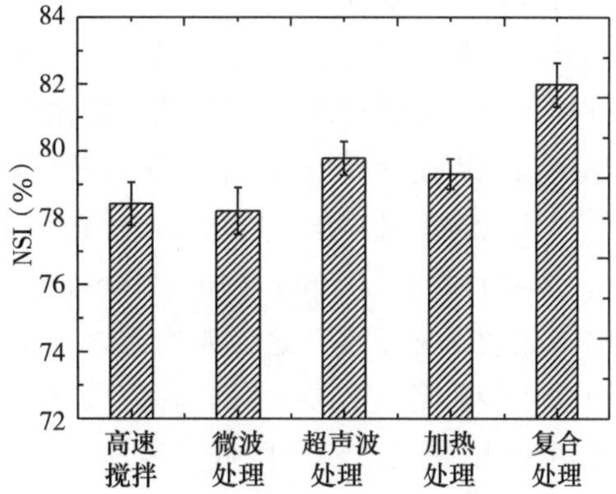

图 2-4-28　不同酶解后处理方法对酶解增溶改性花生浓缩蛋白氮溶指数的影响

因此，综合增溶效果和安全性方面的考虑，选定高压均质处理作为花生浓缩蛋白限制性酶解增溶改性的后处理方法，并对其工艺参数进一步优化。

②高压均质增容改性工艺优化。

单因素实验

均质压力对高压均质增溶改性花生浓缩蛋白氮溶指数的影响如图 2-4-29 所示。

均质压力从 20 MPa 增加到 50 MPa，蛋白质的氮溶指数随之上升，这说明相对较高的均质压力有利于产生更强烈的剪切力和撞击力，从而更有效地将蛋白质破碎，使其溶解性提高。而超过 50 MPa 后，均质压力再增加，氮溶指数便开始下降，这可能是由于过高压力产生的热能使得溶液温度急剧上升，蛋白质出现了不利于溶解的热变性。因此，确定高压均质处理增溶改性单因素最佳均质压力为 50 MPa。

料液比对高压均质增溶改性花生浓缩蛋白氮溶指数的影响如图 2-4-30 所示。

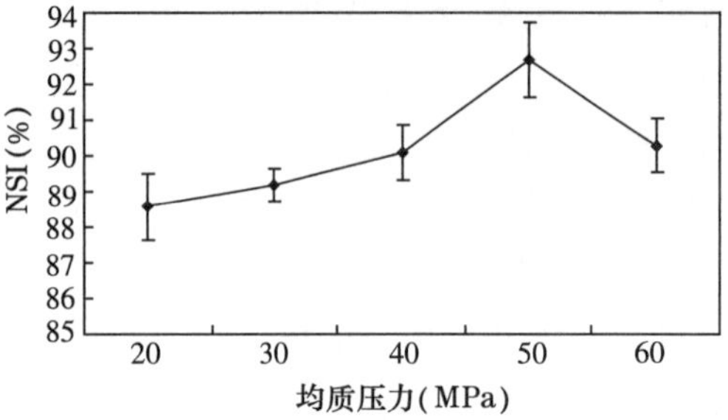

图 2-4-29　均质压力对高压均质增溶改性花生浓缩蛋白氮溶指数的影响

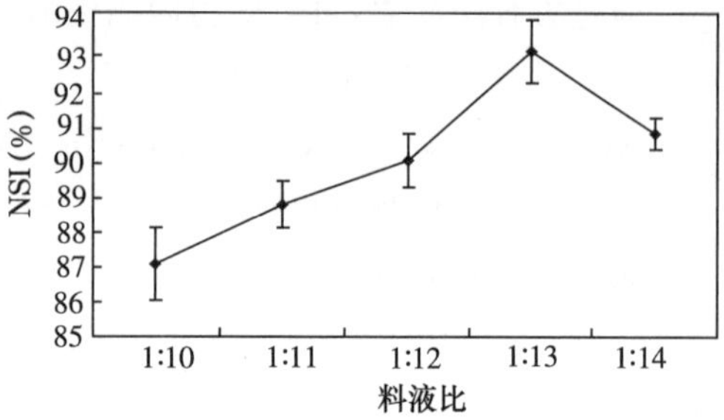

图 2-4-30　料液比对高压均质增溶改性花生浓缩蛋白氮溶指数的影响

料液比由 1∶10 增加到 1∶13，蛋白质的氮溶指数提升显著，料液比继续增加到 1∶14，氮溶指数又开始降低。这是由于溶液浓度过高将增加蛋白质的运动阻力，从而削弱高压均质产生的剪切力、碰撞力以及空穴爆炸力的作用效果，而溶液浓度过低，蛋白质间的相互作用力又会受到影响，剪切力的作用被一定程度上分散，增溶改性的效果减弱。因此，确定高压均质处理增溶改性单因素最佳料液比为 1∶13。

均质时间对高压均质增溶改性花生浓缩蛋白氮溶指数的影响如图 2-4-31 所示。

均质时间从 1 min 增加到 2 min，蛋白质的氮溶指数显著上升，而超过 2 min 后，氮溶指数便迅速下降。这说明均质时间的适当延长有利于剪切力和撞击力对物料的充分作用，利于蛋白溶解性的提高。而均质时间过长，溶液温度明显升高，蛋白质出现过度热变性，使其溶解性降低。因此，确定高压均质处理增溶改性单因素最佳均质时间为 2 min。

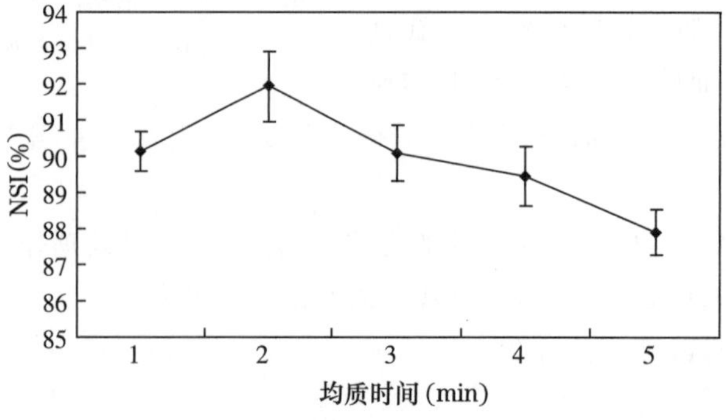

图 2-4-31　均质时间对高压均质增溶改性花生浓缩蛋白氮溶指数的影响

简单正交实验

根据单因素实验结果，选定了高压均质增溶处理简单正交实验的三因素为均质压力(*A*)、料液比(*B*)和均质时间(*C*)。结果如表 2-4-8 和图 2-4-32 所示。使用 Duncan 新复极差法对正交实验结果进行分析，如表 2-4-9 所示。

F 值越大或 *p* 值越小，则说明相应变量的显著性越高。可以看到，首先，均质压力在增溶过程中的影响最大，其次是均质时间，再其次为料液比，三者均对氮溶指数有显著影响。分析结果表明，最佳因素水平组合为 $A_2B_2C_2$，即均质压力 50 Mpa，料液比 1∶13，均质时间 2 min 时，增溶改性效果最好。在此工艺参数下进行验证实验，高压均质处理增溶改性花生浓缩蛋白的氮溶指数达到96.57%±0.40%，与限制性酶解增溶改性花生浓缩蛋白的氮溶指数 86.34%相比有了显著提高。

表 2-4-8　高压均质增溶改性花生浓缩蛋白正交实验设计与测定结果

序号	因　素			NSI 测定值(%)		
	均质压力(A)	料液比(B)	均质时间(C)	Ⅰ	Ⅱ	平均值
1	40	1∶12	1	93.054 0	93.720 0	93.387 0
2	40	1∶13	2	95.344 1	95.629 9	95.487 0
3	40	1∶14	3	94.376 0	93.658 0	94.017 0
4	50	1∶12	2	96.025 5	95.603 7	95.814 6
5	50	1∶13	3	96.168 8	96.703 6	96.436 2
6	50	1∶14	1	94.759 2	95.366 4	95.062 8
7	60	1∶12	3	94.527 7	94.161 5	94.344 6
8	60	1∶13	1	95.201 7	94.949 1	95.075 4
9	60	1∶14	2	95.391 2	96.036 4	95.713 8
K_1	211.400 6	213.387 9	210.850 3			
K_2	216.111 7	213.63 27	214.484 9			
K_3	212.070 2	212.562 0	214.474			
R	1.570 4	0.356 9	1.211 5			

表 2-4-9　高压均质增溶改性花生浓缩蛋白正交实验结果方差分析

方差来源	平方和	自由度	均方	*F* 值	*p* 值
均质压力	3.260 1	2	1.630 1	36.223 8	*0.026 9
料液比	2.037 5	2	1.018 7	22.638 6	*0.042 3
均质时间	2.079 9	2	1.039 9	23.109 8	*0.041 5
误差	0.090 0	2	0.045 0		
总和	7.467 4				

综上所述，以醇提得到的花生浓缩蛋白为原料，首先考察了不同物理前处理方法对酶解效果的影响，并筛选出了适合于花生浓缩蛋白限制性酶解增溶使用的蛋白酶，其后

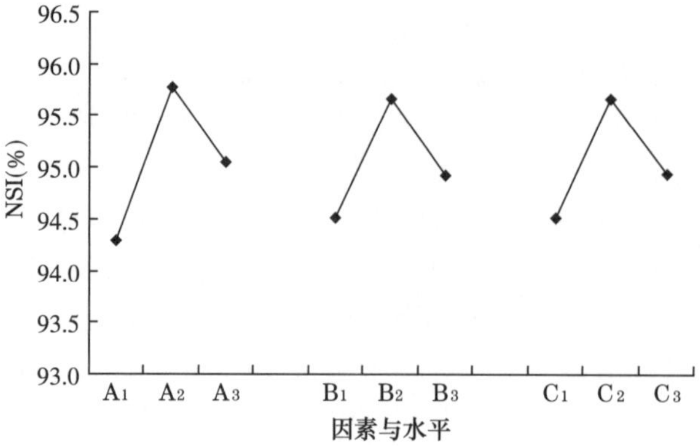

图 2-4-32 各因素对高压均质增溶改性花生浓缩蛋白氮溶指数的影响

又使用响应面方法对其酶解工艺加以优化，最后考察了不同的酶解后处理方法，并对高压均质的后处理工艺进行了优化。

对限制性酶解前处理方法的比较表明，最适宜在限制性酶解增溶改性之前进行的物理处理是超声波处理，在本实验中，为了模拟实际工业生产，使用了高速搅拌与超声波处理复合的酶解前处理方法。增溶用酶的筛选综合考虑了增溶改性效果和感官评定结果，选定了木瓜蛋白酶(papain)。对酶解工艺使用了 Statistica 6.0 软件进行了分析，并通过 Student t 检验和对 p 值的计算加以分析，结果表明，在加酶量(x_1)、酶解时间(x_2)和酶解温度(x_3)三因素中，影响产物氮溶指数的最主要因素是加酶量，其次是酶解时间。限制性酶解增溶的最优工艺确定为：加酶量(E∶S)0.2913%，酶解时间 18.95 min，酶解温度 46.70℃。通过对增溶效果和安全性的综合考虑，酶解后处理方法被确定为高压均质处理。正交实验结果使用了 DPS 7.05 软件进行分析计算，结果表明，影响高压均质增溶效果的因素按主次排列为：均质压力＞均质时间＞料液比。高压均质的最优工艺参数确定为：均质压力 50 MPa，料液比 1∶13，均质时间 2 min。

使用复合物理酶解前处理、限制性酶解和高压均质酶解后处理的全套工艺对花生浓缩蛋白的进行增溶改性，在各工艺参数均处于最优条件下，产物的氮溶指数平均值被提高到96.57%，具备替代现有高溶解性大豆蛋白产品的性能。

4.3.3 凝胶型花生浓缩蛋白的制备

4.3.3.1 TG-B 酶改性花生浓缩蛋白的单因素实验结果

(1)底物浓度的确定。在底物浓度 5%～25%范围内，花生蛋白—TG-B 酶体系存在明显的底物抑制现象，即随着底物浓度的增加凝胶强度升高到一定值后呈下降趋势(图 2-4-33)。当底物浓度为 20%时，凝胶强度为 9.87 g，比底物浓度 15%时的 10.28 g 低 0.41 g，比底物浓度 25%时的 9.36 g 高 0.51 g，可见底物浓度从 20%增加至 25%时，凝胶强度下降幅度较大。从理论上来说体系底物浓度过大会造成体系中的有效水分的浓度过低，因此就降低了底物和酶的扩散和运动，从而对交联产生抑制作用；当底物浓度过低时，会降低酶和作用底物的碰撞概率，使交联反应受到抑制。从试验结果看 5%的底物浓度已降低酶与底物的碰撞概率，而 20%～25%的底物浓度降低了底物与酶体系的扩散和运动。在实际生产中蛋白浓度过低或过高都会增加能耗、降低设备利用率，因而底物浓度过低或过高没有实际意义，因此本试验未将底物浓度进一步降低或升高。因此最终试验选择底物浓度 15%作为最佳底物浓度。

(2)酶用量的确定。试验以加酶量1 U/g为基础进一步提高酶的用量，来研究酶用量对蛋白凝胶强度的影响。结果表明(图 2-4-34)，酶用量在 1～3 U/g 浓度范围内，蛋白-酶体系中的凝胶强度随酶用量升高迅速上升，当酶用量达到 3 U/g 时凝胶强度达到 10.35 g，比 1 U/g 和 2 U/g 时分别提高了 7.79 g 和 1.94 g。当酶用量在 3～5 U/g 浓度范围内凝胶强度基本不再变化。在酶交联进行的初期，小分子蛋白迅速减少，大分子蛋白迅速增加，同时已交联的蛋白分子也会作为酶的底物被进一步交联为分子质量更大的分子，两者在交联过程中存在与酶的竞争结合。随着酶用量的增大，体系反应的初速度不断增大，这使得大部分小分子蛋白在较短时间内被交联成为更大的分子，当小分子蛋白减少到一定程度时，无论体系中酶浓度高低，其与小分子蛋白的作用几率都会大大降低，此时酶主要的底物是大分子交联蛋白。因此当加酶用量达到 3 U/g 蛋白质时，再进一步增加酶用量对提高蛋白的胶凝已没有明显效果由此可见，当酶用量达到3 U/g 蛋白质时，体系蛋白交联程度已基本不变，此时凝胶强度随着酶用量的进一步增大增幅也已经很小，因此确定初选酶用量为 3 U/g 蛋白质。

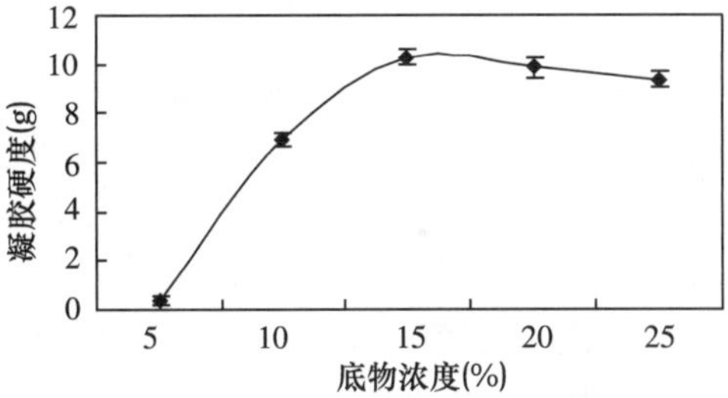

图 2-4-33 底物浓度对凝胶强度的影响

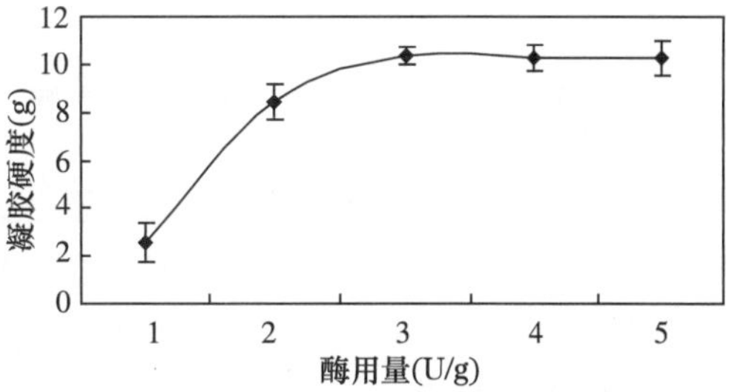

图 2-4-34 酶用量对凝胶强度的影响

(3)反应温度的确定。酶作用温度的高低与酶分子稳定性密切相关，这是因为酶分子具有特定的空间结构，若反应温度超过某一限度，极易引起次级键解离，而致使酶丧失或部分丧失催化活性；但是若反应温度过低，则会大大降低体系内分子运动激烈程度，从而降低酶与底物的碰撞几率。本试验分析了从 20～60℃这个温度范围内蛋白凝胶强度的变化。结果如图 2-4-35 所示，当温度由 20℃升至 40℃过程中体系的凝胶强度逐渐上升，在 40℃时体系凝胶强度达到最大值，为 10.56 g，超过 40℃后体系凝胶强度开始呈下降趋势。因此 TG-B 的初选作用温度

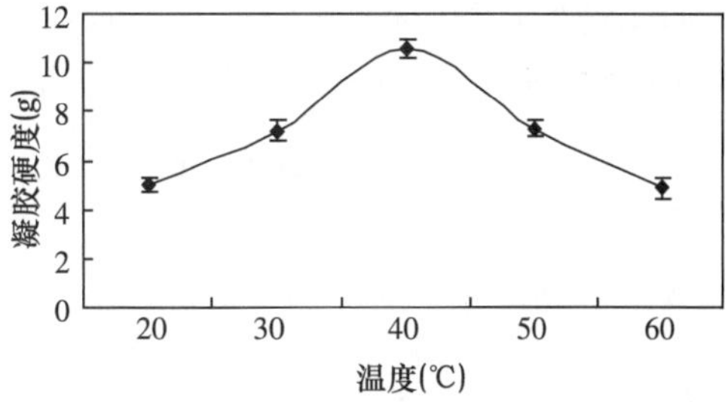

图 2-4-35 反应温度对凝胶强度的影响

在 40℃左右。

(4)反应时间的确定。对 30～150 min 范围内的不同酶作用时间对体系凝胶强度的变化趋势进行分析(图 2-4-36)。可知,在酶作用的前 120 min,凝胶强度一直呈上升趋势,水解120 min时,其值达到 9.89 g。当交联至 150 min 时,凝胶强度虽然继续上升,但幅度仅为3.24%。因此,当作用时间为 120 min 时,体系的蛋白凝胶强度已接近最大值,随着作用时间的延长增幅也已经很小,因此确定初选作用时间在 120 min 左右。

(5)pH 值的确定。pH 对酶促反应的影响,主要体现在对酶活力的影响。试验分析了 pH 值4～8范围内体系蛋白凝胶强度的变化。结果如图 3-4-52 所示,随着 pH 值的升高,蛋白凝胶强度迅速增大,当体系 pH 达到 7.0 时,凝胶强度值达到 9.26 g,当体系 pH 8.0 时,凝胶强度值相比于 pH 7.0 时呈现下降趋势,下降幅度为 9.98%,因此,选择 pH 7.0 作为 TG-B 酶的初选 pH。

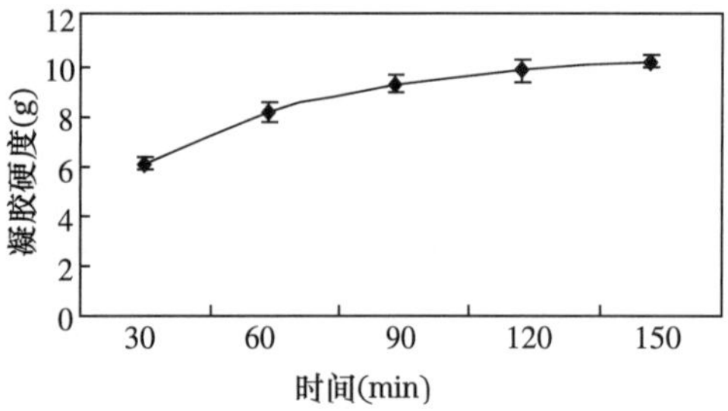

图 2-4-36　反应时间对凝胶强度的影响

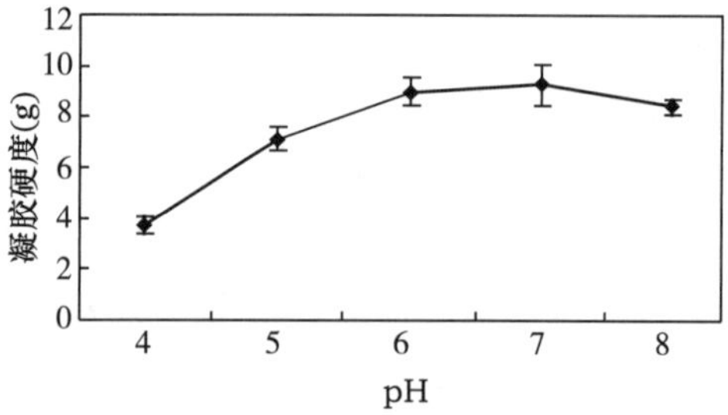

图 2-4-37　pH 对凝胶强度的影响

4.3.3.2　TG-B 酶改性花生浓缩蛋白的正交实验

由表 2-4-10 正交试验凝胶强度极差分析结果可知,各因素对凝胶强度的影响为:B>A>C>E>D。因素 A 中,以水平 3 均值最高;因素 B 中,以水平 3 值最高;因素 C 中,以水平 2 值最高;因素 D 中,以水平 4 均值最高;因素 E 中,以水平 3 均值最高。因此,对于酶作用改性花生蛋白的最佳工艺组合为 A3B3C2D4E3,即酶用量 3.0 U/g 底物,底物浓度 15%,反应温度40℃,反应时间 140 min,pH 值 7,此时的产品的凝胶硬度为 11.85 g。但又由于反应时间在整个工艺中的影响最小,且根据单因素结果的方差分析可知,反应时间超过 60 min 后,其凝胶强度的变化已无显著差异,所以结合生产实际,确定反应时间在 60 min。

表 2-4-10　正交试验的因素水平设计 $L_{16}(4^5)$

水平	因素				
	酶用量(U/g 底物) A	底物浓度(%) B	反应温度(℃) C	反应时间(min) D	pH 值 E
1	2.0	10	35	80	6.0
2	2.5	12	40	100	7.5
3	3.0	15	45	120	7.0
4	3.5	18	50	140	7.5

另外，对最优化条件下制备出的高凝胶型花生浓缩蛋白产品进行功能性测定，结果见表 2-4-11。

表 2-4-11　正交试验结果分析

处理号	酶用量(U/g 底物) A	底物浓度(%) B	反应温度(℃) C	反应时间(min) D	pH 值 E	凝胶强度 (g)
1	1	1	1	1	1	0.563
2	1	2	2	2	2	8.989
3	1	3	3	3	3	11.658
4	1	4	4	4	4	10.638
5	2	1	2	3	4	0.684
6	2	2	1	4	3	9.564
7	2	3	4	1	2	7.365
8	2	4	3	2	1	10.564
9	3	1	3	4	2	1.321
10	3	2	4	3	1	6.541
11	3	3	1	2	4	11.412
12	3	4	2	1	3	11.674
13	4	1	4	2	3	1.562
14	4	2	3	1	4	10.514
15	4	3	2	4	1	11.847
16	4	4	1	3	2	11.548
极大值	8.514 3	11.106	8.867 7	8.342 5	8.615	
极小值	7.044 3	1.032 5	6.526 5	7.529	7.306	
极差 R	1.987 8	10.073 5	1.823 5	0.813 5	1.309	
调整 R'	1.641 2	9.066 2	1.789	0.732 2	1.178	
平方和	6.796 9	262.306 1	10.243 1	1.890 1	5.22	
自由度	3	3	3	3	3	
均方	2.265 6	87.435 4	3.414 4	0.630 1	1.74	
总和	286.456 5					

由表 2-4-12 可知，高凝胶型花生浓缩蛋白的功能性质与凝胶型大豆浓缩蛋白相比，凝胶硬度优于大豆的为 11.85 g±0.56 g；吸水性和吸油性均相似，分别为 176.43%±0.32% 和 205.12%±0.43%，而与凝胶型大豆分离蛋白相比，吸水性和吸油性稍差一些，这可能与产品的蛋白含量有关。鉴于目前国内外尚无凝胶型蛋白产品功能性的标准，因此以企业常用标准为依据，即凝胶型大豆浓缩蛋白的凝胶硬度为≥10g，持水性≥150%，持油性≥200%，来衡量本研究产品的凝胶性质，可知本产品的品质已超过了市售大豆同类产品的品质。

表 2-4-12 功能性评价结果

样　品	凝胶型花生浓缩蛋白	凝胶型 * 大豆浓缩蛋白	凝胶型 * 大豆分离蛋白
氮溶指数(%)	39.13±1.13	25.64±1.02	90.23±2.51
吸水性(%)	176.43±1.33	159.23±2.01	203.45±1.28
吸油性(%)	205.12±1.43	193.62±1.95	216.12±1.32
乳化性(%)	56.73±1.74	61.89±1.63	62.16±1.03
乳化稳定性(%)	90.54±1.22	80.45±1.12	90.13±1.54
起泡性(%)	40.00±2.05	42.13±1.18	41.55±1.76
泡沫稳定性(%)	11.80±0.82	10.56±1.34	10.84±0.59
凝胶硬度(g)	11.85±0.56	10.56±1.23	19.55±0.85

注:凝胶型大豆浓缩蛋白由黑龙江双河松嫩大豆生物工程公司提供,凝胶型大豆分离蛋白由杜邦公司提供,实验数据为本实验室测得

从扫描电镜图片可以清晰地看出(图 2-4-38),天然的花生浓缩蛋白多为橄榄状,边缘比较光滑,结构很紧凑。经酶作用后的花生浓缩蛋白彼此之间连接成一个大的整体,成蜂窝状,外部呈不规则状,内部出现很多空洞。证明经 TG-B 改性后蛋白质之间进行了交联,且效果很好。通过比较同一改性条件下,不同酶用量对改性蛋白产品质构的扫描电镜图片可以看出,酶用量为 2-3 U/g · pro 时(图 2-4-37(d)和图 2-4-37(e),凝胶蛋白产品的切面形成了清晰的网状结构,且结构紧凑,尤其以酶用量 3 U/g · pro 时切面交联最

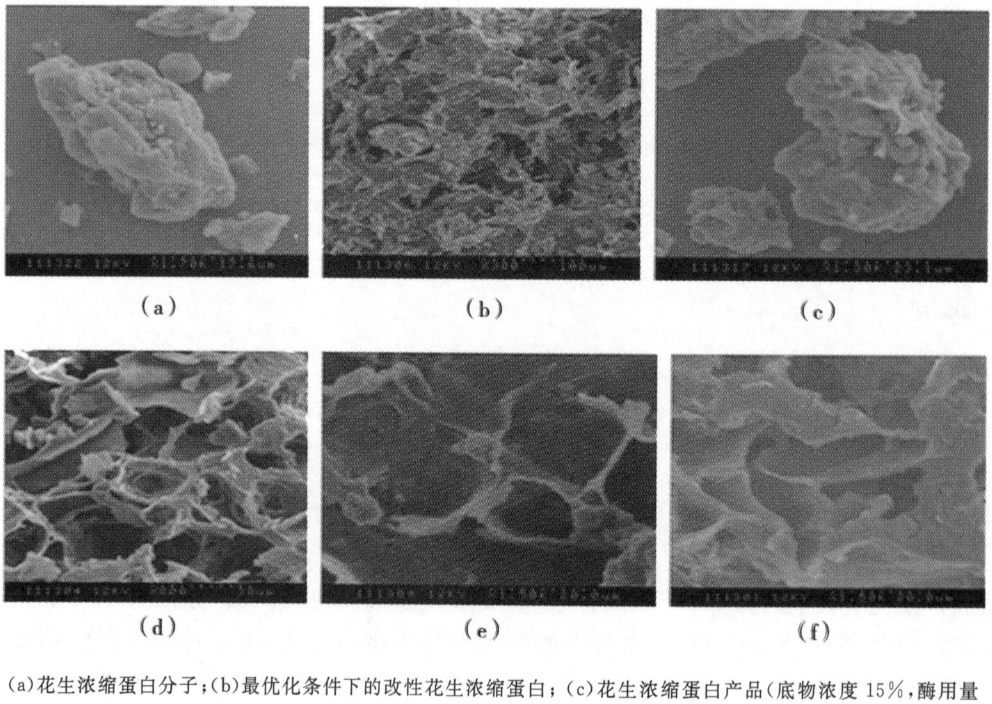

(a)花生浓缩蛋白分子;(b)最优化条件下的改性花生浓缩蛋白;(c)花生浓缩蛋白产品(底物浓度 15%,酶用量为1 U/g 蛋白);(d)花生浓缩蛋白产品(底物浓度 15%,酶用量为 1 U/g 蛋白);(e)花生浓缩蛋白产品(底物浓度 15%,酶用量为 2 U/g 蛋白);(f)花生浓缩蛋白产品(底物浓度 15%,酶用量为 3 U/g 蛋白)

图 2-4-38 花生浓缩蛋白扫描电镜图片

好。当酶用量为 1 U/g·pro 时，产品切面呈蜂窝状，但没有形成清晰的网状结构，而酶用量为 4 U/g·pro 时，产品切面网状结构虽然清晰，但交联面很薄脆，这种现象从侧面也证明了单因素实验中关于增加酶用量会形成底物——酶体系的抑制效应的推测。

4.4 花生分离蛋白生产工艺

花生分离蛋白是从低温粕中去除所含的非蛋白质成分后，所得到的一种高蛋白纯度的粉状花生制品。与花生浓缩蛋白相比，花生分离蛋白中去除了可溶性糖类和不溶性聚糖，因而其具有更高的蛋白质含量，含量在 90%以上(以干基计)。花生分离蛋白的制取工艺有多种，如碱溶酸沉法、膜分离法等。目前，国内外生产花生分离蛋白仍以碱溶酸沉法为主，按流程的自动化程度不同，分为连续式、半连续式和间歇式三种工艺。间歇式工艺具有可操作性好，建厂成本低等优点，常被我国大多中小规模蛋白生产企业采用，而半连续和连续式工艺在建厂前期投入较高，适用于大规模生产线采用。以下将重点阐述采用碱溶酸沉法生产花生分离蛋白的具体工艺。

4.4.1 工艺原理

花生分离蛋白生产的主要原理是依据蛋白质在强酸及中性碱条件下具有较好的溶解性，能较充分地从脱脂花生粉中溶出，与其他非溶性成分分离，而当 pH 值在 4.5 左右，即花生蛋白等电点附近时，其溶解性小，能使滤液中的蛋白质较顺利而完全的沉淀析出，进而完成花生蛋白的提取与分离。

低温脱脂花生粉用稀碱液浸提后，经过滤或离心分离所去除花生脱脂粉中的不溶性物质主要是多糖或残留蛋白。当用酸把过滤或离心上清液 pH 调至等电点时，蛋白质凝集沉淀下来，经分离可得蛋白沉淀物，再经干燥即得花生分离蛋白(迟玉杰等，2008)。

由于强酸强碱会导致花生蛋白质过度变性，通常提取液 pH 值在 7～9 时即可达到较理想的蛋白提取效果，因此，目前常采用 pH 值为 7～8 的 NaOH 溶液提取花生蛋白并采用盐酸将 pH 值调整至 4.5 左右对滤液中的蛋白质进行沉淀浓缩。

4.4.2 原辅料要求

花生脱脂粉质量的优劣决定了所获得的花生分离蛋白是否具有较高的质量和得率。生产花生分离蛋白所采用的脱脂粉粕应无霉变，花生红衣量低，含杂量少，蛋白质含量及其氮溶解指数(NSI)应较高。具体应符合如下要求：

外观呈乳白色、粉状，具有花生粕固有的气味，无霉变和杂质；蛋白质(干基)含量≥50%，脂肪含量≤1%，水分含量≤8%，粗纤维≤4%，NSI ＞ 70%；卫生指标要符合标准。

4.4.3 工艺流程

采用碱溶酸沉法生产花生分离蛋白的工艺可以参考大豆分离蛋白的相关工艺流程(迟玉杰等，2008)，而每个工艺环节采用的具体工艺参数，相比大豆分离蛋白会有所不同，具体工艺流程如图 2-4-39 所示：

4.4.3.1 粉碎与浸提

花生分离蛋白生产中的粉碎，常采用干法粉碎，即在花生粕粉入水前将其粉碎到 40～60 目，然后与水混合进行浸提。除此之外也可采用二次湿磨技术，其对提高蛋白质

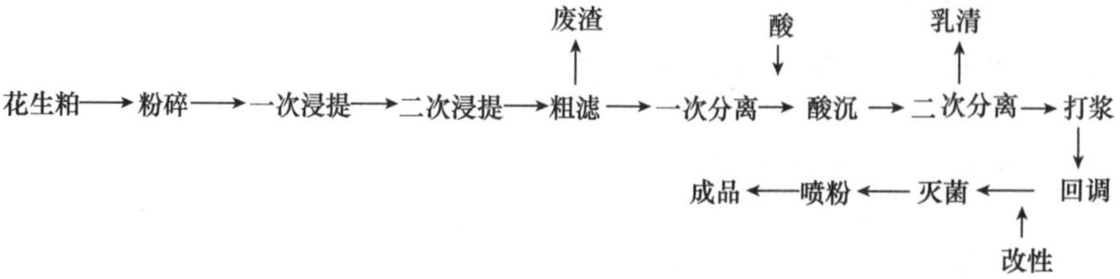

图 2-4-39　花生分离蛋白生产工艺流程图

的溶出率和浸提效率有显著效果。二次湿磨技术即花生脱脂粉入水浸提一段时间后，再用胶体磨二次研磨和浸提。

李明姝等(2004)在确定了碱液提取最佳条件下，比较了经过胶体磨匀浆提取一次和第二次的蛋白提取率。由下表可以看出，第二次浸提物中蛋白得率远小于第一次，两次浸提后花生脱脂粉中大部分蛋白可被提取出来(表 2-4-13)。

表 2-4-13　浸提次数对碱液提取效果的影响

浸提次数	固形物含量(g/mL)	蛋白质浓度(μg/mL)	蛋白质含量(%)	浸提物得率(%)
第一次	0.061	420.2	69.16	73.48
第二次	0.006	38.2	67.49	25.32

在浸提工序中，影响蛋白质溶出率和浸提效率的因素，除原料的粒度和研磨方法外，还有 pH 值、加水量、浸提温度和浸提时间等。

提取液的用量越大，花生蛋白的溶出和浸提效率越高，但提取液用量过高，不但酸沉困难，而且会增加生产成本，此外工业废水的处理和排放压力也会随之增加。一般分离蛋白生产中的加水量为原料的 8～20 倍(如图 2-4-40)。

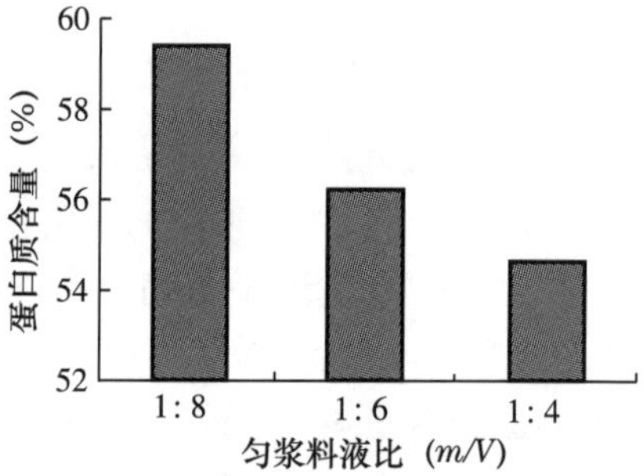

图 2-4-40　料液比对匀浆液蛋白质含量的影响

浸提温度对花生分离蛋白的提取率有较大影响。由图 2-4-41 可知，提取温度升高，蛋白质提取率会逐渐增大，但当温度高于 60℃时，蛋白质提取率会因为蛋白质的变性而开始下降。花生伴球蛋白的变性起始温度即在 65～70℃。因此，浸提温度过高，会降低蛋白的溶出得率并降低溶解性及其他功能特性，同时高温浸提耗能较多，一般蛋白的浸提温度宜控制在 30～60℃。

浸提时间会影响蛋白质的溶出得率，在一定条件下，浸提时间增加，蛋白质溶出得率随之升高，但当达到一定时间后，蛋白质的溶出得率会趋于恒定。综合考虑生产的各项指标，通常浸提时间不超过 120 min(图 2-4-42)。

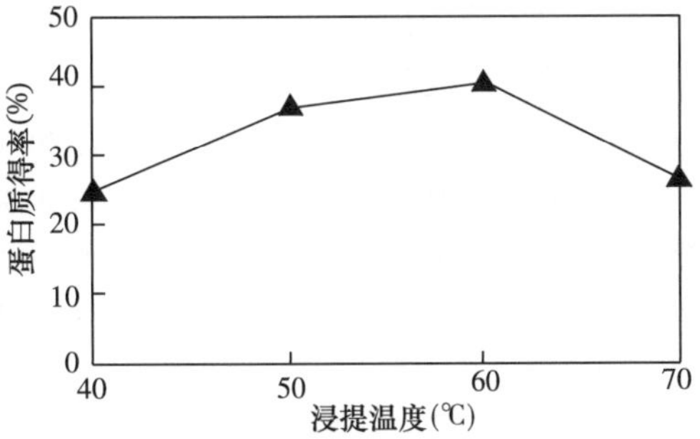

图 2-4-41 浸提温度对花生分离蛋白得率的影响

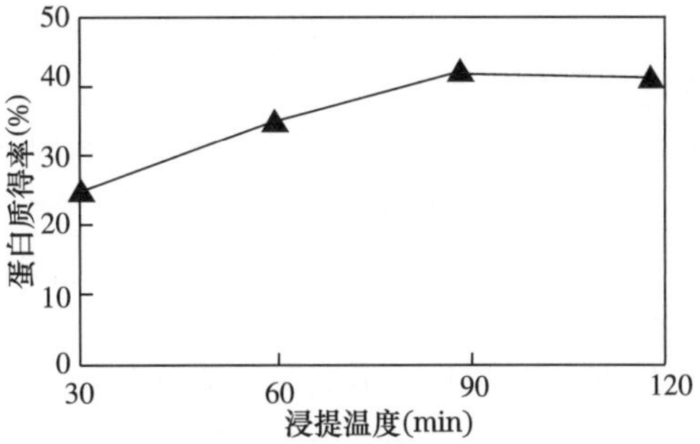

图 2-4-42 浸提时间对花生蛋白得率的影响

前面已经讨论过了 pH 值对蛋白质溶解性的影响。在 pH>7 的情况下，花生蛋白的溶出率是随 pH 增高而增加的，但花生蛋白长时间在强碱性条件下作用，会引起"胱赖反应"，使有用的氨基酸转变成有毒的化合物，而且影响产品风味，丧失食用价值，因此浸提时 pH 值不宜太高，一般控制在 7.0～8.5。

分离蛋白生产中的一次浸提、二次浸提操作过程参考大豆分离蛋白的提取，大致如下：脱脂花生粉投入浸提罐中，注入脱脂粉质量 8～16 倍的水，用 NaOH 溶液将浸提液 pH 值调至 8.0 左右，以 30～35 r/min 的速度不断搅拌，将提取液通过滤筒放出，剩余残渣进行二次浸提(董怀海，2001)。将一次浸提的残渣按原料重的 4～10 倍加入水，并用 NaOH 溶液将 pH 调至 8.0 左右。在同一次浸提条件同样的情况下，继续浸提 60～90 min。

4.4.3.2 粗滤与一次分离

粗滤与一次分离目的是将不溶性残渣去除，当二次浸提液经滤筒放出即完成了粗滤。合并两次浸提液，再经离心分离除去浸提液中残留的细残渣。粗滤时选用的筛网一般在 60～80 目，而离心机的筛网一般在 100～140 目。

4.4.3.3 酸沉

将浸提液泵入酸沉罐中后，在不断搅拌的状态下，缓慢加入 10%～35%的食用盐酸溶液，并调整溶液的 pH 至 4.4～4.6，使花生蛋白在此条件下开始沉淀。加酸时要不断监测 pH，当浸提液的 pH 达到等电点时，应立即停止搅拌静止 20～30 min，使蛋白质形成颗粒并沉淀下来。

表 2-4-14 pH 对花生分离蛋白酸沉效果的影响

pH	蛋白质浓度(μg/mL)	蛋白质纯度*(%)	分离物得率**(%)
4.4	340.2	75.90	95.10
4.5	398.2	88.16	86.98
4.6	436.2	84.53	87.83

注：* 蛋白质纯度(%)＝蛋白质量(g)/分离物质量(g)×100% ** 分离物得率(%)＝分离物质量(g)/碱浸提液可溶固形物质量(g)×100%

酸沉时的 pH 值对花生分离蛋白的得率和蛋白纯度有一定的影响，如表 2-4-14 所示。此外酸沉工序的操作中，要求蛋白形成颗粒并产生沉淀的速度越快越好，其中加酸速度和搅拌速度是关键影响因素。控制不好易导致：虽然浸提液的 pH 值已达到等电点，但花生蛋白的凝集下沉速度缓慢，形成的颗粒的含水量高和上清液混浊等现象，结果不但会使蛋白质的酸沉得率降低，而且对后续操作工序不利。酸沉时的搅拌速度一般控制在 30～40 r/min 比较适宜。若因操作不慎出现上述现象，可将浸提液的 pH 值继续下调至等电点以下并保持搅拌状态，待花生蛋白完全溶解，再用浓碱液将 pH 快速调至等电点附近，使蛋白质迅速形成凝集颗粒下沉。

4.4.3.4 二次分离与洗涤

二次分离是将酸沉下来的沉淀物离心脱水，弃去清液的步骤。经酸沉和离心后得到的蛋白质凝乳中，会遗留大量的氢离子，可用 50～60℃ 的温水冲洗两次除掉，经水洗后的蛋白质溶液 pH 会升至 6 左右。此外，在酸沉后也可采用含水乙醇进行冲洗，这样做的优点是可避免蛋白质流失，但缺点是会导致蛋白质发生一定程度的变性，影响最终产品质量。

4.4.3.5 打浆、回调及改性

二次分离后由离心机排出的蛋白质沉淀物团块较多并呈凝乳状，在进行喷雾干燥之前，需加适量的水并搅打(或研磨)使其成为均匀的浆液。为提高凝乳蛋白的分散性和最终产品的实用性，可采用 5%的 NaOH 溶液，进行中和使 pH 回调至 6.5～7.0，回调时的搅拌速度为85 r/min。为了改善花生蛋白的功能特性适应不同食品体系的添加需求，可在打浆、回调时或回调后进行一定的改性处理，如物理、化学或者酶解处理，以使花生蛋白的一种或几种功能特性有目的得到调整或者强化。

4.4.3.6 灭菌与干燥

经打浆、回调及改性的浆状花生分离蛋白，需经 140℃、15 s 的灭菌处理后方可进行干燥。喷雾干燥法是对分离蛋白干燥制粉中最常采用的方法。喷雾干燥时的浆料浓度是对干燥效果最重要的影响因素之一，若进入喷雾干燥塔的浆料浓度高、黏度大，则易阻塞喷嘴，影响雾化效果，喷塔工作不稳定；而浓度低，产品颗粒小，质量体积大，则不利应用和运输，一般较合理的浓度范围应控制在 12%～20%，且要视其黏度而定，制取花生分离蛋白宜选用压力喷雾，这样可以提高浆料浓度和产品质量。喷粉时的进风温度以 150～170℃为宜，塔体温度 95～100℃，排潮温度 85～90℃。

碱溶酸沉法是花生分离蛋白工业化生产中最常用的方法，该法虽简单易行，却存在着许多缺点和不足。如可溶性成分除去不彻底，酸碱消耗较多，蛋白质得率低，用水量大导致生产成本高、废水处理压力增加等。

4.5 花生蛋白主要组分的制备技术

4.5.1 花生冷沉蛋白提取方法

花生蛋白中的花生球蛋白具有冷沉特性，冷沉蛋白具有热力学可逆特性，即蛋白在一定的低温条件下发生聚集沉淀，但当温度升高，从体系中因低温冷沉的蛋白会重新溶解。这一冷沉现象在大豆蛋白中也有发生，许多研究者根据这一特性摸索了大豆球蛋白(11S)与伴球蛋白(7S)的分离提取工艺。然而，对于花生冷沉蛋白来说，有限的研究主要

集中在 20 世纪 70 至 80 年代，以下是 Basha 等(1982)现将花生冷沉蛋白分离纯化后，对其在各种环境条件下的冷沉特性所做得比较深入的研究。

4.5.1.1　花生冷沉蛋白的组成与分子质量

花生冷沉蛋白由冷沉蛋白Ⅰ和冷沉蛋白Ⅱ组成，并且不同的花生品种，其冷沉蛋白的分子质量分布也略有不同(图 2-4-42)。冷沉蛋白Ⅰ与冷沉蛋白Ⅱ的分子质量分别为 380 000 u 和 500 000 u(± 20 000 u)。虽然冷沉蛋白Ⅱ与 α-球蛋白具有相似的分子质量，但从两种蛋白组分的电泳图谱中可以发现，它们的亚基组成其实并不完全相同，例如冷沉蛋白Ⅱ至少包含了 3 个主要的亚基组分，而 α-球蛋白仅发现一条亚基条带。

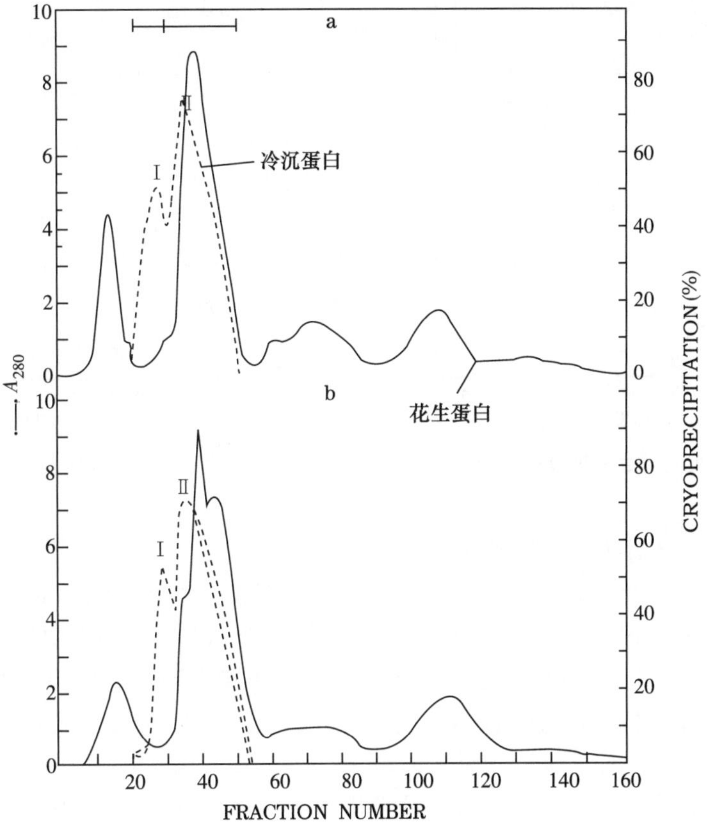

图 2-4-43　花生冷沉蛋白的分子质量分布

4.5.1.2　温度对花生冷沉蛋白的影响

分离提纯后的花生冷沉蛋白Ⅰ和冷沉蛋白Ⅱ在 2～40℃下，随温度变化的冷沉特性(图 2-4-44)。冷沉蛋白在 0～5℃下具有最高的冷沉得率，随着温度升高至 15℃，得率迅速降低，当温度升至 20℃时，已无冷沉蛋白从体系中析出。此外，当冷沉蛋白所处的环境温度高至 80℃时，其依然具有冷沉的特性，说明花生冷沉蛋白具有很高的热稳定性。

4.5.1.3　浓度对花生冷沉蛋白的影响

花生冷沉蛋白Ⅰ和冷沉蛋白Ⅱ具有不同的浓度依赖特性(图 2-4-45)。当冷沉蛋白Ⅰ浓度在 0.1 mg/mL 时，会有 50％的冷沉蛋白从体系中分离出来，而对于花生冷沉蛋白Ⅱ来说，蛋白浓度需要达到 1 mg/mL 才能有 50％的蛋白沉淀出来。同样，若获得 80％的得率，冷沉蛋白Ⅰ的浓度需要达到 0.5 mg/mL，而冷沉蛋白Ⅱ则需要达到 5 mg/mL，这表明欲达到同样的冷沉蛋白得率，冷沉蛋白Ⅱ所需要的蛋白浓度要达到冷沉蛋白Ⅰ浓度的 10 倍左右。随着冷沉蛋白浓度的增加，当冷沉蛋白得率超过 80％后，其得率增加的速度逐渐变缓，当蛋白浓度在 40 mg/mL 时，冷沉蛋白的得率可达到92％～98％。

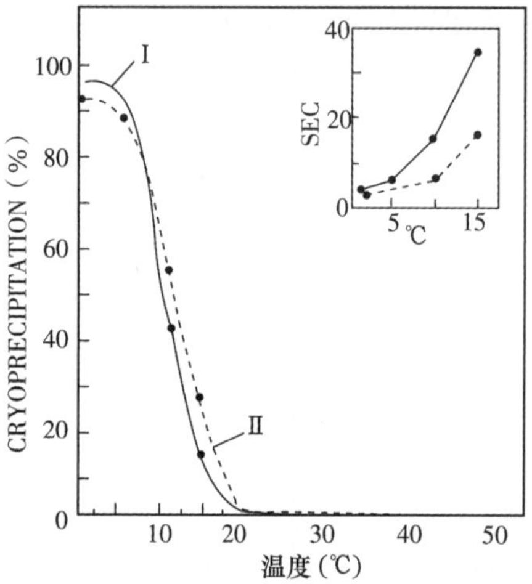

图 2-4-44　温度对花生冷沉蛋白的影响

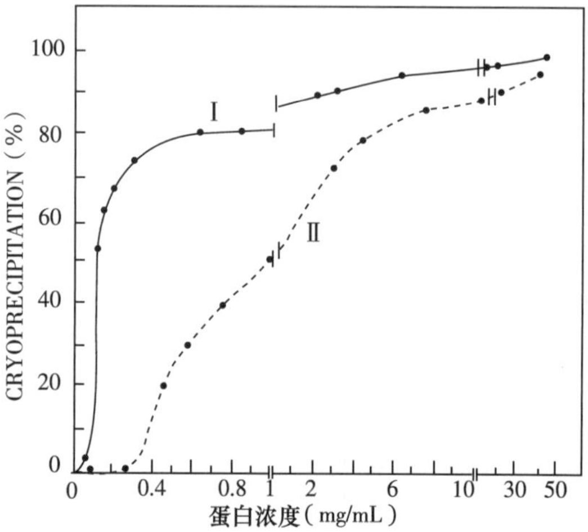

图 2-4-45　浓度对冷沉蛋白得率的影响

4.5.1.4　pH 对花生冷沉蛋白的影响

不同温度下（23℃和 2℃），不同的 pH 值对冷沉蛋白溶液沉淀量的影响如图 2-4-46 所示。当溶液体系 pH 值低于 6.5 时，大多数的花生蛋白都会从体系中析出形成沉淀，因此，为了区别冷沉蛋白与酸沉淀蛋白，将体系在两种温度下测定不同 pH 对蛋白溶解性的影响。在 23℃下，几乎所有的蛋白会在 pH 4～5.5 之间发生沉淀。然而在 2℃下静置的蛋白溶液，显示了两个沉淀峰，分别在 pH4～6.5 之间和 7.5～9.0 之间。表明，后者所获得的蛋白沉淀为冷沉蛋白，而前者的 pH 范围内所获得的蛋白则是在酸性条件下发生沉淀的蛋白。此外，冷沉蛋白Ⅰ和冷沉蛋白Ⅱ的沉淀峰差别较小，在 pH 值 7.5 处，冷沉蛋白Ⅰ具有更高的得率。

4.5.1.5　离子强度对花生冷沉蛋白的影响

两种冷沉蛋白在不同的离子强度下的冷沉特性如图 2-4-47 所示。冷沉蛋白Ⅰ和冷沉蛋白Ⅱ分别在离子强度为 0.4 mol/L 和 0.2 mol/L 的条件下获得最高的得率。而当体系中的离子强度大于 1.5 mol/L 时，没有任何蛋白析出。冷沉蛋白Ⅰ的得率在离子强度低于或高于0.4 mol/L时展示了迅速的降低，而对于冷沉蛋白Ⅱ则在离子强度为 0.2 mol/L 两边显示了逐渐地减少。结果表明，离子强度过高与过低都不利于冷沉蛋白的沉降，可以判断在花生蛋白冷沉期间，体系中的离子对冷沉现象的发生具有一定的协同作用。

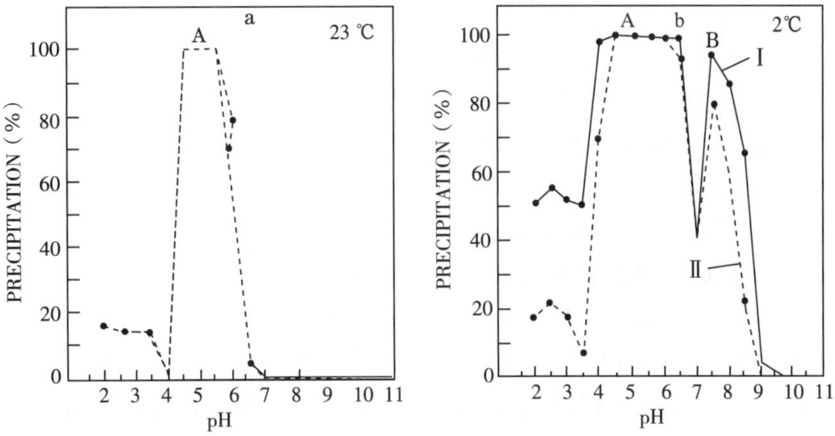

图 2-4-46 pH 对冷沉蛋白的影响

4.5.2 硫酸铵沉淀法

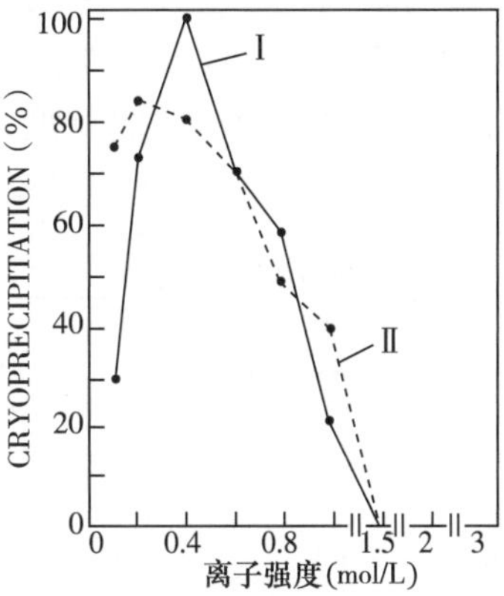

图 2-4-47 离子强度对冷沉蛋白的影响

硫酸铵沉淀法是一种蛋白质分级分离方法，属于溶解度分级法，是一种选择性的沉淀方法。蛋白质在水中的溶解度取决于蛋白质分子上解离基团及其周围水分子的数目和蛋白质的水合程度。因此，控制水合程度也就是控制蛋白质的溶解度，最常用的方法就是加入无机盐，常用无机盐是硫酸铵。因为硫酸铵在水中最稳定且溶解度大，在 25℃能达到 4.1 mol/L(温度不同稍有变化)；它是温和的试剂，提纯时即使硫酸铵的浓度很高，也不会引起蛋白质生物活性的丧失。当溶液中硫酸铵浓度从零增加时，初始阶段蛋白质的溶解度随硫酸铵的增加而增加，这种现象称为“盐溶现象”。但很快盐溶现象消失，当盐浓度继续增加到某一点时，蛋白质溶解度开始降低而不断沉淀析出，这就是“盐析现象”。各种蛋白质的表面极性范围和带电荷数目不同，并且在蛋白质表面的分布也不同，因此产生了盐析顺序上的差异，从而将蛋白质分级分离。

美国学者 Johns 和 Jones 最早在 1916 年就利用硫酸铵分步沉淀法从脱脂花生粉中提取出两种球蛋白，一种命名为花生球蛋白(arachin)，另一种被命名为伴花生球蛋白(conarachin)(Johns ，1917)。

4.5.2.1 花生球蛋白

花生球蛋白可从饱和度为 0～40％的硫酸铵溶液中析出，从而实现花生球蛋白组分的分离提取。根据采用的缓冲溶液及其饱和度不同，又可把硫酸铵沉淀法分为以下几种：

(1)Tombs 法(1965)：脱脂花生粉以 10％ (m/V)的比例添加到 10％ NaCl (m/V)，在(25 ±2)℃下，搅拌 4～6 h。提取液在(25±2)℃下以 4 300×g 离心 45 min。花生球蛋白通过添加固体硫酸铵至最终饱和度 40％ (m/V)沉淀下来，(25±2)℃下，以 6 700 ×

g 离心30 min。沉淀复溶在 10% NaCl 中，重复 3 次，以获得较纯的花生球蛋白。沉淀花生球蛋白复溶在蒸馏水中，反复透析，冷冻干燥，贮藏在 4℃下备用。

(2)Govindaraju 法(2004)：花生脱脂粉按料液比 1:10(*m*/*V*)，溶于含 0.5 mol/L NaCl 的 0.01 mol/L 磷酸盐缓冲液(pH 7.9)中，提取 1 h 后离心，1 0000 r/min，30 min，上清液加入硫酸铵达到 18 g/100 mL 饱和度，混合液在 4℃下保持 3 h 后离心，1 0000 r/min，30 min，沉淀溶于磷酸盐缓冲液，并再次加入硫酸铵达到 18 g/100 mL 饱和度，离心，沉淀溶于最小量的缓冲液，用冷蒸馏水透析后，冻干得花生球蛋白。

(3) Yamada 法(Yamada et al., 1979)：花生脱脂粉溶于含 0.5 mol/L NaCl 的 0.01 mol/L磷酸盐缓冲液(pH 7.9)中，提取 1 h 后离心，上清液加入硫酸铵达到 40%饱和度，混合液在4℃下保持 3 h 后离心，沉淀溶于最小量的缓冲液，用冷蒸馏水透析后，冻干得花生球蛋白。

(4)杨晓泉法(杨晓泉等，2001)：花生脱脂粉加入预冷的 10 mmol/L 的磷酸缓冲液(pH7.9)，含 2 mol/L NaCl，10 mmol/L *β*-巯基乙醇及 1 mmol/L 苯甲基磺酰氟(PMSF)，高速捣碎 20 min，4℃提取 3 h。16 000 r/min 离心 30 min，取上清液在旋涡振动混合仪上加入硫酸铵至 40%饱和度，25℃静置 3 h，1 280 r/min 离心 20 min 收集沉淀，沉淀用双蒸水透析24 h(4℃)，冰冻干燥即为花生球蛋白粗品(图 2-4-47)。

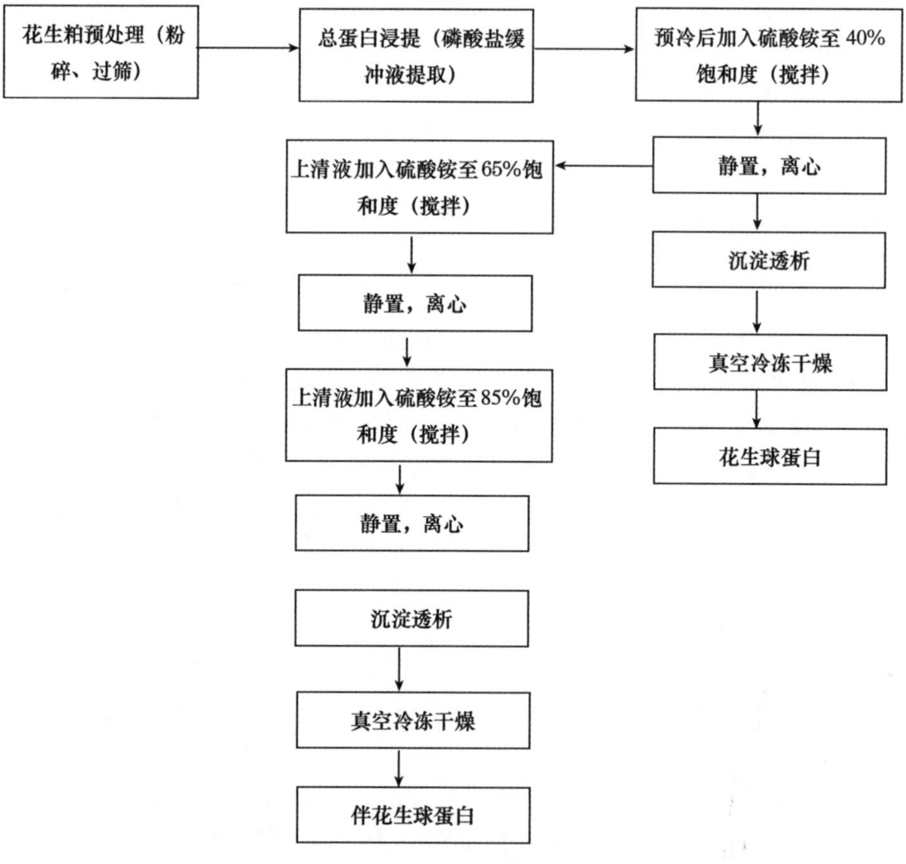

图 2-4-48　花生球蛋白和伴花生球蛋白制备流程图

4.5.2.2 **伴花生球蛋白Ⅰ**

伴花生球蛋白Ⅰ根据其沉降系数，在花生总蛋白中称之为8S组分。由于品种的不同，其占总蛋白的15%～25%，分离伴花生球蛋白Ⅰ的主要方法是硫酸铵沉淀法(Prakash V et al.，1986)。

Johnson等报道了一种方法，包括以下步骤：用0.4饱和度的硫酸铵提取花生蛋白粉；继续添加硫酸铵至0.65饱和度；分离沉淀蛋白；在上清液中添加硫酸铵至0.85饱和度；分离沉淀。通过超速离心分析，该法获得了大部分伴花生球蛋白Ⅱ和很大比例的伴花生球蛋白Ⅰ(2S)。Naismith等采用10% NaCl溶液提取花生蛋白，用0.85饱和度的硫酸铵进行沉淀。沉淀溶于pH 7.0的磷酸盐缓冲液中，调节pH低至4.7(μ=0.025)。上清液在4℃下冷沉淀。他们采用添加明矾再次沉淀，纯化了Johnson方法所得0.65～0.85饱和度硫酸铵沉淀，仍含有伴花生球蛋白Ⅰ(Prakash V et al.，1986)。

黎茵、杨晓泉等将已达40%硫酸铵饱和度并离心除去花生球蛋白的溶液，继续加入固体硫酸铵，使饱和度达65%，静置3 h后离心(10 000×g) 20 min，收集沉淀，透析和冰冻干燥后得到伴花生球蛋白Ⅰ粗制品(黎茵等，1998；杨晓泉等，2001)。

4.5.2.3 **伴花生球蛋白Ⅱ(2S)**

(1)高盐缓冲液提取，硫酸铵分级沉淀法(林鹿等，1994)。花生种子脱种皮，取子叶在液氮中破碎成粉，用正己烷脱脂。脱脂粉风干后加入预冷的10 mmol/L磷酸缓冲液(pH 7.9，含2 mol/L NaCl)；10 mmol/L β-巯基乙醇及1 mmol/L苯甲基磺酰氟。高速捣碎10 min，4℃过夜提取。20 000×g离心30 min (4℃)，上清液用硫酸铵分级沉淀，收集65%～85%(m/ V)硫酸铵沉淀的蛋白组分装入透析袋，用重蒸水透析24 h(4℃)。样品冰冻干燥后即为提取分离的2S蛋白粗品。将粗品按一定比例溶于低盐提取缓冲液，过Sephadex G-100柱(2.6 cm×50 cm)。洗脱液同提取缓冲液。蠕动泵流速25 mL/h，10 min间隔自动收集，监测280 nm吸收，收集所需峰值样品，合并后用重蒸水透析24 h(4℃)。样品冰冻干燥后即为2S蛋白纯品。

(2)低盐缓冲液提取，加热分离法(杨晓泉等，1998)。脱脂粉加入50 mmol/L Tris-HCl缓冲液(pH 8.2，含0.5 mol/L NaCl)；10 mmol /L β-巯基乙醇及1 mmol/L苯甲基磺酰氟。漩涡振动混合10 min，4℃提取过夜。23 000×g离心20 min(4℃)，提取2次，合并上清液，100℃水浴10 min，冰浴15 min冷却，10 000×g离心10 min，上清液用PEG-6000浓缩，样品冰冻干燥即2S蛋白粗品。

总之，花生蛋白不同组分的制备通常采用以下方式：首先将全脂花生粉或者脱脂花生粉用水、缓冲液、碱性pH溶液或者盐溶液溶解；然后将溶解的蛋白质根据其一种或多种理化特性进行分离，通常考虑因素有硫酸铵饱和度、pH溶解特性、色谱分离条件或者温度(加热、冷沉淀)。凝胶电泳技术作为一种手段，可用于鉴定分离的效果和其遗传变异情况，依据各个条带的纯度和离解度，区分出多肽亚基的数目和类型。但是，至于花生蛋白组分用于食品添加剂中，这些差异可能很小，由于采用各种不同方法分离制备的花生球蛋白和伴花生球蛋白，其氨基酸组成都很相似。

因此，研究的重点应该落在制备高纯度的蛋白产品，浓缩蛋白和分离蛋白，同时开发出具有某种单一理化性质、功能特性和营养性质的产品，用于不同的食品中。

4.6 花生蛋白膜制备工艺

近年来，具有生物降解和环保特性的蛋白膜正日益引起人们的重视。花生蛋白分子中存在着大量的氢键、疏水键、二硫键、范德华力、离子键、配位键，可成膜性高（冯治平等，2004）；同时花生蛋白膜可以减少食品内部水分的蒸发，阻止空气中的氧与食品之间发生的氧化作用，防止微生物的滋生，延长食品的贮藏期。与合成包装材料相比，蛋白膜还具有能被生物降解，无任何环境污染的特点，是一种开发前景广阔的绿色包装材料。因此开发花生蛋白膜相关产品的研究，对开发花生蛋白利用的新途径，提高花生产业附加值，提高生产区农民收入，降低环境污染和企业生产的环境成本具有极其重要的意义。

4.6.1 花生蛋白膜的制备原理

天然蛋白质靠分子中的氢键、离子键、疏水相互作用、偶极相互作用和二硫键等来维持其稳定的结构，当蛋白质处在溶液中时，采用不同的处理，使亚基解离、分子变性，内部的疏水基团暴露出来，分子间的相互作用加强，同时分子内的一些二硫键断裂并重新形成二硫键，建立起立体网络结构。在空气—水界面中蛋白质分子中疏水基团伸向空中，其亲水基团则保持在水中，从而在水平面形成定向排列蛋白质层，在合适的条件下就可以得到具有一定机械强度和阻隔性能的蛋白膜。

4.6.2 花生蛋白膜制备工艺流程

蛋白膜的成膜工艺大致如下：配制一定浓度的蛋白溶液→添加一定量各种改性剂→调节 pH 值→恒温水浴振荡一定时间→真空脱气→涂布并在一定条件下干燥→揭膜在一定条件下贮藏（图 2-4-49）。因此影响蛋白膜性能的因素就包括 pH 值、温度以及一些改性剂和改性处理方式。蛋白膜的改性方法主要包括 3 种：物理方法、化学方法和酶法。物理方法包括微波、超声波、紫外辐照、超高压等；化学方法包括增塑剂、还原剂、交联剂、表面活性剂等；酶法主要是 TG 酶、过氧化氢酶等。改性研究主要其中在对蛋白膜机械性能、水蒸气透过率的改善上，是蛋白膜改性研究的主要指标。其他指标的选取，每个研究都有一定的侧重点，因此大有不同。由于花生蛋白膜的亲水性以及易受环境温度和湿度影响等缺点，花生蛋白膜目前还未真正得到应用，其制备工艺还停留在实验室水平，刘媛媛等（2010）在前人研究的基础上通过响应面方法优化了花生蛋白成膜工艺；并通过物理-化学与物理-酶法复合改性工艺研究，确定了紫外辐照-TGase 复合改性作为提高花生蛋白膜 TS 的最优改性工艺。

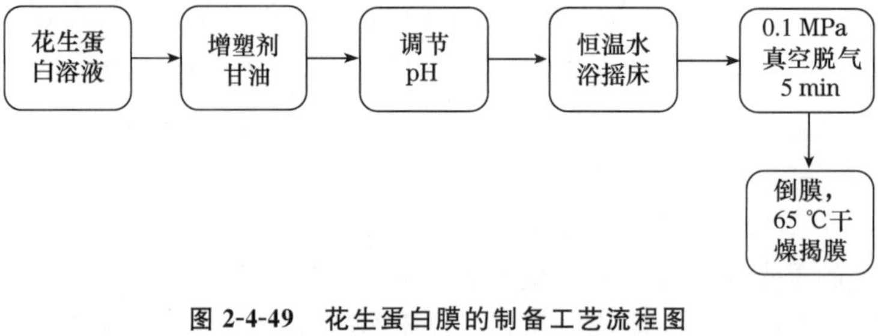

图 2-4-49 花生蛋白膜的制备工艺流程图

4.6.2.1 花生蛋白膜制备工艺

配制 2%、4%、6%、8%、10%（w/w）的花生蛋白溶液，加入 20%、25%、30%、35%、40%（g/g 蛋白）增塑剂（甘油、PEG、山梨醇），调节 pH 值为 7、8、9、10、11，在 50℃、60℃、70℃、80℃、90℃下恒温振荡 0 min、10 min、20 min、30 min、40 min，在 0.1 MPa 下真空脱气 5 min，涂布于塑料圆盘中并于 65℃干燥箱中干燥（冯治平等，2007），揭膜后在 50% RH 下平衡 2 天测定花生蛋白膜的 TS、E、透光率、白度和 WVP（Bamdad et al.，2006）。

通过单因素试验，确定了花生蛋白膜的制备工艺条件，以 TS 为指标，选定花生蛋白浓度、甘油添加量、pH 值和加热温度四个因素进行响应面优化试验，将加热时间定为 20 min。p_1 选定为 6%、q_1 选定为 2，p_2 选定为 25%、q_2 选定为 5%，p_3 选定为 9、q_3 选定为 1，p_4 选定为70℃、q_4 选定为 10℃（表 2-4-15）。

表 2-4-15 TS 响应面优化试验设计及试验测定值

序号	自变量水平编码值（实际值）				实验值	
	x_1(%)	x_2(%)	x_3(pH)	x_4(℃)	TS/MPa	E(%)
1	1(8)	1(30)	1(10)	1(80)	5.696 9	35.433 3
2	1(8)	1(30)	1(8)	1(60)	4.577 1	15.846 7
3	1(8)	1(20)	1(10)	1(60)	9.659 5	8.775 0
4	1(8)	1(20)	1(8)	1(80)	11.403 4	5.833 3
5	1(4)	1(30)	1(10)	1(60)	6.020 3	63.198 3
6	1(4)	1(30)	1(8)	1(80)	7.054 6	55.198 3
7	1(4)	1(20)	1(10)	1(80)	11.229 1	8.131 7
8	1(4)	1(20)	1(8)	1(60)	12.440 4	3.816 7
9	1.681 8(2.636 4)	0(25)	0(9)	0(70)	10.629 2	18.411 7
10	1.681 8(9.363 6)	0(25)	0(9)	0(70)	8.551 0	5.095 0
11	0(6)	1.681 8(16.591)	0(9)	0(70)	5.543 6	0.891 7
12	0(6)	1.681 8(33.409)	0(9)	0(70)	5.486 5	28.876 7
13	0(6)	0(25)	1.681 8(7.318 2)	0(70)	10.657 6	2.840 0
14	0(6)	0(25)	1.681 8(10.681 8)	0(70)	9.603 0	18.818 3
15	0(6)	0(25)	0(9)	1.681 8(53.182 1)	8.513 9	6.925 0
16	0(6)	0(25)	0(9)	1.681 8(86.817 9)	9.869 1	19.233 3
17	0(6)	0(25)	0(9)	0(70)	15.092 6	12.556 7
18	0(6)	0(25)	0(9)	0(70)	14.488 4	15.125 0
19	0(6)	0(25)	0(9)	0(70)	14.712 5	13.303 3
20	0(6)	0(25)	0(9)	0(70)	15.789 7	10.338 3
21	0(6)	0(25)	0(9)	0(70)	15.372 0	11.726 7
22	0(6)	0(25)	0(9)	0(70)	16.329 3	9.803 3
23	0(6)	0(25)	0(9)	0(70)	16.722 3	10.878 3

以 TS 为响应值的回归方程系数显著性检验通过 p 值加以衡量，如表 2-4-16 所示。p 值越小，相应的变量显著性越高。由表 2-4-26 可以看出，甘油添加量的二次项（X_2^2）对花生蛋白膜的 TS 影响最为显著（$p<0.01$），其次是加热温度的二次项（X_4^2）、花生蛋白浓度的二次项（X_1^2）、甘油添加量的一次项（X_2）对蛋白膜的 TS 影响显著（$p<0.05$）。花生蛋白浓度的一次项（X_1）、pH 一次项（X_3）、加热温度一次项（X_4）、pH 二次项（X_3^2）对蛋白膜的 TS 没有显著影响（$p>0.05$）。并且，四个因素之间不存在交互作用（$p>0.05$）。分析结果表明，影响花生蛋白膜 TS 的因素按主次顺序排列为：甘油添加量＞花生蛋白浓度＞加热温度＞ pH 值。

通过对试验结果进行分析得到了回归方程，以 TS 为指标的 Y 的回归方程式为：

$Y=15.09231-0.65188X_1-1.57280X_2-0.34000X_3+0.36362X_4-1.51368X_1{}^2-2.95443X_2{}^2-1.32270X_3{}^2-1.65461X_4{}^2+0.02429X_1X_2+0.20269X_1X_3+0.38009X_1X_4$

表 2-4-16 回归方程系数显著性分析

变异来源	平方和	自由度	均方	偏相关	比值 F	p 值
X_1	4.220 7	1	4.220 7	−0.332 9	0.997 3	0.339 4
X_2	24.569 5	1	24.569 5	−0.648 5	5.805 3	0.034 7*
X_3	1.148 2	1	1.148 2	−0.181 1	0.271 3	0.612 8
X_4	1.313 2	1	1.313 2	0.193 2	0.310 3	0.588 7
$X_1{}^2$	26.476 1	1	26.476 1	−0.662 4	6.255 8	0.029 4*
$X_2{}^2$	100.862 8	1	100.862 8	−0.865 3	23.832	0.000 5**
$X_3{}^2$	20.216 3	1	20.216 3	−0.611 4	4.776 7	0.051 4
$X_4{}^2$	31.635 5	1	31.635 5	−0.695	7.474 9	0.019 4*
X_1X_2	0.003 4	1	0.003 4	−0.010 1	0.000 8	0.977 8
X_1X_3	0.239	1	0.239	0.083 7	0.056 5	0.816 5
X_1X_4	0.840 5	1	0.840 5	0.155 6	0.198 6	0.664 5
X_2X_3 与前面因子 X_1X_4 线性相关						
X_2X_4 与前面因子 X_1X_3 线性相关						
X_3X_4 与前面因子 X_1X_2 线性相关						

回归模型分析见表 2-4-17。回归项 $p=0.0027<0.05$，说明回归模型显著，同时失拟项 $p=0.0003<0.05$，显著。该回归模型的相关系数 $R=0.927487$，总决定系数 $R^2=0.860232$。因此用该模型对花生蛋白膜的 TS 进行预测是比较可靠的。

表 2-4-17 回归模型方差分析

方差来源	平方和	自由度	均方和	F	p
回归	286.525 9	11	26.047 8	$F_2=6.15460$	0.002 7
剩余	46.554 8	11	4.232 3		
失拟	42.463 2	5	8.492 6	$F_1=12.45401$	0.000 3
误差	4.091 5	6	0.681 9		
总和	333.080 7	22			

最终的制备条件确定为:花生蛋白浓度 6%(*w/w*)、甘油添加量 25%(g/g 蛋白)、pH9、加热温度 70℃、加热时间 20 min,以此工艺制备的蛋白膜的 TS 为 14.87±3.00 MPa,E 为 12.06%±2.56%,透光率为 69.94%±2.42%,感官品质良好(L、a、b 分别为 92.43±0.60、0.78±0.16、5.54±0.70),WVP 为 $2.75 \pm 0.050 \times 10^{-11}$ g·mm/h·kPa·m^2。

4.6.2.2 花生蛋白膜改性制备工艺

经过制备工艺优化得到的花生蛋白膜性能不够完善,限制了其在食品工业中的应用。本课题组采用微波、超声波、高压、辐照、还原剂、交联剂、表面活性剂、TGase 对花生蛋白膜性能的影响,并对物理-化学与物理-酶法复合改性方法进行了研究。

(1)微波。微波是频率为 300～3000 MHz(相应的波长为 100～0.1 cm)的电磁波。它与生物组织的相互作用主要表现为热效应和非热效应。微波能够透射到生物组织内部使偶极分子和蛋白质的极性侧链以极高的频率振荡,引起分子的电磁振荡等作用,增加分子的运动,导致热量的产生。微波还能够对氢键、疏水键和范德华产生作用,使其重新分配,从而改变蛋白质的构象与活性,使蛋白类可食用膜发生再交联,改变可食性膜的网络结构,达到改善膜性能的目的。

随着微波功率的提高,蛋白膜的 TS 先升高后下降(图 2-4-50A)。在低微波功率下,微波的热作用在短短 70 s 中并不能体现出来,蛋白膜的机械强度未得到提高。当微波功率为480 W时,花生蛋白膜的 TS 超过了对照膜,并在微波功率为 640 W 时达到最高,此时蛋白膜的 TS 为(4.94±0.24)MPa,比对照膜的 TS[(4.08±0.25) MPa]提高了 21.08%。这说明,微波的热作用可以取代花生蛋白膜制备工艺中的水浴加热环节。因此选定微波加热功率为 640 W。微波加热制备的花生蛋白膜的延伸率不如 70℃水浴制备的花生蛋白膜(图 2-4-49B)。只对花生蛋白成膜溶液进行微波加热,膜的延伸率相对比较低。在微波加热制备的花生蛋白膜中,蛋白膜的 E 随着微波功率的增加先上升后下降,在微波功率为 480 W 时 E 达到最高(46.66%±4.83%)比对照膜的 E(50.01%±5.91%)下降了 6.70%。这说明,微波加热改性未能提高蛋白膜内分子的流动性。随着微波加热时间的延长,蛋白膜的 TS 先提高后下降(图 2-4-50C),在微波加热时间为 70 s 时 TS 达到最高(7.14±0.50) MPa,比对照膜的 TS[(5.49±0.10) MPa]提高了 30.05%。微波加热时间为 70 s、90 s 时,蛋白膜的 TS 之间没有显著差异,结合蛋白膜的 E 选定微波加热时间为 90 s。此时蛋白膜的 TS 为(6.70±0.35) MPa,比对照膜的 TS 提高了 22.13%。随着微波加热时间的延长,花生蛋白膜的 E 呈上升趋势(图 2-4-50D),在微波加热时间为 110s 时达到最高(57.40%±4.50%),比对照膜的 E (49.54%±2.96%)提高了 15.86%。花生蛋白膜的 E 在微波加热时间达到 90 s 时与对照膜的 E 相当,此时蛋白膜的 E 为 54.48%±4.74%,比对照膜的 E 提高了 9.97%。因为花生蛋白膜的机械强度受环境的影响较大(田少君等,2005;孟陆丽等,2005),所以在改性试验研究中,增加了对照蛋白膜的制备。

(2)超声波。超声波对介质的作用就在于空穴作用、机械作用和超混合效应等,使得在分子内部包藏着的许多反应基团暴露,表面巯基含量增加,形成新的二硫键,加强了蛋白分子间的相互作用,部分氨基酸重排、组合,发生分子共价交联,改善其凝胶性能,强化了膜的空间网络结构。超声波对成膜溶液的作用有两种方式,超声波细胞破碎机产生的超声波直接对成膜溶液作用，而超声波清洗机则通过传播的方式对成膜溶液进行作用。试验结果表明，随着超声波细胞破碎机超声波功率的提高，花生蛋白膜的 TS 呈下降趋势，在超声功率为 400 W 时达到最低［(1.24±0.13) MPa］比对照膜的 TS［(2.08±0.16) MPa］下降了 40.38%。超声波细胞破碎机处理花生蛋白成膜溶液未能提高膜的 TS。这可能是超声波效果直接作用于成膜溶液，导致了蛋白结构的过度破坏，二硫键断裂，使得花生蛋白膜机械强度降低。

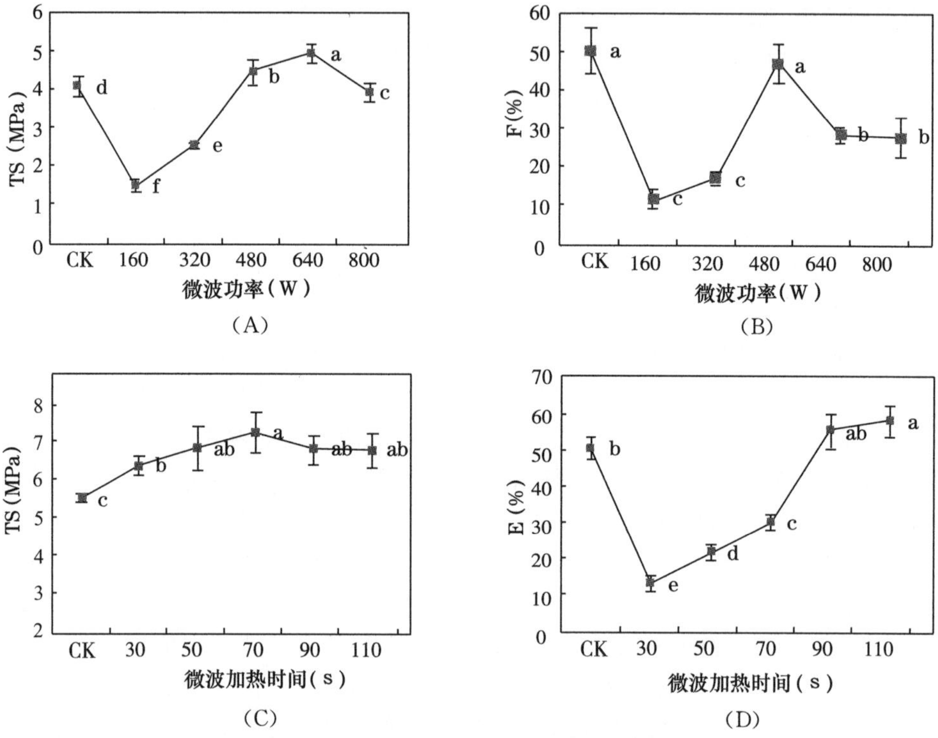

图 2-4-50　微波对花生蛋白膜性的影响

超声波清洗机处理花生蛋白成膜溶液提高了花生蛋白膜的 TS，随着超声波频率的提高，蛋白膜的 TS 呈下降趋势(图 2-4-51A)。超声波频率为 28 kHz 时，蛋白膜的 TS 最高为(5.13±0.44)MPa，比对照膜的 TS［(3.28±0.23) MPa］提高了 56.40%。超声波处理会改变成膜溶液的构象，同时蛋白质暴露更多的疏水基团，从而促进二硫键和疏水相互作用的形成(Liu et al.，2004)。随着超声波频率的提高，花生蛋白膜的 E 呈上升趋势(图 2-4-51B)，在超声波频率为 100 kHz 时蛋白膜的 E 达到最高(80.12%±4.82%)，比对照膜的 E(51.82%±0.70%)提高了 54.61%。超声波处理促进了蛋白质二硫键的形成，因此 TS 升高；但随着超声波频率的提高，蛋白膜的 TS 下降，膜的流动性增强，因此蛋白膜的 E 升高。随着超声波功率的提高，花生蛋白膜的 TS 显著提高(图 2-4-51C)。超声波功率为 270W 时，TS 达到最高［(4.66±0.33) MPa］，比对照膜的 TS［(3.28 ±0.30) MPa］提高了 41.94%。超声波功率为210～300 W制备的花生蛋白膜 TS 之间没有显著差异，但超声波功率为 300 W 时蛋白膜的 E 最高，所以选定超声波功率为 300 W。

E 随着超声波功率的增加呈先下降后上升的趋势(图 2-4-51D),在超声波功率为 300 W 时达到最高,为 57.74%±5.87%,比对照膜的 E (50.00%±5.91%)提高了15.48%。超声波功率 300 W 时,随着超声波作用时间的延长,蛋白膜的 TS 呈先增高后下降的趋势(图 2-4-51E),并在超声波作用时间为 3 min 时达到最高(4.30±0.33 MPa),比对照膜的 TS[(3.28±0.23) MPa]提高了 31.10%。这可能是由于在成膜过程中,大量断裂的化学键较难形成致密的网状结构,从而导致 TS 下降。选定超声波作用时间为 3 min。随着超声波作用时间的延长,花生蛋白膜的 E 先下降后上升(图 2-4-51F),在超声波作用时间为 1 min时达到最高(80.62%±6.67%),比对照膜的 E(51.82%±0.70%)提高了55.58%。由于超声波的过量作用,化学键断裂后较难再结合,蛋白质分子的流动性增加,因此蛋白膜的 E 增加。

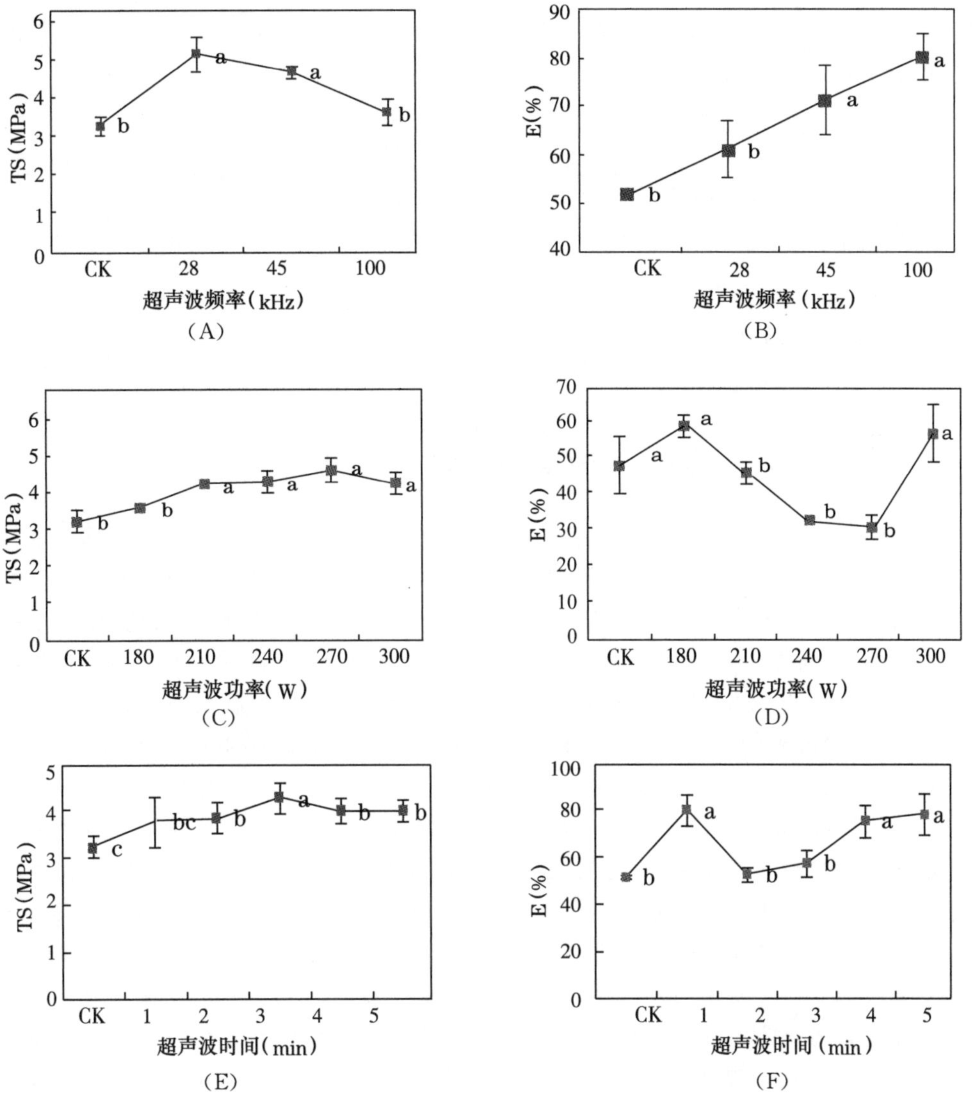

图 2-4-51　超声波对花生蛋白膜性能的影响

(3)紫外照射。紫外照射不同于其他物理处理方法,它直接对蛋白膜进行处理。紫外线照射处理也能通过引起氨基酸氧化,共价键断裂,蛋白质游离基的形成,再合成和聚合反应等来影响蛋白质的构象与组成。根据蛋白质性质和辐照剂量的不同,辐照固体状态的蛋白质发生交联或是分子降解(Liu et al.,2004)。紫外照射在蛋白膜改性中的应用研究比较少,但紫外照射技术的应用可以为可食性膜研究节省大量的财力物力,具有广泛的应用前景。试验结果表明,随着照射时间的延长,蛋白膜的 TS 先升高后略微下降(图 2-4-52A)。在 40 W 紫外灯照射时间为 4 h 时,蛋白膜的 TS 达到最高[(2.91±0.29) MPa],比对照膜的 TS[(2.33±0.13) MPa]提高了 24.89%。这说明,40 W 的紫外灯在照射花生蛋白膜 4 h 时,已经完成对蛋白膜内部的交联作用。40 W 紫外灯照射花生蛋白膜不利于 E 的提高,照射时间越长,蛋白膜的 E 降低幅度越大(图 2-4-52B),在紫外照射时间为 12 h 时蛋白膜的 E 达到最低(95.70%±6.00%),比对照膜的 E(120.57%±13.41%)降低了 20.63%。这可能与蛋白膜内交联键的增加降低了膜内分子的流动性有关。

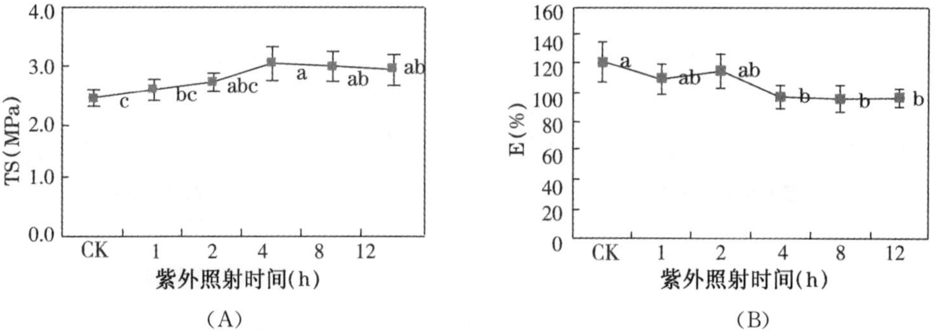

图 2-4-52 紫外照射时间对花生蛋白膜性能的影响

(4)还原剂。还原剂打断蛋白质分子中的二硫键,使蛋白质分子展开,内部疏水基团暴露,同时使巯基(-SH) 的量增多。因此,大量的巯基和疏水基团在随后的涂膜干燥的成膜过程中重新形成分子间二硫键和疏水相互作用,增强了膜的网络结构,提高了抗拉强度。还原剂与增塑剂的作用效果是相反的。用于蛋白膜改性的还原剂主要有 Na_2SO_3、葡萄糖、半胱氨酸等。试验考察了亚硫酸钠、葡萄糖、半胱氨酸三种还原剂的改性效果,以亚硫酸钠的改性效果最为显著。随着亚硫酸钠添加量的提高,蛋白膜的 TS 先上升后下降(图 2-4-53A),在添加量为1.0%(g/g 蛋白)时 TS 达到最高[(13.95±0.50) MPa],比对照膜的 TS[(11.55±0.74) MPa]提高了 20.81%。这是因为亚硫酸钠的加入打断了花生蛋白的二硫键,使得成膜溶液中含有更多的巯基,在干燥阶段重新生成有利于蛋白膜网络结构的二硫键,从而蛋白膜的 TS 上升,选定亚硫酸钠添加量为 1.0%(g/g 蛋白)。亚硫酸钠的添加有利于花生蛋白膜的 E 的提高(图 2-4-53B),当亚硫酸钠添加量超过 1.0%(g/g 蛋白)时,膜的 E 随着添加量的增加而上升,但变化不显著。在亚硫酸钠添加量为 0.5%(g/g 蛋白)时,蛋白膜的 E 最高(22.13%±2.17%),比对照膜的 E(14.75%±1.47%)提高了 50.03%。相对于蛋白质本身而言,小分子物质的加入增加了膜内分子的流动性,因此膜的 E 增加。

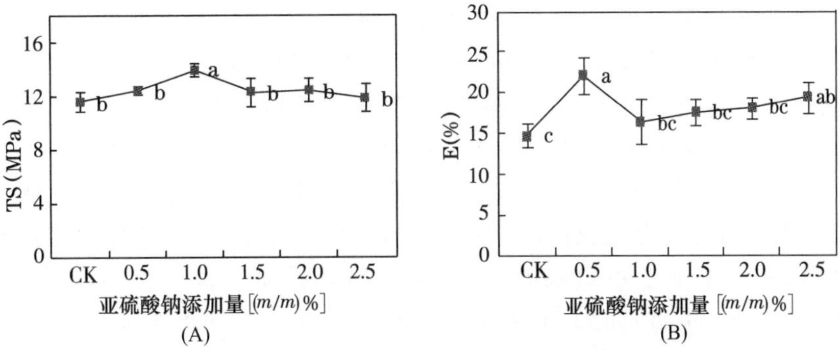

图 2-4-53 亚硫酸钠添加量对花生蛋白膜性能的影响

(5)交联剂。交联剂是能在线型分子间起架桥作用从而使多个线型分子相互键合，交联成网络结构的物质，促进或调节聚合物分子链间共价键或离子键形成的物质。常用的是二价钙离子、阿魏酸(Ferulic acid)。试验考察了阿魏酸、氯化钙、环氧氯丙烷三种交联剂的改性效果，以阿魏酸的改性效果最为显著。随着阿魏酸添加量的增加，蛋白膜的TS先上升后下降(图2-4-54A)，只有当阿魏酸的添加为1.5%～2.0%(g/g蛋白)时才能提高花生蛋白膜的TS，这说明适量的阿魏酸可以提高花生蛋白膜的机械性能。阿魏酸添加量为1.5%(g/g蛋白)时，TS达到最高[(11.35±0.59) MPa]，比对照膜的TS[(9.56±0.70) MPa]提高了18.72%。阿魏酸与SPI反应，使产物的吸收峰红移证明阿魏酸与蛋白进行了交联(欧仕益等，2003)。选定阿魏酸添加量为1.5%(g/g蛋白)。只有阿魏酸添加量为1.5%(g/g蛋白)时才可以提高蛋白膜的E(图2-4-54B)，此时花生蛋白膜的E为57.96%±1.31%，比对照膜的E(34.19%±2.76%)提高了69.52%。

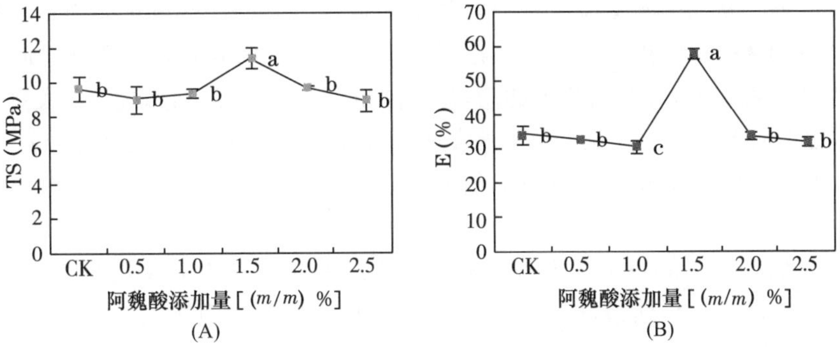

图 2-4-54 阿魏酸添加量对花生蛋白膜性能的影响

(6)表面活性剂。表面活性剂是指具有固定的亲水亲油基团，在溶液的表面能定向排列，并能使表面张力显著下降的物质。主要有SDS(十二烷基硫酸钠)、硬脂酸、卵磷脂、脂肪酸甘油酯。J. J. Kester等(1989)研究了各种脂类物质对WVP的大小，蜂蜡对水蒸气的阻隔性能最强，其次是硬脂醇、乙酰甘油一酸酯、三硬脂酸甘油酯、硬脂酸。

而且，蜂蜡的水蒸气阻隔可以与聚乙烯对苯二酸盐和聚氯乙烯得性能相媲美。试验考察了 SDS、油酸两种表面活性剂的改性效果，以 SDS 的改性效果最为显著。试验结果表明，随着 SDS 添加量的增加，蛋白膜的 TS 呈先上升后下降的趋势(图 2-4-55A)。当 SDS 添加量为 10%(g/g 蛋白)时，膜的 TS 达到最高[(8.10±0.71) MPa]，比对照膜 TS[(5.32±0.48) MPa]提高了 52.26%。SDS 是一种阴离子表面活性剂，具有较强的解离和变性蛋白质的能力，使得成膜溶液中的蛋白质分子延展，暴露更多的侧链进行更多的交联，从而增加了蛋白膜的 TS。选定 SDS 添加量为 10%(g/g 蛋白)。随着 SDS 添加量的增加，蛋白膜的 E 显著上升(图 2-4-55B)，在 SDS 添加量为 20%(g/g 蛋白)时达到最高，此时蛋白膜的 E 为 205.47%±17.74%，比对照膜的 E(45.62%±1.98%)提高了 350.39%。SDS 分子中的疏水部分与蛋白质中疏水氨基酸残基结合，在一定程度上阻止了蛋白质分子之间的疏水作用，多肽链打开使蛋白分子呈线性结构膜的 E 上升(张春红等，2008)。

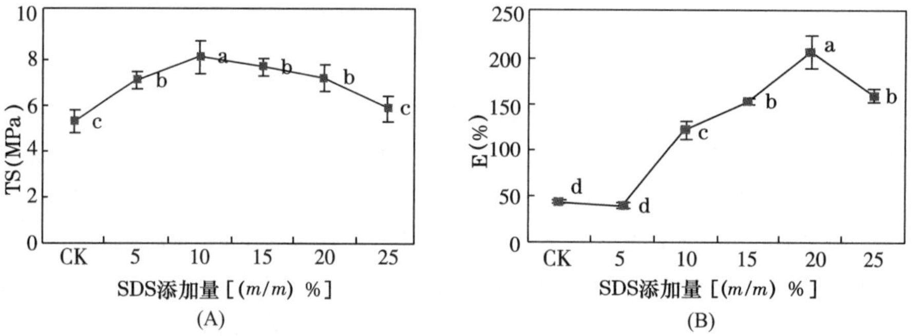

图 2-4-55 SDS 添加量对花生蛋白膜性能的影响

(7)TG 酶。常用的酶交联剂有谷氨酰胺转移酶(Transglutaminase，TG)、脂肪氧化酶、赖氨酸氧化酶、多酚氧化酶和过氧化物酶等。TG 是一种催化蛋白质分子间或分子内形成 ε-(γ-谷氨酰基)赖氨酸共价键的酶，催化酪蛋白、乳球蛋白、肌球蛋白、大豆蛋白等蛋白质的谷氨酰胺残基上的 γ-酰胺基和赖氨酸残基上 ε-氨基相连接，使其形成 ε-(γ-谷氨酰基)赖氨酸共价键，从而改变蛋白质的结构和功能性质，赋予食品蛋白质特有的质构和口感。

试验结果表明，TGase 的加入可以显著提高膜的 TS，当 TGase 用量为 1.5 U/g(蛋白)时，蛋白膜的 TS 达到最高[(4.02±0.13) MPa]，比对照膜的 TS[(2.60±0.07) MPa]提高了54.62%(图 2-4-56A)。TGase 催化蛋白质中谷氨酰胺残基上的 γ-酰胺基和赖氨酸残基上 ε-氨基相连接，使其形成 ε-(γ-谷氨酰基)赖氨酸共价键，增加了蛋白膜内分子间的交联，从而提高了花生蛋白膜的 TS。选定 TGase 添加量为 1.5 U/g(蛋白)。TGase 的加入显著降低了蛋白膜的 E，但随着 TGase 用量的增加，膜的 E 呈先上升后下降的趋势(图 2-4-56B)。在酶用量为1.5 U/g(蛋白)时蛋白膜的 E 达到最高为 141.64%±4.89%，比对照膜的 E(145.30%±9.35%)降低了 2.52%，TGase 增加了蛋白膜内分子的交联，因此分子流动性相应降低，从而降低了蛋白膜的 E。

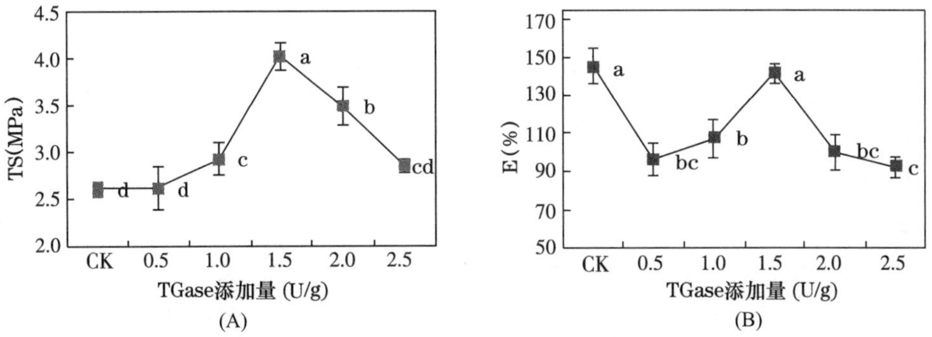

图 2-4-56 TGase 添加量对花生蛋白膜性能的影响

(8)复合改性。复合改性就是将两种或两种以上物理方法、化学方法、酶法改性结合在一起的优化工艺。现在的研究主要集中在将两种化学改性方法结合进行混合改性的。混合改性是以后蛋白膜性能优化的趋势。在上述确定的物理、化学、酶改性方法单因素试验确立了 3 种物理改性方法、3 种化学改性方法与 1 种酶改性方法的基础上进行物理-化学、物理-酶法复合改性研究。其中,微波工艺参数为:640 W、90 s;超声波工艺参数为:28 kHz、300 W、3 min;紫外辐照工艺参数为:40 W、4 h;亚硫酸钠添加量为:1.0%(g/g 蛋白);阿魏酸添加量为:1.5%(g/g 蛋白);SDS 添加量为:10%(g/g 蛋白);TGase 添加量为:1.5 U/g(蛋白)。

各种复合改性方法对花生蛋白膜 TS 的影响如图 2-4-57A 所示。试验结果表明,各种物理、化学和酶法改性以及复合改性方法都显著提高了花生蛋白膜的 TS。TS 最高的改性方法是辐照-TGase 改性,此时花生蛋白膜的 TS 为(3.22±0.07) MPa,比对照膜的 TS[(1.38±0.09) MPa]提高了 133%。与辐照膜的 TS[(2.20±0.13) MPa]相比,显著提高了 46.36%;与 TGase 膜的 TS[(2.69±0.13) MPa]相比,显著提高了 19.70%。因此选定添加了 1.5 U/g(蛋白)TGase 的花生蛋白膜再经 40 W 紫外灯辐照 4 h 作为复合改性最优工艺。SDS 结合的各种复合改性方法制备的花生蛋白膜的 E 较高(图 2-4-57B),其中以超声波-SDS 方法改性制备的花生蛋白膜的 E 最高,为 187.9%±14.86%,比对照膜的 E(58.20%±4.62%)提高了222.85%。TS 较高的 TGase 联用改性方法制备的花生蛋白膜的 E 之间没有显著差异,其中辐照-TGase 法制备的膜的 E 为 98.61%±6.31%,比对照膜的 E 提高了 69.43%。

最终确立了紫外辐照-TGase 复合改性作为提高花生蛋白膜 TS 的最优改性方法。复合改性最优工艺参数为:向花生蛋白中添加 TGase(1.5 U/g 蛋白)制备花生蛋白膜,并采用 40 W 紫外灯辐照花生蛋白膜 4 h。在此条件下,花生蛋白膜的 TS 为(3.22±0.070) MPa,比对照膜的 TS(1.38±0.09 MPa)提高了 133.33%;比辐照改性蛋白膜的 TS [(2.20±0.13) MPa]显著提高了 46.36%;比 TGase 改性蛋白膜的 TS(2.69±0.13 MPa)显著提高了 19.70%。同时花生蛋白膜的 E 为 98.61%±6.31%,比对照膜的 E (58.20%±4.62%)提高了 69.43%。透光率为 50.32%±0.33%,感官品质良好(L、a、b 分别为 87.20±0.80、1.78±0.22、10.88±0.32),WVP 为 $2.67\pm0.021\times10^{-11}$ g·

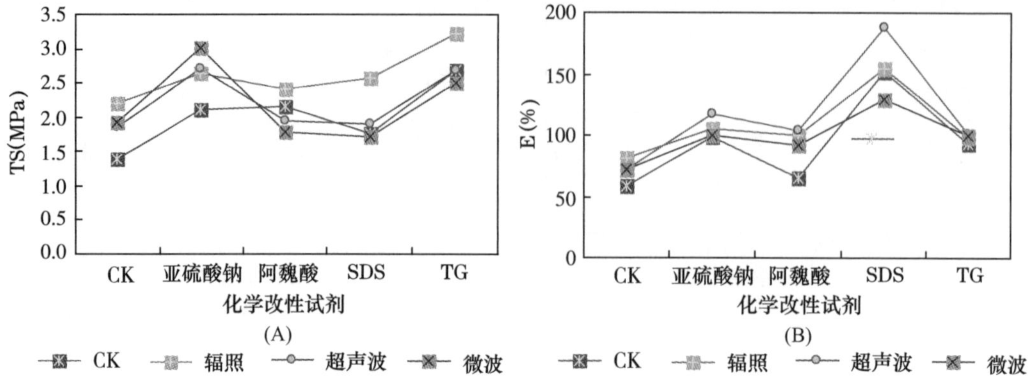

图 2-4-57 各种改性方法对花生蛋白膜性能的影响

mm/(h·kPa·m^2)。

SEM扫描电镜分析实验考察了花生蛋白粉、物理、化学、酶法及复合改性制备的花生蛋白膜的微观结构。结果表明，花生蛋白制备成花生蛋白膜后，球形结构遭到破坏；经过紫外辐照TGase复合改性的花生蛋白膜的蛋白颗粒在变小的同时结构也更加致密，因此花生蛋白膜的机械强度大幅提高。不同改性方式制备的花生蛋白膜与对照膜的微观结构之间没有显著区别。蛋白膜中蛋白质分子被打开呈不规则的球状及片层状态，蛋白质仍旧是完整的结构，这说明制备花生蛋白膜的各种改性工艺均不足以破坏蛋白质的分子结构。虽然蛋白质的分子结构未得到破坏，但花生蛋白膜的性能的确得到了不同程度的改变，说明蛋白质的分子间作用力与其成膜性能之间有着密切联系。蛋白质的适度变性是形成膜的先决条件，网络结构的好坏将影响膜的性能，强化蛋白质分子间的作用力，使其形成更致密均匀的网络结构可改善膜的性能(Wang et al.，2010；Nuthong et al.，2009)。扫描电镜结果表明，未经过改性处理的对照膜的结构比较松散，花生蛋白颗粒较大；紫外辐照改性的蛋白膜的微观结构同样比较松散，但花生蛋白颗粒变小，孔隙增多；TGase改性的蛋白膜的蛋白颗粒大小与对照膜相似，但结构更致密，花生蛋白之间得到了更多的交联(Jiang et al.，2007)；经过紫外辐照-TGase复合改性的花生蛋白膜的蛋白颗粒在变小的同时结构也更加致密，因此花生蛋白膜的机械强度大幅提高(刘媛媛，2011)。

第5节 花生蛋白的应用与开发前景

5.1 国内外市场现状

目前，市场上流通的花生榨油副产物多为热压榨花生粕，至今仍鲜有基于此原料而研发出可以应用于人类膳食当中的花生蛋白产品，而针对冷榨花生粕中蛋白提取及改善功能特性的相关理论与应用的研究仍未有重大突破。常见的花生蛋白的制备工艺主要为碱溶酸沉法生产的花生分离蛋白，但由于花生蛋白相对大豆蛋白更易酸碱变性，导致其功能特性显著降低，此外，醇沉法制备的花生浓缩蛋白至今也未有成熟的工艺和技术可以使其功能特性与大豆蛋白相媲美，从而失去了市场竞争力。目前，市场上主要的花生蛋白产品，为花生经压榨和脱脂后的初加工产物——花生脱脂粉，以花生脱脂粉为原料可以通过挤压膨化技术生产组织化蛋白，主要应用于中低端产品。

与已经商业化的大豆蛋白及其改性后的蛋白产品相比，花生蛋白在食品体系中的开发与应用仍较为滞后，且现有的花生蛋白产品种类单一且功能特性较差，目前还很难在比较成熟的下游产品中应用，正因如此，花生油脂压榨企业在冷压榨花生粕的利用中较难看到商业前景，不易找到盈利的突破口，无法以此延长花生加工的产业链条，从而引导花生油脂的压榨方式难以从热压榨向冷压榨转变。

5.2 市场开发前景

蛋白质新的制备技术与分子修饰改性技术是提高花生蛋白的功能特性非常重要的手段，通过对蛋白质组分的分离提取、物理、化学或酶法改性等手段，可使蛋白的亚基组成、功能性基团的含量与分布、空间构象等发生一系列改变，进而使蛋白的功能特性适合在多种食品体系中添加应用，由表 2-5-1 中大豆分离蛋白的产品结构可以看出，目前仅大豆分离蛋白已经在肉制品、焙烤食品、营养补品和乳制品等食品体系中添加应用，且国际上大豆蛋白生产的厂家已经根据不同的食品体系研发出针对适用性不同的大豆蛋白系列产品，还可以根据客户的需要专门组织研发，实现更加个性化的服务。因此，针对不同功能特性需求的食品体系，具有针对性的研发花生蛋白产品应当是未来发展的趋势之一。

表 2-5-1 大豆分离蛋白的产品结构

食品	功能性
肉制品	
乳化的：法兰克福香肠，大腊肠	保水，乳化脂肪，稳定乳浊液
午餐肉	保持或提高质地
粗压的：馅饼，肉串，香肠，肉丸，比萨饼	保水保油，提高机械性、质地和产量
腌渍的：汉堡，烤牛肉，烤猪肉，熏肉及其他熟食	保水，增强质地，改善切割性
醋制食品：鸡胸肉，芒果煮肉，焖肉	保水，增强口感
鱼糜	保水，使产品变白，提高质地
素食肉	
汉堡，馅饼，香肠	保水和脂肪，提高质地
乳化的：法兰克福香肠，午餐肉，熟食	乳化脂肪，保水，提供结构/质地
焙烤食品	
白面包	强化蛋白，增强保水性
玉米饼	强化蛋白
粉状饮料	强化蛋白，增强黏度和口感
代餐饮品	强化蛋白，乳化脂肪，增强黏度

续表 2-5-1

食品	功能性
运动营养饮料	强化蛋白
成人营养饮品	强化蛋白,稳定和乳化脂肪
婴儿配方食品	强化蛋白,稳定和乳化脂肪
蛋白条	质地,强化蛋白
蛋白片	强化蛋白
乳制品	
冷冻甜点	乳化脂肪,质地
酸乳	结构/质地
乳替代物	乳化脂肪,黏度
软质干酪	结构/质地,乳化和稳定脂肪
酸奶油	结构/质地,乳化和稳定脂肪
模拟干酪	结构/质地,乳化和稳定脂肪
其他食品	
汤和调味品	乳化和稳定脂肪,黏度
花生酱	强化蛋白,结合脂肪
膨化谷物食品	强化蛋白
速食豆腐	结构/质地,乳化和稳定脂肪

目前,在我国功能性蛋白在肉制品和饮料制品中的添加应用是最为广泛的,在肉制品中更多的是应用蛋白的凝胶特性、持水/油特性等功能特性,而在饮料制品中则要求蛋白质具有更加优良的溶解特性。本课题组通过前期的研究已经研发出适合在香肠和植物蛋白饮料中添加的凝胶型花生浓缩蛋白产品和溶解型花生浓缩蛋白产品。此外,为了扩大花生蛋白改性空间和应用范围,本课题组已成功采用产业化制备可行的手段提取分离了低变性花生球蛋白和伴花生球蛋白组分,这一技术的实现有可能为花生蛋白的理论研究与实际应用开辟一个新的方向。花生蛋白具有独特的氨基酸序列、亚基组成及其空间构象,国内外关于花生蛋白及其构效关系方面的研究仍十分有限,所以关于花生蛋白功能特性方面的研究一方面需要借鉴研发相对成熟的大豆蛋白及乳蛋白等的研究方法和成果,另一方面仍需针对花生蛋白结构和功能的特性摸索更具创新的制备方法和改性技术。

参考文献

[1] 冯治平,黄丹.还原剂对花生分离蛋白膜的保藏性能影响研究[J].食品科技,2007,3:242-246.
[2] 冯治平,刘达玉.交联作用改善大豆分离蛋白膜保藏特性研究[J].食品研究与开发.2003,24(5):35-37.
[3] 冯治平,刘清斌.可食性花生分离蛋白膜的保藏性能研究[J].食品科技,2004,9:16-19
[4] 管斌,林洪,王光策.食品蛋白质化学[M].北京:化学工业出版社,2005,311.

[5] 高焕春，李文英，吕晓玲. 花生蛋白质稳定性及加工品工艺条件的研究 [J]. 中外技术情报，1995，12：39-40.
[6] 胡子槐. 花生“水溶法”取油和蛋白新工艺探讨. 中国油脂，1992(S1)：57-62.
[7] 黄上志，傅家瑞. 花生种子的贮藏蛋白 [J]. 花生科技，1992(1)：1-6.
[8] 黎鹏. 动态超高压微射流技术对花生球蛋白功能性质的影响及其机理研究 [D]. 南昌：南昌大学，2007.
[9] 黎茵，黄上志，傅家瑞. 不同品种花生种子蛋白质的电泳分析 [J]. 植物学报，1998，40(6)：534-541.
[10] 李红. 利用谷氨酰胺转氨酶生产大豆蛋白食用保鲜膜的研究. 食品科学，2001，22(1)：73-75.
[11] 林鹿，傅家瑞. 花生种子 2S 蛋白 [J]. 花生科技，1994(3)：1-4.
[12] 刘媛媛，王强，王春艳. 花生蛋白膜研究进展[J]. 食品科学，2011，32(1)：251-255.
[13] 刘媛媛，王强，王春艳. 花生蛋白膜制备工艺研究[J]. 中国油脂，2010，35(12)：28-32.
[14] 刘媛媛. 花生蛋白膜制备及其改性研究[D]. 北京：中国农业科学院，2011.
[15] 芦春斌，黄上志，汤学军，等. 花生种子贮藏蛋白的氨基酸组成分析及发育过程中 17.5 kDa 多肽的合成规律[J]. 热带亚热带植物学报，2000，8(4)：339-345.
[16] 孟陆丽，程谦伟，田少君，等. 存放时间对植物蛋白膜的影响[J]. 食品工业科技，2006，27(9)：153-156.
[17] 孟陆丽，田少君，闫景坤，等. 环境温度对植物蛋白膜的影响[J]. 粮油食品科技，2005，13(1)：1-4.
[18] 马铁铮. 花生浓缩蛋白的制备及其溶解性研究[D]. 北京：中国农业科学院，2009.
[19] 欧仕益，康宇杰，李爱军，等. 阿魏酸对可食性大豆蛋白膜理化特性的影响[J]. 中国粮油学报，2003，18(3)：83-84，94，05.
[20] 裴剑慧，王强，周素梅. 我国花生蛋白资源的开发与利用 [J]. 粮油加工与食品机械，2005，12：53-55.
[21] 田少君，孟陆丽，程谦伟，等. 环境湿度对植物蛋白膜的影响研究[J]. 食品工业科技，2005，4(26)：68-71.
[22] 王连铮. 大豆研究 50 年 [M]. 北京：中国农业科学技术出版社，2010.
[23] 王盼盼，肉类研究，2009，6：71-77.
[24] 王瑞元. 植物油料加工产业学(上册). 北京：化学工业出版社，2009.
[25] 王在序，盖树人. 山东花生[M]. 上海：上海科学技术出版社，1999，3-4，479-485.
[26] 韦一能，陈元发，陈国汉，等. 花生蛋白质的亚基组成及分子质量研究 [J]. 广西师范大学学报(自然科学版)，1998，16(1)：71-78.
[27] 韦一能，陈元发，陈全斌，等. 花生蛋白的主要种类和等电点的研究 [J]. 广西科学学报，1995，2(4)：1-5.
[28] 韦一能，陈元发，陈全斌，等. 花生蛋白的主要种类和等电点的研究 [J]. 广西科学学报，1998，26(4)：1-5.
[29] 吴海文，王强，周素梅. 花生蛋白及其功能性研究进展[J]. 中国油脂，2007，32(9)：7-11
[30] 吴海文. 花生浓缩蛋白的制备、凝胶形成机理及其应用研究[D]. 北京：中国农业科学院，2009.
[31] 杨晓泉，张水华，黎茵，等. 花生 2S 蛋白的提取分离及部分性质研究[J]. 华南理工大学学报（自然科学版），1998，26(4)：1-5.
[32] 杨晓泉，陈中，赵谋明. 花生蛋白的分离及部分性质研究 [J]. 中国粮油学报，2001，16(5)：25-28.
[33] 张宇昊，王强. 花生蛋白的开发与利用[J]. 花生学报，2005，34(12)：12-16.
[34] 周瑞宝. 花生加工技术. 北京：化学工业出版社，2003.
[35] 朱圣陶，吴坤. 蛋白质营养价值评价-氨基酸比值系数法[J]. 营养学报，1988，10(2)：187-190.
[36] 赵冠里. 酶解与多糖接枝改性花生蛋白及其构效机理研究[D]. 广州：华南理工大学，2011.

[37] 赵新淮.食品化学[M].北京:化学工业出版社,2006,105-106.

[38] Bamdad F., Goli A. H., Kadivar M. Preparation and characterization of proteinous film from lentil (Lens culinaris) Edible film from lentil (Lens culinaris) [J]. Food Research International, 2006, 39:106-111.

[39] Bano I., Rajarathram S. Pleurotus mushroom as a nutritions food. In the tropical mushroom biological nature and cultivation methods[M]. HongKong: The Chinese University Press, 1982, 363-380.

[40] Basha S. M. M., Cherry J. P. Composition, Solubilitity, and Gel Electrophoretic Properties of Proteins Isolated from Florunner(*Arachis hypogaea L*) Peanut Seeds[J]. Journal of Agricultural and Food Chemistry, 1976, 24:359.

[41] Basha S. M. M., Pancholy S. K. Isolation and Characterization of Two Cryoproteins from Florunner Peanut(Arachis hypogaea L.) Seed[J]. Journal of Agricultural and Food Chemistry, 1982, 62: 105.

[42] Basha S. M. M., Pancholy S. K. Identification of Methionine-Rich Polypeptides in Peanut (Arachis hypogaea L.) Seed [J]. Journal of Agricultural and Food Chemistry, 1981, 8:82.

[43] Basha S. M. M. Resolution of Peanut Seed Proteins by High-Performance Liquid Chromatography [J]. Journal of Agricultural and Food Chemistry, 1988, 36:778.

[44] Batal A. N., Dale C. M. Nutrient Composition of Peanut Meal[J]. The Journal of Applied Poultry Research, 2005, 14:254-257.

[45] Bhushan R. and Agarwal R. Reversed-phase high-performance liquid chromatographic, gel electrophoretic and size exclusion chromatographic studies of subunit structure of arachin and its molecular species. [J]. Biomedical Chromatography. 2006, 20:561-568.

[46] FAO, 1970. Amino acid content of foods and biological data on proteins. Nutr Stud No. 24: 5～6. Food Policy and Food Sci Serv, Nutr Div, FAO, Rome.

[47] Govindaraju K., Srinivas H. Studies on the effects of enzymatic hydrolysis on functional and physico-chemical properties of arachin[J]. LWT-Food Science and Technology, 2006, 39(1): 54-62.

[48] Jiang Y., Tang C. H., Wen Q. B., et al. Effect of processing parameters on the properties of transglutaminase-treated soy protein isolate films [J]. Innovative Food Science and Emerging Technologies, 2007, 8:218-225.

[49] Johns C. O., Jones B. D. The Proteins of the Peanut, Arachis hypogaea [J]. Proceedings of the National Academy of Sciences of the United States of America. 1917, 3(5): 365-369.

[50] Kester J. J., Fennema O. Resistance of Lipid Films to Water Vapor Transmission [J]. Journal of the American Oil Chemists' Society, 1989, 66(8):1139-1146.

[51] Krishna T. G., Pawar S. E., Mitra R. Variation and inheritance of the arachin polypeptides of groundnut(Arachis hypogaea L.) [J]. Theoretical and Applied Genetics. 1986, 73: 82-87.

[52] Krishna T. G., Pawar S. E., and Mitra R. Variation and inheritance of the arachin polypeptides of groundnut (Arachis hypogaea L.)[J]. Theoretical and Applied Genetics, 1986, 73:82.

[53] Liu C. C., Tellez-Garay A. M., Castell-Perez M. E. Physical and mechanical properties of peanut protein films [J]. Lebensmittel-Wissenschaft and-Technologie, 2004, 37(7):731-738.

[54] Liu Y., Zhao G. L., Ren J. Y., Zhao M. M., Yang B. Effect of denaturation during extraction on the conformational and functional properties of peanut protein isolate [J]. Innovative Food Science and Emerging Technologies. 2011, 12: 375-380.

[55] Liu Y., Zhao G. L., Zhao M. M., Ren J. Y., Yang B.. Improvement of functional properties of

peanut protein isolate by conjugation with dextran through the Maillard reaction[J]. Food chemistry. 2012, 131, 901-906.

[56] Mazhar H., Basha S. M. Effects of desiccation on peanut (Arachis hypogaea L.) seed protein composition [J]. Environment and Experimental Botany, 2002, 47(1): 67-75.

[57] Monteiro P. V., Prakash V. Effect of proteases on Arachin, conarachin I and conarachin II from peanut (Arachis hypogaea L.) [J]. Journal of Agricultural and Food Chemistry, 1994 (42): 268-273.

[58] Owusu A. R. K. Food Protein Analysis: Quantitative Effects on Processing. New York: Marcel Dekker, Inc., 2002.

[59] Prakash V., Narasinga Rao M. S. Physicochemical properties of oilseed proteins [J]. Critical Reviews in Biochemistry and Molecular Biology. 1986, 20(3): 286-298.

[60] Shokarii E. H., Esen A., Mozingo R. W. Immunological characterization of a 36 kD polypeptide in peanuts (Arachis hypogaea L.). Peanut Science, 1991, 18: 11-15.

[61] Singh, J., and Dieckert J. W. Types and Molecular Weights of Subunits of Arachin-P6[J]. Preparative Biochemistry, 1973, 3: 73.

[62] Su J. F., Huang Z., Zhao Y. H., et al. Moisture sorption and water vapor permeability of soy protein isolate /poly (vinylalcohol)/ glycerol blend films [J]. Industrial Crops and Products, 2010, 31: 266-27.

[63] Tang C. H., Jiang Y., Wen Q. B., et al. Effect of transglutaminase treatment on the properties of cast films of soy protein isolates [J]. Journal of Biotechnology, 2005, 120: 296-307.

[64] Tang C. H., Jiang Y. Modulation of mechanical and surface hydrophobic properties of food protein films by transglutaminase treatment [J]. Food Research International, 2007, 40: 504-509.

[65] Tombs M. P. An electrophoretic investigation of Groundnut proteins: the structure of arachin A and B [J]. Biochemical Journal. 1965, 96: 119-133.

[66] Tombs, M. P., Lowe M., Ibid. Peanut protein and product functionality [J]. Journal of the American Oil Chemists Society, 1967, 105: 181.

[67] Wu H. W., Wang Q., Ma T. Z., Ren J. J. Comparative studies on the functional properties of various protein concentrate preparations of peanut protein [J]. Food Research International. 2009, 42: 343-348.

[68] Yamada T., Aibara S., Morita Y. Accumulation pattern of arachin and its subunits in maturation of groundnut seeds [J]. Plant & Cell Physiol. 1980, 21(7): 1217-1226.

[69] Yamada T., Aibara S., Morita Y. Dissociation association behavior of arachin between dimeric and monomeric forms [J]. Agricultural and Biological Chemistry. 1979, 43(12): 2549-2556.

[70] Yamada T., Aibara S., Morita Y. Isolation and some properties of arachin subunits [J]. Agricultural and Biological Chemistry, 1979, 43: 2563-2568.

[71] Yamada T., Aibara S., Morita Y. Accumulation pattern of arachin and its subunits in maturation of groundnut seeds [J]. Plant & Cell Physiol. 1980, 21(7): 1217-1226.

[72] Zhao G. L., Yan L., Zhao M. M., Ren J. Y., Yang B.. Enzymatic hydrolysis and their effects on conformational and functional properties of peanut protein isolate [J]. Food Chemistry. 2011, 127: 1438-1443.

第三章　功能性花生短肽的开发与应用

生物活性肽(biologically active peptides 或 biopeptides)是指对生物机体的生命活动有益或具有生物活性的肽类化合物(刘玉德等,2002;庞广昌等,2001)。自从 Brantl 等(1979)首先报道了从喂食了牛乳酪蛋白酶解物的豚鼠小肠中发现了具有类吗啡活性的小肽以来,已经从动、植物和微生物中分离出多种生物活性肽(Gill et al, 1996)。其中由 2 到十几个氨基酸组成的具有生物活性的肽类被称为功能性短肽(functional oligoeptides)。功能性短肽属于生物活性肽,现代营养学研究发现,蛋白质经消化道酶作用后并不是完全以游离氨基酸的形式被吸收,而是主要以短肽的形式被吸收,因此功能性短肽的生物学意义主要体现在其不但具有多种功能活性,而且具有完全独立的吸收机制。

我国花生约有 50%被用于榨油,有大量的花生蛋白副产物,尽管目前通过冷榨等技术可使花生加工的过程中蛋白和油脂得到了高效彻底的分离,但是尚缺乏花生蛋白深加工产品的研发与跟进。目前国内市场上的花生蛋白产品主要是花生蛋白粉,其主要用途是作为食品加工中的基础原料。花生蛋白粉在加工中存在着功能性质和生物活性较差、吸收较差等缺点,因此以花生蛋白粉为原料制备花生功能性短肽可以改善花生蛋白加工功能特性,释放蛋白中的功能性肽段,填补我国花生蛋白深加工产品方面的空白,有效提高花生深加工转化率和利用率,对优化花生产业结构和产品结构,推动整个花生蛋白产业乃至功能食品行业的发展具有重要意义。

目前我国大豆蛋白肽和乳肽都已经实现了产业化,生产方式多是采用定向酶解和可控酶解、微生物发酵等技术。但是我国缺乏对短肽生产工艺及其参数的细致研究和优化,造成肽类产品多为低纯度、低水解度的粗肽,尚缺乏高纯度、高水解度的功能性短肽产品;对于产业化的肽类产品缺乏专门的功能活性研究,因此市场上几乎没有特定功能活性的肽类产品;另外具有相应功能活性的短肽原料选择体系有待建立。

第 1 节　功能性花生短肽组成

1.1　基本成分

花生肽是指以花生粕或花生蛋白等为主要原料,用酶解或微生物发酵法生产的,相对分子质量在 5 000 u 以下,主要成分为肽的粉末状物质。参照 GB/T 22492—2008(大豆肽粉),花生肽感官上应符合表 3-1-1 要求。

表 3-1-1　花生肽粉感官要求

项目	质量要求
细度	100%通过孔径为 0.250 mm 的筛
颜色	白色、淡黄色、黄色
滋味与气味	具有本产品特有的滋味与气味，无其他异味
杂质	无肉眼可见的外来物质

GB/T 22492—2008 中将大豆肽分为三级，花生短肽作为花生肽中的高附加值产品，其理化指标应参照大豆肽一级标准执行(表 3-1-2)。

表 3-1-2　花生短肽理化指标

项目	花生短肽
粗蛋白质(以干基计，N×6.25)(%)	≥90.0
肽含量(以干基计)(%)	≥80.0
≥80%肽段的相对分子质量(u)	≤2 000
灰分(以干基计)(%)	≤6.5
水分(%)	≤7.0
粗脂肪(干基)(%)	≤1.0
脲酶(尿素酶)活性	阴性

1.2　氨基酸组成

氨基酸分析结果表明(图 3-1-1)，花生短肽游离氨基酸含量为 66.4 mg/g，可见尽管复合酶解水解度较大，但产物主要是短肽，游离氨基酸含量较少。

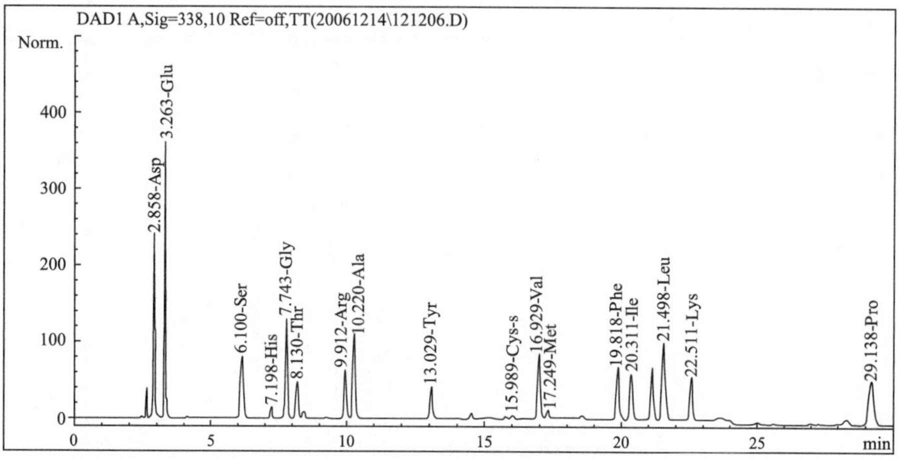

图 3-1-1　花生短肽的氨基酸组成

1.3 分子质量分布

花生短肽分子质量分布测定通常采用高效液相色谱(HPLC)进行分析,基本条件为:色谱柱:TSKgel2000 swxl 300 mm×7.8 mm;流动相:乙腈/水/三氟乙酸,20/80/0.1(V/V);检测波长:220 nm;流速:0.5 mL/min;检测时间:30 min;柱温:室温;分子质量参照物分别为细胞色素 C(M_W12500)、杆菌酶(M_W1450)、乙氨酸-乙氨酸-酪氨酸-精氨酸(M_W451)、乙氨酸-乙氨酸-乙氨酸(M_W189)。

制作相对分子质量标准曲线时,应分别用流动相配制成质量浓度为 1 mg/mL 的上述不同相对分子质量肽标准品溶液,按一定比例混合后,用孔径 0.2~0.5 μm 有机相膜过滤后进样,得到标准品的色谱图。以相对分子质量的对数对保留时间作图或作线性回归得到相对分子质量校正曲线及其方程。

本课题组(2007)曾以冷榨花生粕为原料的花生短肽分子质量分布进行分析,标准品回归方程为 $\lg Mw=7.18-0.239T$,相关系数 $R^2=0.992\ 5$,表明各相对分子质量对数与各标样的洗脱时间成很好的相关性,可以准确地测定花生肽的分子质量分布(表 3-1-3)。图 3-1-2 是花生短肽的体积排阻高效液相色谱图,从图中可以看出,花生短肽的相对分子质量分布在 126~111 97 u 之间,主要集中在 126~949 u 之间。

表 3-1-3 花生短肽的分子质量分布

各峰值保留时间(min)	相对分子质量分布范围(u)	峰面积所占比例(%)
13.100~14.933	1 1197~4 083	2.94
14.933~16.500	4 083~1 723	3.12
16.500~17.583	1 723~949	4.15
17.583~19.050	949~423	20.18
19.050~20.123	423~235	26.49
20.123~21.250	227~126	34.64

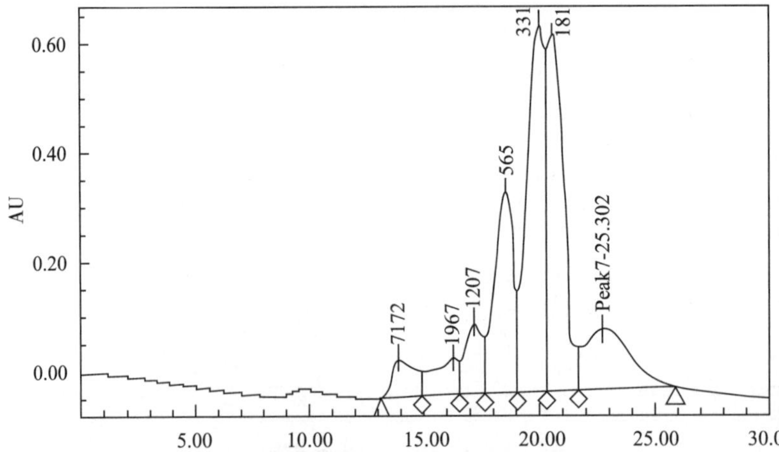

相对分子量标准曲线: lgMw=7.18－0.239T, R=0.992 5

图 3-1-2 花生短肽的分子质量分布

第2节 花生短肽的生物活性

功能性短肽不但吸收机制优胜于氨基酸，而且还具有多种氨基酸不可比拟的功能活性。相关实验证明，短肽的功能活性主要包括如抗高血压、抗氧化作用、免疫调节、抗血栓等。近年来，由于化学抗氧化添加剂的不安全性，高效、低毒的天然食品抗氧化剂已成为目前的研究热点；同时由于自由基生命科学的发展，具有抗氧化作用的功能性食品和药物也引起了众多学者的关注。研究证明(沈蓓英，1996；Chen et al.，1995；陈美珍等，2002)分子质量在1 000 u左右的短肽是有效的自由基清除剂和抗氧化剂，它能够清除羟基自由基、超氧阴离子自由基等对人体危害很大的自由基，防止自由基过量对DNA的损伤，显著延长大鼠和小鼠的寿命。

自Cushman等(1977)根据ACE底物的化学结构推测出ACE活性部位的模型并据此开发设计了第一个化学合成的ACE抑制剂卡托普利(Captopril)以来，人工合成的ACE抑制剂已得到医学界的普遍认可，然而人工合成的ACE抑制剂在临床应用过程中往往会产生副作用，如咳嗽、味觉功能紊乱及皮疹等(陈修等，2003)。因此，寻找天然、安全的食物来源的ACE抑制剂来预防和治疗高血压引起了广大科学工作者的极大关注，花生短肽即是这样一种降血压功能因子。

2.1 抗氧化活性

Jamdar等(2010)花生多肽的抗氧化作用进行了研究。研究表明，2.0 mg/mL花生肽清除DPPH自由基达到50%，2.5 mg/mL水解度10%～40%的花生肽还原力测定结果在0.72～0.98之间。此外还证明花生肽具有一定的亚铁离子螯合活性。由此可见，花生肽具有较强的清除DPPH自由基的作用和还原力，但是对于花生肽抗氧化活性同诸多抗氧化肽之间并未进行比较。

本课题组(2007)曾对脱盐花生短肽的抗氧化活性进行研究，结果表明，花生短肽具有较明显的抗氧化活性，尤其是清除DPPH自由基活性较强，这一结果同Jamdar等(2010)人的研究一致。但与大豆抗氧化肽相比，花生肽总体抗氧化作用并不突出(表3-2-1)。这可能与花生蛋白的氨基酸组成有关。一般来说具有抗氧化活性的肽均含有组氨酸、蛋氨酸和半胱氨酸残基，这类氨基酸通常在游离状态就具有一定的抗氧化活性，具有充当亲核试剂的能力。图3-2-1分别列出了组氨酸、蛋氨酸和半胱氨酸的化学结构图，从图中可以看到组氨酸分子中含有一个咪唑基，它既是一个弱酸，又是一个弱碱，是一种极好的亲核试剂，具有捕获自由基的能力。蛋氨酸和半胱氨酸分子中均含有硫原子，其中蛋氨酸可以捕获羟自由基，自身被氧化成甲硫氨酸砜，从而发挥抗氧化及清除自由基作用；半胱氨酸分子中的硫以巯基形式存在，分子具有可极化性，是一种很好的亲核试剂。在受到活性氧等自由基进攻时，巯基被氧化成二硫化合物，半胱氨酸被氧化成胱氨酸。

表 3-2-1　花生短肽的抗氧化活性

实施项目	花生肽浓度(mg/mL)	活性(%)	大豆肽浓度(mg/mL)	活性(%)
超氧自由基	25	33.83±3.31	25	41.7
羟自由基	15	62.15±1.06	10	59.02
DPPH 自由基	10	71.60±1.95	10	70.56
亚铁离子螯合活性	50	40.01±2.06	50	70.19

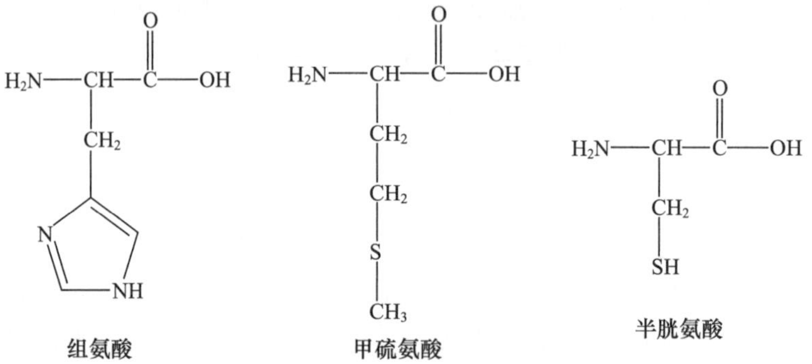

图 3-2-1　组氨酸、蛋氨酸、半胱氨酸化学结构图

通常花生蛋白中组氨酸、蛋氨酸和半胱氨酸含量低于大豆蛋白。这可能是造成花生短肽抗氧化效果不及大豆肽的原因。

2.2　ACE 抑制与降血压活性

高血压是引发心血管疾病如心力衰竭、中风、冠心病和心肌梗塞的重要危险因子(Kannel, 1998)。全世界每年因高血压死亡的人数达 1 200 万，目前，我国现有高血压患者已超过 1.2 亿人口，治疗和预防高血压病是当今社会十分重要的课题(刘力生，2001)。血管紧张素转化酶(angiotensin-converting enzyme, ACE)在人体血压调节过程中起重要的生理作用，其在体内通过肾素一血管紧张素系统(简称 RSA)和激肽释放酶一激肽系统(简称 KKS)参与血压的调节。RSA 是升压系统，通过 ACE 作用于血管紧张素 Ⅰ，从其末端去掉 His-Leu 生成血管紧张素 Ⅱ，这是 RSA 系统中已知的最强血管收缩剂，作用于小动脉，使血管平滑肌收缩，迅速引起升压效应，同时血管紧张素 Ⅱ 通过刺激醛固酮分泌和直接对肾脏作用，引起钠贮量和血容量的增加，也能使血压升高；与此相反，KKS 是降压系统，又称抗高压因子，其中激肽是降压物质，ACE 在该系统中通过作用于舒缓激肽使其失去 C 末端的 Phe-Arg 与 Ser-Pro，从而使激肽降解为失活片段，也引起血压升高(Ondetti，1977；Patchett et al.，1980)。

本课题组(2007)对酶解后花生混合肽的 ACE 抑制活性进行测定，结果显示花生短肽 ACE 抑制 IC_{50} 值为 0.517 mg/mL，而一般酶解后混合降血压肽 ACE 抑制 IC_{50} 值在 0.126～246.7 mg/mL。可见花生短肽的 ACE 抑制活性较为突出。近年来，Jamdar 等(2010)，Quist 等(2009)，Guang 等(2009)的研究均证明，通过花生蛋白的酶法水解可制备高 ACE　Ⅰ活性花生短肽。

2.2.1　精制对花生短肽 ACE 抑制活性的影响

2.2.1.1　脱盐

短肽的制备通常采用蛋白质酶解法，花生蛋白酶解过程中，为了使蛋白酶处于最适 pH 范围内，尽量维持其水解速度，必须不断加入一些碱或酸来调节水解体系的 pH 值，因此最后得到的蛋白水解物中含有一定量的盐分，这部分盐分可能会影响到产品的纯度和适用范围并对其功能活性带来负面影响，进而限制其在食品领域的应用，因此需要对花生短肽进行脱盐处理。

短肽的脱盐方法通常包括离子交换法、大孔树脂法及纳滤处理。纳滤通常是作为离子交换或大孔树脂的前处理，对多肽进行部分脱盐，以缓解离子交换树脂或大孔树脂的压力，并延长其饱和时间。但无论大孔树脂处理还是离子交换处理均会造成短肽一定程度上的损失，如离子交换树脂可能会造成一些富含极性氨基酸的短肽损失，而大孔树脂可能会造成富含疏水性氨基酸的短肽损失。因此脱盐对短肽活性的影响需要进行全面评估。

本课题组(2007)建立了混合床脱盐的方法，并对脱盐工艺对花生短肽 ACE I 活性的影响进行了评价。研究表明，脱盐前花生短肽 ACE 抑制 IC_{50} 值为 0.711 mg/mL，脱盐后则为 0.517 mg/mL。说明脱盐后花生短肽 ACE 抑制活性有所增加，对脱盐前后花生短肽的氨基酸分析表明脱盐前后疏水性氨基酸所占比例分别为 22.46% 和 28.44%，一定程度上说明混合床脱盐对于 ACE I 肽具有富集作用。此外脱盐后花生肽纯度大大提高，单位体积内的短肽含量有所提高也是脱盐后花生短肽 ACE 抑制活性提高的原因之一，由此可见混合床脱盐利于花生 ACE I 短肽的制备与富集。

2.2.1.2　超滤

研究表明，降血压肽多为分子质量小于 1 000 u 的短肽，因此通过超滤处理可有效富集低分量肽段。本课题组(2007)研究表明，花生短肽经超滤分离后分子质量小于 1 000 u 的组分 ACE 抑制效果最好(图 3-2-2)，分子质量大于 5 000 u 的组分 ACE 抑制活性最差，可见花生短肽的 ACE 抑制活性与其分子质量大小密切相关，其 ACE 抑制活性随分子质量降低而增强，与前人研究结论一致，其中分子质量小于 1 000 u 的短肽 ACE 抑制活性尤其突出，经过超滤后其 IC_{50} 可达到 0.255 mg/mL。

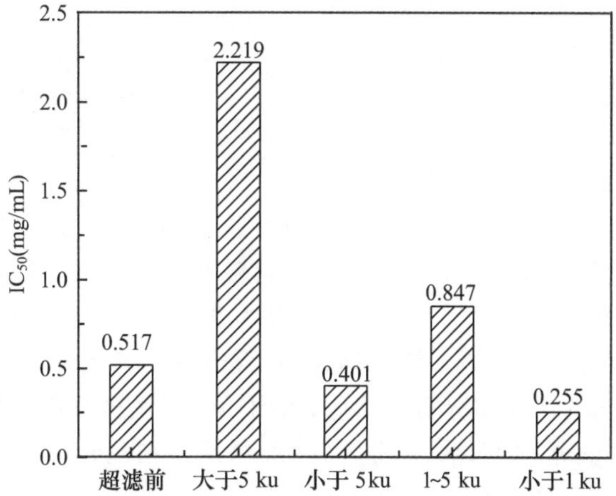

图 3-2-2　超滤对花生短肽 ACE 抑制活性的影响

2.2.2 ACE 抑制活性机理研究

2.2.2.1 ACE 抑制动力学研究

酶抑制动力学是通过考察不同抑制剂浓度下，底物浓度变化与反应速率的关系，建立酶动力学模型，并以此来判断抑制剂的抑制模式。酶抑制模式分为不可逆抑制和可逆抑制，研究表明 ACE 抑制肽对 ACE 的抑制均为可逆抑制。可逆抑制又分三种类型：

(1)竞争性抑制(competitive inhibition)，抑制剂与底物竞争酶的结合部位，从而影响了底物与酶的正常结合。大多数竞争性抑制剂的结构与底物结构类似，因此能与酶的活性部位结合，与酶形成可逆的 EI 复合物，但 EI 复合物不能分解成产物，从而造成酶反应速率下降。

(2)非竞争抑制(noncompetitive inhibition)，这类抑制作用的特点是底物和抑制剂同时和酶结合，两者没有竞争作用。酶与抑制剂结合后，还可以与底物结合；酶与底物结合后，还可以与抑制剂结合。但是中间的三元复合物不能进一步分解为产物，因此造成酶活力降低。

(3)反竞争抑制(uncompetitive inhibition)，酶只有与底物结合后，才能与抑制剂结合。

本课题组(2007)对分子质量小于 1 000 u 的花生短肽抑制动力学进行了研究，由 Lineweaver-Burk(图 3-2-3)模型可知，花生短肽对 ACE 的抑制模式为竞争性抑制，即花生短肽与底物竞争与 ACE 活性部位结合，形成一定的平衡关系，从而降低 ACE 对底物的反应速率。大部分报道的 ACE 抑制肽是 ACE 的竞争性抑制剂，也有一些肽是 ACE 的非竞争性和反竞争性抑制剂如 Saito 等(1994)从日本米酒中分离出了 ACE 非竞争抑制肽；Nakagomi 等(1998)从血清中制备出了 ACE 反竞争抑制肽。

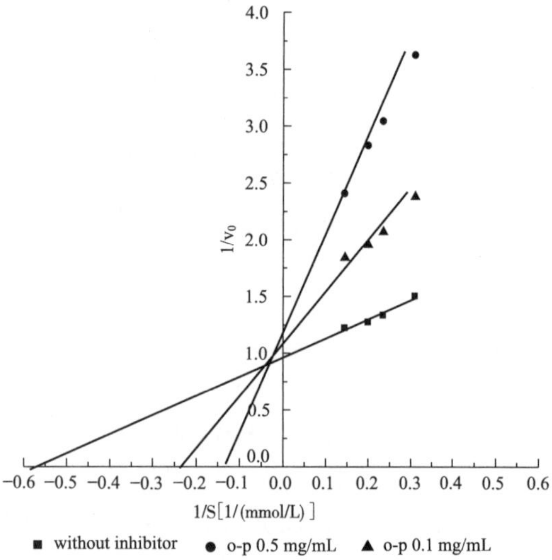

图 3-2-3 花生短肽 ACE 抑制的 Lineweaver-Burk 模型

2.2.2.2 ACE 抑制剂类型研究

ACE 抑制肽口服后要在体内发挥作用，前提是 ACE 抑制肽能够抵抗消化酶水解并以完整形式被肠道吸收进入血液循环，从而达到靶器官。因此，通过体外模拟消化道环境对 ACE 抑制肽处理后所测得的 ACE 抑制活性更接近于在人体内的抑制活性。目前有许多体外消化试验的报道见诸文献，不同研究报道的差异主要集中于所使用的消化酶种类、水解条件及产物的回收和分析方法等，蛋白质在胃里被胃蛋白酶消化的最佳 pH 是 1～2，在十二指肠中，胰蛋白酶、胰凝乳蛋白酶、弹性蛋白酶以及羧肽酶 A 和 B 在最佳 pH7～8 下继续水解蛋白质。在进食情况下食物在胃里的半排空时间是 0.5～3 h，在十二指肠和空肠里的驻留时间为 2～2.75 h，在回肠里的时间为 5～7 h。

为考察蛋白质水解物对胃肠道消化酶的抵抗作用及新的 ACE 抑制肽产生的可能性，在模拟胃肠道消化生理作用的条件下对分子质量小于 1 000 u 的花生短肽用消化酶作进一步消化处理，测定消化酶处理前和处理后水解物 ACE 抑制 IC_{50} 值的变化以评价水解物的消化稳定性。根据其消化稳定性可将 ACE 抑制肽分为 3 种类型：

(1)真抑制型(true inhibitor type)，经过体外肠道酶模拟实验后，短肽 ACE 抑制活性不受影响。

(2)底物型(substrate type)，经过体外肠道酶模拟实验后，短肽 ACE 抑制活性明显降低。

(3)前体型(pro-drug type)，经过体外肠道酶模拟实验后，短肽 ACE 抑制活性明显上升。

本课题组(2007)对分子质量小于 1 000 u 的花生短肽抑制类型进行了研究，结果表明(图 3-2-4)花生短肽经过胃肠道消化酶处理后仍保持活性，说明花生短肽对消化酶的水解具有一定的抗性，因此，花生短肽属于真抑制型 ACE 抑制肽，这可能是因为花生短肽分子质量较低，不易再被其他蛋白酶水解。由此可判断分子质量小于 1 000 u 的花生短肽在体内可以通过胃肠道吸收进入血液循环，口服花生短肽有可能发挥降血压作用。

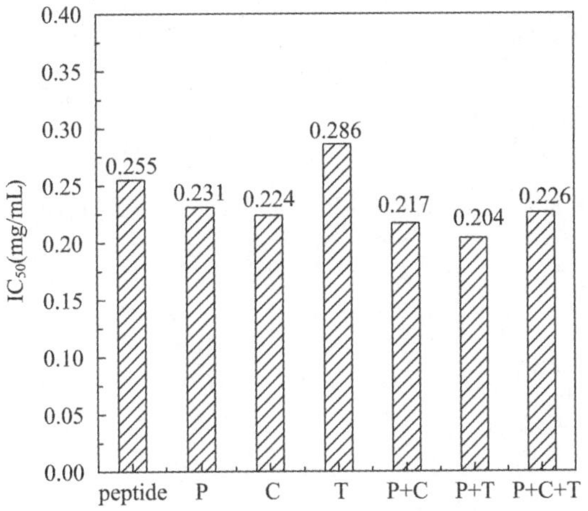

注：P-胃蛋白酶；C-胰凝乳蛋白酶；T-胰蛋白酶

图 3-2-4 花生短肽 ACE 抑制活性稳定性分析

2.2.2.3 蛋白质氨基酸组成与其水解物 ACE 抑制活性关系的分析

目前，有关食物蛋白源 ACE 抑制肽的研究主要集中于酶解条件的优化、ACE 抑制肽的分离纯化、结构表征以及体内活性试验等方面，而关于蛋白质氨基酸组成特点与 ACE 抑制活性关系的研究报道很少。本研究通过收集一些食源蛋白的氨基酸组成及其水解物的 ACE 抑制 IC50 值(表 3-2-2)(黎观红，2005；Wu et al.，2002；Byun et al.，2001)，建立不同种类氨基酸的量与 ACE 抑制 IC_{50} 值的模型，进而分析氨基酸种类与蛋白水解物 ACE 抑制活性的关系。

表 3-2-2 蛋白质氨基酸组成及其 ACE 抑制活性

氨基酸	花生蛋白	绿豆蛋白	大米蛋白	玉米醇溶蛋白	酪蛋白	牛血清白蛋白	大豆蛋白	鳕鱼胶原蛋白
Asp	11.97	11.83	8.52	4.49	6.21	11.02	12.8	3.59
Glu	22.78	19.79	19.78	22.31	21.6	17.5	20.47	5.94
Ser	4.66	5.67	5.21	4.31	5.18	4.43	5.6	5.74
His	2.39	3.05	2.47	1.15	2.7	3.74	2.77	1.75
Gly	4.37	3.31	4.09	1.26	1.66	1.81	4.57	39.89
Thr	2.28	3.05	3.55	2.66	3.91	5.92	4.4	2.49
Ala	4.05	3.71	4.3	8.23	1.59	6.3	4.66	9.41
Arg	13.26	7.62	10.23	1.72	5.33	6.03	7.91	5.66
Tyr	4.05	2.97	5.74	5.1	5.36	5.45	3.43	0
Cys	0.68	0.26	0.8	0.8	0.21	6.38	1.45	0
Val	4.66	4.61	5.54	3.86	5.35	6.35	5.25	1.78
Met	1.3	1.26	2.76	2	3.37	0.9	1.38	1.43
Phe	5.79	6.45	5.84	6.85	5.16	6.71	5.41	1.36
Ile	4.01	3.54	3.8	4.15	3.95	2.76	4.97	1.2
Leu	7.07	8.28	8.54	17.3	8.47	12.05	7.81	1.99
Lys	3.04	7.12	3.25	0	6.8	12.98	6.98	1.96
Pro	3.63	4.51	4.87	9.19	8.76	4.85	6.01	9.38
Trp	0.87	1.21	1.58	1.01	1.41	0.61	0.93	0
Hyp	0	0	0	0	0	0	0	6.44
疏水性氨基酸[a]	35.43	36.54	42.97	57.69	43.42	45.98	39.85	26.55
侧链不带电极性氨基酸[b]	7.62	8.98	9.56	7.77	9.3	16.73	11.45	14.67
碱性氨基酸[c]	18.69	17.79	15.95	2.87	14.83	22.75	17.66	9.37
酸性氨基酸[d]	34.75	31.62	28.3	26.8	27.81	28.52	33.27	9.53
芳香族氨基酸[e]	10.71	10.63	13.16	12.96	11.93	12.77	9.77	1.36
支链氨基酸[f]	15.74	16.43	17.88	25.31	17.77	21.16	18.03	4.97
IC_{50}	0.71	0.62	0.14	0.27	0.46	0.39	0.54	0.84
$\lg\left(\frac{1}{IC_{50}}\right)$	0.149	0.21	0.85	0.57	0.34	0.41	0.27	0.08

注：[a] 包括 Ala、Ile、Leu、Met、Phe、Pro、Trp、Try 和 Val；[b] 包括 Ser、Thr、Cys 和 Hyp；[c] 包括 Lys、His 和 Arg；[d] 包括 Glu 和 Asp；[e] 包括 Tyr、Phe 和 Trp；[f] 包括 Leu、Ile 和 Val

由各种氨基酸含量与 ACE 抑制活性之间的散点图 3-2-5 所示，芳香族氨基酸散点图规律性明显；疏水性氨基酸和支链氨基酸中规律性也较为明显，只有大米蛋白数据游离于其外；而碱性氨基酸、酸性氨基酸和侧链不带电荷的散点图则随机性较大，无规律可循。因此对疏水性氨基酸、支链氨基酸和芳香族氨基酸与 ACE 抑制活性进行非线性拟合，鉴于大米蛋白数据可能会影响疏水性氨基酸和支链氨基酸与 ACE 抑制活性之间回归函数的拟合，因此拟合时剔除其中的该样本。结果如图 3-2-6、图 3-2-7 和图 3-2-8 所示。

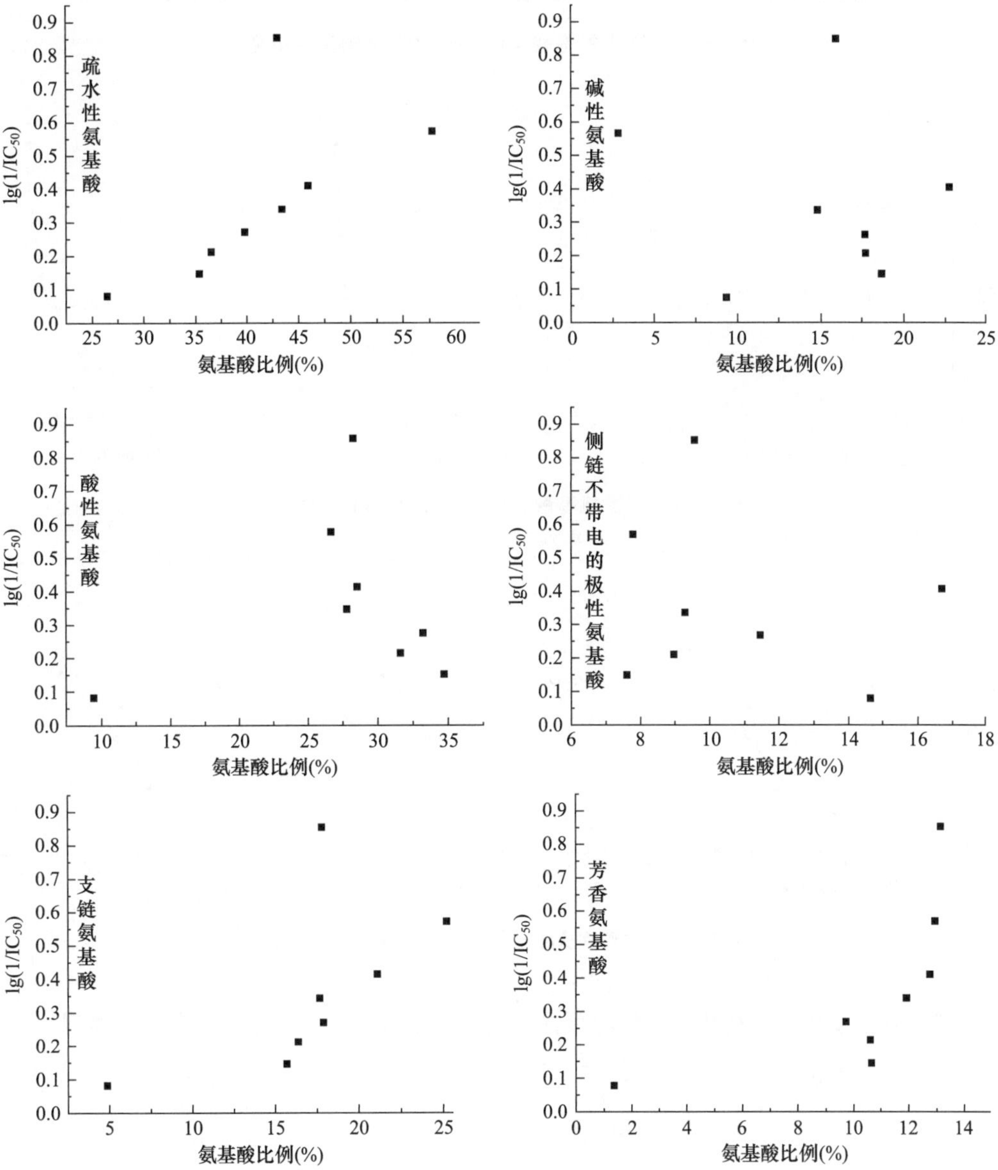

图 3-2-5 氨基酸含量——ACE 抑制活性散点图

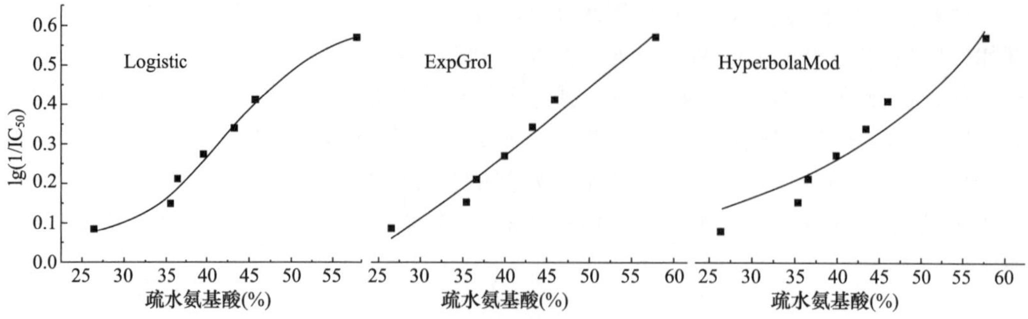

图 3-2-6　疏水氨基酸含量——ACE 抑制活性模型

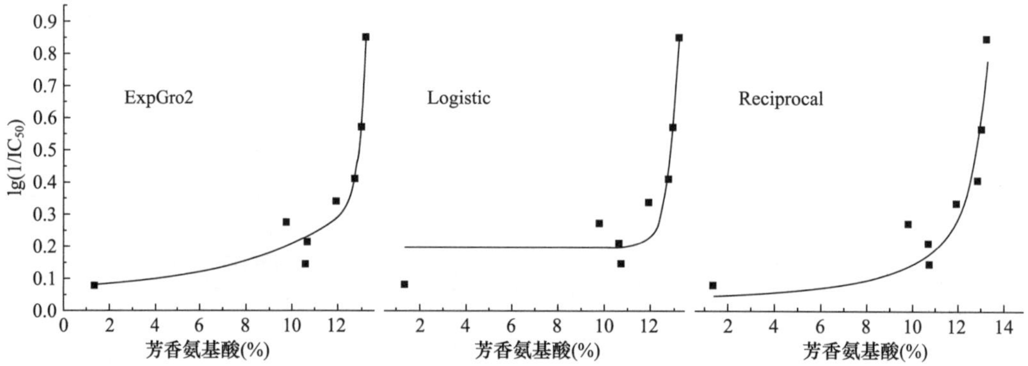

图 3-2-7　芳香氨基酸含量——ACE 抑制活性模型

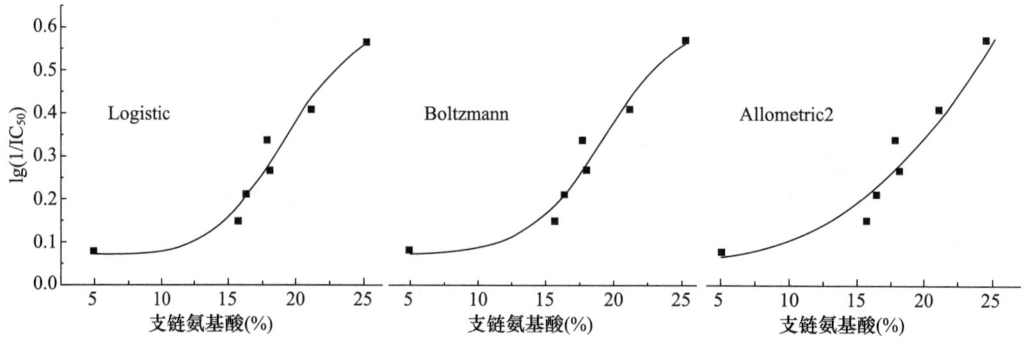

图 3-2-8　支链氨基酸含量——ACE 抑制活性模型

图 3-2-6 为疏水性氨基酸含量与蛋白质水解物 ACE 抑制活性的 3 个拟合模型：

Logistic 模型为：$y=-\dfrac{0.58}{1+\left(\dfrac{x}{43.43}\right)^{7.11}}+0.64$　　$R^2=0.9945$　(3-1)

ExpGro1 模型为：$y=-2.52+2.2e^{\frac{x}{168.38}}$　　$R^2=0.9737$　(3-2)

HyperbolaMod 模型为：$y=\dfrac{x}{-3.12x+277.48}$　　$R^2=0.9188$　(3-3)

式中：x——蛋白中疏水性氨基酸所占比例。

$$y——\lg\left(\frac{1}{IC_{50}}\right) \tag{3-4}$$

图 3-2-7 为支链氨基酸含量与蛋白质水解物 ACE 抑制活性的 3 个拟合模型：

ExpGro2 模型为：$y=-0.06+9.3\times10^{-24}e^{\frac{x}{0.25}}+0.02e^{\frac{x}{4.98}}$　　$R^2=0.965\ 3$　(3-5)

Logistic 模型为：$y=-\frac{3452.32}{1+\left(\frac{x}{17.13}\right)^{32.6}}+3\ 452.5$　　$R^2=0.917\ 7$　(3-6)

Reciprocal 模型为：$y=\frac{x}{24.01-1.73x}$　　$R^2=0.910\ 7$　(3-7)

式中：x——蛋白中芳香氨基酸所占比例。

$$y——\lg\left(\frac{1}{IC_{50}}\right) \tag{3-8}$$

图 3-2-8 为芳香性氨基酸含量与蛋白质水解物 ACE 抑制活性的 3 个拟合模型：

Logistic 模型为：$y=-\frac{0.577}{1+\left(\frac{x}{19.57}\right)^{6.54}}+0.65$　　$R^2=0.960\ 0$　(3-9)

Boltzmann 模型为：$y=-\frac{0.551}{1+e^{\frac{x-19.24}{2.76}}}+0.62$　　$R^2=0.956\ 9$　(3-10)

Allomentric 2 模型为：$y=0.06+0.000\ 12x^{2.59}$　　$R^2=0.938\ 5$　(3-11)

式中：x——蛋白中支链氨基酸所占比例。

$$y——\lg\left(\frac{1}{IC_{50}}\right) \tag{3-12}$$

对疏水性氨基酸含量与 ACE 抑制活性进行了 Logistic、ExpGro1 和 HyperbolaMod 3 种模型拟合，所建立 3 种模型相关系数均大于 0.9，说明模型相关性较好。3 个模型所体现出的趋势基本一致，即随着疏水性氨基酸含量的增加，水解物 ACE 抑制活性增加，说明蛋白质中疏水性氨基酸含量越高，其水解物的 ACE 抑制活性就越高。对芳香氨基酸含量与 ACE 抑制活性进行了 ExpGro2、Logistic、Reciprocal 3 种模型拟合，模型显示芳香族氨基酸含量高也有利于产生高 ACE 抑制活性的短肽，但与疏水性氨基酸不同的是，只有芳香族氨基酸的含量大于 10%时，水解物 ACE 抑制活性才会随其含量增加而明显增加。对支链氨基酸含量与 ACE 抑制活性进行了 Logistic、Boltzmann 和 Allomentric 2 种模型拟合，模型反应情况大致与疏水性氨基酸类似，即支链氨基酸含量与水解物 ACE 抑制活性呈正相关。

通过散点图和非线性回归模型表明，蛋白质中侧链不带电的极性氨基酸、碱性氨基酸和酸性氨基酸含量则对蛋白质水解物 ACE 抑制活性无明显影响；疏水氨基酸含量、芳香族氨基酸含量、支链氨基酸含量的提高则有利于提高水解物的 ACE 抑制活性，也就是说，具有这些氨基酸组成特点的蛋白质产生 ACE 抑制肽的量和活性可能较高。Ruiz (2004)等认为 Pro 和 Leu 的含量及其在短肽 C 末端的位置对其 ACE 抑制活性影响较大；Stevens 等(1972)以及 Rohrbach 等(1981)认为当 Pro 位于 C 末端第三位时，短肽 ACE 抑制活性较高。Jung 等(2006)认为高活性降血压肽中含有大量疏水性氨基酸和芳香族氨基酸，但氨基酸位置对短肽 ACE 抑制活性影响也很大，疏水性氨基酸和芳香族氨基酸位于C末端的短肽，ACE抑制活性更强。另有研究表明(Cheung et al.，1980)，当C-端三肽的每个位置含疏水性氨基酸残基(芳香族或支链氨基酸残基)时与ACE具有较强的亲和力，二肽或三肽的C末端为芳香族氨基酸和Pro以及N末端为支链氨基酸时更适合于以竞争性抑制方式结合于ACE上。由此可见，本研究结论与前人研究一致，由前人研究也可推断出尽管一定程度上可以从蛋白质的氨基酸组成特点来预测产生ACE抑制肽的可能性，但由于ACE抑制肽没有固定的结构，除了蛋白质氨基酸组成本身外，蛋白质的氨基酸内在排列顺序也强烈影响着ACE抑制肽的活性。随着生物信息学的发展，越来越多的蛋白质氨基酸序列被阐明，因此，结合蛋白质氨基酸组成和序列来选取蛋白质原料对酶法制备ACE抑制肽将是非常有帮助的。

2.3 体内降血压活性

在体外ACE抑制活性的研究基础上，短肽的降血压活性通常需要通过动物实验进一步验证其体内效果，实验动物通常采用原发性高血压大鼠(SHR)，实验过程通常分为一次给药和多次给药实验。

2.3.1 一次给药降压效果研究

本课题组(2007)对分子质量小于1 000 u的花生肽一次给药降压效果进行了研究，结果表明(图3-2-9)，不同剂量花生短肽以及卡托普利对SHR实施灌胃后，SHR的SBP的变化趋势为：花生短肽低剂量组在灌胃后1～7 h内保持降压活性($p<0.05$)，中剂量组和高剂量组可在灌胃后1～9 h内使SHR的尾动脉收缩压(SBP)显著降低($p<0.05$)。三个剂量组的最大降幅均出现在灌胃后3 h，分别为15.3 mmHg、24.5 mmHg和26.8 mmHg。在短肽对SHR灌胃剂量为500～1 000 mg/mL时，其SBP的最大降幅为14～23 mmHg。

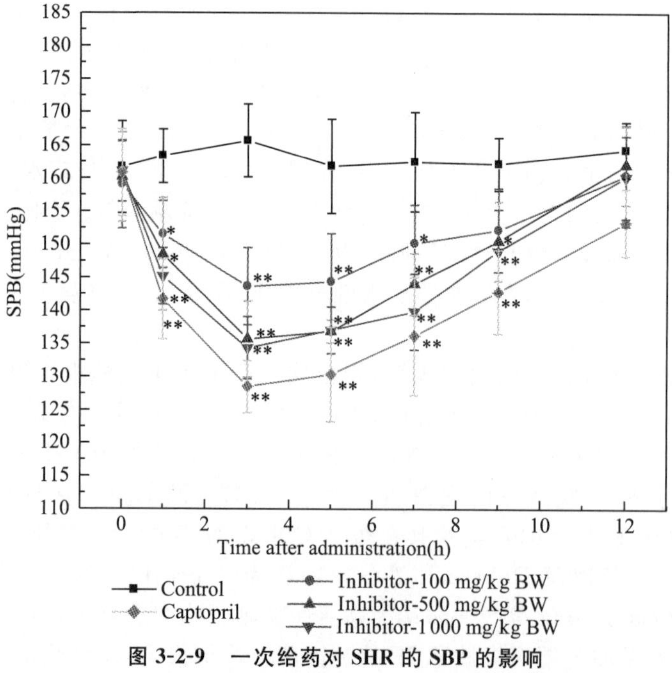

图3-2-9 一次给药对SHR的SBP的影响

对口服花生短肽后 SHR 心率变化研究表明(图 3-2-10)，各组 SHR 的心率在 12 h 内与对照组比较均无显著差异($p>0.05$)，试验组之间的心率差异亦不显著($p>0.05$)，由此说明花生短肽对 SHR 的循环系统未产生不利影响。利用不同剂量组 SHR 尾动脉收缩压的最大降幅与短肽剂量建立 Sigmidal 模型(图 3-2-11)，得到方程：

$$Y=\frac{42.206}{1+e^{\frac{x+0.433\,25}{0.504\,6}}}-25.654, R^2=0.995\,5 \tag{3-13}$$

说明 SHR 尾动脉收缩压最大降幅随着花生肽的剂量增加，趋于一个定值，而不是随着花生肽剂量的增加而增加，因此在实际应用中不会导致因服用剂量偏差造成的低血压现象。此研究结果可证明花生降血压肽对高血压大鼠或患者具有降血压作用，降压作用平稳，而对血压正常者无影响，安全且不会产生任何副作用。

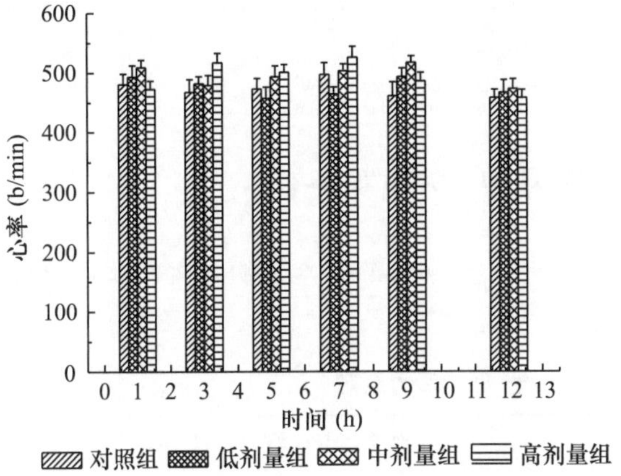

图 3-2-10　花生短肽对 SHR 心率的影响

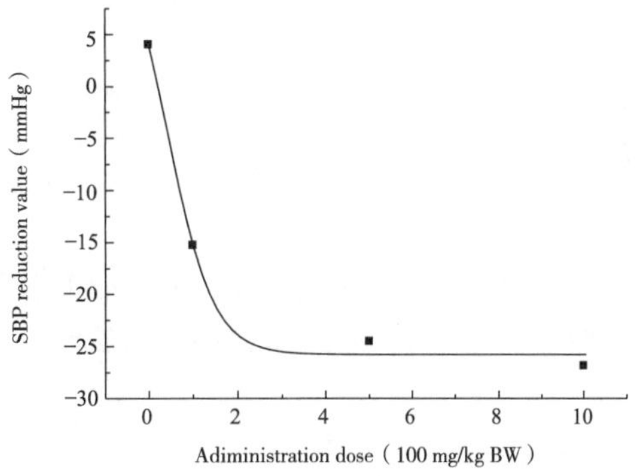

图 3-2-11　花生短肽量效 Sigmidal 模型

2.3.2　多次给药降压效果研究

本课题组(2007)对分子质量小于 1 000 u 的花生肽多次给药降压效果进行了研究，结果表明(图 3-2-12)不同剂量的花生短肽灌胃给药对 SHR 均有不同程度的降压作用，给药后 1 周 3 个短肽组 SHR 的 SBP 降低 11.4～18 mmHg，与空白组相比均有显著的差异($p<0.05$)，随后各剂量组的 SBP 均随着时间的延长而上升，这是因为随着 SHR 的鼠龄增长其 SBP 会随之上升。在 4 周的时间内，中剂量组和高剂量组的 SBP 均显著低于空白组($p<0.05$)，说明服用 500 mg/ kg BW 剂量以上的花生短肽具有长期降压的功效。

已有研究表明，小肽甚至四肽以上的寡肽在胃肠道中很容易以完整形式吸收进入血液循环，哺乳动物及人的小肽载体基因已被克隆表达，并已证明在体内存在两种肽载体。SHR 口服含 ACE 抑制肽 Ile-Pro-Pro 和 Val-Pro-Pro 的酸奶后，SHR 血压显著降低，同时腹主动脉的 ACE 活性也显著被抑制，并在腹主动脉中检测到这两种肽。Matsui 等(1999)研究证实 ACE 抑制肽 Val-Tyr($IC_{50}=26\ \mu mol$)能够完整吸收进入血压正常者及高血压患者血液中。Vermerirssen 等(2002)应用 Caco-2 单细胞层研究亦发现来自于 β-乳球蛋白的 ACE 抑制肽 Ala-Leu-Pro-Met-His-Ile-Arg 能够完整地从黏膜层转运至另一侧。本课题组(2007)对多次给药 SHR 的血清 ACE 活力测定结果表明(表 3-2-3)，中剂

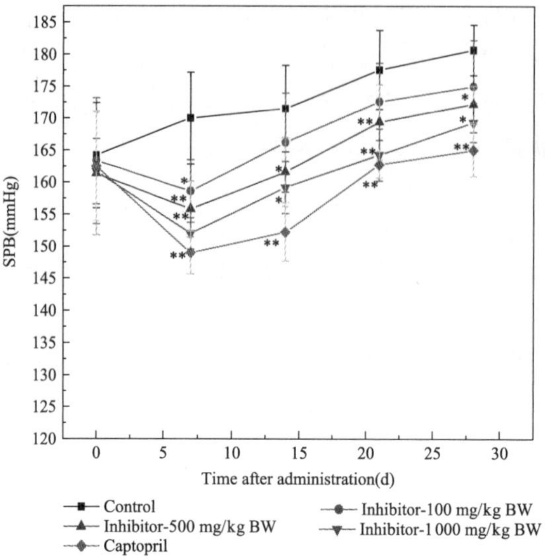

图 3-2-12　花生短肽多次给药对 SHR 的 SBP 的影响

量和高剂量组 SHR 的血清 ACE 活力显著低于空白组($p<0.05$)，证明花生短肽可以被完整吸收进入血液循环进而产生降血压活性。

表 3-2-3　多次给药 SHR 血清 ACE 活力测定

样品	血浆 ACE 活性(AU)
空白	30.58±1.96
100 mg/ kg BW	25.71±2.41
500 mg/ kg BW	24.06±3.05*
1 000 mg/ kg BW	22.69±1.36*
Catropril	17.01±2.62**

本课题组(2007)的研究结果同时显示无论在一次给药实验还是在多次给药实验中卡托普利的降压效果均优于花生短肽。但是众所周知化学合成降压药具有明显的副作用，如对肾脏的毒副作用以及其他一些副作用如低血压、干咳等。而研究结果表明花生短肽则属于天然、安全的食物来源的 ACE 抑制剂，由此可见，花生短肽可以作为一种新的功能食品用于预防和控制高血压。

第 3 节　功能性花生短肽检测方法

3.1　可溶性氮测定方法的改良

3.1.1　Lowry 法的改良

试验选用 Lowry 法测定溶液中可溶性氮含量，Lowry 法是利用蛋白在碱性条件下与福林一酚试剂反应，形成铜一蛋白复合物，然后这一复合物还原磷钼酸一磷钨酸试剂，产生钼蓝和钨蓝复合物的深蓝色，这种深蓝色的复合物在 745～750 nm 处有最大吸收峰，颜色的深浅（吸收值）与蛋白质浓度成正比（汪家政等，2002；），可根据 750 nm 的光吸收值大小计算蛋白质的含量。但蛋白质浓度与吸收值线性范围较窄，为 5～100 μg/mL，这是因为当蛋白浓度大于 100 μg/mL 时，随着蛋白浓度的增加，蛋白与铜的结合率会降低。因此在实际测定中必须将样品中蛋白浓度调整至这一浓度范围，否则结果会出现较大的偏差。Owueu-Apenten 等（2002）及 Coakley 等（1978）针对这一情况，建立了一个双倒数方程：

$$\frac{1}{A_{750}}=\frac{\Phi}{[P]}+x \tag{3-14}$$

该方程可在蛋白浓度 0.1～10 mg/mL 范围内准确计算出样品中蛋白浓度。可通过两点法计算其中的常数：

$$\Phi=\frac{y_1-y_2}{x_1-x_2}。 \tag{3-15}$$

式中：$y_1=\frac{1}{A_{750(1)}}$；$y_2=\frac{1}{A_{750(2)}}$；$x_1=\frac{1}{[P]_1}$；$x_2=\frac{1}{[P]_2}$

其中：[P]牛血清白蛋白（BSA）浓度；

A_{750}，相应浓度 BSA 溶液在 750 nm 下的吸光度

$$x=\bar{y}-\Phi\bar{x} \tag{3-16}$$

式中：$\bar{y}=\frac{y_1-y_2}{2}$；$\bar{x}=\frac{x_1-x_2}{2}$。

令 $[P]_1=0.1$ mg/mL，$[P]_2=5$ mg/mL，经测定 $A_{750(1)}=0.254$，$A_{750(2)}=2.728$。

推出 $y_1=3.937$，$y_2=0.366\ 6$，$\Phi=0.364\ 3$；

$\bar{y}=2.1518$，$\bar{x}=5.1$，$x=0.293\ 9$。

当样品蛋白含量在 0.1～10 mg/mL 范围内时

$$\frac{1}{A_{750}}=\frac{0.364\ 3}{[P]}+0.293\ 9 \tag{3-17}$$

当样品中的蛋白含量在 5～100 μg/mL 范围内时，可建立标准曲线（图 3-3-1）：

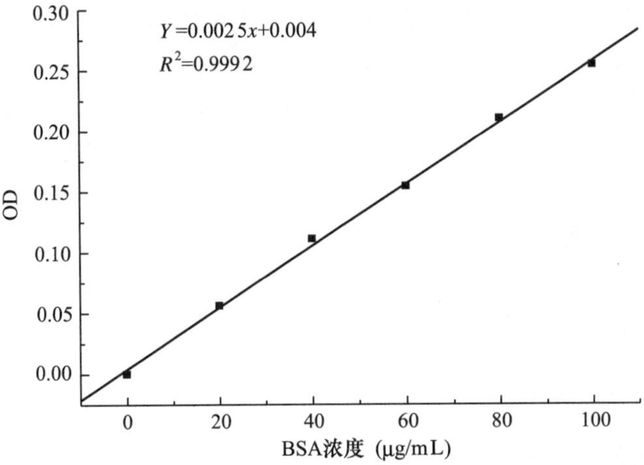

图 3-3-1 Lowry 法标准曲线

因此通过分段函数，可计算样品蛋白含量 5 ～10 mg/mL 范围内的蛋白浓度，当吸光度小于 0.254 时，采用线性方程；当吸光度大于 0.254 时，采用双倒数方程。

3.1.2 改良 Lowry 法的验证

分别采用线性方程和双倒数方程计算浓度在 120～200 mg/mL 范围内 BSA 溶液中蛋白含量，结果如表 3-3-1 所示，回收率则始终在 100%左右，可见双倒数方程可以应用到蛋白含量在0.1～10 mg/mL 范围内的样品蛋白浓度测定中。

表 3-3-1 改良 lowry 法的验证

实际浓度(mg/mL)	线性方程(mg/mL)	回收率(%)	双倒数方程(mg/mL)	回收率(%)
120	120.4±3.61	100.33	122.1±1.32	101.75
140	135.2±2.77	96.57	138.5±2.84	98.93
160	150.8±2.34	94.25	158.3±3.17	98.94
180	168.2±3.19	93.4	183.61±1.71	102.00
200	186.4±1.95	93.2	198.6±2.43	99.3

3.2 短肽得率测定

在短肽制备过程中，得率是最重要的评价指标之一，短肽得率测定通常采用三氯乙酸沉淀法，即先用浓度 20%的三氯乙酸与水解液 1∶1 混合，沉淀大分子蛋白，离心取上清液后，再测定可溶性蛋白氮，计算得率。

可溶性氮的测定方法通常包括考马斯亮蓝法、双缩脲法、福林酚法等，考马斯亮蓝法是可溶性氮测定中精确度最高的方法，其原理在于考马斯亮蓝 G-250 在酸性溶液中与蛋白质结合，使染料最大吸收峰的位置，由 465 nm 变为 595 nm，溶液的颜色也由棕黑色变为蓝色。在595 nm下测定的吸光度值，与蛋白质浓度成正比。但考马斯亮蓝法并不适合用于小分子肽的测定，原因在于小分子肽无法有效的同考马斯亮蓝 G-250 结合，从而造成较大误差。双缩脲法测定原理在于碱性溶液中双缩脲与铜离子结合形成复杂的紫色络合物。而蛋白质及多肽的肽键与双缩脲的结构类似，也能与 Cu^{2+} 形成紫红色络合物，其最大光吸收在 540 nm 处。其颜色深浅与蛋白质浓度成正比。但双缩脲法测定精度较差，不适用于准确定量实验。福林一酚法原理在于利用蛋白在碱性条件下与福林一酚试剂反应，形成铜一蛋白复合物，然后这一复合物还原磷钼酸一磷钨酸试剂，产生钼蓝和钨蓝复合物的深蓝色，这种深蓝色的复合物在 745～750 nm 处有最大吸收峰，颜色的深浅(吸收值)与蛋白质浓度成正比，可根据 750 nm 的光吸收值大小计算蛋白质的含量。该法可较为准确的测定小分子蛋白及多肽，较为适合应用于多肽得率测定。

3.3 水解度的测定

蛋白质的水解度 DH(Degree of hydrolysis)代表蛋白质在水解过程中，肽键被裂解的程度或百分比，数学表达式为：

$$DH=\frac{h}{h_{hot}}\times 100\% \tag{3-18}$$

式中：h 指被裂解的肽键数，h_{tot} 指原蛋白质中的总肽键数，这里的 h 和 h_{tot} 单位经常用 mmol/g 表示。对于一个特定的蛋白质，h_{tot} 是一个常数，可以根据蛋白质中氨基酸的组成成分计算得到。花生蛋白的 h_{tot} 约为 7.13 mmol/g。

在水解过程中，当肽键断裂后，会有一个新的—COOH 和—NH 形成，因此，水解肽键的数目，可以根据水解后测定新形成的末端—COOH 或—NH 基团的量确定。

常用的水解度测定方法包括 pH-Stat 法、三硝基苯磺酸法（TNBS）、邻苯二甲醛法（OPA）、水合茚三酮法和甲醛滴定法等。其中 pH-Stat 法是通过滴定水解过程中释放的质子测定 DH，通常只在中碱性环境水解时应用。OPA、TNBS、水合茚三酮及甲醛滴定法都是利用游离氨基发生化学反应进行测量的，其中用 OPA 和 TNBS 测定 DH 会有很高的相关性，更精确些，但时间较长。水合茚三酮法一般用于低水解度情况下的 DH 测定。通常可根据水解物性质、水解环境及实验室条件选择合理的 DH 测定方法。

3.4 平均肽链长度(PCL)的计算

水解物的 PCL 通常根据水解度计算而来，如蛋白的平均链长为 PCL_0，当被水解为 n 个肽分子后，则有：

$$DH=\frac{n-1}{PCL_0-1}\times 100\% \tag{3-19}$$

同时 $PCL_0=n\cdot PCL$，则代入(6)式(3-19)有：

$$DH=\frac{\frac{1}{PCL}-\frac{1}{PCL_0}}{1-\frac{1}{PCL_0}}\times 100\% \tag{3-20}$$

由于花生蛋白分子质量较大，所以认为$\frac{1}{PCL_0}=0$

因此，$DH=\frac{1}{PCL}\times 100\%$，从而可得到：

$$PCL=\frac{1}{DH} \tag{3-21}$$

第 4 节 功能性花生短肽的制备工艺与技术

采用生物酶法在温和条件下对蛋白进行水解，生成的多肽具有很高营养价值。现代营养研究表明（Grimble, et al, 1990；盛国华，1993；顿新鹏等，2004；张晓驷等，2004）：分子质量小于 1 000 u 的短肽极易被人体吸收利用，而且具有较强的功能活性。这就要求短肽制备过程中所选用的酶解工艺在保证短肽得率的前提下尽量提高蛋白的水解度。

目前，蛋白水解制备短肽的工艺中（张新会，2002；黎观红等，2005；莫琪，1996；吴建中，2002），酶解时间一般在 360～960 min，短肽得率在 75%左右，体系水解度为 16%左右，由此可见如何在短时间内获得高水解度高得率的短肽成为生产工艺中需要解决的一大难题。

针对肽类产品低水解度、低得率的问题，本研究以冷榨花生蛋白粉为原料，利用酶法水解工艺制备花生短肽，力争通过对酶解工艺中的多种影响因素的研究和对酶法水解花生蛋白工艺参数的优化，制备出高得率、高水解度的花生短肽，旨在为花生功能性短肽的产业化提供了理论依据。

4.1 酶解条件的确定

4.1.1 单一蛋白酶的筛选

酶种类是酶解过程中最重要影响因素之一(Deng et al.，1981)。本试验分别选用五种蛋白酶水解花生蛋白，结果如图 3-4-1 所示，在各种蛋白酶的推荐使用条件下，1398 中性蛋白酶、FM、Protamex、N120p 水解花生蛋白的 TCA-NSI 在 45%～53%之间，DH 在 9.4%～12.1%之间，而 Alcalase 水解花生蛋白的 TCA-NSI 和 DH 分别为 63.80%±0.47%和 15.01%±0.88%，极显著高于其他蛋白酶($p<0.01$)，因此选择 Alcalase 为水解花生蛋白的工具酶进行以下试验。

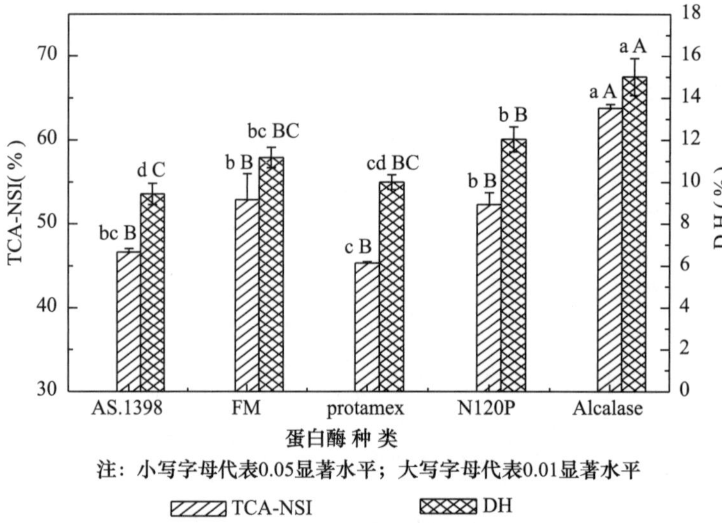

图 3-4-1 蛋白酶的筛选

4.1.2 Alcalase 水解花生蛋白的单因素试验

4.1.2.1 酶用量的确定

试验以加酶量 304 U/g 为基础进一步提高 Alcalase 的用量，来研究酶用量对 TCA-NSI 和 DH 的影响。结果表明(图 3-4-2)，酶用量在 304～2 428 U/g 浓度范围内，酶解液的 TCA-NSI 和 DH 随酶用量升高迅速上升，当酶用量达到 3 642 U/g 时 TCA-NSI 和 DH 分别达到 71.63%±0.16%和 19.74%±0.27%，比 304 U/g 时分别提高了 10.86%和 11.45%。当酶用量在 3 642～6 070 U/g 浓度范围内 TCA-NSI 基本不再变化，DH 的增幅也很不明显，仅为 0.85%。在酶解进行的初期，大分子蛋白迅速减少，小分子肽迅速增加，同时肽也会作为蛋白酶的底物被进一步水解为分子质量更低的肽分子，两者在水解过程中存在与蛋白酶的竞争结合。体系反应的初速度会随酶用量的增大而不断增大，这使得大部分大分子蛋白在较短时间内被降解成为小分子肽，当大分子蛋白减少到一定程度时，无论体系中蛋白酶浓度高低，其与大分子蛋白的作用几率都会大大降低，此时蛋白酶主要的底物是肽。因此当加酶用量达到3 642 U/g时，再进一步增加酶用量对提高肽的得率已没有明显效果，尽管此时蛋白酶仍会对肽产生作用，但体系中的 DH 上升非常缓慢，这是因为蛋白酶的作用位点已经大大减少。由此可见，当酶用量达到 3 642 U/g 时，体系短肽提取率已基本不变，此时 DH 随着酶用量的进一步增大增幅也已经很小，因此确定较适酶用量在 3 642 U/g 左右。

4.1.2.2 底物浓度的确定

由图 3-4-3 可知，在底物浓度1%～10%范围内，花生蛋白——Alcalase 体系存在底物抑制现象，即随着底物浓度的增加 TCA-NSI 和 DH 均有所下降，当底物浓度进一步下降到0.5%时，底物抑制现象消失，其 TCA-NSI 和 DH 与底物浓度 1%相比均有所下降。当底物浓度为 4%时，TCA-NSI 和 DH 分别是67.46%±0.31%和16.95%±0.21%，比底物浓度 2%分别低 1.11%和 0.4%，比底物浓度 6%分别高 3.23%和 1.79%，可见底物浓度从 4%增加至 6%时，TCA-NSI 和 DH 下降幅度较大。从理论上来说(Tello et al.，1994)体系底物浓度过大会造成体系中的有效水分浓度过低，因此就降低了底物和蛋白酶的扩散和运动，从而对水解产生抑制作用；当底物浓度过低时，会降低蛋白酶和作用底物的碰撞概率，使水解反应受到抑制。从试验结果表明底物浓度为 0.5%时，蛋白酶与底物的碰撞概率降低造成的影响已经大于高有效水分浓度的影响，表现为低底物浓度对水解的抑制；在 1%～10%的浓度范围内则表现为高底物浓度对水解反应的抑制，即当底物浓度为 1%时 TCA-NSI 和 DH 最大。但在实际生产中原料蛋白浓度过低造成产品绝对产量低(邓乾春等，2005)，在处理量一定的条件下，必须通过反复生产来增大产品产量，这就使生产过程中能耗增加、设备利用率降低，因而底物浓度过低不宜在实际生产中推广使用。最终试验选择底物浓度 4%作为最佳底物浓度。

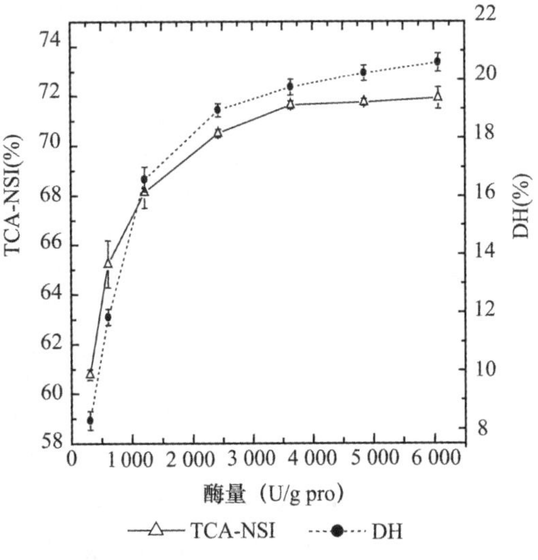

图 3-4-2 Alcalase 用量对 TCA-NSI 和 DH 的影响

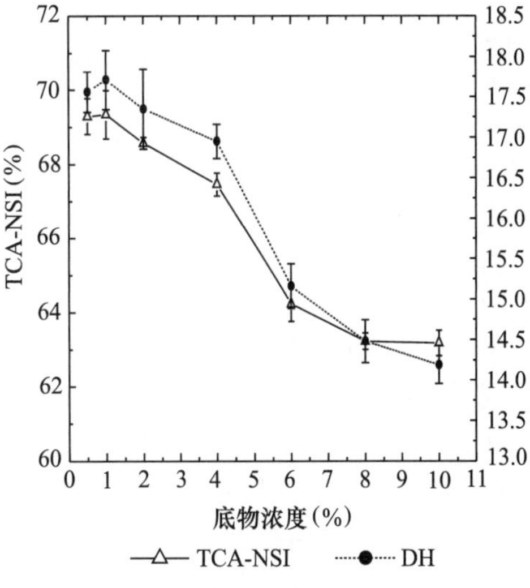

图 3-4-3 底物浓度 TCA-NSI 和 DH 的影响

4.1.2.3 pH 的确定

pH 对酶促反应的影响，主要体现在对酶活力的影响(Munilla et al.,1996)。试验分析了 pH 值 6～9 范围内体系 TCA-NSI 和 DH 的变化。结果如图 3-4-4 所示，随着 pH 值的升高，TCA-NSI 和 DH 迅速增大，当体系 pH 达到 8.0 时，TCA-NSI 和 DH 分别达到 68.61%±1.23%和 16.36%±0.33%，当体系 pH 9.0 时，TCA-NSI 和 DH 相比于 pH 8.0 时呈现下降趋势，下降幅度分别为 1.59%和 0.84%，可见 Alcalase 更适合于偏碱性的环境，因此选择 pH8.0～8.5 作为 Alcalase 的最适 pH。

4.1.2.4 反应温度的确定

试验分析了从 40～75℃这个温度范围内 TCA-NSI 和 DH 的变化。结果如图 3-4-5 所示，当温度由 40℃升至 55℃过程中体系的 TCA-NSI 和 DH 逐渐上升，在 55℃时体系 TCA-NSI 和 DH 达到最大值，分别为 67.70%±0.58%和 15.96%±0.22%，超过 55℃后体系 TCA-NSI 和 DH 开始呈下降趋势，超过 60℃后则开始迅速下降。酶解温度的高低与蛋白酶分子稳定性密切相关(Wang et al., 2001)，这是因为蛋白酶分子的肽键具有特定的空间结构，若反应温度超过某一限度，极易引起次级键解离，而致使蛋白酶丧失或部分丧失催化活性；但是若反应温度过低，则会大大降低体系内分子运动激烈程度，从而降低蛋白酶与底物的碰撞几率。因此 Alcalase 的较适作用温度在 55℃左右。

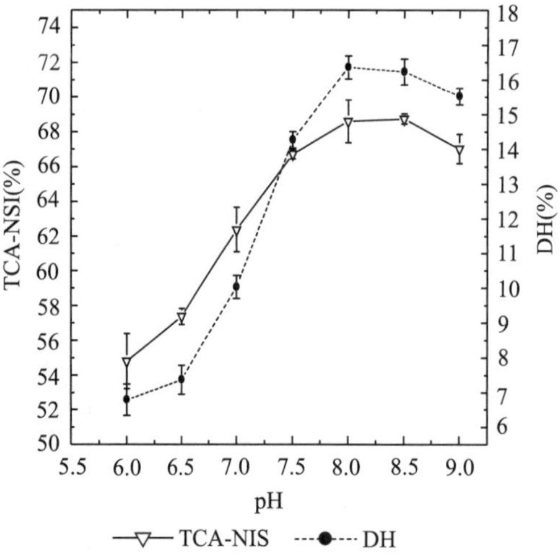

图 3-4-4 pH 对 TCA-NSI 和 DH 的影响

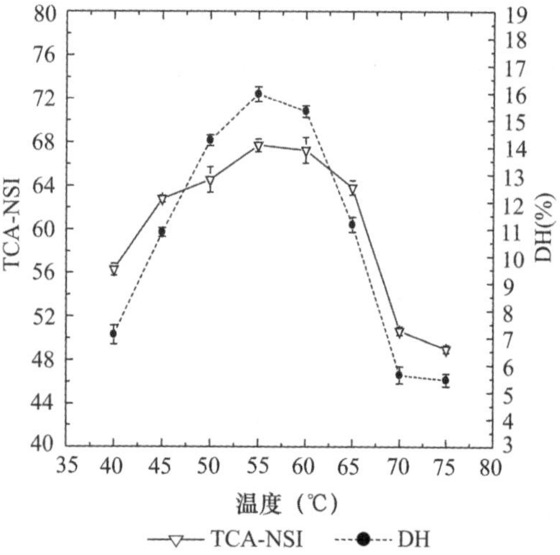

图 3-4-5 反应温度对 TCA-NSI 和 DH 的影响

4.1.2.5 水解时间的确定

试验分析了 0～240 min 范围内的不同酶解时间对体系 TCA-NSI 和 DH 的变化趋势。由图 3-4-6 可知，在水解的前 120 min，TCA-NSI 和 DH 一直呈上升趋势，水解 120 min 时，TCA-NSI 和 DH 分别达到 69.69%±0.47%和 15.81%±0.26%。当水解至 180 min 时，DH 虽然继续上升，但幅度仅为 0.21% ，而 TCA-NSI 则呈现下降趋势。这可能是因为 Alcalase 本身是一种复合蛋白酶，其由内切酶和端切酶组成，在水解过程中，随着内切位点逐渐减少端切酶的活力可能逐渐显现，体系中的一些肽分子被水解体系中的端切酶所作用而被水解为氨基酸，在水解后期，体系中端切酶的水解速率大于内切酶的水解速率，因此在 180 min 后，体系的肽提取率略有降低。由此可见，当水解时间为 120 min 时，体系肽提取率已达到最大，此时水解度随着水解时间的延长增幅也已经很小，因此确定较适水解时间在 120 min 左右。

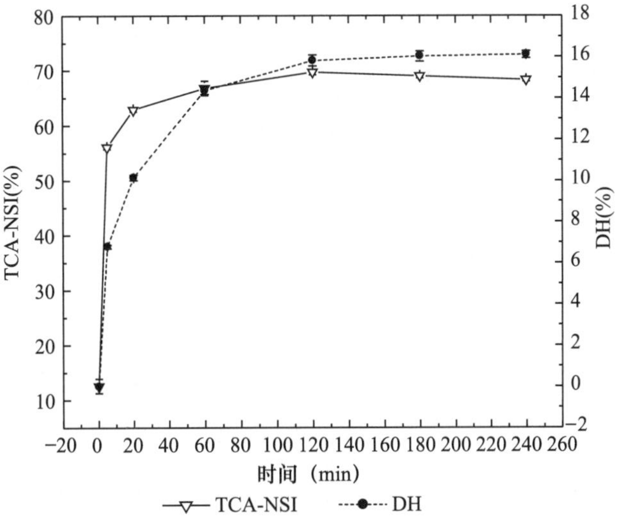

图 3-4-6 水解时间对 TCA-NSI 和 DH 的影响

4.1.3 Alcalase 水解花生蛋白的正交旋转组合试验

通过四元二次正交旋转组合的 23 个处理组合试验测得 TCA-NSI 和 DH 结果见表 3-4-1。用 SPSS 工作平台对结果进行分析处理，建立 TCA-NSI 以及 DH 与各因素的数学模型，以 TCA-NSI 为第一指标，通过对短肽得率模型分析获得最佳工艺条件，并通过 DH 模型确定最优条件下体系水解度。

4.1.3.1 酶水解各因素对 TCA-NSI 的影响

采用 SPSS 数据处理系统用标准多项式回归方法对实验数据进行拟合，得到的二次多项式如式(3-22)：

$$Y=75.22-6.40X_1-2.39X_2+4.04X_3+1.80X_4-5.54X_1^2+0.06X_2^2-1.66X_3^2-3.74X_4^2-0.60X_1X_2+0.34X_1X_3+0.19X_1X_4+0.19X_2X_3+0.34X_2X_4-0.60X_3X_4 \quad (3\text{-}22)$$

剔除 $\alpha=0.05$ 显著水平不显著项后，简化后的回归方程如式(3-23)：

$$Y=75.22-6.4X_1-2.39X_2+4.04X_3+1.8X_4-5.54X_1^2-1.66X_3^2-3.74X_4^2 \quad (3\text{-}23)$$

为检验回归方程的显著性，需对回归方程进行 F 检验，结果见表 3-4-2。由 $F_{0.05}(2,6)=5.14<F_1=5.641<F_{0.01}(2,6)=10.92$，说明失拟项在 $\alpha=0.05$ 水平上显著，但在 $\alpha=0.01$ 水平不显著，这表明存在着失拟因子，这种失拟可能来自因子间的高阶互作。由 $F_2=25.106>F_{0.01}(14,8)=5.56$，说明回归方程本身在 $\alpha=0.01$ 水平上显著，拟和值与试验值的拟和误差最大为 5.0%，表明回归方程与试验情况拟合较好。

表 3-4-1 正交旋转试验结果

处理号	矩阵设计				TCA-NSI(%)			水解度(%)		
	X_1	X_2	X_3	X_4	实验值	拟和值	拟和误差	实验值	拟和值	拟和误差
1	1	1	1	1	62.79	61.37	1.42	11.39	12.04	−0.65
2	1	1	−1	−1	48.80	49.68	−0.88	5.16	4.98	0.18
3	1	−1	1	−1	65.45	62.54	2.91	10.02	9.54	0.48
4	1	−1	−1	1	58.80	58.07	0.73	10.53	11.36	−0.83
5	−1	1	1	−1	71.97	70.57	1.40	11.61	11.62	−0.01
6	−1	1	−1	1	66.57	66.10	0.47	13.81	13.44	0.37
7	−1	−1	1	1	75.65	78.96	−3.31	17.21	18	−0.79
8	−1	−1	−1	−1	65.90	67.27	−1.37	10.01	10.94	−0.93
9	−1.682	0	0	0	72.20	70.36	1.84	12.59	12.39	0.20
10	1.682	0	0	0	46.50	48.82	−2.32	5.49	5.63	−0.14
11	0	−1.682	0	0	80.21	79.27	0.94	15.52	14.89	0.63
12	0	1.682	0	0	70.13	71.24	−1.11	11.06	11.63	−0.57
13	0	0	−1.682	0	64.56	63.77	0.79	12.17	12.81	−0.64
14	0	0	1.682	0	76.08	77.35	−1.27	16.43	17.21	−0.78
15	0	0	0	−1.682	60.60	61.65	−1.05	8.59	9.07	−0.48
16	0	0	0	1.682	68.29	67.72	0.57	17.05	16.54	0.51
17	0	0	0	0	75.16	75.26	−0.10	16.14	15.01	1.13
18	0	0	0	0	74.47	75.26	−0.79	14.52	15.01	−0.49
19	0	0	0	0	76.08	75.26	0.82	15.76	15.01	0.75
20	0	0	0	0	73.56	75.26	−1.70	13.91	15.01	−1.1
21	0	0	0	0	78.15	75.26	2.89	14.52	15.01	−0.49
22	0	0	0	0	74.47	75.26	−0.79	15.29	15.01	0.28
23	0	0	0	0	75.16	75.26	−0.10	14.91	15.01	−0.1

模型建立后，对模型的特征作进一步分析，将回归方程模型(3-22)改写成矩阵(3-24)形式：

$$[y]=107.42+\begin{bmatrix}x_1\\x_2\\x_3\\x_4\end{bmatrix}^{\mathrm{T}}\begin{bmatrix}-6.40\\-2.39\\4.04\\1.80\end{bmatrix}+\begin{bmatrix}x_1\\x_2\\x_3\\x_4\end{bmatrix}^{\mathrm{T}}\boldsymbol{A}\begin{bmatrix}\mathrm{x}_1\\\mathrm{x}_2\\\mathrm{x}_3\\\mathrm{x}_4\end{bmatrix} \tag{3-24}$$

其中：

$$A=\begin{bmatrix}-11.08 & -0.60 & 0.34 & 0.19\\ -0.60 & 0.12 & 0.19 & 0.34\\ 0.34 & 0.19 & -3.32 & -0.60\\ 0.19 & 0.34 & -0.60 & -7.48\end{bmatrix}$$

求方程(3-24)的驻点，令：

$$\frac{\partial y}{\partial x}=\left(\frac{\partial y}{\partial x_1}\cdots\frac{\partial y}{\partial x_4}\right)^{\mathrm{T}}=0 \tag{3-25}$$

由式(3-25)可求得驻点：$x_1=-0.578$，$x_2=-1.682$，$x_3=1.197$，$x_4=0.241$

判断此驻点是否为鞍点，可对矩阵 **A** 的正负性进行判定令，如式(3-26)：

$$|\boldsymbol{A}-\lambda \boldsymbol{I}|=0 \tag{3-26}$$

求解 λ 值异号，由此可知矩阵 **A** 负定，因此此驻点为鞍点，y 只有最大值。

由此可得到，TCA-NSI 最高时的优化组合为水解温度 53℃，底物浓度 1%，酶用量 3 637 U/g，水解时间 105 min，与单因素试验结果基本一致，在此条件下进行试验测得的短肽得率为 83.8%。

表 3-4-2 TCA-NSI 试验结果方差分析表

变异来源	平方和	自由度	均方	比值(*F*)	显著水平(*p*)
X_1	560.258 0	1	560.258 0	118.107 91	0.000 00
X_2	77.926 1	1	77.926 1	16.427 59	0.003 67
X_3	222.825 5	1	222.825 5	46.973 81	0.000 13
X_4	44.394 6	1	44.394 6	9.358 83	0.015 60
X_1^2	480.949 6	1	480.949 6	101.388 91	0.000 01
X_2^2	0.269 3	1	0.269 3	0.056 78	0.817 66
X_3^2	40.493 9	1	40.493 9	8.536 50	0.019 24
X_4^2	216.103 3	1	216.103 3	45.556 71	0.000 15
X_1X_2	5.818 2	1	5.818 2	1.226 53	0.300 27
X_1X_3	1.883 1	1	1.883 1	0.396 98	0.546 22
X_1X_4	0.558 6	1	0.558 6	0.117 75	0.740 33
X_2X_3	0.558 6	1	0.558 6	0.117 75	0.740 33
X_2X_4	1.883 1	1	1.883 1	0.396 98	0.546 22
X_3X_4	5.818 2	1	5.818 2	1.226 53	0.300 27
回归	1 667.285 0	14	119.091 8	$F_2=25.106$	
剩余	37.948 9	8	4.743 6		
失拟	24.773 7	2	12.386 9	$F_1=5.641$	
误差	13.175 1	6	2.195 9		
总和	1 705.224 1	22			

由模型分析结果可知，在试验所选范围内随着蛋白浓度的增大，酶水解效率逐渐下

降，但由于生产时提高蛋白浓度可以减少能耗、提高设备利用率，因而实际生产中可根据模型选用较高底物浓度。单因素试验结果显示 4%为较适底物浓度，因此选择 4%作为较佳底物浓度。结合回归模型可知，在底物浓度 4%，其他因素均为最优条件下体系 TCA-NSI 为 80.35%。

4.1.3.2 酶水解各因素对 DH 的影响

采用 SPSS 数据处理系统用标准多项式回归方法对试验数据进行拟合，得到的二次多项式如下(3－27)式：

$$Y=15.01-2.01X_1-0.97X_2+1.31X_3+2.22X_4-2.12X_1^2-0.62X_2^2-0.26X_3^2-0.78X_4^2-0.14X_1X_2+0.05X_1X_3+0.17X_1X_4+0.17X_2X_3+0.05X_2X_4-0.14X_3X_4 \quad (3\text{-}27)$$

剔除 $\alpha=0.05$ 显著水平不显著项后，简化后的回归方程如式(3-28)：

$$Y=15.01-2.01X_1-0.97X_2+1.31X_3+2.22X_4-2.12X_1^2-0.62X_2^2-0.78X_4^2 \quad (3\text{-}28)$$

为检验回归方程的显著性，需对回归方程进行 F 检验，结果见表 3-4-3。由 $F_1=8.785<F_{0.05}(2,6)=5.14$，说明失拟项在 $\alpha=0.05$ 水平上不显著，这表明不存在失拟因子，由 $F_2=24.64>F_{0.01}(14,8)=5.56$，说明回归方程本身在 $\alpha=0.01$ 水平上显著，拟和值与试验值的拟和误差最大为 9.29%，表明回归方程与试验情况拟合较好。

表 3-4-3 DH 试验结果方差分析表

变异来源	平方和	自由度	均方	比值(F)	显著水平(p)
X_1	55.297 5	1	55.297 5	76.889 87	0.000 02
X_2	12.954 0	1	12.954 0	18.012 24	0.002 82
X_3	23.420 7	1	23.420 7	32.565 91	0.000 45
X_4	67.527 5	1	67.527 5	93.895 34	0.000 01
X_1^2	70.656 9	1	70.656 9	98.246 65	0.000 01
X_2^2	5.639 5	1	5.639 5	7.841 57	0.023 19
X_3^2	0.886 4	1	0.886 4	1.232 57	0.299 16
X_4^2	9.252 1	1	9.252 1	12.864 75	0.007 12
X_1X_2	0.302 5	1	0.302 5	0.420 62	0.534 80
X_1X_3	0.032 4	1	0.032 4	0.045 05	0.837 22
X_1X_4	0.442 2	1	0.442 2	0.614 90	0.455 54
X_2X_3	0.442 2	1	0.442 2	0.614 90	0.455 54
X_2X_4	0.032 4	1	0.032 4	0.045 05	0.837 22
X_3X_4	0.302 5	1	0.302 5	0.420 62	0.534 80
回归	248.117 8	14	17.722 7	$F_2=24.643$	
剩余	5.753 4	8	0.719 2		
失拟	2.135 5	2	1.067 7	$F_1=1.771$	
误差	3.617 9	6	0.603 0		
总和	253.870 4	22			

将得到的最优组合既 $x_1=-0.578$，$x_2=-0.238$，$x_3=1.197$，$x_4=0.241$ 代入 DH 回归模型，得到在此条件下作用的体系 DH 为 17.72%，PCL 为 5.64，M_w 为 638.4。

4.1.4 复合酶解蛋白酶的筛选

酶种类是酶解过程中最重要影响因素之一。本试验先以 Alcalase 水解花生蛋白，之后分别采用四种蛋白酶继续对花生蛋白进行酶解，结果如图 3-4-7 所示，在各种蛋白酶的推荐使用条件下，N120P 与 FM 继续 Alcalase 水解花生蛋白的 DH 显著高于其他两种蛋白酶，分别20.96%±0.33%和 20.08%±0.37%，二者没有显著差异（$p>0.05$）；N120P 继续 Alcalase 水解花生蛋白的 TCA-NSI 值达到 84.6%±0.74%，比 Alcalase 单独水解提高了 6.45%，显著高于其他蛋白酶（$p<0.05$）。由此可见 N120P 继续 Alcalase 水解花生蛋白酶解液体系中 DH 与短肽得率均较高，因此综合考虑选用 N120P 为继续 Alcalase 水解花生蛋白的工具酶进行以下研究。

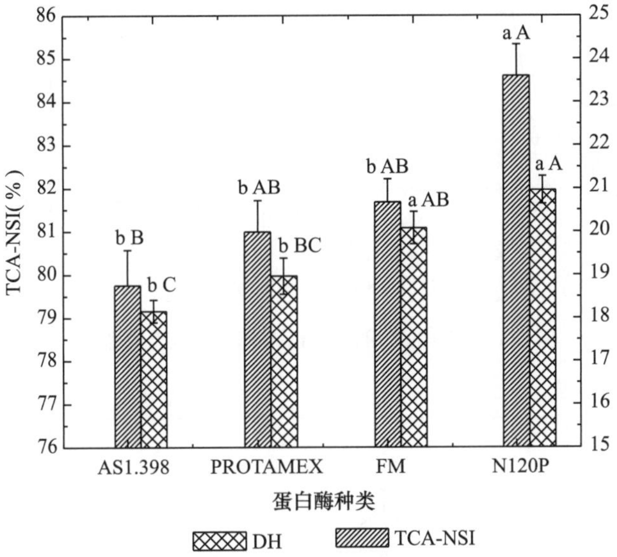

图 3-4-7 复合酶解蛋白酶的筛选

4.1.5 N120P 水解花生蛋白的单因素试验

4.1.5.1 酶用量对水解的影响

试验分析了 N120P 浓度从 300～3 600 U/g 范围内体系 TCA-NSI 和 DH 的变化，结果表明（图 3-4-8），随着 N120P 用量的增加，酶解液中的 TCA-NSI 和 DH 逐渐上升。当 N120P 用量小于 1 800 U/g 时，TCA-NSI 与 DH 上升速度较快，当 N120P 用量达到 1 800 U/g 时，TCA-NSI 和 DH 分别为 54.44%±0.42%和 13.89%±0.44%且当酶用量在 1 800～3 600 U/g 范围内 TCA-NSI 和 DH 上升幅度仅为 1.17%和 0.707%。根据酶动力学（Marogot et al.，1997），酶的用量过多或过少均对水解不利，过多不仅达不到水解效果，还造成资源浪费。因此较适加酶量应在 1 800 U/g 左右。

4.1.5.2 pH 值对水解的影响

pH 值对酶促反应的影响，主要体现在对酶活力的影响。试验分析了 pH 值 5～8 范围内体系 TCA-NSI 和 DH 的变化。结果如图 3-4-9 所示，随着 pH 值的升高，TCA-NSI 和 DH 逐渐增大，当体系 pH 值为 6.0 时的 TCA-NSI 和 DH 达到最高值，分别为 51.94%±0.42%和 13.83%±0.34%，当 pH>6.0 时，TCA-NSI 和 DH 开始下降。可见体系过酸或过碱都会影响酶的活性，N120P 更适合于中性偏酸的条件，因此选择 pH6.0 作为最佳 pH。

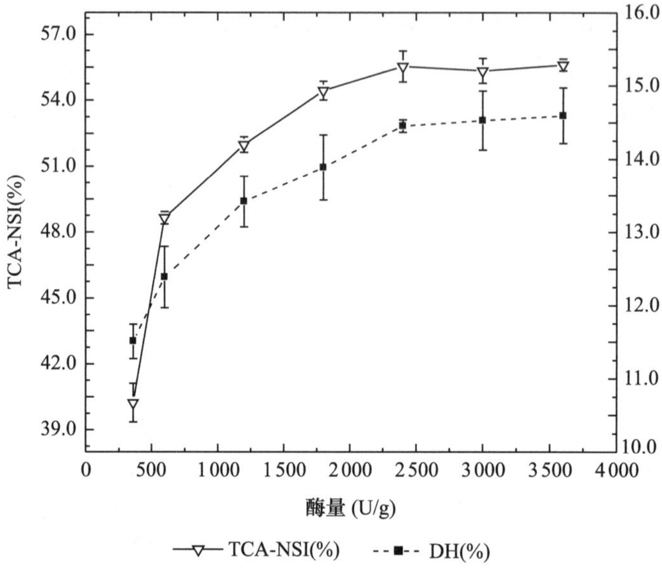

图 3-4-8　N120P 用量对 TCA-NSI 和 DH 的影响

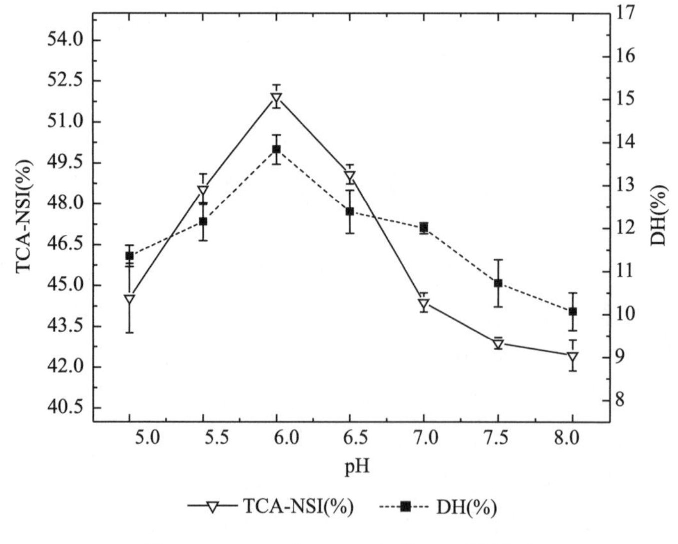

图 3-4-9　pH 对 TCA-NSI 和 DH 的影响

4.1.5.3　反应温度对水解的影响

酶的活性很大程度上取决于所用的温度。本试验分析了从 40～70℃这个温度范围内TCA-NSI和DH的变化。结果如图3-4-10所示，当温度由40℃升至55℃过程中体系的TCA-NSI和DH大大提高，在55～60℃时体系TCA-NSI和DH达到最大值，分别为53.29%±1.48%和13.97%±0.56%，超过60℃后体系TCA-NSI和DH又开始下降。这是因为蛋白酶分子的肽键具有特定的空间结构，若反应温度超过某一限度，分子吸收了过多的能量，引起次级键解体，将丧失或部分丧失催化活性（王梅等，1999）。因此N120P较适作用温度可能在55～60℃之间。

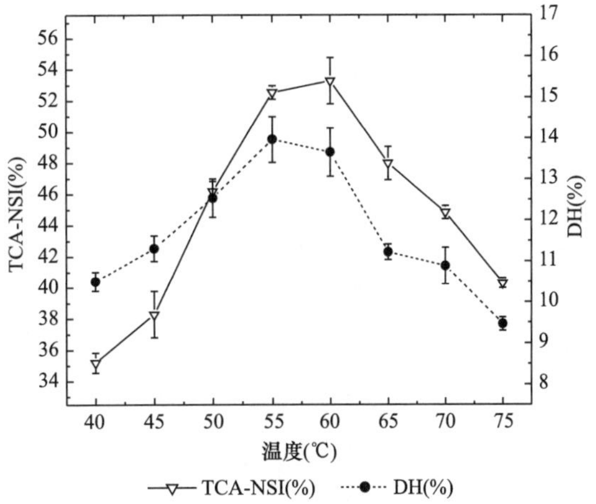

图 3-4-10 温度对TCA-NSI和DH的影响

4.1.5.4 时间对水解的影响

试验分析了0～240 min范围内的不同酶解时间对体系TCA-NSI和DH的影响。由图3-4-11可知，在酶解的前20 min，TCA-NSI和DH上升非常迅速，20 min以后，上升速度开始放缓，60 min时TCA-NSI和DH分别达到48.99%±1.34%和12.8%±0.37%。而当酶解时间在60～240 min范围内，TCA-NSI和DH上升幅度仅为2.92%和1.21%，增幅已经非常缓慢，因此较适的作用时间在60 min左右。

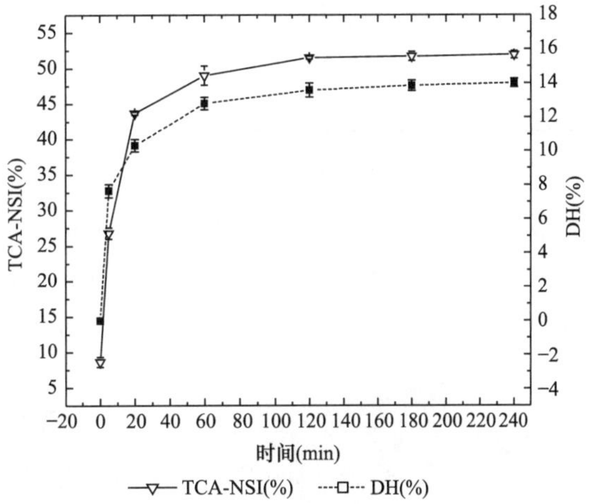

图 3-4-11 时间对TCA-NSI和DH的影响

4.1.5.5 N120P水解花生蛋白的均匀设计

通过均匀设计的11个处理组合试验测得的TCA-NSI的结果见表3-4-4。用SPSS工作平台对结果进行分析处理，建立TCA-NSI与各因素关系的数学模型，并通过对模型分析而获得最佳的工艺条件。

对试验结果进行二次多项式逐步回归分析，以回归模型的复相关系数R为指标，半自动的删除方程中不显著的相，最终得到回归模型为：

$$Y=67.852+2.450X_2+4.480X_3-0.057X_1^2-0.143X_2^2-0.273X_3^2+0.045X_1X_3-0.172X_2X_3$$

回归模型相关系数$R^2=0.982\ 69$，$p=0.032\ 8$，方程Durbin-Watson统计量$d=1.761\ 226\ 87$，说明残差相互独立。拟和值与试验值的拟和误差最大为2.77%，表明回归方程与试验情况拟合较好，本试验建立的回归模型可信。

表 3-4-4　均匀设计试验结果

处理号	时间(min)	温度(℃)	酶用量(U/g)	TCA-NSI(%)		
				实际值	拟和值	拟和误差
1	5	6	11	84.00	83.27	0.73
2	7	1	4	81.23	84.21	−2.98
3	10	9	2	77.79	78.39	−0.60
4	9	3	10	85.40	85.13	0.27
5	6	11	5	83.77	82.69	1.08
6	4	4	1	78.47	78.54	−0.07
7	8	8	8	84.00	83.66	0.34
8	3	10	9	81.23	83.48	−2.25
9	2	2	7	88.21	88.32	−0.12
10	1	7	3	85.17	83.10	2.07
11	11	5	6	85.40	83.87	1.53

根据各因素三维响应面图直观判断，如图 3-4-12 所示，回归模型 TCA-NSI 最高时的优化组合为 $X_1=2.811\ 24$，$X_2=4.310\ 06$，$X_3=7.086\ 99$。即水解时间 65 min，水解温度 57℃，酶底比为 2 061 U/g，最优组合同单因素试验结果基本一致。在此条件下进行试验测得的 TCA-NSI 为 89.01%，比 Alcalase 单独作用提高了 10.86%。

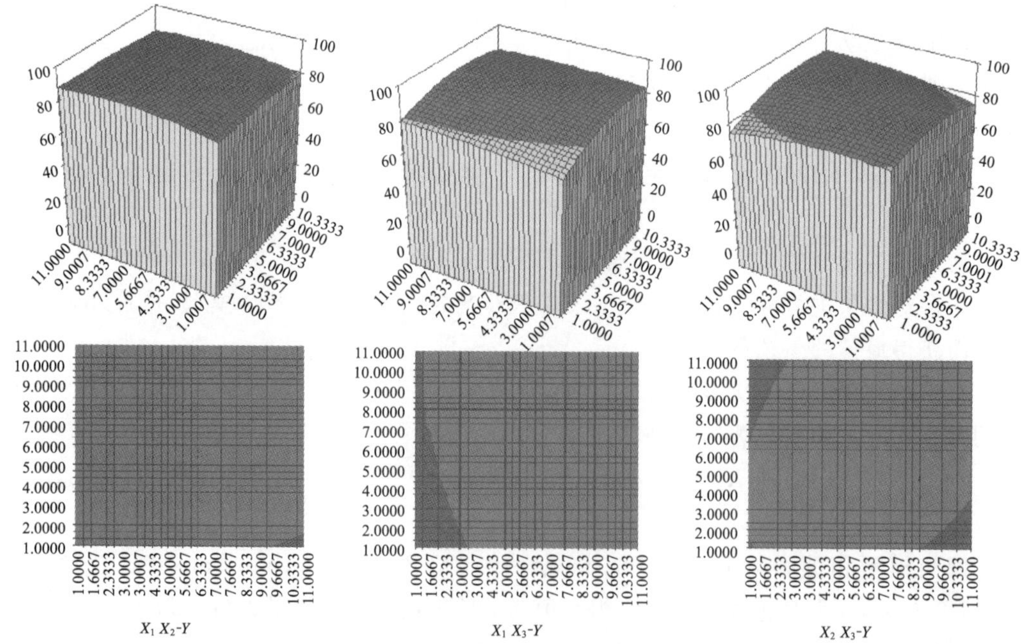

图 3-4-12　各因素对复合酶解交互影响响应面图

4.1.5.6　花生蛋白复合酶解液 DH 的测定

花生蛋白在最优条件下进行复合酶解后，酶解时间为 170 min，体系中水解度为 DH 为 23.76%±0.93%，比 Alcalase 单酶水解提高了 6.24%；PCL 为 4.21±0.16，比 Alcalase 单酶水解降低了 1.5，体系平均分子质量为 481.1。由此可见，通过复合酶解可以大大提高花生功能性短肽的得率，极显著的降低花生功能性短肽体系的肽链长度（$p<0.01$）。

4.2　酶解动力学研究

短肽的酶法制备是通过对蛋白酶解条件、水解度以及水解产物的分子质量分布等指标的研究，优化出水解参数，确定产物水解度与分子质量分布之间的相互关系，从而实现通过控制水解条件获得目标分子质量分布的短肽。蛋白质的酶解是一个复杂的过程，蛋白质所含的肽键种类不同，蛋白酶对不同肽键的水解作用强弱也不一样，这都会导致有时很难对蛋白质酶解过程进行明确的说明与解释。因此，对于酶水解过程，从反应机理出发，推导描述蛋白质酶法水解过程规律的动力学关系式，计算酶动力学参数，建立符合实验数据的实验模型，对于深入理解蛋白质酶解过程有着实际意义。

一个能够全面反映水解过程的高分子底物水解动力学模型的建立需要大量的数据、推导、运算以及反复的验证，整个过程需要耗费大量的时间；而仅凭几组数据拟合建立的模型又不能反映整个水解过程。针对这一问题，Marquez 等（1993）认为，对于机理相同的水解反应，前人建立的模型可以被用来与实际数据结合，构建的水解过程动力学曲线，进而获得水解过程中的一些信息。

4.2.1　酶解动力学模型的推导

4.2.1.1　单一酶解动力学模型的推导

蛋白质酶法水解反应符合双底物顺序反应机理，由以下几步反应过程组成。在水溶液中，第二步反应为限速步骤，并且逆过程可忽略。

$$\mathrm{E+S} \underset{x-1}{\overset{x_1}{\rightleftharpoons}} \mathrm{ES} \tag{3-29}$$

$$\mathrm{ES+H_2O} \overset{k_2}{\rightleftharpoons} \mathrm{E+P-OH+H-P} \tag{3-30}$$

$$\mathrm{ES+S} \underset{x_{-3}}{\overset{x_3}{\rightleftharpoons}} \mathrm{ES_2} \tag{3-31}$$

因此可以得到如下反应速率的导数方程式。反应速率用 R 来表示，S_0 表示初始底物浓度

$$R=S_0\,\frac{\mathrm{d}(DH)}{\mathrm{d}(t)}=K_2\,|ES| \tag{3-32}$$

在酶解反应过程中，因底物和产物抑制等而导致蛋白酶被钝化的反应公式如下，其中 E_a 表示具有活力的蛋白酶，而 E_i 则代表被钝化的蛋白酶。

$$E+ES \xrightarrow{K_d} E_a+E_i+S \tag{3-33}$$

则上述反应过程的动力学方程式为：

$$-\frac{de}{dt}=K_d|E||ES| \tag{3-34}$$

公式(3-32)与公式(3-34)相除，可得到如下方程：

$$-S_0\frac{d(DH)}{de}=\frac{K_2}{K_d(E)} \tag{3-35}$$

蛋白酶在水解体系中的存在形式有两种，一是游离状态 E，另一种是复合物形式 ES，总蛋白酶应当是这两部分的总和。因此有：

$$e=|E|+|ES| \tag{3-36}$$

当处于平衡稳定阶段，则有产生的 ES 复合物与分解的 ES 复合物相等，即有如下公式：

$$K_1|E||S|=(K_{\ddagger 1}+K_2)|ES| \tag{3-37}$$

$$|ES|=\frac{K_1|E||S|}{K_{\ddagger 1}+K_2}=\frac{|E||S|}{K_m} \tag{3-38}$$

$$K_m=\frac{K_{\ddagger 1}+K_2}{K_1} \tag{3-39}$$

将公式(3-38)代入公式(3-36)，并且设定$|S|=S_0$，则可得到如下公式：

$$|E|=\frac{K_m e}{K_m+S_0} \tag{3-40}$$

K_m 就是米氏常数，其物理意义是指当酶反应速率达到最大反应速率一半时的底物浓度，单位是 mol/L。K_m 只可以判断酶的专一性和天然底物，$\frac{1}{K_m}$可以近似地表示酶对底物亲和力大小，$\frac{1}{K_m}$越大，表明亲和力越大，因为$\frac{1}{K_m}$越大，达到最大反应速率一半所需要的底物浓度就越小。显然，最适底物时酶的亲合力最大，K_m 最小。根据目前测定的一些酶制剂的 K_m 值都比较小，因此可以设定 $K_m \ll S_0$，公式(3-40)可以简化为：

$$|E|=\frac{K_m e}{S_0} \tag{3-41}$$

把式(3-41)代入式(17)，可得：

$$-\frac{d(DH)}{de}=\frac{K_2}{K_d K_m}\times\frac{1}{e} \tag{3-42}$$

对式(3-42)进行定积分，其中水解度的上、下限值分别为 DH、0，而总酶量 e 的上限值为 e，其下限值为 e_0，因此，其积分方程为：

$$\int_{e_0}^{e}\frac{de}{e}=-\frac{K_d K_m}{K_2}\int_0^{DH}d(DH) \tag{3-43}$$

对式(3-43)两边进行积分可得：

$$\ln e-\ln e_0=-\frac{K_d K_m}{k_2}(DH) \tag{3-44}$$

将方程简化，则有：

$$e=e_0\left[-\frac{K_d K_m}{K_2}(DH)\right] \tag{3-45}$$

通过整理方程(3-32)、方程(3-38)、方程(3-41)和方程(3-45)，得到：

$$R=K_2e_0\exp\left[-\frac{K_dK_m}{K_2}(DH)\right] \tag{3-46}$$

方程(3-32)与方程(3-46)合并后，得到：

$$\frac{d(DH)}{dt}=\frac{K_2e_0}{S_0}\exp\left[-\frac{K_dK_m}{K_2}(DH)\right] \tag{3-47}$$

根据前人研究结果(Marquez et al.，1999)，蛋白质单酶水解过程的动力学模型为：

$$\frac{d(DH)}{dt}=a\exp[-b\times(DH)] \tag{3-48}$$

由方程(3-47)和方程(3-48)可知

$$a=\frac{K_2e_0}{S_0} \tag{3-49}$$

$$b=\frac{K_dK_m}{K_2} \tag{3-50}$$

所以最终由(3-46)、(3-49)和(3-50)得到蛋白质单酶水解过程的动力学模型为：

$$R=aS_0\exp[-b(DH)] \tag{3-51}$$

由方程(3-49)可知，a 的大小与酶解体系初始底物浓度和初始蛋白酶浓度有关，随着初始底物浓度的上升而减小，随着初始蛋白酶浓度的上升而增大；当然，由于 K_2 与水解温度有关，因此，a 的大小也随着水解温度的变化而变化。由方程(3-50)可知，b 的大小与初始蛋白浓度和初始蛋白酶浓度无关，但与水解温度的高低有关。在恒温水解反应中，b 的大小应为一个常数；a 的大小只与酶解体系初始底物浓度和初始蛋白酶浓度有关。由方程(3-51)可知，a 值越大，反应速率越大，当 a 小于0时，R 为负，酶解反应无法进行。

4.2.1.2　复合酶解动力学模型的推导

复合酶解是指第二种酶继续第一种酶对底物进行水解，尽管作用条件不同，但此时体系中第一种酶对底物仍有微弱的水解作用，相当于对第二种酶的水解有一定促进作用；另一方面第二种酶的部分位点已被第一种酶切断，所以相当于部分减弱了第二种酶的活性。因此，在对公式(3－35)进行定积分时，而总酶量 e 的下限值设为 e_0-c，因此，其积分方程为：

$$\int_{e_0-c}^{e}\frac{de}{e}=-\frac{K_dK_m}{K_2}\int_0^{DH}d(DH) \tag{3-52}$$

两边积分有：

$$\ln e-\ln e_{0-c}=-\frac{K_dK_m}{k_2}(DH) \tag{3-53}$$

简化后有：

$$e=(e_0-c)\left[-\frac{K_dK_m}{K_2}(DH)\right] \tag{3-54}$$

通过整理方程(3-32)、(3-38)、(3-41)和(3-45)，得到：

$$R=K_2(e_0-c)\exp\left[-\frac{K_dK_m}{K_2}(DH)\right] \tag{3-55}$$

方程(3-32)与方程(3-55)合并后，得到：

$$\frac{d(DH)}{dt}=\frac{K_2(e_0-c)}{S_0}\exp\left[-\frac{K_dK_m}{K_2}(DH)\right] \tag{3-56}$$

由方程(3-55)和方程(3-56)可知

$$a=\frac{K_2 e_0}{S_0}-\frac{K_2 c}{S_0} \qquad b=\frac{K_d K_m}{K_2} \tag{3-57}$$

方程(3-57)中 c 值是由于第一种酶对底物的作用产生的，因此设定 $c=c_0 S_0$，因此得到：

$$a=\frac{K_2 e_0}{S_0}-K_2 c_0 \tag{3-58}$$

4.2.2 动力学模型参数的推导

采用非线性回归模型对不同底物浓度以及不同酶浓度的几组数据进行拟合，并由此推导酶解过程中动力学模型参数，可有效建立酶解过程的动力学模型，并以此为依据解释酶解过程中所出现的现象。本课题组(2007)对花生短肽制备过程中主要工具酶 Alcalase 及辅助工具酶 N120P 的水解过程的动力学参数进行了推导，并建立了相应的动力学模型。推导结果及过程如下。

采用非线性回归模型对不同底物浓度以及不同酶浓度的几组数据进行拟合，并由此推导 Alcalase 酶解花生蛋白动力学模型参数。采用 Logarithm 模型拟合效果较好，具体见表 3-4-5。

表 3-4-5 Logarithm 模型对 Alcalase 的拟合结果

样品	方程	相关系数
底物浓度 4%	$DH=1.621\,46+2.999\,59*\ln(t+0.594\,45)$	0.986 7
底物浓度 6%	$DH=0.096\,13+2.990\,61*\ln(t+0.996\,43)$	0.987 4
底物浓度 8%	$DH=-0.377\,37+2.973\,14*\ln(t+1.176\,04)$	0.985 8
底物浓度 10%	$DH=-1.114\,63+2.957\,63*\ln(t+1.521\,24)$	0.988 7
酶用量 606	$DH=-3.921\,4+2.952\,51*\ln(t+3.997\,37)$	0.990 2
酶用量 1214	$DH=-0.436\,01+3.000\,82*\ln(t+1.204\,41)$	0.980 9
酶用量 3642	$DH=2.843\,59+3.007\,59*\ln(t+0.389\,89)$	0.998 3

Logarithm 模型表示为 $y=c-d\ln(x+f)$，微分后可得：

$$dx=-\frac{\exp\left(\frac{c-y}{d}\right)}{d}dy \tag{3-59}$$

$$\text{所以}\frac{\mathrm{d}y}{\mathrm{d}x}=-d\times\exp\left(-\frac{c}{d}\right)\times\exp\left(\frac{y}{d}\right) \tag{3-60}$$

对照方程(3-48)，则有

$$a=-d\times\exp\left(-\frac{c}{d}\right) \tag{3-61}$$

$$b=-\frac{1}{d} \tag{3-62}$$

由表 3-4-5、方程(3-61)和(3-62)可得到 Alcalase 酶解花生蛋白过程中不同初始底物浓度和初始蛋白酶浓度所对应的动力学参数 a 与 b 的大小，如表 3-4-6 所示：

表 3-4-6　Alcalase 酶解动力学参数

S_0(g/L)	E_0(g/L)	E_0/S_0(g/g)	a(min^{-1})	b
100	0.8	0.008	2.029	0.338 1
80	0.8	0.01	2.618 7	0.336 3
60	0.8	0.013	3.088	0.334 4
40	0.8	0.02	5.150 2	0.333 4
40	0.2	0.005	0.782 3	0.338 7
40	0.4	0.01	2.595	0.333 2
40	1.2	0.03	7.741 6	0.332 5

从表 3-4-6 的实验结果可知，动力学参数 a 随着初始底物浓度的增加而减小，随着初始 Alcalase 浓度的增大而增大。动力学参数 b 在不同的初始底物浓度和初始蛋白酶浓度条件下，其数值都相差很小，接近一个常数，在其平均值 0.335 2 附近上下波动，因此在一个恒温水解反应中，b 可以看作是一个常数，这与模型推导时所得结论一致。

从方程(3-49)可知，在恒温水解反应过程中，a 值是一个跟初始蛋白酶浓度与初始底物浓度的比值，即 E_0/S_0 呈线性关系。因此从表 3-4-6 中取出相关数据进行线性拟合，如图 3-4-13 所示。

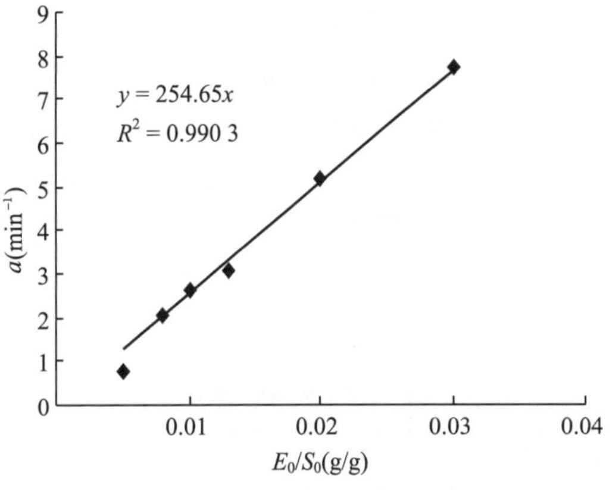

图 3-4-13　Alcalase 的 a 值随着不同的 E_0/S_0 值的变化趋势

从图 3-4-13 所得到的线性关系式 $y=254.65x$，$R^2=0.990\ 3$，与方程(3-49)一致，所以可知 a 值与 E_0/S_0 值的关系曲线所对应的方程为：

$$a=254.65\frac{E_0}{S_0} \tag{3-63}$$

对比方程(3-49)与方程(3-62)，可得 $K_2=254.65(min^{-1})$。

将 a 与 b 的值代入方程(3-51)，可得到 Alcalase 酶解花生蛋白的动力学模型：

$$R=254.65E_0\exp[-0.335\ 2(DH)] \tag{3-64}$$

由方程(3-64)可知，Alcalase 酶解花生蛋白的反应初速度只与初始 Alcalase 浓度有关，其随着初始 Alcalase 浓度的增加而增加。随着反应的进行，反应速率随水解度的增长而降低。将底物浓度4%、Alcalase用量2428 U/g的Logarithm模型拟合结果代入方程(3-64)，得到水解速率R与反应时间t的拟合曲线：

由图3-4-14显示结果可知，随着酶解反应的进行水解速率不断下降，120 min时反应速率仅为0.733，反应已经进行得非常缓慢。

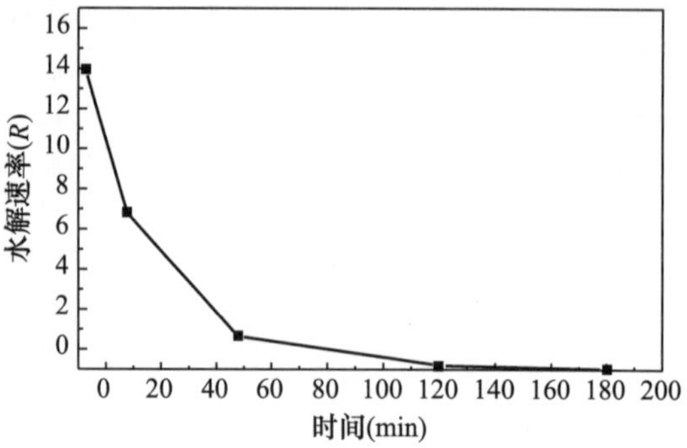

图3-4-14 Alcalase水解过程中反应速率的变化

采用Logarithm模型对N120P继续Alcalase酶解花生蛋白的数据进行拟合，结果见表3-4-7。

表3-4-7 Logarithm模型对N120P的拟合结果

样品	方程	相关系数
底物浓度4%	$DH=-9.03114+3.78836*\ln(t+10.71919)$	0.998 9
底物浓度6%	$DH=-10.164+3.88376*\ln(t+13.45518)$	0.998 9
底物浓度8%	$DH=-10.06973+3.71547*\ln(t+14.64098)$	0.99 64
底物浓度10%	$DH=-11.04904+3.8058*\ln(t+11.04904)$	0.994 4
酶用量600	$DH=-12.06741+3.86007*\ln(t+22.10365)$	0.995 7
酶用量2400	$DH=-10.53295+3.86974*\ln(t+14.83674)$	0.995 5
酶用量3600	$DH=-8.15434+3.7117*\ln(t+0.4125)$	0.998 0

由表3-4-7、方程(3-54)和(3-55)推导出N120P继续Alcalase酶解花生蛋白的酶动力学参数a与b，见表3-4-8所示。

表3-4-8 N120P酶解动力学参数

S_0(g/L)	E_0(g/L)	E_0/S_0(g/g)	$a(\text{min}^{-1})$	b
100	0.8	0.008	0.208 7	0.262 8
80	0.8	0.01	0.247 2	0.269 1
60	0.8	0.013	0.283 6	0.257 5
40	0.8	0.02	0.349 2	0.264
40	0.2	0.005	0.169 4	0.259 1
40	0.4	0.01	0.254 4	0.258 4
40	1.2	0.03	0.412 5	0.269 4

从表3-4-8结果可知，N120P继续Alcalase酶解花生蛋白的酶动力学参数变化趋势与Alcalase酶解花生蛋白相似，其中a随着初始底物浓度的增加而减小，随着初始

N120P 浓度的增大而增大。动力学参数 b 则在其平均值 0.2629 附近上下波动。

其 a 值与 E_0/S_0 的线性拟合结果,如图 3-4-15 所示

从图 3-4-15 所得到的线性关系式 $y=9.465\ 63x+0.145\ 19$, $R^2=0.979\ 4$,与方程(3-58)一致,所以可知 a 值与 E_0/S_0 值的关系曲线所对应的方程为:

$$a=9.465\ 63\frac{e_0}{S_0}+0.145\ 19 \tag{3-65}$$

对比方程(3-58)与方程(3-65),可得 $K_2=9.465\ 63\ (\mathrm{min}^{-1})$。

将 a 与 b 的值代入方程(3-51),可得到 N120P 继续 Alcalase 酶解花生蛋白的动力学模型:

$$R=(9.465\ 63E_0+0.145\ 19)\exp[-0.262\ 9(DH)] \tag{3-66}$$

由方程(3-66)可知,N120P 没有加入时,体系中水解反应仍在进行,这时水解速度很慢,随着 N120P 的加入,反应速率随水解度的增长而降低。将底物浓度 4%、N120P 用量 2400 U/g 的 Logarithm 模型拟合结果代入方程(3-66),得到水解速率 R 与反应时间 t 的拟合曲线(图 3-4-16):

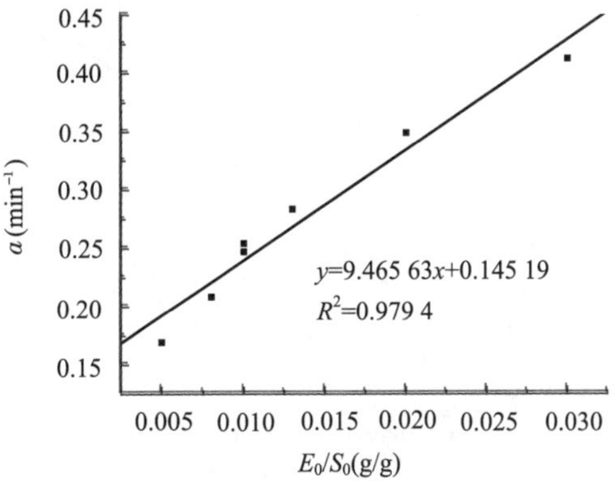

图 3-4-15 N120P 的 a 值随着不同的 E_0/S_0 值的变化趋势

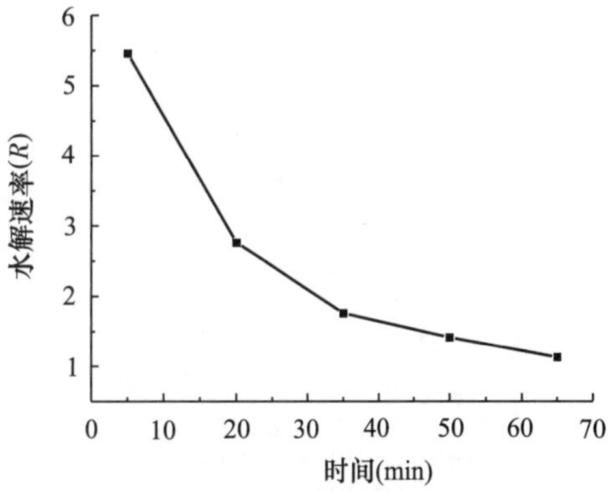

图 3-4-16 N120P 水解过程中反应速率的变化

由图 3-4-16 显示结果可知,随着酶解反应的进行水解速率不断下降,65 min 时反应速率仅为 1.126 5,反应已经进行得比较缓慢。

4.2.3 蛋白酶失活常数的推导

蛋白酶在水解的过程中活性逐渐降低,失活常数的推导与确定利于对蛋白酶在水解过程中的作用与失活进行解释。本课题组(2007)对花生短肽制备过程中主要工具酶 Alcalase 及辅助工具酶 N120P 的水解过程蛋白酶失活常数进行了推导,并建立了相应的动力学模型。推导结果及过程如下。

由式(3-34)、式(3-38)和式(3-41)可得到:

$$-\frac{\mathrm{d}e}{\mathrm{d}t}=k_dK_M\frac{e^2}{S_0}=K_4\frac{e^2}{S_0} \tag{3-67}$$

其中

$$K_4=K_dK_M \tag{3-68}$$

K_4 即为水解反应过程的 Alcalase 失活常数。

把方程(3-49)与方程(3-50)相乘,并与方程(68)合并则可得:

$$ab=\frac{K_4 e_0}{S_0} \tag{3-69}$$

ab 值与 E_0/S_0 的线性拟合结果,如图 3-4-17 所示

从图 3-4-17 所得到的线性关系式 $y=84.777x$,$R^2=0.990\ 8$,与方程(3-69)一致,所以可知 ab 值与 E_0/S_0 值的关系曲线所对应的方程为:

$$ab=84.777\frac{E_0}{S_0} \tag{3-70}$$

对比方程(3-69)与方程(3-70),可得 Alcalase 失活的动力学常数 $K_4=84.777(\text{min}^{-1})$。

把方程(3-57)与方程(3-30)相乘,并与方程(3-68)合并则可得:

$$ad=\frac{K_4 e_0}{S_0}-K_4 c_0 \tag{3-71}$$

ab 值与 E_0/S_0 的线性拟合结果,如图 3-4-18 所示:

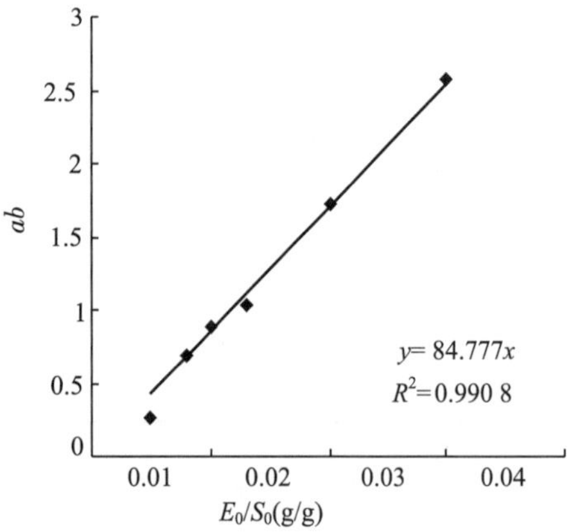

图 3-4-17 Alcalase 的 *ab* 值随不同的 E_0/S_0 值的变化趋势

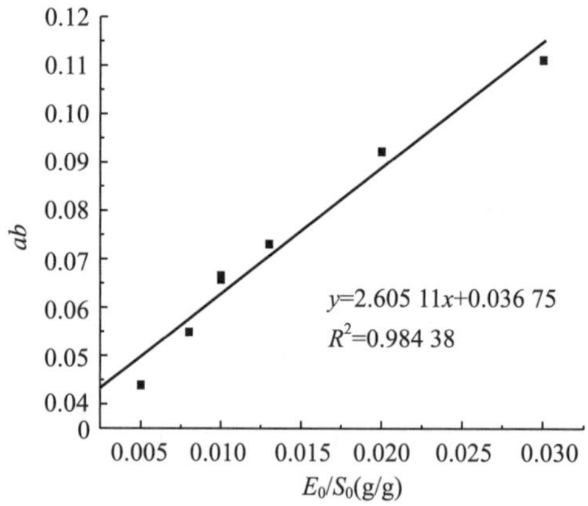

图 3-4-18 N120P 的 *ab* 值随不同的 E_0/S_0 值的变化趋势

从图 3-4-18 所得到的线性关系式 $y=2.605\ 11x+0.036\ 75$,$R^2=0.98438$,与方程(3-71)一致,所以可知 ab 值与 E_0/S_0 值的关系曲线所对应的方程为:

$$ad=2.605\ 11\frac{E_0}{S_0}+0.036\ 75 \tag{3-72}$$

对比方程(3-71)与方程(3-72),可得 N120P 失活的动力学常数 $K_4=2.605\ 11(\text{min}^{-1})$。

4.2.4 动力学模型的验证

将酶解动力学模型的计算结果与实际水解结果进行对比,可以验证动力学模型的实际应用意义。因此在一定水解条件下,测定体系水解度曲线与其相对应的动力学模型计算结果的拟合情况。本课题组(2007)对花生短肽制备过程中主要工具酶 Alcalase 及辅助工具酶 N120P 的水解过程的动力学模型进行了验证。具体条件为:初始底物浓度 4%,Alcalase 用量 242 8 U/g 底物,pH8.0,反应温度 53℃,反应时间 105 min;之后 N120P 继续 Alcalase 作用,用量 240 0 U/g 底物,pH 6.0,反应温度 57℃,反应时间

65 min。结果如图 3-4-19 所示，模型拟合情况较好，绝大多数点的误差小于 5%，因而所建立的动力学模型可信。

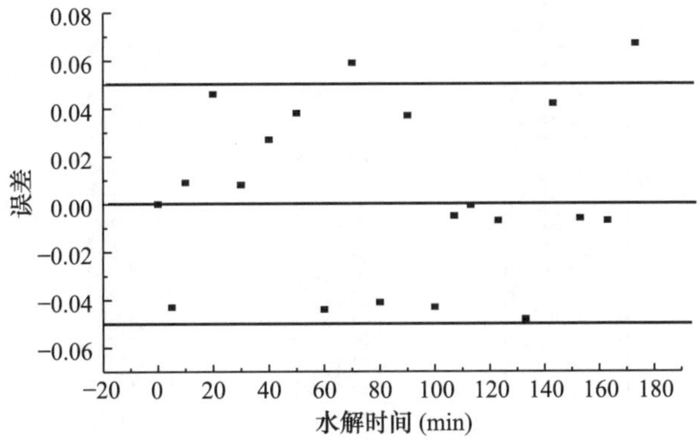

图 3-4-19　实验水解度与理论水解度的拟合

4.3　精制分级

4.3.1　脱盐

花生蛋白酶解过程中，要通过酸碱调节 pH 或维持 pH 稳定，使花生肽中含有一定比例的盐分，盐分含量过高会对产品应用带来负面影响，因此通过脱盐处理提高产品品质。传统的脱盐方法包括离子交换树脂脱盐法和大孔树脂法，离子交换树脂脱法要分别通过阴阳离子交换树脂，使得脱盐过程较为繁琐，且肽回收率较低。这是因为在水解液经过阳离子树脂时，溶液体系表现为酸性，使得大量肽分子在溶液中带正电荷，从而造成肽的损失较大，经过阴离子树脂时亦然；大孔树脂法则要经过吸附和洗脱过程，不仅操作繁琐，肽得率较低，而且洗脱时要使用有机溶剂，使得该法不易实现产业化。

本课题组(2007)对花生肽的脱盐方法进行了研究，并在传统脱盐方法基础上建立了阴阳离子树脂混合床脱盐法，并对混合床、传统离子交换法、大孔树脂法的工艺进行了对比。实验结果证明(图 3-4-20)，采用混合床对花生肽脱盐无论是脱盐率还是短肽得率均较高，这是因为采用传统阴阳离子树脂法脱盐时，水解液经过阳离子树脂时，整个溶液体系表现为酸性，使得大量肽分子在溶液中带正电荷并被吸附于树脂上，经过阴离子树脂时亦然；另外一些肽分子还会吸附于树脂的孔径之上，因此采用阴阳离子树脂分别脱盐时会造成短肽损失较大。而采用混合床脱盐过程中水解液在脱盐过程中 pH 比较稳定，大大减少了脱盐过程中肽的损失；另外阴阳离子之间的相互作用会使树脂对短肽的吸附程度降低。可见混合床脱盐在短肽得率方面同另两种方法相比有明显优势。

本课题组(2007)还对混床脱盐工艺过程中的一些因素条件进行了优化，结果显示，阴阳离子交换树脂混合床脱盐法最适操作条件为：水解液过柱速度为 5～10 倍柱体积/h、水解液 pH 值 4.5、阴阳离子树脂比例为 3∶2，在此条件下，花生短肽脱盐率和蛋白回收率均大于 80%。

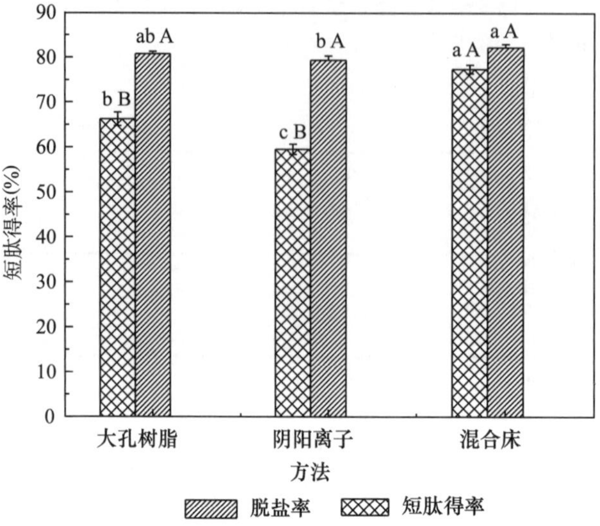

图 3-4-20　脱盐方法的比较

4.3.2　超滤

花生蛋白酶解液中还含有一些大分子蛋白、蛋白酶和有机胶体等物质，这些都会限制其在食品领域的应用，因此需要对花生短肽进行超滤分级。超滤是以膜两侧存在的能量差为推动力，使溶液中各组分因粒度大小差异而实现非均相物系分离的体系，具有无相际间变化、能耗低、操作简便、占地面积小等优点。将其应用于蛋白水解液的分级，可实现不同分子质量多肽的分离。蛋白水解液超滤分离的一个主要问题是由于浓差极化、膜孔堵塞及凝胶层出现等因素的影响，导致膜通量随运行时间的延长而降低，因此掌握和执行适宜的操作参数对于超滤系统的长期、安全、稳定运行以及产物得率的提高极为重要。

4.3.2.1　操作压力对膜通量的影响

操作压力对超滤的影响主要在于膜表面凝胶层的形成。在溶质浓度与超滤温度一定的条件下，选择合适的操作压力，可以延缓凝胶层的形成和增厚。超滤过程中，操作压力越大，膜两侧压差越大，膜通量越大。但随着超滤进行膜表面会产生浓差极化现象，操作压力越大，这一现象越严重。随着浓差极化现象的发生，膜表面逐渐形成凝胶层，且操作压力越大，形成的凝胶层越厚，造成的传质阻力越大，初始膜通量增幅越小；因此操作压力过大时，除了增加能耗外，超滤过程所形成的凝胶层厚度和致密度相应增加，从而造成超滤效率降低，超滤膜污染严重。但是超滤压力过低会造成初始膜通量较低，从而导致整个超滤过程效率低下。

本课题组(2007)采用截留分子质量为 5 000 u 的超滤膜对花生短肽进行一级超滤，再采用分子截留量为 1 000 u 的超滤膜对滤过液进行二级超滤处理，对该过程中操作压力对超滤效果的影响进行了研究与探索。结果表明(图 3-4-21，图 3-4-22)一级超滤最适操作压力为0.18 MPa，二级超滤最适操作压力为 0.21 MPa。

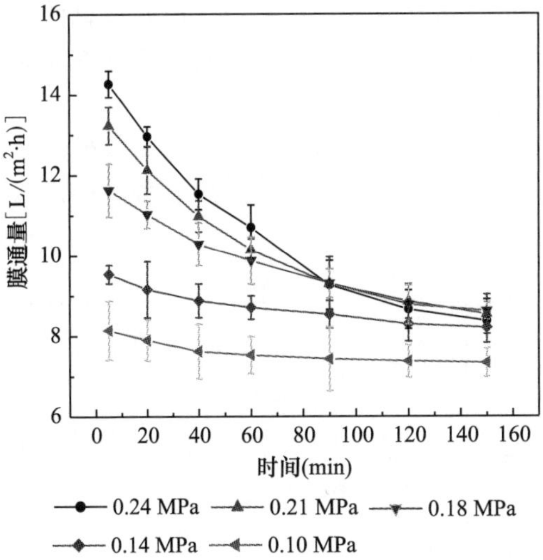

图 3-4-21　操作压力对一级超滤的影响

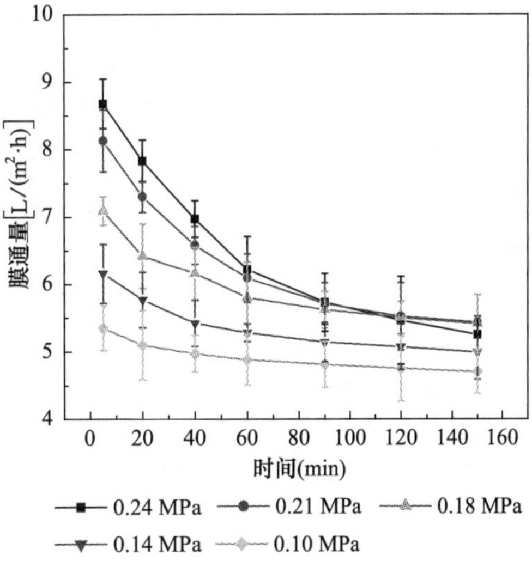

图 3-4-22　操作压力对二级超滤的影响

4.3.2.2　料液浓度对膜通量的影响

蛋白质和多肽都是两性化合物，有很强的表面活性，极易吸附在聚合物表面。因此料液浓度对超滤的影响主要在于膜表面的浓差极化现象以及凝胶层的形成，选择合适的料液浓度，可以在相对较小的传质阻力下尽可能的透过更多的小分子溶质，从而提高超滤的整体效率。

本课题组(2007)对超滤过程中料液浓度对超滤效果的影响进行了研究与探索。结果表明(图 3-4-23，图 3-4-24)一级超滤最适料液浓度为 5％～7.5％，二级超滤最适最适料液浓度在 7.5％左右。

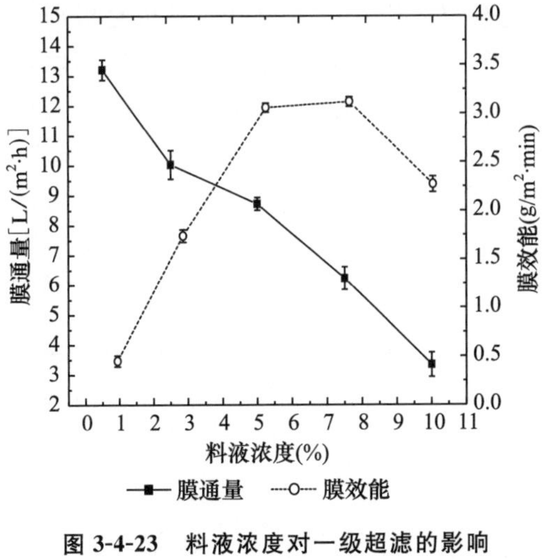

图 3-4-23　料液浓度对一级超滤的影响

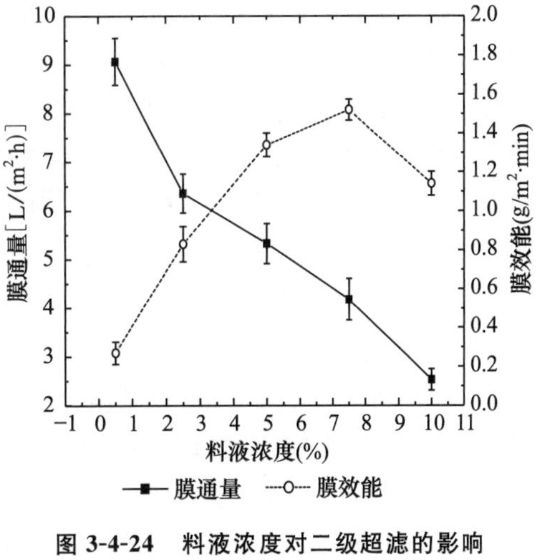

图 3-4-24　料液浓度对二级超滤的影响

4.3.2.3　操作温度对膜通量的影响

操作温度对超滤过程的影响主要在于其对料液本身的影响，进而反应为对膜表面浓差极化的影响。操作温度的提高使料液黏度下降,扩散系数增加,减少了浓差极化的影响,因此膜通量随温度的升高而增加。但是蛋白大分子在膜表面的吸附会随温度升高而增加,从而加重膜的污染,迅速降低膜通量的增幅。

本课题组(2007)对超滤过程中造作温度对超滤效果的影响进行了研究与探索。结果表明(图 3-4-25,图 3-4-26)一级超滤的最适作用温度为 35℃,二级超滤的最适作用温度为 40℃。

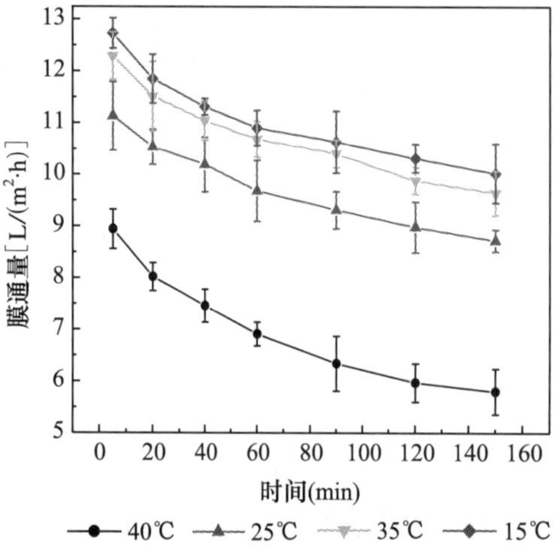

图 3-4-25 操作温度对一级超滤的影响

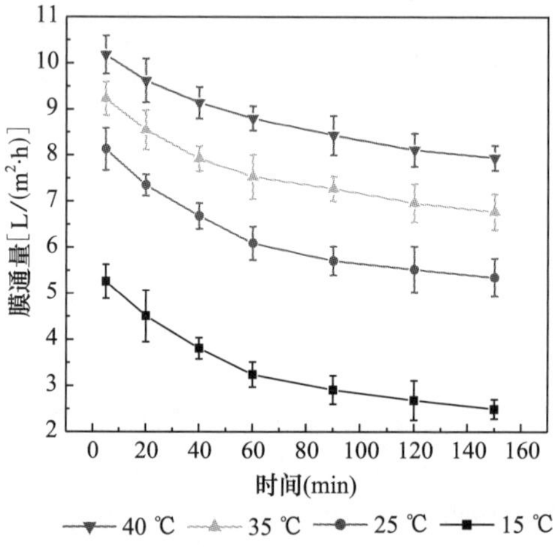

图 3-4-26 操作温度对二级超滤的影响

4.4 分离纯化

短肽的分离纯化是指以某一特定功能活性为评价指标,采用凝胶层析、离子交换色谱、HPLC 及 HPLC-MS 对短肽进行富集、纯化及鉴定的过程。凝胶过滤层析是根据分离物质分子质量大小不同而达到分离效果的一种色谱方法。凝胶过滤层析所用的填料是具有立体网状结构、筛孔直径较一致,且呈珠状颗粒的物质,当含有不同分子质量大小的混合物溶液通过凝胶柱时,缓冲液及大小分子化合物可以在筛孔中自由地扩散、渗透,而大分子物质则被阻挡在筛孔之外。因此,高分子质量物质在填料颗粒间隙中流动,比低分子物质更早地被洗脱下来。

4.4.1 凝胶过滤分离

本课题组(2007)采用 Sephadex G-15 对花生 ACE Ⅰ肽进行了凝胶层析分离,结果表明分子质量小于 1 000 u 的花生短肽可被 Sephadex G-15 分离为 3 个峰(图 3-4-27),其中峰 2(PP-Ⅱ)的降血压活性最强,其 IC_{50} 值可达 0.091 mg/mL。

4.4.2 半制备 RP-HPLC 分离 PP-Ⅱ

RP-HPLC 原理是根据组分分子极性的不同而对样品进行分离,由于具有分辨率高、分析速度快和产品回收率高等优点,目前已成为分离制备和分析多肽类物质最为有效的手段之一。肽组分 PP-Ⅱ 经半制备 RP-HPLC 分离后,自动收集得 27 个主要组分,如图 3-4-28 所示。

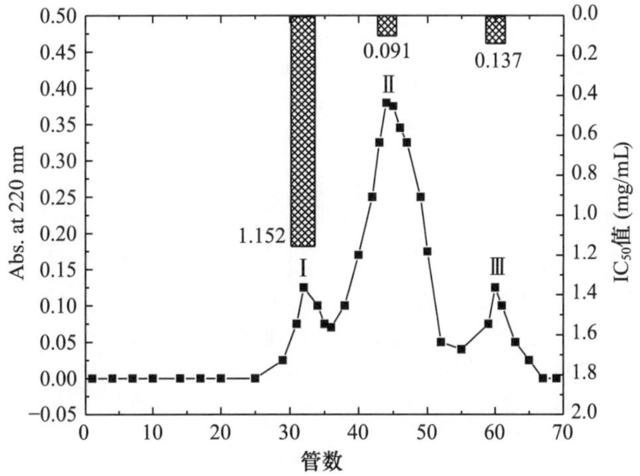

图 3-4-27　花生短肽的凝胶过滤分离

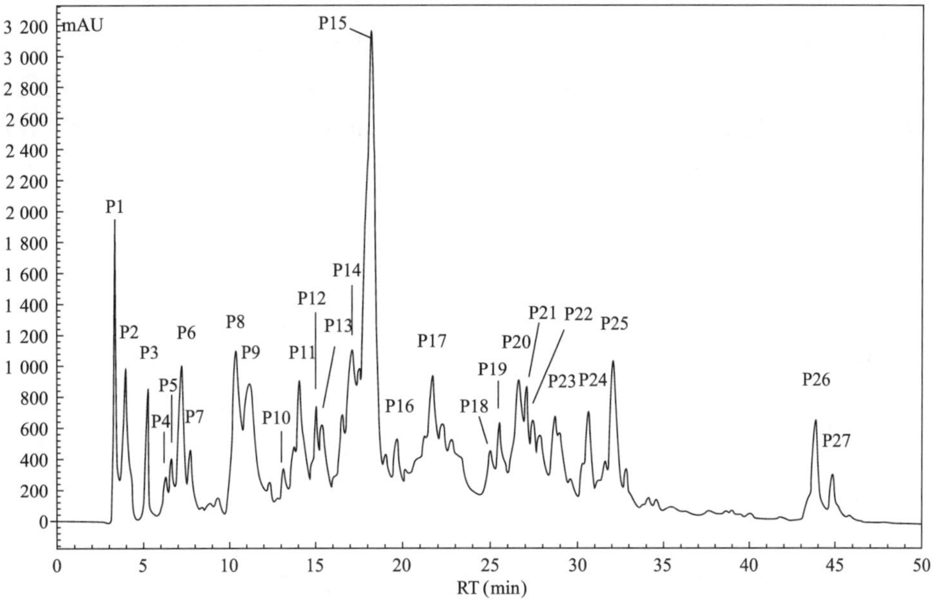

图 3-4-28　半制备 RP-HPLC 分离纯化花生肽组分 PP-Ⅱ图谱

重复进样，合并每次相同组分冷冻干燥，并溶于蒸馏水中配成 0.010 mg/mL 的肽浓度用于测定各组分的 ACE 抑制活性，结果见图 3-4-29，可以看出组分 8(记作 P8)的活性较强，ACE 抑制率达 85.77%±3.95%，其次为 P3 和 P11，ACE 抑制率分别为 66.79%±2.00%和 66.15%±2.11%。因此选择组分 P8 进行结构鉴定。色谱柱：Varian C18，21.2 mm×150 mm；柱温：25℃；流速：10 mL/min；检测波长：280 nm；进样量：1 mL；洗脱条件：0～50 min，95%～70% A，5%～30% B(A：水+0.05% TFA；B：乙腈+0.05% TFA)。

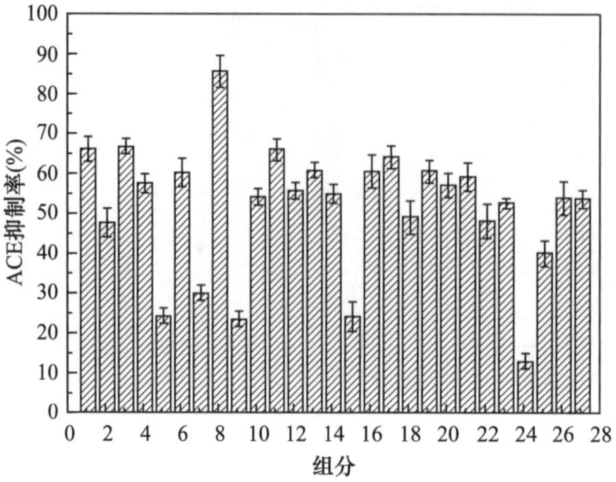

图 3-4-29　半制备 RP-HPLC 分离纯化花生肽 PP-Ⅱ各组分 ACE 抑制率

4.4.3　纯化后 P8 的纯度鉴定

为检测上述 RP-HPLC 分离效果，本实验对 P8 组分进行纯度鉴定。由图 3-4-30 可知，P8 的 RP-HPLC 图谱呈现单一峰，说明该 P8 组分可能只含有一个肽段，可进行下一步结构鉴定分析。色谱柱：C18 柱（4.6 mm×250 mm）；流速：0.5 mL/min；检测波长：280 nm；进样量：20 uL；柱温：30℃；洗脱条件：0～20 min，95％～70％ A，5％～30％ B（A：水＋0.05％ TFA，B：乙腈＋0.05％ TFA）。

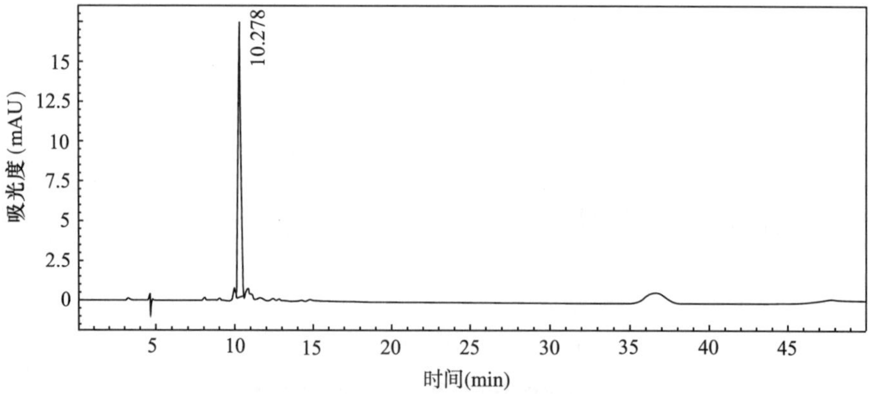

图 3-4-30　纯化后 P8 的 RP-HPLC 分析图谱

4.4.4　MALDI-TOF-TOF 解析 ACE 抑制肽的氨基酸序列

多肽、蛋白质分析的传统测序方法是 C 端酶解法、Edman 降解方法和 DNA 转译法，这些方法都存在一些缺陷，例如作为肽和蛋白质序列测定标准方法的 N 末端 Edman 法（又称 PTH 法），对样品纯度要求很高、样品用量较大、测序速度较慢，且对于修饰氨基酸残基往往会错误识别，而对 N 末端保护的肽链则无法测序；C 末端化学降解测序法则难于找到理想的化学探针（廖丹葵等，2006）。质谱具有较高的灵敏度、准确性和易操作性、快速性，且随着 FAB、ESI、MALDI 等软电离方法的诞生，质谱在生物领域中的应用得到了很快的发展。MALDI-TOF-TOF 可直接用于测定肽段的氨基酸序列，一级质谱产生的肽段母离子选择性的进入二级质谱，肽段经惰性气体碰撞后沿肽链断裂，所得到的各肽段质量数差值用于推断肽序列。得到的串联质谱数据可通过软件从头解析肽序列，也可结合氨基酸分析通过手工解析得出序列结果。肽的断裂遵循一定的规律，一般肽的断裂方式和碎片类型如图 3-4-31 所示（郭红英，2009）。肽键断裂主要可得到 N 端系列碎片离子（b 系列）和 C 端系列碎片离子（y 系列），这些碎片可进一步形成脱水、脱氨的离子。

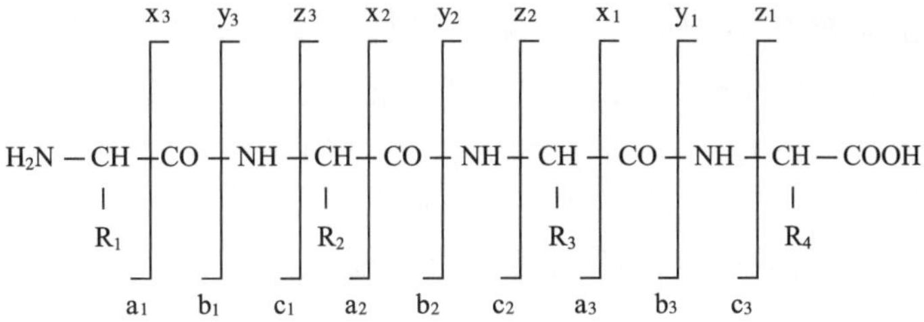

图 3-4-31　肽链骨架断裂及其碎片离子命名

对花生短肽组分 P8 进行 MALDI-TOF-TOF 解析（4700 Proteomics Analyzer 质谱仪），母离子的碎裂离子经二级质谱分析得到 MS/MS 图谱（图 3-4-32）。MS 谱图中 m/z 为 810.8 的峰为分子离子峰$[M+2H]^{2+}$，组分 P8 的分子质量为 808.8（理论相对分子质量 808.7）。利用软件从头解析，得到 P8 的氨基酸序列为 Lys-Leu-Tyr-Met-Arg-Pro。对组分 P8 的 ACE 抑制活性进行测定，得到 IC_{50} 值为 0.005 2 mg/mL（6.42 μM）（表 3-4-9）。

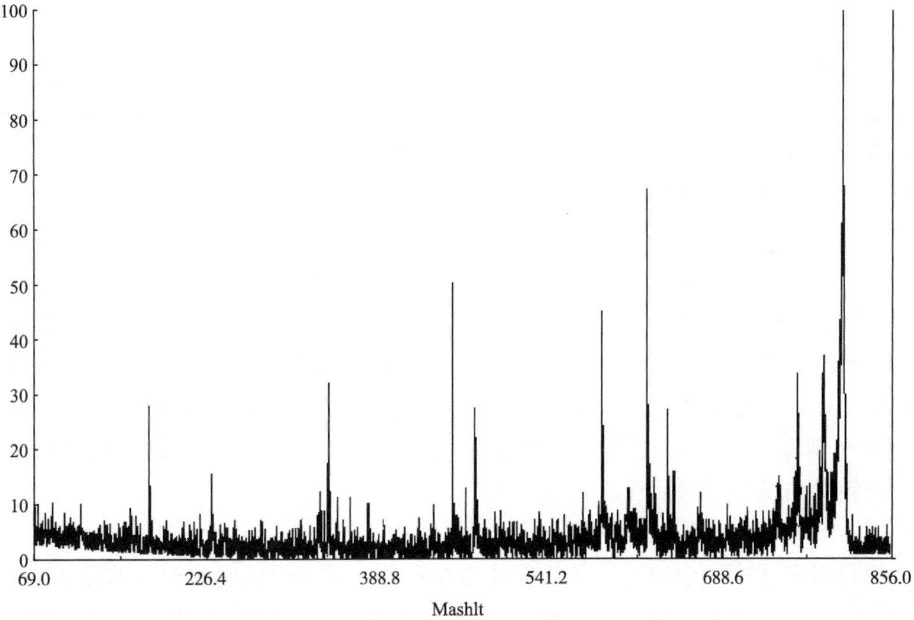

图 3-4-32　短肽 P8 的 MALDI MS/MS 图谱

表 3-4-9 花生 ACE 抑制肽的氨基酸序列及活性

花生 ACE 抑制肽 P8	分析结果
理论相对分子质量	807.7
实测质谱质量	808.8
氨基酸序列	Lys-Leu-Tyr-Met-Arg-Pro
IC_{50}	0.0052 mg/mL(6.42 μmol/L)

4.4.5 合成短肽 ILILLP 的 ACE 抑制活性验证

为进一步验证短肽六肽 Lys-Leu-Tyr-Met-Arg-Pro(KLYMRP)的功能活性，采用固相合成方法合成了具有相同氨基酸序列的短肽 Lys-Leu-Tyr-Met-Arg-Pro，对合成肽活性进行测定，其 ACE 抑制 IC_{50}值为 0.0038 mg/mL(4.69 μmol/L)。实验证实此种氨基酸序列的短肽具有体外 ACE 抑制活性，且合成短肽的活性高于花生蛋白源短肽 KLYMRP。

4.4.6 短肽 KLYMRP 的三级结构模拟

使用计算机模拟的方法(Discovery Studio, Accelrys)明确了高活性 ACE 抑制肽 P8 的最稳定分子构象，及其与 ACE 对接发挥降血压活性时的构象，得出因短肽三级结构的转变而发挥不同活性。

4.4.6.1 短肽 KLYMRP 构象优化

分子动力学(Molecular Dynamics)在生命科学领域中的应用非常广泛，如蛋白质折叠的机理研究、酶催化反应的机理研究、与功能相关蛋白质的运动研究、生物大分子大范围构象变化的研究等，现已经成了理论生物学研究中必不可少的方法之一。

依照短肽 P8 的氨基酸序列(KLYMRP)构建短肽链状初始结构。通过分子动力学模拟进行构象优化，主要步骤包括预处理、赋予立场、添加溶剂环境、升温、平衡、采样。搜索并分析其最低势能构象，即该短肽最稳定的分子构象，用于之后的分子对接环节。图 3-4-33 为 CHARMm 立场下，400PS 的动力学模拟后短肽最稳定分子构象。

4.4.6.2 短肽 KLYMRP 与 ACE 之间的相互作用分析

通过分子对接技术分析了短肽与 ACE 之间的相互作用。该技术是将配体分子置于受体分子活性位点的位置，然后按照几何互补、能量互补以及化学环境互补的原则来实时评价配体与受体相互作用的好坏，并找到两个分子之间最佳的结合模式。血管紧张素转化酶(ACE)对血压、电解质和体液平衡、心血管系统发育和结构重塑起重要调节作用，而其抑制剂已成功地作为治疗高血压的一线药物应用。将短肽 KLYMRP 作为配体分子置于受体分子 ACE 的活性位点，研究该短肽与 ACE 之间的相互作用，可阐明短肽因三级结构的转变而发挥不同活性。

采用 DS_CDOCKER 这一模块进行分子对接。对接采用的受体分子－ACE 来自于蛋白结构数据库，PDB 代码为 1UZE，配体为经过动力学模拟优化后的短肽分子 KLYM-RP，受体的活性位点通过对 ACE 配合物中抑制剂分子(依那普利－EAL3002)进行“From Current Selection”操作获得。将配体—EAL3002 与水分子删除后分子对接。综

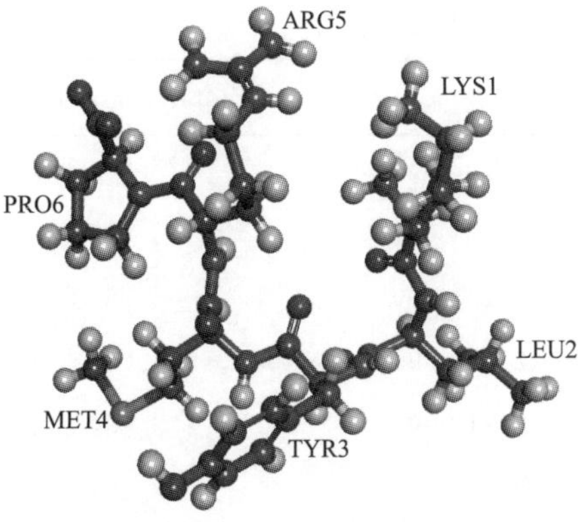

图 3-4-33 短肽 KLYMRP 最稳定分子构象

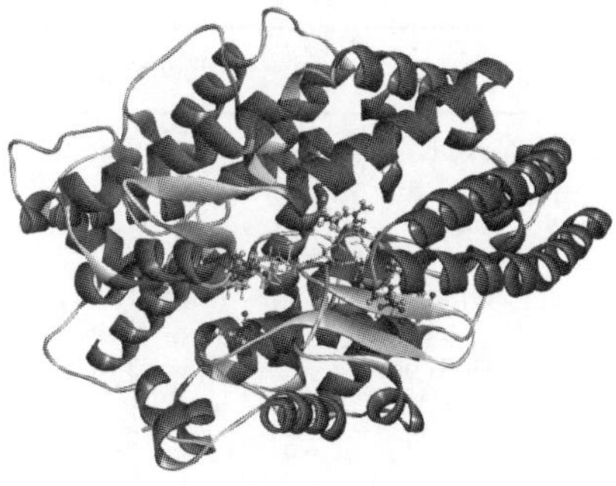

图 3-4-34 CDocker Energy 打分最高的短肽 KLYMRP-ACE 复合物构象

合 CDocker Energy、CDocker Interaction Energy 及 LibDockScore 等打分函数对对接结果进行评估，判断最稳定复合物构象(图 3-4-34)进行深入分析。

4.4.6.3 短肽 ACE 抑制活性构象分析

短肽 KLYMRP 与 ACE 形成了 5 个氢键，ACE522 位的精氨酸与短肽的 O_{119} 原子和 O_{120} 原子形成氢键，短肽的 H_{21} 原子、H_{22} 原子、H_{102} 原子分别与 ACE377 位的天冬氨酸、162 位的谷氨酸、358 位的天冬氨酸形成氢键(图 3-4-35)。通过对相互作用能的分析可知，Glu162、Asp358、Asp377 及 Arg522 是 ACE 活性位点的关键组分，它们是负责稳定结构及结合强度的主要残基(表 3-4-10)，且与短肽中原子形成的氢键键长较短，键角较大，作用力较强(表 3-4-11)。ACE522 位的精氨酸为其活性口袋的关键氨基酸，在配体与受体的结合中起着重要的作用(郭慧青等，2010)。短肽还与 ACE357 位的色氨酸形成 Pi-Cation 相互作用，进一步稳定了相互作用关系。

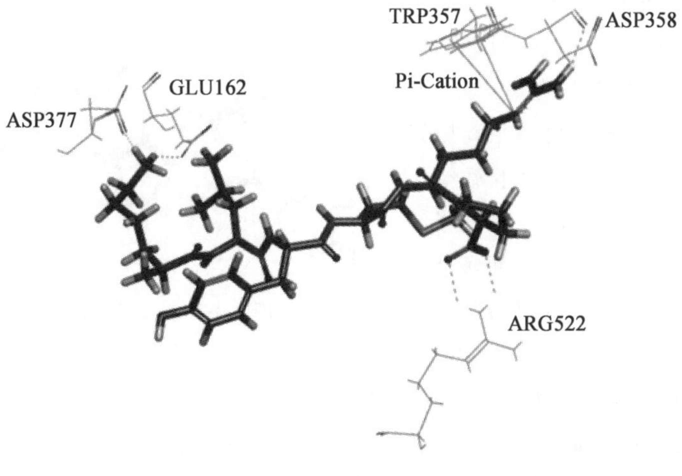

图 3-4-35 短肽 KLYMRP 与 ACE 相互作用细节图

棍状模型表示短肽 KLYMRP，线形模型表示 ACE 的关键氨基酸，并标示出氨基酸序号。虚线表示氢键相互作用

表 3-4-10　短肽 KLYMRP 与 ACE 之间相互作用力

	Evdw(kcal/mol)	Eele(kcal/mol)	Etotal(kcal/mol)
ACE	−73.403 80	−403.132 36	−476.536 16
Glu162	−1.676 070	−134.024 002	−135.699 997
Asp358	−1.604 520	−47.153 000	−48.757 500
Glu376	−3.543 920	−122.700 996	−126.245 003
Asp377	−2.054 960	−151.813 995	−153.869 003
Arg522	−0.505 511	−92.103 401	−92.608 902

注：范德华尔斯相互作用能——Evdw，静电相互作用能——Eele 及残基总相互作用能——Etotal

表 3-4-11　短肽 KLYMRP 与 ACE 之间形成的键长和键角

	d(X—H)	d(H…Y)	d(X…Y)	(XHY)
H_{21}-Asp377：OD_1	1.04	2.01	2.95	147.5°
H_{22}-Glu162：OE_2	1.04	2.14	3.09	149.9°
H_{102}-Asp358：O	1.00	2.41	3.05	121.3°
Arg522：HH_{11}-O_{119}	1.07	2.23	2.93	121.2°
Arg522：HH_{12}-O_{120}	1.07	2.09	2.77	118.7°

注：X、Y 为氢键成键原子；d 为原子间距离(Å)；XHY 为键角

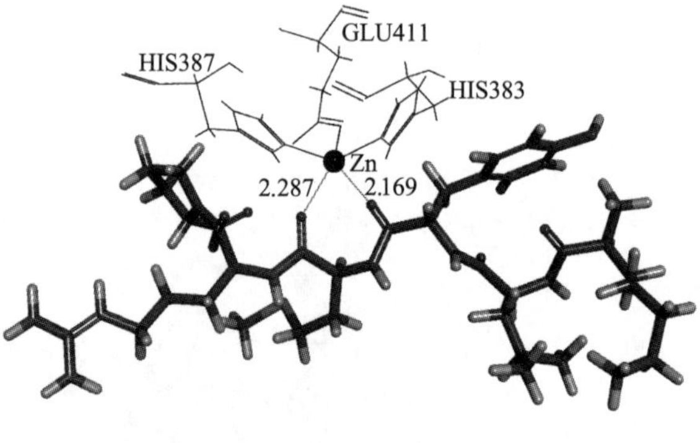

图 3-4-36　短肽 KLYMRP、ACE 与 Zn^{2+} 相互作用细节图

ACE 与锌离子的相互作用可以抑制 ACE 的活性，在活性位点中起到极为重要的作用(Pan，et al，2012)。短肽与 ACE 对接后短肽中的 O_{64} 原子与 O_{81} 原子 O_{81} 与锌离子之间的距离分别为 2.169Å、2.287Å，这接近于氧原子(1.4Å)与锌离子(0.74Å)的共价半径总和(2.14Å)(图 3-4-36)。表明短肽可以通过羰基与锌离子形成配位键，连同 His383、His 387 及 Glu411 这三个残基一起与锌离子结合。短肽 KLYMRP 与 ACE 活性位点的残基形成五个氢键，一个 Pi-Cation 相互作用，并与锌离子形成配位键，这些作用力共同稳定了短肽—ACE 复合物的构象，从而从分子机理的角度解释了短肽抑制 ACE 活性的实验结果(图 3-4-37)。

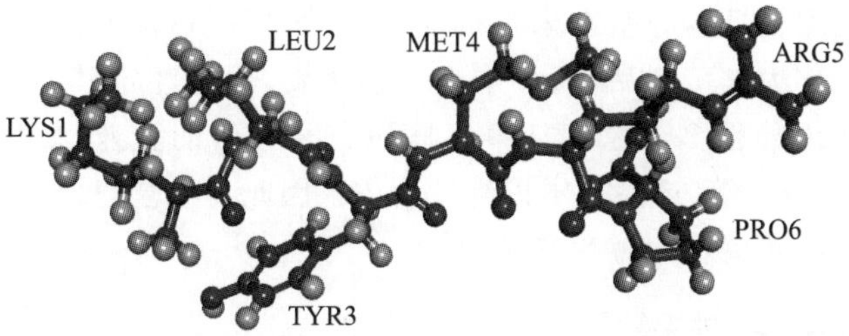

图 3-4-37 短肽 KLYMRP 发挥 ACE 抑制活性时的构象

第 5 节 功能性花生短肽的应用与开发前景

5.1 国内外市场现状

我国利用蛋白酶解法制备短肽产品方面的研究起步较晚，近几年国内对功能性短肽的研究与生产也非常重视，其重点研究对象主要是大豆蛋白、乳蛋白等。在大豆蛋白方面，山东山松、武汉天天好、黑龙江哈高科、乐能等公司利用酶解法从大豆蛋白中制备出大豆低聚肽系列产品。在乳蛋白方面，目前国内已实现工业化的乳蛋白生物活性肽主要是酪蛋白磷酸肽(CPP)，已有生产厂家大约为 3～5 家，其产品中的 CPP 含量介于 25%～80%不等，CPP 成分的分子质量介于 2 000～3 000 u 之间，其中以广州市轻工研究所最早实现 CPP 的工业化生产，其 CPP 含量也最高(其 CPP 含量介于 75%～82%之间)，年产量 12 t 左右。近年来，我国有多家企业开始涉足生产花生肽产品，如山东常林生物科技有限公司、湖北瑞邦生物科技有限公司、山东中食肽好生物制品厂等，花生肽的价格在 100～500 元/kg。但总体而言这些公司都处于起步阶段，尚无法实现规模化生产，更无法谈及品牌效应。因此我国花生肽产业尚需进一步开发与发展。

同国外发达国家相比，我国对功能性短肽的各方面研究存在较大差距，主要体现在以下几方面：

①对生产工艺研究不足。我国对短肽的研究主要集中在短肽分离提取、结构鉴定及其功能活性等方面，缺乏对生产工艺及其参数的细致研究和优化，如短肽制备过程中蛋白酶的选择及其作用条件选择带有较大的盲目性，从而造成了短肽产品的水解度和得率偏低；短肽精制工艺尚未形成一套成熟体系，从而造成了短肽产品的纯度偏低，分子质量分布较宽，不利于应用。

②肽类产品功能活性不明。我国在短肽研究与产业化存在着严重的脱节，很多对功能活性进行了深入研究的肽未经产业化，而对于产业化的肽类产品却缺乏专门的功能活性研究，因此市场上几乎没有特定功能活性的肽类产品。

③不同功能活性肽的原料蛋白选择体系有待建立。目前酶法生产具有专门功能活性的短肽尚存在一定的盲目性，须从大量的原料蛋白和蛋白酶中进行筛选，工作量大。随着越来越多的蛋白质一级结构得以阐明，急需通过对相应短肽的功能活性与氨基酸组成或结构特点之间关系的研究建立原料选择体系，以降低原料筛选的盲目性。

而目前欧美国家及日本等基本未见成品花生肽，原因可能有二，一是欧美国家等的消费习惯通常直接作为加工制品，而日本也习惯生食，因而注定其不存在大量的生产花生肽的原料。二是国外很多专家们从事多肽研究与经营的企业，如日本的 Antisera of Yanaihara Institute Inc. 等，产品基本以纯肽为主。因此其经营理念也决定目前国际市场上著名肽类公司没有相关花生短肽产品。

5.2 市场开发前景

功能性短肽因其具有良好的加工功能性质和多种生物活性而成为研究开发热点。在我国花生蛋白多为花生油生产的副产物，目前通过冷榨及浸提等技术可使花生加工的过程中蛋白和油脂得到了高效彻底地分离，因此以花生蛋白粉为原料制备花生功能性短肽可以改善花生蛋白加工功能特性，释放蛋白中的功能性肽段，深入发展我国花生蛋白深加工产品，有效提高花生深加工转化率和利用率，优化花生产业结构和产品结构，推动整个花生蛋白产业乃至功能食品行业的发展；同时由于产品利润空间的增加，将使花生价格向卖方倾斜，这将有力地促进农业增效和农民增收，带动农民致富。因此，花生短肽具有良好的应用前景。

但目前我国花生肽企业均规模较小，经营也不很景气。因此急需集成现有技术，整合原料资源，建立有实力大企业，打造品牌战略，深入发展花生肽产业。此外，我国尚缺乏专门针对花生短肽的标准，这也制约了我国花生肽产业的进一步发展。

参考文献

[1] 陈美珍，余杰，郭慧敏. 大豆分离蛋白酶解物清除自由基作用的研究[J]. 食品科学，2002，23(1)：43-46.

[2] 陈修，陈维洲，曾贵云. 心血管药理学(第 3 版)[M]. 北京：人民卫生出版社，2003，352-353.

[3] 邓乾春，陈春艳，潘雪梅，等. 白果活性蛋白的酶法水解及抗氧化活性研究[J]. 农业工程学报，2005，21(11)：155-159.

[4] 顿新鹏，陈正望. 酶法水解米渣蛋白制备大米小分子肽[J]. 食品科学，2004，25(6)：113-116.

[5] 郭红英. 麦胚蛋白酶解物的制备及其抗氧化功能研究[D]. 无锡：江南大学，2009.

[6] 郭慧青，毛惠，赵波，等. 两种血管紧张素转化酶抑制肽作用于靶标的分子机理[J]. 食品科学，2010，31(23)：1-5.

[7] 黎观红. 食品蛋白源血管紧张素转化酶抑制肽的研究[D]. 无锡：江南大学，2005.

[8] 黎观红，施用晖，乐国伟，等. 花生分离蛋白碱性蛋白酶 Alcalase 水解物具有血管紧张素转化酶抑制活性[J]. 食品科学，2005，26(6)：55-60.

[9] 刘力生. 高血压[M]. 北京：人民卫生出版社，2001，30-34.

[10] 刘玉德，曹雁平. 生物蛋白肽的开发研究展望[J]. 食品科学，2002，23(8)：319-320.

[11] 莫琪. 木瓜蛋白酶水解花生粕蛋白的研究[J]. 粮食与饲料工业，1996，12：37-38.

[12] 庞广昌，王秋韫. 生物活性肽的研究进展理论基础与展望[J]. 食品科学，2001，22(2)：80-84.

[13] 沈蓓英. 大豆蛋白抗氧化性肽的研究[J]. 中国油脂，1996，21(6)：21-24.

[14] 盛国华. 大豆多肽的功能及应用[J]. 食品工业科技，1993，6：21-26.

[15] 汪家政，范明. 蛋白质技术手册[M]. 北京：科学出版社，2002.

[16] 王梅，谷文英. 酶解玉米黄粉蛋白制备可溶性肽[J]. 粮油食品，1999，7(1)：1-3.
[17] 吴建中. 大豆蛋白的酶法水解及产物抗氧化活性的研究[D]. 广州：华南理工大学，2003.
[18] 张宇昊，王强. 功能性短肽的研究进展[J]. 中国油脂，2007，32：69-73.
[19] 张宇昊，王强. Alcalase 酶水解花生蛋白制备花生短肽研究[J]. 农业工程学报，2007，23(4)：258-263.
[20] 张宇昊，王强，周素梅，等. 分步酶解制备花生短肽的研究[J]. 农业工程学报，2008，24(5)：275-279.
[21] 张宇昊，马良，王强. 花生短肽降血压活性研究[J]. 食品科学，2008(6)：299-403.
[22] 张宇昊，马良，王强. 花生短肽脱盐工艺研究[J]. 中国粮油学报，2010，25(2)：117-120.
[23] 张宇昊，王强. 花生降血压肽的超滤分离研究[J]. 中国油脂，2007，32(7)：28-31.
[24] 张宇昊，王强. 功能性短肽的研究进展[J]. 中国油脂，2007，32(2)：69-73.
[25] 张宇昊，王强. 花生蛋白的开发与利用[J]. 花生学报，2005，34(4)：12-16.
[26] 张晓驷，冯静波. 功能性蛋白短肽的蛋白酶法生产研究[J]. 动物科学与动物医学，2004，21(3)：48-51.
[27] 张新会. 大豆肽的制备、纯化级分级膜分离研究[D]. 广州：华南理工大学，2002.
[28] 廖丹葵，孙秀华，万顺刚，等. 酶法水解和筛选蛋黄蛋白质中的药物前驱型降血压肽[J]. 精细化工，2006，8：757-759.
[29] GB/T 22492—2008 大豆肽粉.
[30] Brantl V. H. Novel opioid peptides derived from caseins (β-casomorphins). I. Isolation from bovine casein peptone [J]. Hoppe-Seylers Z Physiol Chemistry, 1979, 360: 1211-1216.
[31] Byun H. G., Kim S. B. Purification and characterization of angiotensin I converting enzyme (ACE) inhibitory peptides from Alaska Pollack (Theragra chalcogramma) skin[J]. Process Biochemistry, 2001, 36: 1155-1162.
[32] Chen H. M., Muramoto K., Yamauchi F. Structural analysis of anti-oxidative peptides from soybean β-conglycinin[J]. Journal of Agricultural and Food Chemistry, 1995, 43: 574-578.
[33] Cheung H. S., Wang F. L., Ondetti M. A., et al. Binding og peptide substrate and inhibition of Angiotensin-converting enzyme importance of the COOH-terminal dipeptides sequence[J]. Journal of Biological Chemistry, 1980, 255: 401-407.
[34] Coakley W. T., James C. J. A simple linear transform for the Folin-Lowry protein calibration curve to 1.0 mg/mL. Analytical Biochemistry, 1978, 85: 90-97.
[35] Guang C., Robert D. Phillips. Purification, Activity and Sequence of Angiotensin I Converting Enzyme Inhibitory Peptide from Alcalase Hydrolysate of Peanut Flour[J]. Journal of Agricultural and Food Chemistry, 2009, 57 (21): 10102-10106.
[36] Cushman D. W., Pluseoe J., Williams N. J., et a1. Inhibition of angiotensin-converting enzyme by analogs of peptides from *Botrops jararaca venom* [J]. Cellular and Molecular Life Sciences, 1973, 29:1032-1035.
[37] Deng J. C. Effect of temperature on fish alkaline protease, protein interaction and temperature and texture quality[J]. Journal of Food Science, 1981, 46(1): 62-65.
[38] Quist E. E., Phillips R. D., Saalia F. K. Angiotensin converting enzyme inhibitory activity of proteolytic digests of peanut (*Arachis hypogaea* L.) flour[J]. LWT-Food Science and Technology, 2009, 42(3): 694-699.
[39] Gill I., Rosina L. F., Forba X., et al. Biologically active peptides and enzymatic approaches to their production[J]. Enzyme and Microbial Technology, 1996, 18: 162-183.

[40] Grimble G. K, Silk D. B. A. Intravenous protein hydrolysates—Time to turn the clock back[J]. Clinical Nutrition, 1990, 9(1): 39-45.

[41] Jamdar S. N., Rajalakshmi V., Pednekar M. D., et al. Influence of degree of hydrolysis on functional properties, antioxidant activity and ACE inhibitory activity of peanut protein hydrolysate[J]. Food Chemistry, 2010, 121: 178-184.

[42] Jung W. K., Mendis E., Je J. Y., et al. AngiotensinI-converting enzyme inhibitory peptide from yellowfin sole (*Limanda aspera*) frame protein and its antihypertensive effect in spontaneously hypertensive rats[J]. Food Chemistry, 2006,94: 26-32.

[43] Marquez M. C., Fernandez V. Enzymic hydrolysis of vegetable proteins: mechanism and kinetics [J]. Process Biochemistry 1993,28: 481-490.

[44] Marquez M. C., Vazquez M. A. Modeling of enzymatic protein hydrolysis[J]. Process Biochemistry, 1999, 35: 111-117.

[45] Matsui T., Li C. H., Osajima Y. Preparation and characterization of novel bioactive peptides responsible for angiotensin-I-converting enzyme inhibition from wheat germ[J]. Journal of Peptide Science, 1999, 5: 289-297.

[46] Munilla-moran R, Saborido-rey F. Digestive enzymes in marine species. 1: Protease activities ingut from redfish (*Sebastes mentella*), seabream (*Sparusaarata*) and turbot (*Scophthalmus inaximus*) [J]. Comparative Biochemistry and Physiology B: Biochemistry and Molecular Biology, 1996. 113 (2): 395-402.

[47] Owueu-Apenten R. K. Food Protein Analysis[M]. New York: Marcel Dekker, Inc., 2002.

[48] Pan D. D., Cao J. X., Guo H. Q., et al. Studies on purification and the molecular mechanism of a novel ACE inhibitory peptide from whey protein hydrolysate[J]. Food Chemistry, 2012,1(1):121-126.

[49] Patchett A. A., Harris E., Tristram E. W., et al. A new class of angiotensin-converting enzyme inhibitors[J]. Nature, 298: 280-283.

[50] Rohrbach M. S., Williams J. E. B., Rolstad R. A., et al. Purification and substrate specificity of bovine angiotensin-converting enzyme [J]. The Journal of Biological Chemistry, 1981, 256: 225-230.

[51] Ruiz J. A. G., Ramos M., Recio I. Angiotensin converting enzyme-inhibitory activity of peptides isolated from Manchego cheese. Stability under simulated gastrointestinal digestion[J]. International Dairy Journal, 2004, 14: 1075-1080.

[52] Saito Y., Wanezaki K., Kawato A., et al. Structure and activity of angiotensin I-converting enzyme inhibitory peptides from sake and sake lees[J]. Bioscience Biotechnology and Biochemistry, 1994,58: 1767-1771.

[53] Stevens R. L., Micalizzi E. R., Fessler D. C., et al. AngiotensinI-converting enzyme of calf lung. Method of assay and partial purification[J]. Biochemistry, 1972, 11: 2999-3007.

[54] Vermeirssen V., Deplancke B., Tappenden K. A., et al. Intestinal transport of the lactokinin Ala-Leu-Pro-Met-His-Ile-Arg through a Caco-2 Bbe monolayer[J]. Journal of Peptide Science, 2002, 8 (3): 95-100.

[55] Wu J. P., Ding X. L. Characterization of inhibition and stability of soy-protein-derived angiotensin I-converting enzyme inhibitory peptides[J]. Food Research International, 2002, 35: 367-375.

第四章　花生中脂类功能成分的开发与利用

花生中脂类物质主要包括脂肪、磷脂、甾醇等。脂肪是花生的主要组成部分，含量达46%～52%。我国花生有50%以上用于榨油，花生油营养均衡，脂肪酸构成比例好，易于消化，是我国居民生活中不可缺少的重要食用油。花生油中脂肪酸组成影响花生油氧化稳定性，油酸/亚油酸(O/L)比例越低氧化稳定性越差，多数花生油中O/L在0.8～2.5之间(Lopez et al.，2001)，因此高O/L可以延长花生产品的货架期减少哈败(Braddock et al.，1995；O'Byrne et al.，1997)，并且油酸可以减少70%心绞痛疾病的发生(Renaud et al.，1995)。磷脂是花生油精制过程中的副产物，其中含有磷、胆碱及不饱和脂肪酸等人体所必需的功能性物质，其既具有表面活性剂的特点，又在动物生理代谢中起着重要的作用。植物甾醇是一种较好的游离基清除剂，可以防止油脂的氧化，其中以β-谷甾醇含量最高(吴时敏等，2003a；2003b)。花生油、磷脂、甾醇在人们日常生活中具有非常重要的作用，因此深入研究花生中脂类的开发与利用具有重要意义。

第1节　花生油

1.1　研究进展

1.1.1　我国花生油研究文献分析

花生油作为我国主要食用油之一，一直以来是研究者关注的热点和重点。自2008年以来，花生油研究文献数量明显增多，也说明对花生油的研究的重视程度增加，具体研究文献数目(CNKI，万方，维普)如图4-1-1所示。

花生油研究文献按内容分包括花生油的品质、花生油的安全问题、花生油的提取制备工艺及花生油的综述等4个方面，其中花生油的品质占文献研究的52%。具体研究文献数如图4-1-2所示：

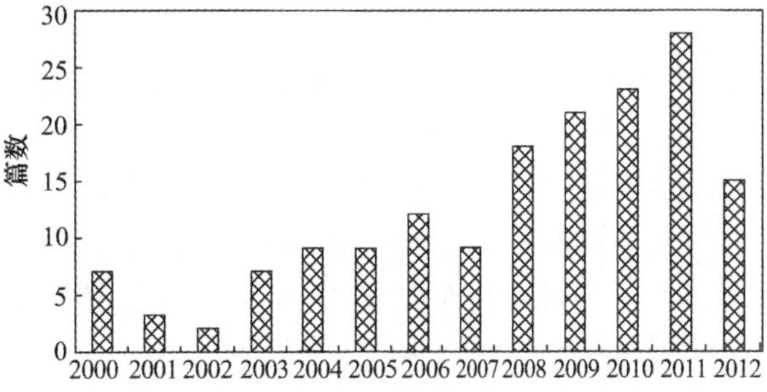

图4-1-1　不同年份花生油脂研究文献数

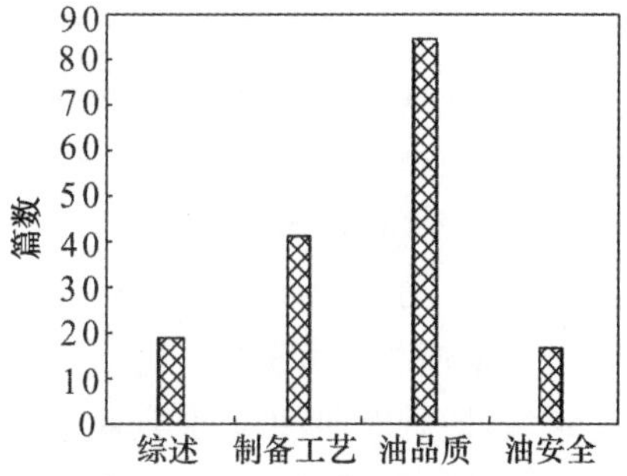

图4-1-2　花生油脂文献研究领域分析

1.1.2 国外花生油研究文献分析

国外花生主要被用来制作花生酱以及各种糖果糕点、休闲食品，因此花生油研究文献较少，而2011年花生油研究文献数明显增加，说明花生油研究受国际关注程度增加，具体研究文献数如图4-1-3所示。

从2000年后国外花生油文献研究内容来看，主要集中在综述、品质研究、安全研究、提取工艺研究及生物柴油研究等，其中花生油的品质研究占花生油研究的56%，如图4-1-4所示。

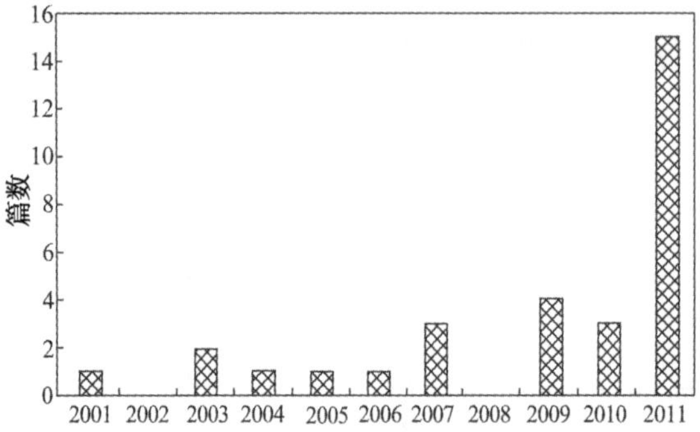

图4-1-3 不同年份花生油脂研究文献数

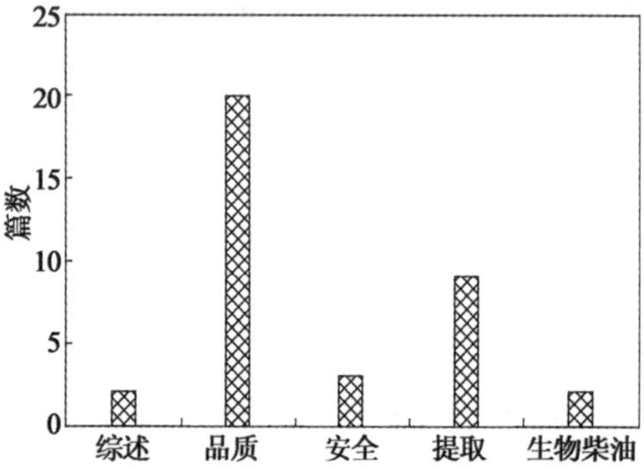

图4-1-4 花生油脂文献研究领域分析

1.1.3 研究重点与趋势

从我国花生油研究文献统计来看，花生油品质是近年来研究的热点，已经取代了2000年以前制备工艺的研究，说明现代人更加重视花生油的品质，注重饮食健康。而花生油的安全问题也不仅局限于花生中黄曲霉毒素的去除和检测研究，涉及花生油整体卫生安全检测，包括花生油中的涕灭威及其代谢产物的研究、多氯联苯及反式脂肪酸等的研究。从国外文献来看，花生油的品质研究是目前关注的热点问题，如花生油在加工过程中的氯丙醇、反式脂肪酸等问题，目前这方面的文献报道较少。纵观国内外文献，花生油本身的品质及其在加工过程中的品质变化情况是目前发展的重要方向。

1.2 脂肪酸组成及功能性质

1.2.1 脂肪酸组成

花生中脂肪酸包括饱和脂肪酸（棕榈酸、硬脂酸、花生酸、山嵛酸、木焦油酸、肉豆蔻酸）和不饱和脂肪酸（油酸、亚油酸、花生烯酸），不饱和脂肪酸含量达85%以上，其中油酸（35%～72%），亚油酸（20%～45%），棕榈酸（6%～18%），硬脂酸（1.3%～6.5%），花生酸（1.0%～3.0%）（刘大川等，2008；姜惠芳等，1998）。油酸具有降低高血脂症患者血脂水平以及预防心血管疾病的作用（刘志诚等，1987），油酸/亚油酸（O/L）影响油脂的氧化稳定性，即货架期，因此决定花生油的品质（Sanders，1980；Liener，1980）。表4-1-1显示了几种常见植物油的脂肪酸组成及含量，可以看出，与其他植物油相比，花生油含有C20:0～C24:0长链脂肪酸，它们在其他植物油中不存在或含量甚微。

表 4-1-1 几种常见植物油脂肪酸含量

%

来源	C14:0	C16:0	C17:0	C18:0	C20:0	C22:0	C24:0	C16:1	C18:1	C20:1	C22:1	C18:2	C18:3	文献
杏仁油	—	2.65	0.02	0.18	0.02	—	—	—	86.79	—		9.82	0.03	孔令明,2011
茶油	1.79	—		3.55	—	—	—	11.99	74.41	—		8.26	0.97	廖杰,2009
棉籽油	0.50	20.40	—	1.40	—	—	—	0.30	14.60	—		62.80		巫森鑫等,2003
橄榄油	1.30	14.41	—	3.26	0.52	—	—	—	71.25			9.77	1.15	韩深等,2007
花生油	—	10.90	—	2.70	1.10	1.70	0.60	—	46.50	0.70		35.40	0.10	巫森鑫等,2003
大豆油	—	19.05	—	3.87	—	—	—	—	16.99	—		51.39	8.70	康辉等,2008
芝麻油	—	8.77	—	5.30	—	0.10	—	0.15	39.70	0.19		44.69	0.96	廖成华等,1992
葵花籽油	—	4.44	—	3.82	0.28	1.06	0.31	—	38.11	0.16		51.82	—	赵华锋等,2008
玉米油	—	11.60	—	1.30	—	—	—	—	30.60	—		55.80	—	巫森鑫等,2003
麦胚油	—	27.89	—	1.48	2.92	—	—	—	15.06	—		52.64	—	鲁明等,2006
米糠油	0.61	22.14	0.03	—	—	0.93	—	—	32.70	1.54		35.30	—	霍文兰,2009
菜籽油	—	4.50		1.40	0.50	0.30	0.20	—	32.00	4.40	24.80	23.60	8.10	巫森鑫等,2003
紫苏油	0.21	3.94		1.62	0.31			0.61	12.14			15.32	62.91	简毓峰等,2011

1.3 脂肪酸比例模式与油稳定性的关系

油脂的脂肪酸可分为饱和脂肪酸(SFA)和不饱和脂肪酸(UFA),其中 UFA 又可分为单不饱和脂肪酸(MUFA)和多不饱和脂肪酸(PUFA)。SFA 如软脂酸、豆蔻酸、硬脂酸等,MUFA 如油酸、花生一烯酸等,PUFA 如亚油酸、亚麻酸和花生四烯酸等(巫淼鑫等,2003)。油脂氧化主要是指油脂中的脂肪酸等与单线态氧或者三线态氧发生氧化反应,产生小分子化合物后进一步发生聚合反应生成二聚体或多聚体(阚健全,2002)。影响植物油氧化稳定性的因素比较复杂,以下从脂肪酸总量、单一脂肪酸组分、脂肪酸比例模式等角度进行总结分析。

1.3.1 脂肪酸总量对油稳定性的影响

植物油的稳定性与脂肪酸总量尤其是 PUFA 的总量有较大关系。李红艳等(2010)通过气相色谱法分析了菜籽油、大豆油、花生油等八种天然食用植物油的脂肪酸组成并对它们的氧化稳定性进行了比较。结果表明:氧化稳定性由强到弱依次为花生油、山茶油、芝麻油、菜籽油、玉米油、调和油、大豆油、葵花籽油。氧化稳定性受 PUFA 的影响较大,PUFA 含量高的油类,相应的稳定性也小,如葵花籽油、大豆油、调和油 PUFA 含量高(分别为 60.37%、58.14%、54.57%),最不稳定。植物油的氧化稳定性不仅受 PUFA 含量的影响,还受到不饱和脂肪酸即 UFA 总量的影响,芝麻油的 PUFA 含量(47.25%)比菜籽油(28.34%)高,但菜籽油却比芝麻油更不稳定,因为菜籽油的不饱和脂肪酸含量(88.53%)比芝麻油的(81.92%)高得多。李林强等(2009)通过 GC-MS 联用仪分析了大鲵油的脂肪酸组成,研究表明,大鲵油中不饱和脂肪酸(UFA)达 71.3%,易遭受氧化而损失,提取温度超过 50℃时,不饱和脂肪酸中的双键就容易被氧化。

1.3.2 单一脂肪酸对油稳定性的影响

植物油的稳定性除与不饱和脂肪酸总量有关外,还与单一脂肪酸的氧化特性有关。植物油中所含常见脂肪酸的相对氧化速率为硬脂酸∶油酸∶亚油酸∶亚麻酸=1∶10∶100∶200(施苹善,1999)。目前此领域有研究报道的脂肪酸有油酸和亚麻酸。

油酸是一种单不饱和脂肪酸,具有很好的抗酸败性,葵花籽油的高油酸含量及低多不饱和脂肪酸含量(仅含 2%~4%的多不饱和脂肪酸),使其具有优异的氧化稳定性(施苹善,1999)。亚麻酸是多烯酸,分子中含有 3 个双键,化学性质活泼,极易氧化而产生怪味,所以亚麻酸含量高的油脂不耐贮藏,李庆典等(2004)对新疆巴旦杏 28 个品种种仁油脂的脂肪酸组成进行研究,结果表明,巴旦杏仁油中亚麻酸的含量平均仅为 0.04%,且变异较小(CV=9.01%),因此巴旦杏仁油有较好的耐贮性。

1.3.3 脂肪酸比例模式对油稳定性的影响

脂肪酸比例模式与油脂氧化稳定性的量化关系方面已有研究报道。Yan(1998)研究了氧化稳定指数(OSI)与脂肪酸组成(FAC)的定量关系:$OSI\ (h) = 7.5123 + \%C16{:}0 \times (0.2733) + \%C18{:}0 \times (0.0797) + \%C18{:}1 \times (0.0159) + \%C18{:}2 \times (-0.1141) + \%C18{:}3 \times (-0.3962)$,式中:%C16:0—油脂中的 C16:0 百分含量。此量化关系在对大豆油、玉米油、葵花籽油、菜籽油、橄榄油的实验中,OSI 预测值分别为 2.01 h、3.52 h、

1.99 h、3.83 h、10.75 h，实验值分别为 2.22 h、3.24 h、2.17 h、3.71 h、10.97 h，预测值和实验值的误差小于 10%。李红艳(2009)通过 Metlab 数学工具建立模型，探讨了天然食用植物油的 POV 值与脂肪酸组成之间的多元二次数学模型，通过验证实验表明其模拟效果好，可以从本质上反映脂肪酸组成对油脂氧化性的影响，可以通过脂肪酸组成的变化预测植物油的稳定性。

1.4 制备工艺与技术

我国用于榨油的花生占花生消费总量的 50%以上，是我国花生的主要消费方式。目前花生榨油有 2 种方式：高温压榨和低温冷榨。国内榨油 90%以上采用传统高温压榨工艺，该工艺生产花生油香味浓郁，深受消费者青睐。但高温压榨花生油感官品质较差，油中维生素 E、甾醇、麦胚酚、磷脂等营养因子损失严重，且油的稳定性差。仅有不足 10%的花生是采用低温冷榨工艺，该工艺生产的花生油色淡、保留花生原有营养品质，同时获得低变性的花生蛋白粉，提高花生的利用率，增加经济效益。因此低温冷榨花生油具有更广阔的发展前景。

1.4.1 高温压榨

压榨前需要将花生用热风气流干燥机反复干燥，使水分控制在 5%～6%，然后迅速用冷空气把油料温度降至 40℃以下，然后在炒炉内将油料加热到 180～200℃条件下进行压榨，经过干燥及高温烘烤来提高花生出油率和花生油香味。

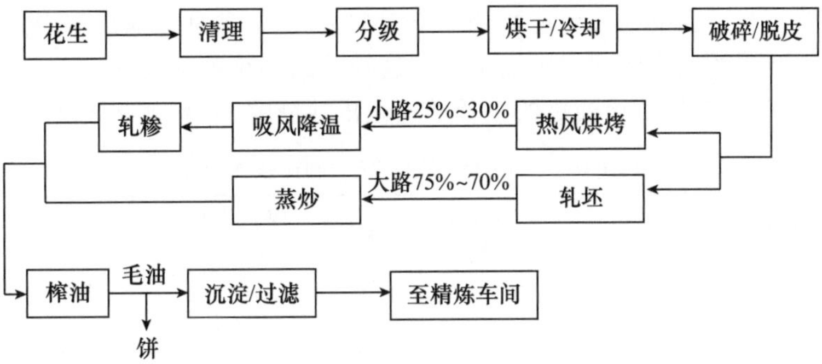

图 4-1-5 高温压榨花生油工艺流程图

1.4.2 低温冷榨

低温压榨花生油生产工艺通过彻底脱除花生红衣，经冷榨得到的花生油产品质量达到国家一级食用植物油标准，由于本工艺完全在低温下进行，可最大限度地保留各种营养成分，使花生油中富含不饱和脂肪酸，不含胆固醇，色泽浅，磷脂含量低，煎炸油烟少，无任何有毒化学成分添加和残留。

1.4.2.1 入榨水分的确定

常规生产的蒸炒工序中由于湿热作用，蛋白质变性较大，同时蒸炒过程容易提前出油，对降低残油非常不利，在实际生产中通过不断摸索，认为花生仁具有适宜的入榨水分(6%～8%)和温度(60～90℃)时，可保证蛋白质低变性的前提下降低残油率。通过调质可使物料软化，具有可塑性，细胞结构易破坏，易于入榨、出油；若水分流失过多，可加水进行调节。

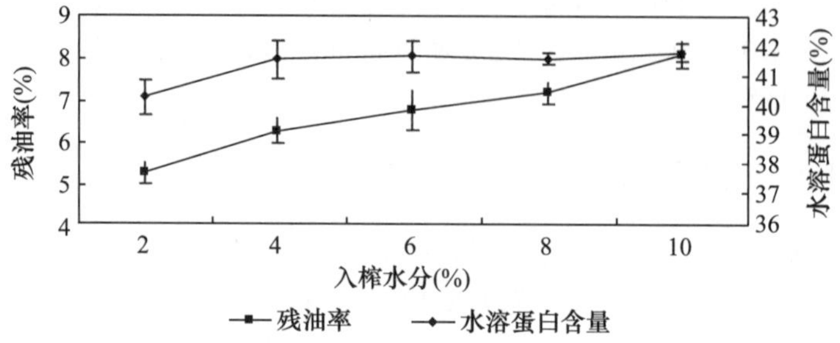

图 4-1-6 入榨水分对饼粕残油率和水溶蛋白含量的影响

由图 4-1-6 可知，花生仁入榨水分在 2%～10%之间时，饼粕的残油率和水溶蛋白含量均呈现上升趋势。其中，水溶蛋白含量在入榨水分为 2%～6%时上升最快，从 6%～8%时上升趋于平缓，随后又略有上升。在实际生产中花生仁的入榨水分过低会增加能耗、蛋白变性程度也会随之增加，因而花生仁入榨水分过低没有实际意义。综合残油率和水溶蛋白含量两项指标，最终试验选择花生仁入榨水分 5%作为最佳物料含水量，实际生产操作中，入榨水分可控制在 4%～8%。

1.4.2.2 压榨条件

低温压榨生产过程中容易出现两种不正常的情况，一种是提前出油，榨机不吃料；另一种是饼不成型或者虽然成型但出油很少。这与前面的预处理有很大关系，通过调整榨制温度，根据实际生产调节榨油机的主轴转速和出油缝隙，可有效降低饼中的残油率。

表 4-1-2 60～90℃一次压榨制油残油变化

编号	榨制温度(℃)	入榨水分(%)	粕残油(干基)%	编号	榨制温度(℃)	入榨水分(%)	粕残油(干基)%
1	60	6.9	7.4	6	70	6.8	6.5
2	60	7.2	7.1	7	80	6.3	6.6
3	65	7.8	8.2	8	80	6.1	6.5
4	65	8.0	7.9	9	90	5.9	5.7
5	70	6.5	6.4	10	90	5.4	5.5

表 4-1-3 榨机转速对饼粕残油率的影响

编号	主轴转速(r/min)	粕残油(干基)(%)
1	10	6.4
2	20	7.0
3	30	7.8
4	50	7.9

表 4-1-4　60～90℃一次压榨后水溶蛋白变化情况

编号	入榨温度（℃）	粕蛋白质（饼粕干基）(%)	水溶蛋白质含量(%)	水溶蛋白质（饼粕或成品）(%)	水溶蛋白质/含水溶蛋白质(%)	备　注
1	60	54.49	43.59	41.64	95.52	中试
2		54.83	43.45	41.56	95.65	中试
3	65	54.63	43.70	41.36	94.65	中试
4		55.12	43.68	41.23	94.39	中试
5	70	56.54	43.86	41.43	94.46	三班正常生产样
6		57.14	43.84	41.25	94.09	三班正常生产样
7	80	54.78	45.3	41.12	90.77	中试
8		54.45	45.12	41.09	91.07	中试
9	90	55.74	44.59	35.34	79.26	中试
10		55.38	44.52	35.26	79.20	中试

从表 4-1-2 至表 4-1-4 的压榨试验结果分析，单纯从榨油的角度，用 ZX10 型榨油机连续压榨，榨制温度在 70℃，入榨水分 5%，榨机转速在 10 rpm 的压榨条件下，花生粕中残油可达到比较低的水平(6.5%左右)。从保证蛋白质功能性质的角度，则主要考虑温度因素即可，榨制温度选择 70℃较好。

1.4.2.3　物理精滤

利用板框过滤机在 30℃以下压榨过滤三遍，得成品油。用食品级滤布(截留尺寸 200 目)将毛油过滤至少两遍，控制过滤温度在 10～50℃，优选 30℃；过滤时所需压力在 0.1～0.4 MPa，优选 0.3 MPa，所得产物即为冷榨花生油(图 4-1-7)。

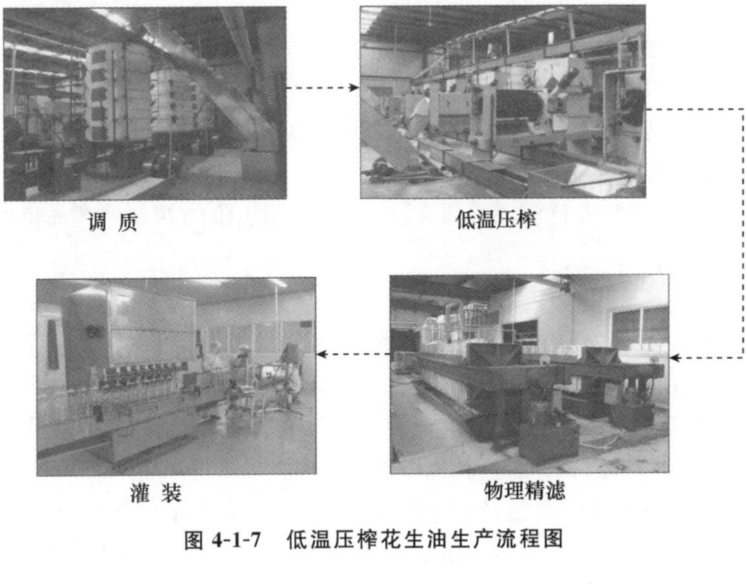

图 4-1-7　低温压榨花生油生产流程图

1.5 应用与开发前景

1.5.1 国内外花生油市场现状

全球花生油年产量 550 万 t(USDA),中国花生油产量为 220 万 t 左右;全球花生油年消费量 513 万 t,中国花生油年消费量约占全球消费总量的 3/4(中国统计年鉴,2011),是世界上花生油的最大消费国。我国花生油固定消费人群对花生油的年需求量约 280 万 t,生产量仅 220 万 t,需要增长 20%以上才能满足基本需要。可见,花生油在居民饮食中占据重要地位,是人们日常生活中不可缺少的重要食用油,花生油需求空间与发展潜力巨大。

1.5.2 冷榨花生油市场开发前景

我国花生 90%用于高温压榨,仅有不到 10%用于低温压榨,但是传统高温压榨花生油在压榨前需经反复蒸炒、烘烤,造成油的感官品质变差,油中维生素 E、甾醇、麦胚酚、磷脂等营养因子损失严重,且油的稳定性差。并使得压榨花生粕变性程度大,其氮溶解指数仅有11.60%,通常只用作饲料或肥料,无法开发花生蛋白粉、浓缩蛋白、分离蛋白等高附加值的产品。因此急需改进榨油工艺,提高花生油感官品质与营养品质。

冷榨花生油因其具有良好的感官特性、营养特性及低变性的花生粕而成为研究开发热点。花生榨油是我国花生的主要利用方式,通过研发适宜的冷榨花生油的生产设备,获得高营养价值的花生油,延长花生油的货架期,提高产品利润空间的增加,这将有助于促进农民增收,带动农民致富,因此,冷榨花生油具有良好的应用前景。但我国冷榨花生油生产企业规模较小,因此急需集成现有技术,研发新设备,建立有实力的冷榨花生油大企业,打造品牌战略,深入开发冷榨花生油产业。

第 2 节 花生中的磷脂

花生磷脂是花生油精制过程中的副产品,主要为卵磷脂(35%)、脑磷脂(64%)(张姣勤,2008)。它具有很高的生理功能和营养价值,磷脂产品中含有磷、胆碱和不饱和脂肪酸等人体所必需的功能性物质。国内对大豆磷脂的功能和特性方面研究比较多,并且大豆磷脂已得到了很好的工业化生产。我国花生资源十分丰富,并且 50%以上花生用于榨油,所以需要对花生磷脂进行深入的研究和开发,使花生油脂精制副产品得到有效利用。

2.1 来源与分布

花生油脂在水化脱胶精炼过程中,得到花生油脚的副产物,副产物中磷脂含量在 0.3%以上。据报道,油厂每加工 100 t 花生,就可以产出 0.8t 油脚,我国每年有 800 万 t 花生用于榨油,精炼花生油脂副产物的油脚在 6 万 t 以上,若充分提取这部分油脚中的磷脂,可以得到约 180 t 磷脂,将是一笔惊人的经济效益。

各种油料种子中都含有磷脂,但不同油料种子中含量并不相同(卢行芳,2004),几种常见的油料种子中,磷脂含量最多的油料作物是大豆和棉籽,花生中的磷脂含量相对这几种作物来说比较少。几种油料种子中磷脂的含量如表 4-2-1 所示。

表 4-2-1　几种油料种子中磷脂的含量

油料种子	磷脂含量(%)	油料种子	磷脂含量(%)
大豆	1.2～3.2	棉籽	1.25～1.75
油菜籽	1.02～1.20	向日葵籽	0.60～0.84
亚麻籽	0.44～0.73	花生仁	0.44～0.62
蓖麻籽	0.25～0.30	大麻籽	0.85

在花生中,磷脂主要存在于花生的种子中,是细胞膜的主要成分,花生磷脂的含量基本上与花生中蛋白质的含量成比例变化,与含油量多少关系不显著。在花生等油料种子中,磷脂主要集中于种仁的亲水胶体向内,以游离或者结合状态存在,结合磷脂系统指磷脂与蛋白质、糖等物质结合而成的复合物,在花生中,通常以结合状态存在的磷脂比游离的存在量大些。

花生种子的不同部分磷脂含量略有不同,在花生胚中的磷脂含量最多。存在于花生中的磷脂主要是卵磷脂和脑磷脂,尤其是脑磷脂的含量比较多,其他的磷脂含量比较少。有研究表明(张姣勤,2008),花生仁中脑磷脂(含量 64%)比大豆、棉籽、油菜籽等中的脑磷脂的含量较多。

2.2　化学组成与理化性质

磷脂有它独特的结构特点,既有非极性的、不带电荷的和脂溶性的碳链端,又有一个极性的、易溶于水的并且带有正负电荷的氨基和磷酸基,所以磷脂在水溶液内部就很容易形成非极性基向内、极性基向外的双分子层,以维持细胞内外水相和脂相的连续相。据有关报道(刘夏忠,1999),各种生物膜多数是以类脂双分子层做骨架,进而蛋白质插入,形成"脂质球状蛋白质流动镶嵌"模型。磷脂的种类和成分比率决定着生物膜的状态和功能及细胞活性,从而决定了机体的新陈代谢能力、免疫力及自我恢复能力等。因为磷脂有着非常独特的生物和化学特性,所以磷脂在脂类中是非常重要的。脂类分子包含一个甘油主键,一个极性基团和一个不饱和的脂肪酸,这是在所有的活细胞中都有的结构成分。磷脂和细胞膜脂类在卵磷脂物质形成过程中一直起着十分重要的作用,主要是磷脂酰胆碱(PC),作为一种脂肪和油脂加工过程中的副产物(Singleton, 1999)。

曹栋(2004)等研究报道,按照分子结构可将磷脂分为两大类,即鞘磷脂(sphingomyelins 神经磷脂)和磷酸甘油酯(Phosphate or phosphalipd)。鞘磷脂是由神经酰胺(ceramide)与磷酸直接连接,再与胆碱或胆胺连接而成酯,其结构通式如图 4-2-1 所示:

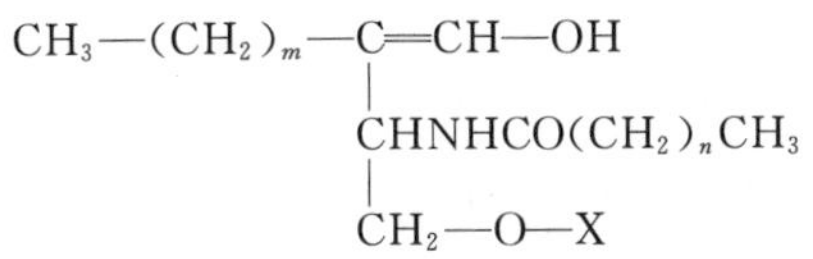

图 4-2-1　鞘磷脂结构通式

式中：n、m 指脂肪酸中亚甲基数目，X 指磷酸胆碱或磷酸胆胺，鞘磷脂在自然界中存在不及磷酸甘油酯。磷酸甘油酯是脂肪酸、甘油和磷酸结合的衍生物，其结构通式如图 4-2-2 所示：

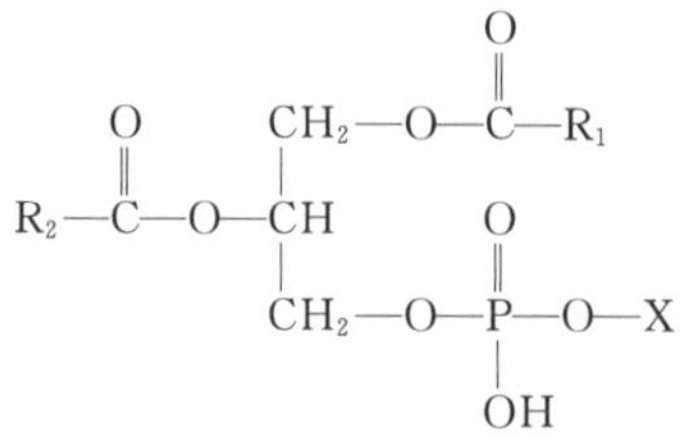

图 4-2-2　磷酸甘油酯结构通式

式中 R_1、R_2 代表脂肪酸残基，其碳原子数一般在 12～18 个，且以偶数居多。R_1、R_2 可以相同也可以不同，但磷脂 2 位（β 位）大多为不饱和脂肪酸，如油酸、亚油酸、亚麻酸及花生四烯酸等。根据分子结构中 X 的不同，因此磷脂又可分为多种类型，其中较重要的是卵磷脂、脑磷脂、肌醇磷脂和丝磷脂。

2.3　生物活性与功能

磷脂是一种十分重要的生命基础物质，它广泛存在于人体的组织和体液中，不仅仅是构成人体生物膜的重要组成成分，而且是胆碱和必需脂肪酸的原料来源，对维持生物膜的生理活性和机体的正常代谢起非常关键的作用。磷脂本身是一种营养物质和乳化剂，并且磷脂是构成生物膜中类脂的主要成分，参与人体生命代谢，具有很多的有益功能，例如防止动脉硬化，改善神经组织、提高大脑活力等等，被誉为“细胞的保护神”和“血管清道夫”（高岐，2008）。

2.3.1　调节人体代谢

人体在进行高强度运动和大量活动中，肌肉细胞就会依靠磷脂的信息传递和物质传递功能获得所需的营养和能量，并且排除体内的代谢产物。在这样的生理循环过程中，磷脂会被大量分解和消耗，因此此时只有及时补充人体所需的充足的磷脂，人体肌肉才能持续获得能量和营养，调节人体的机能。磷脂能有效地增强细胞功能，提高细胞的代谢能力，增强细胞消除过氧化物的能力，及时供给人体所需能量（卢行芳，2004）。

磷脂的种类和成分比率决定着生物膜的状态、功能及细胞活性，因此就决定了机体的新陈代谢能力、自我恢复能力和人体的调节能力等。在饮食中添加磷脂，就会向机体补充磷脂，意味着活化细胞，为机体的新陈代谢提供充足的原料和动力，从根本上增强机体活力。

2.3.2　降胆固醇

磷脂能够很好地降低血清胆固醇防止动脉粥样硬化，磷脂是血浆中的主要成分，它不仅可以使胆固醇酯化成胆固醇酯，而且还可以使胆固醇不易在血管壁上沉积。

有关的研究指出（卢行芳，2004），磷脂与胆固醇在血液中应保持着一定的比例，磷脂在血浆中起着乳化剂的作用，影响胆固醇与脂肪的运输和沉着。因此，磷脂的作用就是使遍及脑细胞各个角落的毛细血管中运送的新鲜氧气和营养的血液能畅通无阻，从而改善脂肪的吸收和利用，减少脂肪在血管内存留的时间，并减少血中胆固醇的含量，部分的清除胆固醇沉淀。在美国，磷脂被称为“胆固醇的 1 号克星”。早在 1955 年日本就利用磷脂作为高血脂症的治疗药了。同时，磷脂对胆结石也有辅助疗效。有研究表明，胆固醇胆结石患者连续服用卵磷脂后，胆石可以被溶解。

2.3.3　抗老化

随着人们年龄增加，人的细胞膜中的卵磷脂和胆固醇的分子比值有很明显的下降，磷脂酰胆碱的含量显著减少，这是细胞膜老化的基本特征（李彬，2006）。

磷脂作为构成生物膜的基质，它对细胞具有加强呼吸、活化再生，促进代谢等的作用，支持细胞、组织和器官的完整性，具有延缓机体衰老的作用（凌沛学，2004）。同时，磷脂还具有促进皮肤代谢，促进脂溶性维生素吸收，消除青春痘和皮肤色素沉淀，提高皮肤持水性及光泽度的作用。随着磷脂摄入量的增加，除了供给人体营养物质外，还可以修补被损伤的细胞膜及脂蛋白和酶的结构等，调整细胞中磷脂和胆固醇的比率，并且增加细胞膜中脂肪酸的不饱和度，改善细胞膜的硬化程度，延缓细胞的老化。另外，磷脂本身具有乳化作用，可以溶解、清除老化的过氧化脂质，从而改善人体神经化学功能和大脑机能，减缓细胞的退化与死亡，调节内分泌体系，延缓衰老的进程。所以，不管是从修复细胞膜和脂蛋白的结构方面看，还是调节内分泌来看，均可说明磷脂具有抗衰老的作用。

2.3.4　增强记忆力

磷脂是一种十分受欢迎的保健食品，具有“健脑食物价值”，能促进胎儿大脑发育，增强婴幼儿智力，显著提高记忆，提高大中学生的学习效率。对防治中年以后的记忆力下降、老年性痴呆症及神经异常等老年性神经疾病也有效。相关医学研究证明，乙酰胆碱的减少正是造成老年痴呆症的主要原因，补充卵磷脂可大大增强大脑细胞吸收释放化学物质及传递信息的能力，还能激活脑细胞，提高记忆，防治老年性脑力衰退，舒缓压力和疲倦等，对脑机能的活化和神经系统的健康极为重要。食物中的磷脂被机体消化吸收后释放出胆碱，随血液循环系统送至大脑，然后再与醋酸结合生成乙酰胆碱。当大脑中乙酰胆碱含量增加时，大脑神经细胞之间的信息传递速度加快，记忆力功能得以增强，大脑的活力也会明显的增高。因此，磷脂可以促进大脑组织增强记忆力（刘夏忠，1999）。

2.3.5　促生长

磷脂是人体细胞与外界进行物质交换的一种途径，也是一种“天然解毒剂”。体内有足量的卵磷脂，能够使体内毒素经肝脏、肾脏排出，又能增加血色素，使皮肤有充足的水分和氧气供应，使机体细胞能够获取充足的营养，有助于皮肤细胞的发育和再生。不仅如此，磷酸还可以与人体内的钙结合可以形成磷酸钙，有利于人体骨质的生长。因此，磷脂可以促进人体的生长。人的体内如果缺磷，会影响成骨组织，尤其在小儿发育时期的缺磷可能会出现佝偻病的症状，成年人可出现低血磷症。因此，老年人经常食用足量的富含磷脂的食品，可以促进钙质的吸收和利用，改善和防治老年骨质疏松症。常食含磷丰富食品，可以提高人的健康水平，更好地促进人体的生长。

2.3.6 乳化作用

磷脂的亲水亲油性决定了它可作为乳化剂被广泛用作食品添加剂。磷脂是天然表面活性剂，具有很高的安全性，磷脂的两亲分子结构使其具有一系列界面和胶体性质，如乳化作用等。磷脂具有典型的乳化特性，其中磷脂酰胆碱有促进水包油（O/W）乳化的特性，而磷脂酰乙醇胺及磷脂酰肌醇则具有油包水（W/O）的乳化特性，因此天然磷脂具有水包油和油包水的乳化特性（卢行芳，2004）。

2.4 检测技术

磷脂是生物体内的重要含磷脂质，也是油脂工业高附加值副产品。花生油经水化脱胶可得到油脚，油脚浓缩干燥后得到浓缩磷脂。据徐生庚（2001）等报道，浓缩磷脂可进一步加工成其他的磷脂产品，如粉末磷脂，高 PC 磷脂，羟基化、酰基化磷脂等。在油脂工业中，脱胶油中的磷脂含量是反映水化脱胶效率的一个十分重要的指标，所以对花生及花生油中磷脂含量的测定是花生行业一个必不可少的方法。这些方法主要包括钼蓝比色法、重量法、薄层色谱法、高效液相色谱法、紫外分光光度法、红外光谱分析法、核磁共振法。

2.4.1 钼蓝比色法（GB 5537—2008）

钼蓝比色法的基本原理是：通过灼烧以后，磷脂被氧化成五氧化二磷，被热盐酸变成磷酸，遇钼酸钠生成磷钼酸钠，用硫酸联氨还原成钼蓝，然后再用分光光度计在波长 650 nm 处测钼蓝的吸光值，由标准曲线得磷含量后换算成磷脂含量。

所用器材：

分光光度计：具 1 cm 比色皿；

分析天平：分度值 0.000 1 g；

马弗炉：可控温度，主要使用温度在 550～600℃；

封闭电炉：可调温；

水浴锅：沸水浴；

瓷坩埚或石英坩：50 mL、100 mL 能承受的最低温度 600℃；

容量瓶：100 mL、500 mL、1 000 mL；

移液管：1 mL、2 mL、5 mL、10 mL；

比色管：50 mL；

所用试剂（所用试剂均为分析纯，水为蒸馏水）；

盐酸：1.19 g/mL；

氧化锌；

氢氧化钾；

浓硫酸：1.84 g/mL；

钼酸钠；

硫酸联氨；

磷酸二氢钾：使用前在 101℃下干燥 2 h；

2.5%钼酸钠稀硫酸溶液：量取 140 mL 浓硫酸，注入 300 mL 水中。冷却至室温，加入12.5 g钼酸钠。溶解后用水定容至 500 mL，充分摇匀，静置 24 h 备用；

0.015%硫酸联氨溶液：将 0.15 g 硫酸联氨溶解在 1 L 水中；

50%氢氧化钾溶液：将 50 g 氢氧化钾溶解在 50 mL 水中；

1∶1 盐酸标准溶储备液：称取干燥的磷酸二氢钾 0.4387 g，用水溶解并稀释定容至 1 000 mL，此溶液含磷 0.1 mg/mL；

标准曲线用磷酸盐标准溶液：用移液管吸取标准储备液 10 mL 至 100 mL 容量瓶中，加水稀释并定容，此溶液含磷 0.01 mg/mL。

操作步骤：

(1)扦样。按 GB/T 5524 执行。

(2)试样的制备。按 GB/T 15687 执行。

(3)绘制标准曲线。取 6 支比色管，编成 0、1、2、4、6、8，6 个号码。按号码顺序分别注入标准溶液 0 mL、1 mL、2 mL、4 mL、6 mL、8 mL，再按顺序分别加水 10 mL、9 mL、8 mL、6 mL、4 mL、2 mL。接着向 6 支比色管中分别加入硫酸联氨溶液 8 mL，钼酸钠溶液 2 mL。加塞，振摇 3～4 次，去塞，将比色管放入沸水浴中加热 10 min，取出，冷却至室温。用水稀释至刻度，充分摇匀，静置 10 min。吸取溶液至干燥、洁净的比色皿中，用分光光度计在 650 nm 处，用试剂空白调零点，分别测定吸光度。以吸光度为纵坐标，含磷量(0.01 mg、0.02 mg、0.04 mg、0.06 mg、0.08 mg)为横坐标绘制标准曲线。

(4)制备液。根据试样的磷脂含量，用坩埚称取制备好的试样，成品油试样称 10 g，原油及脱胶油称 2.0～3.0 g(精确至 0.001 g)。加氧化锌 0.5 g，先在电炉上缓慢加热至样品变稠，逐渐加热至全部碳化，将坩埚送至 550～600℃的马弗炉中灼烧至完全灰化(白色)，时间约 2 h。取出坩埚冷却至室温，用 10 mL 盐酸溶液溶解灰分并加热至微沸，5 min 后停止加热，待溶解液温度降至室温，将溶解液过滤注入 100 mL 容量瓶中，每次用大约 5 mL 热水冲洗坩埚和滤纸共 3～4 次，待滤液冷却到室温后。用氢氧化钾溶液中和所出现的浑浊，缓慢滴加盐酸溶液使氧化锌沉淀全部溶解，再加 2 滴。最后用水稀释定容至刻度，摇匀。制备被测液时同时制备一份样品空白。

(5)比色。用移液管吸取被测液 10 mL，注入 50 mL 比色管中。加入硫酸联氨溶液 8 mL，钼酸钠溶液 2 mL。加塞，振摇 3～4 次，去塞，将比色管放入沸水浴中加热 10 min，冷却至室温。用水稀释至刻度，充分摇匀，静置 10 min。移取该溶液至干燥、洁净的比色皿中，调整分光光度计在 650 nm 下，用试样空白调整零点，测定其吸光度。

(6)结果计算。试样中磷脂含量按公式(1)计算：

$$X=\frac{P}{m}\times\frac{V_1}{V_2}\times 26.31 \tag{5-1}$$

式中：

X——磷脂含量，单位为毫克每克(mg/g)；

P——标准曲线所查得的被测液的含磷量，单位为毫克(mg)；

m——试样质量，单位为克(g)；

V_1——样品灰化后稀释的体积，单位为毫升(mL)；

V_2——比色时所取的被测液的体积，单位为毫升(mL)；

26.31——每毫克磷相当于磷脂的量单位为毫克(mg)。

当被测液的消光值大于0.8时，需要适当减少吸取被测液的体积，以保证被测液的消光值在0.8以下。

每份样品应平行测试两次，平行试样测定的结果符合精密度要求时，取其算术平均值作为结果，计算结果保留小数点后3位。

2.4.2 重量法(GB 5537—2008)

重量法的基本原理是：植物油中的磷脂吸水膨胀，密度增大，使其由絮状悬浮物转变为沉淀物。将试样水化后，用丙酮反复洗涤过滤，由于磷脂不溶于丙酮，油溶于丙酮，从而可使磷脂与油分离。称量磷脂的质量，计算其含量。该方法所得到的沉淀过滤物不完全是磷脂，还有其他不溶于丙酮的类脂物质。

仪器和用具：

玻璃漏斗、漏斗架；

分析天平：分度值0.000 1 g；

电烘箱：可控制在103±2℃；

200 mL烧杯；

抽滤瓶；

锥形瓶；

定量滤纸；

试剂；

丙酮：分析纯。

操作步骤：

(1)扦样。按GB/T 5524执行。

(2)试样的制备。按GB/T 15687执行。

(3)方法。取均匀的样品约100 mL置于锥形瓶中，加热至90℃左右时进行过滤。用烧杯称取试样25 g(m_0)，加热至80℃，加水2.0～2.5 mL，充分搅拌使之水化，在室温下静置过夜，或进行离心沉淀。倾出上层清液，用已知恒重的滤纸(m_1)(或抽滤)进行过滤，待滤液全部滤出后，用冷的丙酮把杯内残留的沉淀冲洗入滤纸中，继续用丙酮洗涤滤纸和沉淀，洗至无油迹为止。待滤液和沉淀上的丙酮挥尽后，送入105℃烘箱中烘至恒重并准确称量(m_2)。

(4)计算结果。试样中磷脂含量按式(2)计算：

$$Y=\frac{m_2-m_1}{m_0}\times 100\% \quad (5\text{-}2)$$

式中：

Y——磷脂含量，单位毫克每克(mg/g)；

m_2——沉淀物和滤纸的质量，单位为克(g)；

m_1——滤纸质量，单位为克(g)；

m_0——试样质量，单位为克(g)。

每份样品应平行测试两次，平行试样测定的结果符合精密度要求时，取其算术平均值作为结果，计算结果保留小数点后3位。

重复性：

在重复条件下获得两次独立测定结果的绝对差值不得超过算术平均值的10%。

2.4.3 薄层色谱法(TLC)

TLC技术是利用正相的硅胶对磷脂各部分进行吸附，再用展开剂(流动相)对吸附的样品洗脱解吸。根据各组成部分极性的差异达到分离检测的目的(汪勇，2003)。20世纪90年代以前，TLC是国外磷脂检测的常用方法。但随着高效液相色谱法(HPLC)的普及，最近10年中TLC在国外已较少采用，取而代之的是受人为因素影响较小的高效液相色谱法、核磁共振技术等。

TLC又分为单向和双向两种，一般单向展开可很好分离磷脂一些主要成分；但仍有一些成分保留值接近，这时就需选择另一种展开剂再一次展开分开这些成分，做进一步成分分析。

马辰等(1999)用氯仿：甲醇：冰醋酸：丙酮：水体积比为4：25：7：4：2，配制展开剂，对磷脂进行展开，不仅可很好分开7种主要磷脂，而且PS、PI在薄层上也能较好分离。再用钼酸和硫酸肼喷涂，挥干溶剂后用硫酸甲醇(10%)显色，在700 nm处扫描测定各组成含量。徐桂云(1998)等用展开剂A：氯仿：甲醇：冰醋酸：丙酮：水体积比为35：25：14：15：2，和展开剂B：正己一烷：乙醚体积比为4：1，对大豆磷脂进行双向展开，用磷钼酸乙醇溶液(5%～10%，*W*/*V*)和Dittmer试剂显色，在检测波长650 nm参比波长400 nm下扫描，测定PC含量。

2.4.4 高效液相色谱法(HPLC)

HPLC是一种能快速准确检测磷脂含量及组成的一种最常用的方法，这种方法更少的受人为因素的影响。HPLC一般的柱固定相为硅胶。但流动相种类很多，一般分为两类：乙腈(氯仿)—甲醇—水体系和正己烷—异丙醇—水(甲醇)体系，检测器有紫外、荧光、示差折光检测器和红外等。由于磷脂中存在碳碳双键、羰基、磷酸基团和氨基等不饱和基团和官能团，使其在200～214 nm下有强吸收，所以较为广泛应用的是紫外检测器。

Singleton(1995)等报道，花生磷脂进行HPLC检测之前，先进行样品的处理。在一个混合容器中，用氯仿和甲醇体积比1：2的混合溶液，提取花生中的总磷脂，提取1 min。然后，将混合物进行过滤，并将残留物继续用氯仿混合溶解，再次进行过滤，并将2次的滤液混合，加入饱和NaCl水溶液，吸取混合液中的非脂成分。将滤液洗3次，然后通过闪蒸的方法将溶剂除去，然后进行HPLC测定。

2.4.5 紫外分光光度法

近些年来，用紫外分光光度法测定卵磷脂的比较多。因为磷脂不溶于丙酮，但是其他的脂类化合物都溶于丙酮；卵磷脂易溶于例如正己烷等非极性有机溶剂，而在甲醇、乙醇等极性有机溶剂中溶解度不大，采用丙酮去除油脂，正己烷溶解卵磷脂，实现磷脂的分离。根据相关的报道(关明，2008)，卵磷脂中的磷脂酰胆碱在特定波长处有特征吸收，并符合朗伯一尔定律，即当用一适当波长的单色光照射卵磷脂的溶液时，其吸光度A与溶液的浓度C和透光液层厚度L的乘积成正比。故采用紫外分光光度法对卵磷脂进行测定。该方法最大的优点是不需经过分离就可直接测定，操作简单。

2.4.6 红外光谱分析法

一般用于化学结构测定的红外其波数范围是400～4 000 cm^{-1}，有研究报道(Nzai et al.，1998)，用傅立叶转换红外检测器(FTIR)测定植物油中磷脂含量，先用标准磷脂混合样品(含39%PC、22%PI、27%PE)溶解在正己烷中，配成各种浓度的标准溶液，用于确定磷脂的各种化学键振动的波数，并绘制标准曲线。发现FTIR法无论样品浓度高低，其RSD和相关系数均较好。然后通过确定不同的波段，从而找到最合适测定的波段。研究表明，在波长为970～1 200 cm^{-1}时，效果最好，因此确定在此波段测定磷脂的含量。在测定时，用色拉油做空白参比，除去干扰。该法具有较高的准确性与良好的重现性。虽然FTIR技术在磷脂总含量测定方面前景广阔，但鉴于各种磷脂骨架结构相同，难以分别定量分析。

2.4.7 核磁共振法(NMR)

NMR技术用于磷脂的分析始于20世纪90年代，该法所用仪器是^{31}P核磁共振光谱仪，其原理是(汪勇，2003)：由于不同磷脂组分的磷酸根上所连的基团不同，对P的作用也就不同，导致不同磷脂组分在磁场中的化学位移不同，从而达到定性、定量分析磷脂中的不同组分的目的，并且一定积分面积值又代表了不同基团之间的定量关系。

Glonek(1998)用202.4 MHz的NMR分析了乙醇提取富集PC磷脂的各组分含量，磷脂用甲醇—氯仿溶解，再用EDTA溶液沉淀其中的高价离子，消除对^{31}P干扰，核磁共振在202.4 MHz下对磷脂进行分析。分析过程中各组分均得到一个分开的单峰信号，所以磷脂混合物不需预先分离即可进行分析，具有快速、灵敏、干扰因素少及准确度较高等优点，但该法所需样品用量较大，且对磷脂混合物中其他组分的浓度有一定要求。^{31}P核磁共振法在磷脂检测领域是一种新的定性、定量分析方法，它有待于进一步探索和发展。

2.5 制备工艺与技术

油脚中除含有丰富的磷脂外，还含有水、油脂、蛋白质、糖类、灰分(矿物质)、脂肪酸、色素、油溶性维生素和甾醇等，因此必须进行磷脂的分离提纯。目前磷脂分离提纯制备方法有有机溶剂萃取法、膜分离法、超临界萃取法和有机溶剂沉淀法等(卢行芳，2004)。

2.5.1 有机溶剂萃取法

有机溶剂萃取是一个重要的提取方法和分离混合物的单元操作。它是指通过选定某种溶剂，然后加入到液体混合物中，根据混合物中不同组分在同种溶剂中的溶解度不同，从而将所需要的组分分离出来的方法。磷脂的有机溶剂萃取法是根据磷脂不溶于醋酸甲酯、丙酮等有机溶剂，可溶于脂肪烃、芳香烃、卤代烃类有机溶剂，如乙醚、苯、三氯甲烷、石油醚，部分溶于脂肪族醇类。利用这些溶剂可将原料中溶于其中的油脂等杂质去除。

工业生产中溶剂萃取操作一般应包括以下三个过程：

①混合—料液和萃取剂密切接触；

②分离—萃取相和萃余相分离；

③溶媒回收—萃取剂从萃取相(有时也从萃余相)中除去，并加以回收。

因此在萃取过程中必须包括混合器、分离器与回收器。混合器常用搅拌罐，也可用管道，将料液和萃取剂以湍流方式混合，或用喷射泵进行涡流混合。分离常用碟片式离心机。回收实际上是化工单元操作中的蒸馏设备。根据料液与萃取剂的接触方式，萃取操作流程可分为单极和多极萃取流程，后者又可分为多级错流萃取流程和多级逆流萃取流程，以及两者结合进行的操作流程。在三个萃取过程中，以逆流萃取回收率最高，溶媒用量最少。这在工业上是很经济的，因而也是工业上普遍采用的流程。

此法是目前磷脂产品生产中应用最广泛的方法。适用于各种天然原料中提取磷脂，只是对不同的原料，溶剂的选取稍有不同。在花生原料经过各种工序处理以后，磷脂胶质进一步凝结沉淀，通过布袋过滤机进行收集，即可作为生产花生磷脂的原料，该毛磷脂不含水，因此磷脂的精制无需脱水。利用丙酮纯化可得90%～95%的磷脂，再利用酒精等溶剂分离、柱层析、乙酸化或利用磷脂酶 A_2 水解等，可应用于 W/O(油包水)和 O/W(水包油)型食品及化妆品的添加剂。

2.5.2 膜分离法

在分离技术中，膜分离技术是物质分离技术中一个十分重要的一个单元操作，膜分离法的最大特点是驱动力(主要为压力)，这种方法是用半透膜分离均相混合物中不同组分，半透膜在分离过程中没有相变的过程。膜本身是均匀的一相或是由两相及以上凝聚物质所构成的复合体，被膜分隔开的流体相是液体或气体。

膜分离技术在磷脂产品开发的过程中有十分广泛的应用，例如，先将磷脂用乙烷、正丙醇等有机溶剂溶解，形成磷脂微胶囊，再通过一定孔径的半透膜，根据磷脂不同组分中分子质量的大小不同加以分离。近些年来，该技术正在用于高纯产品的制取工艺中，如使溶于乙烷－异丙醇混合液的磷脂溶液通过聚半丙烯半透膜，可以使卵磷脂的浓度由20%提高到51%。但是由于现在膜功能尚不能完全分离分子质量相近的组分，故还需开发特定功能膜，才能够应用于工业化生产当中去。

2.5.3 超临界萃取法

超临界流体萃取技术是近些年来研究开发的一项新分离技术。它是利用温度、压力高于临界点的超临界流体作为溶剂来进行物质的提取和分离。超临界流体密度与通常液体相近，对许多物质有良好的溶解性，同时，它又保持了气体所具有的传递性质，易于渗透的特点。在临界点附近，压力、温度的微小变化，均会引起超临界流体密度十分显著的变化。利用这一特点溶剂与萃取物的分离就变得简单易行了。近些年来，超临界流体萃取技术在食品、化工、医药、环境等各个领域都有广泛的应用(吕维忠等，2000)。在精细化工，尤其是香料、食品添加剂和表面活性剂的提取中，超临界 CO_2 是最常用的萃取剂。很多研究表明，超临界 CO_2 在脱除油方面是非常有效的，但磷脂的分级上还处于研究阶段，主要是因为磷脂在超临界 CO_2 中不溶解。

利用流体(溶剂)在临界点附近与植物油中磷脂油相相平衡行为和传递性能，随压力和温度的改变而使磷脂的溶解能力在很大范围内变动，从而达到分离磷脂的目的。超临

界 CO_2 萃取技术以超临界 CO_2 为溶剂，将原料中油脂等非极性和弱极性杂质除去，从而得到高纯度的磷脂。操作压力达 30 MPa 左右，而操作温度仅 40～60℃，不使磷脂受热变质。因为超临界流体具有非常好的传质性能，所以萃取时间短，且在泄压后，CO_2 以气态逸出，不存在溶剂残留的问题。通过一次操作，即可使丙酮不溶物含量达 98%，该方法操作简单，生产运作成本低，产品质量好，但设备投资较高。超临界 CO_2 萃取磷脂，与其他的有机溶剂相比，不仅萃取的纯度高，而且在产物中并无有毒有害的有机溶剂残留。在萃取过程中，因为是在常温下进行的，无氧并且条件比较温和，可以很大程度减少磷脂的氧化。

2.5.4 有机溶剂沉淀法

利用有机溶剂如丙酮、乙酸乙酯等来使磷脂沉淀，这是因为在加入这些有机溶剂后，会使溶液的介电常数降低，从而使磷脂间静电引力即库仑力增大。由于磷脂的溶剂化这一性质，使原来和磷脂酶结合的水为溶剂所取代，进而降低了它们的溶解度。目前最为常用的有机溶剂的沉淀法是：

(1)乙酸乙酯萃取法　将粗磷脂溶于乙酸乙酯中，将溶液冷却至－10℃，然后再进行离心分离沉淀，可以得到纯度很高的磷脂，其中卵磷脂含量为 50.8%。由于乙酸乙酯是安全溶剂，并没有毒害作用，用这种纯化技术得到的产品可以广泛地应用于食品、医药和化妆品等各个行业中去。

(2)无机盐复合沉淀法　这种方法是利用无机盐和卵磷脂作用可生成沉淀的性质，将卵磷脂从有机溶剂中分离出来，再用适当溶剂萃取出无机盐，进而得到卵磷脂的一种方法。

2.6 应用与开发前景

磷脂是一种具有重要生理功能的脂类化合物，因其既具有表面活性剂的特点，又在动物生理代谢中起着重要的作用所以磷脂的应用很广，在食品、医药、化工等许多领域均得到应用，市场前景广阔。

2.6.1 应用现状

2.6.1.1 在食品工业中的应用

花生磷脂是一种有前景的食品添加剂。在食品中的应用在于它的乳化、湿润、稳定、抗氧化和防止淀粉老化等作用。作为食品添加剂，它用于烘烤食品，可增大面团体积及其均一性和起酥性，并能延长食品的保存期；用于糖果、速溶食品、人造奶油等，可以起到乳化、分散和湿润等作用，还可以用于肉类和禽蛋类食品、乳制品以及各种方便食品，均能产生一些特殊的作用。另外，夏剑秋等(2005)研究表明，磷脂用于冰淇淋中，增加光滑性，防止“起沙”现象，减少蛋黄的用量。在奶酪中加入少量磷脂，能增加凝聚性，防止奶酪的破碎。可以制备可溶性可可粉，增加其营养功能作用。适量地加入到肉汁、酱油、番茄酱、乳制品、果汁、香肠和小肚之中，能使制品混合均匀，果汁、饮料不产生沉淀，增加其风味。

磷脂作为乳化剂，能使油相和水相形成稳定的乳胶体，在特定的工艺条件下，磷脂能使人造奶油形成 W/O 型(油包水)或 O/W 型(水包油)2 大类产品。早期的人造奶油生产使用的乳化剂主要是磷脂(或用鸡蛋)。目前生产人造奶油除了合成乳化剂外,磷脂还是重要的乳化剂之一。在起酥油中添加磷脂作为乳化剂,将这种起酥油添加到面团中后,使食品更具有如可塑性、吸水性、乳化分散性等优点;在面包、饼干和糕点的面团中添加磷脂,利用其乳化性质可改进面团的吸水作用,使面料、水、油脂易于混合均匀,增强起酥性,增大制品的体积,提高营养成分含量,使食品酥脆、美味可口;各种糖果制品中,加入磷脂有助于糖浆和油脂的快速乳化,可提高润湿效果,使糖果外表光滑而不粘,还降低了原料的黏度,有利于操作,增加食品的均匀度和稳定性,而且又是很好的脱模剂;在粉末或结晶饮料方面添加适量磷脂,可产生乳化和润湿作用。在冰激凌生产方面,磷脂可作为乳化剂和稳定剂。在豆奶(或豆浆)升温时,磷脂可作为去沫剂防止外溢等。

2.6.1.2 在医药保健品中的应用

磷脂普遍存在于动植物细胞的原生和生物膜中,对生物膜的生理活性和机体的正常代谢有十分重要的调节功能;同时卵磷脂和鞘磷脂的关键组成部分是胆碱,并且胆碱还是乙酰胆碱的前体化合物,对细胞的生命活动有重要调节作用。磷脂用于医疗保健,是近 20 年来发展较为迅速的领域。磷脂特别是卵磷脂作为人体保健品及药用品的研究,越来越受到营养学、药物医学专家的重视。磷脂通过对神经系统、心血管系统、免疫系统和贮存与运送制备器官等产生治疗和保护作用,使其在对人体健康与疾病防治方面具有十分重要的作用。

磷脂具有调节血脂,预防和改善心脑血管疾病的作用;磷脂能促进神经传导,健脑益智;促进脂肪代谢,防止脂肪肝;磷脂还有使体内润滑的作用等。有关报道(齐文娟,2005)表明,磷脂还是脑和神经系统中乙酰胆碱以及前列腺等活性物质的前体,并能溶解和清除机体内的某些过氧化脂质、活化脑细胞、调节内分泌体系。因此,将磷脂用于抗衰老保健品,可延长寿命,对各种老年病和老年性痴呆、脑血管系统疾病均有不同程度地缓解和治疗作用。根据相关的研究报道,磷脂还可以增加和改善血液凝固,可用于补血制品的生产。此外,大豆磷脂还具有保护肝脏,防止脂肪肝和肝硬化,能部分溶解胆结石和防止胆结石的生成,也可以消除烟、酒和苯胺等毒性物质,具有一定的解毒作用。研究还发现,磷脂制品可用于治疗糖尿病、关节炎、低血压、胃扩张和神经官能症等多种慢性疾病。

2.6.1.3 在饲料工业中的应用

磷脂可以作为畜禽动物及水产养殖饲料的营养添加剂,用于饲料工业。磷脂能促进家禽肠胃的吸收和代谢,同时还可以补充畜禽对微量元素的需求,磷脂是动物生长发育的促进剂,可增加家禽的产卵及家畜的生长。据兰云军等(2003)报道,在饲料中添加磷脂,能促进动物的神经组织、内脏、骨髓、脑的发育,使畜禽动物及淡水鱼类增产,可节约蛋氨酸的消耗。在饲料中添加磷脂,可补充动物机体内的能量消耗,提高了饲料的营养价值。

在蛋鸡饲料中添加磷脂,对鸡的消化吸收有促进作用,能提高蛋鸡的产蛋量。安疆(2004)等研究表明,磷脂中富含胆碱、肌醇、亚油酸和维生素 E,加入鸡饲料中可有效防止鸡脂肪肝综合征的发生。含丙酮不溶物 65%、粗脂肪 90%的大豆粗磷脂表观代谢能为

30 MJ/kg。补充磷脂可提高仔猪日粮中脂肪和其他养分如干物质、蛋白质和能量的消化利用率。在断奶仔猪饲料中添加油脂可提高饲料利用率，减轻断奶应激反应。但早期断奶仔猪消化机能尚未完善，不易消化饲料中的油脂，油脂添加量大或品质不好极易造成腹泻。但如果在仔猪饲料中添加磷脂可以很好地解决这一问题，并能提高仔猪的前期生长速度，提高饲料的营养价值。磷脂内所含的营养素以及其乳化作用可有效地促进饲料中营养物质的吸收和能量的充足利用。在猪饲料中添加磷脂可改善饲料的适口性，提高饲料的消化能，促进对脂溶性维生素的吸收。在饲料加工的过程中可降低饲料粉尘，减少饲料中各营养素在加工过程中的损失。磷脂中含有丰富的胆碱、肌醇和亚油酸等营养物质，在鱼饲料中添加磷脂，对促进鱼的健康生长、增重和繁殖有着十分明显的作用。所以在鱼饲料中添加磷脂不仅可以提高饲料的能量，促进鱼的生长速度，降低饵料系数，而且又能减少肝代谢病的发生。在鱼饵料中大豆粗磷脂的添加量以 2%～4%为宜。鱼类在孵化后的快速生长中，需要丰富的磷脂来构成细胞的成分，当磷脂的生物合成不能充分满足仔鱼的需求时，需要在饲料中添加磷脂。另外，饲料中的磷脂还能促进甲壳动物对胆固醇的利用，提高甲壳动物的生长和成活率。虾在不同生长时期对磷脂的需要量不同，幼虾因不能合成足够的磷脂供生长和代谢的需要，因而幼虾对磷脂的需要量高。

2.6.1.4　在化妆品中的应用

在化妆品中适量添加磷脂，对滋润皮肤、防止皮肤干燥有一定作用。磷脂的安全性及其营养功能，是其在化妆品中受到欢迎的主要原因。磷脂应用于化妆品，一方面是利用它的表面活性、天然性和胶体性质；另一方面它是皮肤细胞的固有成分，在细胞代谢和细胞膜渗透性调节方面起着重要作用，且对皮肤还有一定的生理作用。磷脂在化妆品中所起的功能作用归纳起来如下：抗氧化剂、乳化剂、软化剂、润肤剂、渗透剂、稳定剂、润滑剂、富脂剂、脂质体的包埋剂、营养增补剂和维生素源。

根据有关报道（郝留成，2008），磷脂被广泛地认为是皮肤天然保湿因子（NMF）的基本成分，是维持皮肤正常生理功能的必要成分，对协调细胞的新陈代谢起着重要作用。磷脂具有吸湿性，并且很容易渗透入皮肤中的能力，因此可束缚皮肤中的水分，从而防止皮肤干燥，进而保持皮肤的柔软光滑和生理健康。采用放射碘对磷脂进行失踪标记的研究结果表明，用于化妆品中的磷脂可部分地被人体吸收。在皮肤上，磷脂能形成薄的单分子薄膜或低聚分子薄膜，这些膜具有胶体性质，可以保护皮肤不受洗涤剂的脱脂影响。因植物性磷脂含有大量的皮肤必需脂肪酸，故可以作为添加剂可用来处理湿疹等皮肤病。

磷脂是一种十分理想的天然优质化妆品原料，可广泛用于生产护肤膏霜、洗肤剂、洁面剂、防晒剂等护肤产品，以及洗发、染发、烫发、头发修饰、调理剂以及护发素等发用化妆品。同时还应用于口红、睫毛油、粉饼等美容制品以及浴用产品等。

2.6.1.5　在皮革工业的应用

磷脂的来源于主要是动植物油脂，其分子结构与天然油脂十分相似。皮革工业中一般经常使用的是浓缩磷脂，因为其本身含有一部分中性油，所以它可以作为制造加脂剂的一种重要原料。磷脂本身所具有的表面活性，使其可作为表面活性剂用于加脂剂和涂饰助剂的制造。含磷脂的加脂剂因其具有良好的柔软性、耐水性和丝旋光性能等，是加脂剂中的精品，因而受到皮革行业的重视。特别是这类加脂剂还具有很好的可生物降解性，使用后不造成环境污染，所以也是保护环境、制革工艺的首选加脂剂。

根据报道(沈一丁，1994)，用作皮革加脂材料的磷脂产品主要为天然含油(粗制)磷脂及其衍生物。目前作为皮革加脂剂使用的磷脂多为磷脂或改性磷脂与其他加脂材料复配而成的复合型加脂剂。磷脂经过化学改性并经特殊处理，使之具有较细的乳液颗粒，在用于皮革加脂时，才能均匀地渗透到皮革内层起到加脂和填充作用。

2.6.1.6 在其他方面的应用

除了上述应用之外，磷脂在农业及农产品中也有应用。在农作物保护剂中添加磷脂，可增强活性成分的功效，降低活性成分用量。另外，磷脂还有防治蔬菜、水稻等农作物病虫害的作用。磷脂经常和农药配合使用，可以起到乳化作用，还能改善杀虫剂的黏附性和渗透性。此外，汽车等的润滑油中添加少量的浓缩磷脂，能防止胶质的形成；在橡胶中添加适量的磷脂，可以使防止橡胶的老化；磷脂能够提高阴离子去污剂祛除污垢的能力，被广泛地应用于洗涤剂中；在塑料制品、编织品的染色中，磷脂的添加可以防止颜料沉淀等。

2.6.2 市场开发前景

磷脂的研究1930年始于德国，20世纪60年代以来美国、欧洲和日本等国将粗磷脂、精磷脂工业化，80年代下半叶以来磷脂在美、欧、日已是热点研究课题。我国对磷脂的研究和生产自20世纪50年代初期已开展，但是目前国内相关研究主要集中于大豆磷脂，对花生磷脂的研究很少。对于花生磷脂的研究，还存在着很多的问题。一是花生磷脂的活性和制备研究较少。目前国内外关于磷脂的活性和制备方面的研究较多，但并没有分析花生、大豆等植物中提取磷脂的功能特性的异同。国内对大豆磷脂的研究比较多，多为粗磷脂，但高纯度的精制品有限。二是磷脂改性方面研究较少。目前国内相关研究主要集中于大豆磷脂，对花生磷脂改性的研究较少。通过对花生磷脂的化学改性，可进一步改善其理化性能，从而大大拓宽其应用领域，因此应对改性花生磷脂的生产工艺和产品开发研究予以高度重视。三是我国各磷脂企业的开发与利用生产规模小、品种单一、尚未形成强有力的龙头企业和集团化生产经营。在质量方面主要表现为浓缩磷脂这种基础原料质量不过关、色泽深、气味重、流动性差、透明度欠佳。

根据对以上存在问题的分析，提出以下两方面：一是理论研究。目前关于磷脂的检测、提取、制备、活性及定性分析研究较多，但花生磷脂研究较少，因此关于花生磷脂的基础理论研究是一个很好的发展方向。二是开发应用。国内外对植物磷脂的开发利用主要为大豆磷脂和菜籽磷脂。早期大豆磷脂的初级产品主要是针对其表面活性用于食品、化妆品等工业方面。近年来，随着人们对医疗和营养保健意识的加强，以及对绿色产品的呼唤，高等级的大豆磷脂产品的开发应用日益得到重视；菜籽磷脂由于品质较差，几乎没有在食品上应用，主要作为添加剂用于饲料和橡胶等工业。但花生磷脂资源至今仍没有得到实质性的开发利用。对于花生磷脂的开发，是一个比较值得研究的领域。

第3节 花生中的植物甾醇

3.1 来源与分布

3.1.1 来源及含量

植物甾醇广泛存在于各种油料植物种子中，在其他植物性食物如蔬菜、水果中也有分布，不同植物种类其含量不同，以小麦胚芽油、玉米胚芽油、米糠油、芝麻油中含量较高，主要为β-谷甾醇、豆甾醇和菜油甾醇，在谷物中主要以脂肪酸酯、酚酸酯和糖苷形式存在，几种常见的植物中植物甾醇含量如表4-3-1所示(白群安，2009；韩军花，2009)。

表4-3-1 常见食物中植物甾醇的含量和组成

食品名称	甾醇含量(mg/100 g)	甾醇组成(mg/100 g)						数据来源
		谷甾醇	菜油甾醇	豆甾醇	Δ-5燕麦甾醇	Δ-7燕麦甾醇	谷甾烷醇	
花生油	200.1	100	58.3	19.5	—	—		张建书，2011
葵花籽油	372.26	268.00	53.51	31.81	—	—	18.95	冯姝元，2006
菜籽油	570.16	341.50	155.01	8.04	—	—	11.36	冯姝元，2006
大豆油	307.34	175.6	58.05	56.1	—	—	16.08	冯姝元，2006
芝麻油	559.27	350.73	102.80	45.03	—	—	60.71	冯姝元，2006
橄榄油	265.42	12.87	4.98	43.69	—	—	326.96	冯姝元，2006
玉米油	1 032.07	661.70	195.72	50.45	112.44	—	—	冯姝元，2006
棕榈油	38.98	23.56	12.25	3.17	—	—	—	鲍忠定，2002
小麦	60.3～69.0	30.9	8.8	1.5	2.3	1.4	—	盛漪，2002
燕麦	32.9～52.0	16.7～28.2	2.4～4.0	1.2～1.5	3.2～9.1	2.4	—	盛漪，2002
大麦	58.6～83.0	28.9	11.1	15.0	14.5	1.7	—	盛漪，2002
玉米	178.0	120.0	32.0	21.0	—	—	—	盛漪，2002
杏仁	154.7	132.2	5.4	0.7	—	—	16.4	韩军花，2009
萝卜	34.4	27.34	—	7.06	—	—	—	韩军花，2001
西红柿	6.77	3.02	3.25	0.50	—	—	—	韩军花，2001
葡萄	3.31	2.24	0.70	0.37	—	—	—	韩军花，2001
苹果	12.7	12.35	—	0.35	—	—	—	韩军花，2001
草莓	12.1	11.42	0.51	0.17	—	—	—	韩军花，2001
桂圆	9.3	2.7	2.7	—	—	—	0.7	韩军花，2009
木瓜	16.9	8.6	5.4	2.9	—	—	—	韩军花，2009
山楂	23.4	20.7	1.1	0.4	—	—	1.2	韩军花，2009
甘薯	12.1	8.62	0.80	2.67	—	—	—	韩军花，2001

花生是我国主要油料作物之一，占全国油料总产量的50%以上，我国所产花生中用作榨油的比例为50%～60%。我国花生种质资源丰富，目前种质库保存的有7 000余份，全国各地均有种植。花生中含有大量植物甾醇等功能活性成分，其中植物甾醇以β-谷甾醇含量最高(万书波，2007；张姣勤等，2008)。

国外有研究报道南美洲地区花生品种间植物甾醇组成与含量的差异，但作为花生产量世界第一、种植面积世界第二的中国，不同地区、不同品种花生间植物甾醇如菜油甾醇、豆甾醇、β-谷甾醇等功能活性成分含量的差异尚未见报道(彭浩，2006；Nelson，1995；Nelson，1997；李焕荣，2008)。张建书，王强等(2012)对收集自山东、广东、河南3个花生主产区的45个花生品种的菜油甾醇、豆甾醇、β-谷甾醇的含量进行测定并统计分析，以期推动我国花生功能活性成分的研究，为筛选富含植物甾醇的花生品种提供理论基础，并对合理有效地利用我国花生资源提供有价值的参考。

3.1.2 分类

甾醇俗称固醇，天然甾醇种类很多且分布较广，目前已鉴别出160余种，生物体内几乎都含有甾醇。根据来源不同，甾醇可分为植物甾醇、动物甾醇和菌类甾醇3类，植物甾醇主要包括谷甾醇、菜油甾醇、豆甾醇，还包括菜籽甾醇、燕麦甾醇等，动物甾醇主要是胆甾醇，菌类甾醇主要是麦角甾醇。但是上述划分并不十分完善，科学分类中一般将甾醇分为4-无甲基甾醇、4-单甲基甾醇和4,4-双甲基甾醇三类。4-无甲基甾醇包括β-谷甾醇、豆甾醇、菜油甾醇、菜籽甾醇、燕麦甾醇和麦角甾醇，4-单甲基甾醇有禾本甾醇(gramisterol)、柠檬甾二烯醇(citrostadieno)、洛飞烯醇(lophenol)，4,4'-双甲基甾醇主要有环木菠萝醇、环木菠萝烯醇、2,4-亚甲基环木菠萝醇。花生中主要含有β-谷甾醇、豆甾醇、菜油甾醇等植物甾醇，按来源分属于植物甾醇，在科学分类中均属于4-无甲基甾醇(吴素萍，2007)。

3.2 化学组成与理化性质

自然界中植物甾醇主要以游离态或结合态存在，以结合态存在的有甾醇酯(脂肪酸酯和酚酸酯)、甾醇糖苷和酰化甾基糖苷，在植物细胞中起着稳定细胞膜的作用。游离甾醇和甾醇酯可溶于非极性溶剂如正己烷，而甾基糖苷和酰化甾基糖苷需要极性改性剂方可溶解。

植物甾醇在结构上与胆甾醇很相似，仅侧链不同，属于三萜类化合物，植物甾醇的种类很多，主要区别于C4位所连甲基数目及C11位上侧链长短、双键数目的多少和位置的差异，常见的有β-谷甾醇、菜油甾醇、豆甾醇、Δ-5燕麦甾醇和Δ-7燕麦甾醇等(吴素萍，2007)。

大部分的植物甾醇是固体，如谷甾醇、菜油甾醇和豆甾醇，它们的熔点分别是140℃，157～158℃和170℃。侧链越大，甾醇的疏水性越强，侧链上的双键使甾醇具有亲水性。甾醇不溶于水、碱和酸，溶于乙醚、苯、氯仿等，其化学性质主要表现在活性的羟基和双键上，C17位上烃基及其构型也使甾醇在某些性质上表现出差异。许多植物甾醇具有抗氧

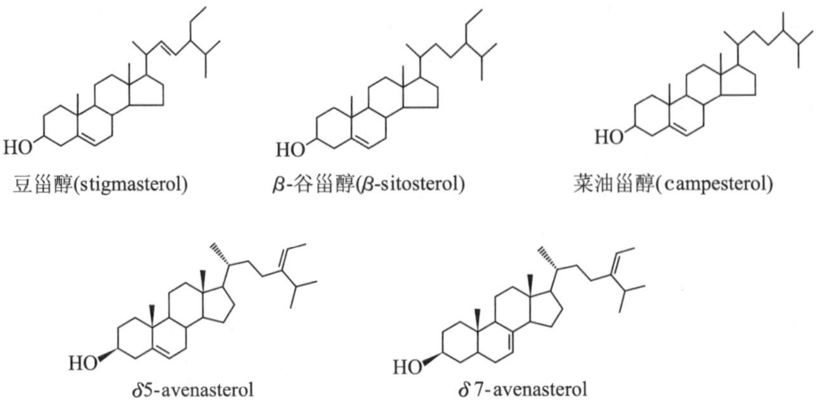

图 4-3-1 几种常见植物甾醇的结构图

化能力，特别是 Δ-5 燕麦甾醇、Δ-7 燕麦甾醇和 α-谷甾醇在高温条件下能够阻止不饱和脂肪酸的氧化降解，高温下具有抗氧化作用的植物甾醇的共同特征是分子侧链上都有一个亚乙基。豆甾醇、谷甾醇在高温下具有抗油脂氧化、抗聚合效果，其抗氧化效果除与自身分子结构有关外，还与氧化模型如脂肪酸不饱和程度、加热方式、氧张力及食品形式有关。其抗油脂氧化的能力呈现一定的量效关系，添加量不超过 0.01%时，抗氧化能力随甾醇浓度增加而上升，Jill K. Winkler 等研究指出植物甾醇能显著降低高油酸葵花籽油的 OSI。植物甾醇与生育酚、丁基羟基茴香醚(BHA)、丁基羟基甲苯(BHT)并用，可显著增强后者的抗氧化能力，与甘氨酸并用可以延长油脂自动氧化的诱导期，与甘氨酸并用可延长油脂自动氧化诱导期(张建书，2011；吴时敏，2002；Jill K Winkler，2008；董涛，2008)。

3.3 生物活性与功能

植物甾醇是一种重要的天然甾体，具有许多重要的生理功能，被誉为“生命的钥匙”。美国 FDA 已于 2000 年批准添加了植物甾醇或甾烷醇酯的食品可以使用“有益健康”的标签。安全性评价结果表明，饲料中添加 8.1%的植物甾醇在动物经口 90 天亚急性毒性实验中，无可见毒副作用，成人每天口服 8.6 g 植物甾醇不影响其肠道菌群的稳态和代谢活性。研究已证明植物甾醇具有降低血液胆固醇、抗肿瘤、防止前列腺肥大、抗癌、抗炎和调节免疫等生理作用。如 β-谷甾醇具有类似羟基保泰松的功能，有较强的抗炎作用，在脂肪酸合成中具有抗老化的作用，对治疗溃疡性皮肤癌有明显功能；谷甾醇能促进血纤维蛋白溶酶原激活因子，可作为血纤维溶解触发素，对血栓症起预防作用(韩军花，2001；胡学烟，2001；杨晓波，2011；贾代汉，2005)。

3.3.1 降低胆固醇

植物甾醇通过减少胆固醇的合成和与胆固醇竞争结合位置来控制调节血液中的胆固醇，其降低胆固醇的机理有 2 种：一种是抑制胆固醇在肠道的吸收，另一种是影响胆固醇的代谢。植物甾醇抑制胆固醇吸收的机制包括：①在消化道与胆固醇形成混合结晶而使其沉淀，呈不溶解状态排出体外；②竞争溶解于小肠内腔的胆汁酸微胶束，减少微胶束中胆固醇的含量，使之不能运送到小肠微绒毛的吸收部位；③在小肠微绒毛膜和胆固醇竞争吸收位点，阻碍其吸收。④抑制催化胆固醇代谢转化酶的活性。⑤竞争结合胆固醇受体。另外，只有每天胆固醇摄入量高于400～450 mg时植物甾醇才会表现出对胆固醇吸收的阻碍作用。植物甾醇能显著降低血液中总胆固醇（TC）和低密度脂蛋白（LDL）含量，而不降低高密度脂蛋白（HDL）和甘油三酯含量，不同剂量的植物甾醇可使TC降低10%，LDL降低13%左右，对高脂血症有辅助治疗效果，补充或摄入足量的植物甾醇有助于降低冠心病的发病率（杨振强，2006；杨晓波，2011；Amundsen AL，2004）。

陈茂彬等研究了3种植物甾醇脂肪酸酯对小鼠高脂血症的预防作用及构效关系，结果表明植物甾醇能显著减小水平动脉硬化指标（AI），降低高血脂小鼠的肝重、肝脏TC和TG，对实验小鼠高血脂症和动脉硬化有好的预防作用，且能缓解肝脏脂肪病变，甾醇油酸酯与甾醇乙酸酯对高血脂症小鼠的预防效果好于甾醇硬脂酸酯。金青哲等对用菜籽甾醇酯进行降血脂动物实验表明，饲料中按每天260 mg/kg剂量添加菜籽甾醇酯，可明显抑制健康小鼠和高脂血症小鼠血液中的胆固醇（$p<0.05$）和低密度脂蛋白（$p<0.01$），降低动脉硬化指数（$p<0.05$）。日本也对植物甾醇的降血清胆固醇效果进行了大量临床研究，连续3周每日摄取含0.9 g植物甾醇的黄油，LDL下降了约10%。另外，植物甾醇对高胆固醇血症患者比对正常健康者的降血清胆固醇作用好，连续4周每日摄取0.5 g植物甾醇，高胆固醇血症患者血清胆固醇浓度下降了约10%，而正常健康者血清胆固醇只下降了3%。此外，对家族性高胆固醇血症患者及其子女的降血清胆固醇效果的研究结果表明，每日服用1.2 g（儿童）和1.5 g（成人）甾醇脂肪酸酯，双亲及其子女的LDL-胆固醇水平均下降了约11%（金青哲，2007；Seki et al.，2003；陈茂彬，2005）。

植物甾醇与甾烷醇、游离型与酯型植物甾醇的降血清胆固醇效果不一。植物甾烷醇的长期治疗效果优于植物甾醇，对植物甾醇和甾烷醇的脂肪酸酯进行临床降血清效果比较表明，每天服用1.6 g，连续服用1个月，发现两者的降血清胆固醇效果和降LDL效果没有明显差异，连续服用2个月至1年后，植物甾醇效果减弱，而甾烷醇不存在此现象，原因是长期服用植物甾醇抑制了体内胆汁酸的合成，从而降胆固醇效果有所下降，而甾烷醇能维持胆汁酸的合成活性，因此长期摄取其降胆固醇效果不变；对游离型和酯型植物甾醇的降胆固醇效果进行比较实验表明，二者对胆固醇吸收的抑制效果基本相同（Homma，2003；迟玉明，2006；Miettinen，2004）。

因此，植物甾醇、甾烷醇可以作为高胆固醇血症患者辅助治疗和预防的药物，也可作为健康人群日常生活的保健药物（Richelle，2004）。

3.3.2　抗炎

植物甾醇的抗炎作用是较早被发现的功能之一。研究表明，β-谷甾醇具有类似于氢化可的松和强的松的抗炎效果，豆甾醇也有抗炎作用，还有类似于阿司匹林的退热镇痛作用，临床上可以作为抗炎镇痛药物，且均无副作用，如主要成分为植物甾醇的美国石癣，在南美洲和西印度群岛被广泛用作止痛剂（杨晓波，2011；刘荣华，2007）。

董长颖等通过回流萃取和重结晶提取纯化得到的蒲公英甾醇，并利用小鼠耳肿胀模型和小鼠后肢肿胀模型研究了蒲公英甾醇的抗炎活性，结果表明，蒲公英甾醇在0.150 g/mL以上时，对小鼠耳肿胀模型有较好的抗炎活性，说明蒲公英甾醇是一种具有较好抗炎效果的三萜类物质。周重楚等研究指出α-菠菜甾醇对动物角叉莱胶合热烫性足肿胀、巴豆油气囊肿肉芽组织增生均具有显著抑制作用，其抗炎作用机理可能是抑制PGE2、缓激肽的合成或释放，它可以明显抑制PEG2、缓激肽、组胺、5-HT等炎症介质的致炎作用，抑制白细胞游走等，且其抗炎作用不依赖肾上腺垂体系统，对肾上腺皮质功能有明显促进作用（董长颖，2011；周重楚，1985）。

3.3.3 抗癌

植物甾醇对乳腺癌、肠癌、胃癌、肺癌、前列腺癌等有一定的抑制作用。植物甾醇的抗癌机理仍在探索中。目前初步建立的PS抗癌机理主要包括PS对细胞膜的作用、影响细胞信号转导途径、诱导肿瘤细胞凋亡、影响免疫系统和对性激素的调节作用等。如β-谷甾醇抗癌机理是胆固醇经肠道微生物作用产生的代谢产物可能会引发大肠或直肠肿瘤，植物甾醇促使胆固醇排出体外，减少微生物对胆固醇的分解代谢机会，达到预防肿瘤的作用，β-谷甾醇具有抑制胆汁酸的作用，使癌细胞增殖机会减少，因此可抑制化学致癌剂诱发大肠癌。

纽约斯隆凯特林纪念肿瘤研究中心的研究人员经动物实验证明β-谷甾醇具有防止肿瘤形成的作用，菜油甾醇具有抗乳腺癌和结肠癌等活性（Awad ，2000）。李红星等（2008）研究了LYM-2-107、LYM-2-120 LYM-2-146三种通过对甾醇母盒侧链的修饰得到的植物甾醇类衍生物抑制人肝癌细胞和乳腺癌细胞的生物学效应，结果表明3种植物甾醇衍生物对癌症有明显抑制作用，且呈现一定浓度效应，且具有诱导细胞凋亡的功能。曲刚等（2008）以β-谷甾醇为材料研究了其对胃癌细胞SGC-7901胃癌细胞生长的影响及其机制，结果表明植物甾醇对SGC-7901细胞生长具有抑制作用，诱导SGC-7901细胞的损伤，且呈现时间效应关系而不呈现剂量效应关系。陈茂彬等（2005）选择低碳链脂肪酸酯（甾醇乙酸酯，PSA）和高碳链不饱和脂肪酸酯（甾醇油酸酯，PSO）两种不同结构类型的脂肪酸甾醇酯，研究其对S180肿瘤小鼠的抑制作用，结果表明PSA和PSO能显著抑制移植性S180肿瘤的生长，使荷瘤小鼠CAT活性提高至正常水平，且增加了荷瘤小鼠免疫器官的重量。

目前关于植物甾醇的抗癌作用还有很多问题需要解决，如植物甾醇抗癌安全性、抗癌作用的详细机制以及植物甾醇与其他抗癌成分如维生素E、植物雌激素等的协同作用，这些问题的解决对植物甾醇药物和功能食品的开发具有重要意义（张强，2006；刘荣华，2007）。

3.3.4 抗氧化

自由基是生命活动中生物化学反应的中间产物，正常情况下，体内自由基产生和清除处于平衡之中。若体内自由基产生过多或清除过慢，则会攻击细胞及细胞膜，发生脂质过氧化反应，造成细胞或细胞膜损伤，还可以与 DNA 结合使之变异，引起多种疾病。植物甾醇在体外和体内均具有抗氧化能力，具有抗氧化功能的植物甾醇的共同特征是分子侧链上都有一个亚乙基，能在 29-烯丙基位形成一个自由基，此自由基随即异构化为一个叔自由基，使其具有比脂肪酸链更稳定的结构，从而阻断脂肪酸链的氧化反应。动物体内主要的抗氧化酶超氧化物歧化酶（SOD）、谷胱苷肽过氧化物酶（GSH-Px）和过氧化氢酶（CAT）等活性的高低反映了机体清除自由基的能力（王恬，2009；李博，2011；张建刚，2011；顾莞婷，2008）。

植物甾醇对油脂具有较好的抗氧化效果。高丽等（2010）通过正交试验研究了 β-谷甾醇微胶囊抗猪油氧化的能力，结果表明，微胶囊 β-谷甾醇对猪油有较强的抗氧化能力，其抗氧化效果优于维生素 E，且具有量效关系，可作为高级食用油的抗氧化剂。刘慧琼等（2004）通过测定 β-谷甾醇对 Fenton 反应产生羟自由基的清除率、对超氧阴离子的抑制率及其在猪油中的抗氧化活性，发现 β-谷甾醇对氧自由基和油脂有较强抗氧化作用。邵平等（2007）级菜籽油脱臭馏出物甲酯化所得的植物甾醇粗品为研究对象，将其添加于色拉油中，研究显示其具有较好的抗氧化作用。Parnela 等从燕麦中分离出 Δ-5 燕麦甾醇和 β-谷甾醇，研究它们在加热到 180℃的大豆油中得抗氧化效果，结果表明 Δ-5 燕麦甾醇能延缓油样的热劣变作用，而 β-谷甾醇与空白试样热劣变速率相似。Anna（1999）等研究指出，豆甾醇、谷甾醇在高温条件下对高油酸葵花籽油具有抗氧化、抗聚合效果，其抗氧化效果不仅与自身分子结构有关，还受氧化模型（包括脂肪酸不饱和程度、加热方式、氧张力）和食品形式的影响。不同浓度的植物甾醇对菜籽高级烹调油抗氧化量效关系的研究表明，植物甾醇添加量不超过 0.10％时，其抗氧化能力随浓度增加而上升。Jill（2008）等研究了在大豆油和高油酸葵花籽油中加入不同浓度的混合植物甾醇对油热聚合和氧化稳定性的影响，结果表明植物甾醇显著降低了高油酸葵花籽油的 OSI。贾承胜（2008）通过检测 50℃时鱼油体系中过氧化值的方法，研究了植物甾醇脂肪酸酯的抗氧化能力，结果表明，50℃时植物甾醇月桂酸酯、棕榈酸酯、油酸酯和共轭亚油酸酯在鱼油中的最佳抗氧化浓度为 50 μg/L，在此浓度下 24 h 内抗氧化效果为：月桂酸酯＞油酸酯＞共轭亚油酸酯＞棕榈酸酯。植物甾醇与其他抗氧化剂联用对植物油稳定性具有协同增效作用。吴时敏研究表明，植物甾醇与维生素 E 联合使用可增强其对菜籽高级烹调油抗氧化的作用。有研究发现植物甾醇与生育酚、丁基羟基茴香醚（BHA）、丁基羟基甲苯（BHT）并用，可以将后者抗氧化能力提高 5～10 倍，与甘氨酸并用可以延长油脂自动氧化的诱导期（张建书，2011）。贾承胜（2008）研究指出，甾醇酯与维生素 E 对鱼油有抗氧化协同作用，其效果为：维生素 E＋月桂酸酯＞维生素 E＋共轭亚油酸酯＞维生素 E。

植物甾醇在体内也有抗氧化能力。试验发现，植物甾醇乙酸酯（PSA）和植物甾醇油酸酯（PSO）能显著提高荷瘤小鼠 CAT 活性，表明两种甾醇酯对小鼠机体因肿瘤造成 CAT 活力下降有恢复作用（高丽，2010；刘慧琼，2004 ；Anna，et al.，1999）。仙人掌（含 β-谷甾醇、芸薹甾醇、豆甾醇等）水煎液能明显抑制和降低由四氯化碳（Cl_{14}）所致的小鼠和大鼠肝匀浆中丙二醛（MDA）的生成和含量。顾莞婷等在肉鸭日粮中添加 80 mg/kg

植物甾醇进行试验发现血浆中总超氧化物歧化酶(T-SOD)活性显著升高($p<0.05$),而添加10 mg/kg或40 mg/kg植物甾醇的试验组肉鸭肝脏中T-SOD的活性显著升高($p<0.05$),说明植物甾醇可能会通过选择性地提高机体抗氧化酶活性达到抗氧化的效果(邵平,2006;Jill,2008)。

3.3.5 其他生理功能

3.3.5.1 免疫调节

植物甾醇可作为一种免疫调节因子。人体实验证明,给马拉松长跑运动员服用β-谷甾醇及其糖苷混合物后,这些受试者在经过马拉松长跑之后,免疫抑制较轻,感染的机会较小;另一项研究也表明,谷甾醇及其糖苷(100∶1)具有刺激人体外周血液中淋巴细胞增殖的功能。人体摄食60 mg/d谷甾醇及其糖苷4周后,T细胞水平比体外实验更高。

3.3.5.2 类激素

由于植物甾醇在化学结构上类似于胆甾醇,且与雌激素类似,表明它可能具有雌激素的活性,对防治男性前列腺疾病和乳腺疾病有较好作用,而且无激素的副作用。有研究表明,β-谷甾醇对子宫的物质代谢有类似于雌激素作用,可能通过影响胆甾醇的生物利用率或一些酶来降低性腺组织合成类固醇激素的能力。通过观察β-谷甾醇对金鱼激素分泌的影响,表明β-谷甾醇可能通过影响胆甾醇生物利用率或一些酶来降低性腺组织合成类固醇激素的能力(刘荣华,2007;王恬,2009)。

3.3.5.3 延缓衰老

膜脂包括磷脂、糖脂和甾醇三类脂质,其中甾醇在膜结构中起着支架作用,膜脂结构是膜结构的关键物质,衰老会涉及膜结构变化。当膜发生衰老或发生缺陷时,双层膜脂肪酸烃基长链失去自由摆动能力,磷脂分子亦失去自由度,位置被固定,蛋白质不能运动,膜失去适应能力,选择性和功能大大损伤,导致膜死亡。植物甾醇可限制脂肪酸烃基长链自由摆动,降低膜流动性,保持膜的完整性,因此可以达到延缓衰老的目的(李博,2011)。

3.3.5.4 调节生长的作用

韩军花(2001)综述中提及植物甾醇对大鼠生长有调节作用,可以调节应激条件下动物的生长。有研究指出植物甾醇(主要是谷甾醇)、植物生长激素与能在水中形成分子膜的脂质结合成植物甾醇核糖核蛋白复合体,具有促进动物蛋白质合成的功能,有利于动物的健康生长,是一种新型的动物促生长剂(王恬,2009)。

3.4 检测技术

3.4.1 气相色谱法

气相色谱法可以同时分析植物甾醇含量和组成,适合于分析挥发性物质,植物甾醇分子中含有极性羟基,属于极性强、挥发性低的物质,需进行适当的化学处理转化成相应的挥发性衍生物方能得到很好的分离。且GC法测定植物甾醇使用的是常见试剂,操作简单,衍生化完全,重现性好,准确度高,费用低,值得推广(冯姝元,2006)。

王三永(2001)建立了一种利用气相色谱测定含脂肪食品中植物甾醇含量的方法。以 β-胆固醇作内标，在氢氧化钾乙醇溶液中 70℃下皂化 1 h，然后用正己烷萃取，采用毛细管气相色谱测定植物甾醇含量，具有良好的准确度和精确度，利用此法能有效测定添加有植物甾醇脂肪酸酯的功能性食品中植物甾醇的含量。鲍忠定(2002)采用 2.0 mol/L 的氢氧化钾乙醇溶液在 85℃水浴上皂化 45 min，然后经石油醚萃取，毛细管气相色谱法分析，确定了样品皂化的最佳条件。用该法测定了芝麻油中甾醇的含量，相对标准偏差为 0.86%～4.13%，回收率为89.59%～103.09%，该方法操作快速、简便、准确。彭浩(2006)采用带 FID 检测器、弹性毛细管色谱柱的气相色谱仪，对 3 种食用菜籽油中植物甾醇的组成及含量进行了分析，各组分尤其是极性极为相近的菜油甾醇和豆甾醇能得到彻底分离，其他方法往往很难将它们较好分离，3 种食用菜籽油中均含有菜籽甾醇、菜油甾醇和 β-谷甾醇，未检测到豆甾醇，所有样品中 3 种甾醇中均以 β-谷甾醇含量最高。冯姝元(2006)建立了一种植物甾醇气相色谱分析方法对我国常见植物油中植物甾醇含量进行了分析，确定的气相色谱分析条件为采用岛津气相色谱仪、毛细管柱、FID 检测器，分流比 39：1，进样口和检测器温度为 300℃，程序升温 210℃以10℃/min升至 275℃，保留 25 min，通过研究确定的样品进样前处理条件为以饱和氢氧化钾乙醇(1＋1)皂化 30 min，标品及样品经 BSTFA＋TMCS 试剂处理后进样测定。徐响(2010)采用 GC-MS 法测定了蜂王浆中植物甾醇的组成，蜂王浆样品经冻干萃取得到脂类物质，再经皂化、衍生后使用 HP-5MS 柱进行分离，采用 GC-MS 对甾醇类物质进行鉴定，GC-FID 内标法定量，气相色谱分析条件为毛细管柱，程序升温，150℃以 4℃/min 升至 240℃，然后以 12℃/min 升至 310℃，保持 13 min，进样口温度 310℃，载气流速 1.0 mL/min，分流比 20：1，FID 温度 210℃，样品前处理采用氢氧化钾乙醇溶液 80℃皂化处理 30 min，正己烷萃取，蒸干溶剂后定容。

3.4.2　液相色谱法

高效液相色谱法测定甾醇不需要衍生化即可直接进样，操作简便，精确度高，重现性好，若采用其制备色谱还可收集分离到各单一甾醇的标准品。在植物甾醇的色谱分析中，豆甾醇和菜油甾醇的完全分离是液相色谱分析的关键，豆甾醇 C-22 位是双键，C-24 位连接的是乙基，菜油甾醇在 C-22 位是单键，C-24 位连接的是甲基，因此二者的极性差别很小，较难分离(吕喆，2006；王三永，2001)。

牟德华(2007)采用高效液相色谱法测定大豆油脱臭流出物中植物甾醇含量，研究确定的色谱条件为 C_{18}反相柱，流动相甲醇:水＝100：4，检测器波长 205 nm，柱温 25℃，流速1.0 mL/min，进样量 20 μL。冯婷(2005)测定植物甾醇的高效液相色谱条件为色谱柱 C_{18}反相柱，流动相为纯甲醇，流速 0.8 mL/min，检测波长 210 nm，样品浓度 0.1 mg/mL，进样量20 μL，样品在等度条件下得到良好分离，其中菜油甾醇和谷甾醇分离度为 1.0，高压输液泵可升级为制备型，进一步优化条件可进行各甾醇组分的制备。刘凤萍(2006)建立了一种高效液相色谱法-蒸发光散射检测器分离检测 5 种甾醇含量的方法：采用 C_{18}色谱柱，流动相为甲醇，在 75～5 920 ng/L 范围内线性关系良好，RSD 小于

0.45%，平均回收率为98.3%～101.0%，此方法对样品不必要进行处理就可以直接溶解进样，并克服了紫外检测甾醇时系统稳定困难的问题，且能同时测定5种植物甾醇。戴军(2005)采用高效液相色谱法对大豆甾醇及其异构体进行了分离并对未知馏分做了GC-MS分析，确定的色谱分离条件为C18色谱柱，流动相为乙腈∶异丙醇＝95∶5，流速1 mL/min，柱温25～45℃，检测波长210 nm，进样体积10 μL，此条件下菜油甾醇、豆甾醇、β-谷甾醇得到较好的分离，并通过GC-MS鉴定出了γ-谷甾醇、24-β-菜油甾醇、表菜油甾醇、表菜籽甾醇等组分。邵平(2007)建立了一种分析菜籽油脱臭馏出物深加工物中维生素E和甾醇含量的分析方法：采用反相C_{18}柱，流动相为96∶4(V/V)，流速1.0 mL/min，柱温30℃，二极管阵列检测，外标法定量，该方法用于脱臭馏出物中维生素E和甾醇的测定，简单快速，结果准确、可靠。

课题组根据实际测定经验，给出了反相高效液相色澘法测定花生油中植物甾醇含量的具体操作步骤，并由此法测定得出了我国不同地区45个品种花生油维生素E含量：

(1)花生油的萃取。花生经剥壳、粉碎后，采用正己烷在料液比1∶4、温度60℃条件下，浸提6 h，萃取两次，然后经旋转蒸发回收正己烷，得花生原油。

(2)高效液相色谱条件。植物甾醇测定色谱条件：色谱柱：Waters C_{18}(4.6 mm×250 mm，5 μm)；流动相：100%乙腈；紫外检测波长：210 nm；进样量20 μL；流速：1.5 mL/min；柱温：30℃。

(3)标准曲线的绘制。植物甾醇标准曲线的绘制：准确称取一定量豆甾醇、菜油甾醇、β-谷甾醇标准品，用无水乙醇溶解、混匀，使其质量浓度分别菜油甾醇0.2、0.6、0.8、1.0、1.2 mg/mL，豆甾醇0.05 mg/mL、0.15 mg/mL、0.25 mg/mL、0.40 mg/mL、0.50 mg/mL，β-谷甾醇0.5、1.0、1.5、2.0、3.0 mg/mL。

在(2)的色谱条件下分别进样，以峰面积X为横坐标，浓度C(mg/mL)为纵坐标作图，Microsoft的Excel软件进行回归拟合，得到豆甾醇、菜油甾醇、β-谷甾醇线性回归方程。

(4)样品溶液的配制。准确称取各品种花生油5.00 g，加入30 mL无水乙醇，10 mL氢氧化钾溶液(1＋1)、5 mL 10%抗坏血酸溶液，充分混匀后煮沸回流60 min，提取其中的不皂化物，用2 mL乙醇溶解提取物，将其过0.45 μm滤膜，滤液密封保存用于HPLC测定。

(5)试样分析。取样品溶液20 μL，在(二)的色谱条件下进行HPLC分析，得到各色谱峰的保留时间及峰面积，根据保留时间的一致性进行定性，根据峰面积和标准曲线进行定量。花生油中植物甾醇各组分含量(mg/100 g)＝$\frac{c\times V}{m}\times 100$。其中$c$为由标准曲线上查到某种植物甾醇组分含量(mg/mL)，V为试样浓缩定容体积(mL)，m为试样质量(g)。

(6)植物甾醇标准曲线回归方程的建立。植物甾醇混合标样及花生样品的色谱图如图4-3-2所示，线性回归方程见表4-3-2。

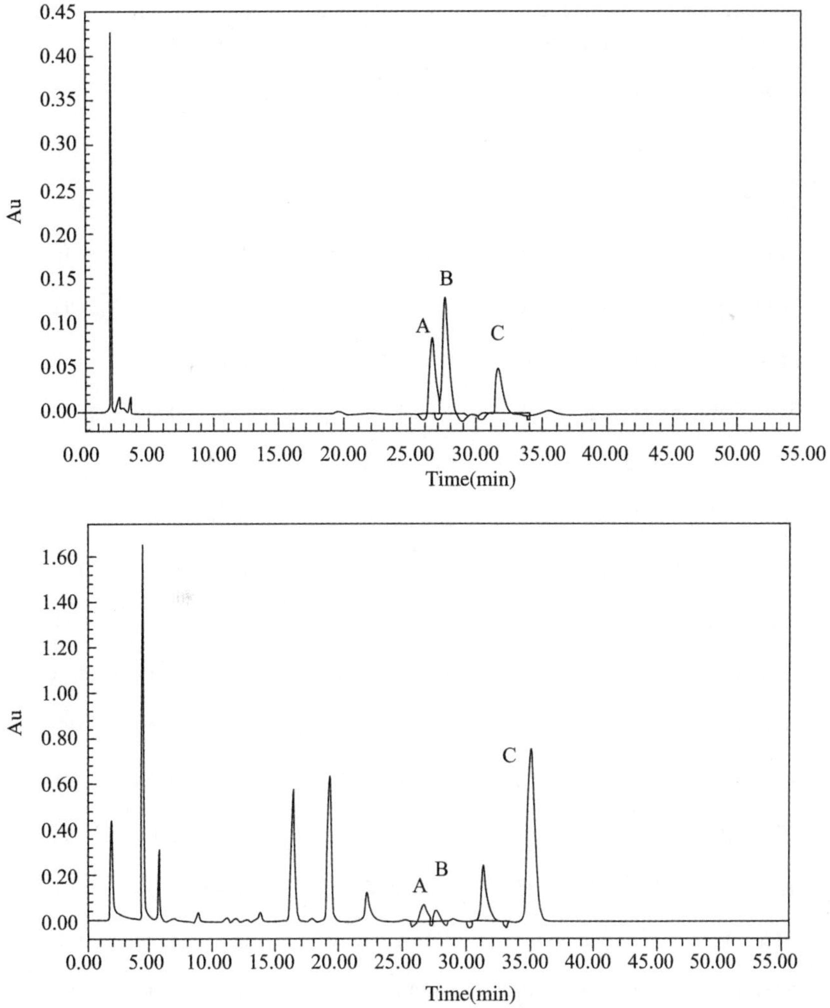

图 4-3-2　植物甾醇混标、花生样品色谱图

A:豆甾醇,B:菜油甾醇,C:β-谷甾醇

表 4-3-2　维生素 E、植物甾醇线性回归方程

标准品	线性回归方程	线性范围	R^2
菜油甾醇	$C=4\times10^{-7}x-0.412$	0.20～1.20	0.986
豆甾醇	$C=3\times10^{-7}x-0.138$	0.05～0.50	0.991
β-谷甾醇	$C=3\times10^{-7}x-0.119$	0.50～3.00	0.993

利用以上建立的方法,本课题组对收集自全国不同地区的 45 个花生品种中植物甾醇各组分含量进行了分析测定,结果见表 4-3-3。

表 4-3-3　不同地区花生品种植物甾醇组成及含量

来源地	品种	豆甾醇	菜油甾醇	β-谷甾醇	总甾醇
山东	中花 8 号	15.32±0.33	30.60±1.92	100.05±0.07	145.97±2.32
	山花 7 号	3.14±0.24	22.04±0.40	73.76±0.18	98.94±0.45
	四粒红	0.31±0.10	14.48±1.17	94.87±0.54	109.66±1.61
	鲁花 11	15.42±1.06	32.91±1.16	101.23±0.49	149.56±2.72
	汴花 3 号	9.62±0.88	16.28±0.25	65.44±0.61	91.34±1.34
	海花 1 号	12.76±0.95	28.68±0.07	96.89±0.86	138.33±1.74
	双纪 2 号	11.18±0.59	18.54±0.03	67.62±0.66	97.34±1.23
	山花 9 号	8.11±0.88	17.92±1.17	74.01±0.20	100.04±2.25
	丰花 5 号	10.58±1.29	19.04±0.53	80.08±1.63	109.70±3.44
	白沙 1016	14.39±0.86	33.21±0.03	77.34±0.08	124.94±0.75
	丰花 1	13.48±0.57	27.61±0.64	100.63±0.20	141.72±1.00
	丰花 3	6.25±1.03	20.48±0.66	73.65±0.18	100.38±0.55
	丰花 4	11.79±1.29	27.82±0.59	89.23±0.06	128.84±0.64
	徐花 5 号	6.16±0.23	11.48±0.75	54.00±0.06	71.64±0.47
	源花 8 号	2.95±0.81	36.59±1.50	92.64±0.06	132.18±0.75
	徐花 13	7.66±0.47	10.73±0.91	46.49±0.55	64.88±1.92
	徐花 14	7.76±0.18	30.74±1.20	75.18±0.38	113.68±1.40
	花育 19	17.41±0.17	34.98±0.14	100.65±0.48	153.04±0.17
	花育 22	17.38±0.23	37.13±1.06	108.29±0.57	162.80±0.27
	花育 23	3.18±0.13	4.20±0.16	44.09±0.28	51.47±0.57
	花育 28	9.11±0.48	21.37±0.18	57.45±0.37	87.93±0.07
	花育 31	8.17±0.41	16.22±0.57	65.72±0.49	90.00±0.65
	五彩花生	10.25±0.25	17.76±0.44	53.04±0.06	81.05±0.13
	黑花生	7.16±0.06	17.49±0.27	68.40±0.42	93.05±0.64
	034-256-1	11.03±0.74	21.26±0.41	66.56±0.64	98.85±0.31
	冀花 9814	11.23±0.08	16.72±0.44	52.75±0.81	80.70±0.28
	花育 20	9.03±0.04	20.29±0.11	58.65±0.93	87.97±1.00
	白花生	14.93±1.39	42.53±0.21	87.17±1.19	144.63±0.01

续表 4-3-3

来源地	品种	豆甾醇	菜油甾醇	β-谷甾醇	总甾醇
广东	粤油 14	12.65±1.65	27.48±0.57	87.61±1.12	127.74±2.21
	粤油 40	8.97±1.09	19.41±0.47	80.03±0.24	108.41±1.80
	粤油 45	3.42±0.31	26.49±0.71	80.66±0.66	110.57±0.27
	粤油 86	1.04±0.06	28.29±0.04	78.64±1.53	107.97±1.63
	闽花 9 号	10.82±0.64	17.18±0.61	68.24±0.33	96.24±0.35
	桂花 771	6.15±0.58	11.78±0.11	48.37±0.01	66.30±0.48
	湛花 82	9.43±0.07	18.94±0.98	67.81±0.10	96.18±0.81
	汕油 250	9.61±0.86	15.60±0.57	69.40±0.28	94.61±0.58
	龙花 243	3.73±0.11	3.89±0.18	38.82±0.33	46.44±0.62
	贺油 11 号	11.12±0.40	28.00±0.64	85.55±0.42	124.67±1.46
	珍珠红	10.33±0.47	16.53±0.57	55.15±0.14	82.01±0.24
河南	豫花 15	15.89±0.01	26.61±0.34	72.93±0.13	115.43±0.20
	豫花 9327	9.23±0.33	19.74±0.45	65.09±0.03	94.06±0.10
	豫花 9326	9.83±0.65	15.31±0.44	60.51±0.48	85.65±1.57
	开农 30	17.16±0.28	44.00±1.47	85.86±1.22	147.02±2.97
	开农 37	22.62±0.07	48.64±0.04	110.88±0.13	182.14±0.01
	远杂 9102	17.02±0.08	67.39±0.11	115.70±0.44	200.11±0.47

注：植物甾醇含量单位：mg/100 g

45 个品种花生中，总植物甾醇含量在 46.44～200.11 mg/100 g 范围内，平均值为 109.70 mg/100 g，含量最高的是“远杂 9102”，含量最低的是“龙花 243”；菜油甾醇含量范围是 3.89～67.39 mg/100 g，平均值 24.10 mg/100 g，含量最高的是“远杂 9102”，含量最低的是“龙花 243”；豆甾醇含量范围是 0.31～22.62 mg/100 g，平均值 10.11 mg/100 g，含量最高的是“开农 37”，含量最低的是“四粒红”；β-谷甾醇含量范围是 38.82～115.70 mg/100 g，平均值75.49 mg/100 g，含量最高的是“远杂 9102”，含量最低的是“龙花 243”。不同花生品种中植物甾醇总量及菜油甾醇、豆甾醇、β-谷甾醇含量变异系数分别为 29.56%、48.94%、47.51%、24.99%。

三个地区花生品种中均含有菜油甾醇、豆甾醇、β-谷甾醇三种植物甾醇，各种植物甾醇在花生中含量排序为β-谷甾醇＞菜油甾醇＞豆甾醇，β-谷甾醇所占的比例最大，占花生中植物甾醇总量的 61.98%～71.65%。与彭浩(2006)采用毛细管气相色谱法检测出花生中含有菜油甾醇和 β-谷甾醇两种植物甾醇相比，本实验检测出花生中除含有菜油甾醇、β-谷甾醇外，还含有豆甾醇，与冯姝元(2006)、NELSON(1995)的研究结果一致。另外从平均值来看，三个地区总植物甾醇、菜油甾醇、豆甾醇、β-谷甾醇含量排序均为河南＞山东＞广东(图 4-3-3)。

本研究通过对山东、广东、河南三个地区共45个花生品种的植物甾醇含量进行测定表明，花生中总植物甾醇含量在46.44～200.11 mg/100 g范围内，含有菜油甾醇、豆甾醇、β-谷甾醇三种植物甾醇，各种植物甾醇在花生中含量排序为β-谷甾醇＞菜油甾醇＞豆甾醇，其中β-谷甾醇占花生中植物甾醇总量的61.98％～71.65％。所试花生品种中，山东、广东、河南花生品种的植物甾醇含量存在差异，根据前人的研究分析，可能是由于花生本身的遗传物质、种植环境、温度、湿度、光照、水肥、土壤营养等因素造成不同地区花生品种成分组成及含量的差异，因此其中的植物甾醇含量也表现出差异（冯姝元，2006；刘永惠等，2011）。

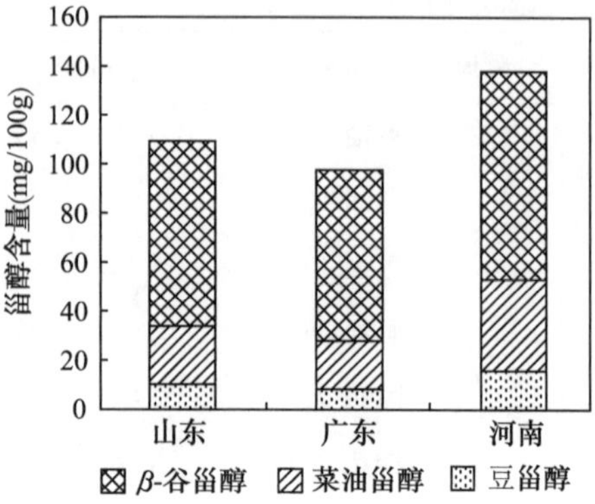

图 4-3-3　不同地区花生品种植物甾醇含量统计分析结果

3.4.3　其他方法

3.4.3.1　薄层扫描法

薄层色谱法可以分离游离甾醇、甾醇酯等不同组分，将不皂化物从皂脚或馏出物中萃取出来再经衍生化后点样分析，此法根据斑点大小、颜色深浅可以直接判断它们的大致比例关系，或者用标准溶液点样显色，将薄板在CS-91O薄板扫描仪上参比波长700 nm，样品波长550 nm下进行双波长扫描，得标准扫描图，利用标准曲线进行准确定性，但薄层色谱法主要用来进行定性分析（冯姝元，2006）。

3.4.3.2　分光光度法

为寻求一种简单、快捷、准确且低成本的测定方法，我们对用于医学测定血清胆固醇的Lieberman-Burchard比色法进行了实验研究，经改进提出了一种测定大豆总甾醇含量的分光光度法。硫磷铁法的原理是甾醇在浓硫酸及三价铁的作用下形成比较稳定的紫红色化合物，其在520～550 nm波长处有特征吸收峰，且质量浓度与吸光度成正比关系。采用磷硫铁试剂作为显色剂，甾醇及其酯与显色剂产生紫红化合物，其吸光度与甾醇类化合物含量成正比，可用分光光度计进行定量测定。具体测定步骤如下：添加相应试剂后在室温下显色15 min，520 nm下用分光光度计测定其吸光度（A），豆甾醇量为横坐标，吸光度（A）为纵坐标绘制标准曲线。样品经处理后在波长520 nm处测其吸光度，根据标准曲线测定豆甾醇量，呈色稳定时间1 h（刘蕾，2005；徐小军，2010）。

样品总甾醇含量按下式计算：

$$样品总甾醇含量=\frac{m\times V\times B}{M}\times 100\%$$

式中：m——样品吸光度（A）相对应的豆甾醇量，μg；

V——定量体积，mL；

B——稀释倍数；

M——样品重量，μg。

3.4.3.3　毛地黄皂甙法

毛地黄皂甙法又称重量法，一般用此法测定总甾醇含量。一分子甾醇与一分子毛地黄皂甙可以生成分子络合物，产生甾醇毛地黄皂甙络合物白色沉淀，称重定量。具体测定过程如下：精密称取一定量样品，加无水乙醇适量振摇溶解，置 100 mL 容量瓶中，稀释至刻度，摇匀，然后从中精密量取 10 mL 置 100 mL 锥形烧瓶中，在水浴上加热至近沸时立即加入近沸的 1%毛地皂试乙醇溶液 9 mL，摇匀，缓缓滴加水 2 mL，静置过夜，用称好重量的玻璃坩埚滤过，沉淀用丙酮-水-乙醇（73：18：9）混合液 4 mL、2 mL、3 mL 分别依次搅拌洗涤 3 次，100℃干燥 3 h，精密称定，乘 0.253，得样品中总甾醇的重量，此方法所得的甾醇含量稍偏高，对操作安全性要求较高，分析时间长、干扰因素多（冯姝元，2006）。

3.5　制备工艺与技术

植物甾醇主要从植物油及其加工副产物中提取得到，大豆油、菜籽油、米糠油脱臭流出物中富集了大量甾醇，日本、欧美等国家和地区将大豆油脱臭流出物作为提取甾醇的主要原料。从脱臭馏出物中提取甾醇的原理一般是根据原料的物理化学性质及生化反应的差异，如可皂化性、有机溶剂中的溶解度、可络合性及络合物溶解度的差异、表面活性剂存在下的亲水性差异、物质的蒸汽压及分子自由程差异以及吸附力的差异等。提取方法选择的依据主要是原料、甾醇组成、分离度、纯度及工业生产的可行性，主要包括溶剂结晶法、络合法、分子蒸馏法、干式皂化法、吸附法、酶法、高压流体吸附法、色谱分离法等（吴英民，2006）。

3.5.1　溶剂萃取结晶提取法

该法为传统方法，操作简单，可用于直接分离，其缺陷在于所需溶剂较多、回收困难，且甾醇得率不高，难以工业化生产，适宜用作实验室做甾醇的定性、定量分析。工艺流程见图 4-3-4：

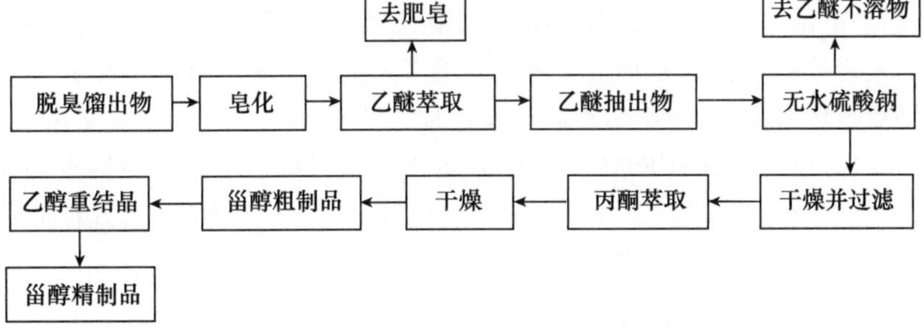

图 4-3-4　溶剂萃取法提取植物甾醇工艺流程图

高政等（2007）采用溶剂萃取法从菜籽毛油中提取植物甾醇，结果表明，提取最佳工艺条件为菜籽毛油 60 mL，皂化时间 60 min，萃取剂乙醚 300 mL，无水乙醇作溶剂溶解萃取后的粗植物甾醇，减压蒸馏得到白色甾醇晶体。刘书妤等（2011）采用溶剂萃取法从麻疯树种籽油中提取植物甾醇，结果表明，影响植物甾醇提取的因素主次顺序为：氢氧化钾乙醇溶液体积＞皂化温度＞氢氧化钾乙醇溶液浓度＞皂化时间，最佳提取条件为皂化温度 90℃，皂化时间 1 h，氢氧化钾乙醇溶液体积 15 mL，氢氧化钾乙醇溶液浓度 1.25 mol/mL，此条件下植物甾醇的提取率可达到121.1 mg/100g。刘海霞等(2009)研究确定了皂化法提取苹果籽油中甾醇的最佳工艺：料液比1∶4、KOH -乙醇浓度 0.5 mol/L，皂化时间 120 min，皂化温度 85℃。彭莺等(2008)研究了溶剂含水量对提纯豆甾醇的影响，采用多级逆流结晶法提纯豆甾醇，结果显示二氯乙烷与正庚烷共沸物系统含水 7%时豆甾醇的选择性最好。万建春等(2008)用重结晶法分别提纯 β-谷甾醇和豆甾醇，并对豆甾醇结晶条件进行优化，结果表明，经过 4 次结晶操作后 β-谷甾醇纯度可达到 90%，豆甾醇结晶过程中混合植物甾醇与环已酮比(g/mL)为 1∶3.3、结晶温度 25℃、结晶 5 h 条件下，经 5 次结晶豆甾醇纯度可达到 96%。胡小泓(2003)通过实验得出大豆油脱臭流出物中提取植物甾醇的最佳工艺条件为：馏出物∶甲醇(m/V)为 10∶10，冷却温度－3℃，酯化时间 5 h。韩军(2004)研究了从葵花籽油脱臭馏出物中提取植物甾醇，结果表明，溶剂和助溶剂的组成对甾醇提取率和纯度的影响很大，饱和水的已烷溶液有很好的结晶性，加入少量乙醇能加强单一水助溶剂的效果，使用 S/EDD 一次结晶，甾醇提取率可达到 84%。

表 4-3-4　七种脱臭馏出物中甾醇含量　%

脱臭馏出物来源	甾醇含量	脱臭馏出物来源	甾醇含量
大豆油	9～12	棕榈油	2.0
菜籽油	24.9	葵花籽油	0.8～1.2
米糠油	4.9～19.2	橄榄油	0.6
花生油	5.9		

3.5.2　超临界二氧化碳萃取法

从脱臭流出物中提取植物甾醇包括三步：皂化使植物甾醇脂肪酸酯转化成游离植物甾醇、游离脂肪酸酯化、通过蒸馏回收植物甾醇或植物甾醇浓缩物。植物甾醇或植物甾醇浓缩物的最后提取与分离可使用三种萃取方法：物理萃取一植物结晶分离；化学萃取一用溶剂提取植物甾醇；物理化学萃取一通过加成化合物的形式使植物甾醇和添加剂结晶分离。超临界流体萃取(SFE)技术具有许多分子蒸馏技术所没有的特点和优势，如生产成本低、适宜工业化生产、提取率高、产品纯度好、不引入有害物质、流程简单、能耗低等(王腾宇，2010)。工艺流程如图 4-3-5 所示：

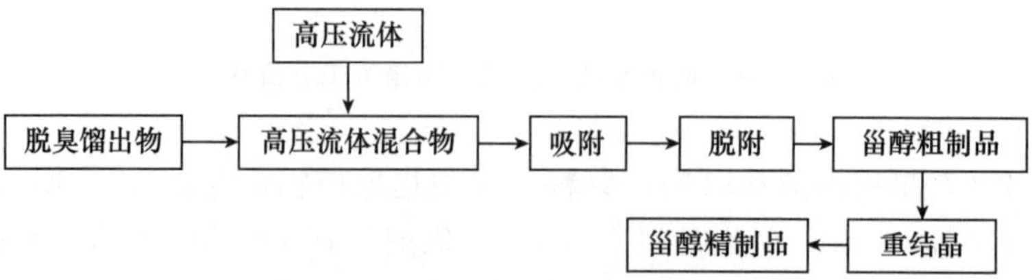

图 4-3-5　超临界 CO_2 提取植物甾醇的工艺流程

赵亚平等(1999)研究了超临界 CO_2 萃取分离植物甾醇的最有条件,结果表明,当萃取温度为 40～60℃,压力为 15～30 MPa 时,植物甾醇纯度达到 50%～95%,回收率为 85%～41%。牟德华等(2007)研究的超临界 CO_2 萃取大豆油脱臭流出物的最优条件为压力20 MPa,温度 45℃、CO_2 流量 20 kg/h,萃取时间 4 h,此条件下植物甾醇收率为 65% 以上,纯度 80%～85%。黄赤军(1994)用超临界 CO_2 对高酸价麦胚油进行甾醇萃取,结果表明萃取温度和压力会影响萃取物的含量,且甾醇混合物主要为 β-谷甾醇和菜籽甾醇。

表 4-3-5 几种提取甾醇方法的比较

方法	试剂(酶)	优点	缺点
溶剂结晶法	甲醇、乙醇、乙醚、丙酮等	可直接分离,操作简单	产品纯度不高,甾醇收率较低,溶剂使用过多
络合法	络合形成剂:有机酸、卤酸、卤盐等。溶剂:石油醚	产品纯度高,收率较高	醇相皂化时溶剂回收麻烦
分子蒸馏法	硫酸、低碳醇、丙酮	特别适于实验室分离,也可用于工厂同时提取和分离维生素 E 和甾醇	
酶法	固定化非特异性脂肪酶	原料无需预处理,维生素 E 和甾醇	
干式皂化法	熟石灰或生石灰,乙醇	可较少一系列干燥操作程序、节省乙醇、保证生产工艺安全无毒	收率不是太高
超临界 CO_2 萃取法	99.5% CO_2	直接萃取、环保性好,无污染、产品纯度高,收率高	成本较高

3.5.3 超声波提取法

超声波是一种弹性机械振荡波,频率大于 20 000 Hz,能产生并传递强大的能量。超声波提取(ultrasonicextraction)的基本原理是利用超声波产生强烈振荡、乳化扩散、击碎等多级效应,作用在液体里,使其被击成很多的小空穴,这些小空穴产生空化作用,破坏植物的细胞,使溶剂能渗透到植物细胞中,强烈的振动,空化,搅拌加速了植物中有效成分的浸出提取。与热回流提取相比,超声波提取具有生产周期短、提取率高、不需加热(不破坏热敏有效成分)等优点。

张泽生(2007)采用超声波法从米糠中提取植物甾醇,其优化提取工艺条件为:提取溶剂乙酸乙酯,料液比(m/V)1∶15,提取温度 70℃,提取时间 90 min,超声波功率 160 W,植物甾醇得率可达 46.12 mg/10 g,超声提取优于热回流提取。陈红梅(2007)由红曲提取麦角甾醇的最佳条件:三氯甲烷为溶剂,浸提比 1∶250(g/mL),反应温度为 50℃,抽提时间 20 min,植物甾醇得率为 9 mg/g。超声波提取到一定时间,可将绝大多数水溶性成分提出,时间再长会对细胞中生物分子有破坏作用,且破碎效率不会相应提高,浸提比合适时可以提高甾醇产量并减少不必要的浪费。万茵等(2011)研究了栀子总甾醇的提取工艺:超声波功率 100 W,石油醚为提取剂,料液比 1∶8,提取次数 1 次,超声处理时间 25 min,甾醇提取率达 3.12 mg/g。利用超声波技术提取的栀子总甾醇得率高，且甾醇成分全面。

3.5.4 微波提取法

赵文竹等(2010)建立了微波法提取玉米须β-谷甾醇的最佳工艺模型：微波提取时间5 min，乙醇浓度95%，提取温度20℃，液固比30∶1(mL/g)，β-谷甾醇含量为0.24%，因乙醇毒性低，安全性好，价格便宜且易工业化和回收，所以采用乙醇做提取溶剂，β-谷甾醇的提取量随提取时间增大而减小，随提取温度的增大而减小，原因可能是微波辐射时电磁波把能量传到原料内部使其瞬间加热，提取时间过长时产生过高温度，β-谷甾醇活性成分湿热降解或者异构化，导致提取物有效成分含量降低。庞利苹(2010)以脱壳南瓜籽为试材，采用微波辅助萃取法提取南瓜籽中的植物甾醇，确定了微波辅助萃取法提取植物甾醇的最佳工艺条件：各因素对南瓜籽中植物甾醇提取率的影响大小依次为：微波时间＞微波温度＞液料比＞微波功率；优化的提取工艺参数为：提取溶剂乙酸乙酯，液料比15∶1，微波时间6 min，功率600 W，温度50℃，此条件下植物甾醇的提取率达到0.892 mg/g。

3.5.5 络合法提取

日本、美国等采用此法工业化生产植物甾醇，我国少量米糠甾醇的工业化生产也采用此法。此法经实验证明，产品纯度高，收率也较高。所用络合剂有：有机酸、卤酸、尿素和卤素碱土金属盐。一般用卤盐络合，卤盐有氯化钙、氯化锌、氯化镁、氯化亚铁等，络合反应溶剂有石油醚、异辛烷，反应温度各异。此法用水相皂化代替醇相皂化，减轻溶剂回收的麻烦，可适当降低成本。其工艺流程如图4-3-6所示：

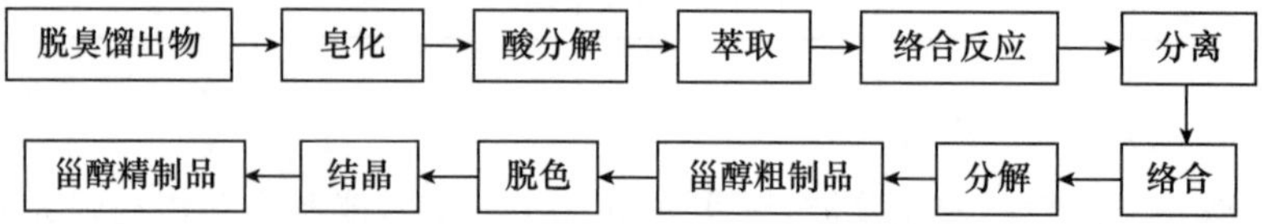

图4-3-6 络合法提取植物甾醇工艺流程图

傅小峰(2004)采用氯化钙络合法提取植物甾醇，最佳工艺条件为：提取溶剂乙酸乙酯，其与转酯化产物质量比(m/m)为1/1，氯化钙与转酯化产物质量比(m/m)为2/16，甲醇为质子性溶剂，其余氯化钙质量比(m/m)(1∶2)～(2∶2)，反应温度40℃，反应时间1 h。刘书妤(2010)建立了络合法提取麻疯树种子油中得植物甾醇的提取方法，最佳工艺为非质子溶剂为乙酸乙酯，质子溶剂为甲醇，皂化物与氯化钙质量比为8∶1，皂化物与乙酸乙酯料液比(m/V)为16∶27，皂化物与甲醇料液比(m/V)16∶1，反应温度60℃，反应时间1 h，此条件下提取率可达2.72%。

3.5.6 分子蒸馏法提取

分子蒸馏技术是一种新型高效的液—液分离技术，是一种在高真空度下进行非平衡分离操作的新型分离过程，其特点是溶剂消耗少、蒸馏操作温度低、工作真空度高、物料受热时间短、分离效率高等，已广泛应用于食品、医药、香精香料等领域。分子蒸馏可降低高沸点物料的分离成本,保护热敏物料的品质,因此特别适用于高沸点、热敏性及易氧化物系的分离。目前该技术在油脂工业中得到广泛的应用(Fizet, 1996)。其工艺流程如图 4-3-7 所示:

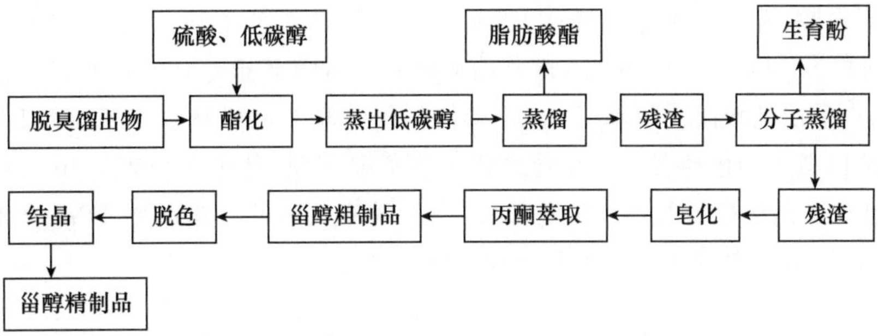

图 4-3-7 分子蒸馏提取植物甾醇工艺流程图

Struve 等(1983)用甲醇对含甾醇 5%~15%的脱臭馏出物进行转酯化作用,然后对混合物进行分子蒸馏,在温度为 220~280℃,真空度为 0.01~0.5 mbar 时,可得到含 50%以上的混合甾醇馏分;若条件为温度 120~200℃,真空度 0.5~1 mbar,则得到馏分甾醇含量为 5%~40%,混合甾醇为 β-谷甾醇、豆甾醇、菜油甾醇、胆甾醇或其混合物。Fizet 等使脱臭馏出物脱气后使其中甾醇与脂肪酸发生酯化反应,两次蒸馏除去非甾醇组分,再分解甾醇脂肪酸酯得到甾醇。黄妙玲(2010)将米糠油经碱催化酯交换,采用分子蒸馏技术对米糠油中植物甾醇进行制备,确定了刮膜式分子蒸馏装置制备植物甾醇的最佳工艺条件为:预热温度 60℃和冷凝面温度 10℃,进料速率为 2 mL/min 以及刮膜转速为 250 r/min,一、二级蒸馏的最佳蒸馏温度和压力分别为 80℃、50 Pa 和 160℃、1 Pa。在此工艺条件下,植物甾醇含量由原油中的 3.15%提高到 61.37%。丁辉(2007)使用分子蒸馏技术浓缩大豆油脱臭流出物中的植物甾醇,分子蒸馏后重相中植物甾醇含量达到 26.12%,收率 60.09%。在系统压力 0.1 Pa 和预热温度 60℃的前提下,确定了小试最佳工艺条件为系统压力 0.1 Pa,蒸馏温度 170℃,进料速度 0.4 L/h,刮膜转速 300 r/min。

3.5.7 其他提取方法

3.5.7.1 干式皂化法

此工艺用熟石灰或生石灰在 60~90℃皂化后直接用机器粉碎膏状物,采用乙醇作为抽提剂进行低温浸出,可节省大量乙醇且生产工艺安全无毒(图 4-3-8)。

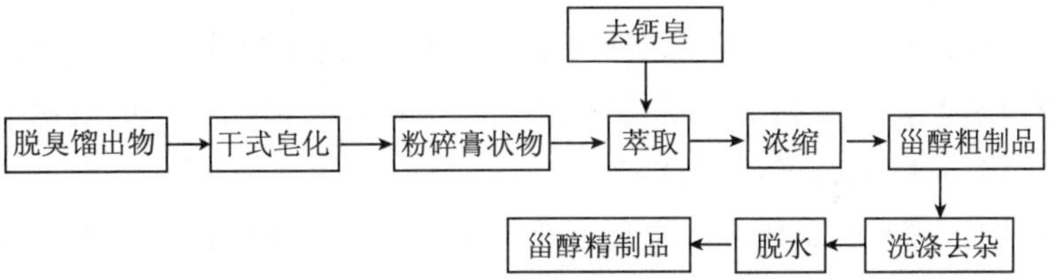

图 4-3-8 干式皂化法工艺流程图

3.5.7.2 吸附法

采用合成的无活性多孔碳分子筛，其平均孔径大于 20 A，一般为 30-90 A。有以下 3 种方法：①面积大于 300 m^2/g，一般为 700～1 100 m^2/g，用含碳焦化聚合物或炭化树脂选择性吸附甾醇，洗脱剂用芳香烃；②吸附剂采用活性炭分子筛，其孔径范围为 15～20 ANG，表面积为 300～1 500 m^2/g，选择性吸附所有甾醇而排除其他物质，洗脱剂用芳香烃；③吸附剂采用硅酸镁分子筛（florisil 载体），则洗脱剂用甲基叔丁基醚（MtBE），吸附前需要去除原料中的酸性物质，可通过液一液萃取实现，其中萃取剂二甲基亚砜（DMSO）和正己烷分别从柱子的顶部和底部进去，而料液从柱子中部进去，DMSO 富含酸，正己烷富含甾醇（韦继康，2002）。工艺流程如图 4-3-9：

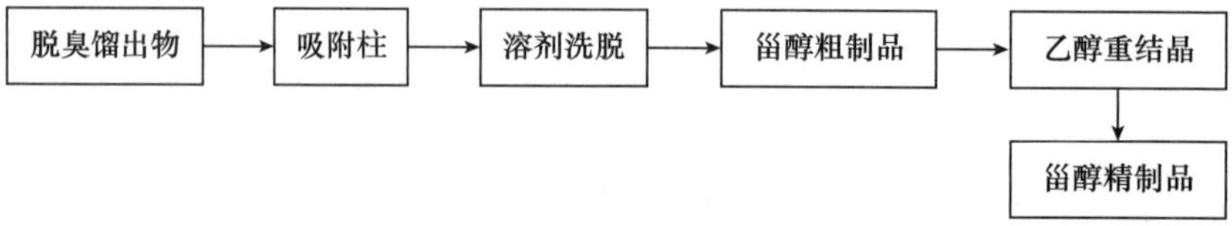

图 4-3-9　吸附法工艺流程图

3.5.7.3 酶法

采用一种固定化非特异性脂肪酶对脱臭馏出物的酯化过程进行催化，使脂肪酸甲酯的转化率达 96.5%，从而提高了维生素 E 和甾醇的比例，克服了溶剂浸出，化学处理及分子蒸馏提取维生素 E 和甾醇回收率低的缺点，可回收原料中 90%以上的甾醇和维生素 E，且酶处理条件温和，原料亦不需预处理，其处理方法如图 4-3-10 所示（李脉，2006）。

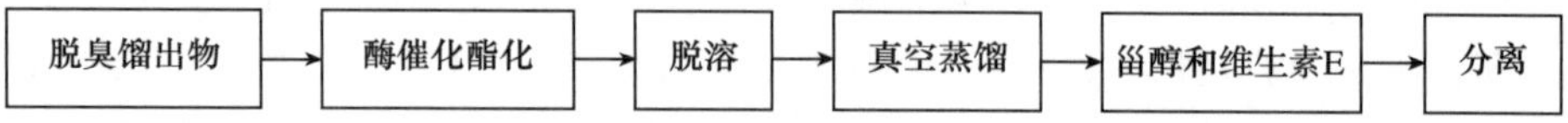

图 4-3-10　酶法工艺流程图

3.5.8 甾醇酯合成

游离植物甾醇不溶于水，在油脂中的溶解度也很小，直接作用于人体吸收率较低，限制了它在食品中的实际应用。甾醇的 C-3 羟基是重要活性基团，可与脂肪酸化合形成甾醇脂肪酸酯。植物甾醇酯是植物甾醇的衍生物，具有和植物甾醇相同甚至更优的生理活性功能，研究表明，植物甾醇酯的吸收利用率与游离型的相比约提高 5 倍，并且具有比游离植物甾醇更好的脂溶性和更高效的降胆甾醇的效果，其油溶性更好，安全性高，生物利用率高，可以改善产品的外观及口感，解决了植物甾醇在食品应用中的限制问题，可以作为功能性食品添加剂（王腾宇，2010）。

脂肪酸植物甾醇酯的合成方法主要有化学法和酶法。化学法有以下途径：①植物甾醇与脂肪酸直接酯化；②同脂肪酸甲酯进行酯交换；③植物甾醇同脂肪酸卤化物或脂肪酸酸酐反应。化学法工艺条件简单，易于控制和实现工业化生产，随着脂肪酸碳链的加长，反应难度逐渐加大，并且反应温度高，在过高温度条件下长时间反应容易发生副反应，导致产品组分复杂、原料损耗多、分离纯化困难，不利于得到安全高活性的甾醇酯产品。酶法催化合成植物甾醇脂肪酸酯反应条件比较温和，副反应较少，产物质量好并易于纯化分离，但是酶价格昂贵，在反应过程中添加有机溶剂，对反应条件要求苛刻，生产成本较高，研究尚处于实验室阶段（刘虹蕾，2011）。

Liu(2002)以植物甾醇与共轭亚油酸为原料，以磺酸、氯化锡作酯化催化剂或以甲醇钠、氢氧化钠作酯交换催化剂合成共轭亚油酸植物甾醇酯，在 110℃、1.33 Pa 下进行酯化，在 40～250℃下酯交换反应 2～20 h。Vu 等(2004)以脂肪酶 AYS 为催化剂，植物甾醇与共轭亚油酸摩尔比 1∶3，溶剂添加量 0.3 mL/g，转速 175 r/min，55℃反应 48 h，正己烷为溶剂时酯化率为 28.3%，酯化率较低，因此 Candida rugosa 的脂肪酶不太适合用于合成亚油酸植物甾醇酯。陈茂彬(2005)通过正交实验优化得到合成油酸植物甾醇酯的最优工艺条件：2%硫酸氢钠为催化剂，油酸与植物甾醇的摩尔比为 1.3∶1，反应温度 135℃，反应时间 8 h，酯化率为 84.13%。陈舒(2007)研究了植物甾醇酯的微波合成工艺，以吡啶为催化剂，采用植物甾醇与乙酸酐直接酯化的方法合成甾醇乙酸酯，结果表明：反应温度 85℃，原料配比 n(甾醇)∶n(乙酸酐)∶n(吡啶)＝1∶12∶10，反应时间 15 min，甾醇转化率为 96.5%；同时研究了植物甾醇与过量乙酸的反应，最佳合成条件为反应时间 5 min，微波加热温度 95℃，甾醇与乙酸用量比(m∶V)为 3∶30，转化率为 93.2%。

众多酶法合成植物甾醇酯的研究也成了近几年来的热点。于殿宇(2011)采用生物酶法研究了葵花油与植物甾醇的酯交换反应技术参数和条件，采用 Novozym 435 脂肪酶，确定的最佳工艺参数为甾醇浓度 5%，酶添加量 1%，反应时间 3 h，反应温度 100℃，搅拌速度 600 r/min，在最佳条件下酯交换反应的酯化率达到 89.7%。此方法反应过程中为使用对人体有毒有害化学试剂，避免了试剂残留对人体健康影响的问题。添加到食品、油脂中，既满足人们的营养需求又具有保健功能。刘虹蕾(2011)研究了脂肪酶在非水相中催化合成植物甾醇酯，最佳反应条件为在酸醇摩尔比为 3∶1，溶剂添加量 6 mL/g(底物)，催化剂用量 11%（底物百分比），反应温度 45℃，反应时间 48 h，酯化率达到 94.62%，因此脂肪酶可在非水相反应介质中高效催化合成植物甾醇酯。李脉(2006)研究了 Novozym 435 的催化下，馏出物中甾醇的转化率达到 85.3%，再经过提纯，得到含量 95.3%、浅黄色、无臭透明的优质甾醇酯产品。王腾宇(2010)采用 Novozym 435 脂肪酶做催化剂，进行酯化反应，最佳工艺条件为反应温度 85℃、植物甾醇质量分数 5%、反应压力 8 MPa、反应时间 1 h、搅拌速度 600 r/min，转换率为92.1%。与常规方法相比，此工艺降低了反应温度，缩短了反应时间。

我国是油脂生产大国，脱臭工序副产品脱臭馏出物的合理利用成为当前重点要解决的问题之一，从脱臭馏出物酶催化制取高质量的植物甾醇酯，将大大提高脱臭馏出物的经济价值，也将提高油脂生产的经济效益。甾醇酯的合成技术近年来发展迅速，但在酯化合成过程中仍存在很多问题急需解决。比如，某些酯化反应必须在真空条件下才能进行，且需要在较高温度下，长时间反应；某些酸与甾醇酯化时生成的副产品，分离纯化困难，大大降低了甾醇酯的纯度。虽然利用酶催化合成植物甾醇酯提高了酯化反应的效率，但是脂肪酶价格昂贵，生产成本较高，给工业化生产带来困难。微波在化学反应及有机合成化学中应用研究已有报道，其具有节省能源、操作程序简单、有机溶剂使用少、反应速率高和产生的废弃物低等优点，受到广泛关注(张品，2009)。

3.6 应用与开发前景

3.6.1 应用现状

植物甾醇的应用领域涉及医药、化妆品、食品、光学产品、饲料、油漆、颜料、树脂、造纸、纺织、杀虫剂及除草剂等。目前应用最多的是医药方面，作为甾体激素药物的原料、降胆固醇的药物、抗炎退热及抗癌药物等。

在食品领域的应用主要是作为预防心血管疾病的功能性活性成分。FDA 在 2000 年 9 月批准含有植物甾烷醇和植物甾醇酯的食品具有降低心血管疾病风险的健康声明。“有益健康”标签规定了甾醇酯应用于涂抹食品和沙拉调味料，自此芬兰首次开发上市含有植物甾醇产品人造黄油 Benecol，之后美国 Unilever s Lipton 公司上市相关功能性甾醇产品“Take control”，功能性甾醇制品产业迅速发展。目前，美国 ADM、美国 Cargill 公司、德国 Cognis 公司、加拿大 Forbes Medi-Tech 公司、芬兰 Pharmaconsult 公司、芬兰 Raisio 公司等多家企业已涉足功能性甾醇食品行业，开发出多种功能性甾醇制品投放市场，产品包括涂抹酱、乳饮料、奶酪等各种食品类型。2005 年、2006 年 FDA 还相继批准了甾醇应用于布丁、面条、饼干及蛋制品等食品范围。市场上功能性甾醇食品的种类越来越多样化，如酱汁、甜点、饮料、冰激凌、零食棒、全麦面包、麦片、糖果、烹调油等。目前，已建立了植物甾醇的添加量、组成与食品主体成分(如脂肪酸的组成、含量)的关联。与国外相比，我国功能性植物甾醇食品的开发尚处于起步阶段。中国在 2007 年批准了植物甾醇为新资源食品，2010 年初又通过了国家新法规下的新资源食品认证。近年来，随着人们对植物甾醇降低胆固醇作用的认识，国内许多企业参与竞争，已有相关产品投放市场，我国有关功能性植物甾醇食品的开发主要集中在油脂，另外用植物甾醇和牛奶经科学的搭配能起到了预防和配合治疗心脑血管疾病的功效，其原理是促进产生血纤维蛋白溶源激活因子，作为血纤维溶解触发素，起到预防和配合治疗血栓症的作用，阻止胆固醇的吸收和血脂的积累，使血液中多余的胆固醇排出体外，预防和治疗高血压、高血脂等疾病。表 4-3-6 是市场上目前已有的部分植物甾醇产品。

植物甾醇在饲料和化工领域也有应用。植物甾醇应用于饲料领域，能刺激动物食欲，在水中形成植物激素，即植物甾醇—核糖核蛋白复合体，利用此复合体增加原植物激素在动物体内分解的稳定性，促进动物蛋白质的合成，有利于动物的健康和生长。在化学工业中，植物甾醇多成为高档化妆品、洗涤及美容用品的关键性成分(杨晓波，2011；庞敏，2010)。

表 4-3-6 植物甾醇产品列表

产品名称	产品类型	来源	产品纯度	生产企业
新一代植物甾醇玉米油	植物油	玉米	13 000 ppm	中粮
金龙鱼植物甾醇玉米油	植物油	玉米	10 000 ppm	益海嘉里(Vegapure)
长寿花植物甾醇玉米油	植物油	玉米	15 000 ppm	
多力植物甾醇玉米油	植物油	玉米	8 000 ppm	上海佳格食品有限公司
海狮植物甾醇玉米油	植物油	玉米	—	上海粮油海狮油实业有限公司
蒙牛特仑苏醇纤牛奶	牛奶		1 500 ppm	内蒙古蒙牛乳业集团
奥特兰植物甾醇牛奶	牛奶	—	—	青岛新希望琴牌乳业有限公司
大豆蛋白饮品	饮料	大豆	—	杭州娃哈哈集团有限公司
前舒肽β-谷甾醇	胶囊		42 000 ppm	上海天龙生物科技有限公司
百爱大豆甾醇胶囊	胶囊	大豆	650 000 ppm	哈尔滨百爱科技有限公司
植物甾醇胶囊	胶囊	玉米,大豆		江西维莱营健高科有限公司
中宏天然植物甾醇片	片剂	大豆	230 000 ppm	中谷天科生物工程有限公司(中粮旗下)
博朗森植物甾醇	片剂	大豆,玉米,米糠	β-谷甾醇 494 000 ppm 菜油甾醇 287 000 ppm 豆甾醇 217 000 ppm	沈阳中康科技有限公司(美国博朗森国际公司)
美国 now 植物甾醇配方	胶囊		β-谷甾醇 392 mg,菜油甾醇 200 mg,豆甾醇 800 mg	美国 NOWFOOD 公司
营养屋纳豆植物甾醇片	片剂		100 mg/片	加拿大营养屋
GNC 健安喜血脂清胶囊	胶囊	玉米	400 mg/粒	美国 GNC
soya Plus	饮料	大豆	0.75 g/250 mL	比利时 Alpro 公司

3.6.2 市场开发前景

3.6.2.1 存在的问题

(1)检测方法方面。目前的检测方法主要向高精尖方向发展,主要为气相或液相方法,前处理一般较为繁琐,测定需要大型仪器设备。

(2)提取原料方面。与以上植物甾醇提取原料甾醇含量相比,花生中甾醇含量与现有某些提取原料大豆甾醇含量相当,但花生中植物甾醇的提取利用研究较少。

(3)产品形式方面。植物甾醇在国外有各种新产品不断问世,已得到迅速发展,而我国研究开发仍较滞后,目前国内市场上甾醇产品多以胶囊或片剂形式出售,或者因某种植物本身甾醇含量高而将其加工成产品来强调其保健功效,如植物甾醇玉米油,近几年开始出现将甾醇作为功能性食品添加剂加于乳品、饮料等中强化其生理功效的产品,但此类产品数目较少,尚处于初探阶段,市场挖掘不够。我国拥有丰富的油料等植物甾醇资源可供开发,且当前功能食品深受消费者青睐,因此,开发甾醇类功能性产品前景广阔。

3.6.2.2 未来发展趋势

根据目前植物甾醇研究现状及存在的问题,笔者提出以下几点发展趋势:

(1)检测方法的简易化。针对目前气相或液相方法前处理较为繁琐且耗时较长的特点,开发快速简便的甾醇检测方法是今后研究方向。

(2)开展花生中植物甾醇的合理有效利用。大豆以作为提取植物甾醇的主要原料之一,而花生中植物甾醇含量(252 mg/100 g)与大豆(260 mg/100 g)相当,但花生中的甾醇开发利用却很少,因此有必要对花生中功能成分植物甾醇进行提取开发利用。

(3)开展植物甾醇酯合成的深入研究。植物甾醇以酯化的形式存在有利于拓宽其利用范围,有关植物甾醇酯合成方面的研究尚处于起步阶段,2009 年以后研究文献才开始逐渐增多,因此此方向的研究有待进一步深入,如酯化所用脂肪酸种类以及植物甾醇种类的选择,以及酯化后特定植物甾醇酯生理活性方面的变化等的研究。

(4)植物甾醇产品形式的多样化。我国有关植物甾醇在食品中的应用尚处于试探阶段,产品种类较少,只有少数几家大型企业在进行尝试,开发多种功能性植物甾醇食品市场前景广阔。

总之,我们应充分挖掘植物副产物中功能成分的提取,变废为宝,进一步拓宽取材范围、应用领域及增加产品附加值。

参考文献

[1] GB/T 5537—2008 粮油检验 磷脂含量的测定[S].

[2] 安疆,岳增华.大豆磷脂在饲料中的应用[J].2004(7):8.

[3] 白群安.植物甾醇的研究进展[J].饲料博览,2009(6):9-11.

[4] 鲍忠定,许荣年,张颂红.毛细管气相色谱法测定油中植物甾醇和胆固醇[J].分析化学研究简报,2002,30(12):1 490-1 493.

[5] 曹栋,爱泳,王兴国.磷脂结构、性质、功能及研究现状[J].粮食与油脂,2004(5):3-5.

[6] 陈红梅.超声波法提取红曲中麦角甾醇的条件优化研究[J].安徽农学通报,2007,13(7):84-85.

[7] 陈茂彬,黄琴,吴谋成.三种植物甾醇酯预防小鼠高脂血症作用的比较[J].中国粮油学报,2005,20(2):80-83.

[8] 陈茂彬,黄琴,吴谋成.植物甾醇油酸酯产品的合成工艺研究[J].中国油脂,2005,30(6):63-65.

[9] 陈茂彬,黄琴.植物甾醇乙酸酯和植物甾醇油酸酯抗肿瘤作用初探[J].粮食与油脂,2005(5):16-18.

[10] 陈舒.植物甾醇酯微波加热合成的研究[D].西安:西安理工大学,2007.

[11] 迟玉明,赵瑛,迟玉成.植物甾醇、甾烷醇及其降血清胆固醇的作用[J].天然产物研究与开发,2006(18):888-892.

[12] 戴军,陈尚卫,方涛.大豆甾醇及其异构体的分离与鉴定[J].分析化学研究简报,2005,33(12):1725-1729.

[13] 丁辉,吴英艳,徐世民.分子蒸馏浓缩植物甾醇的研究[J].油脂工程,2007,6:92-93.

[14] 董涛.植物甾醇酯的化学合成及抗氧化性研究[D].无锡:江南大学,2008.

[15] 董长颖,吴俊波.蒲公英甾醇的提取及其抗炎活性研究[J].黑龙江畜牧兽医,2011(3):133-134.

[16] 冯姝元,韩军花,刘成梅,等.常见精练油中植物甾醇测定方法的建立及含量分析[J].中国食品卫

生杂志,2006,18(3):197-201.
[17] 冯婷,刘华.天然维生素E和植物甾醇的液相色谱分析[J].分析仪器,2005(3):63-64.
[18] 傅小峰.络合法提取植物甾醇的工艺研究及甾醇的溶解度测定[D].杭州:浙江大学,2004.
[19] 高丽,傅虹飞,崔芳,等.β-谷甾醇微胶囊工艺优化及抗油脂氧化研究[J].食品科学,2010,31(12)28-32.
[20] 高岐.油料中磷脂含量的微波消解一分光光度测定法[J].中国油脂,2008,33(7):74-76.
[21] 高政,刘晓宇,李江飞,等.菜籽毛油提取植物甾醇的研究[J].农产品加工,2007(11):31-33.
[22] 关明,李燕,赵淑贤.紫外分光光度法测定卵磷脂胶囊中的磷脂酰胆碱[J].中国酿造,2008(23):95-96.
[23] 韩军花,何梅,周昇昇,等.50种常见食用植物药材及中草药植物中甾醇的含量研究[J].卫生研究,2009,38(2):188-191.
[24] 韩军花.植物甾醇的性质、功能及应用[J].国外医学卫生学分册,2001,28(5):285-291.
[25] 郝留成,徐振山.天然磷脂在化妆品中的应用[J].粮油加工,2008(10):87-89.
[26] 胡小泓,沈敏元,康逸.大豆油脱臭馏出物中提取植物甾醇的研究[J].中国油脂,2003,28(12):47-48.
[27] 胡学烟,孙冀平,王兴国,等.植物甾醇的发展前景[J].西部粮油科技,2001,26(5):34-36.
[28] 黄赤军,张镜澄,郭振德,等.超临界 CO_2 萃取甾醇的研究[J].广州化学,1994(1):32-35.
[29] 黄妙玲,卢生奇,王小会.分子蒸馏技术制备米糠油植物甾醇的工艺研究[J].中国食品添加剂 2010(5):216-219.
[30] 贾承胜,黄晓爱,董涛,等.植物甾醇脂肪酸酯的抗氧化作用研究[J].食品与机械,2008,24(6):80-82.
[31] 贾代汉,周岩民,王恬.植物甾醇对生长猪生产性能影响的研究初探[J].粮食与饲料工业,2005(6):34-35.
[32] 姜惠芳,段乃雄,任小平.花生种质资源的综合评价[J].中国油料作物学报,1998,20(3):32-33.
[33] 金青哲,齐策,沈华,等.菜籽甾醇酯降血脂研究[J].油脂工程,2007(10):02-04.
[34] 阚健全.食品化学(第1版).北京:中国农业大学出版社,2002:112-123.
[35] 兰云军,邹祥龙,银德海,等.磷脂的基本性质及应用领域[J].2003,32(21):34-36.
[36] 李彬.卵磷脂一生命之根[J].养生大世界,2006(7):62.
[37] 李博,李满,杨雪等.植物甾醇的生理功能及在动物生产中的应用[J].饲料博览,2011(1):42-45.
[38] 李红星,高佳丽,刘彦锋.几种新的植物甾醇类衍生物对人类癌细胞系增值的影响[J].北京师范大学学报,2008(3):293-298.
[39] 李红艳,郑泽元,李静,等.不同脂肪酸组成的植物油氧化稳定性的研究[J].食品工业科技,2010,31(1):173-182.
[40] 李红艳.多不饱和脂肪酸在婴儿配方奶粉中稳态化的研究[D].南昌:南昌大学,2009.
[41] 李焕荣,古丽娜孜,李媛媛.杏仁油提取工艺条件的研究[J].新疆农业科学,2008,45(4):712-716
[42] 李林强,昝林森,任正东.中国大鲵油脂肪酸组成、抗氧化及流变性研究[J].中国粮油学报,2009,24(9):83-85.
[43] 李脉,王舰平.脱臭馏出物酶法制备植物甾醇酯的研究[J].现代食品科技,2006,22(3):96-99.
[44] 李庆典,李颖,易晓华,等.新疆巴旦杏28个品种种仁油脂含量及脂肪酸组成[J].山地农业生物学报,2004,23(4):326-329.
[45] 凌沛学,荣晓花.磷脂在保健食品和药品中的应用[J].山东食品科技,2004(2):6-7.
[46] 刘大川,孙伟,俞伯群,等.花生低温预榨、浸出、低温脱溶制油同时制备脱脂花生蛋白粉工艺研究

[J]. 中国油脂,2008,33(12):13-15.
[47] 刘凤萍,戴华,李拥军,等. 高效液相色谱一蒸发光散射检测器测定五种甾醇含量[J]. 分析科学学报,2006,18(3):230-232.
[48] 刘海霞,王峰,赵雁武,等. 苹果籽油中植物甾醇的提取及分光光度法含量测定研究[J]. 食品科学,2009,30(6):146-150.
[49] 刘虹蕾,缪铭,江波,等. 脂肪酶非水相催化合成植物甾醇酯[J]. 食品与发酵工业,2011,37(1):37-41.
[50] 刘慧琼,郭书好,沈英森,等. 半夏中 β-谷甾醇的抗氧化作用研究[J]. 广东药学院学报,2004,20(3):281-283.
[51] 刘蕾,陈星,李晓丽,等. 分光光度法测定大豆总甾醇含量的研究[J]. 中国油脂,2005,30(4):46-47.
[52] 刘荣华,李海涛. 植物甾醇的生理功能及其在食品方面的应用[J]. 中国医疗前沿,2007,2(18):109-110.
[53] 刘书妤,孙悦蛟,张惠. 络合法提取麻疯树种子油中的植物甾醇[J]. 光谱实验室,2010,27(6):2477-2480.
[54] 刘书妤,张惠,王辉. 麻疯树籽油提取植物甾醇的研究[J]. 食品科技,2011,36(3):224-226.
[55] 刘夏忠,殷洪. 磷脂的生理功能及其保健食品的开发[J]. 食品科学,1999(3):23-25.
[56] 刘永惠,焦庆清,谢吉先,等. 不同地区花生品种主要农艺性状的鉴定与评价[J]. 金陵科技学院学报,2011,27(1):34-38.
[57] 吕维忠,钟振声,黄少烈. 超临界萃取大豆磷脂的工艺研究[J]. 食品科学,2000,21(3):28-29.
[58] 吕喆. 高效液相色谱法分离制备菱角中甾醇类化合物的研究[D]. 长春:东北师范大学,2006.
[59] 马辰,段宏瑾. 大豆磷脂中磷脂类成分的含量测定[J]. 中国中药杂志,1999,24(11):671-672.
[60] 牟德华,李艳,赵玉华,等. 超临界 CO_2 萃取技术提取植物甾醇的研究[J]. 食品与发酵工业,2007,33(1):118-120.
[61] 牟德华,赵玉华,朱艳丽. 高效液相色谱法测定植物甾醇的研究[J]. 食品工程,2007(1):62-64.
[62] 庞利苹,徐雅琴. 微波辅助萃取法提取南瓜籽中植物甾醇工艺的优化[J]. 中国粮油学报,2010,25(8):47-50.
[63] 庞敏,姜邵通. 甾醇氧化特性及其在食品中应用研究进展[J]. 食品科学,2010,31(23):434-438.
[64] 彭浩,陈文强,邓百万. 气相色谱法测定食用菜籽油中植物甾醇的组成及含量[J]. 安徽农业科学,2006,34(19):4830-4831.
[65] 彭浩. 几种常见坚果植物甾醇组成及含量测定[J]. 粮食与油脂,2006(11):28-29.
[66] 彭莺,宋志德,刘福祯. 溶剂含水量对提纯豆甾醇的影响[J]. 广州化工,2008,36(5):47-48.
[67] 齐文娟,岳红卫,王伟. 大豆磷脂的理化特性及其开发与应用[J]. 中国油脂,2005,30(8):35-38.
[68] 曲刚,李天文,崔洪斌,等. 植物甾醇抑制 SGC-7901 胃癌细胞生长和诱导 DNA 损伤的研究[J]. 黑龙江八一农垦大学学报,2008,20(1):66-70.
[69] 邵平,姜邵通,潘丽军. 高效液相色谱法测定脱臭馏出物深加工物中的维生素 E 和甾醇[J]. 食品科学,2007,28(1):229-231.
[70] 邵平,姜绍通,赵妍嫣. 结晶纯化脱臭流出物中植物甾醇及其抗氧化作用研究[J]. 中国食品学报,2006,6(4):77-80.
[71] 沈一丁. 多功能复合磷脂加脂剂的制备及应用[J]. 中国皮革,1994,23(10):42-43.
[72] 盛漪,华伟,谷文英. 植物甾醇资源在食品原料中分布[J]. 粮食与油脂,2002(5):40-41.
[73] 施苹善. 高度耐氧化的植物油[J]. 日用化学品科学,1999,104(1):23-26.
[74] 万建春,姜波. 结晶法分离纯化大豆甾醇中 β-谷甾醇和豆甾醇单体[J]. 食品科技,2008,8:127-131.

[75] 万书波.花生品质学[M](第2版).北京:中国农业科学技术出版社,2007:111-112.
[76] 万茵,付桂明,张丹.超声波技术提取栀子总甾醇工艺研究[J].食品工业科技,2011,32(3):327-333.
[77] 汪勇,王兴国,欧仕益,等.大豆磷脂酰胆碱分离、纯化和检测方法[J].粮食与油脂,2003(2):6-8.
[78] 王三永,李晓光,李春荣,等.含脂肪食品中植物甾醇含量的气相色谱法测定[J].分析测试学报,2001,20(4):43-45.
[79] 王腾宇,胡立志,孙博,等.超临界 CO_2 状态下生物酶法催化合成植物甾醇酯[J].食品科学,2010,31(22):293-296.
[80] 王恬,沈益新.植物甾醇对肉鸭胆固醇代谢和抗氧化性能的影响顾莞婷[J].畜牧与兽医,2008,40(1):13-17.
[81] 王恬,周岩民,顾莞婷.植物甾醇的生物学功能及其在动物生产中的应用[J].新饲料,2009(1):9-15.
[82] 韦继康.植物甾醇提取工艺研究[D].杭州:浙江大学,2002.
[83] 巫森鑫,邬国英,韩瑛,等.6种食用植物油及其生物柴油中脂肪酸成分的比较研究[J].中国油脂,2003,28(12):65-67.
[84] 吴时敏,吴谋成,马莉.植物甾醇在菜籽高级烹调油中的抗氧化作用II一高温下抗氧化作用的研究[J].中国油脂,2003,28(5):32-33.
[85] 吴时敏,吴谋成,马莉.植物甾醇在菜籽高级烹调油中的抗氧化作用I一常温下抗氧化作用的研究[J].中国油脂,2003,28(4):52-54.
[86] 吴时敏,吴谋成.植物甾醇的研究进展与趋向(Ⅰ)一植物甾醇的基础研究[J].中国油脂,2002,27(3):73-75.
[87] 吴时敏,吴谋成.植物甾醇的研究进展与趋向(Ⅱ)一植物甾醇的应用基础和开发研究[J].中国油脂,2002,27(3):60-63.
[88] 吴素萍,章中.植物甾醇的研究现状[J].中国食物与营养,2007(9):20-22.
[89] 吴英艳.植物甾醇的提取研究[D].天津:天津大学,2006.
[90] 夏剑秋.大豆蛋白和大豆磷脂在食品中的应用[J].中国食物与营养,2005(1):31-32.
[91] 徐桂云,常理文.大豆磷脂组成的薄层色谱分析[J].分析化学,1998,26(1):81-84.
[92] 徐生庚,裘爱泳,贝雷.油脂化学[M].北京:轻工业出版社,2001,316-389.
[93] 徐响,孙丽萍,董捷.气相色谱一质谱法测定蜂王浆中得植物甾醇组成[J].食品科学,2010,31(18):317-320.
[94] 徐小军,余国珍,陈鉴东.硫磷铁法测定大豆甾醇提取物中总甾醇含量[J].药物鉴定,2010,19(8)35-36.
[95] 杨晓波,吴洁,齐懿鸣,等.植物甾醇的功能及应用前景[J].乳品加工,2011(111):54-56.
[96] 杨振强,谢文磊,李海涛,等.植物甾醇的开发与应用研究进展[J].粮油加工与食品机械,2006(1):53-56.
[97] 于殿宇,王腾宇,陈昊,等.生物酶法合成植物甾醇酯的研究[J].食品工业科技,2011(6):318-320.
[98] 张建刚,李文婷,陆银.植物甾醇的作用机制及其在养猪生产中的应用[J].饲养饲料,2011(4):42-43.
[99] 张建书,王强,刘红芝,等.脂肪酸、VE、甾醇与植物油稳定性的关系研究进展[J].中国油脂,2011,36(10):38-41.
[100] 张姣勤,陈军,李子雨,等.花生功能活性成分研究进展[J].粮油加工,2008(12):73-76.
[101] 张品,邓乾春,黄庆德,等.不饱和脂肪酸植物甾醇酯的合成[J].中国油脂,2009,34(7):37-41.

[102] 张强,赵新淮.植物甾醇及其抗癌作用[J].中国油脂,2006,31(10):57-60.

[103] 张亦飞.萃取法制备粉状大豆磷脂的研究[J].烟台大学学报(自然科学与工程版,1996(4):36-39.

[104] 张泽生,于卫涛.超声波法提取米糠中植物甾醇的工艺研究[J].食品研究与开发,2007,28(1):43-45.

[105] 赵华锋,谢慧明,朱霖,等.生、熟葵花籽油中脂肪酸组成的 GC-MS 分析[J].粮油加工,2008(1):68-70

[106] 赵文竹,于志鹏,于一丁,等.均匀设计微波法提取玉米须中 β-谷甾醇[J].食品研究与开发,2010,31(9):19-22.

[107] 赵亚平,丁霄霖.超临界 CO_2 萃取分离植物甾醇的研究[J].中国油脂,1999,24(4):41-42.

[108] 周重楚,孙晓波,刘建勇.α-菠菜甾醇的抗炎作用[J].药学学报,1985,20(4):257-261.

[109] Amundsen A. L. ,Ntanios F. ,Put N. ,et al. Long-term compliance and changes in plasma lipids, plant sterols and carotenoids in children and parents with FH consuming plant sterol ester-enriched spread[J]. European Journal Clinical,2004(58):1612-1620.

[110] Anna-M L. ,et al. AStudy on the Influence of Fucosterol on Thermal Polymerisation of Purified High Oleic Sunflower Triacylglycerols[J]. Journal of the Science of Food and Agriculture, 1999 (79):573-579.

[111] Awad A. B. ,Downie A. ,Fink C. S. ,et al. Dietary phytosterol inhibits the growth and metastasis of DA-MB-231 human breast cancer cells grown in SCID mice[J]. Anticancer Research, 2000 (20):821.

[112] Awad A. B. ,Gan Y. ,Fink C. S. Effect of β-sitosterol,a plant sterol,on growth,protein phosphatase 2A and phospholipid D in LNCaP cells [J]. Nutrition and Cancer,2000(36): 74.

[113] Awad A. B. ,Williams H. ,Fink C. S,et al. In vitro and in vivo (SCID mice) effect of phytosterols on the growth and dissemination of human prostate cancer PC-3 cells[J]. European Journal of Cancer Prevention,2001(10):507.

[114] Braddock J. C. ,Simms C. A. ,O'Keefe S. F. Flavour and Oxidative Stability of Roasted High Oleic Acid Peanuts[J]. Journal of Food Science, 1995, 60(3)489-493.

[115] Fizet,Christian. Process for tocopherols and sterols from natural sources,US,5,487,817, [P] 1996-1-30.

[116] Glonek T. ^{31}P nuclear magnetic resonance phospholipid analysis of anionic-enriched lecithin[J]. J Am Oil Chem Soc,1998,75(5): 569-575.

[117] Homma Y. ,Ikeda I. ,Ishikawa T. ,et al. Decrease in plasma low-density lipoprotein cholesterol, apolipoprotein B,cholesteryl es-ter transfer protein,and oxidized low-density lipoprotein by plant stanol ester-containing spread: a randomized, placebo-controlled trial[J]. Nutrition, 2003 (19): 369-374.

[118] Jill K. W. , Kathleen Warner. The effect of phytosterol concentration on oxidative stability and thermal polymerization of heated oils[J]. European Journal of Lipid Science and Technology, 2008 (110):455-464.

[119] Liener I. E. Toxic constitutents of plant foodstuffs [M]. USA:Academtc Press,1980.

[120] Lopez Y. ,Smith O. D. ,Senseman S. A. ,et al. Genetic factors influencing high oleic acid content in Spanish market-type peanut cultivars [J]. Crop Science, 2001(41):51-56.

[121] Miettinen T. A. ,Gylling H. Plant stanol and sterol esters in prevention of cardiovascular diseases [J]. Annales de medecine veterinaire,2004(36):126-134.

[122] Nelson R. G. ,Carlos A. G. Lipid,protein,and ash contents,and fatty acid and sterol composition of peanut (Arachis hypogaea L.) Seeds from Ecuador[J]. Peanut Science,1995(22):84-89.

[123] Nelson R. G. ,JulioULIO A. G. ,AliciaLICIA L. L. ,et al. Proximate,Fatty acid and sterol composition of Aboriginal peanut (Arachis hypogaer L) seeds from Bolivia. Journal Science Food Agriculture[J]. 1997(73):349-356.

[124] Nzai J. M. ,Proctor A. Determination of Phospholipid in Vegetable Oil by Fourier Transform Infrared Spectroscopy[J]. Journal of the American Oil Chemists' Society,1998,75(10): 1283-1289.

[125] O'Byrne D. J. ,Knauft D. A. ,Shireman R. B. How fat monosaturated rich diets containing high oleic peanuts improve serum lipoprotein profiles [J]. Lipids,1997(32):687-689.

[126] O'Neill F. H. ,Brynes A. ,Mandeno R. ,et al. Comparison of the effects of dietary plant sterol and stanol esters on lipid metabolism[J]. Nutrition, metabolism, and cardiovascular diseases, 2004 (14):133-142.

[127] Renaud J. P. ,Rochel N. ,Ruff M. ,et al. Crystal structure of the RAR-γ ligand-binding domain bound to all-trans retinoic acid[J]. Nature,1995(378):681-689.

[128] Richelle M. ,Enslen M. ,Hager C. ,et al. Both free and esterified plant sterols reduce cholesterol absorption and the bioavailability of β-carotene andβ-tocopherol in normocholesterolemic humans. Am J Clin Nutr[J]. 2004(80):171-177.

[129] Seki S. ,Hidaka I. ,Kojima K. ,et al. Effects of phytosterol ester-enriched vegetable oil on plasma lipoproteins in healthy men[J]. Asia Pacific journal of clinical nutrition, 2003(12):282-291.

[130] Singleton J. A. , Stikeleather, L. F. High-performance liquid chromatography analysis of peanut phospholipids. I. Injection system for simultaneous concentration and separation of phospholipids [J]. Journal of the American Oil and Chemists Society,1995,72(4),481-483.

[131] Singleton J. A. Separation and Characterization of Peanut Phospholipid Molecular Species Using High-Performance Liquid Chromatography and Fast Atom Bombardment Mass Spectrometry[J]. Journal of the American Oil Chemists' Society,1999,76(1):49-56.

[132] Singleton J. A. Stikeleather L. F. High-performance liquid chromatography analysis of peanut phospholipids. II. Effect of postharvest stress on phospholipid composition[J]. Journal of the American Oil and Chemists' Society,1995,72(4),485-488.

[133] Struve,Alfred,Hill,et al. Sterol concentrates,the preparation thereof,and their use in the transformation of sterols by fermentation,US,4,374,776,[P],1983-2-22.

[134] Vu P. L,Shin J. A. ,Lim C. H. , et al. Lipase-catalyzed production of phytosteryl esters and their crystallization behavior in corn oil [J]. Food Research International, 2004,37:175-180.

第五章　花生中碳水化合物类功能成分的开发与应用

碳水化合物是生物体维持生命活动所需能量的主要来源，它不仅是一种营养物质，而且还具有特殊的生理活性。花生中的碳水化合物主要包括活性多糖、淀粉、低聚糖及膳食纤维等，这些成分分布在花生副产物中，如花生壳、花生粕。目前花生副产物主要用于燃料和饲料，这就大大降低了其利用价值，待进一步开发利用。经测定花生粕中的多糖含量为17.51%，韩冰等(2011)测定花生粕中的低聚糖含量为12.67%，花生壳中的膳食纤维的含量最高，约占花生质量的30%，其次为低聚木糖含量为13%。这些数据表明花生及其副产物含有大量的碳水化合物。因此，充分利用花生及其加工副产物对于充分利用资源，提高花生附加值，增加经济效益和保护环境有重要意义。

第1节　花生中的多糖

多糖(Polysaccharides)，又称为多聚糖，是由单糖之间脱水形成糖苷键，并以糖苷键线性或分支连接而成的链状聚合物，是单糖聚合度大于10的糖类。自然界中多糖的聚合度多在100以上，大多数聚合度为200～3 000。多糖广泛存在于植物、动物和微生物中，是所有生命有机体的重要组成部分，与免疫功能的调节、细胞与细胞间的识别、细胞间的物质运输、癌症的诊断与治疗等有密切关系。此外，还能控制细胞的分裂与分化，调节细胞的生长与衰老。多糖在结构上不同寻常的复杂性及多样性使其成为当今最有魅力的信息载体，是近年来现代医学和食品功能化学共同关注的焦点。

国际科学界视多糖的研究为生命科学的前沿领域，甚至提出21世纪是多糖的世纪。我国对多糖的研究始于20世纪70年代，近年来多糖的研究发展迅速。大量高新技术已运用在多糖研究方面，对其化学结构和作用机理已达到分子研究水平和临床功效研究，并开发出大量具有新功能性的多糖产品，成功应用于保健食品、临床医药上和食品工业上。

我国每年花生榨油后的饼粕约270万吨，花生多糖是花生粕中的第二大组成部分，但目前却尚未开发与利用。相关文献报道花生中的多糖具有保护肝脏、抗氧化等功能活性，开展花生多糖的制备、功能评价、结构鉴定等系统研究有利于充分利用花生加工的副产物，提高产品附加值，促进花生产业与功能食品产业的科技进步。

1.1　化学组成与理化性质

1.1.1　化学组成

涂宗财等(2012)以冷榨花生粕为原料，采用高温热水提取花生多糖。通过正交试验优化酶解法去除花生粗多糖中淀粉的最佳工艺条件，并利用DEAE-52纤维素离子交换柱层析对花生多糖进行分离纯化。对提取出的粗多糖进行成分测定，结果如表5-1-1所示。通过对花生粗多糖的成分分析得知淀粉含量较高，这大大降低了多糖的纯度，限制其生理活性的发挥，因此脱除粗多糖中的淀粉是花生多糖纯化的关键步骤。

表5-1-1 花生粗多糖成分分析 %

项目	总糖	淀粉	花生多糖	水分	脂肪	蛋白质	灰分
含量	79.34	27.58	51.76	8.48	1.04	6.28	2.39

1.1.2 基本结构

目前关于花生中多糖的组成研究甚少。Song等(2011)采用乙醇法提取花生粕中多糖，并采用柱层析的方法对粗多糖进行分离纯化。收集主要多糖组分，透析、浓缩和干燥后得到花生多糖组分DPCP-1。单糖组成分析表明DPCP-1主要单糖为半乳糖(图5-1-1)。进一步采用FT-IR分析多糖组分DPCP-1的结构。图谱分析发现$DPCP^{-1}$在1 023 cm^{-1}、1 079 cm^{-1}、1 154 cm^{-1}附近有强吸收峰，表明存在吡喃糖环；3 368 cm^{-1}和2 931 cm^{-1}附近的吸收峰是多糖羟基和C-H典型吸收峰，表明具有多糖的典型结构；1 730 cm^{-1}附近的吸收峰表明没有糖醛酸的存在；1 415 cm^{-1}和1 239 cm^{-1}附近的吸收峰表明存在C-O和O-H结构；840 cm^{-1}附近的吸收峰表明DPCP-1以α-为主(图5-1-2)。因此，综合得出醇提花生多糖组分DPCP-1主要结构为α-半乳糖。但具体花生多糖的一级糖链链接方式及空间构象，还需进一步展开研究。

利用DEAE-52纤维素离子交换柱层析分离纯化花生多糖时，首先采用蒸馏水洗脱，再用0～0.3 mol/L NaCl线性梯度洗脱分离出不同的花生多糖组分，结果如图5-1-3，图5-1-4所示。

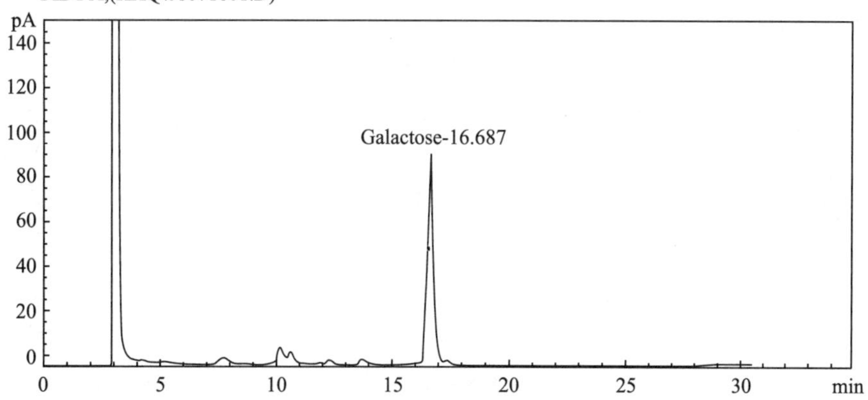

图5-1-1 花生多糖组分DPCP-1的单糖组成图谱

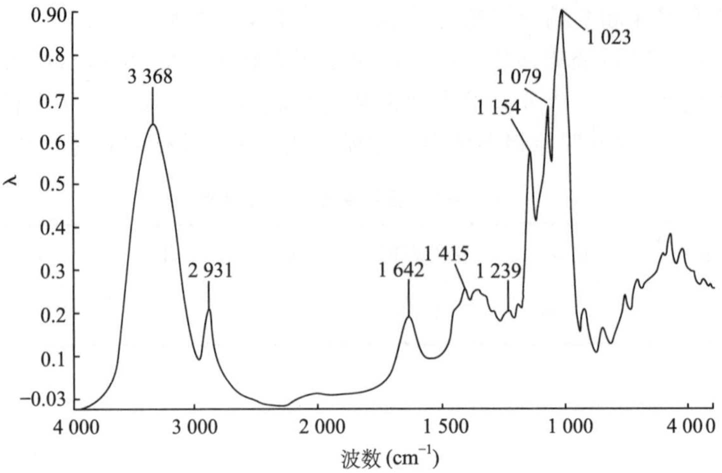

图 5-1-2 花生多糖组分 DPCP-1 的 FT-IR 图谱

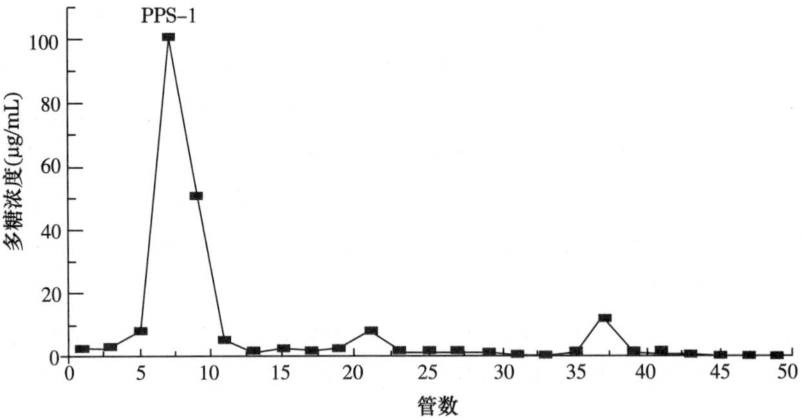

图 5-1-3 花生多糖蒸馏水洗脱曲线

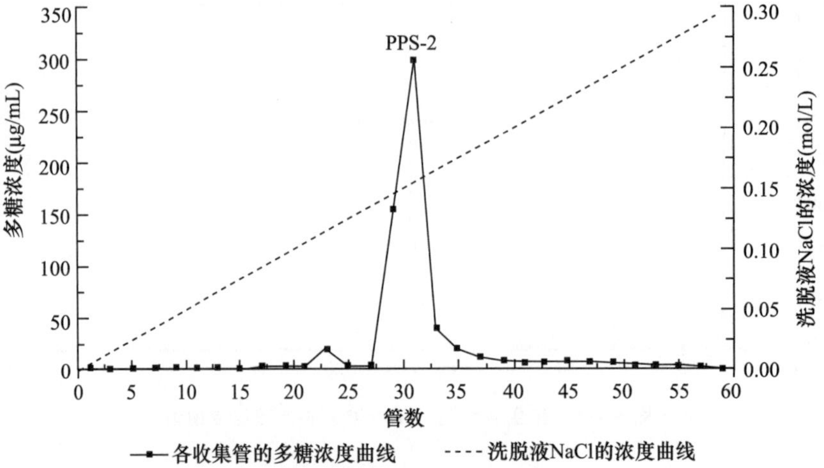

图 5-1-4 花生多糖 NaCl 洗脱曲线

花生多糖经 DEAE-52 纤维素柱纯化主要得到中性多糖 PPS-1 和酸性多糖 PPS-2。对两个分离出来的组分进行紫外光谱检测，经紫外光谱检测可见分光光度计扫描后结果如图 5-1-5 所示。在 260 nm 处无吸收峰，说明两种多糖组分均不含核酸成分；在 280 nm 附近，PPS-1 中性多糖组分有极弱的吸收峰，可能是含有少量蛋白，而 PPS-2 基本无吸收，表明不含蛋白质。花生多糖分离出的 PPS-1 和 PPS-2 两个组分对花生多糖的精制奠定了理论基础，对其生物活性、纯度、组成和结构有待进一步研究（涂宗财，2012）。

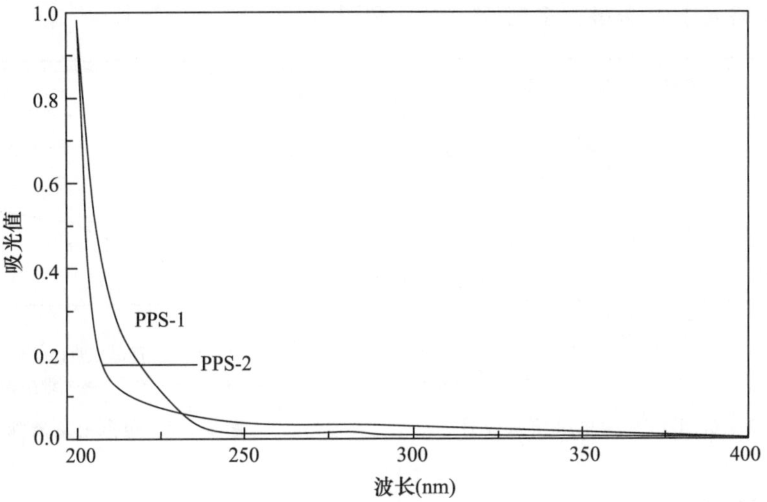

图 5-1-5 PPS-1 和 PPS-2 紫外扫描光谱

1.2 生物活性与功能

许多植物多糖具有多种生物活性，包括免疫调节、抗肿瘤、降血糖、降血脂、抗辐射、抗菌抗病毒、保护肝脏等保健作用。目前关于花生中多糖生物活性研究较少，仅对其保护肝脏与抗氧化活性进行了研究。

1.2.1 保护肝脏

姚秀芬等（2011）以花生粕为原料，采用复合淀粉酶法制备花生粗多糖（CPPS），研究花生中多糖对四氯化碳（CCl_4）及酒精所致小鼠急性肝损伤的保护作用。采用 CCl_4 和 56°红星二锅头酒诱导小鼠急性肝损伤，动物脱臼处死后取血液测定血清中谷丙转氨酶（ALT）、谷草转氨酶（AST）活性，取肝脏计算肝指数并制备肝匀浆测定其中超氧化物歧化酶（SOD）活力、丙二醛（MDA）含量，并对小鼠肝脏进行组织切片观察。研究结果表明，100 mg/kg 和 200 mg/kg 剂量的 CPPS 均能极显著抑制 CCl_4 性急性肝损伤所引起的 MDA 含量、肝脏指数、ALT 和 AST 活性的升高（$p<0.01$），有效抑制肝脏中 SOD 活性降低（$p<0.01$），减轻小鼠肝组织损伤程度；50 mg/kg 剂量的 CPPS 能极显著降低酒精性急性肝损伤所引起的 MDA 含量、肝脏指数、ALT 和 AST 活性的升高（$p<0.01$），拮抗肝脏中 SOD 活性的降低（$p<0.01$），明显改善肝组织损伤程度。因此，花生多糖对 CCl_4 和酒精诱导的小鼠急性肝损伤有明显的保护作用。

1.2.2 抗氧化

韩冰和李全宏(2010)采用热水提取法提取低温冷榨花生粕中多糖,并对75%和80%醇沉的花生多糖抗氧化活性做初步研究。研究结果表明,75%和80%醇沉的花生多糖均具有良好的羟自由基和DPPH自由基清除能力,随浓度增加清除能力显著增强,5 mg/mL左右时能达到维生素C、BHT等抗氧化剂的水平,最高清除率近96%左右。80%醇沉多糖清除DPPH自由基能力较强,优于75%醇沉多糖;75%醇沉多糖清除羟自由基的能力略高于80%醇沉多糖(图5-1-6和图5-1-7)。

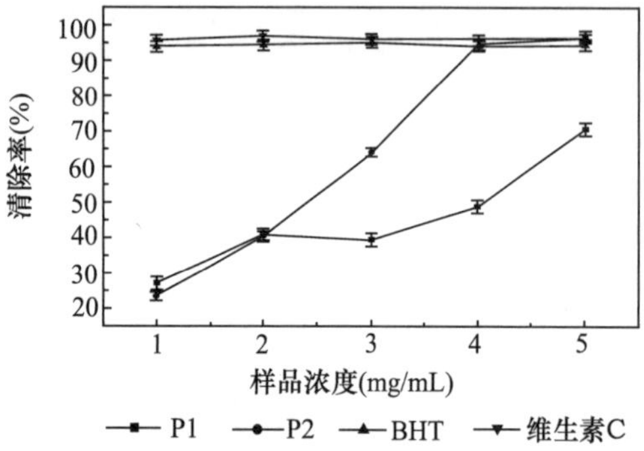

图 5-1-6 DPPH自由基清除效果

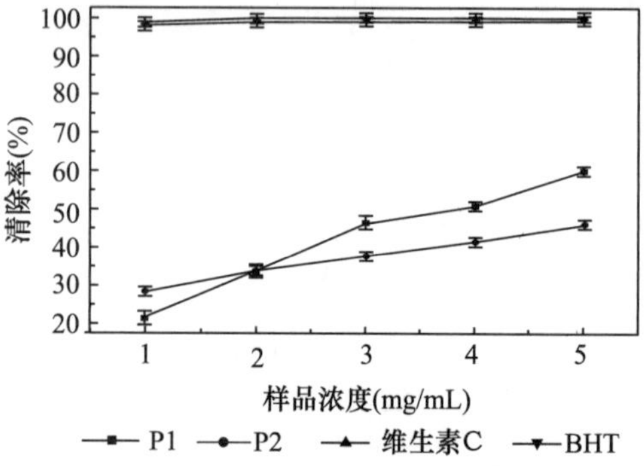

图 5-1-7 羟自由基清除效果

1.3 检测技术

花生中多糖含量的检测通常使用总糖测定方法,测定结果不准确,因此本研究团队对花生中多糖含量的测定方法进行了优化。去除花生粕里的低聚糖,文献报道,花生粕低聚糖溶于乙醇,经过多次重复提取将低聚糖除去,然后测定花生多糖含量,流程如下:冷榨花生粕粉5 g→乙醇溶液浸提→4 500 r/min离心20 min取上清液→硫酸-苯酚法测定糖含量。提取条件设为提取时间1.5 h、乙醇浓度60%、料液比1∶30、提取温度51℃。经过反复提取,直至上清液检测不出糖含量为止,即认为花生低聚糖已全部去除。结果如表5-1-2所示。第四次提取后用硫酸-苯酚法测定提取液时已检测不出糖含量,经过第五次提取的验证,证实低聚糖已被完全除去。将除去低聚糖的花生粕粉烘干,直接称取一定重量的粉末用硫酸-苯酚法测定多糖含量。最终结果为花生多糖含量为17.51%±0.07%(姜楠,王强,2012)。

表 5-1-2 花生低聚糖去除情况

	提取物重(g)	单糖含量(%)	单糖重量(g)
第一次提取	0.789 9±0.03	78.72±0.03	0.621 8±0.03
第二次提取	0.208 8±0.03	34.18±0.00	0.070 6±0.00
第三次提取	0.124 9±0.00	12.35±0.00	0.015 4±0.00
第四次提取	0.064 4±0.00	—	—
第五次提取	0.034 1±0.00	—	—

1.4 制备工艺与技术

目前关于花生多糖制备的相关报道较少，国内外仅有十余篇研究文献和发明专利。碳水化合物是花生粕中仅次于蛋白质的第二大类化学物质，含量达到 32.50%。传统的植物多糖提取制备方法很多，有热水浸提法、稀碱浸提法、稀酸浸提法和酶法、超滤法、微波辅助提取法、超微粉碎技术、超临界流体萃取法等。目前花生多糖的提取主要是以花生粕为原料进行，所用提取方法有热水提取、减提取、酸提取、酶法提取及超声辅助提取等。

1.4.1 热水提取法

热水提取法一直以来都是多糖提取的传统方法，具有简单易行、成本低廉、条件温和、无溶剂污染等优点，但耗时长，得率和效率较低。本研究团队为了充分开发利用花生副产物潜在的商业价值及营养价值，以冷榨花生粕为原料，用热水提取法对花生多糖进行提取制备。在提取多糖之前，先用乙醇浸提法将低聚糖去除，再用热水浸提法提取多糖(具体方法见本章 1.3)。具体技术路线如下：

脱脂花生粕粉 5 g→热水浸提→4 500 r/min 离心 20 min 取上清液→旋转蒸发→三倍体积乙醇沉淀→粗多糖样品→多糖样品复溶，测定含量。

在考察提取温度、提取时间、料液比对多糖得率和提取率影响的基础上，通过正交旋转组合实验确定最优工艺。

1.4.1.1 温度对花生多糖的得率与提取率的影响

固定提取时间为 3 h，料液比为 1∶40，调节提取温度分别为 50℃、60℃、70℃、80℃、90℃，分别考察不同温度对花生多糖得率及提取率的影响，结果如图 5-1-8 所示。从图中可看出随着温度的增加花生多糖的得率及提取率均逐渐增大。

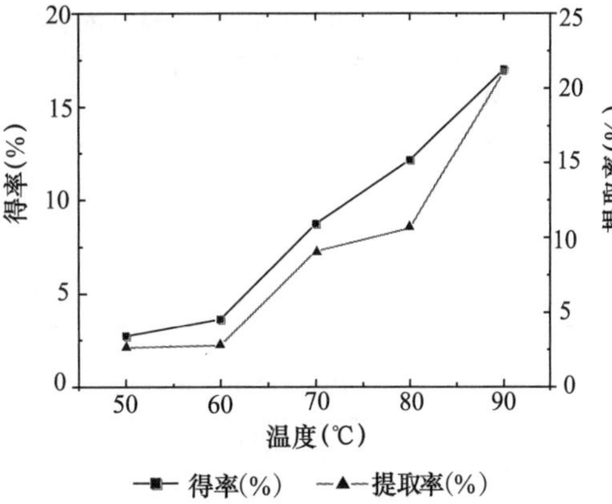

图 5-1-8 温度对花生多糖的得率、提取率的影响

1.4.1.2 时间对花生多糖得率与提取率的影响

固定料液比为 1∶40、提取温度为 85℃，调节提取时间分别为 1 h、2 h、3 h、4 h、5 h，考察不同提取时间对花生多糖得率及提取率的影响，结果如图 5-1-9 所示。随着时间的延长，花生多糖的得率逐渐增加，至 3 h 达到平稳；多糖提取率随着时间的延长先增加后减少，在 3 h 时达到最大，可能是提取时间过长导致部分多糖水解。

1.4.1.3 料液比对花生多糖得率、提取率的影响

固定提取时间为 3 h、提取温度为 85℃，调节料液比分别为 1∶10、1∶20、1∶30、1∶40、1∶50(g/mL)，考察不同料液比对花生多糖得率及提取率的影响，结果如图 5-1-10

所示。随着料液比的增加，花生多糖的得率和提取率均先增大后减少，在 1∶40 处达到最大值。

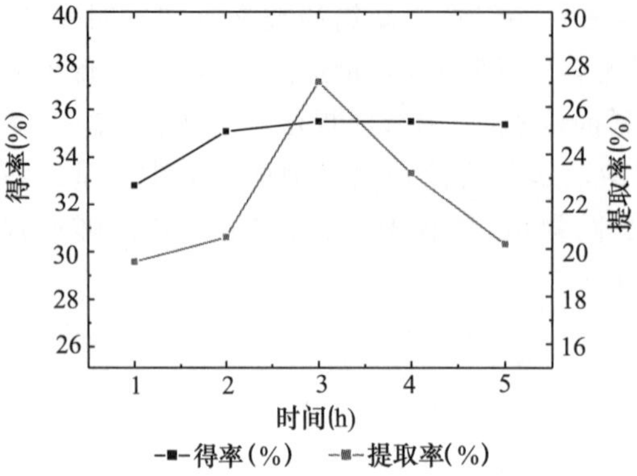

图 5-1-9 时间对花生多糖的得率、提取率的影响

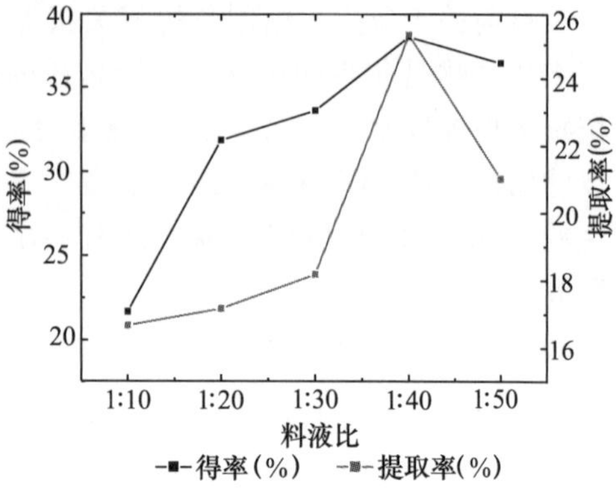

图 5-1-10 料液比对花生多糖的得率、提取率的影响

1.4.1.4 响应面优化实验

为优化单因素试验得到的工艺条件，采用二次回归旋转组合设计对花生多糖制备工艺的主要影响因素进行了优化，选取提取温度(X_1)、提取时间(X_2)、料液比(X_3)作为三个影响因素，每个因素选取五个显著水平。综合前期单因素实验结果，设定响应面实验各因素水平编码值见表 5-1-3，响应面实验设计及实验结果见表 5-1-4。

表 5-1-3 热水提取花生多糖响应面实验因素和水平编码值

变量名称	设计水平				
	−1.682	−1	0	1	1.682
温度(℃)	75	79	85	91	95
时间(h)	1	2	3	4	5
料液比	1∶10	1∶20	1∶30	1∶40	1∶50

表 5-1-4 热水提取工艺二次回归旋转组合设计及实验结果

实验号	温度 X_1	时间 X_2	料液比 X_3	多糖提取率(%)
1	−1	−1	−1	8.24
2	−1	−1	1	10.24
3	−1	1	−1	13.68
4	−1	1	1	15.47
5	1	−1	−1	12.09
6	1	−1	1	21.46
7	1	1	−1	22.21
8	1	1	1	32.38

续表 5-1-4

实验号	温度 X_1	时间 X_2	料液比 X_3	多糖提取率(%)
9	−1.682	0	0	8.81
10	1.682	0	0	23.72
11	0	−1.682	0	10.72
12	0	1.682	0	21.07
13	0	0	−1.682	21.92
14	0	0	1.682	19.73
15	0	0	0	18.72
16	0	0	0	19.78
17	0	0	0	21.05
18	0	0	0	19.95
19	0	0	0	21.51
20	0	0	0	19.31
21	0	0	0	18.28
22	0	0	0	18.12
23	0	0	0	20.19

回归模型方差分析结果见表 5-1-5，通过回归方差分析显著性检验表明所建回归模型达到极显著，$p<0.0001$，失拟项 $p=0.0628>0.05$，不显著；回归方程总决定系数 $R^2=0.9538$，调整决定系数 $R^2adj=0.9217$，以上数据说明该模型拟合度较好，实验误差小。因此，该回归模型成立，可以用此模型对热水提取花生多糖工艺进行分析及预测。

表 5-1-5　热水提取工艺回归方程模型方差分析表

方差来源	平方和	自由度	均方和	F 值	p 值
回归模型	703.394	9	78.149 8	29.792 9	<0.000 1
残差	34.100 3	13	2.623 1		
失拟性	23.084 2	5	4.616 8	3.352 8	0.062 8
纯误差	11.016	8	1.377		
总和	737.449 3	22			
$R^2=0.9538$	$R^2adj=0.9217$				

用 SAS 9.1 软件建立水提花生多糖工艺的回归方程，回归方程为：

$$Y_1=19.69178+4.802393\times X_1+3.59648\times X_2+2.177487\times X_3-1.537139\times X_1\times X_1+1.29625\times X_1\times X_2+1.96875\times X_1\times X_3-1.667954\times X_2\times X_2+0.07375\times X_2\times X_3+1.13573\times X_3\times X_3$$

根据模型的回归方程，固定一个因素在编码值 0 的水平，分析另外两个因素对多糖提取率的影响，SAS 9.1 软件生成 3 个三维响应面，见图 5-1-11(a，b，c)。为了精确计算最佳工艺参数，对热水法提取花生多糖的回归方程中 3 个自变量分别求偏导并使其等于 0，可以解方程得最佳工艺参数：提取温度 91.04℃、提取时间 4.45 h、料液比 30∶20，此条件下提取率为 39.64%。

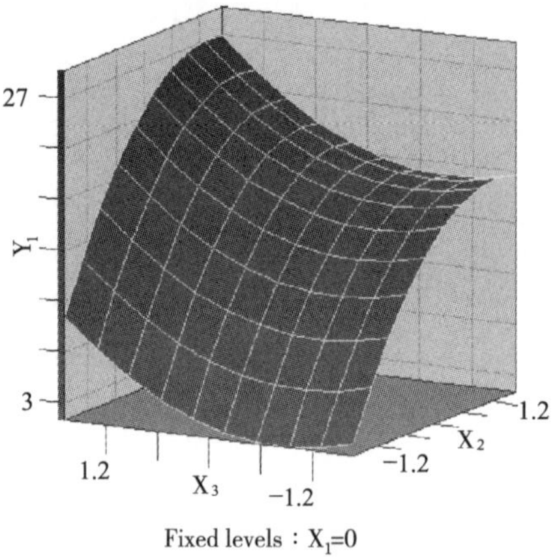

a.时间和料液比交互影响

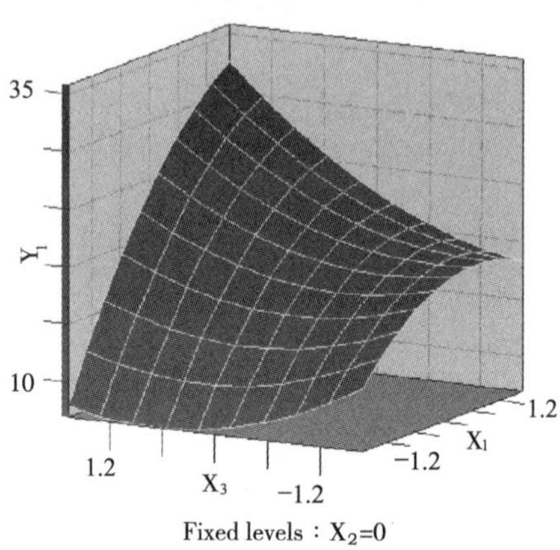

b.温度和料液比交互影响

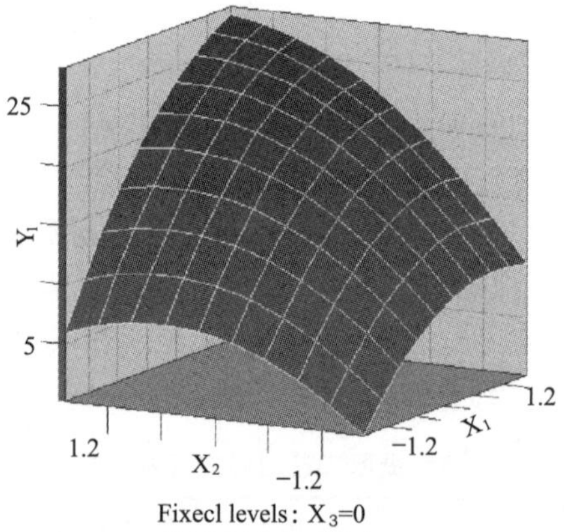

c.时间和温度交互影响

图 5-1-11　各因素间交互影响

为检验响应面法优化花生多糖提取工艺的可靠性，采用优化后工艺条件进行试验验证，工艺参数设定为：提取温度 91℃、提取时间 4.5 h、料液比 1∶30，最终花生多糖实际提取率为 39.47% ，与模型预测值相符(姜楠、王强，2012)。

韩冰等(2010)也优化了花生粕中多糖的热水提取工艺，采用响应面法优化料液比(X_1)、时间(X_2)和温度(X_3)等多糖提取工艺参数，利用 Design Expert 和 statistic 6.0 软件建立一个二次项回归方程，统计结果表明该模型显著，拟合度良好。最终得到热水提取花生多糖的最佳工艺参数：料液比 1∶41(g/mL)，温度 96℃，提取 1.93 h，多糖实际得率为 10.24%。

1.4.2　酸碱提取法

用酸碱溶液提取多糖是常用的化学方法之一。任初杰等(2007)通过五元二次旋转正交设计，研究了酸浓度、温度、时间、料液比和提取次数五个因素对酸提花生粕中多糖得率的影响，其中酸浓度和提取温度对花生粕多糖浸提得率的影响达极显著水平。酸提花生粕多糖的最佳工艺为：酸浓度 0.17 mol/L，提取温度 87℃，提取时间 74 min，料液比 1∶25，提取次数一次，该条件下花生多糖实际得率为 9.39%。

任初杰等(2008)通过五元二次旋转正交设计考察了液料比、温度、碱浓度、时间和提取次数等工艺因素对碱提花生粕中多糖得率的影响。结果表明，温度和碱浓度对多糖得率起重要作用，提取次数对提高多糖得率作用不明显。碱提花生多糖的最佳工艺条件为：料液比 34∶1，提取温度 88℃，碱浓度 0.68 mol/L，提取时间 2.4 h，提取次数一次，该条件下花生多糖实际得率为 9.79%。

1.4.3　超声波辅助提取法

超声波提取技术是利用超声波的机械破碎、空穴效应和热效应造成生物细胞壁及整个生物体的破裂，并加速浸提物从原料向溶剂的扩散速率，具有提取率高、温度低、能耗低、提取时间大大缩短等优点。超声波破壁普遍被认为是超声波的空穴效应产生的极大压力造成生物细胞壁及整个生物体的破裂，另外，伴随热效应和机械作用对介质中的悬浮细胞造成剪切应力。

杨卫和王承明(2010)采用响应面法对超声波辅助水提法提取花生粕多糖工艺进行了研究，探讨了超声功率、提取时间、提取温度和料液比 4 个因素对多糖得率影响。试验结果表明，最佳工艺条件为超声功率 70 W，提取时间 24 min，提取温度 71℃，液料比 29∶1，在此工艺下花生多糖得率为 1.80%，低于传统水提花生粕多糖的得率(3.23%)，推测可能是超声波的空穴效应和机械剪切作用导致部分水提多糖发生结构破坏和降解，从而多糖得率有所下降。

薛芳等(2008)利用超声波辅助碱法技术提取花生粕中多糖，考察功率、碱液浓度、浸提固液比、处理时间和温度对花生多糖提取率的影响，采用响应曲面法优化提取工艺条件，确定最佳提取工艺条件为超声功率 70 W，碱液浓度 2.12 mol/L，浸提固液比 1∶20，处理时间 18.65 min，温度 73℃，此工艺条件下多糖提取率为 13.78%，比热水碱提法提取率提高了 4%。

在此基础上，进一步采用扫描电镜(SEM)分析水浴碱提、超声碱提、超声水提三种提取方式下多糖溶出的差异。由图 5-1-12 可见，经过不同方法处理的花生粕组织形貌差异较大。未经过任何处理的花生粕粉末呈规则板状，表面光滑，无折痕或裂痕(图 5-1-12a)；经过热水浴碱液提取多糖之后的花生粕残渣表面受热发生扭曲，出现不规则褶皱，表面积增大，但细胞壁尚保持原状态(图 5-1-12b)。超声水提和碱提后花生粕细胞壁的破坏程度显著提高，超声热水提取后的花生粕细胞壁已经断裂为不规则片状，可以看到已经有了层层断裂面，有利于多糖的大量涌出(图 5-1-12c)；碱液提取后此种破坏程度进一步加剧，饼粕粉末表面有多处塌陷，细胞壁已经完全破碎而不再有不规则形状存在(图 5-1-12d)。这种细胞壁的破坏加速了多糖的溶出速率，也是导致多糖提取率提高的主要因素。因此，超声碱液提取比单纯碱液或超声水提这两种提取方式更有利于破坏花生饼粕的细胞壁结构和花生多糖从细胞内的溶出。

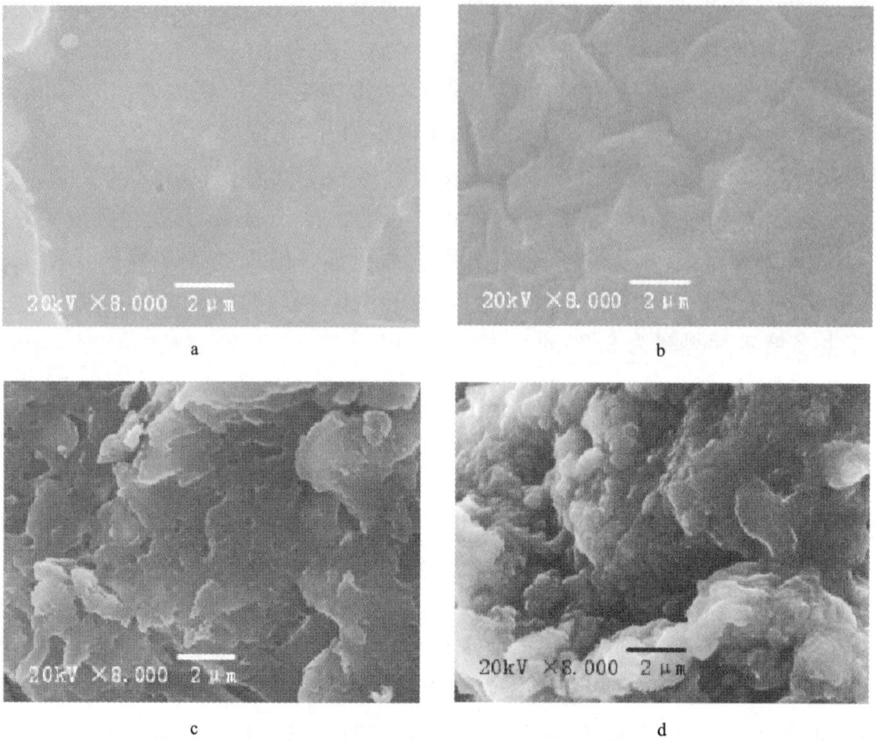

a. 未经任何处理；b. 热水提取；c. 超声水提；d. 超声碱提

图 5-1-12　花生粕处理前后扫描电镜图

熊莉和王承明(2010)采用正交设计实验优化了超声波辅助酸液提取法提取花生粕中多糖的工艺，考察超声温度、超声功率、酸液浓度、超声处理时间、浸提固液比对多糖提取率的影响。研究结果表明，最佳提取工艺条件为超声功率 80 W、碱液浓度 0.2 mol/L、超声温度 60℃、超声处理时间 30 min、浸提固液比 1 ∶ 15，此条件下，多糖提取率为 5.6%。方差分析表明，超声功率和酸浓度对花生多糖提取率有显著影响，超声温度和提取时间对提取率影响不显著。超声波辅助酸液提取法和水浴酸提取法花生多糖得率比较结果表明，虽然超声波提取多糖得率略低于水浴酸提得率，但前者提取时间仅为后者 1/6，且提取温度温和，降低成本，同时避免高温环境下酸对多糖结构的破坏。

1.4.4　酶法

酶法是目前多糖提取中使用较多的方法之一，提取条件温和，回收率高，节约能耗，对多糖结构破坏性小。

刘洁等(2011)以热榨花生粕为原料，研究花生多糖纤维素酶法提取工艺。在单因素试验的基础上，选定提取时间、提取温度、pH 值和酶添加量等 4 因素考察提取花生多糖的最佳工艺条件。确定在提取时间 253 min、提取温度 43℃、pH 5.9、酶添加量为 0.3% 的条件下，花生多糖的提取率达到极值为 6.77%。为了检验模型预测的准确性，在优化的条件下进行提取试验，花生多糖提取率为 6.47%。

苗敬芝和曹泽虹(2010)以花生粕为原料，采用共固定化酶提取花生多糖，并对工艺条件进行优化试验。结果表明：花生多糖的最佳提取条件为酸性蛋白酶和木瓜蛋白酶各10%、固液比 1∶20、时间 5 h、pH 5.0，在此工艺条件下花生多糖提取率为 10.88%。共固定化酶重复使用 7 次，酶活力仍保持 50%以上。4 个提取因素中对多糖提取率影响顺序为：加酶量＞固液比＞时间＞pH 值。

崔刚和陈洪兴的国家发明专利“一种联合制备花生壳多糖、黄酮和膳食纤维的方法”(专利号：201010541330)提到了一种以花生壳为原料联合制备活性多糖、黄酮和膳食纤维的方法。该发明以水为提取剂，将预处理好的花生壳粉经超声波处理、酶解、过滤得到滤液和滤渣；滤液经浓缩后用有机溶剂萃取，将萃取相中的有机溶剂回收，得到花生壳黄酮粗制品；萃余相经乙醇沉淀，得到花生壳粗多糖；滤渣经脱色、洗涤、干燥，得到花生壳膳食纤维产品。

1.4.5　纯化技术

一般制备得到的多糖是具有多种不同性质糖类物质的混合物，不进行分离纯化得到单一多糖组分，很难分析其基本结构。分离纯化是关系到活性物质结构鉴定和功能评定的关键环节，也是进行构效关系研究的基本要求。多糖分级方法较多，如分步沉淀法、金属盐沉淀法、盐析法、季铵盐沉淀法、离子交换树脂层析法、纤维素阴离子交换柱层析法、凝胶柱层析法、制备性高效液相层析、制备性区带电泳和超滤法等。

Song 等(2011)采用乙醇法提取花生粕中多糖，并采用柱层析的方法对粗多糖进行分离纯化。首先用 DEAE 琼脂糖凝胶柱进行分离，洗脱液依次为去离子水、0.2 mol/L、0.4 mol/L 和 0.6 mol/L NaCl 溶液。收集液中以去离子水洗脱得到的中性组分含量最高，收集该组分，进一步采用聚丙烯酰胺葡聚糖 S-300 进行分离。收集主要多糖组分，透析、浓缩和干燥后得到花生多糖组分 DPCP-1。

涂宗财(2012)确定了花生多糖纯化工艺：花生多糖提取液→耐高温 α-淀粉酶、糖化酶酶解除淀粉→TCA-酶法脱蛋白→离心、浓缩→醇沉→H_2O_2 脱色→透析→DEAE-52 纤维素离子交换柱层析→纯化的多糖。耐高温 α-淀粉酶酶解的优化工艺条件组合为：加酶量 4.0%、pH 6.5、温度 100℃、时间 20 min，在该优化条件下进行验证试验测得淀粉酶酶解 DE 值为18.86%。糖化酶酶解除淀粉优化实验中的最佳工艺条件组合为：加酶量 2.0%、pH 4.5、温度 60℃、时间 2 h，在该优化条件下进行验证试验测得糖化酶酶解 DE 值为 95.65%。耐高温α-淀粉酶、糖化酶可有效除去花生多糖中的淀粉。采用苯酚-硫酸法分别测定除淀粉的花生多糖和未除淀粉的花生多糖，去除前后纯度分别为 51.76%和 78.87%，花生多糖纯度得到显著提高。

1.5　应用与开发前景

1.5.1　应用现状

花生多糖的研究刚刚起步，但已有其他植物多糖实现了工业化生产，在食品、医药、化妆品、化工等工业领域广泛应用。生物活性和凝胶特性是多糖大分子具有的两个重要性质。多糖因具有特殊的生理活性如免疫调节、抗肿瘤活性、抗 AIDS 和抗氧化作用等，被应用于保健食品中作为原料或者配料，如香菇多糖，灵芝多糖和铁皮石斛多糖等；此外多糖还具有良好的凝胶性能作为增稠剂、乳化剂和稳定剂等用于食品当中，如卡拉胶和魔芋胶等。

已有研究表明花生多糖具有很好的抗氧化性，以及对酒精所致的小鼠肝损伤具有保护作用，表示花生多糖更多的功能活性被挖掘是大势所趋。随着越来越多的学者关注开发利用花生多糖，它将很快广泛应用于食品、药品、化工等领域。

1.5.2 市场开发前景

人类健康已经成为食品开发的主题，研究和开发功能性食品已经成为国际食品研究的热点和发展趋势。近年来，全球对于功能性食品的需求逐年攀升，保健食品的销售额每年以 13%的速度增长。2009 年保健品行业总产值达到 1 000 亿元左右。2009 年 1～8 月份，我国保健品累计进出口额达 1.3 亿美元，同比上升 7%。其中，出口额 5 536 万美元，同比增长了 2.5%；进口额 7 718 万美元，同比增长了 10.5%。其主要出口地区仍是日本和美国，占出口的 61%左右，其中美国对我国保健品进口增长较快。中国功能性食品行业发展迅速，截至 2008 年，我国审批保健食品 9 613 个，保健食品生产企业 1 600 余家，中国未来保健产业年销售将达到 7 000 亿元～8 000 亿元，成为绿色 GDP 产业。但中国消费者平均用于保健品方面的花费，只占其总支出的 0.07%，而欧美国家消费者平均用于保健品方面的花费，占其总支出的 25%，相差甚远，这充分说明中国保健食市场的发展潜力巨大。此外，目前全球有 70%的成人处于亚健康状态，这为保健产品提供了很大的商业空间。

多糖是重要的功能性糖类物质，良好的生理功能和特殊理化特性使其备受业内人士关注。多糖能够参与机体各种生理代谢，具有调节机体免疫、抑制肿瘤、延缓衰老、降血糖血脂、抗辐射、抗菌抗病毒等生物活性，还具有凝胶性、乳化性功能性质，因此可作为保健食品原料或食品配料广泛应用于食品领域。利用我国丰富的多糖资源，生产出高附加值的以多糖(或复方多糖)为主要成分的保健食品，能够提高人民身体素质、增进健康、提高生活质量。

我国每年花生粕产量非常大，但主要是植物蛋白饲料，或者用于提取花生蛋白，剩下的下脚料被废弃，导致资源浪费和环境污染。花生粕中总糖含量丰富，是仅次于蛋白质的第二大类物质，研究表明，花生多糖具有良好的抗氧化和护肝等生物活性。因此，充分利用花生加工副产物——花生粕为原料提取多糖，开发花生多糖系列产品，对于充分利用资源，提高花生附加值，增加经济效益和保护环境有重要意义。

第 2 节　花生中的低聚糖

低聚糖(oligosaccharides)，又称寡糖，是由 2～10 个单糖经糖苷键连接而成的直链或支链低度聚合糖的总称，分子质量为 300～2 000 Da。低聚糖由于单糖种类和糖苷键的不同，种类繁多，功能各异，大约有 1 000 种以上。通常将低聚糖分为功能性低聚糖和普通低聚糖两类。功能性低聚糖，如低聚异麦芽糖、低聚果糖、低聚半乳糖、低聚木糖、低聚壳聚糖、大豆低聚糖等。这类低聚糖具有糖类某些共同特性，均带有不同程度甜味，甜度相当于蔗糖的 30%～60%，可直接代替蔗糖作为甜食配料。同时还具有特殊生理活性，如难以被胃肠消化吸收、热量低，基本不增加血糖和血脂，可作为功能性甜味剂，应用在食品中满足那些喜爱甜食但又不能食用甜食人群（如糖尿病人、肥胖病患者等）的需要。摄入体内可被大肠中的细菌发酵利用，促进肠道内双歧杆菌增殖，有益于肠胃健康，调节人体生长和机体的新陈代谢，又被称为“双歧因子”。这些重要的生理功能导致功能性低聚糖备受关注，发展迅速，广泛应用于食品和饲料等领域。

国际低聚糖产业有着飞跃式发展，特别是新功能特性的低聚糖开发应用已经成为生物技术领域研究的新热点，低聚糖的应用领域也不断扩大。据欧洲有关单位调研消费者对功能性低聚糖的认知度表明，日本认识“双歧因子”生理功能的人数占国总数的 70%以上，法国为 16%，德国为 9%，英国为 3%，而我国人较少，为 2%左右。众多科教单位投入大量人力和物力对低聚糖进行研究，如荷兰 Wageningen 农业大学，比利时 Louvain 大学，瑞典 Lund 大学，英国 Dunn 临床研究中心，荷兰 TNO 等。1996 年世界各国低聚糖产量约 8.5 万吨，主要是日本、美国和欧洲等地开展低聚糖的规模化生产。2002 年世界低聚糖产量已经达到 15 万吨，创造了 400 亿美元的功能食品市场和 100 亿美元的功能饲料市场。目前功能型低聚糖开发食品已经有 400～500 种，如日本著名“Oligo CC”功能饮料、比利时 FYOS 饮料和西班牙的 Sveltess 乳品等均选用低聚糖作为功能性甜味剂。我国 20 世纪 80 年代始开展功能性低聚糖研究，1996 年才开始功能性低聚糖的工业化生产，但发展迅速。2000 年我国低聚糖的年销售量已达到 3 万多 t，上市产品有低聚麦芽糖、低聚果糖、低聚半乳糖和大豆低聚糖等，同年批准了低聚糖异麦芽糖的行业标准和功能性低聚糖的技术标准，营养范围已经涉及食品、饮料、医药保健品、饲料和农业生产等多个领域。

2.1 化学组成与理化性质

2.1.1 化学组成

花生仁和花生壳中均含有低聚糖，但组成和含量差异均较大。花生仁中低聚糖主要成分是蔗糖、棉籽糖和水苏糖组成，其总量占花生仁的 5%左右，含量较低。Bryant 等(2004)采用高效液相色谱法（HPLC 法）对美国 33 个花生品种中低聚糖含量和组成进行了分析。研究结果表明，33 个花生品种的低聚糖提取液中只检测出蔗糖、棉籽糖和水苏糖三种寡糖。其中，蔗糖和水苏糖含量分别为 2.84%～6.74%和 0.27%～0.61%，均值分别为 4.62%和 0.42%；棉籽糖含量最低，且部分样品中没有检出，最高值仅为 0.12%，均值为 0.06%。不同花生品种三种寡糖的变异度（*CV* 值）都非常大，以棉籽糖最高(97.97%)（表 5-2-1）。

表 5-2-1　33 个花生品种中低聚糖组成

Cultivar	Sucrose	Raffinose	Stachyose	Total sugars
Tx 798736-1	3.51	0.05	0.39	3.95
Tx 872551	3.63	0.05	0.40	4.08
Tx 883772	3.54	0.05	0.60	4.19
Tx 872561	3.94	0.05	0.49	4.48
ICGS(E)-56	3.23	ND	0.61	3.84
ICGS(E)-49	2.84	0.05	0.31	3.20
ICGS(E)-108	3.23	0.05	0.40	3.68
SN 55-437	3.67	0.11	0.36	4.14
IP 175-3	4.45	0.03	0.39	4.87
IP 178-3	5.00	0.05	0.55	5.60
IP 172-#2-2	5.48	0.05	0.43	5.96
IP 171-2	5.45	0.03	0.55	6.03
IP 178-1	5.14	0.05	0.52	5.71
IP 175-6	5.45	0.05	0.51	6.01
STARR 89 WALLER	3.65	0.05	0.37	4.07
PI 1174	3.53	0.05	0.33	3.91
FLORUNNER INTERSPECIFIC LINE	5.22	0.03	0.43	5.68
BRYAN UPPT 1989 TAQMRUN 88	4.26	0.06	0.42	4.74
BRYAN UPPT 1989 Tx 835741	5.01	0.09	0.27	5.37
BRYAN UPPT 1989 FLORUNNER	5.00	0.05	0.48	5.53
BRYAN UPPT 1989 Tx 835841	4.75	ND	0.43	5.18
GAINES Co. LP 1989 STARR	5.75	0.05	0.44	6.24
GAINES Co. Tx 798736-1 1989	6.74	0.12	0.49	7.35
FRIO Co. STARR	3.91	0.05	0.39	4.25
FRIO Co. Tx 798736-1 1989	4.88	ND	0.37	5.25
FRIO Co. LP LATE MATURING NC 343	4.74	0.07	0.50	5.31
FRIO Co. 1989 FLORUNNER	4.84	0.12	0.48	5.44
FRIO Co. EARLY MATURING LP PRONTO	4.74	0.06	0.41	5.21
Tx Ag-3	5.08	0.03	0.47	5.58
RMP-12	4.38	0.05	0.31	4.74
FLORUNNER	5.28	ND	0.47	5.75
SPANISH	6.05	ND	0.37	6.42
VIRGINIA	6.15	ND	0.40	6.55
Mean	4.62	0.06	0.42	5.09
COEFF. OF VARIATION	20.52	97.97	25.58	18.64
Fisher PLSD($p<0.05$)	0.20	0.06	0.24	

注:ND 表示没有检出

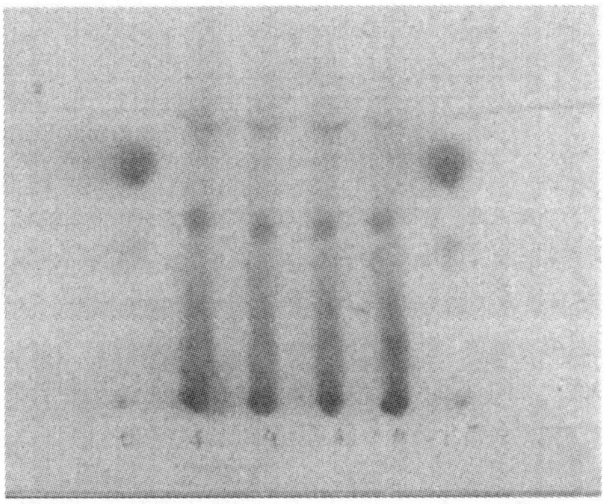

图 5-2-1　花生壳酶解处理后的 TLC 薄层层析

花生壳中低聚糖主要为低聚木糖。Kato 等(2000)测定了花生壳中低聚木糖组成。采用酶解(工业用半纤维素酶,Cellulosin T2)方法水解花生壳,得到花生壳中低聚糖单位为 XXXG,XXLG,XLXG,XXFG,XLLG,XLFG,其摩尔比约为 33∶4∶5∶25∶6∶27。

徐晓燕(2007)将花生壳经硫酸法处理,于 50℃、pH 4.75 和加酶量 2%条件下酶解 25 h,采用薄层层析法(TLC)对低聚木糖成分进行分析。研究结果表明该低聚木糖中不含木糖,且木三糖、木四糖和五糖含量比较少,主要以木二糖为主(图 5-2-1)。

花生粕中低聚糖主要为蔗糖。韩冰等(2011)利用有机溶剂提取法通过响应面分析得到了花生粕低聚糖的最佳提取工艺,并在此优化工艺条件下得到了花生粕低聚糖。利用 HPLC 法对产物进行组成分析以及分子质量分布的测定(图 5-2-2、图 5-2-3)。结果表明,产物中糖成分的分子质量较小,其中含量较多的是蔗糖,其次是水苏糖和棉籽糖,与大豆低聚糖主要成分类似。

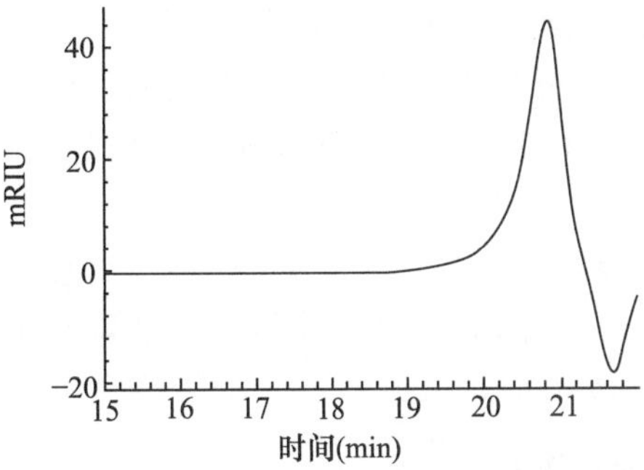

色谱柱 Shodex SB-805 HQ,流动相 0.1 mmol/L $NaNO_3$,流速 0.5 mL/min,柱温 35℃

图 5-2-2　GPC-HPLC 分子质量范围检测结果

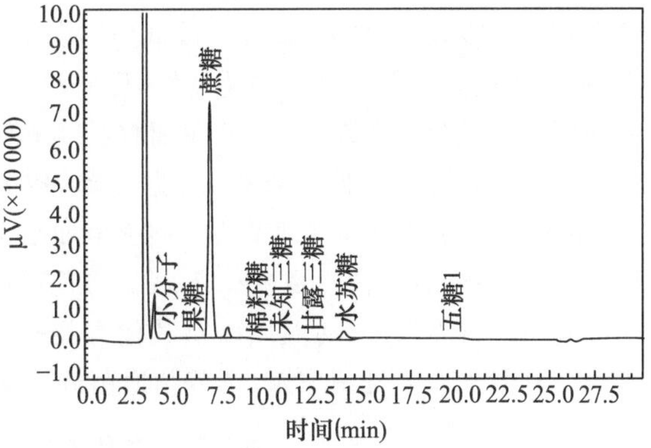

Hypersil-NH_2 柱 250 mm×4.6 mm,流动相 0.1 mmol/L,70%乙腈,流速 1 mL/min,LC10-AT 检测器

图 5-2-3　HPLC 检测糖成分结果

2.1.2　理化性质

花生仁中的低聚糖具有良好的热稳定性。Basha 等(1992)发现高温处理后花生仁中的低聚糖并没有发生降解反应。但酸性条件下,花生仁中低聚糖的热稳定性迅速降低,降解生成蔗糖和果糖,酸浓度越高这种降解速度越快。因此,花生仁低聚糖能够运用于非酸性需要高温处理和杀菌的食品中。此外,花生仁低聚糖还具有良好的抗冻性,短时间的冷处理,如冷藏或冷冻,不会导致花生仁中低聚糖含量发生显著变化。

2.2 生物活性与功能

功能性低聚糖可直接作为保健食品，也可作为食品配料广泛应用于乳制品、饮料、烘焙食品中，尤其是婴幼儿和老年人的食品中，具有多种功效，其中最著名的生理活性就是能促进肠道内双歧杆菌增殖，调整肠道菌群平衡，达到润肠通便、调节血脂、提高人体免疫力、降低血液中胆固醇和甘油三酯等活性。

目前关于花生中低聚糖的生理活性研究尚没有报道。但花生仁、花生粕中低聚糖主要以蔗糖、水苏糖和棉籽糖为主，花生壳中低聚糖以低聚木糖为主，关于水苏糖、棉籽糖和低聚木糖等低聚糖的功能特性目前比较明确。

2.2.1 花生仁、花生粕中低聚糖生理活性

水苏糖和棉籽糖均属于由半乳糖为主干形成的非还原糖，对人体具有重要的医学价值，人体消化酶中缺少能够分解水苏糖和棉籽糖的 α-D-半乳糖苷酶，摄入人体后，在胃和小肠内不被消化、吸收，当它们到达回肠、大肠时能促进双歧杆菌等有益菌的增殖，从而具有抑制有害菌生长繁殖、防癌抗癌、防止便秘、老年性疾病及延缓衰老等生理功效。表5-2-2 列出了几种主要低聚糖对肠内细菌的增值效果。由表可见，葡萄糖对有益菌和有害菌均有增值作用，但进入人体内后首先被消化吸收，实际起不到促进双歧杆菌的增值作用。水苏糖和棉籽糖对有益菌有良好增值功效，对有害细菌增殖作用很小。由于不能被小肠消化吸收，这两种寡糖热量低，适用于糖尿病人食用。且具有稳定性高、安全性好、甜度及热能低等良好的理化特性，可广泛用作饮料、糖果和保健食品的添加剂。大豆低聚糖主要成分为蔗糖、水苏糖和棉籽糖，与花生仁中低聚糖组成相同。大豆低聚糖是目前公认功效明确的低聚糖之一，据试验，成年人每日摄取 3 g 大豆水苏糖与棉籽糖，1 周后每克粪便中双歧杆菌数由 10^8 个增加至 $10^{9.6}$ 个，肠道内双歧杆菌量增加 7.5 倍，乳酸菌增加 2 倍，有害菌总数减少 81%。目前国际上特别是日本已将大豆低聚糖作为食品配料应用于营养保健、功能性以及其他方便食品中。因此，我们推测花生仁中低聚糖可能会具有促进双歧杆菌增殖、调节肠道菌群平衡等功效(表 5-2-2)。

表 5-2-2　各种糖对肠内细菌的增殖性

肠内细菌	n	水苏糖	棉籽糖	大豆低聚糖	低聚果糖	葡萄糖
两歧双歧杆菌	6	±	−	−	−	++
长双歧杆菌	8	+++	++	+++	++	+++
短双歧杆菌	3	+++	+++	+++	+	+++
婴儿双歧杆菌	2	++	+++	+++	++	+++
青春双歧杆菌	8	++	++	++	++	+++
嗜酸乳杆菌	2	±	±	±	±	+
干酪乳杆菌	2	−	−	−	−	+
产气乳杆菌	1	−	+	+	+	+
脆弱拟杆菌	2	+	+	+	+	+

续表 5-2-2

肠内细菌	n	水苏糖	棉籽糖	大豆低聚糖	低聚果糖	葡萄糖
吉氏拟杆菌	5	+	+	+	+	+
普通拟杆菌	8	+	±	+	±	+
多形拟杆菌	2	±	±	±	+	++
其他拟杆菌	4		−	−	−	++
魏氏梭菌	6	−	−	−	−	
类腐败梭菌	4	−	−	−	−	+++
艰难梭菌	2	−	−	−	−	+
丁酸梭菌	2	−	+	−	+	±
其他梭菌	7	±	−	+	±	++
真杆菌	7	±	±	−	±	+
痤疱丙酸杆菌	2	−	±	±	−	±
Mitsuokella multiacida	4	++	++	++	++	++
梭杆菌	3	−	±	−	±	±
消化链球菌	6	−	−	−	±	+
链球菌	2	+	±	±	±	+
粪肠球菌	1	−	−	−	−	+
韦荣氏球菌	2	−	−	−	−	−
大肠杆菌	6	−	−	−	−	+
肠杆菌	1	−	−	−	−	+

注：n 为试验菌株数。细菌生育评定：−为＜0.099 9；±为 0.100～0.199；+为 0.200～0.399；++为 0.400～0.599；+++为＞0.600

2.2.2　花生壳中低聚糖生理活性

花生壳中的低聚糖主要为低聚木糖，低聚木糖是目前应用最广泛的功能性低聚糖之一。国内外大量研究报道表明与其他低聚糖如乳果糖、麦芽低聚糖、低聚果糖、低聚异麦芽糖相比，低聚木糖具有其独特功效，成为更受人们青睐、功能更强的新型聚合糖。商品低聚木糖于 1996 年列入日本厚生省功能性食品配料目录，2002 年获准为中华人民共和国新资源食品试生产品种，2007 年被国家公众营养与发展中心批准推荐为“营养健康倡导产品”，2008 年卫生部将其列入新资源食品目录(第 12 号)。低聚木糖具体功效如下：

2.2.2.1　选择性促进双歧杆菌增殖能力

同大多数功能性低聚糖一样，低聚木糖不被人体肠胃道的酶系统消化吸收直接进入大肠内优先为双歧杆菌所利用，具有极好的促进双歧杆菌增殖活性。特别是针对肠道内的青春双歧杆菌、婴儿双歧杆菌和长双歧杆菌这几种双歧杆菌增殖效果最佳，对于其他大多数肠道菌效果相对较差，选择性促进有益菌增殖活性。其他低聚糖，如麦芽低聚糖在体外具有较强增殖活性，但在肠道内的活性很低甚至完全消失；而乳酮糖虽能促进双歧杆菌的增长，但也同时促进大肠杆菌及梭状芽孢杆菌增长，对双歧杆菌缺乏选择增殖能力。因此,低聚木糖是聚合糖类中增殖双歧因子功能最强的品种之一。

2.2.2.2 **难消化性**

低聚木糖很难为人体消化酶系统所分解,用唾液、胃液、胰液和小肠进行消化试验,低聚木糖经体外消化试验后的留存率(%)分别为:唾液～100%;胃液～99%;胰液～99%;小肠黏膜、酶液～99%(消化条件:糖浓度 1%、37℃、4 h)。与其他低聚糖相比,低聚木糖的人体消化酶降解率在 0.4%以下,而低聚果糖和低聚异麦芽糖均超了 10%,是低聚木糖的 30 倍左右(图 5-2-4)。与其他功能性低聚糖相比较,低聚木糖有着结肠到达率高的优势。

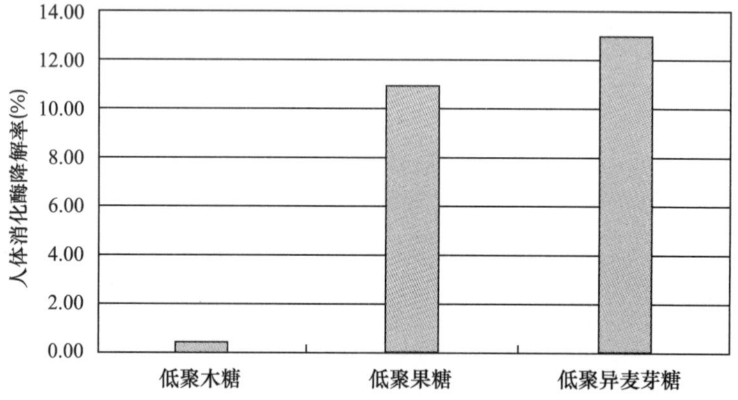

图 5-2-4 不同低聚糖人体消化酶降解比较

2.2.2.3 **有效摄入量低、功效明显**

与其他低聚糖经常摄入的有效计量相比,低聚木糖是目前发现有效用量最少的低聚糖。有报道显示,人体连续 3 周摄入低聚木糖 0.7 g/d,双歧杆菌的比例由 8.5%提高到 20.2%;如果换用其他的低聚糖类要到达这一效果,低聚果糖需日摄取 8 g,低聚异麦芽糖需日摄取 15 g。Suntory 公司研究发现,每天服用至少 0.4～0.7 g 低聚木糖可使肠内双歧杆菌有效增殖,粪便含水量增加。山东龙力公司在上海六家医院临床研究表明,持续两周每日服用低聚木糖1.4 g,对于便秘患者的有效率可达到 88%;持续两周每天服用低聚木糖 0.7 g,对于腹泻患者的有效率可以达到 92%。相同情况下,低聚果糖有效量为 3 g,低聚半乳糖为 2～3 g,低聚异麦芽糖为 10 g(表 5-2-3)。

表 5-2-3 不同低聚糖的摄入量

项目	低聚木糖	低聚果糖	低聚异麦芽糖	低聚半乳糖
有效摄入量	0.7～1.4	5～10	15～20	8～10
不腹泻最大摄入量	7.5	18	90	18
最小有效剂量	0.7	3	10	2～3

2.2.2.4 **良好保湿性与稳定性**

低聚木糖主链由四个单糖聚合而成,一定条件下其水溶液可形成螺旋状结构,持水能力较强。焙烤食品中添加该低聚木糖,可有效保持食品水分,延长食品保质期,增强其流变特性。

酸性饮料是饮料市场的一大部分，如果汁饮料、酸奶、乳酸菌饮料和碳酸饮料等，其pH值低，要求所添加辅料必须具有良好耐酸性。同时食品加工过程中经常会有加热处理，如焙烤食品；另外，为了保障产品的有效保质期，高强度的杀菌是必然的工艺步骤。这些加工过程对添加的配料有相应的耐热性要求。与其他聚合糖相比，低聚木糖稳定性非常好。即使在酸性条件(pH 2.5～8)加热至100℃也基本不分解，低聚果糖在酸性条件下容易分解成葡萄糖、蔗糖和果糖，双歧杆菌增殖活性降低，难以应用于人们喜欢的酸性饮料中(表5-2-4)。低聚木糖良好的酸、热稳定性使得食品应用领域更加宽广，使用便利性增强。

表 5-2-4 不同低聚糖酸热稳定性介绍

种类	酸热稳定性
低聚木糖	pH 2.5～8，125℃，1 h不分解，pH 3～4室温储存3年，保留率达97%
果糖	pH 5～7时，稳定，150℃也不分解，pH<4时，热稳定性大幅下降
低聚异麦芽糖	pH 4～6，80℃不稳定
低聚半乳糖	耐热：180℃，浓度12%，15 min不分解耐酸：20～120℃，pH 3～4，15 min不分解

2.2.2.5 预防龋齿

低聚木糖不能被口腔内变异链球菌等细菌分解成黏着性的单糖，与蔗糖并用时能阻止蔗糖被龋齿病原菌作用而生成水不溶性的高分子葡聚糖(牙垢)。因此，无龋齿性并具有抗龋齿性，低聚木糖适合作为儿童食品的甜味添加剂。

2.2.2.6 促进钙吸收

低聚木糖可作为孕妇、老年食品的理想原料，具有促进钙吸收、提高骨密度的功效。早川幸男报道过服用2%低聚木糖水溶液以后，大鼠钙吸收率和利用率分别提高了23%和21%。低聚木糖还具有降低血清胆固醇含量、降低血压、生成营养物质增强机体免疫和抗肿瘤能力、清除肠内毒素等功能。

2.3 制备工艺与技术

花生壳中木聚糖含量为13%，是较好的低聚木糖生产原料。目前有文献报道脱脂花生粕低聚糖含量为12.67%。利用花生壳和花生粕生产低聚糖，对于充分利用农副产品资源，提高花生附加值和保护环境意义重大。目前关于花生中低聚糖的生产的相关报道很少，国内外仅有两三篇研究文献，主要针对花生壳及花生粕中低聚糖的提取工艺优化。

2.3.1 碱法

武秋颖等(2011)采用RSM法优化了碱法提取花生低聚木糖的工艺。以花生壳为原料，通过单因素试验考察了碱液浓度、提取温度、处理时间和固液比对低聚木糖提取率的影响，在此基础上根据Box-Benhnken试验设计原理，采用Design-Expert软件进行响应面分析，最终得到碱法花生壳木聚糖最佳提取工艺条件：碱液质量浓度14.52%，温度99.10℃，处理时间1.72 h和固液比1∶11.64，在此条件下低聚木糖提取率达到53.96%。其中，各影响因素是温度>碱液浓度>时间>固液比，碱液浓度和温度、温度和固液比之间存在显著交互作用。

2.3.2 酶法

徐晓燕(2007)对酶法提取花生壳中低聚木糖的工艺条件进行了优化。最初对原料预处理的方法进行了研究,采用硫酸法、盐酸法、草酸法和蒸煮法水解花生壳,以木糖提取率、还原糖含量和糖醛含量为指标,辅助扫描电镜的微观结构图片,寻求最佳原料预处理方法。研究结果表明,经过硫酸和蒸煮法处理后的花生壳中木糖提取率最高。

扫描电镜照片清楚地显示了不同预处理方法对花生壳微观结构的影响(图 5-2-5)。由图可见,花生壳中的木聚糖不是以游离的形式存在,而是与木质素结合以木聚糖-木质素复合物的形式存在。花生壳原料的扫描电镜图可见,原料表面结构较为紧密、形状完整、外观平滑(图 5-2-5a)。而经不同的方法处理后,花生壳内部结构出现了不同程度的变化(图 5-2-5c,图5-2-5d)。草酸法和盐酸法对木聚糖-木质素复合物的结构影响很小,花生壳经这些方法处理后质地紧密,没有小的通道,不利于木聚糖酶进攻。但经硫酸法和蒸煮法处理的花生壳,木聚糖-木质素复合物的有较大程度地破坏(图 5-2-5b 和图 5-2-5e)。花生壳的微观结构变得非常疏松,出现了较大孔洞。推测是由于木质素和部分可溶性木聚糖及其他物质溶出使得花生壳的结构呈现多孔和表面凸凹不平,这种结构减少了酶与底物的空间障碍,大大增加了它们的接触面积,这无疑有利于木聚糖酶的进攻。

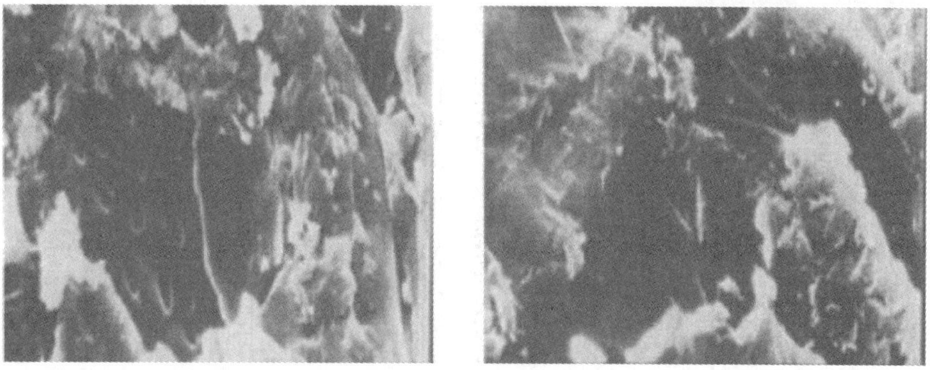

(1 500) (3 000)

a.原料花生壳的超微结构

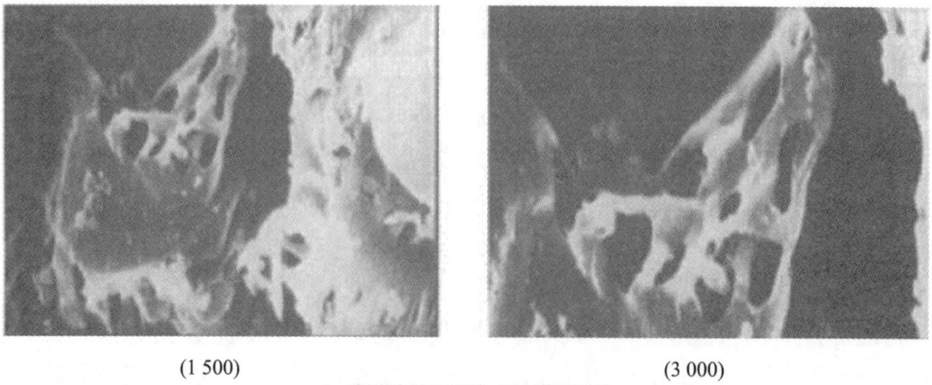

(1 500) (3 000)

b.硫酸法处理花生壳的超微结构

(1 500)　　　　　　　　　　　(3 000)

c. 盐酸法处理花生壳的超微结构

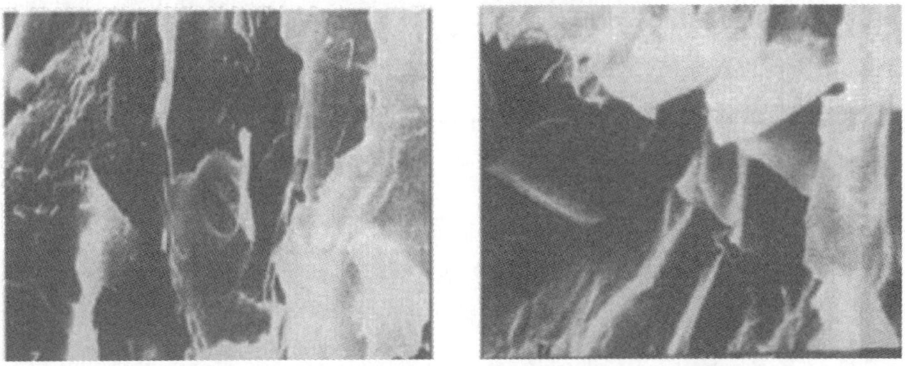

(1 500)　　　　　　　　　　　(3 000)

d. 草酸法处理花生壳的超微结构

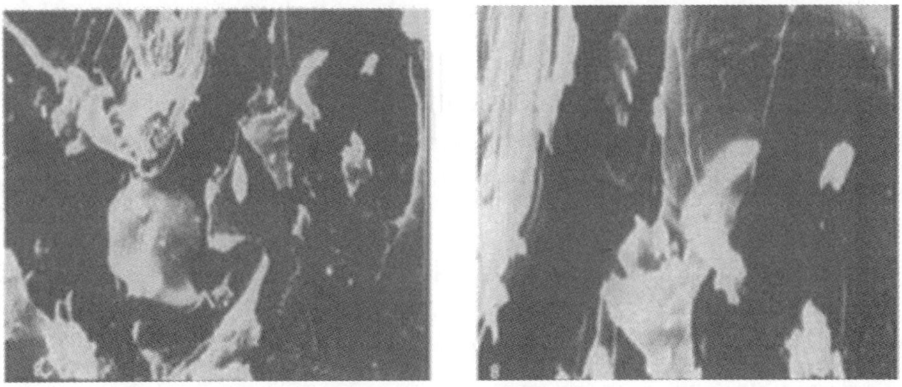

(1 500)　　　　　　　　　　　(3 000)

e. 蒸煮法处理花生壳的超微结构

图 5-2-5　不同处理方式处理花生壳的超微结构

最终采用硫酸法进行原料预处理。通过工艺优化，最终确定原料预处理的条件：固液比1∶20，硫酸浓度 1.0%，处理温度 120℃，处理时间 30 min，在此条件下木聚糖提取率为40.1%。利用此木糖提取物，进一步采用酶解法制备低聚木糖，并确定了最佳酶解工艺条件：提取温度 50℃，溶液 pH 4.8，加酶量为 2%，搅拌速度 80 r/min，反应时间

24 h。在此最优条件下,低聚木糖得率为 81.2%。

2.3.3 有机溶剂法

韩冰等(2011)为开发脱脂花生粕中的低聚糖,研究了脱脂花生粕中低聚糖的初步提取工艺。通过单因素试验考察了温度、提取时间和乙醇浓度对脱脂花生粕中的低聚糖提取率的影响,在此基础上采用 Design-Expert 软件进行响应面分析,最终得到脱脂花生粕低聚糖的最佳提取工艺条件:乙醇浸提浓度 57%,温度 51℃,提取时间 1.5 h,在此条件下初步得到低聚糖提取率为 12.67%。

2.4 应用与开发前景

功能性低聚糖由于其特殊的生理活性,如低热量难消化性、抗龋齿性、促进肠道中双歧杆菌的增值等而被广泛应用于食品加工领域。目前关于花生低聚糖在食品加工中的应用还尚未见报道,但是已经明确了花生仁、花生粕、花生壳中低聚糖的主要成分,花生仁及花生粕中主要低聚糖有水苏糖、棉籽糖和蔗糖;花生壳中主要低聚糖为低聚木糖。

2.4.1 应用现状

2.4.1.1 花生仁、花生粕中低聚糖在食品加工中的应用

花生仁、花生粕中低聚糖的主要成分与大豆低聚糖的主要成分类似,而大豆低聚糖已经广泛应用于食品加工行业。大豆低聚糖是一种良好的保湿剂,可添加到焙烤食品中用于延缓淀粉老化过程,防止食品过硬,维持松软度。另外,由于大豆低聚糖在酸性条件下的稳定性要优于蔗糖,因此可作为食品添加剂代替蔗糖添加到酸奶,乳酸发酵饮料等食品中,提高制品稳定性。再者,大豆低聚糖可以应用于保健食品中,由于其特殊的低糖分、低热量性,可用作促使双歧杆菌增殖的促进剂,可开发防治龋齿的儿童食品和糖尿病患者的专用食品。

2.4.1.2 花生壳中低聚糖在食品加工中的应用

低聚木糖是花生壳中的主要低聚糖,具有明确性、选择性双歧杆菌增殖能力、不被消化性、低剂量、稳定性好等优点,在食品工业中备受青睐,广泛应用于保健食品、饮料、乳制品和焙烤食品和果脯等食品工业。

(1)在保健食品中的应用。在日本,超过半数的“特定保健食品”种类中添加低聚木糖。人体肠道中腐生菌在分解食物过程中,会产生酚类、吲哚、甲基吲哚、有机胺、氨和硫化氢等致癌物质,而双歧杆菌在代谢低聚木糖时产生大量短链脂肪酸,降低肠道 pH,能抑制腐生菌生长,并加速肠道蠕动和通便,促使这些致癌物质迅速排出体外,促进人体健康。低聚木糖可用在预防癌症保健食品中。此外,低聚木糖有甜味,但热量低,添加到食品中能减少人体能量摄入,加强机体脂肪代谢,被广泛应用于减肥保健食品中;其代谢不受胰岛素的调节控制,服用后不会引起血糖升高,可在低能量食品中发挥作用,供糖尿病人和高血糖病人食用。低聚木糖与通常为高分子的膳食纤维不同,它属于小分子物质,添加到食品中基本不会改变食品原有的组织结构及物化性质。

(2)在乳品中的应用。当前庞大的奶制品市场中,功能性奶制品的研发和应用正处于鼎盛时期。“益生元”和“双歧因子”已成为消费者熟悉且乐意接受的功能因子。添加其到液态奶、奶粉、酸奶和奶片奶酪制品等乳品中促进人体内有益菌双歧杆菌增殖，提高乳品功能性，成为众多厂家产品升级换代、提升消费者对产品功能诉求的首选。低聚木糖作为双歧因子中增殖双歧杆菌专一性和活性最高的一种产品在乳品中的应用非常广泛。其显著的选择性双歧杆菌增殖效果、酸热稳定性好、无投料先后顺序要求等特点，完全能适应乳制品加工过程中的高温灭菌工艺要求。此外，低聚木糖还能有效促进肠道中乳杆菌分泌相应的乳糖酶，将乳糖转化成半乳糖和葡萄糖，降低了由乳糖过高引起的高渗透压，有效缓解乳糖不耐症；促进乳制品中天然矿物质如钙的吸收，强壮骨骼。

奶粉中适量添加低聚木糖不但能保持奶粉本身的保健功能，还能增殖肠道有益细菌、促进微量元素吸收、补充B族维生素等效果。奶酪中加入低聚木糖能促进奶酪脱水、增加发酵液渗透性、降低剪切力、提高奶酪的质地和增强产品风味。

(3)在烘焙食品中的应用。将低聚木糖添加到烘焙食品中，能取代部分蔗糖，降低产品热量；保证烘焙食品的低糖或者无糖性，消除部分肥胖、糖尿病等患者的担忧。其独特的保湿性能有效保持烘焙食品的水分，改变面团流变特性，改善产品的口感和质量，使产品口感松软适口、不酸、无异味，表面状态光滑清洁，无气泡、裂纹、变形；表面色泽呈金黄色或棕黄色，断面气孔均匀，细腻富有弹性，延长产品货架期。

(4)在饮料中的应用。低聚木糖良好的耐酸、热稳定性和极佳的储藏稳定性使其广泛应用于碳酸饮料、豆奶饮料、果汁饮料和茶饮料等饮料中，其口感与砂糖相似，能增强饮料醇厚浓郁的风味；部分取代饮料中的蔗糖，降低产品热量，增加产品功能特性，同时增强产品稳定性；酸稳定性能有效保证酸性饮料中不被降解，保持良好的双歧杆菌增殖效果。

(5)在果脯蜜饯中的应用。果脯蜜饯是我国传统食品，但由于甜度太高不适宜患有糖尿病、儿童龋齿、肥胖病消费人群食用。低聚木糖具有与蔗糖相似的甜味，且具有良好的保湿性和稳定性；热量低，抑制脂肪贮存；食用后不会引起人体血糖浓度升高；不被口腔的链球杆菌利用，可有效预防龋齿。因此，低聚木糖应用果脯蜜饯中部分取代蔗糖，既能保持传统果脯蜜饯的风味，又能满足不同消费人群需求。

2.4.2 市场开发前景

低聚糖是重要的功能性糖类物质，良好的生理功能和特殊理化特性使其备受业内人士关注。花生是世界五大油料作物之一，其生产遍及世界各大洲。近年来花生产量不断提高，加工利用总量增加，花生的利用途径和范围也逐步拓宽。我国是花生大国，花生及副产品资源丰富。从我国花生壳的利用情况看，花生的加工中一直存在着重视其果仁而忽视其皮、壳、饼粕等副产品的利用。除少量作为粗饲料外，大量的花生壳被烧掉或白白扔掉，没有充分合理地利用，浪费了资源。研究表明，花生壳、花生粕和花生仁中仅含有丰富的低聚糖，因此，充分利用花生加工副产品对于充分利用资源，提高花生附加值，增加经济效益和保护环境有重要意义。

虽然目前花生低聚糖尚未应用于加工业，但随着消费者健康意识的增强和含有生物活性低聚糖的产品前景非常广阔，在不久的将来，花生低聚糖作为人体黏膜免疫系统调节器的发展值得期待，花生低聚糖在减少与生活方式相关的疾病及维持并改善人类健康方面必将发挥重要的作用。

第3节　花生中的膳食纤维

花生及其副产品中含有丰富的膳食纤维，花生中膳食纤维的主要来源有花生壳、花生饼粕和花生茎叶，其中以花生壳中的膳食纤维含量最多，为65%～80%。花生中的膳食纤维是一种复杂的混合物，其化学组成主要有纤维素、半纤维素、果胶和木质素。由于花生中膳食纤维成分复杂，因此有多种分类方法。根据在水中的溶解度不同，可分为水溶性膳食纤维和水不溶性膳食纤维；根据品质不同，可分为普通膳食纤维和高品质膳食纤维；根据被大肠菌群发酵程度的不同，可分为部分发酵膳食纤维和完全发酵膳食纤维。后两种分类方法与第一种分类方法相关性非常大，通常水溶性膳食纤维为高品质膳食纤维，属于完全发酵膳食纤维；而水不溶性膳食纤维通常为普通膳食纤维，属于部分发酵膳食纤维。花生中的膳食纤维具有良好的持水性、阳离子结合与交换和吸附作用等理化性质，而且还具有诸多的生理功能，其中以调节血糖、降低胆固醇、降血压、预防肥胖等功能最为显著，还有预防癌症和抗氧化等生理功能。由于花生中的膳食纤维根据溶解性的不同可分为水溶性膳食纤维和水不溶性膳食纤维两类，因此其制备工艺与技术也有区别。水溶性膳食纤维的制备方法主要有酸水解法、复合酶法、膜过滤法、超声波法、微波法和微生物固态发酵法；水不溶性膳食纤维的制备方法有碱液浸提法、酸碱结合法和复合酶法。花生膳食纤维的检测方法可用于检测花生膳食纤维的含量以及制备的膳食纤维的纯度，主要方法有酶-重量法、酶-化学法、洗涤剂法和近红外光谱法4种。花生膳食纤维可应用于添加到乳制品、肉制品、饮料和焙烤食品等食品中，改善这些食品的感官品质和营养功能，还可以制成休闲食品或减肥食品提供给肥胖、高血脂、高血压等疾病患者食用。由于花生膳食纤维具有广泛的来源和诸多的生理功能，而且制备工艺简便、检测方法丰富、应用范围广等优点，因此具有广阔的开发前景。

3.1　来源与分布

花生中膳食纤维的主要来源为花生壳、花生饼粕和花生茎叶，其中以花生壳中膳食纤维的含量最高，约占花生质量的30%。每年我国花生壳的量约为450万t，花生壳中粗纤维素的含量为65.7%～79.3%，半纤维素的含量为10.1%(廖朝东，2004)。花生膳食纤维的另一来源为花生饼粕，花生饼粕是指以脱壳花生果为原料，经低温二次压榨或高温压榨法提取油脂后而剩余的小块状或粉末状固形物，为淡褐色或深褐色，有淡花生香味，花生饼粕中粗纤维的含量为4%～6%。由于花生饼粕中粗蛋白含量非常丰富，故可用酶解法从花生饼粕中制备完花生蛋白后，再利用剩余残渣制备花生膳食纤维。花生茎叶中粗纤维含量也很丰富，约为21.8%，也是花生膳食纤维的良好来源。花生中膳食纤维的来源与分布，见表5-3-1。

表 5-3-1 花生中膳食纤维的来源与分布

来源	粗纤维含量	粗蛋白含量
花生壳	65.7～79.3	4.8～7.2
花生饼粕	4～6	45～48
花生茎叶	21.8	12.2

3.2 化学组成与理化性质

花生膳食纤维的基本组成为纤维素、半纤维素、果胶和木质素，由于花生中的膳食纤维的组成复杂，因此是一种含有多种物质的混合物，根据其溶解性，可分为水溶性膳食纤维和水不溶性膳食纤维。花生中的膳食纤维具有持水性、阳离子结合与交换以及吸附作用等理化性质。

3.2.1 化学组成与分类

3.2.1.1 化学组成

膳食纤维的化学组成主要包括三大部分(郑建仙，1995)：纤维状碳水化合物(纤维素)、基料碳水化合物(果胶类物质、半纤维素和糖蛋白等)和填充类化合物(木质素)。

(1)纤维素(Cellulose)。纤维素是由纤维素二糖(cellobiose)重复单元通过 β-(1,4)-D-糖苷键连接而成的线性高分子(张俐娜，2007)，通常与木质素及其他淀粉多糖共存形成混合物。纤维素聚合度的大小取决于其来源，一般为 1 000～14 000，不溶于水。如图 5-3-1 所示，纤维素呈伸长的长链无分支结构。由于其糖链内与链间存在强烈的氢键作用力，纤维素分子在植物细胞中呈现结晶状的纤维素结构单元(Kelsay et al.，1981)。在植物细胞壁中，纤维素在氢键作用力较强的位置呈结晶状的微纤维素结构单元，而在氢键结合力较弱的位置呈非结晶结构，非结晶结构易被溶剂破坏(吴丽萍，2008)。

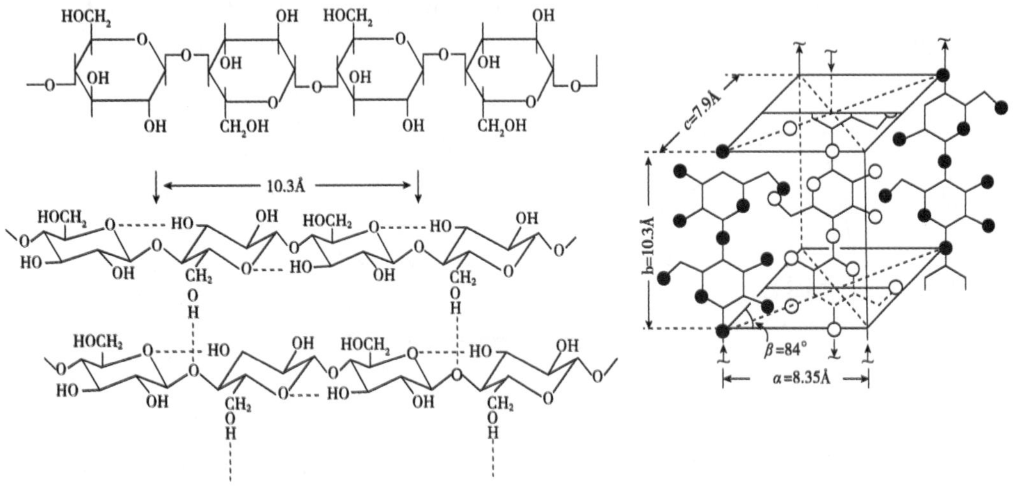

图 5-3-1 纤维素结构

(2)半纤维素(hemicellulose)。半纤维素的主链由阿拉伯木聚糖、半乳聚糖或甘露糖和β-(1-3)或(1-4)葡聚糖组成,支链上连有阿拉伯糖、半乳糖和葡聚糖醛酸的多糖。半纤维素的聚合度通常较低(小于 200,多数为 80～120),极易吸水润胀,其存在及含量的多少对膳食纤维的物化特性及生理功能有重要影响。半纤维素的溶解性与溶剂有关,在水中部分溶解,在稀碱中几乎完全溶解,而在弱酸下易水解,生成已糖和戊糖(木糖、甘露糖、半乳糖、阿拉伯糖)。而且其溶解度还受支链影响,通常支链越多,溶解性越好。图 5-3-2 和图 5-3-3 所示的为半纤维素的主链的单糖组分化学结构和半纤维素的侧链的单糖组分化学结构。

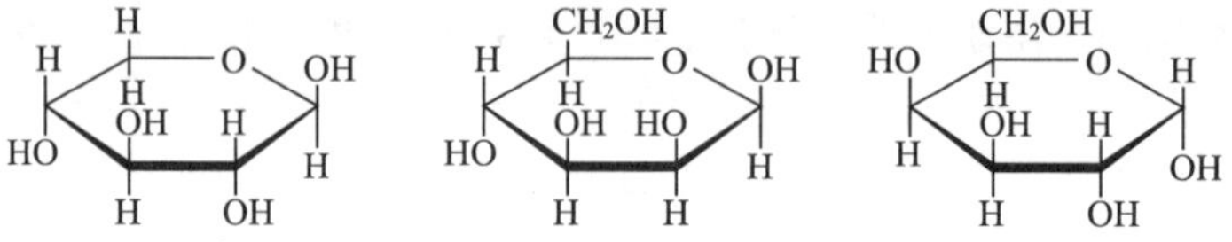

D-木糖　　*D*-甘露糖　　*D*-半乳糖

图 5-3-2　半纤维素的主链的单糖组分化学结构

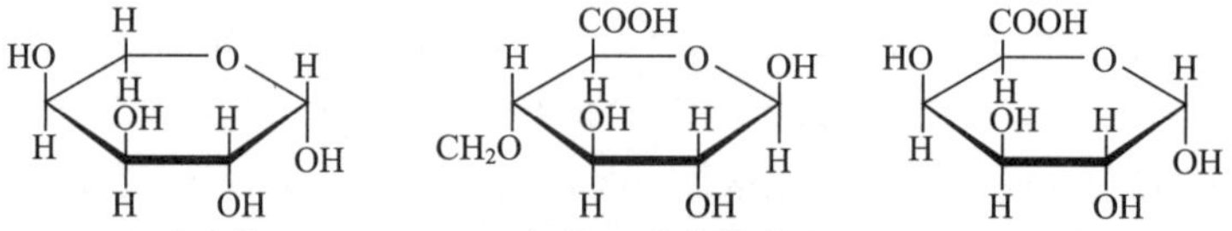

L-阿拉伯糖　　4-甲氧基-*D*-葡萄糖醛酸　　*L*-半乳糖醛酸

图 5-3-3　半纤维素的侧链的单糖组分化学结构

(3)果胶(pectin)。果胶是以 α-(1-4)聚半乳糖醛酸为骨架链的酸性多糖,因主链中有(1-2)-鼠李糖残基和部分半乳糖醛酸残基而经常被甲基酯化,分子质量为 5 万～30 万。果胶是一种易溶于水的无定形物质,具有离子结合能力,在热溶液中可溶解,在酸性溶液中可形成胶态。果胶对于维持膳食纤维的结构有重要作用,多存在于水果和蔬菜的软组织中。图 5-3-4 为果胶的化学结构。

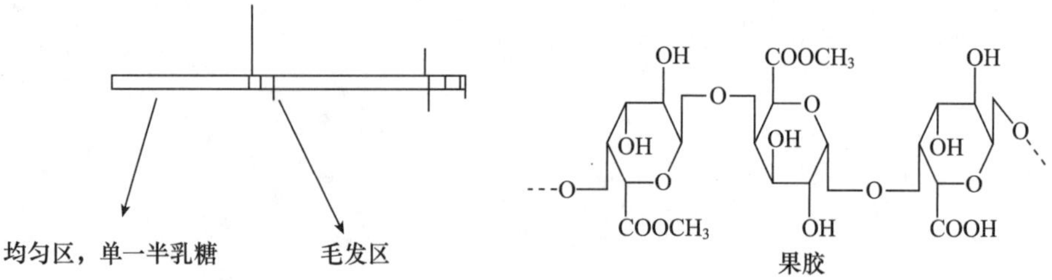

图 5-3-4　果胶的化学结构

(4)木质素(lignin)。木质素是由松伯醇、芥子醇和羟基肉桂醇为主体的苯基类丙烷聚合物,具有复杂的三维结构。天然存在的木质素大多与碳水化合物紧密结合在一起,很难与纤维素分离。木质素不溶于水,不能被人体消化,常被认为是不溶性膳食纤维的成分。

3.2.1.2 **分类**

膳食纤维指的是不能被人体内源酶消化吸收的可食用细胞、多糖、木质素、胶质、改性纤维素、黏质、寡糖、果胶以及少量组成成分如蜡质、角质、软木质(林德荣,2008)。由于膳食纤维是由纤维素、半纤维素等组成的混合物,因此对膳食纤维的分类有按膳食纤维的溶解性、品质和被大肠菌群发酵程度几种不同的方法。

根据膳食纤维的溶解性不同,可分成水溶性膳食纤维(SDF)和水不溶性膳食纤维(IDF)两大类。水溶性膳食纤维是指不被人体消化道消化吸收,但在温水或热水中可溶,且其水溶液能被4倍体积无水乙醇再沉淀的那部分膳食纤维。主要包括植物细胞的储存物质和分泌物质,还包括微生物多糖和合成多糖,如果胶、黄原胶、阿拉伯胶、瓜尔豆胶、卡拉胶、琼脂等,还有半乳甘露聚糖、葡聚糖、海藻酸钠、羧甲基纤维和真菌多糖等(何锦风,1997;Spiller et al.,1993)。SDF吸水会膨胀成比原有的体积和重量大几十倍的凝胶状物质,既可使人有饱腹感,又可延长食物在胃内停留的时间,使摄入的糖类物质被吸收的速度减缓,从而避免摄入食物后血糖突然升高现象的出现,可提高人体对糖的耐受度,对稳定糖尿病患者的病情有帮助。此外,SDF还能与胆酸结合并随粪便排出,有助于降低胆固醇,减少因高胆固醇而导致的心脏病、高血压等症状。水不溶性膳食纤维是指不被人体消化道消化且不溶于热水的那部分膳食纤维,主要成分是纤维素、半纤维素、木质素、原果胶、壳聚糖和植物蜡等。IDF能吸收水分,使粪便软化,并能增加粪便的体积,刺激肠道蠕动,从而加速排便,减少粪便中有害物质与肠道接触的时间,降低患肠癌的几率(曹荣安等,2010)。

根据膳食纤维的品质不同,可分为普通膳食纤维和高品质膳食纤维两类。普通膳食纤维只是一种无能量填充剂,其中可溶性成分一般在3%以下。这种膳食纤维的加工特性、生理活性和保健功能均较差。高品质膳食纤维的可溶性成分含量达到10%以上,膨胀力大于10 m/g,持水力高于7 g/g,结合水力高于5 g/g,具有较强的生理活性和明显的保健作用,可作为各种食品的添加剂以及用于保健食品(谢碧霞等,2006)。

根据膳食纤维被大肠菌群发酵程度的不同,可分为部分发酵类膳食纤维和完全发酵类膳食纤维。部分发酵类膳食纤维包括:纤维素(CEL)、半纤维素(HC)、木质素、植物蜡和角质等。完全发酵类膳食纤维包括:β-葡聚糖、果胶、瓜尔豆胶、阿拉伯胶、海藻胶和菊粉等。一般来说,完全发酵类膳食纤维多属于水溶性膳食纤维,而部分发酵类膳食纤维多属于水不溶性膳食纤维。但也有例外,如羧甲基纤维素,虽易溶于水,但几乎不被大肠内的菌群所发酵(吴丽萍,2008)。

3.2.2 理化性质

花生膳食纤维的理化性质主要有持水性、阳离子结合与交换和吸附作用等,膳食纤维的理化性质与其生理功能紧密相关。

3.2.2.1 **持水性**

膳食纤维由于化学结构中含有许多亲水基团,故具有很强的持水性。膳食纤维的持水能力根据来源和分析方法的不同而有变化,范围一般在自身重量的1.2～2倍。膳食纤维的持水性可增加人体排便的体积与次数,降低肠内压力以及减少有害物质在肠道内的滞留时间(郑建仙,1995)。

3.2.2.2 阳离子结合与交换

膳食纤维由于化学结构中包含一些侧链基团如羟基、羧基、磺酸基和磷酸基等呈弱酸性阴离子，可与肠道内的阳离子(特别是有机阳离子)进行可逆交换。膳食纤维的阳离子结合与交换能力可影响电解质与宏量和微量元素的吸收，还可降低重金属的毒性。膳食纤维对阳离子的作用不是通过单纯的结合而减少机体对离子的吸收，而是起到改变离子瞬间浓度，稀释并延长它们的转换时间，从而对消化道的 pH 值、渗透压以及氧化还原电位产生影响，并出现一个更理想的缓冲环境以利于消化吸收。但也有研究表明，膳食纤维的阳离子结合与交换作用会降低某些矿物质和维生素的有效性，如果胶可能降低铁的生物活性和维生素 C 在尿液中的排泄量，但对钙、镁、铜和维生素 A 的影响较小(刘静，2007)。

3.2.2.3 吸附作用

膳食纤维分子表面带有许多活性基团，可以吸附螯合胆固醇、胆汁酸以及肠道内的有毒物质(内源毒素)、化学药品和有毒医药品(外源性毒素)等有机化合物(林德荣，2008)。其中以膳食纤维与胆汁酸的吸附作用研究最多，被认为是能使膳食纤维具有降血脂功能的主要机理之一。肠腔内膳食纤维与胆汁酸的作用可能有静电力、氢键或疏水键间的相互作用，其中氢键结合是主要的作用形式(欧仕益等，1998)。研究表明，木质素、果胶和其他酸性多糖都具有吸附胆酸的能力，而纤维素吸附胆酸的能力则很低(刘静，2007)。

3.3 生物活性与功能

由于花生中膳食纤维的化学组成和具有的理化性质，使其具有诸多重要的生理功能。花生膳食纤维的生物活性与功能主要有调节血糖、降低胆固醇、预防癌症、预防肥胖、降血压和抗氧化等。

3.3.1 调节血糖

水溶性纤维膳食纤维能延缓和抑制人体对糖类的消化吸收，并改善末梢组织对胰岛素的感受性，降低对胰岛素的需求，因此可抑制用餐后血糖值的上升。水溶性膳食纤维在人体内能形成凝胶，可有效阻止糖类扩散，延缓其在肠内的吸收，从而可抑制糖类吸收后血糖值上升导致胰岛素升高的现象。此外，膳食纤维能还能改变消化道激素的分泌，如可降低胰液的分泌，抑制糖类的消化吸收，并减少小肠内糖类与肠壁的接触，延迟血糖值的上升。因此，增加水溶性膳食纤维的摄入量可防止Ⅱ型糖尿病的发生，但对Ⅰ型糖尿病的控制作用很小(林德荣，2008)。

3.3.2 降低胆固醇

水溶性膳食纤维可螯合不利于人体健康的低密度脂蛋白胆固醇，从而抑制机体对其的吸收，并能降低 5%～10%的血浆胆固醇，而对于人体健康有利的高密度脂蛋白胆固醇不但不降低反而略有增加。水不溶性纤维几乎不能改变血浆胆固水平，但能通过影响胆固醇的代谢途径而降低胆固醇水平。因为胆固醇的代谢产物是胆酸，而水溶性膳食纤维可在肠道中形成胶状物质把胆酸包围，使得胆酸不能被小肠肠壁吸收再回到肝脏，而是通过消化道直接排出体外，此时，肝脏只能通过吸收血液中的胆固醇来补充被排出的胆酸，从而促进胆固醇向胆酸的转化，降低血液中的胆固醇水平（卢宏科等，2007；铁信等，2007）。

3.3.3　预防癌症

膳食纤维由于其独特的生理特性而具有预防癌症的功能特性。在预防癌症中，膳食纤维预防结肠癌的功效最为显著。首先，结肠中的腐生菌能产生致癌物质，然而摄入膳食纤维后，肠道中的有益微生物可利用膳食纤维产生短链脂肪酸，其中的醋酸能抑制腐生菌的生长，丁酸能抑制肿瘤细胞的生长繁殖，还可诱导肿瘤细胞向正常细胞转化，以及控制致癌基因的表达；其次，胆汁中的鹅胆酸和胆酸能被细菌代谢为次生胆汁酸-石胆酸和脱氧胆酸，两者均是致癌剂突变剂，而摄入的膳食纤维能够束缚并排出次生胆汁酸和胆酸，降低结肠中次生胆汁、胆酸含量；再次，膳食纤维可促进肠道蠕动、增加粪便体积、缩短粪便排出时间而减少致癌物与结肠接触时间和机会，预防结肠癌。

大量调查研究发现，膳食纤维摄入量大的妇女患乳腺癌的几率显著小于膳食纤维摄入量少或不摄入的妇女，因此，膳食纤维可起到预防乳腺癌的功效。膳食纤维主要是通过减少血液中诱导乳腺癌产生的雌性激素的比率而起到抗乳腺癌的作用，可能机理是：水溶性膳食纤维通过吸附由肠道微生物酶催化形成的游离型雌激素而减少血液中重新吸入雌激素的量，同时，水溶性膳食纤维又通过增加排便量而降低肠道内微生物酶的浓度，减少游离型雌激素的量，从而减少血液中重新吸入雌激素的量，并且降低雌激素扩散到组织中作用于靶器官的几率，故具有预防乳腺癌的功效（戚勃等，2006）。

3.3.4　预防肥胖

膳食纤维具有预防肥胖的生理功能，其主要原因有以下几个方面。首先，因为膳食纤维在大肠内发酵代谢产生的能量低于普通碳水化合物，因此摄入膳食纤维比摄入普通碳水化合物能量低；其次，膳食纤维能与部分脂肪酸结合，使脂肪酸通过消化道而不被吸收，从而减少机体对脂肪的吸收；再次，膳食纤维还具有吸水膨胀特性，摄入后易产生饱腹感，可抑制进食；最后，摄入膳食纤维能增加咀嚼时间，延缓进食速度从而可减少食物的摄入量。膳食纤维可通过抑制进食、降低脂肪和淀粉等高能量物质的吸收，减少食物的消化率、延缓胃排空时间而预防肥胖。

3.3.5　降血压

膳食纤维的化学结构中包含一些侧链基团如羟基、羧基、磺酸基和磷酸基等弱酸性阴离子，故能吸附肠道内的阳离子，具有阳离子结合与交换能力。因此，它能与胃肠道中的 Na^+、K^+ 进行交换，促使尿液和粪便中大量排出 K，Na，从而降低血液中的 Na/K 比，产生降低血压的作用。

3.3.6　抗氧化

膳食纤维具有抗氧化功能，膳食纤维的这一功能特性可延缓衰老，并在治疗心脑血管疾病和老年性痴呆等方面有独特的疗效（王红艳，2007）。通过酸法、微波法、超声波法、酶法等从花生壳中制备的水溶性膳食纤维具有铁还原力、钼还原力、清除 DPPH 自由基、超氧阴离子自由基和羟自由基等五种抗氧化活性（于丽娜等，2009；于丽娜等，

2010a)，因此，花生水溶性膳食纤维可以作为天然食品抗氧化剂或预防剂应用于功能食品中。

3.4 检测技术

随着对花生中膳食纤维研究的深入，对花生中膳食纤维含量的检测方法需求日益增加，而且膳食纤维的含量也是评价制备的膳食纤维纯度、功能特性等品质的重要指标。可用于检测花生中膳食纤维的方法有酶-重量法、酶-化学法、洗涤剂法和近红外光谱技术。

3.4.1 酶-重量法

酶-重量法是目前测定膳食纤维含量的最主要方法，用于测定总膳食纤维（TDF）、水溶性膳食纤维（SDF）和水不溶性膳食纤维（IDF）。酶-重量法于 20 世纪 80 年代在国外首先发展起来，目前已成为 AOAC 认可的分析方法，其中 AOAC 991.43 是国际公认的测定和评价标准。我国 GB/T 5009.88—2008 规定了食品中膳食纤维的测定方法，是对 AOAC 991.43《食品中总的、可溶性及不溶性膳食纤维的酶-重量测定法》进行了修改。以下对 GB/T 5009.88—2008 食品中膳食纤维的测定方法进行详细介绍。

(1)定义。膳食纤维是指植物的可食部分，不能被小肠消化吸收，对人体健康有意义，聚合度（degree of polymerization）≥3 的碳水化合物和木质素，包括纤维素、半纤维素、果胶、菊粉等。

(2)原理。取干燥试样，经 α-淀粉酶、蛋白酶和葡萄糖苷酶酶解消化，去除蛋白质和淀粉，酶解后样液用乙醇沉淀、过滤，残渣用乙醇和丙酮洗涤，干燥后物质称重即为总膳食纤维（total dietary fiber，TDF）残渣；另取试样经上述三种酶酶解后直接过滤，残渣用热水洗涤，经干燥后称重，即得不溶性膳食纤维（insoluble dietary fiber，IDF）残渣；滤液用 4 倍体积的 95％乙醇沉淀、过滤、干燥称重，得可溶性膳食纤维（soluble dietary fiber，SDF）残渣。以上所得残渣干燥称重后，分别测定蛋白质和灰分。总膳食纤维（TDF）、不溶性膳食纤维（IDF）和可溶性膳食纤维（SDF）的残渣扣除蛋白质、灰分和空白即可计算出试样中总的、不溶性和可溶性膳食纤维的含量。

本方法测定的总膳食纤维（total dietary fiber）是指不能被 α-淀粉酶、蛋白酶和葡萄糖苷酶酶解消化的碳水化合物，包括纤维素、半纤维素、木质素、果胶、部分回生淀粉、果聚糖及美拉德反应产物等；一些小分子（聚合度 3～12）的可溶性膳食纤维，如低聚果糖、低聚半乳糖、多聚葡萄糖（polydextrose）、抗性麦芽糊精和抗性淀粉等，由于能部分或全部溶解在乙醇溶液中，本方法不能够准确测量。

(3)试剂和材料。除特殊说明，本标准中实验室用水为二级水，电导率(25℃)≤0.01 mS/m，试剂为分析纯。

A. 95％乙醇(CH_3CH_2OH)：分析纯。

85％乙醇溶液(CH_3CH_2OH)：取 895 mL 95％乙醇置 1 L 容量瓶中，用水稀释至刻度，混匀。

78％乙醇溶液(CH_3CH_2OH)：取 821 mL 95％乙醇置 1 L 容量瓶中，用水稀释至刻度，混匀。

B. 热稳定 α-淀粉酶溶液：于 0～5℃冰箱储存。

C. 蛋白酶：用 MES-TRIS 缓冲液配成浓度为 50 mg/mL 的蛋白酶溶液，现用现配，于 0～5℃储存。

D. 淀粉葡萄糖苷酶溶液：于 0～5℃储存。

E. 酸洗硅藻土：取 200 g 硅藻土于 600 mL 的 2 mol/L 盐酸中，浸泡过夜，过滤，用蒸馏水洗至滤液为中性，置于 525℃±5℃马福炉中灼烧灰分后备用。

F. 重铬酸钾洗液：100 g 重铬酸钾（$K_2Cr_2O_7$），用 200 mL 蒸馏水溶解，加入 1 800 mL 浓硫酸混合。

G. MES：2-（N-吗啉代）乙烷磺酸（$C_6H_{13}NO_4S \cdot H_2O$）。

H. TRIS：三羟甲基氨基甲烷（$C_4H_{11}NO_3$）。

I. 0.05 mol/L MES-TRIS 缓冲液：称取 19.52 g MES 和 12.2 g TRIS，用 1.7 L 蒸馏水溶解，用 6 mol/L 氢氧化钠调 pH 至 8.2，加水稀释至 2 L。

J. 3 mol/L 乙酸（HAC）溶液：取 172 mL 乙酸，加入 700 mL 水，混匀后用水定容至 1 L。

K. 0.4 g/L 溴甲酚绿（$C_{21}H_{14}O_5Br_4S$）溶液：称取 0.1 g 溴甲酚绿于研钵中，加 1.4 mL 0.1 mol/L氢氧化钠研磨，直至完全溶解，用水稀释至 250 mL。

L. 石油醚：沸程 30～60℃。

M. 丙酮（CH_3COCH_3）。

（4）仪器。

A. 高型无导流口烧杯：400 mL 或 600 mL。

B. 坩埚：具粗面烧结玻璃板，孔径 40～60 μm（国产型号为 G2 坩埚）。坩埚预处理：坩埚在马福炉中 525℃灰化 6 h，炉温降至 130℃以下取出，于洗液中室温浸泡 2 h，分别用水和蒸馏水冲洗干净，最后用 15 mL 丙酮冲洗干净后风干。加入约 1.0 g 硅藻土，130℃烘至恒重。取出坩埚，在干燥器中冷却约 1 h，称重，记录坩埚加硅藻土质量，精确到 0.1 mg。

C. 真空装置：真空泵或有调节装置的抽吸器。

D. 振荡水浴：有自动“计时—停止”功能的计时器，控温范围（60 ±2）～（98 ±2 ）℃。

E. 分析天平：灵敏度为 0.1 mg。

F. 马福炉：能控温 525±5℃。

G. 烘箱：105℃，130±3℃。

H. 干燥器：二氧化硅或同等的干燥剂。干燥剂每两周 130℃烘干过夜一次。

I. pH 计：具有温度补偿功能，用 pH 4.0、7.0 和 10.0 标准缓冲液校正。

（5）分析步骤。

①样品制备：样品处理时若脂肪含量未知，膳食纤维测定前应先脱脂。

A. 将样品混匀后，70℃真空干燥过夜，然后置干燥器中冷却，干样粉碎后过 0.3～0.5 mm 筛。

B. 若样品不能受热，则采取冷冻干燥后再粉碎过筛。

C. 若样品中脂肪含量＞10％，正常的粉碎困难，可用石油醚脱脂，每次每克试样用

25 mL 石油醚，连续 3 次，然后再干燥粉碎。要记录由石油醚造成的试样损失，最后在计算膳食纤维含量是进行校正。

D. 若样品含糖量高，测定前要先进行脱糖处理。按每克试样加 85% 乙醇 10 mL 处理样品 2～3 次，40℃下干燥过夜。

粉碎过筛后的干样存放于干燥器中待测。

②试样酶解：每次分析试样要同时做 2 个试剂空白。

A. 准确称取双份样品（m_1 和 m_2）1.000 0 ±0.002 0 g，把称好的试样置于 400 mL 或 600 mL 高脚烧杯中，加入 pH 8.2 的 MES-TRIS 缓冲液 40 mL，用磁力搅拌直至试样完全分散在缓冲液中（避免形成团块，试样和酶不能充分接触）。

B. 热稳定 α-淀粉酶酶解：加 50 μL 热稳定 α-淀粉酶溶液缓慢搅拌，然后用铝箔将烧杯盖住，置于 95～100℃的恒温振荡水浴中持续振动，当温度升至 95℃开始计时，通常总反应时间 35 min。

C. 冷却：将烧杯从水浴中移出，冷却至 60℃，打开铝箔盖，用刮勺将烧杯内壁的环状物以及烧杯底部的胶状物刮下，用 10 mL 蒸馏水冲洗烧杯壁和刮勺。

D. 蛋白酶酶解：在每个烧杯中各加入（50 mg/mL）蛋白酶溶液 100 μL，盖上铝箔，继续水浴振摇，水温达到 60℃时开始计时，在 60 ±1℃条件下反应 30 min。

E. pH 值测定：30 min 后，打开铝箔盖，边搅拌边加入 3 mol/L 乙酸溶液 5 mL。溶液 60℃时，调 pH 约 4.5（以 0.4 g/L 溴甲酚绿为外指示剂）。

（注：一定要在 60℃时调 pH，温度低于 60℃ pH 升高。每次都要检测空白的 pH，若所测值超出要求范围，同时也要检查酶液的 pH 是否合适。）

F. 淀粉葡萄糖苷酶酶解：边搅拌边加入 100 μL 淀粉葡萄糖苷酶溶液，盖上铝箔，持续振摇，水温到 60℃时开始计时，在 60±1℃条件下反应 30 min。

③测定：A. 总膳食纤维的测定。a. 沉淀：在每份试样中，加入预热至 60℃的 95% 乙醇225 mL（预热以后的体积），乙醇与样液的体积比为 4∶1，取出烧杯，盖上铝箔，室温下沉淀1 h。b. 过滤：用 78% 乙醇 15 mL 将称重过的坩埚中的硅藻土润湿并铺平，抽滤去除乙醇溶液，使坩埚中硅藻土在烧结玻璃滤板上形成平面。乙醇沉淀处理后的样品酶解液倒入坩埚中过滤，用刮勺和 78% 乙醇将所有残渣转至坩埚中。c. 洗涤：分别用 78% 乙醇、95% 乙醇和丙酮 15 mL 洗涤残渣各 2 次，抽滤去除洗涤液后，将坩埚连同残渣在 105℃烘干过夜。将坩埚置于干燥器中冷却 1 h，称重（包括坩埚、膳食纤维残渣和硅藻土），精确至 0.1 mg。减去坩埚和硅藻土的干重，计算残渣质量。d. 蛋白质和灰分的测定：称重后的试样残渣，分别按 GB/T 5 009.5的规定测定氮(N)，以 N×6.25 为换算系数，计算蛋白质质量；按 GB/T 5 009.4 测定灰分，即在 525℃灰化 5 h，于干燥器中冷却，精确称量坩埚总质量（精确至 0.1 mg），减去坩埚和硅藻土质量，计算灰分质量。

B. 不溶性膳食纤维测定。a. 按②试样酶解中 A 称取试样，按②试样酶解进行酶解，将酶解液转移至坩埚中过滤。过滤前用 3 mL 水润湿硅藻土并铺平，抽去水分使坩埚中的硅藻土在烧结玻璃滤板上形成平面。b. 过滤洗涤：试样酶解液全部转移至坩埚中过滤，残渣用 70℃热蒸馏水 10 mL 洗涤 2 次，合并滤液，转移至另一 600 mL 高脚烧杯中，备测可溶性膳食纤维。残渣分别用 78% 乙醇、95% 乙醇和丙酮 15 mL 各洗涤 2 次，抽滤去除洗涤液并按③测定中 A 的 c 洗涤干燥称重，记录残渣质量。c. 按③测定中 A 的 d 测定蛋白质和灰分。

C. 可溶性膳食纤维测定。a. 计算滤液体积：将不溶性膳食纤维过滤后的滤液收集到 600 mL高型烧杯中，通过称“烧杯＋滤液”总质量、扣除烧杯质量的方法估算滤液的体积。b. 沉淀：滤液加入 4 倍体积预热至 60℃的 95%乙醇，室温下沉淀 1 h。以下测定按③测定中 A 总膳食纤维的测定的 b 至 d 步骤进行。

(5)结果计算。

空白的质量按式(1)计算：

$$m_B=\frac{m_{BR_1}+m_{BR_2}}{2}-m_{P_B}-m_{A_B} \tag{1}$$

式中：

m_B——空白的质量，单位为毫克(mg)；

m_{BR_1} 和 m_{BR_2}——双份空白测定的残渣质量，单位为毫克(mg)；

m_{PB}——残渣中蛋白质质量，单位为毫克(mg)；

m_{AB}——残渣中灰分质量，单位为毫克(mg)。

膳食纤维的含量按式(2)计算：

$$X=\frac{[(m_{R_1}+m_{R_2})/2]-m_P-m_A-m_B}{(m_1+m_2)/2}\times 100\% \tag{2}$$

式中：

X——膳食纤维的含量，单位为克每百克(g/100 g)；

m_{R_1} 和 m_{R_2}——双份试样残渣的质量，单位为毫克(mg)；

m_P——试样残渣中蛋白质的质量，单位为毫克(mg)；

m_A——试样残渣中灰分的质量，单位为毫克(mg)；

m_B——空白的质量，单位为毫克(mg)；

m_1 和 m_2——试样的质量，单位为毫克(mg)。

计算结果保留到小数点后两位。

总膳食纤维(TDF)、不溶性膳食纤维(IDF)、可溶性膳食纤维(SDF)均用式(2)计算。

酶-重量法具有操作简便，可同时测定总膳食纤维、不溶性膳食纤维和可溶性膳食纤维的优点，在膳食纤维的测定中应用非常广泛，但酶-重量法不能测出聚合度在 3～12 的一些可溶性膳食纤维，如菊糖、聚葡萄糖、抗性糊精、抗性寡糖等低分子质量膳食纤维，因为它们在 78%乙醇溶液中可部分或全部溶解，这会导致测定结果偏低(阴文娅，2005)。为了提高酶-重量法测定的准确性和精度，可通过研究开发出尽可能完全除去蛋白质、脂肪、淀粉等物质的试剂、酶和方法，同时尽可能准确地模拟人体消化系统的条件。

3.4.2 酶-化学法

酶-化学法最早由 Southgate 于 1969 年提出，主要是从化学分析角度入手，通过测定膳食纤维的每一具体组成含量得到膳食纤维的总量。酶-化学法与酶-重量法不同的是可定量地测定其中每一种中性糖和总的酸性糖(糖醛酸)，还可单独测定木质素，但由于化学法受仪器设备的制约，不适用于常规的膳食纤维分析。酶-化学法的方法主要有酶-显色法、酶-气相色谱法、酶-高效液相色谱法等。酶-化学法的原理是先将样品进行酶解、酸水解处理后，采用比色、GLC 或 HPLC 测定其水解成分的组成和含量。酶-化学法具有操作灵活、信息量丰富等特点，不仅可以进行膳食纤维含量的测定，还可进行组成与结构的相关研究。

虽然酶-化学法检测结果详细准确，但是是建立在把膳食纤维定义为非淀粉多糖的基础上，不能进行多酚化合物、纤维醇等膳食纤维含量的测定，而且费时、操作难度大，不太适合于常规膳食纤维的检测分析，已逐渐被酶-重量法代替，但与 AOAC 法相比，能提供更详细的单糖组成的数据，在营养学方面具有重要的意义，而且对于深入研究不同类型膳食纤维结构对生理功能影响的差异也有指导意义。

3.4.3 洗涤剂法

洗涤剂法是利用酸、碱和洗涤剂等的作用最大限度地将样品中的蛋白质与淀粉等可消化成分除去，而同时又不破坏样品中非淀粉碳水化合物与木质素(膳食纤维)，洗涤剂处理后的残渣与灰分的差值即为"洗涤剂纤维"。由于所用溶剂和提取条件的不同，洗涤剂法又可分为中性洗涤剂纤维(NDF)和酸性洗涤剂纤维(ADF)的分析方法(柴巍中，2003)，NDF 是经过中性洗涤剂(主要成分通常为十二烷基硫酸钠)浸提后的残留物，主要成分为纤维素、半纤维素、木质素、角质和二氧化硅等。ADF 是将样品经酸性洗涤剂(主要成分为十六烷三甲基溴化铵)消化后测得的纤维。中性洗涤剂法可有效地去除细胞间的蛋白质，测定水不溶性膳食纤维结果重复性高、适用性广、费用低，其主要缺点为只能测定不溶性膳食纤维，不能测定水溶性膳食纤维，同时也不能完全去除淀粉，且过滤困难(王彦玲等，2007)。我国 GB/T 5009.88—2008 食品中膳食纤维的测定规定了采用中性洗涤剂法测定食品中不溶性膳食纤维的方法，以下进行详细介绍：

(1)原理。在中性洗涤剂的消化作用下，试样中的糖、淀粉、蛋白质、果胶等物质被溶解除去，不能消化的残渣为不溶性膳食纤维，主要包括纤维素、半纤维素、木质素、角质和二氧化硅等，还包括不溶性灰分。

(2)试剂。①无水硫酸钠；②石油醚：沸程 30～60℃；③丙酮；④甲苯；⑤中性洗涤剂溶液：将 18.61 g EDTA 二钠盐和 6.81 g 四硼酸钠(含 10 H_2O)置于烧杯中，加水约 150 mL，加热使之溶解，将 30 g 月桂基硫酸钠(化学纯)和 10 mL 乙二醇独乙醚(化学纯)溶于约 700 mL 热水中，合并上述两种溶液，再将 4.56 g 无水磷酸氢二钠溶于 150 mL 热水中，再并入上述溶液中，用磷酸调节上述混合液至 pH 6.9～7.1，最后加水至 1 000 mL；⑥磷酸盐缓冲液：由 38.7 mL 0.1 mol/L 磷酸氢二钠和 61.3 mL 0.1 mol/L 磷酸二氢钠混合而成，pH 为 7.0；⑦2.5% α-淀粉酶溶液：称取 2.5 g α-淀粉酶(美国 sigma 公司，VI-A 型，产品号 6880)溶于 100 mL、pH 值 7.0 的磷酸盐缓冲溶液中，离心、过滤，滤过的酶液备用；⑧耐热玻璃棉(耐热 130℃，美国 Corning 玻璃厂出品，PYREX 牌。其他牌号也可，但要耐热并不易折断的玻璃棉)。

(3)仪器。①实验室常用设备；②烘箱：110～130℃；③恒温箱：37℃±2℃；④纤维测定仪；⑤如没有纤维测定仪，可由 A. 电热板：带控温装置。B. 高型无嘴烧杯：600 mL。C. 坩埚式耐热玻璃滤器：容量 60 mL，孔径 40～6 μm。D. 回流冷凝装置。E. 抽滤装置：由抽滤瓶、抽滤垫及水泵组成。

(4)分析步骤。①试样的处理。A. 粮食:试样用水洗 3 次,置 60℃烘箱中烘去表面水分,磨粉,过 20～30 目筛(1 mm),储于塑料瓶内,放一小包樟脑精,盖紧瓶塞保存,备用。B. 蔬菜及其他植物性食品:取其可食部分,用水冲洗 3 次后,用纱布吸去水滴,切碎,取混合均匀的样品于 60℃烘干,称量并计算水分含量,磨粉;过 20～30 目筛,备用。或鲜试样用纱布吸取水滴,打碎、混合均匀后备用。

②测定。A. 准确称取试样 0.5～1.00 g,置高型无嘴烧杯中,若试样脂肪含量超过 10%,需先去除脂肪,例如 1.00 g 试样,用石油醚(30～60℃)提取 3 次,每次 10 mL。B. 加 100 mL 中性洗涤剂溶液,再加 0.5 g 无水亚硫酸钠。C. 电炉加热,5～10 min 内使其煮沸,移至电热板上,保持微沸 1 h。D. 于耐热玻璃滤器中,铺 1～3 g 玻璃棉,移至烘箱内,110℃烘 4 h,取出置干燥器中冷至室温,称量,得 m_1(准确至小数点后 4 位)。E. 将煮沸后试样趁热倒入滤器,用水泵抽滤。用 500 mL 热水(90～100℃),分数次洗烧杯及滤器,抽滤至干。洗净滤器下部的液体和泡沫,塞上橡皮塞。F. 于滤器中加酶液体,液面需覆盖纤维,用细针挤压掉其中气泡,加数滴甲苯,上盖表玻皿,37℃恒温箱中过夜。G. 取出滤器,除去底部筛子,抽滤去酶液,并用 300 mL 热水分数次洗去残留酶液,用碘液检查是否有淀粉残留,如有残留,继续加酶水解,如淀粉已除尽,抽干,再以丙酮洗 2 次。H. 将滤器置烘箱中,110℃烘 4 h,取出,置干燥器中,冷至室温,称量,得 m_2(准确至小数点后 4 位)。

(5)结果计算。

$$X=\frac{m_2-m_1}{m}\times 100 \tag{3}$$

式中:

X——试样中不溶性膳食纤维的含量(%);

m_2——滤器加玻璃棉及试样中纤维的质量,单位为克(g);

m_1——滤器加玻璃棉的质量,单位为克(g);

m——样品的质量,单位为(g)。

计算结果保留到小数点后两位。

由于洗涤剂法还存在着不能测定可溶性膳食纤维以及精确度和准确度不高等缺点,可对其进行改进。醇不溶纤维提取法 AIR 和冷中性洗涤剂纤维提取法是著名的两种改进方法。AIR 法(Selvendran et al.,1994)是用甲醇除去水溶性糖,用乙醚或丙酮对样品进行脱脂,通过葡萄糖淀粉酶酶解除去淀粉,再用热水提取残留物后,用硫酸水解提取物即得水溶性非纤维素多糖。该法易于操作,比较适宜于测定淀粉和蛋白质含量不太多的果蔬类样品中的膳食纤维含量。冷中性洗涤剂纤维提取法(CNDF)是一种比较完善的膳食纤维提取方法,具有提取条件温和、提取率高、分离时损失少等诸多优点(Selvendran et al.,1980)。我国学者近年来对 CNDF 法进行了改进研究,增强了 CNDF 法的实用性和方便性,而且膳食纤维的测定结果更科学、准确(郑建仙等,1997;潘英明等,2002)。

3.4.4 近红外光谱技术

近红外光(NIR)是指介于可见光(VIS)和中红外光(MIR)之间的电磁波,近红外光谱的波长范围为780～2 526 nm。近红外光谱的检测原理是利用近红外光谱与有机分子中含氢基团(CH,OH,NH,SH)振动的合频与各级倍频的吸收一致,通过扫描样品的近红外光谱即可以得到样品中有机分子含氢基团的特征信息。目前,膳食纤维的组成及含量的检测主要采用酶-重量法和酶-化学法等分析方法,传统膳食纤维检测方法虽然准确度较高,但操作步骤繁琐,且费时、费工、费试剂,还会破坏样品,不能适应大批量样品的筛选鉴定,而近红外光谱技术分析样品具有方便、快速、高效、准确、操作简单、稳定性好、无污染、成本低、不破坏样品,不消耗化学试剂、可以透过包装进行测定以及可以实时检测等诸多优点,因此利用近红外光谱技术检测膳食纤维已成为膳食纤维检测的新研究热点。现已经可利用近红外光谱法测定豆粕中粗纤维的含量,证明近红外法可以替代化学法进行豆粕中粗纤维的检测(张璐等,2003)。

目前,由于近红外光谱技术发展尚未发展成熟,在膳食纤维测定中也存在一定的局限性,需要不断进行改进。首先,近红外谱带吸收较弱,灵敏度相对较低。这就限制了近红外光谱技术在低膳食纤维含量样品检测中的应用,故待测样品的膳食纤维含量一般应大于1%。今后需进一步提高光电技术,通过增大光谱信号强度,来扩大近红外光谱的检出范围。其次,近红外光谱有不同级别的倍频吸收及不同形式组合的合频吸收,谱带复杂,信息丰富,有用信息会被大量的无效信息掩盖,因此要加强研发近红外光谱的特征信息提取和处理技术。最后,如果待测样品集在时间和空间上有新的变化,之前建立的数学模型已不适合此新条件,需要对模型进行不断维护和优化(庄小丽等,2006)。

3.5 制备工艺与技术

根据花生膳食纤维在水中的溶解性不同,可分为水溶性膳食纤维和水不溶性膳食纤维,由于不同溶解性质的膳食纤维具有不同的理化性质,因此需采用不同的方法进行制备。

3.5.1 水溶性膳食纤维的制备

花生膳食纤维中功能活性较高的部分为水溶性膳食纤维,研究花生中水溶性膳食纤维的制备方法非常重要。目前,水溶性膳食纤维的提取方法主要有酸水解法、复合酶法、膜过滤法、超声波法、微波法、微生物固态发酵法等几种方法。

3.5.1.1 酸水解法

酸水解法是提取花生中水溶性膳食纤维较为简单的方法,目前比较常用于花生壳中水溶性膳食纤维的制备研究。将花生壳经一定的酸处理后,水溶性膳食纤维被水解下来,抽滤后将滤液浓缩、醇沉、干燥后即得水溶性膳食纤维产品,不溶性的滤渣可作为水不溶性膳食纤维制备的原料。

花生壳水溶性膳食纤维酸水解法制备的最佳工艺条件是:提取剂选用柠檬酸、温度90℃、柠檬酸质量分数 w(柠檬酸)=3%、料液比 v(提取液) : m(原料)=12 : 1、时间120 min,在此条件下水溶性膳食纤维的提取率为7.36%,非淀粉性多糖的质量分数为45.40%。随着酸提取次数的增加,水溶性膳食纤维的得率增大,三次酸提法制备的花生壳水溶性膳食纤维得率显著高于一次酸提法。工艺流程:花生壳→清洗→干燥→粉碎→过筛→提取液处理→抽滤→滤液→浓缩→无水乙醇→沉淀→离心→沉淀→干燥→产品

(于丽娜等,2008;于丽娜等,2009)。

3.5.1.2 复合酶法

复合酶法是通过选用蛋白酶、淀粉酶、纤维素酶三种或多种酶复合使用制备花生水溶性膳食纤维的方法。由于花生原料成分复杂,若单一使用某种酶,提取率低,提取效果不理想,而使用复合酶可以同时酶解花生原料的不同成分,提高得率和纯度。

复合酶法制备花生壳水溶性膳食纤维选用的复合酶为木瓜蛋白酶、α-淀粉酶和纤维素酶。先用木瓜蛋白酶和 α-淀粉酶预处理花生壳粉原料,然后再用纤维素酶酶解花生壳制备水溶性膳食纤维。复合酶法制备花生壳水溶性膳食纤维的最佳工艺条件为:经过木瓜蛋白酶和 α-淀粉酶预处理的花生壳粉在 pH 值为 5.2,0.5 mg/mL 的纤维素酶液中,45℃恒温水解 4.0 h,酶解液再经乙醇沉淀、离心、干燥得到水溶性膳食纤维产品。复合酶酶解花生壳制备水溶性膳食纤维的酶解率可达 19.80%,制备的水溶性膳食纤维中非淀粉多糖的百分含量为 38.32%。工艺流程:花生壳粉预处理原料→纤维素酶液→抽滤(滤渣)→花生壳粉预处理原料→缓冲溶液→抽滤(滤渣)→一半质量花生壳粉预处理原料→一半浓度纤维素酶液→抽滤→滤渣称重→三次滤液浓缩→乙醇沉淀→抽滤→沉淀沸水溶解→离心→上清液浓缩→乙醇沉淀→抽滤→沉淀干燥→SDF 产品(于丽娜等,2010b)。

3.5.1.3 膜过滤法

膜过滤法是利用高科技的膜分离技术,根据不同膜孔径大小有差异而截留不同分子质量膳食纤维的分离提取方法,是制备水溶性膳食纤维的有效方法。膜过滤法能通过改变膜的截留分子质量来制备不同分子质量的膳食纤维,可有效避免了化学分离法的有机溶剂残留和对膳食纤维结构造成的破坏,而且膜过滤法操作简便、产品纯度高,但缺点是不能制备水不溶性膳食纤维,而且对设备要求较高,膜使用前后的清洗维护也较为复杂(陈菲菲等,2008)。花生水溶性膳食纤维的制备方法中尚未有采用膜分离法的报道,今后在采用该法进行制备研究时,可选用不同孔径的膜分离出不同分子质量的水溶性膳食纤维。

3.5.1.4 超声波法

超声波法单独用于制备花生壳水溶性膳食纤维的得率低,需要与酸水解法相结合,提高得率。已有学者采用超声波法制备花生壳水溶性膳食纤维的文献报道。花生壳在提取前需进行酸水解预处理,取一定量的花生壳粉原料,加入 3%的柠檬酸溶液,在 90℃恒温水浴中振荡提取 15 min,再超声处理 15 min,超声处理的工作条件是:超声频率为 40 kHz,超声波功率为 150 W,常温,之后水浴和超声交替处理四次共 2 h,将反应器中的提取混合物抽滤,保留滤液。抽滤后的滤渣再重复超声处理,具体为再加入柠檬酸溶液,后用水浴和超声交替处理 4 次,超声波处理工作条件不变,抽滤,合并两次抽滤液即为提取液。提取液经真空旋转蒸发得到浓缩液,在浓缩液中加入 4 倍体积的无水乙醇,沉淀过夜。将无水乙醇沉淀的混合液抽滤,滤渣于 60℃干燥,粉碎后即得到超声提取法的水溶性膳食纤维样品。采用超声波法可提高制备花生壳水溶性膳食纤维的得率(于丽娜等,2009)。

3.5.1.5 微波法

采用微波法制备花生膳食纤维的原料有花生壳和花生茎，由于花生壳和花生茎结构紧密，单独使用微波法制备效果不佳，常采用微波辅助柠檬酸水解制备花生壳和花生茎中的水溶性膳食纤维。

以花生壳为原料，采用微波法制备水溶性膳食纤维的最佳工艺条件为：柠檬酸质量分数为5%、料液比为1∶20、微波功率为320 W、处理时间为30 s，此时制备的花生壳水溶性膳食纤维得率为17.25%。所得水溶性膳食纤维具有良好的持水性、溶胀性、结合水力和一定的阳离子交换能力，是一种优质膳食纤维。工艺流程：花生壳粉末→水浴振荡提取（柠檬酸溶液）→微波提取→抽滤→滤液→真空旋转蒸发→浓缩液→4倍体积无水乙醇→沉淀过夜→抽滤→滤渣→干燥→水溶性膳食纤维产品（温志英等，2011）。

以花生茎为原料，采用微波法制备水溶性膳食纤维的最佳工艺条件：浸泡时间55 min、微波时间4 min、微波功率800 W、微波温度90℃、料液比1∶14，此工艺条件下制备的花生茎水溶性膳食纤维的得率达到6.0%，NSP含量为94.68%，水溶性膳食纤维的综合评分达65.12%。制得的水溶性膳食纤维产品为浅黄色，无其他异味，有淡糖香味。开发从花生茎中提取水溶性膳食纤维，可提高花生茎的附加值，避免资源浪费与环境污染，增加花生产业的经济效益（李红霞等，2010）。

用微波法制备花生壳中水溶性膳食纤维所需的微波功率和微波时间均低于从花生茎中制备的水溶性膳食纤维，而且最终制备的水溶性膳食纤维得率为17.25%，显著高于花生茎中水溶性膳食纤维的得率6.0%，由此可见，采用微波法制备水溶性膳食纤维，以花生壳为原材料优于花生茎。

3.5.1.6 微生物固态发酵法

现在采用微生物发酵产酶进行功能性物质的提取已成一种趋势，微生物固态发酵法具有设备投资少、操作成本低、以农副产品为原料、易推广等诸多优点。

以花生壳为原料，采用黑曲霉固态发酵法制备水溶性膳食纤维的最佳工艺条件为：培养温度27℃、菌龄2.9 d、接种量16 mL、培养时间9.1 d，在此条件下黑曲霉发酵液水解花生壳酶解率达11.03%，水溶性膳食纤维中已糖的聚合度为152.71%，制备的水溶性膳食纤维产品为淡黄色，有清淡的糖香味。具体操作为将8 g经预处理的花生壳粉灭菌后，无菌条件下加入黑曲霉，在21～33℃条件下生长7～11 d。加入75～100 mL的水后，在45℃水浴中振荡培养4 h，抽滤，保留滤液，即发酵液。发酵液灭菌后，真空旋转蒸发浓缩，在浓缩液中加入4倍体积无水乙醇，静置过夜，抽滤，滤液浓缩后再加4倍体积无水乙醇，抽滤，将两次沉淀收集并溶于沸水中，离心，上清液浓缩后加4倍体积无水乙醇、抽滤，沉淀干燥即得到由黑曲霉固态发酵花生壳粉制备的水溶性膳食纤维（李红霞等，2010）。

3.5.2 水不溶性膳食纤维的提取

花生中水不溶性膳食纤维的制备方法主要有碱液浸提法、酸碱结合法和复合酶法。

3.5.2.1　碱液浸提法

碱液浸提法可用于制备花生壳和花生粕中的水不溶性膳食纤维，由于花生壳中膳食纤维含量丰富，所以以花生壳为原料制备的水不溶性膳食纤维得率显著高于以花生粕为原料。由于碱液浸提法为化学分离方法，制备的水不溶性膳食纤维呈黄褐色，如若添加到面包、面条中，色泽较暗，不美观，因此还需增加脱色工艺。碱液浸提法制备花生壳和花生粕水不溶性膳食纤维的工艺条件和得率见表 5-3-2。

表 5-3-2　碱液浸提法工艺条件和得率

原料	NaOH 浓度	温度(℃)	时间(h)	得率(%)
花生壳	1 mol/L	40	4	66.9
花生壳	4%	50	4	95.6
花生粕	15%	40	0.5	34.20

采用 1 mol/L NaOH 溶液，温度 40℃，浸提花生壳 4 h，然后在 pH 为 12，6% H_2O_2 溶液，温度 40℃，脱色 6 h。此工艺条件下制备的花生壳水不溶性膳食纤维呈淡黄色，气味淡，得率为 66.9%，其膨胀力高达 5.73 mL/g，持水力为 615.86%。工艺流程：花生壳→预处理→干燥(105℃鼓风干燥)→粉碎→过筛→NaOH 水解→洗滤→HCl 水解→洗滤→H_2O_2 脱色→过滤、充分洗涤→干燥(105℃鼓风干燥)→粉碎→过筛→成品(陈姗姗等，2006)。

采用浓度为 4%的 NaOH 溶液，温度 50℃反应时间 4 h，浸提花生壳，然后在 pH 为 10.0的条件下，用浓度为 6%的 H_2O_2，于 6℃脱色 2.5 h，可制得淡黄色的花生壳水不溶性膳食纤维，得率为 95.6%，此膳食纤维中蛋白质含量可降至 1.68%。工艺流程：花生壳→预处理→干燥(80℃→粉碎→过筛(60 目)→脱脂→NaOH 水解→漂洗至中性→脱色→过滤→烘干(80℃)→粉碎→过筛(100 目)→膳食纤维成品(吴丽萍，2008)。

洪瑶等(2009)以花生粕为原料，采用碱液浸提法制备水不溶性膳食纤维的最佳工艺条件为：NaOH 浓度 15%，40℃浸提 50 min，制得的水不溶性膳食纤维得率为 34.20%。工艺流程：花生粕→NaOH 处理→过滤→滤渣→水洗至中性→水不溶性膳食纤维产品。

虽然碱液浸提法制备花生粕水不溶性膳食纤维的得率低于花生壳，但是可以通过优化碱液浸提工艺以及增加碱液浸提前花生壳的前处理来增加碱液浸提法制备花生粕水不溶性膳食纤维的得率。而且花生粕中的主要成分为粗蛋白，其粗纤维的含量远低于花生壳中，如若将制备完花生蛋白的花生粕用于制备水不溶性膳食纤维，则可增加副产物的利用率，提高经济效益。

3.5.2.2　酸碱结合法

酸碱结合法是将碱液浸提和酸水解处理相结合制备水不溶性膳食纤维的方法，主要原料有花生壳和花生麸。由于酸碱结合法在碱液浸提后增加酸水解工艺，所以制备的膳食纤维得率和纯度略高于碱液浸提法，而且在制备过程中还可减少碱液浸提的时间。酸碱结合法制备花生水不溶性膳食纤维的具体条件见表 5-3-3。

表 5-3-3 酸碱结合法制备水不溶性膳食纤维的工艺参数和得率

原料	碱处理（NaOH）	碱处理时间	碱处理温度（℃）	酸处理	酸处理时间	酸处理温度（℃）	得率（%）
花生麸	pH＝12	50 min	—	HCl(pH＝2)	90 min	—	67.4
花生壳	4%	30 min	40	HCl	90 min	60	86.44
花生壳	1 mol/L	4 h	40	酸性洗涤剂	3 h	70	75.8

以脱脂花生麸为原料，先用 pH＝12 的 NaOH 溶液浸泡 50 min，过滤，水洗至中性后再用 pH＝2 的盐酸溶液浸泡 90 min，洗至中性，过滤，烘干，磨细即得花生麸水不溶性膳食纤维。酸碱结合法制备花生麸水不溶性膳食纤维的得率为 67.4%，制得的水不溶性膳食纤维持水力为 3.25 g/g，膨胀力分别为 3.59 mL/g(潘英明等，2005)。

采用酸碱结合法制备花生壳水不溶性膳食纤维，碱处理一般选用 NaOH，酸处理可选用 HCl 或其他酸性洗涤剂。

以 NaOH 和 HCl 为酸、碱试剂的酸碱结合法制备花生壳水不溶性膳食纤维的最佳工艺条件是：质量分数为 4%的 NaOH 溶液 60 mL 在 40℃水浴中处理 3 g 花生壳粉 30 min，抽滤、水洗至中性后加入 60 mL HCl 溶液，在 60℃水浴中处理 90 min，抽滤，水洗至中性，干燥即得花生壳水不溶性膳食纤维产品。此工艺条件下制备的水不溶性膳食纤维产品为米黄色，气味较好，得率为 86.44%，纯度为 91.13%。工艺流程为：花生壳→清洗→干燥→粉碎→过筛→提取 SDF→干燥粉碎→碱液提取→抽滤洗涤→酸液提取→抽滤洗涤→干燥→IDF 产品(于丽娜等，2010c)。

酸碱结合法制备花生壳水不溶性膳食纤维还可采用酸性洗涤剂作为酸处理试剂，制备的最佳工艺条件为：1 mol/L NaOH 溶液，在 40℃下浸提 40 目大小的花生壳颗粒 4 h，抽滤，水洗至中性后向滤渣中按料液比 1∶25 加入酸性洗涤剂（28 mL 硫酸，1 000 mL 蒸馏水，10 g 十六烷基三甲基溴化铵混合)，于 70℃，浸提时间 3 h。此工艺制备的水不溶性膳食纤维的得率为 75.8%，呈淡黄色、多孔疏松纤维状粉末，其膨胀力为 3.20 mL/g，持水力达到 399.15%，具有良好的功能特性。工艺流程为：花生壳→清洗→干燥→粉碎→过筛→NaOH 浸提→抽滤→洗涤→酸性洗涤剂浸提→抽滤→洗涤→H_2O_2 处理→抽滤→干燥(105℃，3 h)→产品(冯郁蔺等，2011)。

花生壳中纤维含量丰富，因此酸碱结合法制备花生壳水不溶性膳食纤维的得率高于花生麸，而且以盐酸为酸处理试剂制备的水不溶性膳食纤维得率和纯度均高于以酸性洗涤剂为酸处理试剂制备的水不溶性膳食纤维得率和纯度，并且大幅缩短了处理时间，所以，采用酸碱结合法制备花生水不溶性膳食纤维以花生壳为原料最佳，选用 NaOH 和 HCl 为处理试剂，既可得到高纯度高得率水不溶性膳食纤维，还可缩减制备时间，提高资源利用率。由于花生壳中的杂质主要为蛋白质等碱溶性物质，因此酸碱结合法中碱处理的影响大于酸处理，如若要提高酸碱结合法制备花生壳水不溶性膳食纤维的得率，可通过优化碱处理工艺实现。

3.5.2.3 复合酶法

复合酶法是采用两种或两种以上酶除去原料中的蛋白质、脂肪、还原糖、淀粉等，制备膳食纤维的方法。与常用的制备花生膳食纤维的酸水解、碱水解等化学方法相比,复合酶法制备的膳食纤维纯度较高,因为化学法不能彻底除去膳食纤维中的蛋白质和淀粉等杂质。复合酶法常采用的酶主要包括纤维素酶、半纤维素酶、淀粉酶、蛋白酶、阿拉伯聚糖酶等。复合酶法具有提取条件温和、节约能源、操作方便、不使用酸碱制剂有利于保护环境等诸多优点(李来好等,2005)。

复合酶法制备花生水不溶性膳食纤维的原料有花生壳和花生粕。以花生壳为原料,采用木瓜蛋白酶和纤维素酶双酶降解法制备水不溶性膳食纤维的最佳工艺条件为:纤维素酶用量 0.4%,木瓜蛋白酶用量 0.4%,pH 为 6.0 条件下,50℃酶解 2.5 h,此条件下蛋白质水解率可达到 70.2%,花生壳水不溶性膳食纤维的得率达 81.5%。此条件下制得的花生壳膳食纤维持水力为 3.94 g/g,膨胀力为 5.05 mL/g,结合水力为 2.87 g/g,是生理活性良好的膳食纤维。由于纤维素酶和木瓜蛋白酶复合使用,既能克服单独使用纤维素酶导致除蛋白效果不佳的缺点,也能克服化学方法使半纤维素降解破坏的缺点,从而可制备出纯度高、生理活性良好的膳食纤维。工艺流程:花生壳→预处理→纤维素酶、蛋白酶水解→高温灭酶→过滤→脱色→漂洗,过滤→干燥→粉碎过筛(100 目)→成品(吴丽萍,2008)。

选用 α-淀粉酶和木瓜蛋白酶为复合酶,制备花生粕水不溶性膳食纤维的最佳工艺条件为:α-淀粉酶添加量 2%,pH 4.0,温度 60℃,时间 30 min;木瓜蛋白酶添加量 11%,pH 7.0,温度 80℃,时间 2 h,此工艺条件下制备的花生粕不溶性膳食纤维的得率为 37.72%。工艺流程:花生粕→干燥→粉碎→过筛→脱脂→糊化→酶解淀粉→灭活→酶解蛋白质→灭活→水洗→过滤→干燥→水不溶性膳食纤维(陈辉等,2011)。

花生壳和花生粕成分不同,需选用不同的复合酶进行酶解,由于花生壳中粗纤维含量多,因此复合酶法制备的花生壳不溶性膳食纤维的得率高达 81.5%,远高于花生粕不溶性膳食纤维的得率 37.72%,而且酶解花生壳的复合酶添加量远小于酶解花生粕中复合酶的添加量,只是酶解时间长于后者。故采用复合酶法制备花生水不溶性膳食纤维,从经济节约和得率综合考虑,以花生壳为原料最佳。

3.6 应用与开发前景

3.6.1 应用现状

花生膳食纤维与其他膳食纤维一样,可作为添加剂添加到各种食品制品中,改善食品的感官品质和营养功能,花生膳食纤维的应用目前主要有应用于乳制品、肉制品、饮料制品、焙烤食品和其他食品中。

3.6.1.1 乳制品

在奶粉、发酵酸奶、风味乳饮料、乳酸菌饮料和冰淇淋等乳制品中添加水溶性膳食纤维,能够改善乳制品的口感,提高贮藏稳定性,且不会与乳制品中的任何成分发生对人体不利的理化反应,长期饮用还能起到舒缓肠道,防治便秘,降低胆固醇,调节血脂、血糖等功效。在乳酸菌饮料中添加膳食纤维,还能作为活性菌的营养源以保持其活性,使产品货架期延长,增强乳制品良好的口感和风味(Dello et al.,2004)。将从花生麸中制备的花生水溶性膳食纤维添加到冰激凌中,可起到稳定剂的作用,而且水溶性膳食纤维可以明显改善油脂和含油脂固体微粒的分散度及冰淇淋的口感、内部结构和外观形态，也能提高冰淇淋的分散稳定性和抗融化等（冯志平等，2009）。此外，水溶性膳食纤维还能防止冰淇淋中乳糖冰晶体的生成。

3.6.1.2 肉制品

目前，在火腿肠、香肠、肉脯等肉制品中添加膳食纤维在生产中已得到应用。在香肠中添加膳食纤维是利用了膳食纤维的持水性和吸水膨胀性等特点，可增加水的可塑性，对肉馅在结构组织上起支撑作用，同时还可改善肉的韧度和组织结构。在肉脯中添加膳食纤维则是利用了膳食纤维持水性、持油性、烘烤后不失水等特点，改善肉脯制品的质地，使其变得柔润，同时，可提高肉脯制品的出品率和降低成本。此外，由于膳食纤维具有降血脂、调节血糖等生理功能，在肉制品中添加后可增加肉制品的一些生理功能，适合高血脂、糖尿病等患者食用，拓宽了消费人群。

3.6.1.3 饮料

在饮料制品中添加水溶性膳食纤维，一方面由于膳食纤维独特的理化性质，可以起到使饮料中的微粒分布均匀，不易产生沉淀和分层现象，提高饮料制品的稳定性和分散性的作用；另一方面，由于膳食纤维的诸多生理功能特性，饮用后可增加饱腹感，从而使饮用者减少其他热量物质的摄入量，可起到助控减肥的功效，而且坚持长期饮用，还可起到舒缓肠道、降低胆固醇、调节血糖、血脂等诸多功效。将以花生麸为原料制备的花生水溶性膳食纤维添加到果粒橙汁饮料中，可以很好地改善饮料中果肉在贮藏期间的稳定性，不易出现分层和果肉沉淀现象，而且还能改善果粒橙汁饮料的口感，研究结果发现，添加0.5%的花生水溶性膳食纤维即可使果粒橙汁保持良好的稳定性，而且还不会给果粒橙汁的滋味和口感带来负面影响（冯志平，2009）。

3.6.1.4 焙烤食品

膳食纤维在应用于焙烤制品中主要添加于面包、蛋糕和饼干等。由于膳食纤维具有良好的持水能力，添加后可增加焙烤制品的含水量，改善其组织结构和口感，且能防止在货架期内失水变硬。而且，膳食纤维在焙烤过程中能与制品中的其他成分发生美拉德反应，赋予制品金黄色泽，改善焙烤食品的感官品质。面包中添加膳食纤维后，能显著改善面包的蜂窝组织、口感和色泽，强化面包中膳食纤维的含量及改善面包的营养品质。在蛋糕中添加膳食纤维，可保持蛋糕体积不塌陷和保鲜，延长产品货架期。可在焙烤饼干中大量添加膳食纤维，制作膳食纤维保健饼干。

3.6.1.5 其他食品

膳食纤维除应用于以上几种食品中，还可添加于婴幼儿食品，因为婴幼儿在断乳后体内双歧杆菌数量骤减，会导致腹泻、厌食、发育迟缓，营养成分吸收利用率低等现象，在婴幼儿食品中添加水溶性膳食纤维，可以提高婴幼儿对营养素的利用率和促进对钙、铁、锌等微量元素的吸收。此外，由于膳食纤维具有调节血糖、降血压、降低胆固醇、助控减肥、抗癌抗氧化等诸多生理功能，也可直接将膳食纤维制成保健食品、休闲食品或减肥食品等，供糖尿病、高血压、高血脂、肥胖病等患者和健康人群直接食用，因为每日摄入一定量的膳食纤维对人体健康非常有好处。

3.6.2 市场开发前景

我国是花生的主产国之一，花生副产物如花生壳、花生茎叶等中含有大量的膳食纤维，却常被作为废物直接丢弃或作为燃料燃烧，污染环境、浪费资源。由于我国长期的饮食结构以植物性食品为主，所以对膳食纤维的需求较低，对膳食纤维的研究、开发和利用远落后于发达国家。然而，随着人民生活水平的提高，我国居民的饮食结构也在逐渐转变，肉、蛋、乳等高脂肪高能量的食物摄入量大幅提高，由此引发的肥胖、高血压、高血脂等疾病患者数量也日渐增多，因此亟须调整居民日常饮食种类和加大日常膳食中膳食纤维的摄入量，加强膳食纤维的研究力度。花生膳食纤维作为一种兼有营养、保健和其他功能特性的优质膳食纤维，具有原料来源丰富、应用范围广等诸多优点，可作为添加剂添加到乳制品、肉制品、焙烤食品和饮料等制品中，改善制品的感官品质和营养价值，具有广阔的开发前景。

大力开发花生膳食纤维，还需要加强对花生膳食纤维进行以下几方面的开发研究。首先，需要对花生膳食纤维相关基础理论进行深入研究，为良好推进我国花生膳食纤维产业发展奠定坚实的理论基础。其次，广泛开展花生中水溶性和水不溶性膳食纤维提取方法的研究，以期研究出提取率高、膳食纤维生理活性保持良好的适合于产业化生产的膳食纤维提取方法，争取早日实现花生膳食纤维规模化生产。再次，通过借鉴其他膳食纤维的测定方法，研究出针对花生膳食纤维含量的准确、快速、高效的检测方法，这对于整个花生膳食纤维产业的发展必不可少。最后，还应该拓宽花生膳食纤维的应用领域和加强花生膳食纤维生理功能特性的宣传力度，充分利用花生膳食纤维特有的功能特性和建立广泛的消费者群体。

开发花生膳食纤维产业，不仅能够增加花生壳、花生饼粕、花生茎叶等花生副产物的附加价值，而且还能够推动整个膳食纤维领域蓬勃发展，具有巨大的经济效益和广泛的社会效益。

参考文献

[1] 曹荣安，贾建，李良玉，等. 膳食纤维的生理功能特性及其在食品工业中的应用[J]. 肉类研究，2010，2：76-78.
[2] 柴巍中. 膳食纤维分析方法及在我国的应用[J]. 中国食物与营养，2003，9(8)：36-38.
[3] 陈菲菲，许永安. 膳食纤维的生理功能及其提取方法的研究进展[J]. 福建水产，2008，2：51-54.
[4] 陈辉，何俊萍，何义，等. 酶法提取花生粕不溶性膳食纤维的研究[J]. 食品工业，2011，1：66-68.
[5] 陈姗姗，葛含静，仇农学，等. 花生壳膳食纤维提取工艺及其性能研究[J]. 食品工业，2006，1：45-47.
[6] 冯郁蔺，贾花芹，郑战伟，等. 花生壳中水不溶性膳食纤维的响应面法优化提取[J]. 中国油脂，2011，36(5)：71-73.
[7] 冯志平，钟世荣. 花生中水溶性膳食纤维的应用研究[J]. 食品与发酵科技，2009，45(5)：58-60.
[8] 韩冰，李全宏. 花生多糖的提取工艺优化及抗氧化活性[J]. 食品研究与开发，2010，31(12)：54-58.
[9] 韩冰，周婷，李全宏. 脱脂花生粕中低聚糖的初步提取工艺研究[J]. 食品工艺科技，2011，32(07)：285-288.
[10] 何锦风. 论膳食纤维[J]. 食品与发酵工业，1997，23(5)：64-72.

[11] 洪瑶，陈文伟，朱悦，等. 花生膳食纤维的提取研究[J]. 中国食品添加剂，2009:102-104.
[12] 李红霞，王世清，于丽娜，等. 微波提取花生茎中水溶性膳食纤维的工艺优化[J]. 食品科学，2010，31(2):221-225.
[13] 李红霞，吕敬军，陆丰升，等. 黑曲霉固态发酵花生壳提取水溶性膳食纤维[J]. 食品科学，2010，31(19):277-282.
[14] 李里特，王海. 功能性大豆食品[M]. 北京：中国轻工业出版社，2002，2.
[15] 李荣和，姜浩奎. 大豆深加工技术[M]. 北京：中国轻工业出版社，2011.
[16] 李晓刚，张永丹. 花生粕的酶解新工艺研究[J]. 食品工业科技，2004，25 (2):102-1031.
[17] 廖朝东. 花生壳的化工利用[J]. 化工技术与开发，2004，33(2):24-261.
[18] 林德荣. 可溶性膳食纤维提取、理化性质及其生理功能的研究[D]. 南昌大学，2008.
[19] 刘静. 膳食纤维的生理功能及其在食品工业中的应用[J]. 内蒙古科技与经济，2007，5:54-55.
[20] 卢宏科，王琴，区子弁，等. 膳食纤维的功能与应用[J]. 广东农业科学，2007，4:67-70.
[21] 吕铁信，王文亮，孙宏春，等. 我国膳食纤维的应用现状及生理功能研究[J]. 中国食物与营养，2007，9:52-54.
[22] 吕银德，赵俊芳. 功能性低聚木糖的研究进展[J]. 农产品加工，2011，6:96-99.
[23] 梅娜. 花生粕化学成分的研究[D]. 杨凌：西北农林科技大学，2007.
[24] 苗敬芝，吕兴军，董玉玮，等. 共固定化酶提取花生多糖工艺优化[J]. 食品科学，2010，31(18):157-160.
[25] 欧仕益，高孔荣，吴晖. 麦鼓膳食纤维清除重金属离子的研究[J]. 食品科学，1998.
[26] 潘英明，李海云，王刚，等. 花生麸水不溶性膳食纤维的提取及其吸附亚硝酸根离子的研究[J]. 化工技术与开发，2005，34(4):8-9.
[27] 潘英明，林宁，葛春玉，等. 膳食纤维测定方法的改进[J]. 食品科学，2002，23 (11):106-108.
[28] 戚勃，李来好. 膳食纤维的功能特性及在食品工业中的应用现状[J]. 现代食品科技，2006，3:272-275.
[29] 任初杰，姚华杰，王承明，等. 酸提花生粕多糖工艺研究[J]. 食品科学，2007，28(9):128-132.
[30] 涂宗财，王蓓蕾，王辉，等. 花生非淀粉多糖的纯化技术研究[J]. 食品工业科技，2012，33(10):243-246.
[31] 王红艳. 膳食纤维及其生理功能[J]. 宿州学院学报，2007，22(1):98-100.
[32] 王彦玲，刘冬，李坚斌，等. 膳食纤维检测方法的研究进展[J]. 河南工业大学学报(自然科学版)，2007，28(6):79-82.
[33] 温志英，杨丽钦. 花生壳水溶性膳食纤维微波辅助提取工艺及其性质研究[J]. 中国粮油学报，2011，26(4):99-103.
[34] 吴丽萍，陈雪峰. 酶法提取花生壳膳食纤维及其性能研究[J]. 食品工业科技，2008，29(1):194-196.
[35] 吴丽萍. 花生壳膳食纤维的提取及改性研究[D]. 陕西科技大学，2008.
[36] 武秋颖，陈复生，时冬梅，等. 响应面法优化碱法制备花生壳木聚糖的研究[J]. 食品机械，2011，8:115-118.
[37] 肖小年，易醒，马永花，等. 超滤制备车前草可溶性膳食纤维的研究[J]. 时珍国医国药，2008，19 (5):1058-10591.
[38]谢碧霞，李安平，等. 膳食纤维[M]. 北京：科学出版社，2006:4-5.
[39] 谢世其，何小维，黄强，等. 膳食纤维测定方法研究进展[J]. 食品科技，2006，9 (3):108-112.
[40] 熊莉，王承明. 超声辅助酸提花生粕多糖的工艺研究[J]. 食品科技，2010，35(5):204-208.
[41] 许晓燕，陈复生，郭东权，等. 酶解花生壳制备低聚木糖的研究[J]. 食品与发酵工业，2007，319):

118-120.
[42] 许晓燕.花生壳制备低聚木糖的研究[D].河南工业大学,河南省郑州.
[43] 薛芳,颜瑞,王承明.超声辅助碱提取花生多糖的研究[J].食品科学,2008,29(8):158-162.
[44] 杨卫,王承明.超声水提花生粕多糖工艺的研究[J].中国油脂,2010,35(2):60-63.
[45] 姚秀芬,程栋,王承明.花生粗多糖对四氯化碳及酒精所致小鼠急性肝损伤的保护作用[J].食品科学,2011,32(09):261-265.
[46] 阴文娅.我国现行标准中膳食纤维测定方法和覆盖范围.第三届营养与保健食品专业会议论文集[C].2005,60-63.
[47] 于丽娜,杨庆利,毕洁,等.花生壳水溶性膳食纤维不同提取工艺及其抗氧化活性研究[J].食品科学,2009,30(22):27-32.
[48] 于丽娜,杨庆利,毕洁,等.花生壳水溶性膳食纤维提取工艺的研究[J].现代化工,2008,28(2):324-327.
[49] 于丽娜,杨庆利,禹山林,等.花生膳食纤维的研究开发与应用[J].食品工业科技,2010,31(3):376-380(a).
[50] 于丽娜,杨庆利,禹山林,等.花生壳水溶性膳食纤维酶法提取及抗氧化研究[J].食品研究与开发,2010,31(10):158-163(b).
[51] 于丽娜,杨庆利,禹山林,等.花生壳不溶性膳食纤维提取工艺的研究[J].食品科学,2010,31(2):74-78(c).
[52] 张俐娜.天然高分子科学与材料[M].北京:科学出版社,2007.
[53] 张璐,郝永忱,刘桂宾,等.近红外光谱法测定豆粕中常规化学成分的研究[J].检验检疫科学,2003,13(3):25-27.
[54] 张振鹏,林良文,梁林顺,等.不同分子质量水溶性壳低聚糖对花生产量性状及品质的影响[J].作物杂志,2010,5:64-67.
[55] 郑建仙,耿立萍.膳食纤维分析方法的简化[J].营养学报,1997,19(2):207-211.
[56] 郑建仙.功能性食品[M].北京:中国轻工业出版社,1995.
[57] 庄小丽.近红外光谱技术在膳食纤维测定中的应用.2006年全国生化与生物技术药物学术年会论文集[C].黄山,2006,391-394.
[58] 刘洁,杜方岭,等.纤维素酶法提取花生粕多糖的研究[J].中国酿造,2011(10):30-33.
[59] GB/T 5009.88—2008,食品中膳食纤维的测定[S].北京:中国标准出版社,2008.
[60] LS/T 3301-2005 可溶性大豆多糖
[61] QB/T 2984-2008 低聚木糖
[62] Basha SM. Soluble Sugar Composition of Peanut Seed[J]. Journal of Agriculture and Food Chemistry. 1992,40,780-783.
[63] Bryant RJ,Rao DR,Ogutu,S. α and β-galactosidase activities and ligosaccharide content in peanuts [J]. Plant Foods for Human Nutrition,2004,58:213-223.
[64] Dello Staffolo M,Bertola N,Martino M. Influence of dietary fiber addition on sensory and rheological properties of yogurt[J]. Int Dairy J,2004,14:263-268.
[65] Kato Y,Noro O,Azuma Y. Analysis of the oligosaccharides of xyloglucan in peanut hulls(studies on production of fucose-containing xyloglucan oligosaccharide Part Ⅱ) [J]. Nippon Shokuhin Kagaku Kogaku Kaishi (Japan journal). 2000,47(7):560-563.
[66] Selvendran R,Robertson J A. Dietary fiber in foods:Amount and type[M]//Amadv,Barry J. Cost-92 Metabolic and physiological aspects of dietary fiber in food. Luxembourg:Commission of the Eu-

rope communities, 1994: 11-20.

[67] Selvendran R, Stevens B J H. Simplified methods for the preparation and analysis of dietary fiber [J]. Journal of the Science of Food and Agriculture, 1980, 31(9): 1173.

[68] Song Y, Du BJ, Zhou Y, et al. Optimization of extraction process by response surface methodology and preliminary structural analysis of polysaccharides from defatted peanut (*Arachis hypogaea*) cakes[J]. Carbohydrate Research, 2011, 346, 305-310.

[69] Spiller GA. Handbook of dietary fiber in human nutrition[M]. New York: Marcel Dekker, 1993: 16-17.

第六章　花生中酚类功能成分的开发与应用

多酚又称单宁、鞣质，是植物体内的次生代谢产物，分子内含有一个或几个苯环相连的羟基化合物(安辉等，2010)。由于多酚类物质具有抑菌、抗炎、抗氧化、防辐射、降血压等功能活性，被誉为“第七类营养元素”，现已成为当今研究开发的热点，并在现实生产中得到广泛应用(赵扬帆等，2006)。研究发现，花生红衣中多酚物质含量为 90～120 mg/g (Jianmei et al.，2005)，花生壳中含量为 81～371 mg/g(赵二芳等，2012)。花生中酚类物质主要有原花色素、木犀草素、白藜芦醇、圣草酚、阿魏酸、赭朴吩及花生甙、无色矢车菊素和无色飞燕草素等。

第 1 节　花生中的原花色素

1.1　来源与分布

原花色素(proanthocyanidin，简称 PC)是植物生长过程中的次生代谢产物，广泛地存在于蔬菜、坚果、种子、花和树皮中，已发现的原花色素含量较高的植物超过 600 种(宋立江等，2000)，主要来源为葡萄籽、松树皮、高粱，其他来源也包括花生红衣、油菜子、沙棘籽、茶叶、豆类、红葡萄酒、蔓越橘、覆盆子、桦树、李子、黑荆树等植物，表 6-1-1 为原花色素植物资源的主要种类(石碧等，2006)。不同植物中原花色素含量差异较大，组成和结构也各不相同，例如，可可、高粱、葡萄籽原花色素属于原花青素类型，大麦原花色素则由原花青素和原飞燕草素共同组成(Yizhong et al.，1998)，可可原花色素的延伸单元和末端单元主要由表儿茶素组成(Adamson et al.，1999；Porter et al.，1991)，高粱原花青素主要由表儿茶素构成，而末端单元由儿茶素构成(Liwei et al.，2002)。

表 6-1-1　原花色素的资源植物的主要种类

来源	实例
树皮	海岸松、花旗松、罗汉松、北美崖柏、扁桃、土耳其侧柏、白桦树、银杏
枝叶	野生刺葵、番荔枝、日本莽草、耳叶番泻、两谷椰子、贯叶金丝桃、头状胡枝子、粘胶乳香树、欧洲七叶树
种皮	花生(内皮)、高粱、大麦、可可、槟榔(籽)
药材	地榆、麻黄、大黄、桂皮、薯莨、洋萎陵菜
果实	山楂、英国山楂、单子山楂、猕猴桃、黑加仑、苹果、柿、杨梅、刺梨、葡萄
食品	茶、咖啡、葡萄汁、红葡萄酒、苹果汁、苹果酒、啤酒

原花色素最早是由法国 Bordeaux 大学教授 Jacques Masquelier 发现，他在研究花生衣是否含有毒性时发现了此物质，并命名为 pycnogenols，也就是现在所说的寡聚原花色素(OPCs)(Fine et al.，2000)。花生衣中含有丰富的原花色素，含量约占花生衣干重的17%，且其中 50%左右为生物活性较高的低聚物(Karchesy et al.，1986)。Lou 等(1999)鉴定出 6 种 A 型原花色素存在于花生衣的水溶性部分。B 型的原花色素二聚体、三聚体、四聚体及更高程度的低聚原花色素也被证实存在于花生衣色素中(Lazarus et al.，1999)。

1.2 化学组成与理化性质

1.2.1 化学组成

原花色素为黄烷-3-醇衍生物的总称，属于黄酮醇类化合物(王庆玲等，2011)，具有 C_6-C_3-C_6 基本构架(石碧等，2006)。原花色素由(+)－儿茶素(简称儿茶素 Cat)、(－)－表儿茶素(简称表儿茶素 Ecat)聚合而成(王庆玲等，2011)，图 6-1-1 为原花色素常见单体及结构通式(胡未人，2008)。

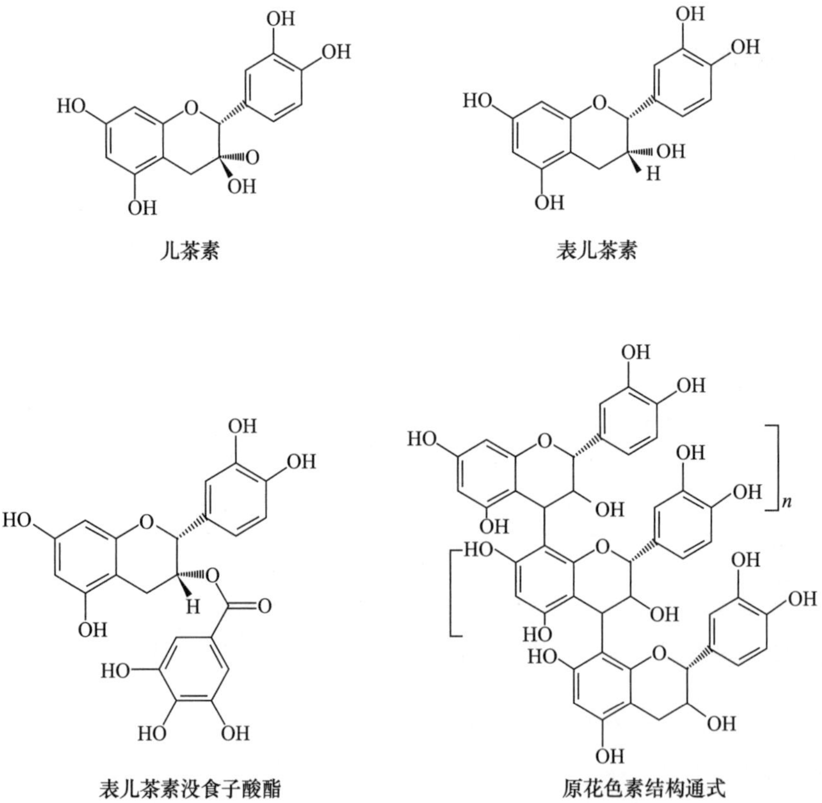

图 6-1-1 原花色素常见单体及结构通式

根据原花色素结构单元的酚羟基取代类型，可以将其分为 11 类(Porter et al. 1988)，见表 6-1-2(杜晓，2006)。这 11 类原花色素中，原花青定与原翠雀定广泛存在于植物中，且生理活性较强。因此，目前国内外的研究主要集中于原花青定和原翠雀定类成分。另外，原花色素的酚羟基取代类型很大程度上影响其化学与生理活性，例如 B 环的邻苯二酚或连苯三酚结构、C 环的酰基结构都对生理活性有显著影响(石碧等，2006)。

表 6-1-2 多聚原花色素的组成单元及羟基取代类型

类型	原花色素名称	典型的组成单元	羟基取代位置
Ⅰ	原花青定	(表)儿茶素	3、5、7、3′、4′
Ⅱ	原翠雀定	(表)橘儿茶素	3、5、7、3′、4′、5′
Ⅲ	原菲瑟定	菲瑟亭醇	3、7、3′、4′
Ⅳ	原刺槐定	刺槐亭醇	3、7、3′、4′、5′
Ⅴ	原天竺葵定	(表)阿福豆素	5、7、4′
Ⅵ	原桂金合欢定	桂金和欢亭醇	3、7、4′
Ⅶ	原黑木金合欢定	(表)牧豆素	3、7、8、3′、4′
Ⅷ	原芹菜定	芹菜黄烷	5、7、4′
Ⅸ	原木犀草定	木犀草黄烷	5、7、3′、4′
Ⅹ	原肉桂定	肉桂黄烷	5、7、4′
Ⅵ	原特利色定	特利色黄烷	5、7、3′、4′、5′

聚原花色素是由黄烷醇通过 C-C 键相连接而构成，根据连接键的位置和成键数，聚原花色素可以分为 A、B、C、D、T 型(键位不同)，以及单链型和双链型(键数不同)。自然界中的聚原花色素主要是单链型，一般以 C_4-C_8 或 C_4-C_6 键连接，而双链型原花色素是由 C-C 及 C-O-C 两类键相连，以原花青定 A 为典型代表。此外，聚原花色素还具有直链型、角链型和支链型($n \geqslant 4$)3 种立体排列形式，见图 6-1-2(石碧等，2006)。

植物中的原花色素多数是不同聚合度的混合物，依据聚合度大小可以大致分为 4 类：①单体原花色素(monomeric proanthocyanidins)，包括黄烷-3-醇(即各种类型的儿茶素)和黄烷-3，4-二醇；②低聚原花色素(oligomeric proanthocyanidins)，一般是指儿茶素的 2-5 聚体；③聚合原花色素(polymericproanthocyanidins)，指聚合度大于 5，但易溶于水的儿茶素多聚体；④高聚原花色素，指聚合度很大以至于难溶于水的儿茶素高聚体。其中二聚体因两个单体的构象或键合位置的不同，可有多种异构体，已分离鉴定的 8 种结构形式分别命名为 B_1～B_8，其中B_1～B_4 是由 C_4-C_8 键合，B_5～B_8 是由 C_4-C_6 键合。三聚体中，也因组分的单体及其相连接碳原子位置的不同形成各种各样的结构并命名为 C_1、C_2 等(张长贵等，2006)。另外，不同聚合度的原花色素具有不同的化学与生物活性和应用价值。例如茶多酚是一种的天然抗氧化剂；低聚原花色素具有清除自由基、抗氧化、保护心脑血管、抗炎、抑瘤等生物活性；聚合原花色素是栲胶的有效成分；而高聚物参与构成果实、树皮、木材的颜色，可用于食品、饮料的着色(石碧等，2006)。

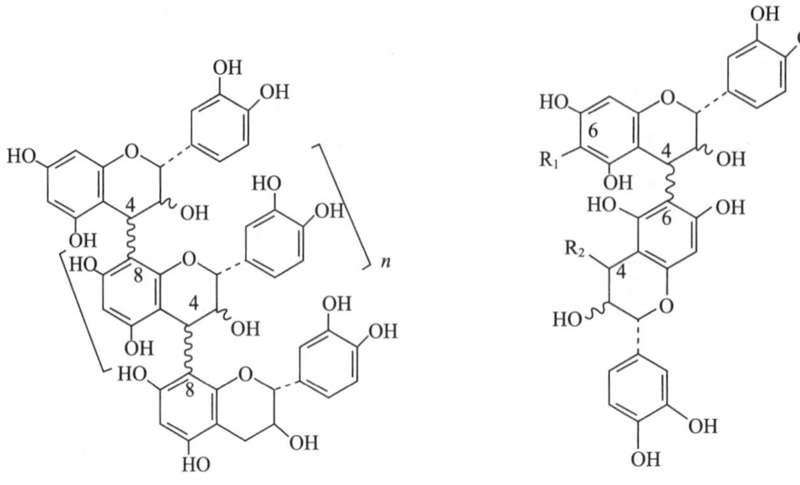

C4-C8连接 $n \geqslant 0$　　　　C4-C8连接R1=R2=组成单元

单元连接形式

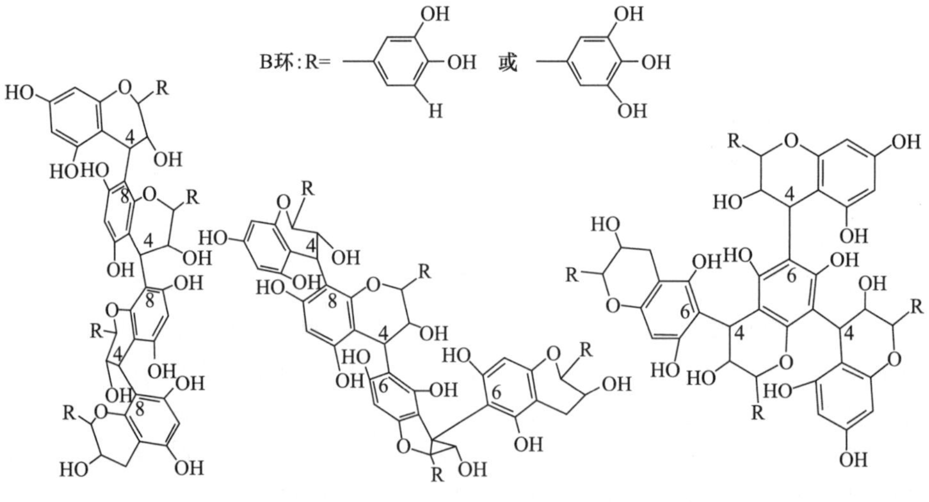

直链形　　　　角链形　　　　支链形

图 6-1-2　聚原花色素的单元连接与空间排列形式

1.2.2　理化性质

原花色素极性较大，可溶于水，且其结构中羟基数量越多，在水中的溶解度越大。能很好地溶于丙酮、甲醇、乙醇、冰醋酸、乙酸乙酯，但不溶于苯、氯仿、石油醚等有机溶剂(张长贵等，2006)，在中性及酸性环境中性质稳定。原花色素具有一定的热稳定性，花生红衣低聚原花色素在低于 75℃时对热稳定，而且具有一定的耐光能力。不同来源的原花色素提取物颜色略有区别，一般呈现深红色或棕色。原花色素具有紫外吸收功能，花生红衣低聚原花色素在215 nm和 280 nm 处有两个吸收峰(王庆玲等，2010)。

原花色素的化学反应主要是亲电取代反应、氧化反应、络合反应以及单元间连接键的裂解反应(酸催化裂解，碱催化裂解)等(张长贵等，2006)。原花色素在碱性溶液中易于氧化生成羰基，从而发生降解反应(王庆玲等，2011)；在正丁醇-浓盐酸(95∶5)的环境下 95℃处理 40 min 生成花色素，使紫外图谱在 450 nm 区域出现肩峰，可用于鉴别原花色素，但不能鉴别延伸单元的构型（张长贵等，2006）；能与蛋白质、金属离子及其他大分子物质如多糖聚合成聚合物（温鹏飞等，2004）。

1.2.3 降解与分子修饰

目前，多聚原花色素的降解和化学修饰成为研究工作的热点，也是国内外天然产物研究最活跃的前沿性内容。因为原花色素的生物活性与其聚合度密切相关，随原花色素的聚合度的增加，其生物活性下降。然而，在多数植物体内存在的主要是多聚原花色素。通过适当化学或生物降解的方法，将多聚原花色素降解为低聚原花色素，从而获取低聚体组分，可以进一步提高植物原花色素的利用价值（石碧等，2006）。

通常原花色素结构单元间由 C_4-C_8 或 C_4-C_6 键相连接，A 环的 C_6、C_8 位为亲核中心，C 环的 C_4 位易形成亲电中心。位于活性中心的单元连接键是相对不稳定的，易在 Pd/C 的催化条件下或热酸条件件发生裂解反应，断裂 C-C 连接键，降低聚合度，生成低聚原花色素和原花色素单体。因此，可由多聚原花色素通过催化裂解反应制备低聚原花色素（石碧等，2006）。

通过化学修饰改性，提高原花色素的应用价值。原花色素在强酸中可被氧化生成花色素，在强碱介质中与苄硫醇反应及发生亚硫酸化反应；其结构中的羟基甲基化后，能提高其在有机溶剂中的溶解度；酚羟基可以进行醚化、酯化等反应，如茶多酚经酯化衍生反应后，可获得脂溶性抗氧化剂（何强等，2000）。

1.3 生物活性与功能

1.3.1 生物活性

1.3.1.1 抗菌、抗病毒

原花色素对细菌、真菌、病毒等均有显著抑制作用，其抗菌机理包括：与微生物的原生质体结合，影响细胞膜的透性；与酶蛋白发生复合作用，抑制微生物的酶活性；与微生物所需的金属离子和蛋白质发生络合反应，降低微生物对营养物的利用；改变环境 pH 值；影响微生物附着或侵染等（石碧等，2006）。原花色素对多种微生物如致病细菌、植物病毒、动物病毒等均具有广谱抗性与抑制作用（姚开，2000），其中对细菌的最低抑制浓度为 0.012～1 g/L，对真菌为 0.5～20 g/L，对酵母菌为 25～125 g/L（Serkedjieva et al.，1992），这一性质在食品保存（黄贵亮等，1996）、植物抗病（Kolocke et al.，1982）和木材防腐（Scalbert et al.，1991）等方面已有广泛应用。

1.3.1.2 抗氧化和清除自由基

原花色素具有很强的清除氧自由基和抑制脂质过氧化的作用。其分子结构中含有多个邻、间位活性酚羟基，易于释放 H·，终止自由基链式反应，从而防止氧化。原花色素抗氧化作用主要存在 3 种机制（石碧等，2006）：

（1）通过酚羟基与自由基进行抽氢反应生成稳定的半醌自由基，从而中断链式反应；

$$AH + ROO\cdot \rightarrow ROOH + A\cdot$$

$$AH + RO\cdot \rightarrow ROH + A\cdot$$

(2)通过氧化——还原反应直接释放电子，清除自由基；

(3)与催化反应的金属离子发生络合反应，降低链式反应速度，间接实现抗氧化作用。

原花色素芳环上的供电子取代基提高了酚羟基上氢原子的活性，使酚羟基成为供氢体，可释放氢给脂类化合物的自由基(RO·、ROO·)，生成ROH、ROOH从而中止了自由基引发的链式反应。同时，原花色素自身转变成较稳定的酚基自由基(A·)，降低了自动氧化链反应的传递速度，从而抑制脂类进一步氧化(石碧等，2006)。

研究表明，原花色素在体内的抗氧化能力是维生素E的50倍，维生素C的20倍(张长贵等，2006)，花生红衣原花色素的体外还原能力、对羟基自由基和亚硝酸根离子的清除效果均优于维生素C；对亚油酸的自动氧化有很好的抑制作用，一定浓度的原花色素对邻苯三酚产生的超氧阴离子具有显著的抑制作用(王庆玲等，2011)。

1.3.1.3 降血脂和胆固醇

原花色素具有降低胆固醇和低密度脂蛋白水平，有效预防心血管疾病的作用。原花色素可降低血清胆固醇、甘油三酯、低密度脂蛋白及肝脏胆固醇、甘油三酯含量(周素娟，2007)，增高高密度脂蛋白水平(姜亚，2010)；可显著抑制血小板凝结(张长贵，2009)，通过刺激血管内皮细胞中一氧化氮合成酶的活性，抑制血管收缩效应，防止血栓形成；可拮抗血管内皮细胞氧化损伤，显著提高细胞的存活率，降低乳酸脱氢酶释放，升高超氧化物歧化酶(SOD)与丙二醛(MDA)比值；可缩小心肌梗死面积，并缓解心肌组织病理损伤程度。

1.3.1.4 抗癌

原花色素具有抑制突变和有害细胞增殖从而预防肿瘤的作用。原花色素对多种癌细胞如皮肤癌、口腔癌、胃癌、肝癌、肺癌、结肠癌、乳腺癌、前列腺癌等都具有不同程度的抑制作用(张长贵等，2006)。其抗癌防癌作用机制主要是抑制NO合成酶及其mRNA的表达；调控细胞周期，抑制癌细胞生长与增殖，引起肿瘤程序性死亡或分化；作用于癌细胞的有丝分裂信号传导，从而诱导癌细胞G1期阻滞和凋亡；免疫调节和多化疗药物的减毒作用(王修杰等，2004)。此外，原花色素能抑制单氧合酶的作用，这种酶能催化香烟中的致癌物质苯并芘变成二环氧化物，从而抑制癌症的发生(张长贵等，2006)。

1.3.1.5 其他

原花色素还具有抗炎、抗过敏、抗疲劳、抗龋齿、抗腹泻、防辐射、防皱、调节血压、改善视觉、促进毛发生长、预防老年痴呆等功能活性(张长贵等，2006)。此外，原花色素可抑制酪氨酸酶的活性，将黑色素的苯二醌结构还原成酚型结构，使色素褪色，可抑制因蛋白质氨基酸和核酸氨基发生的美拉德反应，从而抑制脂褐素、老年斑的形成，可与维生素C或维生素E之间起协同效应，因而具有防晒美白功能(赵超英等，2000；段玉清等，2002)。

1.3.2 安全性及参考摄入剂量

原花色素广泛存在于蔬菜、水果、咖啡、茶叶等食物中，人们在日常饮食中总会或多或少地会摄入原花色素，日均摄入量为20～40 mg(Sampson et al.，2002)。原花色素主要通过胃肠道吸收进入血液，与白蛋白结合运转，经肠道、肝与肾脏进行代谢。例如，人们饮茶约 2 h 后，血液中儿茶素的浓度达到峰值，半衰期 ID_{50}＝4.8～6.9 h(Vanhet，et al.，1998)；大鼠口服50 mg/kg 的原花色素，45 min 后达到峰值，ID_{50}＝5 h(国植，1996)。用^{14}C 示踪表明，24 h 后 70%被排泄，其中由尿排泄 19%，粪便排泄 45%，以 CO_2 呼出约 6%(Uenol，et al.，1983)。

研究发现，寡聚原花色素无致癌性、致畸性，致突变性。毒理学实验表明，大鼠和小鼠口服原花色素的 LD_{50} 均在 4 000 mg/kg 以上；大鼠口服剂量为 60 mg/(kg·天)的原花色素 6 个月、狗口服 12 个月，均无毒副作用(石碧等，2006)。从 20 世纪 70 年代开始，数以百万计的欧洲人服用过葡萄籽提取物原花色素，尚未发现明显的副发应(王建基等，2002)。由于原花色素为水溶性物质，必须每天补充才能维持血液中有足够的原花色素来保持健康。Laparra 等建议每天对原花色素的摄入量应为 100 mg(中国健康网)。

1.4 检测技术

1.4.1 总含量的测定

1.4.1.1 香草醛法

香草醛法的原理是利用原花色素黄酮环在强酸介质中与香草醛发生酚醛缩合反应，生成有色产物(Broadhurst et al.，1978)，采用分光光度计测定原花色素单体与聚合体的总含量。一般选用盐酸或硫酸作为催化介质，但盐酸-香草醛法反应不稳定，而且很容易产生絮凝物(洪新等，2009)；硫酸-香草醛法由于硫酸的加入会引起反应体系急剧产热，从而导致原花色素的氧化分解，测得的结果偏低(姜亚，2010)，且重复性较差(洪新等，2009)。采用盐酸-香草醛法测定花生红衣粗提物中原花色素含量的具体操作为：称取花生红衣粗提物于试管中，加入3.0 mL的 4%香草醛-甲醇溶液和 1.5 mL 浓盐酸(36%～38%)，立刻彻底混匀，室温下显色 15 min 左右，于 550 nm 下检测吸光值(童愈元等，2011)。

1.4.1.2 正丁醇-盐酸法

正丁醇-盐酸法的原理是原花色素在无机酸存在和加热的条件下氧化降解，延伸单元生成红色花青素(孙传范，2010)，在 546～550 nm 间有最大吸收，且原花色素含量与吸光度值符合朗伯-比尔定律。正丁醇-盐酸法选择性高，测定结果受原花色素结构、聚合度、制备后贮存时间的影响，且易受到副反应产生的红棕色聚合物的干扰(李莹等，2007)。

1.4.1.3 紫外分光光度法

原花色素分子中含有苯环，在 280 nm 附近有强烈的紫外吸收，且其浓度与吸光度值之间符合朗伯-比尔定律。根据这一特性，可采用紫外分光光度法进行测定原花色素的含量(王庆玲等，2011)。紫外分光光度法测定时易于受到其他具有相似结构物质的干扰，测定结果较为粗略。利用紫外分光光度法测定原花青素含量的最低检测限为 8.23 μg，原花色素浓度在10.4～52.0 μg/mL 范围内线性相关(r＝0.999 6)(傅武胜等，2002)。

1.4.1.4 铁盐催化比色法

铁盐催化比色法的原理是原花色素经热酸水解生成花青素，而花青素与硫酸铁铵反应生成颜色较深的化合物，该化合物在 550 nm 处有最大吸收峰，利用比色测定其吸光度即可得到原花色素含量。铁盐催化比色法操作简便,准确度高,重现性好(孙丽华等,2004),但反应时间比较长,且需要使用毒性较大的正丁醇作为反应介质(傅武胜等,2002)。采用铁盐催化法测定原花色素含量的最佳测定条件为:以正丁醇及 5 mL 的浓盐酸混合液作为反应介质,0.415 mol/L的 Fe^{3+} 作为催化剂,60℃反应 60 min(洪新等,2009)。

1.4.1.5 其他方法

原子吸收法、电化学法等也可用于检测原花色素含量。其中,原子吸收法是基于原花青素能与碱式乙酸铅发生配合反应,产生难溶于水的棕黄色沉淀,经过滤分离后,用原子吸收法测定滤液中过量的铅离子,可间接测定原花青素;电化学法是利用原花色素的抗氧化力来测定其含量的新方法,该方法操作简单、快速、灵敏度高和线性范围宽(赵益等,2006)。

1.4.2 组分的测定

1.4.2.1 薄层色谱法

薄层色谱是近年来发展起来的一种微量、快速而简单的色谱法,可用于快速分离和定性分析少量物质,属固-液吸附色谱。具体操作为在干净的玻板上均匀的涂一层吸附剂或支持剂,待干燥、活化后用毛细管将样品溶液滴加于离薄层板一端约 1 cm 处的起点线上,晾干后将薄层板置于盛有展开剂的展开槽内,浸入深度为 0.5 cm。待展开剂前沿离顶端约 1 cm 附近时,取出色谱板,干燥后喷以显色剂或在紫外灯下显色。采用 0.2 mm 厚的硅胶板,以甲苯∶丙酮∶甲酸=3∶3∶1(V/V)为展开剂,10%(m/V)香兰素/盐酸作显色剂,可对原花青素进行鉴定(Ricardo et al.,1991)。

1.4.2.2 HPLC

HPLC 是目前分析原花色素最常用方法,是一种能对复杂样品中多种成分同时分离和测定的性能优越的分离分析方法,具有分离效率高、灵敏度高、重现性好等特点。但由于所需的 PC 标准品不易获得,加之各种异构体之间的分离往往不够彻底,大量未知的 PC 异构体成分聚集在一起,分析时间长,且严重影响定量分析结果的准确性(李晔,2010)。

目前已有一些文献采用 HPLC 法直接对葡萄籽(陈召桂等,2007)、苹果(郝慧英等,2005)、蓝莓(Gu et al.,2002)、茶多酚(莫燕霞等,2008)等样品中的 PC 类成分进行定量分析。国标 GB/T 8313-2008 中也选用 HPLC 法检测茶叶中儿茶素类物质,采用不同浓度梯度的乙腈与水为流动相,在流速 1 mL/min 室温条件下进行测定(GB/T 8313-2008)。

随着 MS 技术的快速发展,也广泛用于鉴定原花色素结构。利用 HPLC-MS 测定原花色素的组成,可确定其基本组成为儿茶素、表儿茶素、儿茶素与表儿茶素的混合物,为原花色素的进一步开发利用奠定了良好的基础(王朝臣,2010),另外,采用 NP-HPLC-APCI-MS 可对聚合度小于 15 的原花青素地进行了分离和鉴定(Ying et al.,2000)。

1.4.2.3 毛细管电泳法

毛细管电泳是以高电压电场为驱动动力,以毛细管为分离通道,依据样品中各组分之间运动速度和分配系数的不同而实现分离的一类液相分离技术,具有分析时间短、分离度好、成本低等优点(赵益等,2006)。

Kreimever(1998)等使用 pH=7.0 的磷酸缓冲液和表面活性剂 SDS,采用毛细管电泳法将结构相似的黄烷-3-醇和原花青素二聚体分离开;Cifuentes(2001)等采用毛细管电泳法对一些食物来源的样品中的原花青素 B_1、B_2、B_3 和构成原花色素的单体进行了较好的分离。

1.4.2.4 其他方法

荧光检测、纸色谱等方法也可用于原花色素的分离鉴定。采用荧光检测器测定原花青素时,在激发波长 276 nm、发射波长 316 nm 条件下,可鉴定样品中的原花青素单体至直九聚体(Adamson et al.,1999);采用纸色谱通过双向层析法可鉴定了植物中的儿茶素、表儿茶素和原花青素(Thompson et al.,1972)。

1.5 制备工艺与技术

1.5.1 提取方法

原花色素常用提取方法有机溶剂提取、超临界 CO_2 萃取、超声波和微波辅助提取等。原花色素的提取率和提取物组成成分受原料的种类、粉碎度、提取溶剂、温度等因素的影响。

1.5.1.1 水提取

采用水提法提取原花色素的具体操作为:将原料粉碎(≤15 mm)→脱氧热水提取(常压、60~100℃或高压 100~125℃)→过滤(超滤或反渗透)→浓缩滤液→真空喷雾或冷冻干燥。

水提取法制备的原花色素主要是分子质量≤5 000 u 的水溶性原花色素,得率为0.5%~10.0%,通常为 6.5%~9.6%(Duncan. et al.,1999)。水提取法设备简单、安全清洁,但浸提耗时长、产品纯度和收率较低,使其应用受限(田亚新,2008)。且冷水浸提法在提取过程中,需要加入无机盐沉淀单宁,会造成低聚成分的损失,而热水浸提法会使产物氧化,导致原花色素产率较低(魏福祥等,2003)。

1.5.1.2 有机溶剂提取

目前原花色素的提取主要采取的是溶剂提取法,包括回流、渗漉及恒温水浴等方法,一般采用极性强的溶剂提取,如甲醇、乙醇、丙酮、乙酸乙酯。溶剂萃取法的关键是选择有效的溶剂,既要求对有效成分有较大的溶解度,又要避免大量杂质的溶解,同时还要考虑溶剂回收、环境污染,工艺过程等因素(田亚新,2008)。利用有机溶剂提取花生中原花色素主要考虑的因素包括粒度、提取时间、温度、料液比、pH 以及设备条件等。

1.5.1.3 超临界萃取

超临界萃取是以超临界流体为溶剂,利用其高渗透性和高溶解性来提取制品中分离混合物的过程,现多采用 CO_2 作为溶剂。超临界萃取提取效率高,选择性强,无溶剂残留,萃取剂可循环使用,可以在低温下操作,特别适合于热稳定性较差的物质,广泛应用于对天然植物有效成分的提取。但超临界萃取法设备成本过高(田亚新,2008),推广使用较为困难。超临界流体萃取技术提取原花色素需考虑萃取压力、温度、时间、流速等因素。目前采用超临界流体萃取技术在提取花生红衣原花色素中应用的报道较少。

1.5.1.4 超声波辅助提取

超声辅助提取技术主要通过机械作用、空化作用以及热作用与媒介相互作用。与常规的提取技术相比,超声波辅助提取技术具有快速、经济、安全、高效等特点(袁英髦等,2011)。超声辅助提取法的工艺流程为:原料→粉碎→加入有机溶剂→超声处理→过滤→减压浓缩→真空干燥→提取物。

以花生红衣为原料,利用乙醇提取原花色素的最佳工艺条件为:乙醇浓度60%,温度55~70℃,提取时间20~30 min,料液比1∶(6~25),pH=3,提取次数1次,此条件下原花色素的提取得率为3.48%~4.96%(童愈元等,2011;刘大川等,2004)。

1.5.1.5 微波辅助提取

微波辅助提取的原理是使被提取的极性分子在微波电磁场中快速转向及定向排列,从而产生撕裂和相互摩擦引起发热,从而使能量快速传递,加速物质溶出和释放。微波辅助提取技术具有溶剂耗量少、选择性高、时间短、得率高的特点,已成功应用于药材的浸出和活性成分的提取方面(元英进等,2001)。微波法提取花生中原花色素的工艺流程为:原料→粉碎→加入有机溶剂→微波处理→过滤→减压浓缩→真空干燥→提取物。

利用微波辅助提取花生衣原花色素的因素为微波功率、提取溶剂种类、料液比、萃取度和时间。最佳工艺条件为微波输出功率600 W、乙醇体积分数40%、料液比1∶24.5、提取时间91 s、提取温度40℃,此工艺条件下原花色素的提取率为12.59%(朱凤等,2009)。

1.5.2 纯化技术

原花色素提取物中含有很多杂质,因此必须经过进一步的分离纯化以提高原花色素的含量与纯度(张长贵等,2006)。目前用于原花色素的分离纯化方法主要有溶剂萃取法、膜分离、层析法等。

1.5.2.1 溶剂萃取法

溶剂萃取法多采用乙酸乙酯、甲苯、二氯甲烷、醚等有机溶剂进行纯化。溶剂萃取法分离纯化原花色素提取率和纯度较低,含量通常只能达到50%~70%;有机溶剂用量大,易于污染环境,造成产品中有毒有机溶剂残留;操作步骤复杂,需多次加热、蒸馏;溶剂回收困难,生产成本高(田亚新,2008)。

1.5.2.2 膜分离

膜分离法是指借助膜的选择渗透作用,在外界能量或化学位差的推动下对混合物中溶质和溶剂进行分离、分级、提纯和富集。膜分离法耗能少,不消耗化学试剂,不会污染产品,分离效果好,但其应用范围比较窄,技术不成熟,生产率较低(田亚新,2008;刘志强,2010)。利用膜分离法纯化花生衣中的原花色素,最佳纯化膜组件为HPS-1超滤组件,操作压力0.54 MPa,操作温度25℃,在此条件下原花色素得率为13.3%,纯度为85.8%(刘志强等,2010)。

1.5.2.3 层析法

层析法是基于不同物质在流动相和固定相之间的分配系数不同而将混合组分分离的技术。层析法包括薄层色谱法、凝胶层析法、高效液相层析法、凝胶排阻色谱法等。薄层色谱法一般只作为基本分析使用，纯化精度不高，效率较低，且不能直接得到产品，不适合大规模工业生产；凝胶层析法工艺简单、能耗少，无污染、提取效率高；高效液相色谱法由于较高聚合度的原花色素在有机流动相中的溶解度小，且在固定相上会有较强吸附，使此法在分离更高聚合度的原花色素时应用受限；凝胶排阻色谱法可用于高聚合度原花色素的分级，而且可通过改变洗脱梯度来控制分级梯度，方便易行，但色谱柱较昂贵，而且由于需用丙酮洗脱高聚合度原花色素，因此无法使用紫外检测器检测（田亚新，2008）；高速逆流色谱法处理量大，溶剂消耗少，操作简便，且分离效率高，产品纯度高，不存在载体对样品的吸附和污染（李莹等，2008）。

1.6 应用与开发前景

1.6.1 应用现状

近 30 年来，原花色素的应用基础和开发利用受到广泛关注，人们对这类天然产物应用价值的研究和认识也不断深入。原花色素不仅应用于农产品、林化产品、化工产品等传统领域，而且还广泛用于医药、保健品、化妆品以及功能高分子功能材料等方面，现已有 60 余种相关商品在国际上销售（石碧等，2006）。

1.6.1.1 食品领域的应用

原花色素存在于许多天然食品之中，并具有多种化学与生理活性，因此在食品领域应用广泛。原花色素参与构成许多果实、蔬菜的色泽，可作为天然色素赋予食品颜色；在饮料中呈现出“收敛性”，赋予了葡萄酒、茶和咖啡的“嗜好性”（黄梅丽等，1996）；可作为果汁、果酒和啤酒的澄清剂（刘继生等，1994）和稳定剂；可作为抗氧化剂添加于食品中（吕丽爽，2002），延长食品货架期。

近年来，欧洲各国、美国、澳大利亚等已将原花色素开发成延缓衰老、防辐射、抗肿瘤、健脑等保健食品，例如，瑞士 Horphay Research 的碧萝芷（pycnogenol）（原花色素≥85%）、美国的 Pana-life 葡萄籽抗氧化剂、意大利的 OPC（葡乐安）、法国的虎哥生力片以及我国的“视明宝”、“丽诺牌养颜片”、“雷震子护康胶囊”等产品都已上市。据报道，为了预防在太空飞行时所受到的辐射损伤，前苏联宇航员们长期服用一种富含 PC 的植物饮料（赵超英等，2000）。

1.6.1.2 医药领域的应用

研究发现，原花色素能增强与调节免疫活性（Lin et al.，2002），预防癌症，降低胆固醇，抑制血小板凝聚，也可以治疗腹泻（Oshima et al.，1993）、胃溃疡（Park et al.，2000）、外周静脉功能不全（Aliou，1995）及高血压（Pruss，1997）。国外已将原花色素广泛用于治疗眼科疾病、牙周病、枯草热症、过敏症和酒精中毒症等疾病（石碧等，2006）。如法国的 Bonnaure 等发明用于治疗牙周病的原花色素低聚体及单体制剂并获得专利保护；德国的 Berkhman 等研制了用于治疗酒精中毒的原花色素制剂；罗马尼亚的 Endotelon 原花色素制剂已上市用于治疗毛细血管疾病（万本屹等，2001）。

1.6.1.3 化工领域的应用

人类对植物原花色素最初利用的主要是聚原花色素成分，从树皮等植物原料中提取以聚原花色素为主要成分的产物-栲胶，用于鞣制皮革。随后，用于生产粘胶剂、钻井泥浆稀释剂等产品（石碧等，2006）。

另外，原花色素在化妆品行业应用广泛。研究表明，原花色素能抗皮肤过敏和发炎，降低紫外线照射对皮肤的损伤（Garini et al.，2000），减少皮肤黑化和褐斑（Kakgawa et al.，1985），能够恢复皮肤弹性、抗皱、防衰老（魏少敏，1997）、促进毛发生长（Takahashi et al.，1999），因而已作为化妆品功能性因子，用于生产具有去斑、美白等功能的丽诺养颜片等高效化妆品。

1.6.2 市场开发前景

原花色素作为可再生的绿色资源及天然的功能性产物，其开发利用前景广阔。目前，商品化的原花色素主要是海岸松树皮、葡萄籽的提取物，由其制备的原花色素产品售价偏高，产量难以满足市场需求。因此，寻找来源广泛，价格低廉的原料资源十分重要。花生红衣作为一种筛选原料已引起研究者的关注，利用花生红衣制备原花色素不仅可以提高其综合利用价值和经济价值，而且还具有促进我国食品、医药行业发展的社会价值。

另外，不同聚合度和分子质量的原花色素具有不同的化学与生物活性，通过降解、改性及一定的分离方式，制备不同分子质量大小的原花色素级分，可以有效提高原花色素的生物活性，拓展其应用范围。随着相关研究工作的深入，对原花色素进行精细化利用是必然趋势。

第2节 花生中的木犀草素

2.1 来源与分布

木犀草素化学名为3′,4′,5,7-四羟基黄酮（3′,4′,5,7-Tetralydroxyflanone），CAS号为491-70-3，因最初从木犀草科（英文名 Reseda，拉丁文名 R. odorata L.）的叶、茎、枝中分离出而得名，是一种天然色素组分，呈暗红黄色。木犀草素在自然界分布广泛，存在于落花生、金银花、菊花、荆芥、白毛夏枯草、洋蓟、紫苏属、黄芩属等天然药物和芹菜、甜椒、辣椒等蔬菜果实中，在橄榄油和红酒及野凤仙花、百里香草、唇形科植物筋骨草等也有分布，是一种重要的黄酮化合物，主要以糖苷型或游离型两种形式存在。花生中的木犀草素主要以游离型存在并集中在花生壳中，具有多种生物药理活性。花生壳因产地、品种、成熟度不同所含木犀草素的量也不同，不同产地花生壳中木犀草素含量在0.25%～1.12%（唐丽萍，2005）。

2.2 化学组成与理化性质

木犀草素属于黄酮类化合物的一种，化学名为3′,4′,5,7-四羟基黄酮，化学式为$C_{15}H_{10}O_6$，分子质量为286.23，其化学结构式如图6-2-1所示。

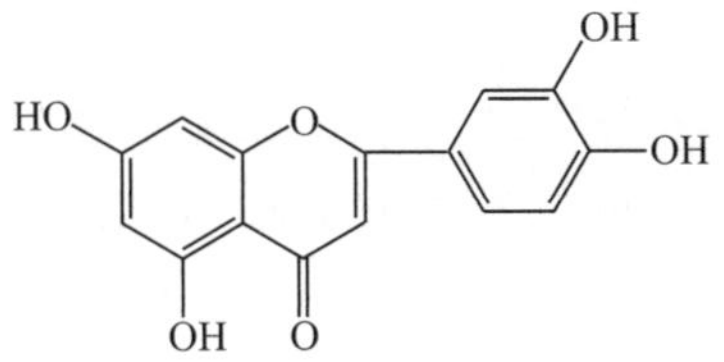

图 6-2-1 木犀草素化学结构式

2.2.1 溶解性

木犀草素是一种可溶于甲醇、乙醇、乙醚等有机溶剂及碱性溶液的化合物，且微溶于热水，在乙醇中可析出黄色针状结晶，溶于浓硫酸中呈暗红黄色，在紫外线照射下，显暗棕色，无旋光性。将木犀草素制成 β-环糊精包合物后，能改善其溶解度，大大提高木犀草素的稳定性和生物利用度。

2.2.2 熔点

木犀草素的熔点为 328～330℃，在此熔点下易发生分解，可与氢氧化钾共熔生成藤黄酚(Phloroglucin)和原儿茶酸(Protocatechuicacid)，在真空下升华。木犀草素与化妆品中常用的脂肪性、类脂性组分，如脂油(Fatty oil)、脂、富脂(Super fat)、脂蜡(Esterwax)、脂酸、脂醇、多元醇、单双脂酸酯、糖脂、烷烃化学结构的油脂蜡等不相熔，即使经受热亦难熔合成均一相体。

2.2.3 弱酸性和络合性

由于木犀草素存在 7,4′-二酚羟基，其水溶液显示微弱的酸性，其酸性比 7-或 4′-酚羟基、一般酚羟基和 5-酚羟基黄酮苷元要强。由于存在多酚羟基 γ-吡喃环，能与还原显色试剂、金属盐类试剂和碱发生多种颜色反应，如与铁离子可发生如下的络合反应(图 6-2-2)：

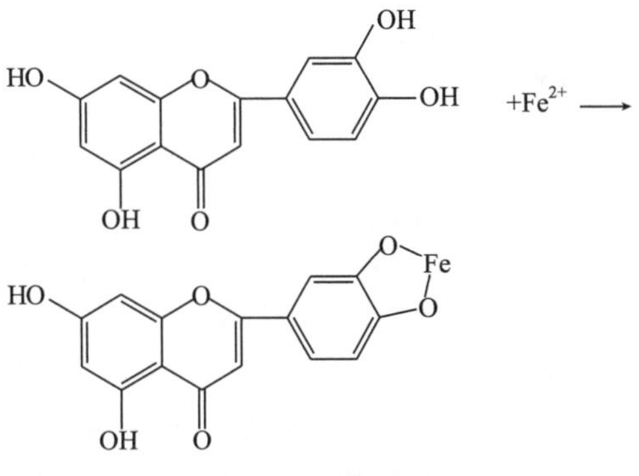

图 6-2-2 木犀草素与铁离子的络合反应式

在无水乙醇溶液中，木犀草素和醋酸铜、醋酸锌可以合成两种木犀草素 Cu(Ⅱ)和 Zn(Ⅱ)金属配合物(白海强，2007)，众所周知，微量元素 Cu、Zn 具有许多药理、生物功能活性，因此其金属配合物可以增强原配体的生物活性。

2.2.4 电化学性质

溶剂对木犀草素的电化学性质有较大影响，木犀草素在二甲基甲酰胺(DMF)中比在乙腈中多出一氧化峰，且其他峰电位发生明显移动，电化学性质发生了改变(栾积毅，2003)。

2.3 生物活性与功能

花生壳中以木犀草素为代表的黄酮类成分具有杀菌、消炎、收敛等功能，其天然产品已应用于临床治疗止咳、祛痰、消炎且有较好的疗效，近期的文献进一步报道了木犀草素具有抗高血压、抗癌的生理作用。

2.3.1 抗炎

木犀草素具有抗炎症作用，炎症发生与体内 T 细胞、B 细胞、NK 细胞和巨噬细胞等密切相关，木犀草素主要通过影响细胞分泌过程、有丝分裂期细胞间相互作用、抑制蛋白质络氨酸的磷酸化以及核转录因子介导的基因表达及减少杀伤性 T 细胞产生而起到抗炎的效果。如木犀草素能显著性抑制脂多糖(LPS)诱导的小鼠单核细胞 RAW 264.7 细胞前列腺素 E_2(PGE_2)的生成，降低核因子-kappa B(nuclear factor-kappa B，NF-kB)的脱氧核糖核酸(DNA)结合活性，下调脂多糖(LPS)诱导的小鼠单核细胞 RAW 264.7 细胞 COX-2 mRNA、核因子-kappa B(nuclear factor-kappa B，NF-kB)和环氧酶-2(COX-2)蛋白的表达(王旭光，2007)；在 0.84～54.50 μmol/L 浓度范围内木犀草素对感染传染性胃肠炎病毒的猪睾丸细胞具有保护作用(龚国清，2005)。

2.3.2 抗氧化

木犀草素具有自由基清除剂的作用，其主要通过酚羟基与自由基反应生成较稳定的半辊式自由基，从而终止自由基链式反应。标准程序的化学分析研究表明，在等摩尔浓度条件下，与槲皮素及辣椒素相比，木犀草素具有最强的抗氧化活性，同时木犀草素在芝麻油和猪油中亦能显示良好的抗氧化性，0.02%为其有效质量分数，在此质量分数下，木犀草素在芝麻油和猪油中抗氧化效果与 2,6-二叔丁基-4-甲基苯酚(BHT)相近，在猪油中抗氧化能力比茶多酚强(阎高峰，2005)。

2.3.3 抑菌

木犀草素是花生壳中有效的抗菌化合物之一，花生壳乙醇提取物对食品中常见的 10 种污染菌和食物中毒菌有显著的抑制作用，其抗菌活性具有热稳定性，能忍受高温短时的热处理，并且在 pH 5～9 的范围内均具有抗菌活性，对细菌和真菌的最低抑制质量分数分别为0.028%和 0.05%；在 1∶350 000 浓度时木犀草素可抑制葡萄球菌、枯草杆菌、啤酒酵母和大肠杆菌生长，对卡他菌、白色念珠菌、变形杆菌也有抑制作用，其抗菌活性随着质量分数增加而增强，可用作食品防腐保鲜剂，如延长月饼、桃酥等货架期，抑制含油脂食品劣变等，从而也表明花生壳具有作为食品天然防腐剂的开发潜力(陈春涛，2003；林卓慧，2009)。

2.3.4 抗肿瘤

木犀草素可以通过抗增殖和诱导凋亡来抑制恶性肿瘤细胞的生长，在体外对人肝癌细胞、结直肠癌细胞、宫颈癌细胞、黑色素瘤细胞、卵巢囊腺癌细胞、人中枢神经肿瘤细胞、胃癌细胞、腹水癌细胞、白血病细胞、平滑肌瘤细胞、上皮细胞癌细胞等多种癌细胞有抑制增殖作用，还可以诱导一些癌细胞发生凋亡。如木犀草素具有抑制人白血病原髓细胞（HL-60）细胞增殖和诱导该细胞凋亡的作用（Ko，2002），用木犀草素预处理一些人类癌细胞系，如结肠直肠癌细胞和宫颈癌细胞，会极大地增强肿瘤坏死因子诱导细胞凋亡的能力（Chowdhury，2002），在 0.30～9.75 μg/mL 浓度范围内，木犀草素对 Cox B_3 病毒均能显抑制细胞发生病变（何丽娜，2000）。

木犀草素诱导肿瘤细胞凋亡的作用机制较多并且也较为复杂，主要是通过靶向调节细胞生长中的信号传递、基因表达、酶的活化或抑制实现，有较广的抗癌谱。木犀草素既可直接作用于肿瘤细胞干扰细胞代谢，抑制细胞生长，诱导细胞凋亡，还可通过增强机体免疫功能，发挥抗肿瘤作用，是一种非常有前途的潜在抗肿瘤药物。

2.3.5　抗过敏

木犀草素具有抗过敏作用，对小鼠干燥性皮肤痉痒模型进行局部涂抹木犀草素，可以明显减少其自发性搔抓行为，降低皮肤局部的前列腺素水平，减少淋巴细胞和炎细胞的渗出，改善其真皮的病理组织学改变。同时木犀草素还可以抑制免疫球蛋白 E(IgE)介导的人肥大细胞产生的变态反应递质，包括组胺、白三烯、前列腺素 D_2，以及单核巨噬细胞集落刺激因子的释放，其作用机制可能与抑制 Ca^{2+} 内流和蛋白激酶 C(PKC)易位活化有关。

2.3.6　抗纤维化

木犀草素可以降低肝纤维化程度和肝组织中羟脯氨酸（HYP）、丙二醛（MDA）的含量以及Ⅰ型前胶原 mRNA 的表达，体外可以抑制肝星状细胞（HSC）的增殖和胶原合成，其机制可能与抑制肝内胶原合成、降低自由基生成、减轻脂质过氧化及抑制 HSC 增殖活化有关。同时木犀草素科对博莱霉素所致的肺纤维化组织病理学改变具有改善作用，且能明显降低肺重量指数和 MDA、HYP 的升高，对肺组织中转化生长因子-β_1（TGF-β_1）mRNA 的表达亦有抑制作用（赵稳兴，2002；龚国清，2004；李林林，2010）。

2.3.7　抗生育与激素

木犀草素具有显著的剂量依赖抵抗着床活性，口服后能明显增加子宫的重量、直径、子宫内膜的厚度以及其上皮细胞的高度，单独应用时具有类雌激素作用，但和炔雌醇合用时却显示具有抗雌激素作用。

2.3.8　保护心血管

早在 20 世纪 90 年代科研工作者就发现木犀草素在 10 mg/kg 的剂量下对麻醉犬具有明显扩张冠脉血流量及降低冠脉血管阻力的作用，而对心肌耗氧量无明显影响（汪丽燕，1992）。同时木犀草素在体内可以显著抑制血管内皮生长因子（VEGF）诱导的兔角膜血管的生成、血小板源性生长因子-BB(PDGF-BB)诱导的血管平滑肌细胞的增殖和 DNA合成，可以阻滞细胞周期于 G1 期，也可以抑制鼠异种移植肿瘤模型的肿瘤生长和血管形成；体外可以抑制 VEGF 诱导的人脐静脉血管内皮细胞（HUVECs）的存活和增殖，且木犀草素能降低苯肾上腺素预收缩血管的张力，拮抗高钾引起的血管收缩，具有动脉舒张作用，且其舒血管作用为非内皮依赖性，作用机制与直接抑制电压依从性钙通道、受体操纵性钙通道、细胞内钙释放，以及激活钾通道有关，而与 α、β 受体无关。同时木犀草素呈剂量依赖性降低 H_2O_2 对内皮细胞生长抑制率，降低 MDA、乳酸脱氢酶(LDH)量，增加培养液中 NO^{2-}/NO^{3-} 含量，并显著抑制半胱氨酸蛋白酶-3 阳性表达，减少细胞凋亡数量，可拮抗和修复过氧化氢诱导的血管内皮细胞的损伤(何煜舟，2007)。

2.3.9 治疗哮喘、慢性支气管炎

临床研究表明木犀草素可有效缓解咳嗽、咳痰、哮喘等慢性支气管炎症状，其治疗慢性支气管炎的有效率超过 90%，且未见有肝脏、心脏或肾脏毒性报道，有望将木犀草素开发成为能够治疗慢性支气管炎的药物。木犀草素有显著的抗气道重塑作用，它可以抑制气道壁的增厚和平滑肌增殖，从而减轻气道重塑，其作用机制可能是通过减少白细胞介素的分泌，增加干扰素的分泌来实现(范文辉，2006)，同时木犀草素有可能成为一个哮喘研究中有效的干预药物，用于治疗糖皮质激素抵抗和糖皮质激素依赖的哮喘患者(王正东，2007)。

2.4 检测技术

木犀草素的测定方法主要有比色法、库仑滴定法、荧光光度法、紫外分光光度法、薄层扫描法、权脉冲极谱法、高效液相色谱法等。这些方法中，大多操作繁琐、不确定性大，运用较少，而高效液相色谱法，以其操作快捷、灵敏度、精密度和准确度高而被广泛地应用于木犀草素的检测当中。以下将简单介绍几种常用的木犀草素检测方法。

2.4.1 紫外分光光度法(UV 法)

木犀草素的结构中具有邻苯二酚结构，与钼酸铵发生相似反应，生成黄色钼酸酯。在近中性介质中，黄色钼酸酯在 360 nm 波长处有最大吸收。因此，用钼酸盐分光光度法测定花生壳中木犀草素，方法灵敏度高、简便、快速、可靠(徐文峰等，2008)。

(1)仪器与试剂。仪器：SD 2752 型可见紫外分光光度计；pH 510 型酸度计。试剂：木犀草素标准溶液：用木犀草素对照品配制成 1.000 0 g/L 储备液，使用时稀释成 0.100 0 g/L 标准使用液；钼酸铵溶液：100 g/L，使用时配制；HAc-NaAc 缓冲溶液：移取 0.2 mol/L NaAc 溶液 47.5 mL，0.2 mol/L HOAc 溶液 52.5 mL 于 100 mL 容量瓶中，pH 为 6.5。试剂均为分析纯，水为二次去离子水。

(2)试验方法。取两支 25 mL 比色管，分别加入 100 g/L 钼酸铵溶液 1 mL，一支加入一定体积的木犀草素标准溶液或测试液，摇匀，加 HAc-NaAc 缓冲溶液至刻度；另一支直接用 HAc-NaAc 缓冲溶液定容。前一支比色管置样品池中，后一支比色管置参比池中，在 360 nm 波长处测定其吸光度。

此方法选择 HAc-NaAc 为缓冲溶液，控制溶液 pH 值为 6.5，试验选择 100 g/L 钼酸铵溶液作为反应液浓度，木犀草素的质量浓度在 4～40 mg/L 范围内有良好的线性关系，检出限为 0.5 mg/L。

(3)样品测定。取花生壳 5 g 加水 50 mL，在 60℃水浴中浸提 40 min，减压抽滤，滤渣再加水 50 mL，在 60℃水浴中浸提 40 min，减压抽滤，合并两次滤液，取滤液 2 mL，用水定容至 100 mL 容量瓶中，作为木犀草素测试液，取测试液 2 mL，按试验方法测定。

2.4.2　流动注射化学发光法

在酸性条件下，木犀草素与 Ce(Ⅳ)反应产生化学发光，罗丹明 6G 可以增强其化学发光，因此建立一种简便、快速测定木犀草素的化学发光分析新方法（王瑞芬，2006）。

（1）仪器与试剂。IFFL-D 型流动注射化学发光仪（西安瑞迈电子科技有限公司），其光电倍增管工作电压为－900 V，增益 1；蠕动泵（30 r/min，上海仪器电机厂）；八通阀（温州市龙方仪器配件厂）聚四氟乙烯管（内径 0.8 mm，用于连接阀与流路中的泵管）1 000 μg/mL 的木犀草素（陕西慧科植物开发有限公司）储备液，准确称取 0.100 0 g 木犀草素，加适量 2 mol/L NaOH 使其溶解，定容至 100 mL；硫酸铈（北京化工厂），临用现配制于 5 mol/L 硝酸中；盐酸、硫酸、硝酸及磷酸、荧光素、硫酸奎宁、盐酸奎宁、罗丹明 B、罗丹明 6G 均购自重庆化学试剂公司以上试剂均为分析纯，水为二次蒸馏水。

（2）实验方法。如图 6-2-3 所示，将酸性硫酸铈溶液和 Rh6G 分别由 b 和 c 通道泵入流路，混合后，再和 a 通道泵入的样品溶液混合反应产生化学发光信号，由发光仪的光电倍增管（PMT）检测，所有数据采集及处理均由 Remax 软件在 Windows XP 系统下完成。

经测定，在优化的实验条件下，化学发光强度在 5.0×10^{-8}～2.0×10^{-6} g/mL 范围内与木犀草素的浓度呈现良好的线性关系，计算得到的检测限为 1.0×10^{-8} g/mL，其相对标准偏差为 0.87%，结果较准确。

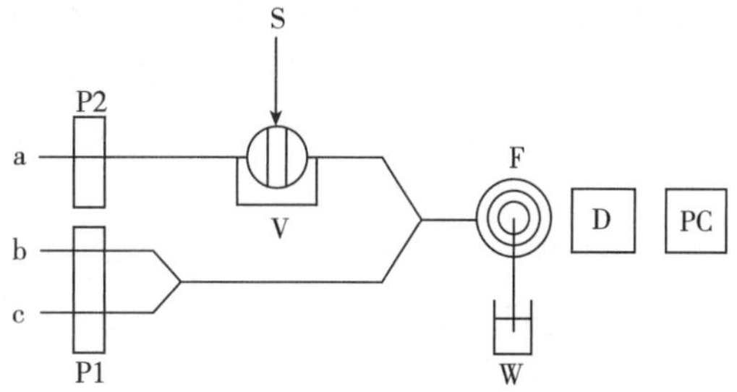

a.H_2O; b.Ce(Ⅳ)+H^+; c.Rb6G; S.样品;
P1,P2. 蠕动泵; V.八通阀; F. 流通池;
W.废液; D. 发光检测器; PC. 计算机。

图 6-2-3　IFFL-D 型流动注射化学发光仪

2.4.3　间接原子吸收法

利用碱式乙酸铅为木犀草素络合沉淀剂产生难溶淡黄色沉淀，通过原子吸收法测定上清液中 Pb^{2+} 浓度，从而得到一种间接测定花生壳中木犀草素方法（徐文峰等，2007）。

（1）仪器和试剂。TAS-986 原子吸收分光光度计（北京普析通用仪器有限公司）；铅空心阴极灯；数显恒温水浴锅 HH-4（常州国华电器有限公司）；plus 420A 酸度计（美国 Orion 公司）；XYJ80-2 离心沉淀机（江苏医疗仪器厂）；WF130-300 型植物粉碎机（江苏省常州市步长设备有限公司）。木犀草素标准溶液：用木犀草素对照品（中国生物制品检定所提供）配成1.0 g/L的储备液，使用时稀释成 0.1 g/L 的标准使用液；碱式乙酸铅溶液：1.0 g/L，用时稀释成 0.1 g/L 的标准使用液。以上试剂均为分析纯，水为二次去离子水。

（2）原子吸收光谱仪工作参数。波长 217 nm；通带宽度 0.4 nm；灯电流 3.0 mA；燃烧器高度 5 mm。

（3）实验方法。移取一定量的木犀草素标准使用液于 10 mL 离心试管中，加 1 mL 1.0 g/L碱式乙酸铅溶液，以水定容，在 80℃水浴中反应 20 min，冷却后离心分离，吸取上清液 2 mL 于 10 mL 比色管中，以水定容，测定吸光度。

(4)样品测定。取 10 g 花生壳，加水 100 mL，在 50℃水浴中浸提 60 min，减压抽滤。滤渣再加 50 mL 水，在 50℃水浴中浸提 30 min，减压抽滤。合并两次滤液，取滤液 2 mL，用水定容至 100 mL，作为木犀草素测试液。取 2 mL 木犀草素测试液，按实验方法进行了测定。

本方法线性范围为 3.0～25.0 mg/L，方法检出限为 1.2 mg/L；实验在 70℃水浴中进行，pH 值控制在中性范围，反应时间为 15 min，选用 1 mL 1.0 g/L 碱式乙酸铅溶液作为沉淀剂的浓度。此法具有简便、快速、灵敏度高、试剂用量少等优点，用于实际样品测定，结果准确。

2.4.4　高效液相色谱法(HPLC 法)

木犀草素或木犀草苷的含量测定方法多为 HPLC 法，该法具有方便、快速、简便的特点，在中国药典 2005 年版中有独一味胶囊、金银花等建立了此方法。该法测定简便、可靠、灵敏、易行，时间短，分离度良好，测定结果准确，可作为药物制剂的质控方法之一(唐丽萍，2005)。

(1)仪器设备。岛津 10 Avp 高效液相色谱仪(配置二元泵，紫外检测器，自动进样器以及色谱工作站)；梅特勒 1/10 万电子分析天平；科导超声波提取器。

(2)色谱的系统适应试验。色谱柱：选择 HPLC 测定最常用的 C18 键合硅胶柱，Kromasil ODS 柱，但建立的方法经过不同厂牌、规格的 C1 键合硅胶柱验证后，分离效果类似。

检测波长：经紫外光谱扫描，木犀草素在 254 nm 有最大吸收，故选择 254 nm。

柱温：在柱温 25～35℃之间，图谱系统评价基本一致，故选择 30℃。

流动相：用甲醇-水作流动相木犀草素峰拖尾严重，考虑到木犀草素具有一定酸性，选用甲醇-水-乙酸系统，峰形明显改善，经过对比研究，以甲醇-水-乙酸(50∶50∶1)作流动相，流速 1 mL/min 条件下峰形较好，保留时间约 9 min，拖尾因子(1.038)达到分析要求，以木犀草素峰计算，理论塔板数大于 5 000。

在此条件下，样品色谱中木犀草素峰拖尾因子 0.987，理论塔板数大于 5 000，和其他峰分离度大于 2.0，色谱条件符合含量测定的要求。

(3)方法学考察。精密度：吸取同体积木犀草素对照品溶液，连续测定 6 次，保留时间的 RSD(相对标准偏差)＝0.12%，峰面积 RSD＝0.96%，符合测定要求。

稳定性：吸取同一供试品溶液，于 0、2、4、6、12、24、48 h 进样测定，供试品以峰面积积分值计算，RSD＝0.87%(n＝7)，供试品溶液在 48 h 内稳定。

重现性：取同一产地的花生壳样品 6 份，平行制备供试品溶液，测定含量，以供试品含量计算，RSD＝0.63%(n＝6)，符合测定要求。

加样回收率：精密称取木犀草素对照品，制成约 1 mg/mL 的溶液，准确吸取该溶液 3 mL、5 mL、10 mL 各 2 份，置三角瓶中，蒸干，再分别加入精密称重的花生壳样品，制备供试品溶液，测定含量，木犀草素的加样回收率在 100.5%～102.1%之间，平均回收率为 101.2%，RSD＝0.72%(n＝6)。

(4)样品测定。干燥的花生壳粉碎，过 60 目筛，备用。取花生壳样品约 2 g，精密称定，置三角瓶中，准确加入甲醇 50 mL，称定重量后放置过夜，超声提取 30 min，放冷后补充减失的重量，滤过，取续滤液，用 0.45 μm 微孔滤膜过滤，即为待测溶液。

2.5 制备工艺与技术

2.5.1 提取方法

可用于木犀草素提取分离的方法主要有水提取法、乙醇-水溶剂提取法、碱性稀醇提取法、微波法、超声波法和超临界流体萃取法。由于木犀草素一般以苷元形式存在，因此可用极性较大的有机溶剂如甲醇、乙醇等进行提取，考虑到安全、环保等因素，实验室一般用较高浓度的乙醇或者水来提取。如果分别用 60% 的丙酮、70% 的甲醇、70% 的乙醇和水作为提取剂，用高效液相色谱法分别测定和比较提取物中木犀草素的含量，发现有机溶剂提取物，尤其是甲醇提取物中的木犀草素含量较高，水提取物中的木犀草素含量最低（李明静，2005），表 6-2-1 中列出了不同提取方法提取木犀草素的工艺，从表 6-2-1 中可以看出，目前研究较多的是溶剂提取、超声波法和微波法，同时三种提取方法对木犀草素的得率存在着较大的差别。

表 6-2-1 不同提取方法提取木犀草素的工艺比较

提取方法	提取原料	提取工艺	提取率（%）	提取量（mg/mL）	含量（%）	作者
溶剂提取	花生壳	质量浓度为 70% 乙醇、料液比 1∶10、提取 3 次、每次时间 2 h	90	—	0.354	黄守正等
超声波法	花生壳	以 70% 的乙醇作为提取溶剂、料液比为 1∶10、提取时间为 45 min，分 3 次提取，每次 15 min	3.7	—	0.31	肖淑娟等
超声波法	花生壳	30 倍量 70% 乙醇、60℃下提取 30 min	—	1.601	—	李洪娟
微波法	花生壳	料液比 1∶20，80% 乙醇，微波功率 900 W，提取时间 70 s	—	—	0.969	杨洋等

2.5.2 纯化方法

木犀草素的分离纯化方法很多，有柱层析法、薄层层析法、铅盐沉淀法、硼酸络合法、梯度萃取法、溶剂萃取法以及近年来应用较多的高效液相色谱法、液滴逆流层析法、气相层析法、微乳薄层色谱法等。采用聚酰胺层析柱法对花生壳甲醇提取物中的木犀草素进行分离时，木犀草素在聚酰胺层析柱上的最佳吸附和洗脱条件，以 70%～75% 的乙醇-水溶液洗脱时效果最佳，通过分析发现花生壳中的木犀草素完全以游离的形式存在，其含量约为 0.3%（汪海峰，1997）；如果对花生壳碱液提取物以乙酸乙酯萃取、减压浓缩蒸干后，得到木犀草素的粗品中木犀草素的纯度（以质量分数计）能由 2.47% 提高到 19.50%（丁爱凤，2005）；用硅胶柱层析对 95% 的甲醇花生壳提取液进行纯化，最后重结晶能得到木犀草素纯品；采用分子印迹技术固相萃取来纯化花生壳中的木犀草素，其纯度可高出用硅胶柱分离的近20个百分点（肖淑娟，2010）。

2.6 应用与开发前景

2.6.1 应用现状

现在木犀草素的药理活性已经得到社会的认可，并开发出了相应的中成药，如独一味胶囊、脉舒胶囊、小春花口服液等。

（1）独一味胶囊。以中药独一味加工而成，药用成分主要有黄酮类、皂苷、甾醇、氨基酸及多种微量元素，其中木犀草素含量不得少于0.80 mg/粒。

功能与主治：活血止痛，止血化瘀。用于多种外科手术后的刀口疼痛、出血，外伤骨折，筋骨扭伤，风湿痹痛以及崩漏、痛经、牙龈肿痛、出血。

（2）脉舒胶囊。落花生经加工制成的胶囊，药用成分为黄酮类化合物，其中以木犀草素为主。

功能与主治：降血脂药，用于治疗高血脂症。

（3）小春花口服液。依据民间经验由小春花等药物组成的复方制剂，主要有效成分为木犀草素。

功能与主治：清肝解热、散风解毒，临床用于治疗呼吸系统疾病。

2.6.2 市场开发前景

人们在实践中发现，从植物中分离得到的木犀草素在临床上具有止咳、祛痰及消炎的作用，在体内具有抗菌、抗病毒、抗肿瘤及降低胆固醇等作用，是一种很有开发潜力的食药两用原料。同时木犀草素的抗肿瘤机制，既可直接作用于肿瘤细胞干扰细胞代谢，抑制细胞生长，诱导或增敏细胞凋亡；还可通过增强机体免疫功能，发挥抗肿瘤作用，因此木犀草素具有多靶点抗肿瘤作用，且结构明确，是一种非常有前途的潜在抗肿瘤药物，可以作为一类新药去深入研究。

花生壳是目前已知含木犀草素较高的可再生、来源丰富的植物资源，是生产木犀草素的理想原料，但作为一种农副产品尚未得到有效开发；同时加快我国农产品的综合开发和深加工，提高附加值，建立循环型绿色生态农业，是现代农业的重要课题。利用农作物废料花生壳来提取木犀草素，或生产含木犀草素的产品，通过改进提取分离纯化方法，提高实验得率，降低成本，可有效提高花生壳的附加值，将会产生较好的经济效益和社会效益。

第3节 花生中的白藜芦醇

3.1 分布与含量

3.1.1 分布

白藜芦醇是植物在恶劣环境下或遭到病原体侵害时，自身分泌的一种可抵御霉菌感染的抗毒素，主要存在于虎帐、葡萄、花生、桑葚、买麻藤、野鲜槐等植物中，目前虎杖和葡萄是白藜芦醇最常用的提取原料。由于资源限制，近年来研究者开始关注花生中白藜芦醇的提取与利用。美国农业部 Timsandeys 博士对花生进行研究，结果表明花生红衣与花生仁中含有相当多的白藜芦醇，其含量大约是葡萄中的 908 倍(高岩峰，2009)。课题组采用 HPLC 法测定花生根中白藜芦醇，发现其含量为 165 μg/g。

不同文献报道的花生各个组织中白藜芦醇含量不同，见表 6-3-1。一般来说，花生各个组织中白藜芦醇含量为根中含量最多，其次是茎、红衣、叶、壳，最少的是花生仁。另外，花生根中白藜芦醇主要在外表皮积累，木质部含量较少(张俊，2009)。

表 6-3-1　花生各个部位中白藜芦醇含量的部分文献报道

部位	白藜芦醇含量(μg/g)	参考文献
花生根(Fall crops)	130～1 330	Chen, et al., 2002
花生根(Spring crops)	15～630	Chen, et al., 2002
花生根	94.3	张烜等，2003
花生根	46.7～58.8	向海燕等，2005
花生根	179.5	陈秀霞，2004
花生红衣	650	Sanders, et al., 2000
花生红衣	45.3	张烜等，2003
花生红衣	360	刘大川等，2005
花生花	29.3	张烜等，2003
花生壳	2.5	张烜等，2003
花生壳	8	陈秀霞，2004
花生茎	8	陈秀霞，2004
花生茎	88.8	张烜等，2003
花生叶	0	张烜等，2003
花生叶	0	陈秀霞，2004
花生仁	2.63	刘宏胜，2006
花生仁	30～149	Sanders, et al., 2000
花生仁	0	张烜等，2003

3.1.2　含量的影响因素

3.1.2.1　栽培品种与产地

不同产地和品种的花生中白藜芦醇的含量差别较大。浙江萧山的大红袍、山东日照的白沙 1016、安徽肥东的豫花 3 号、福建福州的泉花 10 号花生根中白藜芦醇含量较高，山东日照的花育 22 号和浙江萧山的雨花花生根中白藜芦醇的含量则较低。对于同一品种，在不同生长地区含量的差异也很显著，如杭州萧山区、江干区、下沙区生长的大红袍花生，根中白藜芦醇的含量相差 7～8 倍(房祥军等，2009；张俊等，2009)。目前，我国育种部门已经筛选出富含白藜芦醇的花生品种“珍珠红一号”，其仁中白藜芦醇含量高达 9 μg/g，花生衣中达 9.2 μg/g(李一聪等，2002)。另外，同一品种的花生，采收时间越晚，白藜芦醇含量越高(张俊等，2009)。

3.1.2.2 采后处理

白藜芦醇的合成需要芪合酶的存在，而这种酶的活性需要外界的条件才能激活。因此，利用超声处理、紫外线照射、霉菌感染、高浓度臭氧、机械处理、生化试剂、冷冻、重金属盐等外界诱导或胁迫条件可显著增加白藜芦醇的含量。将收获后的花生仁充分吸水后，切成薄片（1～2 mm），通过超声技术进行第二次应激，可以使白藜芦醇含量提高 6～12 倍（Rudolf，et al.，2002）；利用紫外辐照花生根 20 min 后，可使花生根中白藜芦醇含量提高 1 倍（张俊等，2009）；利用 20% H_2O_2 或 5%次氯酸钠将花生仁消毒后，充分吸收水分，20℃条件下培养一段时间，可以提高白藜芦醇的含量（Cooksey et al.，1988；Arora et al.，1991）。

3.1.2.3 加工方式

花生在加工过程中经过不同的处理如蒸煮、烘烤、切割、磨碎等后，白藜芦醇的含量也会显著不同。表 6-3-2 为不同花生产品中白藜芦醇的含量。通过不同的加工处理，使花生制品中白藜芦醇含量增加，提高其功能活性和保健价值，将对人类的饮食健康发挥更大的作用。

表 6-3-2 花生产品中白藜芦醇含量

花生产品	白藜芦醇含量(μg/g)	参考文献
生花生	0.01～0.14	Lee，et al.，2002
烤花生	0.018～0.08	Victor，et al.，1999
烤花生	55±23	Ingham，et al.，1976
烤花生	未检出	陈秀霞，2004
煮花生	8	陈秀霞，2004
煮花生仁	3.422～7.092	Victor，et al.，1999
煮花生	5 138±2 849	Ingham，et al.，1976
花生酱	0.148±0.504	Victor，et al.，1999
花生酱	0.25±0.41	Lee，et al.，2002
花生酱	未检出	陈秀霞，2004
花生油	324±129	Ingham，et al.，1976
花生油	0.921 3	刘宏胜等，2006

3.2 化学组成与理化性质

3.2.1 化学组成

白藜芦醇（Resveratrol）又称芪三酚，是一种非黄酮类多酚化合物，化学名称 3，4，5′-三羟基二苯乙烯，分子式为 $C_{14}H_{12}O_8$，相对分子质量为 228.25，见图 6-3-1。白藜芦醇的四种存在形式为顺式与反式白藜芦醇、顺式与反式白藜芦醇苷，后两种形式在肠道中糖苷酶的作用下可释放出白藜芦醇。在天然植物中白藜芦醇主要以反式结构存在，且反式异构体的生物活性强于顺式异构体，但在紫外线照射下，反式白藜芦醇能够转化为顺式异构体（刘娅等，2002）。研究表明，将反式白藜芦醇的标准溶液置于波长 254 nm、强度

990 μwl/cm^2 的紫外光条件下10 min，可以使大约70%的反式白藜芦醇转化成顺式同分异构体(Goldberg et al.，1995)。

反式白藜芦醇　　　顺式白藜芦醇

图 6-3-1　白藜芦醇化学结构式

3.2.2　理化性质

纯品白藜芦醇为白色针状晶体，见图 6-3-2(兰天路，2007)，熔点为256～258℃，在261℃以上易升华，难溶于水，易溶解氯仿、甲醇、乙醇、丙酮、乙酸乙酯、二甲基亚砜等有机溶剂(李亚静等，2010)，在低温、避光条件下稳定，碱性环境中不稳定。白藜芦醇在365 nm紫外光照射产生紫色荧光，遇氨水等碱性溶剂显红色，遇醋酸镁的甲醇溶液显粉红色(蔡杨柳，2010)，遇三氯化铁-铁氰化钾显蓝色，这些特征颜色反应可用于定性检测白藜芦醇。

图 6-3-2　白藜芦醇制品

3.3　生物活性与功能

1989年，世界卫生组织(WHO)进行的"世界心血管疾病控制系统——Monic Project"发现法国人与其他欧洲国家一样习惯于高脂肪、高蛋白、高能量的"三高饮食"，但心血管疾病的发病率却远低于其他西方国家，这就是著名的"法国悖论"。研究发现，主要是因为法国人常饮用的葡萄酒中含有一种活性物质——白藜芦醇，对心血管系统有特殊的保护作用(Renuad et al.，1992)。

3.3.1　抗菌

白藜芦醇作为一种植物抗毒素，具有较强的抗菌活性，对金黄色葡萄糖球菌、肺炎双球菌、深红色发癣菌、趾间发癣菌、福氏痢疾杆菌、绿脓杆菌、雷极氏普罗雷登氏菌、孤儿病毒、单纯疱疹病毒及肠道病毒等都有较强的抑制作用(唐传核等，2003；Filip et al.，2003)。白藜芦醇的浓度为171～342 μmol时可抑制细菌的生长，浓度为25～50 μmol可抑制皮肤真菌的生长(Chan，2002)。此外，白藜芦醇还具有抗艾滋病和增强艾滋病药物的作用(Wang，et al.，2004)。由于这些作用，许多含有白藜芦醇的药物被广泛应用于烧伤、烫伤、感染、放射性皮炎等的治疗(尤凯，2008)。

3.3.2　抗氧化

白藜芦醇含有多羟基结构，可以通过供给自由电子与质子发挥抗氧化和清除自由基的作用。医学研究证明，白藜芦醇能有效减少自由基及其代谢产物引起的脂质过氧化，延缓机体胸腺萎缩，使T细胞数量增加、功能增强，从而提高机体免疫力。研究表明，白藜芦醇的抗氧化作用强于维生素C、维生素E、BHT、槲皮苷，并能使DNA免受损伤，抑制二硫化谷胱甘肽与羟基自由基的形成(Hung et al.,2000;Blond et al.,1995)。当白藜芦醇浓度为1.3 μg/mL时，可抑制大鼠红细胞的自氧化溶血和由H_2O_2引起的氧化溶血，并能显著抑制小鼠心、肝、脑、肾的体内外过氧化脂质的形成(Kimura et al.,1983)。

3.3.3 抗癌

白藜芦醇对胃癌(吴莹,2009)、肝癌(李科,2009)、皮肤癌(吴波等,2009)、乳腺癌(陈洋等,2010)、结肠癌(Trincheri et al.,2007)、膀胱癌(白宇,2008)、宫颈癌(车俊,2008)、前列腺癌(Ahmad et al.,2007)以及白血病(Horvath et al.,2006)等都有拮抗作用，其在肿瘤起始、促进和发展三个阶段都有抑制作用乃至逆转作用，被喻为继紫杉醇之后的又一新型绿色抗癌药物(马东卫,2006)。白藜芦醇抗肿瘤抗癌的作用机理是：抗氧化，抑制自由基并诱导Ⅱ期药代酶，抗二噁英；抑制环氧化酶、过氧化氢酶和酪氨酸酶、前列腺素H_2合成酶的活性；诱导人早幼粒白血病细胞的分化和凋亡(Jang et al.,1997)；抑制由丝裂原活化蛋白激酶或核转录因子NF-κB途径调控的信号转导促进癌细胞的自溶(Holme et al.,2007;Fulda et al.,2006)。研究表明，由人工方法使老鼠患上皮肤癌，2周后让其服用白藜芦醇，18周后发现癌症细胞最多可减少98%，最少可减少68%。此外，白藜芦醇可诱导人类HL60白血病细胞DNA的裂解，并致使膜磷脂丧失其不对称性，表明其可诱导人类HL60白血病细胞的程序性死亡(Marie et al.,1998)。

3.3.4 保护心血管

白藜芦醇可预防动脉粥样硬化、防治冠心病，从而保护心血管。其作用机理主要是：保护血管平滑肌细胞，抑制其增殖；抑制胶原蛋白、肾上腺素、花生四烯酸、ADP等诱导的血小板凝集，促进纤维蛋白溶解，抗血栓形成；抑制低密度脂蛋白氧化，调节血脂。对麻醉大鼠缺血-再灌注模型研究发现，白藜芦醇预处理对再灌注损伤有强大的保护作用，可减少室性心动过速及室颤的发生率和持续时间，降低死亡率(Hung,et al.,2000)；白藜芦醇可减少心肌梗死面积，减少因缺血引起的心肌酶的释放，增加心肌NO、SOD含量，减少丙二醛的损伤，抑制细胞凋亡的发生(沈敏,2006)。

3.3.5 抗炎

白藜芦醇对急、慢性炎症具有均有良好的抑制作用，其作用机理主要是：抑制炎症反应中的重要介质白三烯B_4、PEG_2、NO等的生成；降低血管通透性，抑制白细胞游出；清除自由基，抗脂质过氧化(刘芳,2005)；影响花生四烯酸的代谢，从而抑制炎症因子十七碳羟酸(HHT)和血栓烷(TXA2)的形成(Kimura et al.,1985)。研究表明，白藜芦醇对二甲苯致小鼠耳肿胀抑制率达59.9%，对大鼠棉球肉芽肿的抑制率达38.09%，能显著减少冰醋酸致大鼠胸膜炎渗出液量和降低白细胞总数的升高(刘芳,2005)。

3.3.6 保护肝脏

白藜芦醇能有效降低血清和肝脏中的脂质，减少脂质过氧化物在体内的积累，从而保护肝脏(高岩峰,2009)。此外,白藜芦醇还能选择性下调细胞周期蛋白 cyclinD_1 的表达,使肝脏星形细胞静止在 G_1 期,抑制肝纤维化的形成(江文沁等,2003);抑制人肝癌 HepG_2 细胞的生长增殖过程,诱导细胞凋亡;降低血清谷丙转氨酶,抗肝炎。研究证明,白藜芦醇保护肝脏的机制与其抗脂质过氧化及抑制 NO 的产生密切相关(劳溢权等,2005)。

3.3.7　雌激素样作用

白藜芦醇的化学结构与雌性激素己烯雌酚相似,可以竞争其受体的结合空间,对受体进行活化,起雌性激素的信号转导作用(Gehm et al.,1997)。白藜芦醇与雌激素受体结合后,能明显促进阴道开口,阴道上皮角质化,增加子宫重量,使子宫柱状上皮增厚或腺体增生。此外,白藜芦醇还能促进骨形成和抑制骨吸收,从而抑制因缺乏雌激素所诱发的骨丢失,预防骨质疏松(李文仙等,2003)。

3.3.8　其他作用

白藜芦醇还具有保护神经、镇咳平喘、降低血压、改善微循环和治疗休克等作用等。此外,还可用于治疗胃溃疡和皮炎、癣等过敏性疾病(缪文玉,2008)。

3.4　检测技术

3.4.1　高效液相色谱法

高效液相色谱法是目前用于检测白藜芦醇最常用的方法,适用于花生植株的各个部位或产品中的白藜芦醇的检测。高相液相色谱法灵敏度高、重现性好、结果可靠。现国标 GB/T 24903-2010 中对于花生白藜芦醇的测定即采用的高效液相色谱法,具体条件为色谱柱为 C_{18} 柱(150 mm×3.9 mm,4 μm),流动相乙腈：水：冰醋酸＝25：75：0.09,流速 0.7 mL/min,紫外检测波长 306 nm,图 6-3-3 和图 6-3-4 为作者参考国标,在 C_{18} 柱规格为 150 mm×4.6 mm(5 μm)条件下,测量标品与样品的出峰情况。

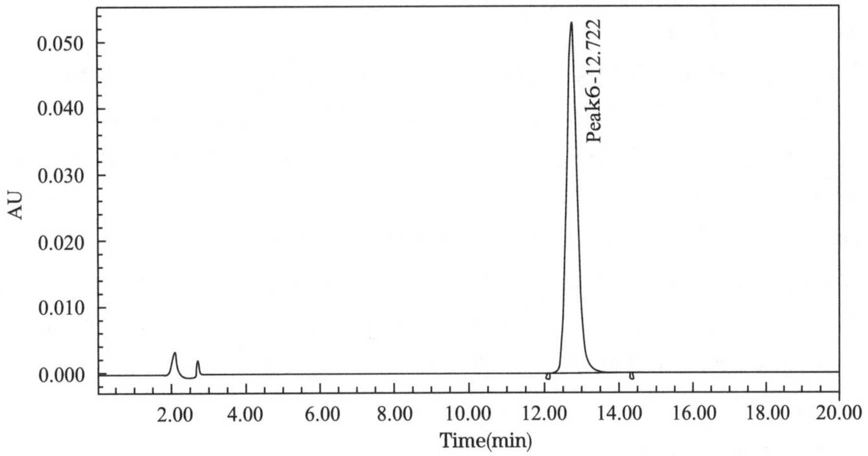

图 6-3-3　白藜芦醇标准品色谱图

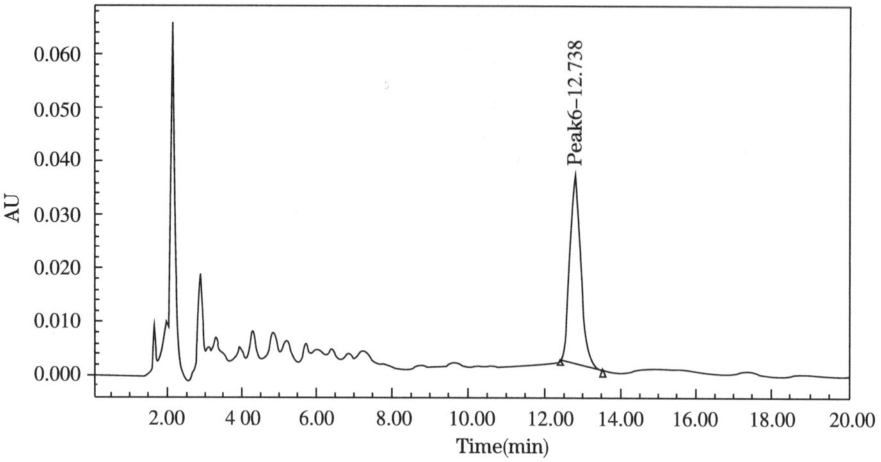

图 6-3-4　白藜芦醇样品色谱图

3.4.2　气相色谱法

气相色谱法是采用气体作为流动相的一种色谱法，常采用气相-质谱（GC-MS）联用对白藜芦醇进行定性定量分析和测定。气相色谱法灵敏度好、准确度高、简便快速、样品用量少，但样品前处理复杂，一般需要进行硅烷化衍生处理，且仪器昂贵，使其应用受限（李晓东等，2011）。GC-MS 法测定花生中白藜芦醇的具体步骤为：萃取液 N_2 吹扫至干→加入衍生化试剂（BSTFA）→振摇后反应→吸取样品溶液进样。采用 GC-MS 法检测花生中白藜芦醇的操作条件为：色谱条件：进样口温度 280℃，柱温采取程序升温，初温 100℃，保持 10 min 后，以 10℃/min 的速度升至 300℃，恒温 10 min，载气为氦气，流速为 1.0 mL/min，分流比为 30∶1；质谱条件：接口温度 280℃，E1 离子源 70 eV，离子源温度 230℃，四极杆温度 106℃，电子倍增器电压 1 500 V，质量扫描范围 30～500 μm（梁炫强等，2006）。

3.4.3　薄层色谱法

薄层色谱法的原理是利用薄层色谱斑点（组分）发出的荧光强度或利用荧光薄层板上暗斑的荧光淬灭程度进行定量（黄德成，2007），包括薄层扫描法和胶束薄层色谱法（黄卫文等，2010）。白藜芦醇及部分衍生物在 366 nm 左右的紫外光照射下能产生不同的蓝光和紫光，利用该性质可采用薄层层析的方法分离和检测白藜芦醇及其衍生物（Pezet，2003）。薄层色谱法简便、快速、灵敏，测定成本低。采用薄层荧光扫描法测定花生根、茎中白藜芦醇的含量的条件为：以氯仿∶乙酸乙酯∶甲酸＝8∶2∶（0.2～0.35）为展开剂，狭缝尺寸为（3×0.145）mm～0.45 mm，在 335 nm 处进行扫描测定，白藜芦醇在 21.6～108.0 ng 范围内线性关系良好，平均回收率为 103.46%，相对标准偏差为 0.66%（韩小丽等，2006；韩小丽等，2010）。

3.4.4　荧光光谱法

荧光光谱法的原理是利用白藜芦醇与 Al^{3+} 形成络合物，发生显色反应，发射荧光的强度与白藜芦醇浓度成正比。根据该原理，可将荧光光谱法应用到白藜芦醇的检测中。

荧光光谱法操作简单，成本低，准确度好，灵敏度高，重现性好（王琴飞等，2009）。采用荧光分光光度计测定花生中白藜芦醇含量的检测最佳条件为：激发波长和发射波长分别为 324.06 nm 和400.00 nm，白藜芦醇产生的荧光强度与浓度在 $0\sim1.68\times10^{-5}$ mol/L 的范围内具有良好的线性关系，检出限为 8.14×10^{-10} mL/L（张寒俊，2006）。

3.4.5 其他检测方法

近年来，还有一些新的检测方法应用到了白藜芦醇及其衍生物的检测中，如电化学发光法（唐玉海等，2002）、二次微分简易示波伏安法（张宏芳等，2001）、毛细管电泳法（郑妍鹏等，2002）、活体荧光法（Hollecker，et al.，2009）等。随着分析技术的提高与仪器的更新，白藜芦醇及其衍生物的检测方法会越来越简便、快速、精确。

3.5 制备工艺与技术

3.5.1 制备方法

3.5.1.1 有机溶剂提取法

有机溶剂提取法的原理为“相似相容”，即利用极性相似的有机溶剂从植物细胞中提取有机物质。提取花生中白藜芦醇常用的有机溶剂有甲醇、乙醇、乙酸乙酯等。由于白藜芦醇极性较强，易溶于极性强的溶剂，因此用甲醇或乙醇提取效果较好。常用的有机溶剂提取法有索氏提取、回流法、渗漉法等。有机溶剂提取法应用广泛，设备投资小，工艺简便，成本低，但步骤繁多、提取物成分复杂，必须经过分离纯化才能得到成品（胡晓佳，2006）。表 6-3-3 为不同溶剂提取法的提取效果比较，可见实际应用中多采用乙醇溶液作为提取溶剂。

表 6-3-3 溶剂提取法提取效果

原料	提取溶剂	提取量（提取率）	参考文献
花生根	65%乙醇	0.012%	张初署等，2009
花生根	61.48%乙醇	0.32%	单辉君等，2008
花生根	95%乙醇	179.5 μg/g	陈秀霞，2004
花生藤	60%乙醇	855.05 μg/g	王彩霞等，2009
虎杖	60%乙醇	0.86%	赵鸿宾等，2010
虎杖	80%乙醇	0.43%	兰天路，2007
葡萄枝条	乙酸乙酯	10.676 μg/g	孙传艳等，2011
酿酒葡萄皮渣	80%乙醇	94.2 μg/g	毕海丹，2006

3.5.1.2 酶法提取

酶法提取是通过酶解破坏植物细胞壁，充分释放细胞内含物，从而利于有机溶剂有效提取，常用的为纤维素酶，见表 6-3-4。另外，酶法可使植物中白藜芦醇苷转化为白藜芦醇，从而提高白藜芦醇的提取率（蔡杨柳，2010）。酶法提取反应条件温和、时间短、得率高，但成本较高，且反应条件要求严格（张初署等，2009）。酶法提取具体操作为：花生原料→清洗→干燥→粉碎→加水/缓冲溶液→调节 pH→酶解→灭酶→加入溶剂提取→过滤→白藜芦醇提取液。

表 6-3-4 酶法提取效果

原料	酶种类	提取率(%)	参考文献
花生红衣	纤维素酶	1.25	王凤舞等,2009
花生根	纤维素酶	—	张初署等,2009
虎杖	复合酶	—	言洁,2010
虎杖	纤维素酶	0.92	兰天路,2007

3.5.1.3 微生物发酵提取

微生物发酵法是利用花生组织为培养基质,利用微生物发酵产生酶,通过酶解作用提取白藜芦醇,同时可以进一步诱导白藜芦醇这种植物抗毒素的产生。微生物发酵法不但可以大大降低生产成本,提高提取量和产品品质,同时也为白藜芦醇产业化提供了新途径。利用黑曲霉发酵花生根提取白藜芦醇,在乙醇浓度 64%,提取温度 55℃,提取时间 60 min,液固比 8∶1 条件下,白藜芦醇得率为 0.191%(张初署等,2009)。

3.5.1.4 碱提取法

白藜芦醇具有弱酸性,在碱性条件下可以生成盐,水溶性显著增加。碱提取法的原理就是利用白藜芦醇这一性质,使其与某些无机碱或碱性盐反应,形成酚盐后从体系里溶解出来,然后通过调节溶液 pH 值的方法使之沉淀而得以分离,达到提取白藜芦醇的目的。碱提取法不需使用大量的有机溶剂,而且选择性强,因而有效成分含量更高(胡晓佳,2006)。

3.5.1.5 超临界流体萃取

超临界流体萃取是以超临界流体为溶剂,利用其高渗透性和高溶解能力来提取分离混合物的过程,现多采用 CO_2 作为溶剂。超临界流体萃取法无溶剂残留,萃取剂可循环使用,避免高温操作,适合于热敏性的物质(胡晓佳,2006)。但超临界萃取法设备一次性投资大,维护费用高,不适用大规模生产应用,且提取效率不高。超临温界萃取法提取花生中白藜芦醇时需考虑萃取时间、温度、压力等因素。

3.5.1.6 微波辅助提取

微波辅助提取的原理是利用磁控管产生每秒上亿次超高频快速震动,使分子间相互碰撞、挤压,产生热效应,细胞膨胀破裂,加速花生组织细胞中白藜芦醇的浸出(兰天路,2007)。微波提取法周期短、能耗低、有机溶剂用量少,同时可以提高收率和提取物纯度,并且有利于热不稳定物质的提取,可以避免长时间高温引起样品分解(缪文玉,2008)。具体操作为:花生原料清洗→干燥→粉碎→加入提取溶剂→微波处理→离心取上清液。利用微波辅助法提取花生根中白藜芦醇的最佳提取工艺为输出功率 400 W、微波作用时间 4.5 min、萃取温度 80℃、乙醇体积分数 60%、料液比 1∶14(张初署等,2009)。

表 6-3-5　微波辅助提取法提取效果

原料	提取功率(W)	提取率(%)	参考文献
花生红衣	300	0.038	周焕霞等,2010
花生根	400	0.376	张初署等,2009
虎杖	510	1.02	兰天路,2007

3.5.1.7　超声波辅助提取

超声波辅助提取法的原理是利用超声波产生强烈的扰动、击碎和搅拌等机械作用、空化作用、热作用,增大物质分子运动频率和速度,增加溶剂穿透力,同时加速细胞壁的破裂,从而促进白藜芦醇提取(李婷等,2006)。超声波辅助提取法可以缩短提取时间,减少有机溶剂用量,提高白藜芦醇的提取量。超声波提取工艺为:花生原料→清洗→干燥→粉碎→加入提取溶剂→超声波萃取→过滤→白藜芦醇提取液。以花生根、茎、叶为原料,采用超声波辅助提取法进行提取,在超声频率为 15.33 kHz,占空比为 1∶2,提取时间为 6 min,料液比为 1∶25,乙醇浓度为 70%条件下,白藜芦醇的提取量为 885.96 μg/g(邹烨等,2011)。图 6-3-6 为近年来采用超声波法辅助提取白藜芦醇的相关文献报道,可见超声波法生产周期短,提取率较高。

表 6-3-6　超声波辅助提取法提取效果

原料	提取时间(min)	提取量/(提取率)	参考文献
花生壳	7	12.99 μg/g	刘常金等,2009
花生茎	20	0.11%	续颖等,2009
花生根茎叶	6	885.96 μg/g	邹烨等,2011
花生红衣	20	0.036%	刘大川等,2005
花生根	5.5	3.96‰	黎继烈等,2009
花生仁	40	2.63 μg/g	刘宏胜等,2006
虎杖	10	1.12%	兰天路,2007

3.5.2　纯化技术

3.5.2.1　柱层析法

柱层析法是目前白黎芦醇分离纯化最常用的方法,是利用混合物中各成分在不同的两相中吸附、分配及其亲和力的差异而达到分离的方法。柱层析的固定相有硅胶、聚酰胺、凝胶等,其中硅胶柱层析成本低,分离量大,但操作较繁琐,得率低,产物杂质多,后续工作中需重结晶进一步纯化;大孔树脂分离法吸附选择性强,可重复利用,解吸条件温和,成本也较低(蔡杨柳,2010),分离白藜芦醇效果较好的树脂有 NKA-9(蔡杨柳,2010)、H1020(杨菊红等,2009)、AB-8(马向辉,2007)、HP 500(曹庸,2001)等。

苏文强(2004)采用了中压柱层析法对白藜芦醇粗提液进行纯化,重结晶后可使白黎芦醇的纯度达到 99%以上;使用分子印迹技术分离纯化白黎芦醇提取液,通过加有印迹聚合物的层析柱后，通过5%乙酸的甲醇溶液洗脱，可得到高纯度的产物（向海燕等，2005）；采用大孔树脂-硅胶柱层析联合分离白藜芦醇，其纯度达87%（马向辉，2007）。

3.5.2.2 高速逆流色谱

高速逆流色谱是一种不用任何固态支撑体或载体的液液分配色谱技术，其原理是依据混合物中各组分在两相中分配系数不同而实现分离（辛莉等，2009）。高速逆流色谱法具有分离效果好，产品纯度高，没有载体对样品的吸附和污染，制备量大且溶剂消耗量小等特点（蔡杨柳，2009）。采用逆流色谱法分离纯化白藜芦醇，纯度可高达99%（陈雷等，2000），是一种应用前景广泛的新型分离方法。高速逆流色谱法分离花生粗提液中白藜芦醇需考虑流动相体系、流速、转速等因素。

3.5.2.3 膜分离

膜分离技术是以膜两侧压差为动力，以机械筛分原理为基础的溶液分离过程，可将溶液中的物质按分子质量大小进行分离，从而达到分级、分离、纯化、浓缩的目的。膜分离法生产成本低，不使用有毒有害溶剂，清洁安全（陈琛，2011），在常温下进行，可减少白藜芦醇的降解，工艺简单，操作方便，易于实现工业化生产。利用膜分离法分离花生根中白藜芦醇需考虑膜通量、操作压力、温度、时间等因素。

3.6 应用与开发前景

3.6.1 应用现状

白藜芦醇具有抗癌、抗炎、降血脂、预防心血管疾病等多种功能活性，被美国《抗衰老圣典》列为“100种最有效的抗衰老物质”之一（毕海丹，2006），且天然、无毒副作用，现已广泛应用于食品、保健、医药、化妆等行业。白藜芦醇可作为食品添加剂应用于食品与保健品中，提高健康水平；可作为原料用于医药行业中治疗皮肤病、肝炎、心血管疾病等；可作为天然抗氧化剂用于化妆品行业，有效保湿、防皱、防辐射等，如Lauder的白金终极极致赋活精华及世界十五大护肤品AVEDA的晶采INNER LIGHT新底妆系列中均含有白藜芦醇（李延华等，2008）。

美国将白藜芦醇作为一种膳食补充剂，其成人每日推荐量为4 mg；日本将植物提取的白藜芦醇作为食品添加剂（舒友琴等，2003）；加拿大的Natrol Resveratrol已开发出白藜芦醇保健品；国内将含白藜芦醇的植物提取物制成具有降脂、美容和减肥、抗癌的胶囊，如“天狮活力胶囊”、“紫金胶囊”、“纳贝益生胶囊”等，并将其添加到各种酒中，配制出对心血管疾病有良好预防作用的低醇、高白藜芦醇的新型保健佐餐酒（胡跃等，2002），见表6-3-7。

目前国内白藜芦醇天然纯品和植物提取物的生产厂家有10余个，其中湖南洪江华光生物有限责任公司是国内最大的经销商，其白藜芦醇的年生产能力达10吨以上，包括的40多个以白藜芦醇为主导的产品，大部分用于出口（饶又启，2008）。

表 6-3-7　国内外白藜芦醇生产企业

产品	纯度(%)	企业(产地)
白藜芦醇	50、98	西安东炬生物科技技术有限公司
白藜芦醇	50、98、99	上海诺特生物科技有限公司
白藜芦醇	>98	上海蓝源生物科技有限公司
白藜芦醇	50、98	宝泽堂医药科技有限公司
白藜芦醇	>98	西安天瑞生物技术有限公司
白藜芦醇	50、98、99	西安腾华生物科技有限公司
白藜芦醇	50～98	西安三维生物技术有限公司
白藜芦醇	50、98、99	西安小草植物科技有限责任公司
白藜芦醇	10、20、50、98	西安凯萌生物技术有限公司
白藜芦醇	98、99	陕西慈缘生物技术有限公司
白藜芦醇	98	西安冠宇生物有限公司
白藜芦醇	50、98、99	北京科诺恒信科技有限公司
白藜芦醇	>98	成都曼斯特生物科技有限公司
白藜芦醇	20、35、99	成都菊乐·卓越本草联合公司
白藜芦醇	20～99	四川麒林生物科技有限公司
白藜芦醇	20、50、80、98	成都伟晖生物科技有限公司
白藜芦醇	≥50、80、98	湖北远成药业有限公司
白藜芦醇	50、90、98	武汉述元科技发展有限公司
白藜芦醇	50、98	武汉鲜保生物化工有限责任公司
白藜芦醇		武汉金诺化工有限公司
白藜芦醇	50、98、99	湖南洪江华光生物江华光生物有限责任公司
白藜芦醇	20、30、40、50、98	张家界湘汇生物有限责任公司
白藜芦醇		常州淞弘进出口有限公司
白藜芦醇	50、98	永州一东生物技术有限责任公司
白藜芦醇	≥98	台州奥通化工有限公司
白藜芦醇	99	台州时间生化科技有限公司
天狮活力康胶囊		黑龙江省大庆市
白藜芦醇复合营养胶囊		美国百汇天然产品科技公司
Paradise Herb Resveratrol Life Extension		美国
Natrol Resveratrol		加拿大

3.6.2 市场开发前景

目前，欧美已批准上市的白藜芦醇高端制剂产品（包括药品及保健品）已有千余种，且价格不菲，纯度在95%以上的白藜芦醇售价为8 000～10 000美元/kg（兰天路，2007）。预计未来8年内，白藜芦醇制品的销售额将达到5亿～8亿美元，形成巨大的产业（黄纪念等，2006）。据有关资料统计表明，目前全球白藜芦醇的生产能力为50～60 t，而市场需求量为100余吨，且未来几年需求量还将不断增加，因此，白藜芦醇相关产品需求缺口较大，市场前景极为广阔（马东卫，2007）。

开发花生根、茎、叶等资源生产白藜芦醇，不仅可以减少环境污染，综合利用废弃物，提高产品附加值，更能调节人群的健康水平。因此，大力开发富含花生白藜芦醇的各种产品，具有良好的经济和社会效益（缪文玉，2008）。在花生白藜芦醇的未来研究中，一方面可以通过基因工程、微生物发酵等手段提高花生原料中白藜芦醇含量；另一方面可通过采后处理、改善提取技术与设备提高白藜芦醇的得率。

参考文献

[1] 安辉，辛岩，牟文春. 花生多酚的提取及抗氧化活性初步研究[J]. 安徽农学通报，2010，16(22)：45.

[2] 白海强，刘力恒，王天文，等. 木犀草素研究进展[J]. 大众科技，2007，9：132-133.

[3] 白宇. 白藜芦醇对人膀胱癌 T_{24} 细胞的抑制作用及其机制研究[D]. 杭州：浙江大学，2008.

[4] 毕海丹. 酿酒葡萄皮渣中反式白藜芦醇的提取纯化及其抗氧化性的研究[D]. 哈尔滨：东北农业大学，2006.

[5] 蔡杨柳. 白藜芦醇的提取纯化及性能研究[D]. 北京：北京化工大学，2010.

[6] 曹庸. 虎杖中白藜芦醇提取、纯化技术研究[D]. 长沙：湖南农业大学，2001.

[7] 车俊. 白藜芦醇对宫颈癌细胞生长、转移和放射治疗影响的研究[D]. 兰州：兰州大学，2008.

[8] 陈琛. 白藜芦醇提取纯化技术研究进展[J]. 精细与专用化学品，2011，19(3)：39-42.

[9] 陈春涛，马庆一，高玉美，等. 花生壳中木犀草素等抑菌活性成分的提取、纯化与研究[J]. 食品科学，2003，24(5)：84-88.

[10] 陈雷，杨福全，张天佑，等. 虎杖中白藜芦醇和白藜芦醇甙的高速逆流色谱分离纯化及其分析[J]. 分析测试学报，2000，19(4)：60-62.

[11] 陈秀霞. 虎杖白藜芦醇、白藜芦醇苷和花生白藜芦醇含量的研究[D]. 福州：福建师范大学，2004.

[12] 陈洋，李岩，马萍. 白藜芦醇对人乳腺癌 MDA-MB-231 细胞增殖及凋亡的影响[D]. 中国现代医学杂志，2010，20(6)：1793-1796.

[13] 陈召桂，卢艳花，魏东芝. HPLC 测定葡萄籽提取物中原花青素 B_2 的含量[J]. 中成药，2007，29(11)：1645-1647.

[14] 单辉君，张名位，张瑞芬，等. 花生根中白藜芦醇提取工艺的优化[J]. 农业机械学报，2008，39(2)：93-97.

[15] 丁爱凤，汪海峰，杨晓蓉，等. 不同品种、类型花生壳中木犀草素含量的初探[J]. 中国油脂，2005，30(4)：51-54.

[16] 丁爱凤，汪海峰，杨晓蓉，等. 花生壳中木犀草素提取工艺探讨[J]. 中国粮油学报，2005，20(4)：92-95.

[17] 杜晓.落叶松原花色素的分级及精细化利用研究[D].四川大学,2006.
[18] 段玉清,谢笔钧.原花青素在化妆品领域的研究与开发现状[J].香料香精化妆品,2002,12(6):23.
[19] 范文辉,黄茂.木犀草素对哮喘小鼠气道重塑的影响及机制探讨[J].安徽医药,2006,9:647-649.
[20] 房祥军,郜海燕,张俊,等.RP-HPLC 法测定不同花生根中白藜芦醇的含量[J].浙江农业科学,2009,(4):793-795.
[21] 傅武胜,赵道辉,黄剑锋.紫外分光光度法测定葡萄籽提取物中的原花青素含量[J].食品研究与开发,2002,23(6):90-92.
[22] 高岩峰.花生植株中白藜芦醇的提取纯化工艺[D].哈尔滨:东北林业大学,2009.
[23] 龚国清,龚国华,钱之玉,等.木犀草素对猪传染性胃肠炎病毒的抑制作用[J].中国药科大学学报,2005,5:453-456.
[24] 龚国清,钱之玉.木犀草素对博莱霉素引起的大鼠肺纤维化模型的治疗作用[J].中国新药杂志,2004,13(12):1116-1117.
[25] 国植,徐莉.原花青素具有广阔发展前景的植物药[J].国外医学:植物药分册,1996,11(5):196-203.
[26] 韩小丽,邵鹏,李明静,等.薄层荧光扫描法测定花生茎中白藜芦醇的含量[J].天然产物研究与开发, 2006(18):628-630.
[27] 韩小丽,张士真,呼亚旭,等.薄层荧光扫描法测定花生根中白藜芦醇的含量[J].化学研究,2010,21(5):88-89.
[28] 郝慧英,赵光鳌,陈蕴.用 HPLC 测定苹果酒贮藏过程中多酚的变化[J].食品科技,2005,5:73-76.
[29] 何丽娜,何素冰,杨军.木犀草素体外抗柯萨奇 B_3 病毒的作用[J].中国现代应用药学,2000,5:362-365.
[30] 何强,姚开,石碧.棓酸酯类化合物的合成及其应用[J].日用化学工业,2000,30(1):29-32.
[31] 何煜舟,丁美萍.木犀草素对 H_2O_2 氧化损伤的血管内皮细胞的影响[J].中国病理生理杂志,2007,7:1285-1288.
[32] 洪新,唐克,牟晓刚,等.葡萄籽中原花青素铁盐催化比色法的测定条件研究[J].河南工业大学学报(自然科学版),2009,30(6):41-45.
[33] 胡未人.葡萄籽提取物低聚原花色素微胶囊化研究[D].长沙:湖南农业大学,2008.
[34] 胡晓佳.虎杖中白藜芦醇提取方法研究及四川五地样品的含量测定[D].雅安:四川农业大学,2006.
[35] 胡跃,张苏展.白藜芦醇抗肿瘤作用研究新进展[J].国外医学(抗肿瘤学分册),2002,29(3):174-177.
[36] 黄德成.葡萄籽超微粉中白藜芦醇检测方法的研究[D].西安:西北农林科技大学,2007.
[37] 黄贵亮,雷耀兴,陈文.茶多酚对方便面的抗氧化试验[J].食品科学,1996,17(4):22-23.
[38] 黄纪念,尚遂存,方杰,等.花生中白藜芦醇研究开发现状与趋势[J].中国食物与营养,2006,(2):20-23.
[39] 黄梅丽,姜汝涛,江小梅.食品色香味化学[M].北京:中国轻工业出版社,1996:45.
[40] 黄守正,胡容峰.花生壳中总黄酮和木犀草素提取工艺研究[J].安徽化工,2008,34(2):28-30.
[41] 黄守正,徐国梅,胡容峰.正交试验法优选花生壳中木犀草素提取工艺[J].化工时刊,2008,22(3):47-49.
[42] 黄卫文,黄寿恩,黎继烈,等.白藜芦醇的提取、检测技术及其生物活性研究进展[J].食品与机械,

2010,26(6):148-152.
[43] 江文沁,沈金芳.白藜芦醇药理活性及作用机制[J].药学进展,2003,27:159-162.
[44] 姜亚.天然抗氧化剂原花色素的研究趋势[J].广西轻工业,2010,10:14-15.
[45] 兰天路.虎杖中白藜芦醇提取工艺研究[D].天津:天津大学,2007.
[46] 劳溢权,唐明增,李向阳,等.白黎芦醇对刀豆蛋白所致肝损伤的保护作用[J].热带医学杂志,2005,5(3):285-255.
[47] 黎继烈,励建荣,李忠海,等.超声波辅助提取花生白藜芦醇工艺研究[J].中国粮油学报,2009,24(6):118-122.
[48] 李洪娟.花生壳中木犀草素的超声提取工艺[J].湖北农业科学,2010,49(5):1183-1185.
[49] 李科.白藜芦醇对人肝癌 $HepG_2$ 细胞周期影响的实验研究[D].广州:南方医科大学,2009.
[50] 李林林,龚国清,冯贻东,等.木犀草素对四氯化碳致大鼠肝纤维化的保护作用及其机制研究[J].中国生化药物杂志,2010,31(6):377-340.
[51] 李明静,史会齐,刘绣华.花生壳提取物中木犀草素及总黄酮含量的测定[J].化学研究,2005,16(2):75-77.
[52] 李婷,侯晓东,陈文学,等.超声波萃取技术的研究现状及展望[J].安徽农业科学,2006,34(13):3188-3190.
[53] 李文仙,刘兆平,于波,等.白藜芦醇对卵巢切除大鼠骨丢失的抑制作用[J].卫生研究,2003,32,(4):415.
[54] 李晓东,何卿,郑先波,等.葡萄白藜芦醇研究进展[J].园艺学报,2011,38(1):171-184.
[55] 李亚静,王保玉.白藜芦醇的研究进展[J].云南化工,2010,37(5):70-73.
[56] 李延华,王伟君,张兰威,等.白藜芦醇的研究现状及应用前景[J].中国酿造,2008,7:10-12.
[57] 李晔.硫解-高效液相色谱法测定水果及其制品中的原花色素[D].保定:河北农业大学,2010.
[58] 李一聪,梁炫强,李少雄,等.高产、优质、特异花生新品种珍珠红 1 号的选育[J].广东农业科学,2002,4:13-14.
[59] 李莹,李才国.原花青素含量测定方法研究进展[J].科协论坛,2007,8:28-29.
[60] 李莹,李才国.原花青素提取、分离纯化方法的研究进展[J].食品工程,2008,1:9-11.
[61] 李莹.原花青素分离鉴定方法的研究进展[J].食品研究与开发,2008,29(3):180-182.
[62] 梁炫强,周桂元,邹世春.花生种子白藜露醇的诱导与抗黄曲霉侵染关系的研究[J].中国粮油作物学报,2006,28(1):59-62.
[63] 林卓慧.木犀草素抗菌活性研究[J].检验医学与临床,2009,12:1021-1022.
[64] 刘常金,杨婷,杨家森,等.花生壳中白藜芦醇的超声提取及 HPLC 检测[J].安徽农业科学,2009,37(28):13797-13798.
[65] 刘大川,刘强,吴波,等.花生红衣中白藜芦醇、原花色素的提取分离工艺[J].食品科学,2005,26(7):144-148.
[66] 刘大川,刘强,吴波.花生红衣中白藜芦醇、原花色素提取工艺的研究[J].食品科学,2005,26(7),144-148.
[67] 刘芳.白藜芦醇抗炎作用及其机制初步研究[D].长春:吉林大学,2005.
[68] 刘宏胜,王金环,徐新女,等.RP-HPLC 法测定花生仁、花生油和葡萄干中白藜芦醇[J].中草药,2006,37(8):1188-1189.
[69] 刘继生,奚印慈.食品化学——食品成分特性与变化[M].北京:科学出版社,1994:114-140.

[70] 刘娅，王光慈．白黎芦醇生理活性作用研究进展[J]．中国食品添加剂，2002，6：19-21．
[71] 刘志强，张初署，孙杰，等．膜分离技术纯化花生衣中的原花色素[J]．食品科学，2010，31(20)：183-186．
[72] 栾积毅，李敬芬，沙靖全，等．木犀草素在非水溶剂中的电化学性质[J]．黑龙江医药科学，2003，26(6)：52-53．
[73] 吕丽爽．天然抗氧化剂——低聚原花青素的研究进展[J]．食品科学，2002，23(2)：147-149．
[74] 马东卫．从虎杖中提取分离大黄素和白藜芦醇工艺研究[D]．天津：天津大学，2006．
[75] 马向辉．从中药虎杖中提取白藜芦醇工艺的研究[D]．天津：天津大学，2007．
[76] 缪文玉．葡萄皮渣中白藜芦醇的提取与纯化研究[D]．乌鲁木齐：新疆农业大学，2008．
[77] 莫燕霞，胡宝祥，胡伟，等．高效液相色谱法测定茶叶中茶多酚[J]．理化检验化学分册，2008，44(7)：593-596．
[78] 聂静然．花生壳中木犀草素的分离提纯及其抑菌性能研究[D]．广西：广西大学，2008．
[79]饶又启．白藜芦醇的提纯工艺与风痛片质量标准的研究[D]．武汉：华中科技大学，2008．
[80] 沈敏．白藜芦醇心血管保护作用的研究[D]．西安：第四军医大学，2006．
[81] 石碧，杜晓．植物原花色素研究利用进展与发展趋势[J]．四川大学学报(工程科学版)，2006，38(5)：16-22．
[82] 舒友琴，陈敏．白藜芦醇和白藜芦醇苷研究进展[J]．郑州牧业工程高等专科学校学报，2003，23(4)：22-25．
[83] 宋立江，狄莹，石碧．植物多酚研究与利用的意义及发展趋势[J]．化学进展，2000，12(2)：16-17．
[84] 苏文强，杨磊，朱明华，等．中压柱层析法分离白藜芦醇的研究[J]．林产化学与工业，2004，1：39-42．
[85] 孙传范．原花青素的研究进展[J]．食品与机械，2010，26(4)：147．
[86] 孙传艳，赵新节．响应面法优化回流提取葡萄枝条中白藜芦醇工艺研究[J]．中外葡萄与葡萄酒，2011，1：8-11．
[87] 孙丽华，江月仙，王巧懿．铁盐催化比色法测定丽诺养颜片中原花青素含量[J]．山东食品科技，2004，4：11-12．
[88] 唐传核，杨晓泉．葡萄及葡萄酒生理活性物质的研究概况(Ⅲ)——预防癌症、炎症、神经疾患及其他疾病效果[J]．中国食品添加剂，2003，3：42-48．
[89] 唐丽萍，龚云麒，吴小燕，等．不同产地花生壳中木犀草素的 HPLC 测定[J]．花生学报，2005，34(2)：1-4．
[90] 唐玉海，靳菊情，刘芸，等．电化学发光法测定虎杖中白藜芦醇苷含量的研究[J]．西北药学杂志，2002，17(1)：6-8．
[91] 田亚新．沙棘汁原花色素提取分离及性质研究[D]．哈尔滨：黑龙江大学，2008．
[92] 童愈元，何东平．花生红衣中红色素、原花色素的提取工艺研究[J]．食品工程，2011：116-118．
[93] 万本屹，董海洲，刘传富．原花青素及其应用[J]．中国食物与营养，2001，6：15-16．
[94] 汪海峰，曹锡忠，杨慧萍，等．花生壳甲醇提取物中木犀草素的分离与鉴定研究[J]．中国粮油学报，1997，12(3)：49-52．
[95] 汪丽燕，韩传环，王萍．木犀草素对冠脉血流动力的实验研究[J]．中国药理学通报，1992，5：388-390．
[96] 王彩霞，吴向阳，笪祖林，等．花生藤中白藜芦醇的提取工艺[J]．食品研究与开发，2009，30(9)：77-80．

[97] 王朝臣.高效液相-质谱法测定原花色素的组成研究[J].农业技术与装备,2010,188:8-9.

[98] 王凤舞,李鹏,朴美子.纤维素酶法提取花生红衣中的白藜芦醇[J].中国食品学报,2009,9(5):76-80.

[99] 王建基,李汝雄.国外对寡聚原花色素的研究与应用[J].现代化工,2002,22:91-94.

[100] 王琴飞,李景明,张如莲.花生中白藜芦醇及其衍生物的研究进展[J].中国粮油学报,2009,24(10):145-151.

[101] 王晴晴,张盛,李银花,等.HPLC同时测定花生壳中绿原酸3,4-二咖啡酰奎尼酸和木犀草素[J].农产品加工(学刊),2011,247(6):69-71.

[102] 王庆玲,罗小玲,颜海燕,等.花生红衣中低聚原花色素稳定性的研究[J].现代食品科技,2010,26(8):847-849.

[103] 王庆玲,董娟,姬华.花生红衣原花色素研究进展[J].食品研究与开发,2011,32(4):184-186.

[104] 王瑞芬,刘里,刘希东,等.流动注射化学发光法测定木犀草素[J].西南师范大学学报(自然科学版),2006,2:73-76.

[105] 王修杰,袁淑兰,魏于全.原花色素的防癌抗癌作用[J].中草药,2004,35(7):830-833.

[106] 王正东,黄茂,范文辉,等.木犀草素对哮喘气道重塑小鼠模型气道IL-13Ra2表达的影响[J].南京医科大学学报(自然科学版),2007,27(5):491-494 .

[107] 王旭光,陈根殷,杨展.木犀草素对K562细胞caspase-3活化的影响[J].中国医院药学杂志,2008,19:1656-1657.

[108] 魏福祥,韩菊,王改珍,等.低聚原花色素提取技术研究[J].食品工业科技,2003,9:54-56.

[109] 魏少敏.弹性蛋白降解与皮肤衰老及其护肤品开发[J].日用化学工业,1997,5:245-256.

[110] 温鹏飞,陈建业,黄卫东.原花色素研究进展[J].农业工程学报,2004,20:25-29.

[111] 吴波,焦慧琴,孙海梅,等.白幕芦醇诱导皮肤癌细胞株A432细胞凋亡的机制研究[C].第十一届全国组织学与胚胎学青年学术研讨会,2009,(4):475.

[112] 吴莹.白藜芦醇诱导胃癌SGC-7901细胞凋亡的作用机制及其应用研究[D].重庆:重庆医科大学,2009.

[113] 向海艳,周春山,雷启福,等.HPLC法测定花生根中白藜芦醇的含量.天然产物研究与开发,2005,17(2):179-181.

[114] 向海燕,周春山,钟世安,等.白藜芦醇分子印迹聚合物合成及其对中药虎杖提取液活性成分的分离[J].应用化学,2005,7:739-743.

[115] 肖淑娟,李红霞,于守武.超声波辅助法提取花生壳中木犀草素[J].河北理工大学学报(自然科学版),2008,30(2):96-99.

[116] 肖淑娟,李红霞,于守武.分子印迹固相萃取法提取花生壳中木犀草素[J].化工进展,2010,29(2):293-296.

[117] 辛莉,施江,刘素云,等.高速逆流色谱及其在天然产物分离中的研究进展[J].食品工业科技,2009,11:335-338.

[118] 徐文峰,廖晓玲,高志强,等.间接原子吸收法测定花生壳中木犀草素的含量[J].分析化学,2007,35:1685 .

[119] 徐文峰,廖晓玲,廖文利,等.钼酸盐分光光度法测定花生壳中木犀草素[J].理化检验(化学分册),2008,12:1229-1230.

[120] 续颖,杨洋,龙海荣,等.花生茎中白藜芦醇提取方法的研究[J].粮油加工,2009,(4):120-122.

[121] 言洁.复合酶酶解法提取虎杖中白藜芦醇[J].广州医药,2010,41(3):66-69.
[122] 阎高峰,叶小利,袁吕江,等.天然抗氧化剂木犀草素抗氧化活性的研究[J].食品与发酵工业,2005,8:27-29.
[123] 杨菊红,王楠,孙艳华.大孔吸附树脂结合酶解法分离纯化虎杖中白黎芦醇的研究[J].离子交换与吸附,2009,25(3):274-281.
[124] 杨洋,聂静然,关红艳,等.花生壳木犀草素的提取及其抑菌性能研究[J].食品科技,2009,34(12):211-216.
[125] 姚开.黑荆树皮单宁的分级和精细化利用研究[D].四川:四川大学,2000:77-78.
[126] 尤凯.虎杖药材中白藜芦醇的提取工艺的研究[D].沈阳:沈阳药科大学,2008.
[127] 元英进,刘明言,董岸杰,等.中药现代化生产关键技术[M].北京:化学工业出版社,2002.
[128] 袁英髦,曹雁平.食品工业中超声技术现状与发展趋势[J].食品工业科技,2011,3:442-445.
[129] 张初署,禹山林,潘丽娟,等.响应面法优化花生根中白藜芦醇提取工艺研究[J].食品科学,2009,30(6):34-38.
[130] 张初署,禹山林,刘阳,等.微波辅助提取花生根中白藜芦醇工艺[J].食品科学,2009,30(24):30-33.
[131] 张初署,禹山林,潘丽娟,等.黑曲霉发酵花生根提取白藜芦醇的优化[J].天然产物研究与开发,2009,21:875-880.
[132] 张初署,禹山林,潘丽娟,等.花生植株白藜芦醇提取工艺优化[J].农业工程学报,2009,25(1):148-151.
[133] 张寒俊.荧光光度法测定花生红衣提取物中白藜芦醇含量[J].中国油脂,2006,31(11):48-49.
[134] 张宏芳,张秀琦,郑建斌,等.葡萄酒中白藜芦醇的二次微分简易示波伏安法测定[J].分析测试学报,2001,20(2):21-23.
[135] 张俊,郜海燕,葛林梅,等.花生根、茎中白藜芦醇含量影响因素[J].农业工程学报(增刊),2009,25:251-253.
[136] 张俊,葛林梅,房祥军,等.紫外照射对采后花生根中白藜芦醇的影响[J].中国食品学报,2009,9(4):161-164.
[137] 张蔚玲,张甦,邹永明.紫外分光光度法测定木犀草素-3′-葡萄糖苷[J].药物分析杂志,1999,1:52-53.
[138] 张烜,胡君萍,韩玫,等.HPLC 法测定花生不同部位中白藜芦醇的含量[J].新疆医科大学学报,2003,26(5):440-441.
[139] 张艳.花生壳中木犀草素的分离纯化及其化学合成[D].西安:西安理工大学,2010.
[140] 张长贵,董加宝,王祯旭.原花色素及其开发应用[J].四川食品与发酵,2006,42(129):8-12.
[141] 张长贵.原花色素抗氧化生物活性研究进展[J].粮食与油脂,2009,6:10-12.
[142] 赵超英,姚小曼.葡萄籽提取物原花青素的营养保健功能[J].中国食品卫生杂志,2000(6):38-41.
[143] 赵二芳,武宇芳,白建华.花生壳不同溶剂提取的总酚含量及抗氧化性的比较研究[J].食品科学,2012,33(11):79.
[144] 赵鸿宾,陈华国,周欣,等.虎杖中白藜芦醇的提取工艺[J].华西药学杂志,2010,25(1):85-86.
[145] 赵稳兴,陈忠明,侯辉,等.木犀草素降低 CCl_4 诱导的大鼠肝纤维化[J].世界华人消化杂志,2002,10(7):779-783.
[146] 赵扬帆,郑宝东.植物多酚类物质及其功能学研究进展[J].福建轻纺,2006,11:108.

[147] 赵益,黄宇玫,杨彦平.葡萄原花青素含量测定方法的研究进展[J].甘肃中医学院学报,2006,23(6):43-46.

[148] 郑建仙.功能性食品[M].北京:中国轻工业出版社,1999.

[149] 郑妍鹏,李晓东,莫金垣,等.非水介质毛细管电泳电导检测虎杖中的白李芦醇[J].应用化学,2002,19(6):585-587.

[150] 周焕霞,秦杰,文连奎.微波辅助提取花生红衣中白藜芦醇工艺的研究[J].农产品加工,2010,199:26-29.

[151] 周萍,胡碧波,朱倩,等.花生壳总黄酮及木犀草素含量[J].中药材,2006,29(8):769-772.

[152] 周萍.花生壳质量控制方法及其有效成分[D].浙江大学,2006.

[153] 周素娟.葡萄籽提取物原花青素的研究概况及其在我国保健食品中的应用[J].中国食品卫生杂志,2007,19(3):284-285.

[154] 朱凤,张初署,禹山林,等.微波辅助提取花生衣原花色素工艺优化[J].食品科学,2009,30(20):89-92.

[155] 邹烨,王彩霞,赵婷,等.超声提取花生根茎叶中白藜芦醇的工艺优化[J].安徽农业科学,2011,39(4):2077-2079.

[156] GB/T 24903-2010 花生中白藜芦醇的测定高效液相色谱法.

[157] GB/T 8313-2008 茶叶中茶多酚和儿茶素类含量的检测方法.

[158] Adamson CE, Lazarus SA, Mitchell AE, et al. HPLC methods for the quantification procyanidinsin cocoa and chocolate samples and correlation to total antioxidant capacity[J]. Agricultural and food chemistry, 1999, 47: 4184-4188.

[159] Ahmad KA, Harris NH. Protein kinase CK_2 modulates apoptosis induced by resveratrol and epigallocatechin-3-gallate in prostate cancer cells[J]. Molecular Cancer Therapeutics, 2007, 6(3): 1006-1012.

[160] Aliou M. Oligomric proanthocyanidins possessing adoubly Linked structure from pavetta owerien-sis[J]. Phytochemistry, 1995, 38 (3): 719-723.

[161] Arora MK, Stange RN. Phytoalexin accumulation in groundnuts in response towounding[J]. Plant Science, 1991, 78: 157-163.

[162] Blond JP, Paul J, Pierre M, et al. Antioxidant action of resveratrol in lipid peroxidation[J]. Sciences des Aliments. 1995, 15(4): 347-358.

[163] Broadhurst RB, Jones ET. Analysis of condensed tannins using acidified vanillin[J]. Journal of the science of food and agricultural, 1978, (29): 788-794.

[164] Chan MMY. Antimicrobial effect of resveratrol on dermatophytes and bacterial pathogens of the skin[J]. Biochemical Pharmacology, 2002, 63(2): 99-104.

[165] Chen RS, Wu PL, Robin YYC. Peanut Roots as a Source of Resveratrol[J]. Agricultural and food chemistry, 2002, 50, 1665-1667.

[166] Chowdhury AR, Sharma S, Mandal S, et al. Luteolin, an emerging anti-cancer flavonoid, poisons eukaryotic DNA topoisomerase[J]. Biochemistry, 2002, 366(2): 653-661.

[167] Cifuentes A, Bartolome B, Gomez-Cordoves C. Fast determination of procyanidins and other phenolic compounds in food samples by micellar electrokimetic chromatography using acidic buffers [J]. Electrophoresis, 2001, 22: 1561-1567.

[168] Cooksey CJ,Garratt PJ,Richards SEA dienyl stilbene phytoalexin from Arachis hypogaea[J]. Phytochemistry,1988,27(4):1015-1016.

[169] Zhao DM,Zhang XH,. Feng LJ,et al. Sensitive electrochemical determination of luteolin in peanut hulls using[J]. Food Chemistry,2011,127:694-698.

[170] Duncan K,Gilmour I. Process for extraction of Proanthocyanadins from Botanical Material [P]. USA,5968517,1999-10-19.

[171] Filip V,Plockova M,Smidrkal J,et al. Resveratrol and its antioxidant and antimicrobial effectiveness[J]. Food Chemistry,2003,83(4):585-593.

[172] Fine AM. Oligomeric Pranthocyanidin Complexes: History, Structure, and Phytopharmaceutical Applications [J]. Alternative Medicine Review,2000,5(2):144-151.

[173] Fulda S, Debatin KM. Extrinsic versus intrinsic apoptosis pathways in anticancer chemotherapy [J]. Oncogene,2006,25,4798-4811.

[174] Garini M,Aldini G,Bombardelli E,et al. UVB-induced of rat erythrocytes:protective effect of Procyanidins from grape seeds[J]. Life Science,2000,67(15):1799-1814.

[175] Gehm BD,McAndrews JM,Chien PY,et al. Resveratrol,a polyphenolic compound found in grapes and wines,is an agonist for the estrogen receptor[J]. Proceedings of the Natioanl Academy of Sciences,1997,94:14138-14143.

[176] Goldberg DM,Karumanchiri A,Ng E,et al. Direct gas chromatographic-mass spectromctric method to assay cisresveratrol in wines:preliminary survey of its concentration in commercial wines[J]. Agricultural and food chemistry,1995,43:1245-1250.

[177] Gow-Chin Y,Pin-Der D. Antioxidant activity of methanolic extracts of peanut hulls from various cultivars[J]. Journal of American Oil Chemistry Society,1995,72:1065-1067.

[178] Gu L,Kelm M, Hammerstone JF,et al. Fractionation of polymeric procyanidins from lowbush blueberry and quantification of procyanidins in selected foods with an optimized normal-phase HPLC-MS fluorescent detection method[J]. Agricultural and food chemistry, 2002, 50(17): 4852-4860.

[179] Hollecker L,Pinna M,Filippino G,et al. Simultaneous determination of polyphenolic compounds in red and white grapes grown in Sardinia by high performance liquid chromatography-electron spray ionisation-mass spectrometry[J]. Journal of Chromatography A,2009,1216:3402-3408.

[180] Holme AL,Pervaiz S. Resveratrol in cell fate decisions[J]. Journal of bioenergetic and biomembranes,2007,39:59-63.

[181] Horvath Z,Sai P. Resveratrol,an ingredient of wine,acts synergistically with Ara-C and tiazofurin in HL-60 human promyelocytic leukemiacells[J]. Nucleic acides,2006,25(9):1019-1024.

[182] Hung LM,Chen JK, Huang SS,et al. Cardioprotective effect of resveratrol a natural antioxidant derived from grapes[J]. Cardivascular research,2000,47:549-555.

[183] Ingham JL. 3,5,4-trihydroxystilbene as a phytoalexin from groundnut(Arachis hypogaea)[J]. Phytochemistry,1976,15:1791-1793.

[184] Jang M,Cai L,Udeani GO,et al. Cancer chemopreventive activity of resveratrol,a natural product derived from grapes[J]. Science,1997,275(10):218-220.

[185] Jianmei Y,Ahmedna M,Goktepe I. Effects of processing methods and extraction solvents on con-

centration and antioxidant activity of peanut skin phenolics[J]. Food chemistry, 2005, 90: 199-206.

[186] Kakgawa H, Matsumoto H, Endo K, et al. Inhibitory effects of tannins on hyaluronidase activation and on the deregulation from rat mesenterymast cell[J]. Chemistry Pharmaceutical bulletin, 1985, 33(1): 5079-5082.

[187] Karchesy JJ, Hemingway RW. Condensed Tannins: (4β-8; 2β-O-7)-Linked Procyanidins in Arachis hypogeal L[J]. Journal of agricultural and chemistry, 1986, 34: 966-970.

[188] Kimura Y, Ohminami H, Okuda H, et al. Effects of stilbene components of roots of polygonum ssp. on liver injury in peroxidized oil-fed Rats[J]. Planta medica, 1983, 49(9): 51-54.

[189] Kimura Y, Okuda H, Arichi S, et al. Effects of stilbenes on arachidonate metabolism in leukocytes [J]. Biochemica biophysica acta(BBA), 1985, 834(2): 275-278.

[190] Ko WG, Kang TH, Lee SJ, et al. Effects of luteolin on the inhibition of proliferation and induction of apoptosis in human myeloid leukaemia cell[J]. Phytotherapy research. 2002, 16(3): 295-298.

[191] Kolocke J, Chan B. Effect of cotton condensed tannin on feeding and digestion in cotton pest Hellothis zsa[J]. Journal of insect physiology, 1982, 28(11): 911-915.

[192] Kreimever J, Petereit F, Nahrstedt A. Separations of flavan-3-ols and dimeric proanthocyanidins by capillary electrophoresis[J]. 1998, planta medica, 64(1): 63.

[193] Lazarus SA, Adamson GE, Hammerstone JF, et al. High-performance chromatography/mass spectrometry analysis of proanthocyanidins in foods and beverages[J]. Journal of Agicultural and Food Chemistry, 1999, 47: 3693-3701.

[194] Lee SS, Kim DJ, Chun J, et al. Trans-Resveratrol in raw peanuts and peanut butter consumed in korea[J]. Anmual Metting and EXPO-Anaheim, 2002: 15c-26.

[195] Lin LC, Kuo YC, Chou CJ, et al. Immunomodulatory proanthocyanidins from Ecdysanthera utilis [J]. Journal of Natural Products, 2002, 65(4): 505-509.

[196] Liwei G, Kelm M, Hammerstone JF, et al. Fractionation of polymeric procyanidins from lowbush blueberry and quantification of procyanidins in selected foods with an optimized normal-phase HPLC-MS fluorescent detection method[J]. Agricultural and food chemistry, 2002, 50: 4852-4860.

[197] Lou HX, Yamazaki Y, Sasaki T, et al. A-type Procyanidins from peanut skin[J]. Phytochemistry, 1999, 51: 297-308.

[198] Marie V, Hirpara JL, Chawdhuyr SH, et al. Chemo-Preventive agent resveratrol, a natural Porduct derived from grapes, triggers CD95 signaling-dependent apoptosis in human tumer cells[J]. Blood, 1998, 92(3): 996-1002.

[199] Oshima Y, Ueno Y. Ampelopsins D, E and cis-ampelosince, oligosibenes from Ampelopsis brevipedungulata var hanceiiroots[J]. Phytochemistry, 1993, 33(1): 179.

[200] Park YC, Rimbach G, Saliou C, et al. Activity of monomeric, dimeric, and trmeric fiavonoids on NO production TNF-alpha secretion, and NF-kappaB-dependent gene expression in RAW264. 7 macrophages[J]. FEBS Letters, 2000, 465(2-3): 93-97.

[201] Pezet R, Perret C. δ-Viniferin, A resveratrol dehydrodimer: one of the major stilbenes synthesized by stressed grape vine leaves[J]. Journal of Agricultural and Food Chemistry, 2003, 51(18): 5488-5492.

[202] Pin-Der D, Dong-Bor Y, Gow-Chin Y. Extraction and identification of an antioxidative component

from peanut hulls[J]. Journal of the American Oil Chemistry Society,1992,69:814-818.

[203] Porter LJ. Proanthocyanidins[C]. The Flavonoids,Advances in Research,1988.

[204] Porter LJ,Ma Z,Chan BG. Cocoa procyanidins major flavonoids and identification of some minor metabolites[J]. Phytochemistry,1991,30:1657-1663.

[205] Pruss HG. Chromium,zinc,and grape seed extract(Flavonoids)can overcome age-related increases in SPB normotensive rate[J]. Journal of the American College of Nutrition,1997,16(5):43.

[206] Renaud S,De LM. Wine,alcohol,platelets and the French paradox for coronary heart disease[J]. The Lancet,1992,339:1523-1526.

[207] Ricardo JM,Rigaud J,Chegnier U. Procyanidin dimmers and trimers from Grape seeds[J]. Phytochemistry,1991,30(4):1259-1264.

[208] Rudolf JL,Phillips RD,Chinnan MS,et al. Postharvest Induction of Resveratrol in Peanut Kernels by grimding[C]. Armual Meeting and Food Expo-Anahemeim,2002,15c-9.

[209] Vaughn SF. Phytotoxic and antimicrobial activity of 5,7-dihydroxychromone from peanut shells [J]. Journal of Chemical Ecology,1995,21(2):107-115.

[210] Sampson L,Rimm E,Hollman PCH,et al. Flavonol and flavone intakes in US health professionals [J]. Journal of american dietetic association,2002,120,1414-1420.

[211] Sanders TH,Mcmichael RW,Hendrix KW. Occurrence of resveratrol inedible peanuts[J]. Journal of Agricultural and Food Chemistry,2000,48:1243-1246.

[212] Scalbert A. Antimicrobial propertiesof tannins[J]. Phytochemistry,1991,30(12):3875-3883.

[213] Serkedjieva J,Mamoiova N. Plant polyphenolic complex inhibits the reproductionof influenza and herpes simplex viruses[C]. Basic life sciences,1992:705-717.

[214] Takahashi T,Yokoo Y,Inoue T,et al. Toxicological studies on procyanidin B-2 for external application as a hair growing agent[J]. Food and Chemical Toxicology,1999,37:545-552.

[215] Thompson RS,Jacques D,Haslam E,et al. Plant proanthocyanidins. Part Ⅰ introduction;the isolation,structure,and distribution in nature of plant procyanidins[J]. Journal of Chemical Society, Perkin transactions 1,1972:1387-1399.

[216] Trincheri NF,Nicotra G,Follo C. Resveratrol induces cell death in colorectal cancer cells by a novel pathway involving lysosomal cathepsin D[J]. Carcinogenesis,2007,28(5):922-931.

[217] Uenol I,NakanoN,Hirono I. Metabolic fate14-C quercetin in the ACI rat[J]. Japanese journal of experimental medicine,1983,53:55-57.

[218] Vanhet HKH,Kivits GAA,Westtrate JA,et al. Bioavailability of catechins from tea the effect of milk[J]. European journal of clinical nutrition,1998,52:356-359.

[219] Victor S,Cole RJ. Trans-Resveratrol content in commercial peanuts and peanut products[J]. Agricultural and food chemistry. 1999,47:1435-1439.

[220] Wang LX,Heredia A,Song H,et al. Resveratrol glucuronides as the metabolites of resveratrol in humans:characterization,synthesis,and anti-HIV sctivity[J]. Journal of Pharmaceutical science, 2004,93(10):2448.

[221] Ying Y,Mingjien C. Characterization of Grape procyanidins using HPLC-MS and MALDI-TOFMS [J]. Agricultural and food chemistry,2000,48:3990-3996.

[222] Yizhong C,Mei S,Harold C. Colorant properties and stability of Amaranthus betacyanin[J]. Journal of agricultural and food chemistry,1998,6:4491-4495.

第七章　花生中维生素的开发与应用

花生中富含维生素，主要包括烟酸、维生素 E、维生素 B_1、维生素 B_2、维生素 B_6、泛酸及叶酸等，每 100 g 花生中含有各类维生素的总量为 30 mg 左右。其中烟酸、维生素 E 和泛酸的含量最高，分别约为 9.1 mg/100 g、15 mg/100 g 和 2.6 mg/100 g，占维生素总含量的 85%以上；其次为维生素 B_1、维生素 B_2 和维生素 B_6，三种维生素含量均在 0.1～1 mg/100 g 之间，占维生素总量的 10%左右；维生素 K、叶酸、生物素在花生中含量很低，均小于 0.1 mg/100 g，占维生素总量的比重小于 5%。

第 1 节　花生中的维生素 E

1.1　来源与分布

1.1.1　来源及含量

维生素 E 是生育酚和生育三烯酚的总称，广泛存在于植物绿色部分及禾本科种子如小麦胚芽、玉米胚芽、大豆胚芽等胚芽中。它既可作为药品又可作为一种营养保健品，与维生素 C、维生素 A 一起，成为维生素系列三大支柱产品。维生素 E 按其来源，可分为动、植物等天然维生素 E 和人工合成维生素 E。天然维生素 E 在营养、生理活性及安全性上高于合成维生素 E，其主要来源于植物油精炼过程产生的副产物-脱臭馏出物，精炼油中维生素 E 含量为毛油的 60%～70%，其中损耗的部分大都存在于皂脚及脱臭馏出物中，部分常见植物中维生素 E 的含量见下表 7-1-1。

表 7-1-1　不同植物油中维生素 E 的含量和组成

食品名称	维生素 E 含量 mg/100 g	维生素 E 组成				数据来源
		α-维生素 E	β-维生素 E	γ-维生素 E	δ-维生素 E	
花生油	42.61	33.98	—	16.93	1.3	张建书，2012
菜籽油	69.37	23.16	0.19	38.93	7.09	杨波涛，2009
大豆油	105.91	11.90	4.44	65.48	24.09	杨波涛，2009
玉米油	88.65	31.71	2.44	51.64	2.86	杨波涛，2009
葵花籽油	74.45	64.12	5.06	4.52	0.75	杨波涛，2009
生芝麻油	117.10	—	—	113.60	3.50	黄宏南，1997
橄榄油	22.03	19.75	0.64	1.55	0.09	杨波涛，2009
米糠油	32.27	29.95	1.47	0.85	0	杨波涛，2009
核桃油	20.94	1.39	0	16.92	2.63	杨波涛，2009
枸杞籽油	162.44	151.40	11.04		—	王洁，2000
生胡麻油	101.44	1.83	94.03		5.58	王洁，2000
杏仁油	55.32	3.55	—	49.38	2.38	马玉花，2009

1.1.2　分布与含量

我国花生种质资源丰富，花生中含有大量天然维生素 E 等功能活性成分，其中天然维生素 E 以 α-维生素 E 含量最高。据报道，天然维生素 E(尤其是 α-维生素 E)具有增强免疫力、延缓衰老、降低心血管疾病和癌症发病率的功效。

国内有报道维生素 E 总量在不同花生类型间的差异。本课题组(2012)对收集自山东、广东、河南三个花生主产区的 45 个花生品种的 α、γ、δ-维生素 E 异构体进行测定并统计分析，以期推动我国花生功能活性成分的研究，为筛选富含维生素 E 的花生品种提供理论基础。

1.2　化学组成及理化性质

维生素 E 是天然生育酚混合物的统称，包括 α、β、γ、δ-生育酚和相对应的生育三烯酚同系物。各种维生素 E 异构体结构如图 7-1-1 所示

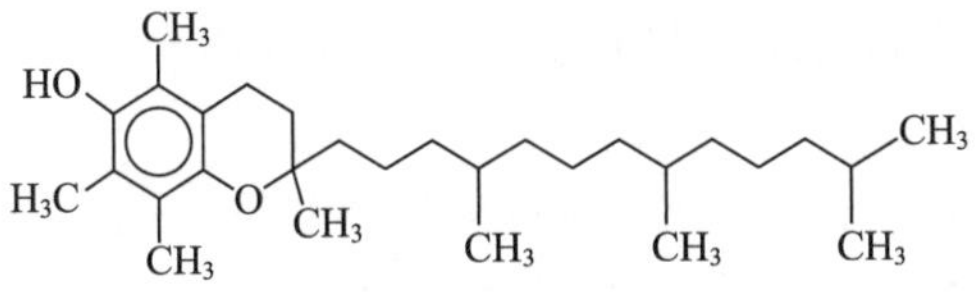

(1) α-生育酚

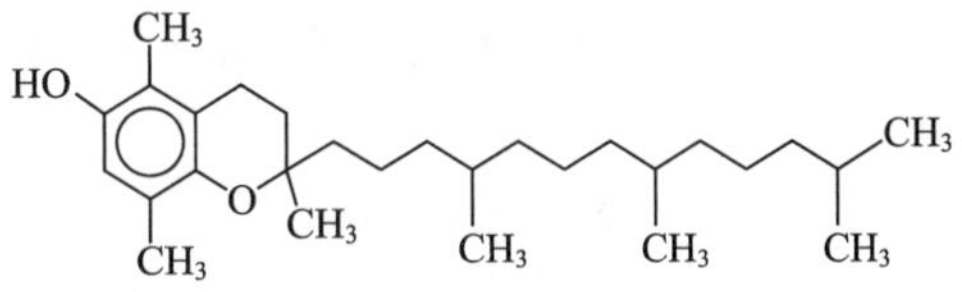

(2) β-生育酚

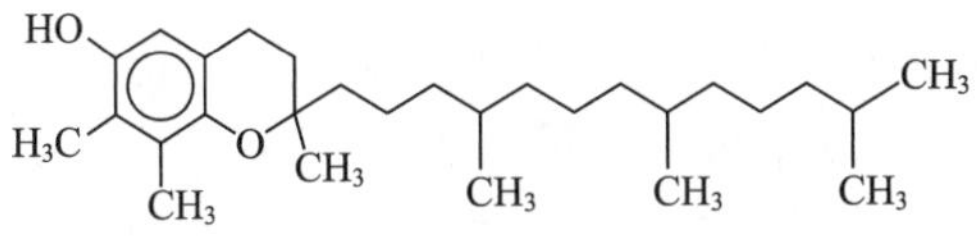

(3) γ-生育酚

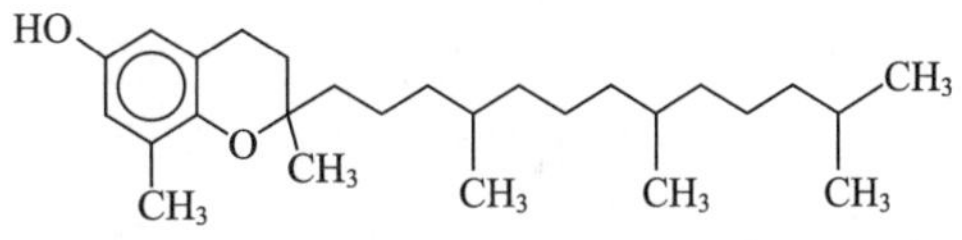

(4) δ-生育酚

图 7-1-1　维生素 E 各异构体结构图

维生素 E 在体内各异构体间相差不大，在体外尤其是高温条件下其抗氧化能力大小排序为 $\alpha<\beta<\gamma<\delta$，与体内生理功能排序相反(韩国麒，1993)。

1.3　生物活性及功能

维生素 E 是人体必需维生素之一，具有其他物质不具备的生物活性，美国已有 35% 的人经常服用天然维生素 E 制品，我国维生素 E 产品几乎全是合成品，天然维生素 E 为 d 体，化学合成为 dl 体，实验证明天然维生素 E 的营养生理活性和安全性优于合成维生素 E(葛毅强，2000)。天然维生素 E 有 8 种，分为生育酚和生育三烯酚，根据满环上甲基取代基位置和数目的不同分为 α、β、γ、δ 四种，以 α-生育酚的生理活性最高，维生素 E 的活性部位为色满环上的酚羟基，本身极易氧化，尤其在光照、加热、碱性条件、存在金属元素等条件下更易氧化，所以维生素 E 可作为体内易氧化物质如维生素 A、不饱和脂肪酸等有效的抗氧化保护剂。另外，维生素 E 对动物免疫系统功能具有促进作用，调节免疫细胞的功能来改善动物的免疫力(杨马，2010；郭松林，2000)。

1.3.1　安全性及参考摄入剂量

美国和欧盟均有各自的维生素 E 安全评价体系，美国采用 HACCP 评价体系，通过小鼠实验，以 500 mg/(kg BW · d)为 LOAEL(最低有害作用水平)，经安全系数换算，得到成人每日维生素 E 可耐受最高摄入量为 1 000 mg/d。欧盟通过流行病学调查和动物毒性试验对维生素 E 安全性进行评估，以血液凝固作为评价指标，确定人的 NOAEL(无明显副作用水平)为 540 mg/d，经安全系数换算得出成人每天摄入维生素 E 的可耐受最高剂量为 270～300 mg/d。

1.3.2　生物活性与功能

1.3.2.1　增强免疫力

维生素 E 增强动物体免疫力的机理尚无定论，目前主要有以下几种说法：①维生素 E 清除免疫细胞代谢产生的过氧化物，保护细胞膜免受氧化破坏，维持细胞器的完整与稳定；②调节淋巴细胞表面标志的分布，增强其对外来抗原的识别和反应性，提高免疫应答水平；③促进巨噬细胞增殖，增强表面抗原受体和免疫细胞的联系并导致抗体合成(宋志刚，2001)。

大量研究表明，当体内维生素 E 缺乏时，机体的体液免疫、细胞免疫和非特异性免疫均呈现降低或抑制，此时补充适量维生素 E 能使免疫功能得以恢复和改善。陈壁锋等(2002)通过给予小鼠一定剂量的天然维生素 E，结果表明天然维生素 E 能显著增强 ConA 刺激的小鼠脾淋巴细胞转化增殖能力同时提高绵羊红细胞诱导的小鼠足跖增厚，增强其免疫功能，同时使小鼠碳廓清能力增强，增强单核-巨噬细胞吞噬功能。杨马等(2010)研究证明在需要量基础上适当提高维生素 E 水平可促进鲤鱼的生长，提高鲤鱼疾病抵抗力，维生素 E 水平为660.70 mg/kg时，鲤鱼免疫功能最好。罗小林(2009)研究表明提高日粮维生素 E 水平可提高病毒感染妊娠雌鼠的体液免疫水平，降低细胞免疫水平以利于妊娠。

1.3.2.2　抗氧化性

维生素 E 的抗氧化活性是因为其属于酚类化合物，其氧杂萘满环第六位羟基为活性基团，能释放羟基上的活泼氢，捕获自由基，因此可以阻断自由基链式反应。因此，维生素 E 对细胞膜和油脂有较强的抗氧化能力，其在细胞膜和油脂中的抗氧化机理分别如下(梁智辉，2007)：

(1)天然维生素 E 在细胞膜上的抗氧化机理：细胞膜上的多不饱和脂肪酸容易受到自由基的攻击而发生脂质过氧化链式反应，维生素 E 可以清除链式反应中的自由基，中断反应的进行。反应式如下：

$$\mathrm{LH} \xrightarrow[\mathrm{hV}]{\text{Free Ralical}} \mathrm{L}\cdot + \mathrm{H}\cdot \xrightarrow{\mathrm{O_2}} \mathrm{LOO}\cdot \xrightarrow{\mathrm{IH}} \mathrm{L_1OOH}$$

$$+\mathrm{L_2}\cdot \xrightarrow{\mathrm{O_2}} \mathrm{LOO} + \mathrm{L_2OO}\cdot \xrightarrow{\mathrm{IH}} \xrightarrow{\text{Free Radical}} \sum_{1-=}^{n} \mathrm{LnOOH} + \mathrm{Ln}\cdot$$

$$\mathrm{LOO}\cdot \xrightarrow[\mathrm{hV}]{\text{Free Radical}} \mathrm{LOOH} + \mathrm{T^n}$$

维生素 E 在动物体内保护细胞内 SOD 和 GSH-Px 的活力，清除超氧自由基，预防氧化应激，还可以保护细胞免受活性氧(ROS)所致的损伤，增强对大肠杆菌病、球虫病等的抵抗力(武江利，2008)。蛋鸭育成期每千克饲料中添加15～20 IU维生素E，其抗氧化能力明显高于未添加维生素E的试验组，维生素E添加量过高可使蛋鸭抗氧化能力下降。天然维生素E对老龄大鼠具有明显的抗脂质过氧化作用，可使血中SOD活力升高，MDA含量降低。另外，番茄红素与维生素E复合制剂能抑制老龄大鼠脂质过氧化作用，提高其机体抗氧化能力。对维生素E进行纳米化能显著提高其抗氧化和保护贮存红细胞SOD活性的能力，其抗超氧阴离子自由基的能力随剂量增加而增强。水溶性辅酶Q10与维生素E对衰老小鼠具有协同抗氧化作用，其抗氧化效果优于单独的维生素E，使小鼠衰老小鼠模型红细胞及肝脏组织中SOD活性升高，MDA含量下降(白宁宁，2007)。

(2)天然维生素E在油脂中的抗氧化机理：油脂在有空气存在的情况下会发生自动氧化、光氧化、酶促氧化、金属催化氧化等类型的氧化反应，其中自动氧化属于自由基链式反应，是油脂和含油食品劣变的主要原因。油脂自由基链式反应的三个阶段分别如下(刘成梅，2005)：

诱导：$RH \xrightarrow{\text{引发剂}} R\cdot + H\cdot \quad (1)$

传播：$R\cdot + O_2 \longrightarrow ROO\cdot \quad (2)$

$ROO\cdot + RH \longrightarrow ROOH + R\cdot \quad (3)$

$ROOH \xrightarrow{\text{过渡金属离子}} RO\cdot + HO\cdot \quad (4)$

$RO\cdot + RH \longrightarrow ROH + R\cdot \quad (5)$

$RH + HO\cdot \longrightarrow H_2O + R\cdot \quad (6)$

终止：$R\cdot + R\cdot \longrightarrow RR \quad (7)$

$ROO\cdot + R\cdot \longrightarrow ROOR \quad (8)$

$ROO\cdot + ROO\cdot \longrightarrow ROOR + O_2 \quad (9)$

维生素E对油脂的抗氧化效果与其同分异构体的含量、添加量以及实验用油的种类、储存温度等条件密切相关，表7-1-2是维生素E及其与其他物质的复配在油脂中的抗氧化活性实例(王丰玲，2007)。

1.3.2.3 促进机体生长

维生素E可促进水生动物的生长，原因可能是维生素E可以促进水生动物消化器官尤其是肠道的发育，提高水生动物采食量和饲料利用率。研究发现鲤鱼鱼饵中维生素E缺乏时，生长性能下降，饲料利用率降低；在中华绒螯蟹仔蟹饵料中添加400 mg/kg和800 mg/kg维生素E时，蟹仔成活率提高(艾春香，2002)；幼鲟饲料中添加维生素E，其增重率、饲料效率、特定生长率、存活率及肥满度显著增加(文华，2008)。维生素E提高水生动物饲料利用率的机制尚无定论，可能与其抗氧化作用保护肠道细胞结构的完整性和膜的流动性有关。而高水平维生素E使水生动物生长受阻、成活率降低，可能由于维生素E与其他脂溶性物质竞争而影响其他物质的吸收。

表 7-1-2　维生素 E 及其增效剂抗氧化效果实例

维生素 E	维生素 C	BHT	卵磷脂	柠檬酸	加入基质	评价方法	评价指标	抗氧化效果	数据来源
0.05%	—	—	—	—	胡麻油，α-亚麻酸	65℃烘箱法	POV 值	√	张志强，2005
0.10%	—	—	—	—	鱼油	60℃烘箱法	POV 值、茴香胺值	√	唐年初，2007
0.05%	—	—	—	—	鱼油	常温法	POV 值、茴香胺值	√	唐年初，2007
0.05%	—	—	—	—	鱼油	AOM 法	POV 值	—	唐年初，2007
0.05%～0.20%	—	—	—	—	卵磷脂	30℃、40℃、60℃烘箱法	POV 值	√	杨军，2003
4%	—	—	—	—	大豆磷脂脂质体	共轭二烯法、硫代巴比妥酸法	吸光度	√	穆筱梅，2006
4%	—	5%	—	—	大豆磷脂脂质体	共轭二烯法、硫代巴比妥酸法	吸光度	√	穆筱梅，2006
4%	5%	—	—	—	大豆磷脂脂质体	共轭二烯法、硫代巴比妥酸法	吸光度	√	穆筱梅，2006
0.25%	—	—	0.25%	—	猪油、向日葵油	60℃烘箱法	POV 值	√	陈培丰，1998

1.3.2.4 促进机体繁殖能力

维生素 E 能调节性腺中类固醇类激素的生物合成和动物机体新陈代谢，从而促进动物繁殖能力。以不同浓度的维生素 E 饲喂黄鳝，以产卵率、孵化率等指标作为评判标准，发现维生素 E 具有改善雌鳝繁殖性能的作用(张国辉，2007)；当红螯螯虾饲料中添加 0.019 2%的维生素 E 时，能显著提高其增重率、性腺指数、单卵卵重；在金鲫饲料中添加 600 mg/kg 维生素 E，连续饲喂 6 周，雌金鲫 GSI 显著升高；另外维生素 E 还能改善黄河鲈生长率和精子质量。维生素 E 促进动物繁殖性能的原因可能是阻止膜脂质发生过氧化，维持精子顶体膜完整，降低精子畸形率；而且能增加卵巢机能，使卵泡黄体细胞增加(杨海涛，2009；肖伟平，2003；谢嘉华，2006)。

1.3.2.5 抗心血管疾病

维生素 E 能与低密度脂蛋白结合，抑制氧化，促进一氧化氮释放并抑制其分解，改善胰岛素抵抗并提高胰岛素敏感性，抑制蛋白质非酶糖化、降低脂质过氧化，改善血管内皮与血小板功能，纠正脂质代谢紊乱，从而能够降低血糖及降低心血管并发症(金敏，2004)。

通过临床试验评价维生素 E 治疗高海拔地区心血管病患者的远期疗效，分为心血管病组与对照组，前者服用 100 mg/d 维生素 E，3 次/d，疗程 6 个月，对照组除未服用维生素 E 外，其余同心血管病组，通过观察两组患者治疗前后谷胱苷肽过氧化物酶活力、丙二醛、心肌酸磷酸激酶、总胆固醇和甘油三酯以及免疫球蛋白等指标，结果表明，维生素 E 能够对高海拔地区心血管病患者的治疗起到提高缓解率和降低复发率的作用(李桂芝，2003)。

1.4 检测技术

维生素 E 测定方法主要有荧光光谱法、高效液相色谱法、比色法、薄层法、气相色谱法等，以下就各主要测定方法逐一进行介绍。

1.4.1 荧光光谱法(郭健，2003；李英丽，2009)

维生素 E 分子具有苯并二氢吡喃结构，形成共轭双键体系，该体系离域 π 电子易激发，因此具有荧光特性，荧光强度与维生素 E 含量呈正比，可以根据其荧光特性分析维生素 E。

荧光法测定维生素 E 含量的基本步骤如下：

(1)样品预处理：0.1 mol/L 盐酸溶液 5.0 mL，20 mL 无水乙醇，65℃水浴 20 min。

(2)样品皂化：取适量预处理液，加入抗坏血酸 0.5 g，无水乙醇 10 mL，1.00 mL 60%氢氧化钾溶液，置于沸水浴中皂化 10 min。正己烷分液萃取，收集正己烷层用蒸馏水洗涤数次至不显碱性，得样品溶液。

(3)测定荧光强度：在波长 $E_x=295$ nm，$E_m=325$ nm 下测定样品的荧光强度，并在此条件下测定标准液和空白液。

(4)计算：样品中维生素 E 含量(mg/100 g)$=\dfrac{R_2-R_0}{R_1-R_6}\times\dfrac{5S}{W(1-H)}$

式中：R_0——空白溶液荧光强度；

R_1——标准溶液荧光强度；

R_2——样品溶液的荧光强度；

S——标准溶液的最后浓度（μg/mL）；

W——样重（g）；

H——样品水分率（%）。

测定中需注意的几点问题：

（1）维生素 E 测定的线性范围为 0～50 μg/mL，样品浓度不宜过高，否则会产生荧光熄灭现象而影响结果。

（2）维生素 E 在碱性条件下加热易被氧化，因此需加入抗坏血酸进行保护，适宜的添加量为 3%左右。

此法特异性强、干扰少、灵敏、快速、简便，缺点是分析结果受前处理的影响较大，且只能测定总生育酚的含量，不能测定各生育酚的含量，因测定各同系物均采用固定波长，所以测定值与真实值有误差（阚建全，1990）。

1.4.2 高效液相色谱法

高效液相色谱（HPLC）法测定维生素 E 有正相 HPLC 和反相 HPLC 之分，反相 HPLC 由于具有色谱柱性能稳定、保留时间恒定和平衡快等优点，近几年来应用较正相 HPLC 普遍，但反相 HPLC 不能将维生素 E 所有异构体分离（β 和 γ-维生素 E），因此二者各有利弊。所配的检测器有紫外检测器和荧光检测器等。另外，所用流动相也不同。表 7-1-3 是部分文献报道的 HPLC 测定维生素 E 方法的汇总。

另外，有研究指出，以正己烷和异丙醇为流动使用正相色谱柱测定维生素 E 时，在流动相中加入 0.1% DMP，可提高正相色谱柱的稳定性。

根据实际测定经验，笔者给出了反相高效液相色潽法测定花生油中维生素 E 含量的具体操作步骤（张建书，2012）：

（1）花生油的萃取。花生经剥壳、粉碎后，采用正己烷在料液比 1∶4、温度 60℃条件下，浸提 6 h，萃取两次，然后经旋转蒸发回收正己烷，得 42 个品种花生原油。

（2）高效液相色谱条件。维生素 E 测定色谱条件：色谱柱：Waters C18（4.6×250 mm，5 μm）；流动相：甲醇-水（98∶2，V/V），混匀；紫外检测波长：300 nm；进样量 20 μL；流速：1.2 mL/min；柱温：30℃。

（3）维生素 E 标准曲线回归方程的建立。维生素 E 标准曲线的绘制：准确称取一定量 α-维生素 E、γ-维生素 E、δ-维生素 E 标准品，用无水乙醇溶解、混匀，使其质量浓度分别为 α-维生素 E 0.1、0.2、0.4、0.6、0.8、1.0、1.2 mg/mL，γ-维生素 E 0.1、0.2、0.3、0.4、0.5、0.6、0.7 mg/mL，δ-维生素 E 0.01、0.03、0.05、0.07、0.09、0.10 mg/mL，在 1.3.2.2 的色谱条件下分别进样，以峰面积 X 为横坐标，浓度 c（mg/mL）为纵坐标作图，Microsoft 的 Excel 软件进行回归拟合，得到 α-维生素 E、γ-维生素 E、δ-维生素 E 线性回归方程。

维生素 E 混合标样以及花生样品的色谱图如图 7-1-2 所示，线性回归方程如表 7-1-4 所示。

表 7-1-3　HPLC 测定维生素 E 的方法汇总

异构体组成	反相/正相	测试样品	样品前处理	固定相	柱温(℃)	流动相	检测器	参考文献
α-维生素 E	反相	植物油	超声提取，正己烷溶解	Shim-pack C18 (150 mm×4.6 mm)	35	甲醇/水＝98：2，1.2 mL/min	荧光检测器，Ex. 295 nm，Em. 340 nm	寇立娟，2006
维生素 E	反相	花生油	乙醚提取，正己烷溶解	Waters sunfire C18	室温	甲醇：水＝98：2，1.2 mL/min	紫外可见检测器，300 nm	张建书，2011
α、β、γ、δ-生育酚和生育三烯酚	正相	沙棘油	正己烷溶解	Zorbax NH2	30	正己烷:异丙醇＝95：5，0.9 mL/min	二极管阵列检测器 292 nm	徐响，2008
α、β＋γ、δ-生育酚	反相	植物油	皂化、乙醇溶解	ODS	25	甲醇：水＝99：1，1.7 mL/min	紫外可见检测系统，298 nm	王洁，2000
维生素 E	反相	血浆或血清	正己烷萃取，乙醇溶解	ESAMD-150 C18	—	—	库伦陈列电化学检测器，各通道电压 200、400、550、800	张晓红，2010
α、β＋γ、δ-生育酚	反相	谷子	皂化、乙醇溶解	Waters C18	25	甲醇：水＝98：2，0.8 mL/min	紫外检测器，300 nm	李国营，2009

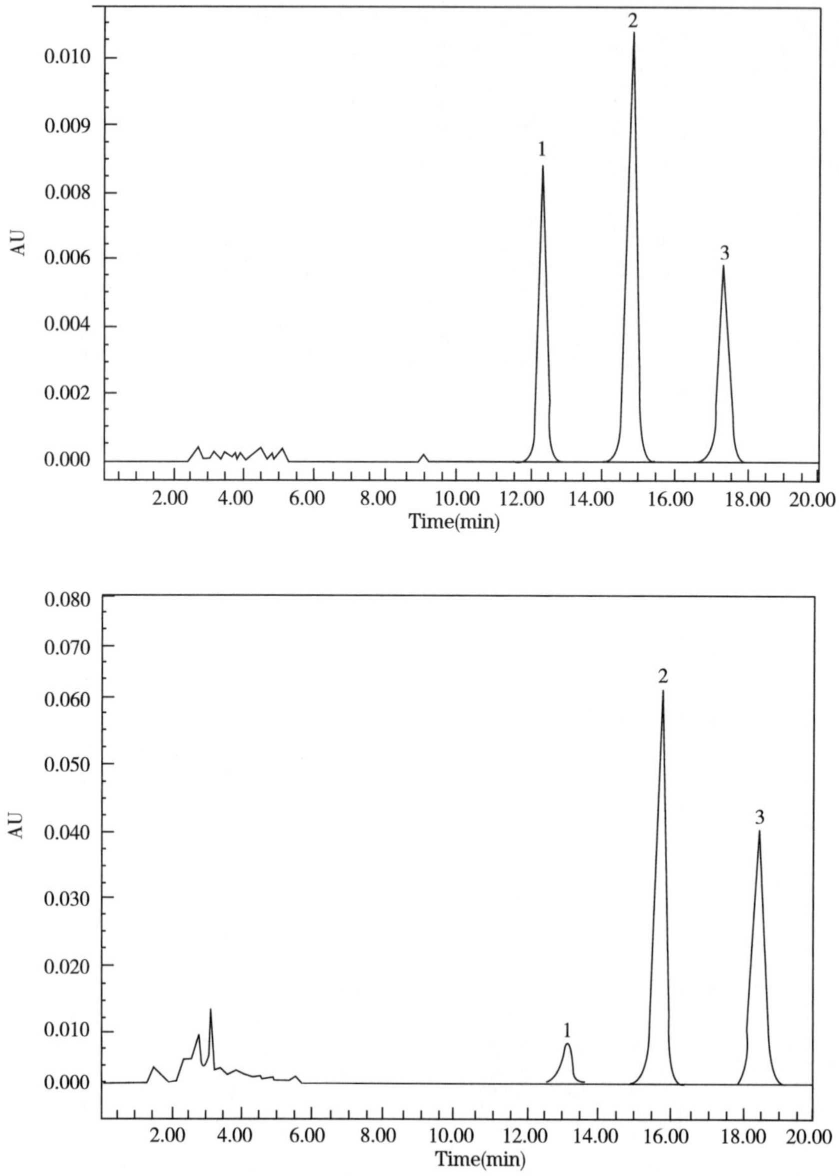

图 7-1-2　维生素 E 混标、花生样品色谱图

1. δ-维生素 E；2. γ-维生素 E；3. α-维生素 E

表 7-1-4　维生素 E 线性回归方程

标准品	线性回归方程	线性范围(mg/mL)	R^2
α-维生素 E	$C=3\times10^{-7}x+0.089$	0.10～1.2	0.994
γ-维生素 E	$C=10^{-7}x+0.001$	0.10～0.70	0.987
δ-维生素 E	$C=10^{-7}x+0.002$	0.01～0.10	0.995

(4)样品溶液的配制。准确称取各品种花生油 5.00 g,加入 30 mL 无水乙醇,10 mL 氢氧化钾溶液(1+1)、5 mL 10%抗坏血酸溶液,充分混匀后煮沸回流 60 min,提取其中的不皂化物,用 2 mL 乙醇溶解提取物,将其过 0.45 μm 滤膜,滤液密封保存用于 HPLC 测定。

(5)不同地区花生品种维生素 E 异构体含量分析测定。取样品溶液 20 μL,在上述色谱条件下进行 HPLC 分析,得到各色谱峰的保留时间及峰面积,根据保留时间的一致性进行定性,根据峰面积和标准曲线进行定量。

花生油中维生素 E 异构体含量(mg/100 g)$=\frac{c\times V}{m}\times 100\%$其中 c 为由标准曲线上查到某种维生素 E 含量(mg/mL),V 为试样浓缩定容体积(mL),m 为试样质量(g)。

45 个品种花生的维生素 E 含量按地区来源进行统计分析,结果见表 7-1-5 和图 7-1-3。

表 7-1-5 不同地区花生品种维生素 E 含量 mg/100 g

来源地	品种	α-维生素 E	γ-维生素 E	δ-维生素 E	总维生素 E
山东	中花 8 号	27.75±0.28	6.74±0.11	0.36±0.01	34.85±0.18
	山花 7 号	16.80±0.42	6.72±0.20	0.63±0.02	24.15±0.25
	四粒红	16.76±0.31	6.33±0.23	0.33±0.02	23.42±0.10
	鲁花 11	22.96±0.27	9.95±0.30	0.82±0.02	33.72±0.58
	汴花 3 号	19.47±0.01	4.02±0.06	0.29±0.02	23.78±0.06
	海花 1 号	20.08±0.06	9.09±0.03	0.72±0.03	29.88±0.11
	双纪 2 号	19.73±0.24	5.89±0.11	0.46±0.02	26.08±0.37
	山花 9 号	16.65±0.28	7.25±0.07	0.50±0.15	24.40±0.21
	丰花 5 号	18.13±0.03	5.71±0.04	0.36±0.01	24.20±0.02
	白沙 1016	21.06±0.24	9.49±0.07	0.76±0.02	31.31±0.19
	丰花 1	22.35±0.28	7.41±0.07	0.49±0.07	30.25±0.14
	丰花 3	19.25±0.35	6.25±0.08	0.41±0.00	25.91±0.27
	丰花 4	9.36±0.10	7.61±0.03	0.57±0.01	17.54±0.08
	徐花 5 号	15.42±0.34	5.15±0.06	0.36±0.04	20.93±0.44
	源花 8 号	20.73±0.24	7.73±0.10	0.57±0.02	29.03±0.16
	徐花 13	13.61±0.27	4.55±0.06	0.39±0.03	18.55±0.36
	徐花 14	18.74±0.04	8.03±0.01	0.73±0.10	27.50±0.05
	花育 19	23.34±0.27	8.53±0.06	0.8±0.04	32.67±0.17
	花育 22	25.25±0.04	9.73±0.01	0.86±0.00	35.92±0.05
	花育 23	12.16±0.23	4.88±0.14	0.43±0.01	17.47±0.38

续表 7-1-5

来源地	品种	α-维生素 E	γ-维生素 E	δ-维生素 E	总维生素 E
山东	花育 28	14.75±0.34	4.19±0.06	0.34±0.01	19.28±0.27
	花育 31	15.09±0.13	6.69±0.17	0.5±0.04	22.28±0.09
	五彩花生	13.52±0.08	9.70±0.20	0.56±0.00	23.78±0.28
	黑花生	14.78±0.28	6.16±0.07	0.41±0.06	21.35±0.42
	034-256-1	18.57±0.16	5.95±0.03	0.48±0.03	25.00±0.15
	冀花 9814	17.71±0.11	4.78±0.06	0.4±0.01	22.89±0.15
	花育 20	17.67±0.11	6.52±0.04	0.69±0.06	24.87±0.01
	白花生	23.73±0.20	16.93±0.03	0.97±0.02	41.63±0.19
广东	粤油 14	26.82±0.42	5.73±0.06	0.45±0.06	33.00±0.54
	粤油 40	24.88±0.41	6.87±0.01	0.58±0.01	32.33±0.43
	粤油 45	25.50±0.06	9.73±0.06	0.62±0.02	35.85±0.13
	粤油 86	26.61±0.01	9.41±0.03	0.60±0.10	36.62±0.14
	闽花 9 号	24.21±0.14	5.71±0.07	0.45±0.02	30.37±0.23
	桂花 771	20.08±0.11	5.08±0.04	0.40±0.02	25.56±0.17
	湛花 82	24.00±0.35	6.45±0.08	0.52±0.03	30.97±0.47
	汕油 250	19.84±0.16	3.72±0.06	0.35±0.01	23.91±0.11
	龙花 243	15.82±0.47	2.88±0.13	0.26±0.01	18.96±0.58
	贺油 11 号	29.07±0.14	7.38±0.07	0.52±0.01	36.97±0.22
	珍珠红	23.45±0.07	4.29±0.17	0.36±0.02	28.10±0.12
河南	豫花 15	21.10±0.21	6.00±0.16	0.62±0.01	27.71±0.36
	豫花 9327	16.00±0.20	4.74±0.04	0.50±0.08	21.24±0.07
	豫花 9326	14.33±0.01	3.47±0.06	0.33±0.01	18.13±0.03
	开农 30	33.98±0.11	6.84±0.07	0.46±0.01	41.28±0.03
	开农 37	28.28±0.03	9.00±0.08	0.61±0.02	37.89±0.13
	远杂 9102	27.72±0.10	13.59±0.06	1.30±0.01	42.61±0.04

45 个品种花生中，总维生素 E 含量在 17.47～42.61 mg/100 g 范围内，平均值为 27.87 mg/100 g，含量最高的是“远杂 9102”，含量最低的是“花育 23”；α-维生素 E 含量范围是 9.36～33.98 mg/100 g，平均值 20.38 mg/100 g，含量最高的是“开农 30”，含量最低的是“丰花 4”；γ-维生素 E 含量范围是 2.88～16.93 mg/100 g，平均值 6.95 mg/100 g，含量最高的是“白花生”，含量最低的是“龙花 243”；δ-维生素 E 含量范围是 0.26～1.30 mg/100 g，平均值 0.54 mg/100 g，含量最高的是“远杂 9102”，含量最低的是“龙花 243”。不同花生品种中维生素 E 总量及 α-维生素 E、γ-维生素 E、δ-维生素 E 异构体含量变异系数分别为 24.46%、25.55%、37.60%、37.38%。

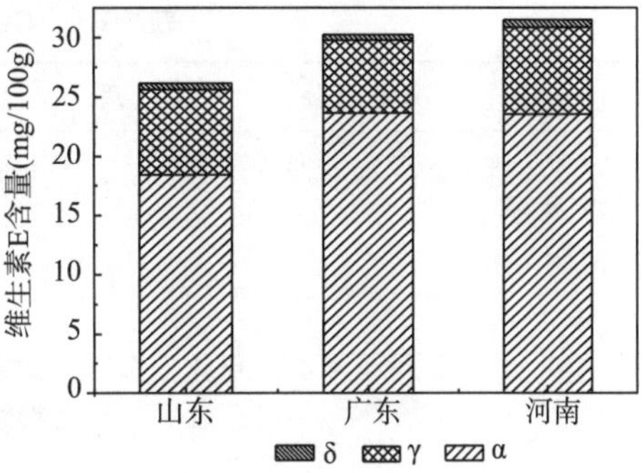

图 7-1-3　不同地区花生品种维生素 E 含量统计分析结果

三个地区花生品种中均含有 α-维生素 E、γ-维生素 E、δ-维生素 E 三种维生素 E 异构体，各异构体在花生中含量排序为 α-维生素 E＞γ-维生素 E＞δ-维生素 E，与杨波涛（2009）、黄宏南（2001）等的研究结果一致。其中 α-维生素 E 含量最高，占总维生素 E 含量的 70.37%～78.27%，且三个地区中广东花生品种 α-维生素 E 含量占总维生素 E 含量比例最高。从平均值来看，三个地区总维生素 E 含量排序为河南＞广东＞山东，α-维生素 E 含量排序为广东＞河南＞山东，γ-维生素 E、δ-维生素 E 含量排序均为河南＞山东＞广东。对三个地区花生品种维生素 E 及各异构体含量进行方差分析及多重比较，结果表明，三个地区 α-维生素 E 含量存在显著差异（$p<0.05$），广东、河南花生品种 α-维生素 E 含量无显著差异，但二者均显著高于山东花生品种（$p<0.05$），维生素 E 其他异构体含量在三个地区之间无显著差异。

通过对山东、广东、河南三个地区共 45 个花生品种的维生素 E 进行测定表明，花生中总维生素 E 含量在 17.47～42.61 mg/100 g 范围内，含有 α-维生素 E、γ-维生素 E、δ-维生素 E 三种维生素 E 异构体，各异构体在花生中含量排序为 α-维生素 E＞γ-维生素 E＞δ-维生素 E，其中 α-维生素 E 占总维生素 E 含量的 70.37%～78.27%。上述三个地区的花生品种中 α-维生素 E 含量存在显著差异（$p<0.05$），可能是由于花生本身的遗传物质、种植环境、温度、湿度、光照、水肥、土壤营养等因素造成不同地区花生品种成分组成及含量的差异（万书波，2007；张小杰，2009；刘永惠，2011），因此其中的维生素 E 含量也表现出差异。筛选富含维生素 E 等功能活性成分的花生品种提供理论基础，为充分发挥我国花生种质资源优势及地区优势提供参考。

1.4.3　气相色谱法

气相色谱法（GC）可对维生素 E 进行准确的定量，1990 年确定为 AOAC 法。毛细管气相色谱分析维生素 E 具有柱效和灵敏度高、分离时间短、色谱峰干扰少、分离效果好和热稳定性好等优点。为了使维生素 E 各异购体得到较好的分离，需要预先将试样进行三甲基硅烷化或酯化，利用毛细管气相色谱法测定混合生育酚时样品不需衍生化既可进行进样分析。表 7-1-6 对 GC 测定维生素 E 的方法进行了汇总。

表 7-1-6 GC 测定维生素 E 的方法汇总

样品	分离组分	样品处理	色谱柱	检测器	色谱条件	文献
谷物、油料种子、油样	α-维生素 E	酯化	玻璃柱	FID	柱温 255℃，进样器 280℃，检测器 270℃，N250 mL/min，H245 mL/min，空气 500 mL/min	李兰英
鸡蛋	α-维生素 E	皂化	DB-1 毛细管柱	FID	柱温 250℃，汽化室和检测室 290℃，$N_2$20 mL/min，$H_2$45 mL/min，空气 400 mL/min	金米聪，2001
饲料添加剂-维生素 E	维生素 E	正己烷溶解，正三十二烷做内标	DB-1 毛细管柱	FID	柱温 280～290℃，检测器 290～300℃，进样口 290～300℃，载气高纯 $N_2$1.2 ml/min	商军，2009
保健品	α-维生素 E	石油醚-乙醚溶解，KOH-甲醇皂化	HP-1 毛细管柱	FID	进样口 280℃，柱箱 270℃、检测器 280℃，载气氮气，H_2 流速 30 mL/min，空气流速 300 mL/min	罗赟，2009

气相色谱法测定步骤：

(1)仪器与试剂：气相色谱仪，FID 检测器，正三十二烷(内标)，正己烷。

(2)色谱条件：毛细管色谱柱，程序升温，起始温度 150℃，以 10℃/min 升至 250℃，检测器 300℃，载气氦气或高纯氮气，流速 1.0 mL/min。

(3)校正因子测定。将正三十二烷溶解于正己烷中配制成 1.0 mg/mL 的内标溶液。称取 20 mg 维生素 E 标品置于棕色具塞锥形瓶中，加入 10 mL 配制好的内标液超声溶解，连续进样五针，求平均值得校正因子。

(4)样品测定。取 20 mg 待测样品于棕色具塞锥形瓶中，加入 10 mL 内标液，超声溶解，进样测定，内标法计算含量。

维生素 E 各种测定方法各有其自身的优缺点、灵敏度、检测限度等，同一样品采用不同的方法得到的分析结果可能不同，给分析比较带来困难。今后的研究重点是提高这些测定方法所得结果的可比性，找出最合适的测定方法；其次是研究如何简化目前样品前处理过程繁琐的步骤，以缩短分析时间；第三，进一步提高混合物中维生素 E 各异构体测定的灵敏度和再现性，以便更准确的检测其含量和生理活性。

1.5 制备工艺与技术

从脱臭馏出物中提取天然维生素 E 的研究始于 20 世纪 40 年代，因脱臭馏出物成分复杂，其中的维生素 E、植物甾醇和脂肪酸等组分沸点和性质比较接近，因此从中分离高纯度的维生素 E 较困难，目前提取分离技术主要是基于原料的物理性质、化学性质、原料组成及化学反应等方面的差异，主要包括溶剂萃取法、层析法、吸附与离子交换法、化学处理法、蒸馏法、超临界流体萃取法等。

1.5.1　有机溶剂萃取法

溶剂萃取法的原理是利用不同成分在有机溶剂中得溶解度不同而进行的。脱臭馏出物中天然维生素 E、甾醇、游离脂肪酸及甘油酯在不同溶剂中的溶解度不同，通过溶剂的选择，使天然维生素 E 与其他组分分开，常用的有机溶剂包括甲醇、乙醇、丙酮、石油醚、正己烷等（李娟，2007；蒋崇文，2004；吴海艳；2010）。

根据美国 U. S. NO 2349275 的报道，溶剂萃取法的主要方法步骤如下：以一元醇或酮类与一元醇的混合物作萃取剂，对植物油原料进行萃取，将溶剂相与油相分开后蒸馏出去有机溶剂得到维生素 E 浓缩油。举例如下：100 g 粗制棕榈油中加入 50 mL 甲醇，45℃振荡，然后将醇相与油相分开，甲醇相在－19℃冷却一昼夜后过滤析出结晶，从母液中蒸馏去除甲醇，得到的维生素 E 经高效液相色谱分析，浓度为 78%（Kenneth，1944）。

1.5.2　超临界萃取法

超临界流体萃取技术是 20 世纪 70 年代发展起来的一种新型绿色提取分离技术，具有萃取率高、工艺简单、操作条件温和等特点。超临界流体密度与液体接近，而黏度和扩散系数又与气体相似，因此兼有气体和液体的特点，与液体溶剂的萃取能力相当且具有优质的传质效果。超临界流体用于分离维生素 E 即以超临界流体为溶媒，使之在高压条件下与含维生素 E 的待分离物料接触，根据维生素 E 与其他组分在超临界流体中溶解度的差异，同时控制体系压力和温度，既可萃取得到维生素 E。超临界 CO_2 无毒无害且无溶剂残留，因此常用作萃取剂（石冰洁，2008）。超临界流体萃取维生素 E 的工艺流程如图 7-1-4 所示。

图 7-1-4　超临界流体萃取工艺流程图

以下是从大豆油脱臭馏出物中萃取维生素 E 的实例：取适量预处理好的样品于萃取罐中，打开 CO_2 钢瓶形成闭路体系，在萃取温度 40℃，精馏柱温度 40～55～70～80℃，分离罐温度 40℃，分离压力 6.0 MPa，流量 25.0 kg/h 条件下，进行二步萃取，先在 12 MPa 下萃取至萃取物占原料质量 80%后，再以 20.0 MPa 加入携带剂进行第二步萃取，每隔 10 min 收集一次样品，当样重占原料质量 11%停止收集。其中以 4%混合醇（甲醇∶乙醇＝2∶1）作为携带剂效果最好（周泉城，2004）。

1.5.3　离子交换吸附法（梁明山，1985；李娟，2007；楼建华，2006）

吸附法是根据吸附剂对维生素 E、甾醇、游离脂肪酸等的吸附能力不同进行的，吸附剂按照吸附机理可分为物理吸附剂、化学吸附剂和亲和吸附剂。用于维生素 E 分离的常用吸附剂有活性炭、氧化铝、硅胶等。

离子交换吸附是利用离子交换树脂对各组分的吸附能力不同而进行分离。天然维生素 E 中的羟基在极性溶剂作用下微弱电离后呈弱酸性，与碱性阴离子交换树脂进行离子交换，从而与其他中性组分分离。离子交换树脂经碱洗、水洗、转型、溶剂置换等方法预处理后装柱使用。树脂经再生后可重复使用。

采用硅胶对棕榈油脱臭馏出物中得维生素 E 进行吸附,步骤如下:棕榈油脱臭馏出物经酯化后溶解于正已烷中,加入 2 g 硅胶和正已烷调成浆状,35℃、180 r/min 下搅拌 20 min,维生素 E 附在硅胶上,维生素 E 吸附率达到 90%。

从菜籽油脱臭馏出物中经离子交换提取维生素 E 步骤如下:脱臭馏出物 200 g 在 90～100℃下减压浓缩至 150 g,加入甲醇 84 mL,甲苯 84 mL,以硫酸作催化剂在 180～200℃进行甲酯化反应,酸值达 3 mg KOH/g 以下时终止反应,除去甲苯、甲醇及游离脂肪酸后得到甲酯化产物,然后在强碱柱上进行离子交换,先用甲苯洗涤除去残留原料液及不吸附的酯类杂质,然后用 10%醋酸-甲苯溶液 4 mL/min 洗下被吸附的维生素 E,80℃连续搅拌 2 h 除去醋酸,分馏除去甲苯,得维生素 E,回收率 73.6%。

1.5.4 分子蒸馏法(姜守霞,2005;宋志华,2009;李娟,2007)

分子蒸馏法是利用高真空度下,不同分子的分子平均自由程不同,在远低于其沸点的温度下进行分离,适宜于高沸点、热敏性、易氧化物质的分离,降低物料分离成本,保护热敏物料品质。此法可同时提取维生素 E 和植物甾醇两种成分,其工艺流程如图 7-1-5 所示。

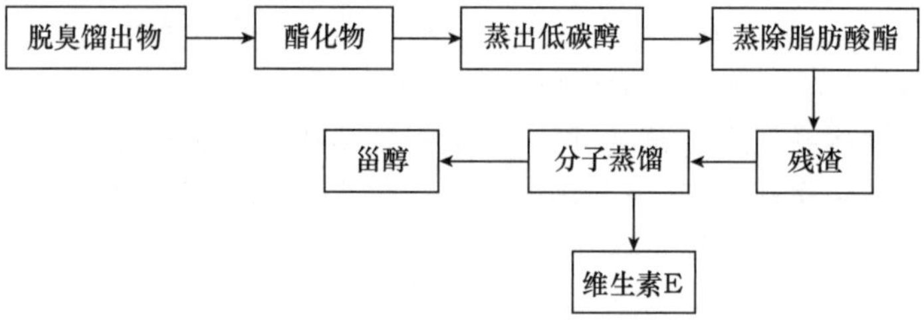

图 7-1-5 分子蒸馏法工艺流程图

以下是采用分子蒸馏法从大豆油脱臭馏出物中分离维生素 E 的实例:首先进行样品预处理,称取 50 g 大豆油脱臭馏出物,按质量比 1∶1 加入无水甲醇,1%浓硫酸作催化剂,60℃水浴搅拌下进行酯化反应 3 h,加碱中和,分液萃取,下层有机相为成品,制备得脂肪酸甲酯-维生素 E 混合物以备适宜分子蒸馏用。然后采用刮膜式分子蒸馏器进行分子蒸馏,第一阶段蒸馏在常压下进行,目的是去除残留溶剂,加入样品 300 g,流量 10 g/min,柱温 70℃,刮膜转速 300 r/min;以第一阶段蒸馏后的馏分为原料进行第二阶段的蒸馏,主要是去除脂肪酸甲酯,恒温槽 55℃,冷却水温 30℃、真空度 3～5 Pa,流量和刮膜转速与第一阶段相同;以第二阶段馏分为原料,恒温槽 70℃、冷却水温 50℃、真空度 0.3～0.2 Pa,进行第三阶段蒸馏提纯维生素 E。可以通过多次蒸馏实现更高的产品纯度,纯度可达 90%以上,所得维生素 E 为黏稠状液体,冷却后不凝固。

1.5.5 各种提取方法的比较

脱臭馏出物成分的复杂性决定了从中提取高含量维生素 E 并不容易,单一的方法往往很难达到目的,通常采用多种方法进行综合,根据产品质量的要求选择提取工艺。表 7-1-7 对几种常用的提取方法进行了比较。

表 7-1-7 几种常用维生素 E 提取方法的优缺点比较(李娟,2007;楼建华,2006)

提取方法	优点	缺点
有机溶剂萃取法	工艺、设备简单,操作费用低	收率低、产品纯度低、溶剂用量大且回收困难
超临界萃取法	收率高,损失小,维生素 E 与萃取剂易分离	投资大、费用高且要求原料中甘油酯、不饱和脂肪酸等含量低
离子交换吸附法	制品纯度高	所用溶剂多且回收困难,难以工业化
分子蒸馏法	分离效率高,易于工业化	真空度高,对设备要求高,费用昂贵

1.6 应用与开发前景

1.6.1 应用现状

天然维生素 E 由于具有良好的抗氧化性和生理活性,已得到广泛应用,主要用在食品、医药、化工产品等领域。

1.6.1.1 食品领域

天然维生素 E 营养丰富、安全性高且易被人体吸收,在食品工业中已被广泛用作食品和油脂的抗氧化剂和营养补充剂,如食用油、婴儿食品、烘烤食品、乳制品、饮料等。用作食用油抗氧化剂,由于其沸点高、热稳定性好、适宜于加入需加热的食品中,如方便面、人造奶油、奶粉等,维生素 E 与卵磷脂复配,不仅具有抗氧化作用,而且对人体无毒副作用,安全性好,有逐渐取代 BHA、BHT、PG 等化学抗氧化剂的趋势。将维生素 E 添加于保健或营养强化食品中,如婴幼儿食品,其可作为良好的食品抗氧化剂和营养强化剂。在肉制品中添加维生素 E 可防止肉冷藏过程中腐败变质,且具有保鲜作用,如鱼肉中添加 0.04%维生素 E 可改善鱼味,香肠原料肉中加入 0.05%维生素 E 可保鲜防腐。口香糖中加入 1%天然维生素 E 可消除口臭。目前西方国家天然维生素 E 多用于强化食品配方中,如婴儿奶粉、烘焙食品、保健饮料等。美国农业部于 1986 年 11 月批准维生素 E 作为熏肉抗氧化剂,以防止致癌物亚硝胺的形成。作为食品添加剂,我国食用卫生标准规定在以下食品中的用量分别为芝麻油、人造奶油、色拉油乳制品 100～180 mg/kg,婴幼儿食品 40～70 mg/kg,乳饮料 10～20 mg/kg,强化饮料 20～40 mg/kg。

1.6.1.2 医药领域

维生素 E 具有抗不育、抗癌、治疗心血管疾病、增强免疫力、抗衰老、清除自由基等生理功能,是治疗和预防一些疾病、延年益寿的有效药物和营养保健品。人体缺乏维生素 E 会影响生殖、骨骼、肌肉、神经等系统正常的功能,维生素 E 可治疗冠心病、动脉硬化、不孕、肌肉萎缩、癌症、内分泌机能衰退等多种疾病。

1.6.1.3 化工领域

维生素 E 对皮肤细胞具有抗自由基链式反应、促进新陈代谢、防止色素沉积的作用,因此广泛用于营养性化妆品中,如用于香波、护发素中,可以防止空气和强光对头发的伤害;在洗面奶、沐浴乳中添加维生素 E 可阻止亚硝胺类致癌物质的形成,防止油脂酸败;将其添加于防晒霜中可促进皮肤新陈代谢,防止色素沉积,改善皮肤弹性,起到美容、护肤、防衰老的作用,且能延长货架寿命。

1.6.2 市场开发前景

生产天然维生素 E 的原料主要来自植物油精炼后的油脚,植物油精炼脱臭馏分中含有1%～10%的维生素 E,脱臭馏分一般占植物油处理量的0.5%,我国是油料生产大国,发展天然维生素 E 生产具有得天独厚的条件,从植物油精炼后的油脚中提取天然维生素 E 可以提高效益,增加产品附加值。

另外,开发天然维生素 E 首先需考虑到油脂企业的集中程度。目前已有国外企业在国内专门从事收购馏出冷凝液,对天然维生素 E 进行大规模开发利用除了采用高新技术,提高收率和质量外,必须重视原料来源,如选择高维生素 E 含量的品种、靠近有一定规模的精炼油厂、地区集中、交通便利、避免在同一地区重复建厂等。

第2节 花生中的维生素 K

2.1 来源与分布

维生素 K 又称凝血维生素,广泛存在于自然界中,主要存在于高等植物以及许多绿色、棕色、红色和蓝绿色藻类的光合成组织中(Egge et al,1965),在猪肝、鸡蛋、绿色蔬菜中含量较丰富,人体肠道内的正常菌群也会合成维生素 K。最早在1929年由丹麦化学家达姆从动物肝和麻子油中发现并提取。1939年人们从绿色植物中提取出了维生素 K_1,并将其用于治疗凝血酶原过低症及其各种出血症,收到了很好的效果,随后在20世纪40年代第一次人工合成出了第一种维生素 K_3 产品,1958年 Sler 等又首先化学合成出维生素 K_2 系列产品。

花生中维生素 K 的含量也非常丰富,有报道称在分析花生功能成分时发现红衣中富含止血的特效成分维生素 K(李明姝等,2004)。赵贵兴等(2011)在分析花生营养价值时提出花生中的维生素 K 有止血作用,而且花生红衣的止血作用比花生高出50倍,对多种出血性疾病都有良好的止血功效,因此花生红衣中的维生素 K 具有很高的开发价值。

2.2 化学组成与理化性质

维生素 K 分为两类,一类是脂溶性维生素,即从绿色植物中提取的维生素 K_1 和肠道菌群合成的维生素 K_2,另一类是水溶性的维生素,由人工合成即维生素 K_3 和维生素 K_4。

自然界存在的和人工合成的维生素 K 均是由2-甲基-1,4-萘醌及其衍生物组成的,如图7-2-1所示。天然提取的维生素 K 是一种黄色晶体,熔点52～54℃,不溶于水,能溶于醚等有机溶剂,耐热,对光和碱敏感,需要胆汁的协助才能被人体吸收。而人工合成的维生素 K 能溶于水,更利于人体吸收,可以口服和注射,现已广泛用于医疗上。各种维生素 K 在体内的分布不同,维生素 K_1 在人体肝、心、胰腺中含量较高,脑、肾、肺中含量低。维生素 K_2 在脑和肾中含量较维生素 K_1 高,在胰腺中含量与维生素 K_1 相同,在心、肝、肺中含量较低(Thijssen et al.,1996)。

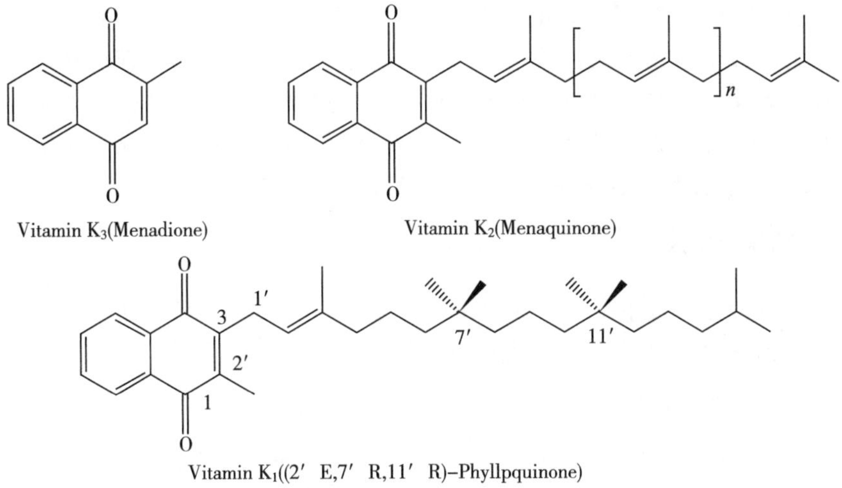

图 7-2-1　维生素 K 结构

2.3　生物活性与功能

2.3.1　促进凝血

维生素 K 的主要生理功能是在肝脏内参与合成凝血酶原，促进维生素 K 依赖性蛋白的合成，并合成活性凝血因子Ⅱ、Ⅶ、Ⅸ、Ⅹ，缺乏维生素 K 会导致凝血酶原和凝血因子的减少，从而引起出血。

血液凝固过程中一些酶原的合成与维生素 K 有关，即在他们的合成中需要谷氨酸 γ-羧基化，已知其中的 7 种和凝血反应有关，它们是凝血因子Ⅱ、Ⅶ、Ⅸ、Ⅹ以及蛋白 C、蛋白 S 和蛋白 Z。这些蛋白质中的 Gla 都是在谷氨酸残基的分子基础上有维生素 K 参与下，由催化羧化反应的酶进行羧化修饰形成的，故称其为维生素 K 依赖性蛋白，将有关酶称为维生素依赖性羧化酶或 γ-谷氨酸羧化酶。缺乏维生素 K 可致上述凝血因子合成障碍，影响凝血过程而引起出出血。

2.3.2　与骨健康的关系

维生素 K 除了参与凝血外，还在骨代谢中有重要意义。Bouckare 等在 1960 年最早报道了维生素 K 可以促进实验性骨折愈合，引起了人们对维生素 K 与骨代谢关系的兴趣，最近也有很多报道都认为维生素 K 对骨质疏松有预防和治疗的作用。维生素 K 能调解骨代谢和促进骨钙素的梭化，能增加骨质疏松患者的骨密度，降低骨折的发生率。有报道称，维生素 K 对围产期母婴骨代谢有显一著影响，可以增加围产儿骨形成代谢，减少孕产妇骨质丢失，恢复骨代谢的平衡(郭荣荣，2003)。

维生素 K 促进骨质疏松骨折愈合的机理还不明确，它可能通过酶的机制影响谷氨酸 γ-梭基化骨钙素的合成和分泌来调解骨代谢、促进骨钙素的梭化，促进骨形成，增加骨质疏松患者的骨密度，降低骨折的发生率，提高骨健康并可以促进骨折愈合。研究发现维生素 K 还可能通过影响 IL-1 和 IL-6 调节钙平衡，间接影响骨代谢。IL-6 属于 gp130 细胞因子家族多种细胞均可分泌，骨组织中的IL-6主要来源于成骨细胞和基质细胞分泌，有报道称维生素K对老年大鼠骨质疏松性骨折愈合过程有明显作用(薛晓峰，2008)。

维生素K低摄入量或受损与骨健康不良指数(包括骨折率)有关。在不同健康人群中进行的人口研究发现，膳食维生素K低消耗与骨折风险增加有关，或与骨质含量降低有关，并且发现维生素K的损失情况与低骨质或骨质流失增加有关。

2.4 检测技术

维生素K的测定方法主要有高效液相色谱法、反相高效液相色谱法、气相色谱法、分光光度法、电化学萃灭法和光化学荧光法等各种方法。

2.4.1 高效液相法

高效液相色谱法精密度和灵敏度较高，分离效果好且分析速度快，因此有广泛的应用。有研究表明在测定谷物中的维生素K时，先用磷酸缓冲液溶解谷物样品，脂酶处理后用正己烷提取维生素K_1，浓缩蒸发后用甲醇定容后进样，使用的色谱柱为Spherisorb C_{18}柱，流动相为醇：正己烷(98：2)，流速1.5 mL/min，检测波长248 nm，得到了较好的结果(聂西度等，2005)。

2.4.2 反相高效液相色谱法

反向高效液相法和高效液相色谱法相比前处理步骤更加简单，能高效快速地测定食物中维生素K。有人在测定刺儿菜中的维生素K_1时，将样品用三氯甲烷提取，氮气吹干后用甲醇溶解，用0.5 μm的滤膜过滤后进样，使用的色谱柱为Nova pak C_{18}，流速1.5 mL/min，在波长为248 nm下检测得到了理想的色谱图，回收率在95%以上(李桂凤，1997)。在测定食物中维生素K时，有人用正己烷萃取食物样品中的维生素K，离心后80℃水浴蒸干，用甲醇溶解，经ODS-C18反相柱，以甲醇为流动相。流速为1.5 mL/min，检测波长为254 nm，结果维生素K_1和维生素K_2能很好地分离，回收率分别为88.3%～90.8%和89.8%～91.5%(任一平等，1998)。

2.4.3 分光光度法

分光光度法操作简便、仪器价廉等优点在检测分析中有广泛应用。维生素K_3可以与碱性染料丁基罗丹明B(butyl rhodamine B，BRB)、乙基紫(ethyl violet，EV)和亚甲基蓝(methylene blue，MB)形成离子对缔合物的反应，有人因此建立了用分光光度法测定维生素K_3含量的方法，用于药物制剂中维生素K_3的含量测定。维生素K_3与BRB、EV及MB反应生成可被有机溶剂萃取的离子对缔合物，离子对缔合物分别在568 nm、613 nm和658 nm处有最大吸收，药物浓度分别在0.008 3～13 mg/L、0.029～6.6 mg/L和0.015～9.6 mg/L范围内符合比尔定律，回收率为96%～103%(陈彩萍等，2005)。

维生素K_3能在pH 8.7～9.5的弱碱性介质中和甲基绿发生褪色反应，最大褪色波长为630 nm，并在紫外区出现两个新的吸收峰，其褪色程度与维生素K_3浓度在0.11～2.40 mg/L的范围呈正比，有人因此建立了甲基绿褪色分光光度法来测定维生素K_3的含量，对维生素K_3的检出限为32.0 μg/L，该方法灵敏度很高且有较高的选择性，也可用于药物制剂中维生素K_3的含量测定(阳泽平等，2006)。

2.4.4 电化学发光淬灭法

电化学发光分析法具有灵敏度高、仪器设备简单、操作方便等特点，在分析检测中有广泛的应用。根据维生素 K_3 对中性介质中鲁米诺-碘化钾电化学发光的淬灭作用，有人使用 BAS-100A 电化学分析仪，建立了一种对维生素 K_3，测定的灵敏、简便、快速的方法，其测定维生素 K_3 的线性范围为 $3.2\times10^{-9}\sim5.1\times10^{-6}$ mol/L(齐莹莹等，2005)。

2.5 制备工艺

2.5.1 提取

天然维生素(维生素 K_1)最早是从绿色植物中提取得到的，在治疗凝血酶原过低症引起的出血症上有较好的效果，提取主要有固相萃取法、溶剂萃取法和超临界流体萃取法等方法。

溶剂萃取法是利用维生素 K 能溶于有机溶剂的性质，由于分配系数不同而将其分离出来。固相萃取法也称为液固萃取，适用的溶剂量少而且分离迅速、选择性好、回收率高，操作也比液相萃取法更加简单，在分离技术上有很广泛的应用。超临界萃取技术是利用超临界流体作为萃取剂，从液体或固体中萃取出待分离组分的分离技术。当气体处于超临界状态时，成为性质介于液体和气体之间的单一相态，具有和液体相近的密度，黏度虽高于气体但明显低于液体，扩散系数为液体的 10～100 倍。超临界萃取技术在植物中维生素的提取已有广泛应用。有人在超临界萃取技术的基础上结合精馏技术选择性提纯维生素 K_1，得到了较好的效果(李雪等，2006)。

2.5.2 化学合成

在维生素 K 的化学合成中，维生素 K_3 的合成最为重要，有了维生素 K_3 就可以进一步合成维生素 K_1 和维生素 K_4，如图 7-2-2 分别为维生素 K_3、维生素 K_1、维生素 K_4 的合成化学反应式。维生素 K_3 通常用铬酸氧化法合成，先将铬酸氧化 2-甲基萘成为 2-甲基-1,4-萘醌(甲萘醌)，再用亚硫酸氢钠加成即可制得维生素 K_3，目前全世界维生素 K_3 产量的 90%以上采用此法。而维生素 K_3 乙酰化后再与叶醇缩合即得维生素 K_1，叶醇可由蚕沙中提取。如果将维生素 K_3 还原，则得到 2-甲基萘氢醌，再以乙酸通过酯化反应便制得维生素 K_4。

2.6 应用与开发前景

2.6.1 应用现状

维生素 K 能治疗出血症，促进凝血酶原的形成，加速凝血，维持正常的凝血时间。成人体内肠道微生物内会合成维生素 K_2，食物中也含有维生素 K_1，因此一般不会得维生素 K 缺乏症，但新生幼儿肠道菌群还不健全，母乳中的维生素 K 含量也不高，所以在临床上维生素 K 常用于防治新生儿的出血症等维生素 K 缺乏症。

维生素 K 具有抗肿瘤活性，效果最好的是维生素 K_3。研究表明维生素 K 类化合物都具有细胞生长抑制和毒性作用。在机制抗肿瘤的机制上，目前研究比较多的主要在维生素 K 的氧化作用上，通过氧化应激作用，产生大量的活性氧簇(ROS)超过了细胞的氧化承受能力，高浓度的 ROS 通过细胞氧化应激反应诱导细胞凋亡(刘春梅等，2009)。

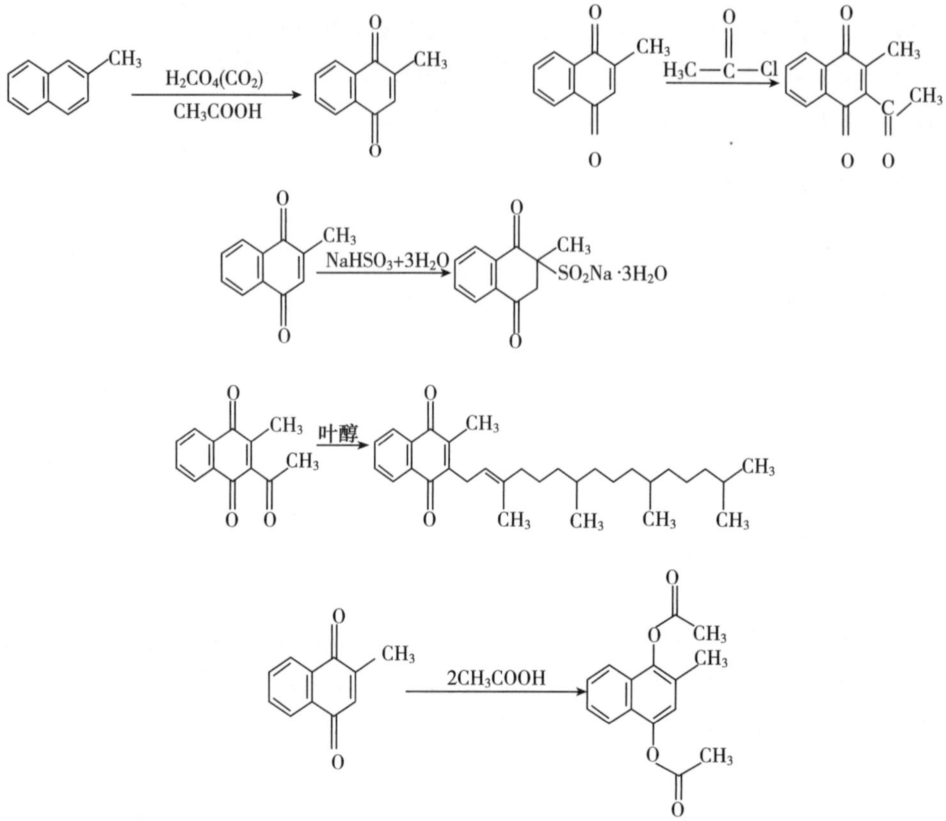

图 7-2-2　维生素 K_3、K_1、K_4 的合成

维生素 K 与骨代谢关系紧密，能促进成骨细胞分泌的骨钙素 GLA 化并且促进骨钙化。维生素 K 摄入量长期不足，人的骨矿物质密度降低，骨脆性增加，骨折的危险性也会增加，有人将维生素 K 应用在原发性骨质疏松症与继发性骨质疏松症的治疗中，发现维生素 K 可改善骨丢失，减轻疼痛，因此在治疗骨质疏松上已有广泛应用(薛晓峰，2008)。

2.6.2　市场开发前景

维生素 K 是动物体不可缺少的营养物质，在止血功能上发挥着重要的作用。在临床上维生素 K 常用于预防和治疗新生儿的出血症以及成年人的骨质疏松症，另外还有抑制肿瘤细胞生长的作用。人工合成维生素 K 的技术已有广泛的应用，目前国内外研究的主要目标是合成工艺的改进和合成的维生素 K 稳定性的提高。由于动物饲料营养素的单一性，维生素 K 作为饲料添加剂来弥补饲料中的缺失。目前将维生素 K 作为食品添加剂的报道较少，因此开发富含天然维生素 K 的保健食品将有较好的前景。

第3节 花生中的叶酸

3.1 来源

3.1.1 天然叶酸

天然叶酸广泛分布于各类植物中，如绿叶蔬菜（甘蓝、菠菜、甜菜、莴苣、花椰菜、油菜、白菜等），水果（柑橘、柠檬、草莓、樱桃、香蕉、杨梅、海棠、山楂、石榴、葡萄、猕猴桃等），谷物（大麦、米糠、小麦胚芽、糙米等）以及豆类（花生、菜豆、扁豆等）都含有丰富的叶酸（Suitor et al.，2000）。花生中叶酸含量虽然不是最高，但是它也是天然叶酸的主要膳食来源之一，有数据显示花生可食部分中叶酸的含量约为 1.07 mg/kg（中国营养学会，2007）。叶酸在动物体内也有较高的含量，如：肝、肾、肉及蛋黄和乳汁等。此外，最近的研究发现叶酸也大量存在于酵母等微生物中，并且有报道称可以通过诱变等方式选育出高产叶酸的菌株（吴周和等，2004），这也为天然叶酸的提取提供了有利的条件。

3.1.2 合成叶酸

由于天然的叶酸极不稳定，易受阳光、加热的影响而发生氧化，所以人体真正能从食物中获得的叶酸并不多，其生物利用度较低，为 45%左右。而合成的叶酸在数月或数年内可保持稳定，容易吸收，并且人体利用率大约可比天然叶酸高 1 倍左右。

自 1998 年 1 月 1 日起，美国食品和药品管理局（FDA）要求，所有贴有强化食品标签的粮谷类食品（如面包、面团、面粉、早餐谷类食品以及大米）和含有该种粮谷的混合食品中都要添加叶酸（Lewis et al.，1999）。另外，其他食品如早餐速溶食品、功能性食品和肉类替代品中叶酸的含量也必须高于 FDA 要求的强化谷类食品中的含量（Food and Drug Administration，1996）。我国虽然未对向强化食品中添加叶酸执行强制标准，但是目前大多数的强化谷物食品以及配方奶粉中均添加了叶酸。

3.2 化学组成与理化性质

3.2.1 化学组成

叶酸的定义可分为狭义和广义两个层次。狭义的叶酸就是指蝶酰基-*L*-谷氨酸（图 7-3-1），它是由一个蝶啶 2 环、一个对氨基苯甲酸以及一个谷氨酸残基三部分组成。广义的叶酸是指一类具有与蝶酰基-*L*-谷氨酸类似的化学结构和营养活性物质的总称。以聚谷氨酰基四氢叶酸（图 7-3-2 所示）为例，它也是由蝶啶环、对氨基苯甲酸以及谷氨酸残基组成，但是与蝶酰基-*L*-谷氨酸不同的是蝶啶环的 5、6、7、8 位的双键被氢加成，在 N-5 位和 10 位置被取代基 R 取代，R 主要包括甲基（$—CH_3$）、亚甲基（$—CH_2—$）、次甲基（$—CH=$）、甲酰基（$—CH=O$）或亚氨甲基（$—CH=NH$），在第一个谷氨酸分子上又附加 2～10 个谷氨酸残基（Cook et al.，2001）。

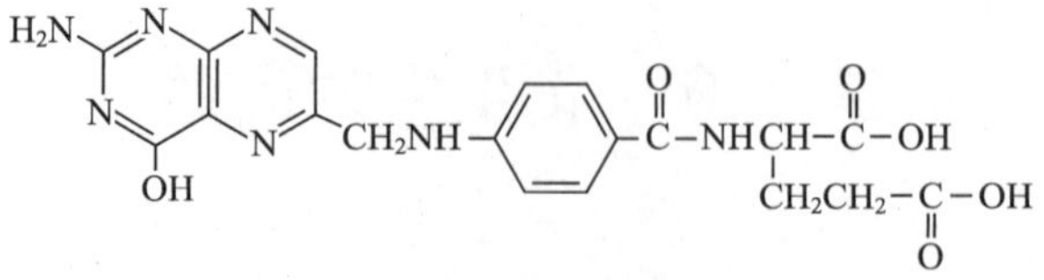

图 7-3-1　蝶酰基-*L*-谷氨酸

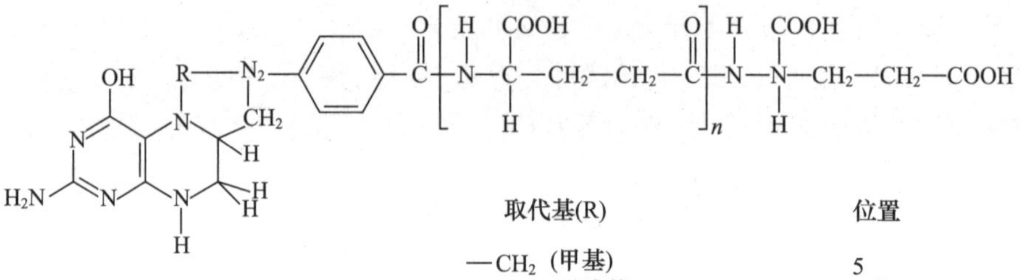

取代基(R)	位置
$—CH_2$ (甲基)	5
$—CH_2$ (甲胺基)	5或10
—CH=NH(亚胺甲基)	5
$—CH_2—$ (氨甲基)	5或10
—CH= (次甲基)	5或10

图 7-3-2　聚谷氨酰基四氢叶酸的结构

叶酸类化合物之间的主要区别在于其蝶啶环、蝶啶环上不同形式的取代物以及谷氨酸部分结合不同数量的谷氨酸残基，这样就可以产生多种不同形式的叶酸衍生物。最常见的主要有六种形式（苗淑彦等，2007）：①蝶酰基-*L*-谷氨酸；②蝶啶环被部分还原形成二氢叶酸；③蝶啶环被完全还原生成四氢叶酸；④蝶啶环被甲酸氧化生成 5-甲酰基-四氢叶酸或 10-甲酰基-四氢叶酸或 5，10-次甲基-四氢叶酸；⑤蝶啶环被甲醛氧化生成 5，10-亚甲基-四氢叶酸；⑥蝶啶环被甲醇氧化生成 5-甲基-四氢叶酸。

天然叶酸只有极少量以蝶酰基-*L*-谷氨酸形式存在。在以植物、动物以及微生物来源的天然叶酸中，主要以聚谷氨酰类四氢叶酸形式存在，少量以二氢叶酸形式存在，其谷氨酸残基数量主要为 5～7 个（王璋等，2003）。而在 N-5 以及 N-10 位有 1-C 单位取代的叶酸主要是通过合成方式获得的，以这种形式存在的叶酸其结构稳定，并且容易被人体吸收。

3.2.2　理化性质

叶酸为一种黄色或橙黄色的晶体或薄片。它无臭无味，加热至 250℃时变暗，发生碳化。叶酸溶于热水和碳酸钾、氢氧化钾、氢氧化钠等碱性溶液，微溶于冷水和甲醇，不溶于乙醇、氯仿、乙醚和苯等有机溶剂，它在 25℃的水中溶解度仅为 0.001 6 mg/mL。叶酸在酸性环境下不稳定，当 pH 值低于 4.5 时即被完全破坏；但叶酸在碱性或中性溶液中对热稳定，即使加热到 100℃达 1 h 结构也不会变化；叶酸在光照条件下易被分解，尤其易被紫外线所破坏，因此叶酸必须密封、避光和低温保存。

3.3 摄入剂量及生物活性

3.3.1 安全性及参考摄入剂量

3.3.1.1 安全性

正常情况下叶酸是无毒、无副作用的，即使连续1个月每天摄入15 mg叶酸，也没有任何不良影响。科学家的毒理学试验也表明，叶酸对大鼠的LD_{50}为500 mg/kg体重(郑建仙，2002)。

虽然叶酸本身并无毒副作用，但是摄入过多会影响人体对维生素B_{12}的吸收。尤其当体内供应量充足的时候，若大量地摄入叶酸会掩盖恶性贫血时的维生素B_{12}缺乏，造成其初期症状不易显现，一直到后期神经受到损害时才觉察，这将会对健康造成严重的危害(Food and Nutrition Board，1998)。尤其值得注意的是，目前市场上许多叶酸强化食品，并未考虑维生素B_{12}的强化，这样有可能干扰或掩盖维生素B_{12}缺乏引起的贫血，并延误治疗，最终导致严重的进行性神经异常。

最近，有研究表明在食物中强化叶酸的做法会使大众叶酸摄入量普遍提高，可能会慢慢地改变人类的基因组成。母亲饮食中叶酸丰富的婴儿体内一种名为677 TMTHFR的基因更容易出现变异，该基因与体内维生素的新陈代谢相关。由于越来越多的孕妇摄入过量或者足量的叶酸，因此未来人口中677 TMTHFR基因出现变异的比例会越来越大。这种变异会使成年人患心脏病、多种癌症和妊娠合并症的可能性增加。

3.3.1.2 膳食参考摄入剂量

一般正常人叶酸的需要量为200～400 μg/d。世界卫生组织建议成人至少为200 μg/d，妊娠期和哺乳期的女性为400 μg/d。在我国，由中国营养学会发布的《中国居民膳食营养素参考摄入量(2000年)》也首次对叶酸的推荐摄入量(RNI)以及可耐受最高摄入量(UL)做出了规定(表7-3-1)。

表7-3-1 中国居民膳食叶酸参考摄入量

年龄(岁)	推荐摄入量(μg/d) RNI	最高摄入量(μg/d) UL
0～	65(AI)	——
0.5～	80(AI)	——
1～	150	300
4～	200	400
7～	200	400
11～	300	600
14～	400	800
18～	400	1 000
孕妇	600	1 000
乳母	500	1 000

3.3.2 生物活性与功能

3.3.2.1 预防新生儿出生缺陷

科学研究发现，在怀孕前后 28 天内，孕妇如果明显缺乏叶酸，就可能导致新生儿神经管缺陷(neural tube defect，NTD)的发生，可能造成胎儿脊柱裂，从而出现严重的功能障碍(Botto et al.，1999)。有多项研究结果表明，女性孕早期较高的膳食叶酸摄入量可显著地降低 NTD 的危险性(Werler et al.，1993；Shaw et al.，1995)。美国 FDA 建议，为降低患 NTD 的危险性，所有可能妊娠的妇女除了从多样化的膳食来源中获取天然叶酸外，每天还应从补充剂或强化食品中摄入 400 μg 的合成叶酸。

20 世纪 90 年代科学家对中国妇女进行了一项大规模的叶酸干预与对照实验，旨在阐明每天服用 400 μg 合成叶酸，对于亚洲人种是否能明显降低 NTD 的发生。此项实验在中国的南方与北方两个区域进行，共募集大约 25 万名妇女，其中：从孕前或孕后任何时间开始服药的妇女 130 142 名，未服药的妇女 117 689 名，设计的服药方法从怀孕前开始到孕满 3 个月为止，每天服用单纯叶酸片 400 μg。数据表明，北方地区 NTD 患病风险降低 85%，南方地区降低 40%。造成南北方差异的主要原因是由于膳食结构的不同，南方地区的发病几率显著低于北方地区。结果证明，妇女在妊娠前后每天服用单纯叶酸 400 μg，在 NTD 的高发地区和低发地区均能有效降低 NTD 的发病率(Berry et al.，1999)。

美国德克萨斯州(Centers for Disease Control and Prevention，2000)和南卡罗莱纳州(Stevenson et al.，2000)的两项研究证明了叶酸在防止 NTD 复发中的作用。曾有过 NTD 病史的妇女，在怀孕前后服用叶酸后可大幅降低 NTD 的复发几率。预防 NTD 复发的叶酸服用剂量为 0.4～4 mg/天为宜。

叶酸营养状况和出生缺陷的关系除 NTD 以外，还包括唇腭裂(Czeizel et al.，1999；Wong et al.，1999)，肢体缺陷(Shaw et al.，1995)、心脏锥干的缺损(Kapusta et al.，1999)以及 DOWN 综合征(James et al.，1999)。叶酸除了可以有效地防止新生儿缺陷外，从营养学角度来说妊娠期摄入叶酸也是非常必要的。一是促进胎儿的正常生长，因为叶酸是嘌呤嘧啶代谢中的重要因素，细胞、组织要迅速增长就必需叶酸；二是防止妊娠巨红细胞性贫血，此病严重时会引起流产、死产、新生儿死亡、妊娠中毒、产后出血等症状。

3.3.2.2 预防癌症

大量不同的流行病学研究证实，叶酸缺乏可导致患癌症风险的升高，尤其是与直肠和结肠癌关系最为密切(Choi et al.，2000；Chen et al.，1998)。有人提出，叶酸缺乏会干扰 DNA 的正常合成和甲基化从而导致癌症的发病。当人体内叶酸不足时，胸苷合成受损致使核苷酸失去平衡，这样会增加来源于细胞核甘酸池或由未甲基化的胞嘧啶脱氨基的尿嘧啶碱基错误掺入 DNA(Blount et al.，1997)。由于尿嘧啶的错误掺入，当尿嘧啶被一种糖基修复酶切割时，就会出现 DNA 单链瞬时断裂。同时除去和修复 2 个相邻的尿嘧啶残基时，也可能会出现双链 DNA 断裂，进一步加剧了基因的不稳定性。这种未修复的双链 DNA 断裂通过细胞转化可能增加患癌症的危险性。通过化验叶酸缺乏人群以及正常人群中 DNA 中尿嘧啶含量以及 DNA 断裂数量，得出这两项指标缺乏人群都显著高于正常人群，但是通过补充叶酸的摄入量可以有效地逆转这两项异常指标（Branda et al.，1993）。

叶酸缺乏增加癌症危险性的另一个机制涉及DNA甲基化模式的改变，特定基因的启动子位点甲基化模式的变化会改变基因的表达和稳定性（Kim et al.，1996，1997）。有两项研究发现，叶酸的膳食摄入量过低可诱导人体白细胞DNA的基因组低甲基化，但是补充叶酸后的结果完全相反，其中一项研究表明通过补充叶酸可以逆转DNA甲基化（Jacob et al.，1998），而另一项的研究结果显示不可逆转（Rampersaud et al.，2000）。

虽然通过补充叶酸是否可以逆转DNA的甲基化还存在争议，但是综合多项研究结果可以证明，每天膳食摄入400 μg的叶酸可以有效地预防由叶酸缺乏引起的癌症发病。当人体内由于缺乏叶酸导致的一系列指标出现异常后，也可以通过补充叶酸使这些指标恢复正常。

3.3.2.3 预防心血管疾病

血液中同型半胱氨酸浓度升高被称为高同型半胱氨酸血症，这一症状被认为是心、脑和外周血管粥样硬化以及动静脉血栓形成的重要因素之一（Refsum et al.，1998）。体内的叶酸水平是轻中度高同型半胱氨酸血症的一个主要因素，通过补充叶酸可以使大多数病例的血液中同型半胱氨酸恢复正常水平（Selhub，1999）。

早期研究已证明，服用大剂量的叶酸（5 mg/d）的健康人群血液中的同型半光氨酸水平可显著降低。最近研究表明，无论健康个体还是高同型半胱氨酸血症及血管疾病患者，每天额外服用0.65～10 mg叶酸或与维生素 B_{12} 和维生素 B_6 同时服用，都能使禁食状态下的蛋氨酸负荷后同型半胱氨酸浓度降低25%～50%（Brattstrom，1996；Boers et al.，1997）。有科学家进行了随机双盲安慰剂对照研究。结果显示，维生素组空腹高半胱氨酸水平降幅值显著大于安慰剂组。蛋氨酸负荷后高半胱氨酸浓度维生素组从64.9±27.7 μmol/L降至34.9±0.7 μmol/L，安慰剂组从64.8±25.0 μmol/L降至50.3±17.5 μmol/L。因此，长期同时口服叶酸和维生素 B_6，有助于防止动脉粥样硬化的发生（Vermeulen et al.，2000）。

3.3.2.4 抗氧化

在公认的生化抗氧化剂中，目前虽然还未明确地列入叶酸，但是根据多项研究表明其具有较强的抗氧化性。

科学家们采用不同的方法证明了叶酸的抗氧化活性。比如：用脉冲辐射法通过体外试验研究了叶酸与 $CCl_3O_2\cdot$、$N_3\cdot$、$SO_4^-\cdot$、$OH\cdot$ 以及 $O^-\cdot$ 等自由基反应的过程，证明叶酸通过与自由基的竞争结合，可清除体内自由基，防止自由基对生物的损害，并指出叶酸抗氧化功能的活性基团是C4位上的羟基（Joshi et al.，2001）；采用辐照方法对人类血液进行氧化损伤，随后用叶酸和抗坏血酸等进行抗氧化试验。结果表明，叶酸可以有效防止由射线引起的氧化损伤（Stocker et al.，2003）。有研究人员通过核黄素光降解实验对比了叶酸和维生素C的抗氧化活性，结果发现维生素C的抗氧化活性不如5-甲基四氢叶酸（吕小云，2009）。科学家还对叶酸以及其3种衍生物（二氢叶酸、四氢叶酸以及5-甲基四氢叶酸）的抗氧化能力经行对比，通过实验发现蝶酰基-*L*-谷氨酸几乎没有抗氧化活性，而其他三种衍生物均有较高的活性，其中二氢叶酸的活性最高（Gliszczyńska-Swiglo，2007）。

叶酸的抗氧化活性与维生素C和维生素E的活性基本相当。尽管天然的叶酸由于其成本问题仍不适合作为食品中的抗氧化剂进行添加，但是把它看作为一种体内的抗氧化因子更为合适，这使得叶酸作为营养补充剂和强化剂添加进食品中的前景更为广阔。

3.4 检测技术

3.4.1 微生物生长法

微生物法是20世纪60年代提出的一种分析叶酸及其衍生物的方法，主要用来估算血液和其他动植物组织中的总叶酸含量(Spray,1964)。

叶酸是某些微生物生长所必需的营养素。在一定条件下，微生物的生长繁殖与培养基中叶酸含量呈正比关系，根据微生物生长情况随营养物加入量的不同而变化的情况，就可以对样品中的营养物进行定量。定量方法有比浊法、酸度滴定法(试管法)、琼脂平板扩散法和重量法。微生物分析法通常所用的微生物有酪乳酸杆菌(Lactobacillus casei)、粪链球菌(Streptococcus faecalis)和啤酒小球菌属(Pediococcus albus)。3种微生物对不同形式叶酸的敏感度不同，粪链球菌只对非甲基化叶酸敏感，如单谷氨酸叶酸、二氢叶酸和四氢叶酸，可用于鉴别分析各种形式叶酸在不同检测物中的分布。其中酪乳酸杆菌对单谷氨酸叶酸、含2个或3个谷氨酸尾的叶酸及其还原型衍生物均敏感，是3种微生物中反应谱带最宽的一种，也是最为常用的菌种(石丹等,2009)。

最初的微生物检测方法是试管法，操作繁杂。20世纪80年代初首次在叶酸分析中使用甘油冷冻保存的酪乳酸杆菌。该方法是在低叶酸培养基中培养酪乳酸杆菌，然后用一个大体积的无叶酸培养基稀释这一培养物，进一步培养以消除培养物中的外源叶酸，然后漂洗菌体以至洗掉残留的痕量叶酸，最终用甘油重悬菌体，冻存于－20℃备用。因为菌体能够大量繁殖，储存在冰箱里可以用很长一段时间，而且这一方法简单、快速，使得培养时间从以前的30～48 h缩短至18 h(Grossowlcz et al.,1981;Wilson et al.,1982)。

我国食品中叶酸的测定标准(GB/T 5009.211-2008)就是采用微生物生长法，具体方法如下：

(1)试样提取。准确称取适量试样(含0.2～2 μg叶酸)，精确至0.001 g。转入100 mL锥形瓶中，加30 mL磷酸缓冲液，振摇后于121℃高压水解15 min，取出冷却至室温，加入1 mL鸡胰酶液，如试样中含有蛋白质、淀粉需另加入1 mL蛋白酶-淀粉酶液。加入3～5滴甲苯，充分混合，置于37℃±1℃恒温培养箱内酶解16～20 h。取出，转入100 mL容量瓶，加水定容至刻度，过滤。另取一支25 mL刻度试管，加入15 mL磷酸缓冲液，1 mL鸡胰酶液和(或)1 mL蛋白酶-淀粉酶液，混合，同试样一起温育后，加水定容至25.0 mL后过滤，此为酶空白液。

(2)测定管制备。试样管和酶空白管：取3支试管，分别加入试样提取液或酶空白液0.5 mL、1.0 mL、2.0 mL，补水至5.0 mL，加入5.0 mL基础培养液，混匀。

标准系列管：取试管分别加入叶酸标准工作液0.00 mL、0.25 mL、0.50 mL、1.00 mL、1.50 mL、2.00 mL、2.50 mL、3.00 mL、4.00 mL和5.00 mL，加水至5.00 mL，再加入5.0 mL基础培养液，混匀。为保证标准曲线的线性关系，至少应制备两套标准系列管，绘制标准曲线时，以每点的均值计算。

(3)培养。将所有测定管塞好棉塞，于121℃高压灭菌15 min。快速冷却试管至室温，在无菌操作条件下，每管接种一滴菌种混悬液。置于37℃±1℃恒温培养箱中培养20～40 h，直至获得最大混浊度，即再培养2 h，透光率变化不超过2%。另准备一支标准管(不含叶酸)不接种作为对照。

(4)测定。将培养好的试样管、酶空白管、标准系列管用旋涡混匀器混匀。用厚度为1 cm比色杯，于540 nm处，以未接种的标准管作为空白。然后依次测定标准系列管、试样管和酶空白管的透光率。如果接种后标准系列管中的管透光率在90%以下，或与未接种的标准管相比标准系列管透光率最大变化量在40%以下时，说明有杂菌或不明来源的叶酸混入，需重做实验。

3.4.2　光谱法

紫外光谱法适于纯叶酸药剂及针剂的测定。叶酸在0.1 mol/L氢氧化钠中具有最大吸收作用，采用在260 nm处和283 nm处叶酸的最大吸收来进行定量分析叶酸的含量。

荧光光谱法适用于植物中或复合维生素试剂中叶酸的测定。叶酸中的吡嗪-嘧啶环，具有特殊的吸收光谱及氧化还原特性，在接受紫外光照射后可转变成最大激发波，波长为274 nm、最大发射波长为466 nm的强蓝色荧光化合物。这一特性被用于叶酸的定量分析。用偏磷酸热提取法自试样中提取叶酸，提取液经净化除去其他荧光物质后，在荧光计上测定其荧光强度，并与标准液比较进行定量，求出试样中叶酸的含量。

目前，高锰酸钾溶液光照体系荧光光谱法广泛应用于食品中叶酸的测定，具体方法如下：在10 mL试管中加入1 mL 0.01 mol/L的HCl溶液，0.2 mL 1.0×10^{-3} mol/L高锰酸钾溶液和1 mL叶酸提取液，以水稀释至刻度，充分摇匀，在254 nm下照射30 min后，放置5 min，在激发光波长为280 nm，发射光波长为448 nm下，测定荧光强度(贾蕊等，2006)。

采用光谱法测定叶酸，操作简单、快速，但由于其只能测定叶酸类化合物的总量，不能分别测定每种衍生物的含量，而且易受到其他物质的干扰，所以其应用有一定的局限性。

3.4.3　高效液相色谱法

高效液相色谱法是目前应用最为广泛的叶酸检测方法，早在20世纪70年代就有学者提出应用色谱分析法分离提取各种形式的叶酸衍生物，但是由于当时的色谱技术比较落后，导致该方法费时，并且需要样品量较大，故其实际应用受到限制。然而，随着仪器的创新和检测条件的不断改进，现在高效液相色谱技术已经取得了很大发展，也随之得到了广泛应用。高效液相色谱测定叶酸方法有许多种，可以选择的主要参数包括：色谱柱以及检测器。

对于色谱柱的选择目前多采用反向C_{18}柱以及离子交换树脂柱。反向C_{18}柱主要应用于不同种类维生素的检测，在柱温：40℃；流动相：0.05 mol/L KH_2PO_4 ∶ CH_3OH ∶ 0.1 mol/L KOH＝85∶8∶7(pH 6.3)；流速：1.5 mL/min条件下同时测定维生素C、叶酸以及泛酸,三种维生素分离效果好,检测结果准确(许雁平等,2002)。离子交换树脂柱主要用于不同种类叶酸衍生物的测定,不同叶酸衍生物与阴离子交换树脂柱的亲和能力不同,利用缓冲液进行梯度洗脱,可将四氢叶酸、5-甲基四氢叶酸、二氢叶酸以及叶酸等异构体的混合物分离,它们的洗脱速度与叶酸分子中蝶啶的位置有关,而与谷氨酸尾的数目无关(常娜宁等,2010)。

检测器目前主要使用紫外与荧光两种检测器,这与光谱法是对应的。如果使用荧光检测器可以使用衍生法使叶酸与过二硫酸钾发生反应生成强荧光的化合物,该方法可以显著提高叶酸的检出限(龙朝阳等,2004;关晓书等,2010)。

20 世纪 90 年代以来,由于大气压电离的成功应用以及质谱技术的发展,高效液相色谱-质谱/质谱(LC-MS/MS)联用新技术不断涌现,使得 LC-MS/MS 已成为叶酸分析的有力武器。科学家以菠菜为材料研究了 LC-MS/MS 的检测条件,并且讨论了内标的选择和基质效应。研究发现使用 LC-MS/MS 可以分辨 5-MTHF、THF、5-CHO-THF 和 10-CHO-PteGlu 等不同形式的叶酸衍生物,而且检出限很低(Zhang et al. ,2005)。

3.4.4 电化学法

检测叶酸的电化学分析方法主要有溶出伏安法或示差脉冲极谱法,经过多年的发展,有多篇文献报道了在不同的离子环境下均可以测定叶酸的含量。在高氯酸电解质中,用极谱法测定叶酸的含量,线性范围为 $1\times10^{-8}\sim1\times10^{-6}$ mol/L(Thomas et al. ,1991);采用交流吸附溶出伏安法在流动体系中测定叶酸的含量,线性范围为 $1\times10^{-11}\sim1\times10^{-8}$ mol/L(Kadish et al. ,1991);在醋酸盐缓冲溶液(pH 5.0)中,利用相敏交流伏安法在悬汞电极上阴极扫描、结合液相色谱分离及紫外光谱检测,可同时测定维生素制剂中的叶酸与核黄素(Villamil et al. ,1993);在 0.2 mol/L $Na_2B_4O_7$ 底液中,用 2 次微分简易示波测定了片剂中叶酸含量,其线性范围为 $2.0\times10^{-6}\sim4.2\times10^{-5}$ mol/L(高敏等,2000);用聚溴甲酚绿膜修饰电极示差脉冲溶出伏安法测定叶酸,线性范围为 $1\times10^{-5}\sim1\times10^{-2}$ mol/L(万其进等,2002);在 HAc-NaAc(pH=5.6)缓冲溶液中,用 2.5 次微分极谱法测定了叶酸片中叶酸的含量,峰电位 Ep=−0.70 V,其线性范围为 $2.0\times10^{-8}\sim4.0\times10^{-6}$ mol/L(r=0.998 8,n=8),检出限为 4.0×10^{-9} mol/L(王福民等,2002)。

科学家们一直试图找出一种离子条件以及电极,来降低复杂样品基质对检测结果的干扰,虽然有一定的进展,但是效果干扰一直无法完全消除,所以电化学法主要应用于医用叶酸片剂注射液以及纯品的检测。

3.4.5 生物传感器法

生物传感器法是叶酸检测的新方法,从 2000 年以后才开始有文章对其进行报道。该方法基于表面等离子共振技术(surface plasmon resonance technology,SPR),并与生物传感器相结合,就可以通过传感器上的芯片上配位体与分析物作用的大小,通过模型可以计算出分析物的含量。

目前该方法基本应用于牛奶以及奶粉中叶酸含量的测定。科学家首先发现了一种可以与叶酸特异性结合的特殊蛋白(folate-binding proteins,FAP),所以将其作为配位体检测牛奶中的叶酸含量,并将结果与 ELISA 方法的结果进行对比,发现传感器法结果的重现性优于 ELISA 法(Nygren et al.,2003)。在此基础上,研究人员利用生物传感器法对婴儿配方食品中的水溶性维生素(B_2、B_{12}、叶酸、生物素以及泛酸)进行测定,所有维生素的 RSD 值均小于 2%,而且线性方程的相关系数 R^2 均高于 0.99(Gao et al.,2008)。目前,科研人员通过优化生物传感器条件(包括传感器表明材料、FAP 浓度、进样浓度)得出了最优的检测牛奶中叶酸的方法。该方法的最低检出限仅为 0.04 ng/mL,定量范围 2~70 ng/mL(Indyk,2010;2011)。

该方法简便、快速、灵敏、特异性强,是检测叶酸含量的最佳方法。虽然目前仅针对牛奶或奶制品中的叶酸检测进行了研究,但是由于其潜力巨大,相信在今后的研究中将会逐渐延伸到其他基质中。

3.5 制备工艺

3.5.1 提取

叶酸提取指的是天然型叶酸的提取,最初的天然叶酸就是从动物的肝脏中提取出来的。现在,主要是以酵母和绿叶为原料,利用叶酸易溶于热水和稀碱溶液,且在中性或碱性溶液中对热稳定的性质,采取不同工艺流程制得。常见方法有氯仿沉淀法、离子交换法和吸附层析法等(李小燕等,2002),氯仿沉淀法和离子交换法提取叶酸流程见图 7-3-3。由图所示,两种方法的提取工艺一致,都是将物料组织破碎后在弱碱性条件下加热提取。对于净化方法,氯仿沉淀成本低,工艺简单,提取物的纯度较低,而离子交换法虽然成本较高,但是其纯度较高(方尚玲,2000)。此外,叶酸的提取还可根据叶酸分子质量大小,采用凝胶层析分离或膜分离技术。如果要求纯度更高,可以将上述两种分离技术进行组合。

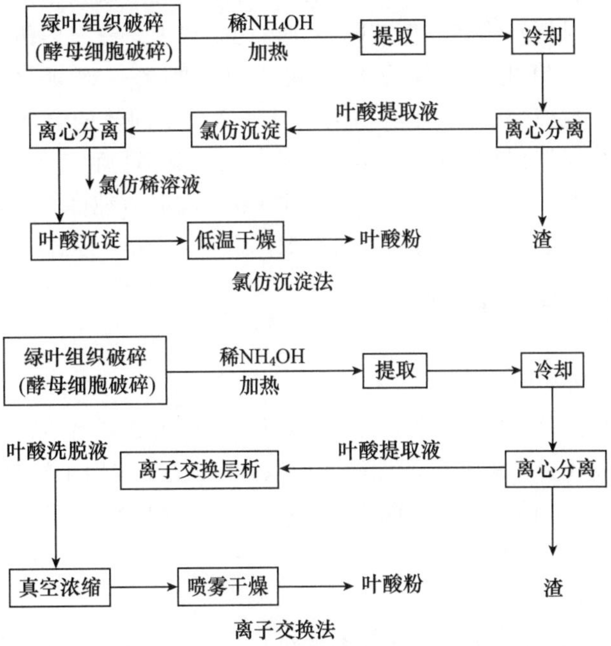

图 7-3-3 天然叶酸提取工艺流程图

目前天然叶酸的提取工艺仅用于实验室研究以及少量叶酸的制备，并未应用于工业化生产。主要原因是：①植物以及微生物中的含量较低，均为 μg/kg 级别，投入产出比较低；②工艺较难应用于大规模生产；③成本较高。

3.5.2 化学合成

早在19世纪初期，国外就对叶酸有过研究。在19世纪40年代发明新的合成路线，即由对氨基物、α,β-二溴丙醛、三氨基物在乙酸-乙酸钠缓冲溶液中反应得到粗叶酸，经精制得到含有2分子结晶水的叶酸。此方法由于合成步骤较为复杂，条件要求苛刻，反应副产物多，反应周期长、效率低、成本高、原料不易得等缺点，现已被淘汰。在日本，主要的合成方法是由2-取代丙二醛与对氨基苯甲酰基-*L*-谷氨酸反应得到相应的二亚胺，然后在亚硫酸盐存在下，于 pH 值为 3～8 与三氨基嘧吡酮反应转化制得叶酸。虽然这种方法收率很高，但成本较高，不是最佳的合成工艺。

国内通常用三氯丙酮、对氨基苯甲酰谷氨酸（以下简称对氨基物）和2,4,5-三氨基-6-羟基嘧啶硫酸盐（以下简称三氨基物）3个中间体来合成叶酸。经过半个世纪的研究和发展，它们的合成路线为：采用对氨基物、三氯丙酮及三氨基物在乙酸钠和焦亚硫酸钠存在下，保持 pH 值为 3.4～3.6，温度 36～40℃，经环合反应 6 h 制得叶酸。这种合成路线的主要缺点是三个中间体的纯度较低。三氨基物用铁粉作还原剂，效率低、污染严重；三氯丙酮用釜式鼓泡法，氯化不均匀、效率低、副产物多（柴多里等，2001）。

针对三种中间体合成技术的难题，安徽省科苑（集团）股份有限公司在广泛调研的基础上开展了研究，同时开发相关衍生物，并于2000年研发成功。运行结果表明：该技术操作平稳，叶酸纯度均超过96%，达到USP24和BP98版的标准，叶酸衍生物四氢叶酸钙、鸟嘌呤的开发也获得成功。体现该工艺技术含量及能形成技术附加值的关键在于生产叶酸的三氯丙酮、对氨基物和三氨基物中间体的合成上。三氯丙酮采用塔式氯化法新工艺技术，氯化均匀，氯化周期仅为 8 h，使三氯丙酮的一次氯化收率≥50%，纯度≥90%，并回收副产盐酸，减少了环境污染。另外2个中间体的合成采用加氢还原新工艺，使用新型复合金属催化剂，经催化加氢还原合成对氨基物和三氨基物，其中对氨基物加氢还原的收率达98%，纯度≥99%；三氨基物收率≥96%，纯度≥96%。且中间体产品质量的提高，有利于叶酸的合成，目前叶酸合成的收率≥50%（孙辉，2003）。

3.6 应用与开发前景

3.6.1 应用现状

由于补充叶酸可有效降低多种疾病的发病几率，它还是多胎动物繁殖和胚胎发育所必需，添加叶酸可以改善畜禽的生产性能。所以，叶酸主要应用于饲料、医药保健以及食品三个行业。2010年我国叶酸总产能为 800 t 左右，产量为 600～700 t，其中80%为出口产品，国内消费量为 120 t 左右。

3.6.1.1 饲料行业

虽然食草动物可以从植物中摄取其生长和繁殖所必需的叶酸，但由于现代畜牧业饲养方式的改变，由传统的放养改为用高能量、高蛋白配合饲料进行集中饲喂，如果不添加维生素,就会导致维生素缺乏的问题。鸡、猪等畜禽体内缺乏叶酸时,生长受阻,并出现多种病症,因此需在饲料中添加叶酸。

许多研究报道叶酸可以提高母猪的窝产仔数(周学光,2000;Harper et al.,2003)以及出生窝重(闻爱友等,2004)等繁殖性能,另外还可以提高泌乳期母猪的泌乳量(钱瑛,2007)。在饲料中添加叶酸可改善肉鸡的生产性能,如:在每千克日粮中添加 3 mg 叶酸,能显著促进肉仔鸡的增重和提高肉仔鸡的采食量,并明显降低腹脂重和腹脂率,提高胸肌率,而且对其蛋白质品质也有一定的影响(葛文霞等,2006)。另外,叶酸还可以提高肉鸡的免疫力(牛发良等,2002)。

目前我国应用于饲料行业的叶酸消耗量为 80 吨左右,随着畜牧业的不断发展,叶酸的需求量将逐步增加。根据饲料添加剂工业发展远景规划,预计未来 5～10 年内我国叶酸仅在饲料方面的消费量将以每年 5%～8%的速度增加(崔学平等,2008)。

3.6.1.2 医药保健行业

在医药行业中,叶酸是人体内细胞生长和繁殖所必需的物质,对人体的新陈代谢起着重要的作用,是人体不可缺少的营养素之一,特别是占人群较大比例的孕妇、乳母和婴幼儿等更需要补充叶酸。叶酸对于巨幼红血球性贫血,是一种疗效显著的药物。所以其主要用于生产叶酸补充片剂、多种维生素药品以及宣传含有多种维生素的保健品等。

叶酸除了作为膳食补充剂以外,由于肿瘤细胞表面有叶酸的受体,所以它对于肿瘤细胞具有较高的靶向性。近年来,国内外科学家利用叶酸的这一特性开展了大量研究,主要是将叶酸与其他抗肿瘤的药物接枝。目前,已经开展了米托蒽醌(张良珂,2005)、羟基喜树碱(HCPT)(王美香,2009)、紫杉醇(PTX)(张琳华等,2010)以及华蟾素(李宏良等,2011)等抗肿瘤活性物质与叶酸接枝的研究,并进行了临床试验,结果表明,接枝后药物的抗肿瘤活性显著提高。

据估计,目前叶酸在我国医药行业的使用量为每年 25 t 左右,随着人们尤其是孕期女性对叶酸补充越来越重视,其消费量将以每年 3%～5%的速度增长,潜力相对较小。

3.6.1.3 食品行业

在食品行业中,叶酸主要充当维生素强化剂的作用。早在 1998 年 1 月 1 日起,美国食品与医药管理局(FDA)就已经实施谷物制品必须强化叶酸的规定。目前已开发出一些新型营养强化食品,如叶酸面包、叶酸牛奶、叶酸口香糖、叶酸饮料和叶酸面粉等。

近年来,国外科研人员已经开展了多项关于食品中强化叶酸的研究,主要包括:食品中添加叶酸工艺,如何优化工艺使其结构不被破坏并增加其稳定性(Achanta et al.,2007;Cheung et al.,2009;Shrestha et al.,2012);叶酸的添加对食品品质的影响(Boeneke et al.,2008)以及与其他微量元素的协同强化作用(Tripathi et al.,2011)。

我国虽然未对叶酸的添加执行强制的标准,但是政府和学者也已认识到叶酸的重要性,一些含叶酸的儿童强化食品也已被开发。2005 年 1 月 20 日,国家公众营养改善项目办公室、国家发改委公众营养与发展中心在郑州市联合召开了面粉加工企业营养强化会议,确定了"7+1"面粉营养强化配方,其中叶酸为基础配方中的 7 种微量元素之一,河南省成为面粉营养强化工作的首家省级试点。目前,由于我国未推行叶酸强制添加标准,所以用量较少,仅为每年5～10 t,主要是生产婴儿以及儿童配方食品中使用(杨玉柱等,

2006)。

3.6.2 市场开发前景

作为一种上市已有数十年之久的维生素老品种，目前正在迅速风靡欧美市场，其保健功能正在被重新认识，出现了一股叶酸热。世界目前叶酸的年需求量在以 1 000 t 左右，其中仅美国的年需求量就超过 200 t，市场规模今后几年还将有一定的增长。最近美国食品与医药管理局提出应在面粉中添加叶酸，美国疾病防治中心也建议所有浓缩麦片中都要加入叶酸，以确保人体叶酸的摄取量(章宁宇，2003)。

对于国际市场，叶酸的销量虽然会逐年增加，但是不会出现大幅度的增长。这样就必须从产品的质量入手，通过优化合成工艺，提高产品纯度，达到提高售价、增加利润的目的。

对于国内市场，叶酸的销售一直比较低迷，这主要是由于叶酸在食品领域的消费量较少造成的。虽然目前，食品行业叶酸的使用量仅占总量的 5%左右，但是，如果我国也推行强制的叶酸添加标准后，叶酸的用量会呈现突飞猛进的增长，接近发达国家的水平，即食品行业叶酸的消费量可占总量的 40%左右。

综上所述，叶酸的市场前景虽然不悲观，但是也不能盲目乐观，它的销量与政府的政策导向有很大的关系。如果政府出台相关的叶酸强制添加标准，那么其销量将会大幅增长；如果未有相关标准出台，那么其销量也会稳步上升，至少不会出现萎缩的情况。

由于叶酸不是花生中独有的功能成分，在花生众多的活性物质中并不受到重视，也常常被忽略，所以目前市场上没有与叶酸有关的花生产品。这并不能说明花生叶酸产品没有市场前景，笔者认为应该充分利用花生富含其他功能性成分的基础上，可以通过人工添加叶酸方式，制成强化叶酸产品，比如：叶酸强化的花生蛋白饮料、花生蛋白粉以及即食花生米等。这样既利用了花生特有的优势，包括其风味和营养，又增加了叶酸含量高的卖点，这类产品将非常适合孕龄妇女、儿童以及叶酸缺乏的人群食用。

参考文献

[1] 艾春香，陈立侨，温小波. 中华绒螯蟹仔蟹维生素 E 营养需求研究[J]. 海洋科学，2002，26(11)：1-5.

[2] 白宁宁，徐彩菊，丁钢强. 水溶性辅酶 Q_{10} 与维生素 E 协同抗氧化作用研究[J]. 现代预防医学，2007，34(20)：3840-3842.

[3] 曹科. 维生素 K_2 抑制人肝癌细胞株[D]. 中南大学，2007.

[4] 柴多里，马云峰. 叶酸的制备及市场前景[J]. 化工科技市场，2001，12：19-20.

[5] 常娜宁，姜凌，蒲训，等. 作物叶酸检测方法的研究进展[J]. 中国农业科技导报，2010，12(2)：44-49.

[6] 陈壁锋，黄俊明，杨国光，等. 天然维生素 E 的抗氧化作用及其对免疫功能的影响[J]. 华南预防医学，2002，28(5)：46-48.

[7] 陈彩萍，杜黎明，段亚丽，等. 离子对缔合物萃取分光光度法测定维生素 K_3[J]. 分析化学研究简报，2005，33(2)：237-240.

[8] 陈培丰. 维生素 E 和卵磷脂自配复合物对油脂的抗氧化作用[J]. 福建化工，1998，4：15-16.

[9] 崔学平，斯大勇，崔扬健. 叶酸在畜禽生产中的应用[J]. 家禽科学，2008，10：42-44.

[10] 方尚玲. 叶酸及其检测[J]. 武汉工业学院学报，2000，1：8-12.

[11] 冯科珂,刘晶锦,姚其正. 维生素 K_3 及其类似物的抗肿瘤作用[J]. 国外医药抗生素分册,2009,30(4):171-177
[12] 高敏,傅业伟,郑建斌,等. 二次微分简易示波伏安法用于叶酸测定的研究 [J]. 分析测试学报,2000,19(5):9-11.
[13] 葛文霞,张文举,柳旭伟. 叶酸对肉仔鸡营养物质利用的影响[J]. 当代畜牧,2006,3:26-27.
[14] 葛文霞,张文举,柳旭伟. 叶酸对肉仔鸡蛋白质影响的研究[J]. 饲料与畜牧,2006,2:42-44.
[15] 葛毅强,葛玮东. 维生素 E 的生理保健功能[J]. 中国食物与营养,2000,4:43-44.
[16] 关晓书,吕国良. 高效液相色谱-柱后衍生法测定乳粉中的叶酸含量[J]. 民营科技,2010,11:20.
[17] 郭健,李敏,孟妍. 测定食品中维生素 E 荧光分光光度法的探讨[J]. 中国卫生检验杂志,2003,13(3):348-349.
[18] 郭荣荣. 维生素 K 对围产期母婴骨代谢影响的研究[D]. 山西医科大学,2003
[19] 郭松林,谌南辉. 维生素 E 的营养作用于免疫功能研究进展[J]. 动物科学与动物医学,2000,17(4):22-23.
[20] 韩国麒,徐学兵,李桂华. 维生素 E-维生素 E 的类型、结构和功能[J]. 郑州粮食学院学报,1993,1:94-102.
[21] 黄宏南,刘伟,张文舟. 植物油中天然维生素 E 特征与高效液相指纹图谱的应用研究[J]. 海峡预防医学杂志,2001,7(3):10-13.
[22] 贾蕊,安会梅,朱若华. 衍生荧光法测定蔬菜样品中痕量叶酸含量的研究和应用[J]. 首都师范大学学报(自然科学版),2006,27(1):59-62.
[23] 姜守霞,孙威,龙玲君,等. 分子蒸馏分离天然维生素 E[J]. 化学研究与应用,2005,17(1):125-126.
[24] 蒋崇文. 超临界流体色谱法分离与制备天然维生素 E 的研究[D]. 杭州:浙江大学,2003.
[25] 金米聪,王立,符展明. 毛细管气相色谱法同时测定鸡蛋中得胆固醇和 α-维生素 E[J]. 色谱,2001,19(5):478-450.
[26] 金敏. 亚硒酸钠和维生素 E 治疗高海拔地区心血管病患者远期疗效[J]. 高原医学杂志,2004,14(1):16-20.
[27] 阚建全. 荧光法同时测定食品中维生素 A 和维生素 E 的含量[J]. 1990,12(1):46-51.
[28] 寇立娟,李兰晓,王明林. 反相高效液相色谱法快速测定植物油中的维生素 E[J]. 中国食物与营养,2006,12:42-43.
[29] 李桂凤,郝征红,董淑敏,等. 反相高效液相色谱法分析刺儿菜中维生素 K1[J]. 色谱. 1997,15(3):268-269.
[30] 李桂芝,于道兰,刘广业. 维生素 E、维生素 C 对糖尿病患者心血管保护作用的研究[J]. 山东医药,2003,43(5):5-7.
[31] 李国营,范志影,刘方. 高效液相色谱法测定谷子种质资源中维生素 E 的研究[J]. 中国农业科技导报,2009,11(1):129-133.
[32] 李宏良,田华琴,梁贵文,等. 叶酸偶联华蟾素壳聚糖纳米粒的制备及其特性研究[J]. 陕西中医,2011,32(5):610-612.
[33] 李娟. 脱臭馏出物中提取天然维生素 E 的工艺研究[D]. 天津:天津大学,2007.
[34] 李书国,薛文通,陈辉,等. 食用油维生素 E 分析检测技术研究进展[J]. 粮食与油脂,2006,10:26-29.
[35] 李向荣,方晓,陈青俊,等. 反相液相色谱法同时测定食物中维生素 K_1 和维生素 K_2[J]. 营养
[36] 李小燕,吴周和,吴传茂,等. 硅胶柱色谱分离纯化生物发酵液中叶酸的研究[J]. 氨基酸与生物资源,2002,24(3):43.

[37] 李雪.超临界二氧化碳萃取茶多酚和维生素 K_1 的实验研究[D].北京化工大学,2006.
[38] 李英丽,邓连琴,果秀敏,等.同步荧光法测定蔬菜中维生素 E 含量[J].河北大学学报,2009,29(4):412-415.
[39] 李梓民,胡余明,潘丽莉,等.人体维生素 K 需要量及安全摄入量范围的研究进展[J].卫生研究,2011,40:674-676
[40] 梁诚.天然维生素 E 生产现状与应用前景[J].四川化工与腐蚀控制,2002,5(5):26-29.
[41] 梁明山,吴文莲,刘克武.从菜籽油的脱臭馏出物中提取维生素 E[J].四川大学学报,1985,22(2):104-106.
[42] 梁智辉,徐勇,朱颉安,等.纳米化对维生素 E 抗氧化作用的影响[J].广东微量元素科学,2007,14(10):27-30.
[43] 刘成梅,冯姝元,刘伟,等.天然维生素 E 及其抗氧化机理[J].食品研究与开发,2005,26(6):205-208.
[44] 刘永惠,焦庆清,谢吉先,等.不同地区花生品种主要农艺性状的鉴定与评价[J].金陵科技学院学报,2011,27(1):34-38.
[45] 龙朝阳,高燕红,许秀敏,等.高效液相色谱柱后化学衍生法测定食品中的维生素 B_1 及叶酸含量[J].分析化学,2004,32(10):1341-1344.
[46] 楼建华.棕榈油脱臭馏出物提取天然维生素 E 的工艺研究[D].杭州:浙江大学,2006.
[47] 吕小云.5-甲基四氢叶酸抗氧化效应强于维生素 C[J].中国生物化学与分子生物学报,2009,25(9):824-827.
[48] 罗小林.维生素 E 对病毒感染妊娠雌鼠繁殖性能及免疫功能的保护效应[D].雅安:四川农业大学,2009.
[49] 罗赟,孙成均.气相色谱法测定保健食品中的维生素 E[J].现代预防医学,2009,36(5):931-933.
[50] 苗淑彦,麦康森.叶酸的营养研究及应用[J].饲料工业,2007,28(18):39-42.
[51] 穆筱梅,钟振声.维生素 E、维生素 C 和 BHT 对大豆磷脂脂质体的抗氧化作用[J].大豆科学,2006,25(4):434-437.
[52] 聂西度.高效液相色谱法测定谷物中维生素 K_1 含量[J].食品研究与开发检验,2005,26(4):130-131.
[53] 牛发良,侯亚利.添加叶酸对雏鸡免疫功能的作用及意义[J].张家口医学院学报,2002,19(3):3-4.
[54] 牛跃辉.维生素 K_2(20)的合成[D].浙江大学,2006.
[55] 农业部油料及制品质量监督检验测试中心.NY/$T_1$598-2008 食用植物油中维生素 E 组分和含量的测定高效液相色谱法[S].北京:中国标准出版社,2008.
[56] 齐莹莹,狄俊伟,屠一锋.电化学发光淬灭法测定维生素 K_3[J].光谱实验室,2005,22(4).
[57] 钱瑛.不同叶酸水平对母猪泌乳性能影响的研究[D].四川:四川农业大学动物营养研究所,2007.
[58] 商军,潘娟,华贤辉.毛细管气相色谱法测定维生素 E 原料含量[J].中国饲料,2009,17:33-36.
[59] 石冰洁,申家杰,张泽廷.超临界 CO_2 萃取天然维生素 E 的工艺研究[J].北京化工大学学报,2008,35(6):21-24.
[60] 石丹,贾云虹,包怡红,等.叶酸检测方法的研究现状及发展趋势[J].中国乳品工业,2009,37(3):43-46.
[61] 食品中维生素 A 和维生素 E 的测定[S].北京:中国标准出版社,2003.
[62] 宋志峰,王丽,纪锋,等.正相高效液相色谱法测定维生素 E 保留时间稳定性的提高[J].化学分析计量,2006,15(1):63-64.
[63] 宋志刚,朱立贤,林海.维生素 E 免疫研究进展[J].饲料博览,2001,2:30-31.

[64] 宋志华,王兴国,金青哲,等.分子蒸馏从大豆脱臭馏出物中提取维生素E的研究[J].粮油加工,2009,1:79-81.

[65] 孙辉. 叶酸市场分析与发展前景[J]. 现代化工,2003,23(4):50-52.

[66] 覃佳强.维生素K治疗儿童继发性骨质疏松的机理及疗效观察[D]. 重庆医科大学,2004.

[67] 唐年初,裘爱泳,陈志华.天然维生素E对鱼油抗氧化性影响的研究[J].粮食与食品工业,2007,14(4):17-21.

[68] 万其进,喻玖宏,杨年俊,等.聚溴甲酚绿膜修饰电极示差脉冲溶出伏安法测定叶酸[J].分析科学学报,2002,18(2):174.

[69] 万书波.花生品质学(第2版)[M].北京:中国农业科学技术出版社,2007:111-112.

[70] 王丰玲,张英锋,郑向美,等.天然维生素E的制备、抗氧化机理及应用前景[J].化学教育,2007,12:10-12.

[71] 王福民,何平.2.5次微分极谱法测定药物中的叶酸[J].宝鸡文理学院学报(自然科学版),2002,22(2):132-135.

[72] 王洁,张宁,王淑静,等.高压液相色谱法测定宁夏11种食用植物油中的维生素E[J].宁夏医学院学报,2000,22(1):11-12.

[73] 王美香.叶酸靶向HCPT壳聚糖纳米粒制备工艺研究[D].哈尔滨:东北林业大学,2009.

[74] 王璋,许时婴,江波,等.食品化学.北京:中国轻工业出版社,2003:492-500.

[75] 文华,严安生,高强,等,饲料维生素E水平对施氏鲟幼鱼生长及组织维生素E含量的影响[J].吉林农业大学学报,2008,30(5):743-749.

[76] 闻爱友,何邦国,等.叶酸对不同胎次母猪生产性能的影响[J].安徽技术师范学院学报,2004,18(1):11-14.

[77] 吴海艳.棉籽油脱臭馏出物中提取维生素E和植物甾醇[D].天津:天津大学,2010.

[78] 吴周和,吴传茂,李小燕,等.酵母菌发酵制备叶酸功能食品的研究[J]. 食品科学,2004,25(1):78-81.

[79] 武江利,王安,张养东.维生素E对育成金定鸭生长及免疫和抗氧化指标的影响[J].动物营养学报,2008,20(6):686-691.

[80] 肖伟平,刘永坚,田丽霞,等.维生素E和维生素C对斜带石斑鱼亲鱼产卵质量的影响[J].中山大学学报(自然科学版),2003,12(42):214-217.

[81] 谢嘉华,杨儒明,陈雅瑜.维生素C和维生素E对金鲫生长和繁殖性能的影响[J].泉州师范学院学报(自然科学),2006,24(4):13-14.

[82] 徐响,刘光敏,高彦祥.基于正相高效液相色谱法的维生素E异构体含量测定[J].中国农学通报,2008,24(4):135-138.

[83] 许雁平,黄淑云.反相高效液相色谱法同时测定膳食补充剂中维生素C、叶酸和泛酸的方法研究[J].安徽预防医学杂志,2002,8(6):336-338.

[84] 薛晓峰.维生素K对老年大鼠骨质疏松性骨折愈合过程的影响及机理[D].山西:山西医科大学,2008.

[85] 阳泽平,刘忠芳,胡小莉,等.甲基绿褪色分光光度法测定维生素K_3[J].分析化学研究简报,2006,34:269-271.

[86] 杨波涛,陈凤香,莫文莲,等.我国食用植物油维生素E含量研究[J].粮油加工,2009,9:52-55.

[87] 杨海涛,贾永红.维生素E和维生素C保护精子的作用研究进展[J].畜牧兽医杂志,2009,28(3):39-40.

[88] 杨军.天然蒜油和维生素E对卵磷脂的抗氧化作用[J].内蒙古农业大学学报,2003,24(3):40-43.

[89] 杨马. 日粮中添加维生素 E 对鲤鱼生产性能和免疫功能的影响[D]. 雅安:四川农业大学,2010

[90] 杨玉柱,王储炎,焦必宁. 叶酸的研究进展[J]. 农产品加工(学刊),2006,5:31-39.

[91] 姚云游. 花生油与橄榄油营养价值的比较[J]. 中国油脂,2005,30(4):66-68.

[92] 尤新. 天然维生素 E 的生理功能和开发前景分析[J]. 中国食品添加剂,2000,4:30-33.

[93] 庚晋,子荫. 全面认识维生素 E 的营养保健作用及产业化现状[J]. 四川粮油科技,2003,2:47-50.

[94] 袁明雪,黄象男,韩绍印,等. 天然维生素 E 的研究进展[J]. 生物学杂志,2008,25(3):13-15.

[95] 张国辉,何瑞国,张世萍,等. 维生素 E 对黄鳝繁殖性能的影响[J]. 水生生物学报,2007,31(2):196-200.

[96] 张姣勤,陈军,李子雨,等. 花生功能活性成分研究进展[J]. 粮油加工,2008,12:73-76.

[97] 张良珂,侯世祥,卢懿. 叶酸偶联米托蒽醌白蛋白纳米粒的制备及体外性质研究[J]. 中国药学杂志,2005,40(10):763-765.

[98] 张琳华,何颖娜,马桂蕾,等. 叶酸靶向紫杉醇聚合物纳米囊泡的制备及其抗肿瘤活性研究[J]. 中国药学杂志,2010,45(22):1742-1748.

[99] 张小杰,姜慧芳,任小平,等. 中国花生核心种质的主成分分析及相关分析[J]. 中国油料作物学报,2009,31(3):298-304.

[100] 张晓红,呼竞,张新,杨春玲. 高效液相色谱-库仑电化学法在维生素 E 检测中的应用[J]. 哈尔滨医药,2010,30(3):1-3.

[101] 张志强,张海满. 天然维生素 E 对胡麻油及 α-亚麻酸的抗氧化作用[J]. 青海大学学报,2005,23(2):41-42.

[102] 章宁宇. 国内叶酸生产应用现状及发展建议[J]. 化工文摘,2003,1:45-46.

[103] 郑建仙. 功能性食品学(第 2 版). 北京:中国轻工业出版社,2011:201-213.

[104] 中国营养学会.《中国居民膳食指南(2007)》. 拉萨:西藏人民出版社,2008.

[105] 中国营养学会. 中国居民膳食营养素参考摄入量. 北京:中国轻工业出版社,2000.

[106] 周泉城,盛桂华. 几种携带剂对超临界 CO_2 萃取维生素 E 的影响研究[J]. 中国粮油学报,2004,19(3):65-68.

[107] 周松,阚健全,周桦. 食物中维生素 E 的快速荧光测定[J]. 安顺师专学报,1997,4:59-65.

[108] 周学光. 活性叶酸对妊娠母猪饲养的效果[J]. 广西畜牧兽医,2000,16(2):21-22.

[109] Czeizel AE, Timar LA, Sarkozi. Dose-dependent effect of folic acid on the prevention of orofacial clefts [J]. Pediatrics, 1999, 104:66.

[110] Harper AF, Knight JW. Plasma reduced folates, reproductive performance, and conceptus development in sows in response to supplementation with oxidizedand reduced sources of folic acid[J]. Journal of Animal Science, 2003, 81:735-744.

[111] Gliszczyńska-Ŝwiglo A. Folates as antioxidants[J]. Food Chemistry, 2007, 101(4):1480-1483.

[112] Shrestha AK, Arcot JSY. Susceptibility of 5-methyltetrahydrofolic acid to heat and microencapsulation to enhance its stability during extrusion processing[J]. Food Chemistry, 2012, 130(2):291-298.

[113] Blount BC, Mack MM, Wehr CM, et al. Folate deficiency causes oracil misincorporation into human DNA and chromosomal breakage: implications for cancer and neuronal damage[J]. PNAS, 1997, 94:3290-3295.

[114] Tripathi B, Platel K. Iron fortification of finger millet(Eleucine coracana) flour with EDTA and folic acid as co-fortificants[J]. Food Chemistry, 2011, 126(2):537-542.

[115] Boenek CA, Aryana KJ. Effect of folic acid fortification on the characteristics of lemon yogurt[J].

LWT-Food Science and Technology,2008,41(7):1335-1343.

[116] Lewis CJ,Crane NT,Wilson DB,et al. Estimated folate intakes:data updated to reflect food fortification,increased bioavailability,and dietary supplement use[J]. American Journal of Clinical Nutrition,1999,70:198-207.

[117] Suitor CW,Bailey LB. Dietary folate equivalents:interpretation and application[J]. Journal of the American Dietetic Association,2000,100:88-94.

[118] Vermeulen EG,Stehouwer CD,Twisk JW,et al. Effect of homocysteine-lowering treatment with folic acid plus vitamin B_6 on progression of subclinical atherosclerosis:a randomised,placebo-controlled trial[J]. The Lancet,2000,355:517-522.

[119] Newman EM,Tsai JF. Microbiologicalanalysis of 5-formyltet-rahydrofolic acid and other folates using an automatic 96-well reader[J]. Analytical Biochemistry,1986,154:509-515.

[120] Food and Drug Administration. Food standards:amendment of standards of identity for enriched grain products to require addition of folic acid. Fed Regist,1996,61:8781-8789.

[121] Food and Nutrition Board. Dietary Reference Intakes for thiamin,riboflavin,niacin,vitamin B_6,folate, vitamin B_{12}, pantothenic acid, biotin, andcholine. Washington, DC: National Academy Press,1998.

[122] Rampersaud GC,Kauwell GPA,Hustson AD,et al. Genomic DNA methylation decreases in response to moderate folate depletion in elderly women[J]. American Journal of Clinical Nutrition,2000,72:998-1103.

[123] Zhang GF,Storozhenk S,VanDerStraeten D,et al. Investigation of the extraction behaviorof themainmonoglutamate folates from spinach by liquid Chromatography-electrospray ionization tandem mass spectrometry[J]. Journal of Chromatography A,2005,1078:59-66.

[124] Boers GH,Van den Berg M,DG. Franken. Treatment of mild hyperhomocysternemia[M]. Boston:Kluwer Academic Publishers,1997:111-116.

[125] Spray GH. Microbiologicalassay of folic acid activity in human serum[J]. American Journal of Clinical Pathology,1964,17(6):660-665.

[126] Shaw GM,O'Malley CD,Wasserman CR,et al. Maternal periconceptional use of multivitamins and reduced risk for conotruncal heart defects and limb deficiencies among offspring[J]. American Journal of Medical Genetics,1995,59:536-545.

[127] Shaw GM,Schaffer DE,Velie M,et al. Periconceptional vitamin use,dietary folate,and the occurrence of neural tube defects[J]. Epidemiology,1995,6:219-226.

[128] Indyk HE. An optical biosensor assay for the determination of folate in milk and nutritional dairy products[J]. International Dairy Journal,2011,21(10):783-789.

[129] Indyk HE. The determination of folic acid in milk and paediatric formulae by optical biosensor assay utilising folate binding protein[J]. International Dairy Journal,2010,20(2):106-112.

[130] Refsum H,Ueland PM,Nygard O,et al. Hmocysteine and cardiovascular disease[J]. Annual Review of Medicine,1998,49:31-62.

[131] Chen J,Giovannucci E,Hankinson A,et al. A prospective study of methylenetetrahydrofo-late reductase and methionine synthase gene polymorphisms,and risk of colorectal adenoma[J]. Carcinogenesis,1998,19:2129-2132.

[132] Thomas JO,Garcia AC,Blanco PT,et al. Electrochemical pretreatment of carbon fibre microelectrodes for the determination of folic acid[J]. Journal of Electroanalytical Chemistry and Interfacial

Electrochemistry,1991,307:63-71.

[133] Selhub J. Annual Review of Nutrition[J]. Homocysteine metabolism,1999,19:217-246.

[134] Achanta K,Boeneke CA,Aryana KJ. Characteristics of Reduced Fat Milks As Influenced By the Incorporation of Folic Acid[J]. Journal of Dairy Science,2007,90(1):90-98.

[135] Egge K. The disrtibution of vitmain K_1 and Plastoquinone in Plnats,Plnata,(1965),64(l),41-61.

[136] Kadish KM,Liu YH,Sazou D,et al. Structural effects on metalloporphyrin redox potentials. Electroreduction of mono-N-hexadecylpyridiniumporphyrins in non-aqueous media[J]. Analytica Chimica Acta,1991,251:47-52.

[137] Kenneth CD. Hikcman,(to distillation Produets,Inc.),SeParation of tocoPherol From seum with solvents[P],US 2,349,275,1944-3-23.

[138] Botto LD,Moore C A,Khoury M J,et al. Neural tube defects[J]. New England Journal of Medicine,1999,341:1509-1517.

[139] Brattstrom LE. Vitamins as homocysteine-lowering agents[J]. Journal of Nutrition,1996,126:1276-1280.

[140] Kapusta L,Haagmans EA,Steegers E. A. Congenital heart defects and maternal derangement of homocysteine metabolism[J]. Journal of Pediatrics,1999,135:773-774.

[141] Nygren L,SternesjoA. ,Bjorck L. Determination of folate-binding proteins from milk by optical biosensor analysis[J]. International Dairy Journal,2003,13(4):283-290.

[142] Werler MM,Shapiro S,Mitchell A. A. Periconceptional folic acid exposure and risk of occurrent neural tube defects[J]. The Journal of American Medical Association,1993,269:1257-1261.

[143] Villamil MJF,Miranda AJ,Ordieres,Costa García A. ,et al. Simultaneous adsorptive stripping voltammetric determination of riboflavin and folic acid in multivitamin preparations[J]. Analytica Chimica Acta,1993,273:377-382.

[144] Grossowlcz N,Waxman S,Schreiber C. CryoprotectedLacto-bacillus easel:an approach to standardization of microbiological assay of folic acid in serum[J]. Clinical Chemistry,1981,27:745-747.

[145] Stocker P,Lesgards JF,Vidal N. ,et al. ESR study of a biological assay on whole blood:antioxidant efficiency of various vitamins[J]. Biochimica et Biophysica Acta,2003,1621:1-8.

[146] Jacob RA,Gretz DM,Taylor PC,et al. Moderate folate depletion increases plasma homocysteine and decreases lymphocyte DNA methylation in postmenopausal women[J]. Journal of Nutrition,1998,128:1204-1212.

[147] Stevenson RE,Allen WP,Pai S,et al. Decline in prevalence of neural tube defects in a high-risk region of the United States[J]. Pediatrics,2000,106:677-683.

[148] Branda RF,Blickensderfer D. B. Folate deficiency increases genetic damage caused by alkylating agents and γ-radiation in Chinese hamster ovary cells[J]. Cancer Research,1993,53:5401-5408.

[149] Cheung RHF,Hughes JG,Marriott PJ,et al. Investigation of folic acid stability in fortified instant Asian noodles by use of capillary electrophoresis[J]. Food Chemistry,2009,112(2):507-514.

[150] Berry RJ,Li Z,Erickson JD,et al. Prevention of neural tube defects with folic acid in China[J]. New England Journal of Medicine,1999,341:1485-1490.

[151] Cook RJ,Carmel R,Jacobsen D,et al. Folate metabolism. New York:Cambridge University Press,2001:113-134.

[152] Joshi R,Adhikari S,Patro BS,et al. Free radical scavenging behavior of folic acid:evidence for possible antioxidant activity[J]. Free Radical Biology and Medicine,2001,30:1390-1399.

[153] Wilson SD, Home DW. Use of glycerol-cryoprotected Lacto-bacillus caseiformicrobiologica assay of folic acid[J]. Clinical Chemistry, 1982, 28: 1198-1200.

[154] James SJ, Pogribna M, Pogribny IP, et al. Abnormal folate metabolism and mutation in the methylenetetrahydrofolate reductase gene may be maternal risk factors for Down syndrome[J]. American Journal of Clinical Nutrition, 1999, 70: 495-501.

[155] Choi SW, Mason JB. Folate and carcinogenesis: an integrated scheme[J]. Journal of Nutrition, 2000, 130: 129-132.

[156] Thijssen HH, Drittij-Reijnders M_1. Vitamin K status in human K status in human tissues: tissue specific accumulation of Phylloquinone and menaquione-4[J]. BJ′ Nutrition, 1996, 75(1): 121.

[157] Wong WY, Eskes TK, et al. Nonsyndromic orofacial clefts: association with maternal hyperhomocysteinemia[J]. Teratology, 1999, 60: 253-257.

[158] Gao Y, Guo F, Gokavi S, et al. Quantification of water-soluble vitamins in milk-based infant formulae using biosensor-based assays[J]. Food Chemistry, 2008, 110(3): 769-776.

[159] Kim YI, Pogribny L. P, Basnakian AG, et al. Folate deficiency in rats induces DNA strand breaks and hypomethylation with the p53 tumor suppressor gene[J]. American Journal of Clinical Nutrition, 1997, 65: 46-52.

[160] Kim YI, Pogribny LP, Salomon RN, et al. Exon-specific DNA hypomethylation of hte p53gene of rat colon induced by dimethylhydrazine[J]. American Journal of Pathology, 1996, 149: 1129-1137.

附　录

附录 1　王强研究团队及其科研工作基础

一、团队主要成员

王强，男，1965 年 3 月出生，研究员、博士生导师，现为中国农业科学院农产品加工研究所科研副所长，国家农产品加工技术研发中心主任，首批全国农业科研杰出人才，农业部“农产品加工技术与工程”创新团队首席专家。兼任农业部第八届科技委委员、农业部农产品加工标准化委员会副主任委员、中国食品学会功能食品专业委员会副会长、中国粮油学会常务理事，《中国农业科学》编委、《农产品加工(创新版)》主编。多年来致力于以下三个方面的研究：一是在粮油加工品质评价与过程控制方面，研究了大宗粮油加工特性与特征指纹图谱，构建了加工品质评价指标体系，建立了加工品质评价方法和评价标准；研究了大宗粮油加工品质形成机理与加工过程变化规律，以及新型加工技术对品质的影响，提出了粮油加工品质动态控制新理论、新方法和新技术。研究了花生浓缩蛋白制备、花生蛋白组分分离与修饰改性技术，改善了花生蛋白的凝胶性和溶解性，并实现了产业化生产。二是在生物活性物质制备与功能评价方面，研究了燕麦及酵母 β-葡聚糖等功能性多糖分离提取、绿色制备新技术与新工艺、功能性评价与作用机理。开展了花生功能性短肽制备关键技术研究，采用中性蛋白酶复合酶解技术对花生蛋白进行改性，得到高水解度、高得率的花生功能性短肽。三是在标准与全程质量控制体系研究方面，研究了主要农产品加工标准体系框架构建，重要标准与技术规程的制定；探讨了加工过程主要危害因素产生、变化与迁移规律；提出了“以 GMP/HACCP 为基本原理的安全控制”和“以 ISO 为基本原理的质量控制”的“全程质量控制”理论，并结合具体生产工艺建立全程质量控制示范样板。获 2012 年国际谷物协会(ICC)最高学术奖—Harald Perten Prize，成为中国第一个获得此奖的科技工作者；获国家级科技奖励 1 项、省部级科技奖励 7 项、省部级鉴定成果 11 项，获国家发明专利 7 项、实用新型专利 2 项。制定“植物蛋白及其制品名词术语”等农业行业标准 4 项。主编《农产品加工重大关键技术筛选》等著作 7 部，参编《保健食品功效成分检测方法》等 11 部。在 Carbohydrate Polymers、Food Hydrocolloids、International Journal of Biological Macromolecules、Food Research International、中国农业科学、农业工程学报、中国粮油学报、食品科学等发表文章 100 多篇，其中 SCI 文章 20 余篇，共培养研究生 40 多名。其率领的粮油加工课题组荣获农业部“青年文明号”称号。

刘红芝，女，1980 年 5 月出生，副研究员、硕士生导师。2009 年毕业于中国农业科学院研究生院，获博士学位。现在中国农业科学院农产品加工研究所工作，专业领域为粮油加工与功能食品。致力于以下两个方面的研究:一是在生物活性多糖的制备与功能评价方面,建立了花生多糖、酵母细胞壁多糖的检测方法,确定了花生多糖、酵母细胞壁多糖的制备与纯化工艺,表征了其一级结构与高级结构,并证实了多糖的增强免疫与抗肿瘤活性,目前正在开展活性多糖构效关系与加工过程对多糖结构与活性的影响及其机理研究。二是在粮油加工品质评价与过程控制方面,协助研究了花生加工特性与特征指纹图谱,构建了花生加工适宜性评价指标体系,建立了加工品质评价方法和评价标准。曾主持国家自然科学基金面上项目"酵母甘露聚糖构象变化与免疫活性增强机理研究",作物科学研究所基本科研业务费子课题"不同品种花生蛋白组成及凝胶性质研究",协助参加 2009 年公益性农业行业科技专项课题"花生加工特性研究与品质评价技术",国家自然基金重点项目(广东联合基金)子课题"荔枝、龙眼的加工特性与主要生物活性及其作用机制研究","十一五"科技支撑计划项目子课题"花生短肽、酵母 β-葡聚糖功能性评价及检测技术研究"等。曾获中国农业科学院科技成果一等奖 1 项,二等奖 1 项,参与农业部科技成果鉴定 6 项,获得国家发明专利 4 项,制定农业行业标准 2 项,参编《2009 农产品加工业发展报告》等著作 3 部,在 Food Hydrocolliods、Carbohydrate Polymers、食品科学、食品与发酵工业等发表文章 27 篇,其中 SCI 收录 6 篇。

段玉权,1972 年出生,副研究员,硕士生导师。农产品加工及贮藏工程专业博士。从事农产品加工及贮藏工程领域的科研工作。先后主持或参加科技部"十五"国家科技攻关项目、中央级科研院所社会公益项目、国家科技基础条件平台项目等各类科研项目 10 余项。发表论文 20 余篇,主编著作 1 部,参编著作 6 部。

王丽,女,1982 年 11 月出生,博士。2012 年毕业于中国农业科学院研究生院,获博士学位,专业领域为粮油加工与功能食品。主要从事粮油加工品质评价与过程控制方面的研究,研究了花生加工特性与品质评价技术,建立了花生品质快速无损评价技术及特征成分(氨基酸、蛋白质亚基)指纹图谱,构建了蛋白用花生品质评价方法和标准,确定了蛋白用花生加工品质评价指标体系,并形成了蛋白用花生品质基础数据库。曾参与作物科学研究所基本科研业务费子课题"不同品种花生蛋白组成及凝胶性质研究",2009 年公益性农业行业科技专项课题"花生加工特性研究与品质评价技术",国家自然基金重点项目(广东联合基金)子课题"荔枝、龙眼的加工特性与主要生物活性及其作用机制研究"等研究。申请国家专利 5 项,参编著作 1 部,在 Journal of the science of food and agriculture、International journal of food properties、农业工程学报、中国农业科学、食品科学、中国油脂等发表文章 10 篇,其中 SCI 2 篇。

赵冠里,男,1980 年出生。1999—2006 年在哈尔滨商业大学食品工程学院学习并获得学士和硕士学位,2011 年毕业于华南理工大学轻工与食品学院,获博士学位,现在中国农业科学院农产品加工研究所开展博士后研究工作,从事油脂加工副产物综合利用方面的研究,主要包括花生粕中黄曲霉毒素的脱除,花生蛋白及其组分的分离提取、修饰改性和结构表征,以及相关功能性蛋白产品的开发与应用研究。主持国家自然科学基金、中国博士后科学基金、公益性农业行业科技专项子课题 3 项;参加"十一五"科技支撑计划项目子课题 2 项,省院科技合作项目 1 项,参加国家国际科技合作计划、对发展中国家科技援助项目 2 项,参加企业横向课题 3 项。申报专利 1 项,参编著作 1 部,参编农业行业标准 1 项,发表文章 15 篇,其中 SCI 收录 5 篇。

刘丽,女,1985 年 10 月出生,硕士,研究实习员。2010 年毕业于中国农业科学院研究生院,获硕士学位。现在中国农业科学院农产品加工研究所工作,主要从事粮油加工与功能食品的研究,主持及参加中国农业科学院作物科学研究所中央级公益性科研院所基本科研业务费专项资助项目,公益性行业科研专项子课题等 3 项。发表相关论文 4 篇,参与申请专利 1 项,参与制定行业标准 1 项,参编著作 1 部,获中国农业科学院科技成果奖 1 项。

胡晖,男,1987 年 8 月生,硕士,研究实习员。2011 年毕业于英国 Manchester Metropolitan University 大学获食品营养专业硕士学位,论文题目为 Arabinoxylans-building blocks for a new functional bread (利用阿拉伯木聚糖与内切木聚糖酶开发功能性高纤维面包),导师 Dr. Weili Li。专业为食品营养。

二、与花生加工有关工作基础

(一)承担的相关项目

1. 主持 2009 年公益性行业(农业)科研专项:大宗农产品加工特性研究与品质评价技术(200903043),项目首席专家;"花生加工特性研究与品质评价技术"主持人。

2. 主持 2008 年农业科技成果转化资金项目:花生功能性短肽加工技术中试及产业化生产(2008GB23260385)。

3. 主持 2009 年公益性农业行业科研专项;花生产地加工储藏装备与设施工程集成技术与模式研究(200903009)。

4. 主持 2012 年国家科技支撑计划课题:食用农产品加工适宜性评价及风险监控技术研究示范(2012BAD29B00)。

5. 主持国家国际科技合作专项项目"农副产品中功能成分制备关键技术合作"(项目序号:2012DFA31400)。

6. 主持 2007 年农业部重大技术推广项目:花生黄曲霉毒素控制关键技术推广及全程质量控制体系建设与示范。

7. 主持国家自然科学基金项目:花生球/伴球蛋白组分的分子修饰及其构效机理研究。

8. 参加"十一五"科技支撑计划课题:食品物性修饰与油脂加工新技术开发研究(2006 BAD 05A01),子课题"花生浓缩蛋白与功能性花生肽关键技术研究"主持人。

9. 2008 年农业部农业行业标准:花生等级规格标准。

10. 2010 年农业部农业行业标准:植物蛋白及制品名词术语。

11. 2013 年农业部农业行业标准:低温压榨制油生产技术规范。

12. 2013 年农业部农业行业标准:花生中氨基酸近红外快速无损检测方法。

13. 2013 年农业部农业行业标准:花生热鼓风干燥技术规范。

(二)成果鉴定/评价

1. 花生功能性短肽制备关键技术研究. 农业部科技成果鉴定,2007 年 1 月 15 日,北京。王强,周素梅,张宇昊,刘晓永,田金强,刘红芝,吴海文;

2. 低温压榨花生油与功能性花生浓缩蛋白联产关键技术研究，农业部科技成果鉴定，2007年12月8日，王强，周素梅，吴海文，许振国等；

3. 花生低温压榨制油及饼粕高效利用关键技术研究与示范，中国农学会成果评价，技术开发类应用技术成果，2012年8月31日，王强，相海、许振国、刘红芝等。

(三)发表相关论文以及培养学生硕博士论文

1. Determining the contents of protein and amino acids in peanuts using near-infrared reflectance spectroscopy, Journal of the Science of Food and Agriculture, 2012.

2. Evaluation of storage protein contents in different peanut varieties and their relationship to gel properties. International journal of food properties, 2012.

3. Improvement of functional properties of peanut protein isolate by conjugation with dextran through Maillard reaction, Food Chemistry, 2012.

4. Enzymatic hydrolysis and their effects on conformational and functional properties of peanut protein isolate, Food Chemistry, 2011.

5. Bioactive Peptides from Low Denatured Peanut Dregs: Production and Antihypertensive Activity, Advanced Materials Research, 2011.

6. Optimization of extraction conditions for improving solubility of peanut protein concentrates by response surface methodology, Food Science and Technology, 2010.

7. Comparative studies on the functional properties of various protein concentrate preparations of peanut protein, Food Research International, 2009.

8. 花生品质对其蛋白质凝胶性的影响研究，农业工程学报，2012.

9. 不同地区花生品种维生素E、植物甾醇组成与含量的分析比较，食品科学，2012.

10. 不同品种花生分离蛋白凝胶性评价方法的研究，中国油脂，2012.

11. 花生蛋白组分及其功能性质研究进展，食品科学，2012.

12. 脂肪酸、维生素E、甾醇与植物油脂稳定性的关系研究进展，中国油脂，2011.

13. 花生加工特性与品质评价研究进展，中国粮油学报，2011.

14. 花生蛋白膜研究进展，食品科学，2011.

15. 花生蛋白膜制备工艺研究，中国油脂，2010.

16. 不同制备方法对花生蛋白功能性质的影响，农业工程学报，2009.

17. 响应面法优化提高花生浓缩蛋白中蛋白干基含量的工艺研究，油脂工程技术，2009.

18. 响应面法优化有限酶解提高花生浓缩蛋白溶解性工艺研究，中国油脂，2009.

19. 转谷氨酰胺酶催化花生浓缩蛋白对凝胶硬度和弹性的影响，中国油脂，2009.

20. 分步酶解制备花生短肽的研究，农业工程学报，2008.

21. 花生短肽降血压活性研究，食品科学，2008.

22. Alcalase酶水解花生蛋白制备花生短肽的研究，农业工程学报，2007.

23. 功能性短肽的研究进展，中国油脂，2007.

24. 花生降血压肽的超滤分离研究，中国油脂，2007.

25. 花生蛋白及其功能性研究进展，中国油脂，2007.

26. 花生蛋白的开发与利用，花生学报，2005.
27. 我国花生蛋白资源的开发与利用，油脂工程，2005.
28. 蛋白用花生加工特性与品质评价技术研究，中国农业科学院博士学位论文，2012.
29. 花生蛋白主要组分的制备及凝胶特性研究，中国农业科学院硕士学位论文，2012.
30. 脂肪酸组成与内源抗氧化剂对不同品种花生油稳定性的影响，中国农业科学院硕士学位论文，2012.
31. 花生蛋白膜制备及其改性研究，中国农业科学院硕士学位论文，2011.
32. 花生浓缩蛋白的制备、凝胶形成机理及其应用研究，中国农业科学院博士学位论文，2009.
33. 花生浓缩蛋白的制备及其溶解性研究，中国农业科学院硕士学位论文，2009.
34. 花生短肽制备及其功能活性研究，中国农业科学院博士学位论文，2007.

（四）相关专利

1. 一种花生功能性混合短肽及其制备方法. 专利号：ZL 200610112479.3；
2. 一种同步制取花生油与花生蛋白粉的方法. 专利号：ZL 200710119386.8；
3. 一种同时测定植物油中植物甾醇和角鲨烯的方法. 申请号：201110424907.7；
4. 一种适宜凝胶型蛋白质加工的花生品质测定及其评价方法. 申请号：201210238520.7；
5. 近红外检测花生中氨基酸含量的方法. 申请号：201210007425.6；
6. 一种同步提取分离花生球蛋白与伴球蛋白的方法. 申请号：201210255934.0；
7. 一种适宜花生油加工的花生品质测定及其评价方法. 申请号：201210323604.0；
8. 一种适宜溶解型蛋白质加工的花生品质测定及其评价方法. 申请号：201210277441.7；
9. 近红外检测花生中蛋白质组分含量的方法. 申请号：201210349665.4.

（五）著作

1. 农产品加工重大关键技术筛选，中国农业出版社，2006 年；
2. 中国食品安全战略研究，化学工业出版社，2004 年 10 月；
3. 保健食品功效成分检测方法中国轻工业出版社，2002 年 1 月；
4. 花生黄曲霉毒素控制技术与加工全程质量控制体系建立，农业部培训教材（30 万字），2007 年。

（六）制定标准

1. 植物蛋白及其制品名词术语标准（农业行业标准）.
2. 食品通用良好操作规范（GMP）.
3. 加工用花生等级规格（NY/T 1893-2010）.

（七）获奖

1. 功能性花生蛋白及其组分制备关键技术创新与应用，获 2012 年中国粮油学会科学技术奖一等奖.

2. 低温压榨花生油与功能性花生浓缩蛋白联产关键技术研究，获 2011 年中国农业科学院科学技术成果奖一等奖.

3. 花生功能性短肽制备关键技术研究，获 2009 年中国农业科学院科学技术成果奖二等奖.

4. Processing Characteristics and Quality Evaluation of Cereals，获 2012 年国际谷物科技协会(ICC)最高学术奖——Harald Perten Prize.

附录2　国内外有关花生专利

一、国内有关花生专利

1.申请号:201210070856.7
名称:焗盐花生的加工工艺及焗盐花生
公开(公告)号:CN102613613A
公开(公告)日:2012.3.19
申请(专利权)人:孙德忠

2.申请号: 201210112307.1
名称:微波花生制作方法
公开(公告)号:CN102630984A
公开(公告)日:2012.8.15
申请(专利权)人:杨建忠

3.申请号:201210086217.X
名称:一种花生加工方法
公开(公告)号:CN102599565A
公开(公告)日:2012.7.25
申请(专利权)人:常熟市珍门麦芽糖厂

4.申请号:201210079669.5
名称:一种花生核桃粉的制备方法
公开(公告)号:CN102599564A
公开(公告)日:2012.7.25
申请(专利权)人:江南大学

5.申请号:201210048697.0
名称:一种低过氧化值裹衣花生制备方法
公开(公告)号:CN102599560A
公开(公告)日:2012.7.25
申请(专利权)人:青岛宝泉花生制品有限公司

6.申请号:201210046809.9
名称:一种爆玉米花裹衣花生的制备方法
公开(公告)号:CN102550974A

公开(公告)日:2012.7.11
申请(专利权)人:青岛宝泉花生制品有限公司

7. 申请号:201210047586.8
名称:一种裹衣花生的制备方法
公开(公告)号:CN102578634A
公开(公告)日:2012.7.18
申请(专利权)人:青岛宝泉花生制品有限公司

8. 申请号:201210007093.1
名称:微波真空快速入味花生的制备方法
公开(公告)号:CN102551122A
公开(公告)日:2012.7.11
申请(专利权)人:青岛老三东食品股份有限公司

9. 申请号:201210007425.6
名称:近红外检测花生中氨基酸含量的方法
公开(公告)号:CN102590129A
公开(公告)日:2012.7.18
申请(专利权)人:中国农业科学院农产品加工研究所

10. 申请号:201210007094.6
名称:微波真空干燥法制取风味干花生制品的方法
公开(公告)号:CN102524849A
公开(公告)日:2012.7.4
申请(专利权)人:青岛老三东食品股份有限公司

11. 申请号:201110434822.7
名称:从花生衣中提取制备高含量花生衣多酚的方法
公开(公告)号:CN102488218
公开(公告)日:2012.6.13
申请(专利权)人:湖南长沙远航生物制品有限公司

12. 申请号:201110356467.6
名称:一种利用花生粕厌氧发酵生产饲用花生肽的方法
公开(公告)号:CN102389024A
公开(公告)日:2012.3.28
申请(专利权)人:江苏省海洋水产研究所

13. 申请号:201210087814.4
名称:一种延长花生保质期的烤米方法
公开(公告)号:CN102613617A
公开(公告)日:2012.8.1
申请(专利权)人:青岛宝泉花生制品有限公司

14. 申请号:201110069225.9
名称:用花生粕联产花生多糖和花生浓缩蛋白的方法
公开(公告)号:CN102199224A
公开(公告)日:2011.9.28
申请(专利权)人:华中农业大学

15. 申请号:201110434822.7
名称:从花生衣中提取制备高含量花生衣多酚的方法
公开(公告)号:CN102488218A
公开(公告)日:2012.6.13
申请(专利权)人:湖南长沙远航生物制品有限公司

16. 申请号:201110097588.3
名称:一种从热榨花生粕中提取花生多糖的方法
公开(公告)号:CN102199226A
公开(公告)日:2011.9.28
申请(专利权)人:山东创新源农业技术开发有限公司

17. 申请号:201110051961.1
名称:一种从热榨花生粕中提取花生多糖的方法
公开(公告)号:CN102180984A
公开(公告)日:2011.9.14
申请(专利权)人:山东省农业科学院农产品研究所

18. 申请号: 201110166935.3
名称:一种枸杞皮花生的制作方法
公开(公告)号:CN102217769A
公开(公告)日:2011.10.19
申请(专利权)人:冷玥

19. 申请号:201110118743.5
名称:茶味花生牛轧糖及制备方法

公开(公告)号:CN102178024A
公开(公告)日:2011.9.14
申请(专利权)人:杭州英仕利生物科技有限公司

20. 申请号:201110450591.9
名称:从花生衣中提取原花色素的方法
公开(公告)号:CN102532085A
公开(公告)日:2012.7.4
申请(专利权)人:晨光生物科技集团股份有限公司

21. 申请号: 201110105797.8
名称:一种花生抗氧化肽的制备方法
公开(公告)号:CN102150740A
公开(公告)日:2011.8.17
申请(专利权)人:山东省花生研究所

22. 申请号:201110422112.2
名称:一种用于制造花生红衣色素的配料及制备方法
公开(公告)号:CN102585543A
公开(公告)日:2012.7.18
申请(专利权)人:青岛春明调味品有限公司

23. 申请号:201110273413.3
名称:花生多肽液及由其制得的花生蛋白多肽饮料
公开(公告)号:CN102379435A
公开(公告)日:2012.3.21
申请(专利权)人:西南大学,重庆宁兰食品有限责任公司

24. 申请号:201110086387.3
名称:一种速溶花生糊及其制备方法
公开(公告)号:CN102132912A
公开(公告)日:2011.7.27
申请(专利权)人:山东省农业科学院农产品研究所

25. 申请号:201110351639.0
名称:一种花生的加工工艺
公开(公告)号:CN102499398A
公开(公告)日:2012.6.20

申请(专利权)人:陆菊芳

26. 申请号:201110351380.X
名称:花生剥皮工艺
公开(公告)号:CN102613663A
公开(公告)日:2012.8.1
申请(专利权)人:陆菊芳

27. 申请号:201110338503.6
名称:咸干花生的制作方法
公开(公告)号:CN102429264A
公开(公告)日:2012.5.2
申请(专利权)人:湖南亚林食品有限公司

28. 申请号:201110322636.4
名称:利用可食膜技术制备低过氧化值花生制品的方法
公开(公告)号:CN102423092A
公开(公告)日:2012.4.25
申请(专利权)人:青岛农业大学

29. 申请号:201110297446.1
名称:泡椒花生及其加工方法
公开(公告)号:CN102342550A
公开(公告)日:2012.2.8
申请(专利权)人:郑州全日盛食品有限公司

30. 申请号:201110296869.1
名称:花生渣纳米膳食纤维制作酸奶的方法
公开(公告)号:CN102308876A
公开(公告)日:2012.1.11
申请(专利权)人:浙江大学舟山海洋研究中心

31. 申请号:201110248652.3
名称:一种花生酶法改性蛋白的制备方法
公开(公告)号:CN102334588A
公开(公告)日:2012.2.1
申请(专利权)人:山东省花生研究所

32. 申请号:201110250251.1
名称:一种花生饮料的生产方法
公开(公告)号:CN102326627A
公开(公告)日:2012.1.25
申请(专利权)人:汤花荣

33. 申请号: 201110233742.5
名称:种超声波辅助酶解制备花生抗氧化肽的方法
公开(公告)号:CN102273543A
公开(公告)日:2011.12.14
申请(专利权)人:山东省花生研究所

34. 申请号:201110233734.0
名称:一种花生抗氧化肽的制备工艺
公开(公告)号:CN102232465A
公开(公告)日:2011.11.9
申请(专利权)人:山东省花生研究所

35. 申请号:201110229979.6
名称:一种发酵制备花生抗氧化肽的方法
公开(公告)号:CN102286601A
公开(公告)日:2011.12.21
申请(专利权)人:山东省花生研究所

36. 申请号:201110229981.3
名称:一种花生分离蛋白的制备方法
公开(公告)号:CN102232464A
公开(公告)日: 2011.11.9
申请(专利权)人:山东省花生研究所

37. 申请号:201110186622.4
名称:一种营养发酵花生粕及其制备方法
公开(公告)号:CN102283313A
公开(公告)日:2011.12.21
申请(专利权)人:江南大学

38. 申请号:201110177726.9
名称:一种脱脂花生蛋白肉的生产方法

公开(公告)号:CN102239955A
公开(公告)日:2011.11.16
申请(专利权)人:安徽凯利粮油食品有限公司

39. 申请号:201110145258.7
名称:一种花生活性肽分离纯化方法
公开(公告)号:CN102250999A
公开(公告)日:2011.11.23
申请(专利权)人:山东省花生研究所

40. 申请号:201110139543.8
名称:一种花生活性肽的制备方法
公开(公告)号:CN102250998A
公开(公告)日:2011.11.23
申请(专利权)人:山东省花生研究所

41. 申请号:201110131100.4
名称:一种适合老年人饮用的花生蛋白粉及其制备方法
公开(公告)号:CN102283416A
公开(公告)日:2011.12.21
申请(专利权)人:高俊安

42. 申请号:201110004835.0
名称:一种花生生物活性肽的制备方法
公开(公告)号:CN102174628A
公开(公告)日:2011.9.7
申请(专利权)人:武汉百信食品有限公司

43. 申请号:201110105810.X
名称:微波耦合酶法制备花生短肽的方法
公开(公告)号:CN102242174A
公开(公告)日:2011.11.16
申请(专利权)人:山东省花生研究所

44. 申请号:201110139548.0
名称:一种花生蛋白制备方法
公开(公告)号:CN102217700A
公开(公告)日:2011.10.19

申请(专利权)人:山东省花生研究所

45. 申请号:201210046851.0
名称:一种低过氧化值的油炸花生仁的生产方法
公开(公告)号:CN102524851A
公开(公告)日:2012.7.4
申请(专利权)人:青岛宝泉花生制品有限公司

46. 申请号:201110457578.6
名称:超临界 CO_2 萃取花生壳中木犀草素的方法
公开(公告)号:CN102603696A
公开(公告)日:2012.7.25
申请(专利权)人:浙江科技学院

47. 申请号:201110154074.7
名称:一种基于紫外光谱花生油掺伪定量检测的方法
公开(公告)号:CN102221533A
公开(公告)日:2011.10.19
申请(专利权)人:西北农林科技大学

48. 申请号:201210111804.X
名称:生物富硒浓香花生油及其生产方法
公开(公告)号:CN102643713A
公开(公告)日:2012.8.22
申请(专利权)人:山东金胜粮油集团有限公司

49. 申请号:201110213461.3
名称:花生壳低聚木糖的制备方法
公开(公告)号:CN102409069A
公开(公告)日:2012.4.11
申请(专利权)人:河南工业大学

50. 申请号:201110183642.6
名称:一种花生蛋白制备与脱色的方法
公开(公告)号:CN102239954A
公开(公告)日:2011.11.16
申请(专利权)人:华南理工大学

51. 申请号:201110048075.3
名称:一种油炸菜味花生米及其加工方法
公开(公告)号:CN102132910A
公开(公告)日:2011.7.27
申请(专利权)人:安徽真心食品有限公司

52. 申请号:201110048075.3
名称:一种油炸菜味花生米及其加工方法
公开(公告)号:CN102132910A
公开(公告)日:2011.7.27
申请(专利权)人:安徽真心食品有限公司

53. 申请号:201110250418.4
名称:一种功能营养组合花生奶
公开(公告)号:CN102318682A
公开(公告)日:2012.1.18
申请(专利权)人:张汉权

54. 申请号:201110194337.7
名称:纤维素酶协同超声辅助提取花生壳黄酮类化合物的方法
公开(公告)号:CN102335224A
公开(公告)日:2012.2.1
申请(专利权)人:山东省农业科学院农产品研究所

55. 申请号:201110166508.5
名称:一种花生壳多酚绿色环保提取方法及应用
公开(公告)号:CN102228503A
公开(公告)日:2011.11.2
申请(专利权)人:青岛农业大学

56. 申请号:201110105831.1
名称:一种混合酶酶解制备花生蛋白活性肽的方法
公开(公告)号:CN102242175A
公开(公告)日:2011.11.16
申请(专利权)人:山东省花生研究所

57. 申请号:201110007865.7
名称:一种花生蛋白固体饮料及其制备方法

公开(公告)号:CN102379444A
公开(公告)日:2012.3.21
申请(专利权)人:山东省农业科学院农产品研究所

58.申请号:201110007865.7
名称:一种花生蛋白固体饮料及其制备方法
公开(公告)号:CN102379444A
公开(公告)日:2012.3.21
申请(专利权)人:山东省农业科学院农产品研究所

59.申请号:201110062141.2
名称:一种蛋白肽花生乳及其制备方法
公开(公告)号:CN102113569
公开(公告)日:2011.07.06
申请(专利权)人:黑龙江省轻工科学研究院

60.申请号:201110105797.8
名称:一种花生抗氧化肽的制备方法
公开(公告)号:CN102150740
公开(公告)日:2011.08.17
申请(专利权)人:山东省花生研究所

61.申请号:201110051195.9
名称:一种着味酥脆花生休闲食品及其制备方法
公开(公告)号:CN102132911
公开(公告)日:2011.07.27
申请(专利权)人:中国农业科学院农产品加工研究所

62.申请号:201110086387.3
名称:一种速溶花生糊及其制备方法
公开(公告)号:CN102132912
公开(公告)日:2011.07.27
申请(专利权)人:山东省农业科学院农产品研究所

63.申请号:201110001073.9
名称:一种鱼皮花生食品
公开(公告)号:CN102090673
公开(公告)日:2011.06.15

申请(专利权)人:通威(成都)水产食品有限公司

64. 申请号:201110001036.8
名称:一种花生卷的加工方法
公开(公告)号:CN102018090
公开(公告)日:2011.04.20
申请(专利权)人:厦门市同安区山顶天农场

65. 申请号:201110026469.9
名称:一种利用花生根、茎、叶、壳提取木犀草素的方法
公开(公告)号:CN102040579
公开(公告)日:2011.05.04
申请(专利权)人:彭国平

66. 申请号: CN201110036763.8
名称:一种用微波预处理水浸取花生油的方法
公开(公告)号:CN102154055
公开(公告)日:2011.02.12
申请(专利权)人:郑小非

67. 申请号:201010568515.3
名称:一种花生仁整粒制油的方法
公开(公告)号:CN101993775
公开(公告)日:2011.03. 30
申请(专利权)人:江西省农业科学院

68. 申请号:201010223702.8
名称:特级初榨花生油生产工艺
公开(公告)号:CN10891121
公开(公告)日:2010.11.24
申请(专利权)人:张伟伟

69. 申请号:201010201388.3
名称:一种高油酸型初榨花生油的制备方法
公开(公告)号:CN101880594
公开(公告)日:2010.11.10
申请(专利权)人:山东省花生研究所

70. 申请号:201010590286.5
名称:花生胚芽油的制取方法
公开(公告)号:CN102022472
公开(公告)日:2011.04.06
申请(专利权)人:青岛长寿食品有限公司

71. 申请号: 201010155232.6
名称:一种花生油去磷脂的方法
公开(公告)号:CN101818099
公开(公告)日:2010.09.01
申请(专利权)人:朱祥顺

72. 申请号:201010559917.7
名称:一种花生蛋白提取方法
公开(公告)号:CN102048021
公开(公告)日:2011.05.11
申请(专利权)人:山东省花生研究所

73. 申请号: 201010540547.2
名称:一种花生肽的提取方法
公开(公告)号:CN101965898
公开(公告)日:2011.02.05
申请(专利权)人:湖北远成药业有限公司

74. 申请号: 201010110302.6
名称:一种利用低温花生粕制备花生蛋白和花生肽的方法
公开(公告)号:CN101731445
公开(公告)日:2010.06.16
申请(专利权)人:赵广彬

75. 申请号: 201010209374.6
名称:一种花生蛋白玉米淀粉凝胶及其制备方法
公开(公告)号:CN101864179
公开(公告)日:2010.10.20
申请(专利权)人:山东省花生研究所

76. 申请号: 201010570454.4
名称:一种花生浓缩蛋白的制备方法

公开(公告)号:CN102077898
公开(公告)日：2011.06.01
申请(专利权)人:山东省花生研究所

77.申请号：201010559859.8
名称:一种花生分离蛋白提取方法
公开(公告)号:CN102079775
公开(公告)日:2011.06.01
申请(专利权)人:山东省花生研究所

78.申请号：201010262637.X
名称:一种预防腹泻的花生蛋白粉及其制备方法
公开(公告)号:CN101946957
公开(公告)日:2011.01.19
申请(专利权)人:山东省花生研究所

79.申请号：201010262656.2
名称:一种复合花生蛋白粉配方及制备方法
公开(公告)号:CN101946959
公开(公告)日:2011.01.19
申请(专利权)人:山东省花生研究所

80.申请号:201010262631.2
名称:一种预防感冒的花生蛋白粉配方及制备方法
公开(公告)号:CN101946956
公开(公告)日：2011.01.19
申请(专利权)人:山东省花生研究所

81.申请号:201010209392.4
名称:一种花生蛋白与大豆蛋白复合凝胶的制备方法
公开(公告)号:CN101878851
公开(公告)日:2010.11.10
申请(专利权)人:山东省花生研究所

82.申请号:201010559886.5
名称:一种生产花生浓缩蛋白的方法
公开(公告)号:CN102028092
公开(公告)日:2011.04.27

申请(专利权)人:山东省花生研究所

83.申请号:201010559878.0
名称:一种利用热榨花生饼粕生产花生组织蛋白的方法
公开(公告)号:CN102028094
公开(公告)日:2011.04.27
申请(专利权)人:山东省花生研究所

84.申请号:201010615376.5
名称:一种具有补钙功能的花生乳饮料及其制备方法
公开(公告)号:CN102106399
公开(公告)日:2011.06.29
申请(专利权)人:东莞市德亨饮料食品有限公司

85.申请号:201010228314.9
名称:一种花生粒与乳粉复合蛋白饮品的制作方法
公开(公告)号:CN101926389
公开(公告)日:2010.12.29
申请(专利权)人:陈利山

86.申请号:201010262650.5
名称:一种婴幼儿花生蛋白粉配方及制备方法
公开(公告)号:CN101946958
公开(公告)日:2011.01.19
申请(专利权)人:山东省花生研究所

87.申请号:201010590289.9
名称:花生拉丝蛋白的制取方法
公开(公告)号:CN101999512
公开(公告)日:2011.04.06
申请(专利权)人:青岛长寿食品有限公司

88.申请号: 201010575286.8
名称:树莓花生乳的制备方法
公开(公告)号:CN102090456
公开(公告)日:2011.06.15
申请(专利权)人:天津市林业果树研究所

89. 申请号：201010239724.3
名称：一种低脂花生酸奶及其制作方法
公开(公告)号：CN101911972
公开(公告)日：2010.12.15
申请(专利权)人：山东省农业科学院农产品研究所

90. 申请号：201010607139.4
名称：缓解肠胃功能失调山奈花生乳的配方及制备方法
公开(公告)号：CN102119740
公开(公告)日：2011.07.13
申请(专利权)人：陈慧婷

91. 申请号：201010607134.1
名称：护肝黄芪灵芝枸杞花生乳配方及制备方法
公开(公告)号：CN102119739
公开(公告)日：2011.07.13
申请(专利权)人：陈慧婷

92. 申请号：201010607133.7
名称：缓解过敏性肠炎酸角花生乳的配方及制备方法
公开(公告)号：CN102119738
公开(公告)日：2011.07.13
申请(专利权)人：陈慧婷

93. 申请号：201010607115.9
名称：预防肾虚菟丝子花生乳的配方及其制备方法
公开(公告)号：CN CN1021197387
公开(公告)日：2011.07.13
申请(专利权)人：陈慧婷

94. 申请号：201010607114.4
名称：缓解男性肾虚巴戟天花生乳的配方及制备方法
公开(公告)号：CN CN102119736
公开(公告)日：2011.07.13
申请(专利权)人：陈慧婷

95. 申请号：201010607105.5
名称：预防便秘肉苁蓉花生乳配方及制备方法

公开(公告)号:CN CN102119735
公开(公告)日:2011.07.13
申请(专利权)人:陈慧婷

96. 申请号：201010607102.1
名称:预防肥胖莱菔子花生乳的配方及制备方法
公开(公告)号:CN CN102119734
公开(公告)日:2011.07.13
申请(专利权)人:陈慧婷

97. 申请号:201010607084.7
名称:预防咽炎罗汉果花生乳的配方及其制备方法
公开(公告)号:CN CN102119733
公开(公告)日:2011.07.13
申请(专利权)人:陈慧婷

98. 申请号：201010247433.9
名称:苦荞麦复合杂粮饮料及其生产方法
公开(公告)号:CN101912141
公开(公告)日:2010.12.15
申请(专利权)人:四川蓝光美尚饮品股份有限公司

99. 申请号：201010571758.2
名称:促进儿童生长的花生核桃营养乳及其制备方法
公开(公告)号:CN102113564
公开(公告)日:2011.07.06
申请(专利权)人:郑延明

100. 申请号:201010122875.0
名称:种含花生、莲藕、木瓜的发酵乳饮料及其生产方法
公开(公告)号:CN101785500
公开(公告)日:2010.07.28
申请(专利权)人:内蒙古伊利实业集团股份有限公司

101. 申请号：201010247434.3
名称:燕麦复合杂粮饮料及其生产方法
公开(公告)号:CN101912142
公开(公告)日:2010.12.15

申请(专利权)人:四川蓝光美尚饮品股份有限公司

102. 申请号:201010011637.2
名称:功能性花生小分子混合多肽及其制备方法和应用
公开(公告)号:CN101748180
公开(公告)日：2010.06.23
申请(专利权)人:山东世纪春食品有限公司

103. 申请号：201010517651.X
名称:一种双酶分步水解制备花生肽的方法
公开(公告)号:CN101999513
公开(公告)日:2011.04.06
申请(专利权)人:山东省花生研究所

104. 申请号：201010510989.2
名称:一种花生降血压肽及其制备方法
公开(公告)号:CN101979653
公开(公告)日:2011.02.23
申请(专利权)人:山东省农业科学院农产品研究所

105. 申请号：201010011637.2
名称:功能性花生小分子混合多肽及其制备方法和应用
公开(公告)号:CN101748180
公开(公告)日:2010.06.23
申请(专利权)人:山东世纪春食品有限公司

106. 申请号：201010567756.6
名称:虾皮芝麻辣椒酱及其制备方法
公开(公告)号:CN
公开(公告)日：
申请(专利权)人:张家港市桃源食品有限公司

107. 申请号：201010567756.6
名称:虾皮芝麻辣椒酱及其制备方法
公开(公告)号:CN 102028184
公开(公告)日:2011.04.27
申请(专利权)人:张家港市桃源食品有限公司

108. 申请号：201010169658.7
名称：一种裹粉花生及其制作方法
公开(公告)号：CN101816445
公开(公告)日：2010.09.01
申请(专利权)人：苏州口水娃食品有限公司

109. 申请号：201010136919.5
名称：一种花生海苔酱及其加工工艺
公开(公告)号：CN101803767
公开(公告)日：2010.08.18
申请(专利权)人：奉化益珍海藻科技有限公司

110. 申请号：201010272822.7
名称：一种花生酱配方及制备方法
公开(公告)号：CN101965990
公开(公告)日：2011.02.09
申请(专利权)人：山东省花生研究所

111. 申请号：201010526867.2
名称：香脆花生粒的制备方法
公开(公告)号：CN101953479
公开(公告)日：2011.01.26
申请(专利权)人：郑州荣利达食品有限公司

112. 申请号：201010272828.4
名称：一种家庭用花生酱的制备方法
公开(公告)号：CN101946928
公开(公告)日：2011.01.19
申请(专利权)人：山东省花生研究所

113. 申请号：201010247193.2
名称：一种裹衣花生及其制作方法
公开(公告)号：CN101933552
公开(公告)日：2011.01.05
申请(专利权)人：苏州口水娃食品有限公司

114. 申请号：201010208773.0
名称：利用变温压差膨化技术生产花生裹衣食品的工艺

公开(公告)号:CN101889669
公开(公告)日:2010.11.24
申请(专利权)人:青岛宝泉花生制品有限公司

115. 申请号:201010541330.3
名称:一种联合制备花生壳多糖、黄酮和膳食纤维的方法
公开(公告)号:CN102061322
公开(公告)日:2011.05.18
申请(专利权)人:盐城工学院

116. 申请号:201010149064.X
名称:一种花生膳食纤维超声波或微波辅助提取及纯化方法
公开(公告)号:CN101979038
公开(公告)日:2010.08.11
申请(专利权)人:山东省花生研究所

117. 申请号:201010208148.6
名称:采用花生粕同步酶解发酵生产高浓度 D.乳酸的方法及其专用培养基
公开(公告)号:CN101886095
公开(公告)日:2010.11.17
申请(专利权)人:天津工业生物技术研究所

118. 申请号:201010522542.7
名称:一株巨大芽孢杆菌在降解花生粕黄曲霉毒素 B_1 中的应用
公开(公告)号:CN102067957
公开(公告)日:201.05.25
申请(专利权)人:江南大学

119. 申请号:200910224288.X
名称:一种花生香油的制作方法及其设备
公开(公告)号:CN 101715839
公开(公告)日:2010.06.02
申请(专利权)人:张同舒

120. 申请号:200910210972.2
名称:一种低温同步提取花生油和花生蛋白粉的方法
公开(公告)号:CN 101705151
公开(公告)日:2010.05.12

申请(专利权)人:山东省花生研究所,山东世纪春食品有限公司

121. 申请号: 200910016812.4
名称:低温物理压榨原生花生油
公开(公告)号:CN 101601430
公开(公告)日:2009.12.16
申请(专利权)人:山东天申生物蛋白有限公司

122. 申请号: 200910210972.2
名称:一种低温同步提取花生油和花生蛋白粉的方法
公开(公告)号:CN 101705151
公开(公告)日:2010.05.12
申请(专利权)人:山东省花生研究所,山东世纪春食品有限公司

123. 申请号: 200910017350.8
名称:膨化花生粉的制备方法:
公开(公告)号:CN 101664212
公开(公告)日:2010.03.10
申请(专利权)人:赵永辉

124. 申请号: 200910162142.7
名称:一种花生籽仁中黄曲霉毒素的降解方法
公开(公告)号:CN 101632420
公开(公告)日:2010.01.27
申请(专利权)人:山东省花生研究所

125. 申请号:200910022441.0
名称:食用花生筷子及其生产方法
公开(公告)号:CN 101543369
公开(公告)日: 2009.09.30
申请(专利权)人:于音

126. 申请号: 200910172138.9
名称:一种花生分离蛋白复合纤维及制备方法
公开(公告)号:CN1 01543369
公开(公告)日:2010.02.17
申请(专利权)人:山东省花生研究所

127. 申请号:200910015023.9
名称:一种自动化生产花生分离蛋白的工艺技术
公开(公告)号:CN 101543256
公开(公告)日:2009.09.30
申请(专利权)人:山东省高唐蓝山集团总公司

128. 申请号:200910020612.6
名称:一种高温花生粕生产浓缩蛋白的方法
公开(公告)号:CN 101558817
公开(公告)日:2009.10.21
申请(专利权)人:山东鲁花集团有限公司

129. 申请号: 200910193171.X
名称:一种提高花生粕中氨基酸和蛋白质含量的发酵方法
公开(公告)号:CN 101692865
公开(公告)日:2010.04.14
申请(专利权)人:华南理工大学

130. 申请号: 200910016810.5
名称:低变性花生粕低温浸出提取活性脱脂蛋白
公开(公告)号:CN 101606573
公开(公告)日:2009.12.23
申请(专利权)人:山东天申生物蛋白有限公司

131. 申请号: 200910069086.2
名称:改性花生蛋白的制备方法
公开(公告)号:CN 101569343
公开(公告)日:2009.11.04.
申请(专利权)人:天津市食品加工工程中心

132. 申请号:200910172137.4
名称:一种花生蛋白和甲壳素共混纤维的制备方法
公开(公告)号:CN 101649504
公开(公告)日:2010.02.17
申请(专利权)人:山东省花生研究所

133. 申请号: 200910216001.9
名称:黑花生饮料及其生产方法

公开(公告)号:CN 101703295
公开(公告)日:2010.05.12
申请(专利权)人:成都雪域小牦牛饮品有限公司

134. 申请号：200910211206.8
名称:一种花生混合奶及制备方法
公开(公告)号:CN 101695317
公开(公告)日:2010.04.21
申请(专利权)人:山东省花生研究所

135. 申请号：200910111222.X
名称:一种米浆花生饮品及其制备方法
公开(公告)号:CN 101491363
公开(公告)日:2009.07.29
申请(专利权)人:泰山企业(漳州)食品有限公司

136. 申请号：200910211205.3
名称:一种花生奶及制备方法
公开(公告)号:CN 101695320
公开(公告)日:2010.04.21
申请(专利权)人:山东省花生研究所

137. 申请号：200910073963.3
名称:一种花生干酪和花生酸乳酪的生产方法
公开(公告)号:CN 101502289
公开(公告)日:2009.08.12
申请(专利权)人:邓立友

138. 申请号：200910211203.4
名称:一种花生奶复合增稠稳定剂及制备花生奶的方法
公开(公告)号:CN 10169534
公开(公告)日:2010.04.21
申请(专利权)人:东省花生研究所

139. 申请号：200910211204.9
名称:一种花生奶复合乳化剂及采用该乳化剂制备花生奶的方法
公开(公告)号:CN 101695347
公开(公告)日:2010.04.21

申请(专利权)人:山东省花生研究所

140. 申请号: 200910009311.3
名称:花生奶双蛋白饮品及其生产方法
公开(公告)号:CN 101485478
公开(公告)日:2009.07.22
申请(专利权)人:马梦扬

141. 申请号: 200910119706.9
名称:一种花生甜汤饮品及其制备方法
公开(公告)号:CN 101507523
公开(公告)日:2009.08.19
申请(专利权)人:北京欧凯米特科技有限公司

142. 申请号: 200910069087.7
名称:微生物发酵法制备花生蛋白多肽的方法
公开(公告)号:CN 101570774
公开(公告)日:2009.11.04
申请(专利权)人:天津市食品加工工程中心

143. 申请号:200910227647.7
名称:一种何首乌花生米及其制作方法
公开(公告)号:CN 101720953
公开(公告)日:2010.06.09
申请(专利权)人:杨永庆

144. 申请号:200910272821.X
名称:一种咸干花生的生产方法
公开(公告)号:CN 101703282
公开(公告)日:2010.05.12
申请(专利权)人:中国农业科学院油料作物研究所

145. 申请号: 200910027233.X
名称:保健型木糖醇花生酥
公开(公告)号:CN 101548694
公开(公告)日:2009.10.07
申请(专利权)人:常州水产有限公司海浪食品厂

146. 申请号：200910210719.7
名称：一种花生风味调料的提取方法
公开(公告)号：CN 101690598
公开(公告)日：2010.04.07
申请(专利权)人：山东省花生研究所，山东世纪春食品有限公司

147. 申请号：200910206500.X
名称：醋泡花生米的制作方法
公开(公告)号：CN101703281
公开(公告)日：2010.05.12
申请(专利权)人：铁岭佳东花生制品有限公司

148. 申请号：200910127464.8
名称：花生面条
公开(公告)号：CN 101491267
公开(公告)日：2009.07.29
申请(专利权)人：杨贵成

149. 申请号：200910000036.9
名称：一种利用超声波辅助化学法浸提花生壳黄酮的方法
公开(公告)号：CN 101463026
公开(公告)日：2009.06.24
申请(专利权)人：山东省花生研究所

150. 申请号：200910000726.4
名称：一种化学法提取花生壳膳食纤维的制备工艺
公开(公告)号：CN 101461533
公开(公告)日：2009.06.24
申请(专利权)人：山东省花生研究所

151. 申请号：200910158531.2
名称：一种萃取花生根中白藜芦醇的方法
公开(公告)号：CN 101597214
公开(公告)日：2009.12.09
申请(专利权)人：山东省花生研究所

152. 申请号：200910015363.1
名称：一种花生膳食纤维的制备方法

公开(公告)号:CN 101558888
公开(公告)日:2009.10.21
申请(专利权)人:山东省高唐蓝山集团总公司

153. 申请号: 200910172139.3
名称:花生蛋白纤维素共混复合纤维及制备方法
公开(公告)号:CN 101649506
公开(公告)日:2010.02.17
申请(专利权)人:山东省花生研究所

154. 申请号:200910178414.2
名称:花生水溶性膳食纤维酶法提取方法
公开(公告)号:CN 101664167
公开(公告)日:2010.03.10
申请(专利权)人:山东省花生研究所

155. 申请号:200910178415.7
名称:花生衣中原花色素纯化方法
公开(公告)号:CN 101665482
公开(公告)日:2010.03.10
申请(专利权)人:山东省花生研究所

156. 申请号:200910158530.8
名称:一种萃取花生衣中原花色素的方法
公开(公告)号:CN 101624388
公开(公告)日:2010.01.13
申请(专利权)人:山东省花生研究所

157. 申请号:200810237640.9
名称:一种原味鲜花生果的加工方法
公开(公告)号:CN 101416759
公开(公告)日:2009.04.29
申请(专利权)人:戴民

158. 申请号: 200810237639.6
名称:一种烤制鲜花生果的加工方法
公开(公告)号:CN 101416758
公开(公告)日:2009.04.29

申请(专利权)人:戴民

159. 申请号:200810016339.5
名称:水煮干花生果的加工方法
公开(公告)号:CN 101313762
公开(公告)日:2008.12.03
申请(专利权)人:刘宝龙

160. 申请号:200810195476.X
名称:一种芝麻花生粉皮
公开(公告)号:CN 101411527
公开(公告)日:2009.04.22
申请(专利权)人:谭建

161. 申请号:200810145084.2
名称:花生糕的加工方法
公开(公告)号:CN 101327024
公开(公告)日:2008.12.24
申请(专利权)人:刘桂春

162. 申请号:200810237648.5
名称:一种花生猪蹄冻及其制作方法
公开(公告)号:CN 101480253
公开(公告)日:2009.07.15
申请(专利权)人:宁晓华

163. 申请号:200810087814.8
名称:一种地花生保健茶
公开(公告)号:CN 101253918
公开(公告)日:2008.09.03
申请(专利权)人:蓝子花

164. 申请号:200880010679.5
名称:用花生粉制作的直接膨胀的零食和用于制作所述零食的方法
公开(公告)号:CN 101646353
公开(公告)日:2010.02.10
申请(专利权)人:福瑞托-雷北美有限公司

165. 申请号：200810156310.7
名称：一种花生酱及其制备方法
公开(公告)号：CN 101675816
公开(公告)日：2010.03.24
申请(专利权)人：颜桂珠

166. 申请号：200810138283.0
名称：脱脂花生仁的复形方法
公开(公告)号：CN 101305820
公开(公告)日：2008.11.19
申请(专利权)人：赵永辉

167. 申请号：200810050469.0
名称：一种鹿肝花生酱的制作方法
公开(公告)号：CN 101233941
公开(公告)日：2008.08.06
申请(专利权)人：战丁恺

168. 申请号：200810158417.5
名称：白蛤花生酱的加工方法
公开(公告)号：CN 101390631
公开(公告)日：2009.03.25
申请(专利权)人：山东潍坊龙威实业有限公司

169. 申请号：200810228648.9
名称：脱脂花生粉生产低脂肪花生酱的方法
公开(公告)号：CN 101390632
公开(公告)日：2009.03.25
申请(专利权)人：渤海大学

170. 申请号：200810139259.9
名称：一种喷雾回潮脱花生仁红皮的方法
公开(公告)号：CN 101653286
公开(公告)日：2010.02.24
申请(专利权)人：临沂裕隆食品有限公司

171. 申请号：200810046421.2
名称：一种花生糖(酥)及其制备方法

公开(公告)号:CN 101390556
公开(公告)日:2009.03.25
申请(专利权)人:黄崇友

172.申请号:200810207941.7
名称:一种脂肪酸比例合理的花生酱
公开(公告)号:CN 101455421
公开(公告)日:2009.06.17
申请(专利权)人:上海良友(集团)有限公司,上海市粮食科学研究所

173.申请号:200810084173.0
名称:真空油炸方便花生米及其综合利用产品的制作方法
公开(公告)号:CN 101243893
公开(公告)日:2008.08.20
申请(专利权)人:臧乘誉

174.申请号:200810014635.1
名称:奶香味花生制品的生产方法
公开(公告)号:CN 101513266
公开(公告)日:2009.08.26
申请(专利权)人:青岛东生花生研究所

175.申请号:200810014565.X
名称:可可味花生制品的生产方法
公开(公告)号:CN 101507517
公开(公告)日:2009.08.19
申请(专利权)人:青岛东生花生研究所

176.申请号:200810013710.2
名称:咖啡味花生制品的生产方法
公开(公告)号:CN 101480259
公开(公告)日:2009.07.15
申请(专利权)人:青岛东生集团股份有限公司

177.申请号:200810013409.1
名称:多味花生及其制作工艺
公开(公告)号:CN 101683169
公开(公告)日:2010.03.31

申请(专利权)人:郑宏亮

178. 申请号:200810215139.2
名称:含有花生粉的雪糕及其制备方法
公开(公告)号:CN 101347170
公开(公告)日:2009.01.21
申请(专利权)人:内蒙古伊利实业集团股份有限公司

179. 申请号:200810137824.8
名称:一种抑制黄曲霉危害花生生产、贮藏的工艺技术
公开(公告)号:CN 101481664
公开(公告)日:2009.07.15
申请(专利权)人:林元山

180. 申请号:200810215139.2
名称:含有花生粉的雪糕及其制备方法
公开(公告)号:CN 101347170
公开(公告)日:2009.01.21
申请(专利权)人:内蒙古伊利实业集团股份有限公司

181. 申请号:200810021343.0
名称:一种水酶法从花生中提取油与水解蛋白的中试方法
公开(公告)号:CN 101401658
公开(公告)日:2009.04.08
申请(专利权)人:江南大学

182. 申请号:200810244685.9
名称:一种醇法花生浓缩蛋白的制备方法
公开(公告)号:CN 101427736
公开(公告)日:2009.05.13
申请(专利权)人:江南大学

183. 申请号:200810138658.3
名称:一种花生蛋白小麦粉及其加工方法
公开(公告)号:CN 101326923
公开(公告)日:2008.12.24
申请(专利权)人:山东省高唐蓝山集团总公司

184. 申请号:200810007828.4
名称:一种高活性全脱脂花生蛋白粉的制备工艺
公开(公告)号:CN 101233897
公开(公告)日:2008.08.06
申请(专利权)人:北京硕泰生物技术有限责任公司

185. 申请号:200810048091.0
名称:低温制备脱脂花生蛋白粉的方法
公开(公告)号:CN 101326952
公开(公告)日:2008.12.24
申请(专利权)人:武汉工业学院,宜城市天鑫油脂有限公司

186. 申请号:200810097503.X
名称:花生取油留仁设备及其方法以及蛋白粉、花生粉的制作方法
公开(公告)号:CN 101284429
公开(公告)日:2008.10.15
申请(专利权)人:李连娟

187. 申请号:200810013411.9
名称:一种花生粉的制作方法
公开(公告)号:CN 101683170
公开(公告)日:2010.03.31
申请(专利权)人:郑宏亮

188. 申请号:200810023095.3
名称:花生奶的配方及加工工艺
公开(公告)号:CN 101327023
公开(公告)日:2008.12.24
申请(专利权)人:刘晓林

189. 申请号:200810071623.2
名称:花生茯苓浆饮品及方法
公开(公告)号:CN 101653278
公开(公告)日:2010.02.24
申请(专利权)人:陈进发

190. 申请号:200810004414.6
名称:花生豆浆

公开(公告)号:CN 101491316
公开(公告)日:2009.07.29
申请(专利权)人:马印民

191. 申请号:200810072037.X
名称:牛奶花生饮料乳化稳定剂及其制备方法
公开(公告)号:CN 101390582
公开(公告)日:2009.03.25
申请(专利权)人:厦门北大泰普科技有限公司,厦门银鹭食品有限公司,厦门北大泰普食品技术有限公司

192. 申请号:200810084172.6
名称:洋参花生奶制品的制作方法
公开(公告)号:CN 101461552
公开(公告)日:2009.06.24
申请(专利权)人:臧乘誉

193. 申请号:200810236500.X
名称:花生肽营养品及其制备方法
公开(公告)号:CN 101455403
公开(公告)日:2009.06.17
申请(专利权)人:陕西天宝大豆食品技术研究所

194. 申请号:200810236516.0
名称:花生肽乳酸菌饮料及其制备方法
公开(公告)号:CN 101455430
公开(公告)日:2009.06.17
申请(专利权)人:陕西天宝大豆食品技术研究所

195. 申请号:200810121544.8
名称:花生中不饱和脂肪酸及多肽的提取工艺
公开(公告)号:CN 101712591
公开(公告)日:.2010.05.26
申请(专利权)人:湖州来色生物基因工程有限公司

196. 申请号:200810049067.9
名称:制取浓香花生油的方法
公开(公告)号:CN 101223919

公开(公告)日:2008.07.23
申请(专利权)人:闫波

197.申请号:200810211502.3
名称:低温制取花生蛋白同步提取原生花生油及组织蛋白的方法
公开(公告)号:CN 101347176
公开(公告)日:2009.01.21
申请(专利权)人:青岛长寿食品有限公司

198.申请号:200810219139.X
名称:一种花生油香精
公开(公告)号:CN 101411458
公开(公告)日:2009.04.22
申请(专利权)人:广州市名花香料有限公司

199.申请号:200810007827.X
名称:一种低温静态冷榨技术制备半脱脂花生白仁的工艺
公开(公告)号:CN 101233878
公开(公告)日:2008.08.06
申请(专利权)人:北京硕泰生物技术有限责任公司

200.申请号:200810110396.X
名称:一种香味花生油的制备方法
公开(公告)号:CN 101433244
公开(公告)日:2009.05.20
申请(专利权)人:嘉里特种油脂(上海)有限公司

201.申请号:200810030699.0
名称:一种花生油枯液态生物能源的制备方法
公开(公告)号:CN 101235308
公开(公告)日:2008.08.06
申请(专利权)人:中南林业科技大学

202.申请号:200810010230.0
名称:低温原生初榨花生油提取工艺方法
公开(公告)号:CN 101218943
公开(公告)日:2008.07.16
申请(专利权)人:辽宁虹螺健康食品企业有限公司

203. 申请号:200810147435.3
名称:利用黑曲霉发酵花生根提取白藜芦醇的方法
公开(公告)号:CN 101353675
公开(公告)日:2009.01.28
申请(专利权)人:山东省花生研究所

204. 申请号:200810046908.0
名称:一种花生壳的综合利用方法
公开(公告)号:CN 101514302
公开(公告)日:2009.08.26
申请(专利权)人:湖北中烟工业有限责任公司

205. 申请号:200810230878.9
名称:利用花生壳、马铃薯淀粉废液发酵生产绿色木霉的方法
公开(公告)号:CN 101647470
公开(公告)日:2010.02.17
申请(专利权)人:河南工程学院

206. 申请号:200710124532.6
名称:一种由花生原料生产香味花生油的制备工艺
公开(公告)号:CN101176489
公开(公告)日:2008.05.14
申请(专利权)人:嘉里特种油脂(上海)有限公司

207. 申请号:200710187600.3
名称:可保持浓香花生油香味新鲜的生产工艺
公开(公告)号:CN 101176489
公开(公告)日:2008.09.10
申请(专利权)人:上海嘉里食品工业有限公司

208. 申请号:200710119386.8
名称:一种同步制取花生油与花生蛋白粉的方法
公开(公告)号:CN 101095435
公开(公告)日:2008.01.02
申请(专利权)人:山东省高唐蓝山集团总公司,中国农业科学院农产品加工研究所

209. 申请号:200710187898.8

名称:利用超临界 CO_2 流体萃取提取花生油的方法
公开(公告)号:CN 101156633
公开(公告)日:2008.04.09
申请(专利权)人:禹山林

210. 申请号:200710192431.2
名称:一种营养保健花生豆腐的制作方法
公开(公告)号:CN 101181037
公开(公告)日:2008.05.21
申请(专利权)人:孙福莲

211. 申请号:200710190031.8
名称:一种压缩型花生酥糖及其生产方法
公开(公告)号:CN 101438756
公开(公告)日:2009.05.27
申请(专利权)人:如皋市友好太阳能热水器厂

212. 申请号:200710114705.6
名称:节能型水煮咸干花生果的生产方法
公开(公告)号:CN 101438838
公开(公告)日:2009.05.27
申请(专利权)人:青岛东生集团股份有限公司

213. 申请号:200710170015.2
名称:一种花生酱油及制造工艺
公开(公告)号:CN 101422230
公开(公告)日:2009.05.06
申请(专利权)人:刘国忠

214. 申请号:200710098018.X
名称:一种酱香花生辣酱及其制作方法
公开(公告)号:CN 101057656
公开(公告)日:2007.10.24
申请(专利权)人:安艳涛

215. 申请号:200710060663.2
名称:一种花生玉米脆果及其制作方法
公开(公告)号:CN 101467728

公开(公告)日:2009.07.01
申请(专利权)人:天津市中英保健食品有限公司

216. 申请号:200710013209.1
名称:脱脂花生薄饼的制备方法
公开(公告)号:CN 100998430
公开(公告)日:2007.07.18
申请(专利权)人:赵永辉

217. 申请号:200710020811.8
名称:快餐花生丝
公开(公告)号:CN 10127874
公开(公告)日:2008.10.08
申请(专利权)人:姚红英

218. 申请号:200710019731.0
名称:一种花生仁、银杏营养粥的制作方法
公开(公告)号:CN 101032339
公开(公告)日:2007.09.12
申请(专利权)人:刘 峰

219. 申请号:200710134414.3
名称:一种油酥花生米的制作方法
公开(公告)号:CN 101422267
公开(公告)日:2009.05.06
申请(专利权)人:南通市灵通生物科技研究所

220. 申请号:200710176050.5
名称:一种花生食品及其制作方法
公开(公告)号:CN 101133874
公开(公告)日:2008.03.05
申请(专利权)人:刘铁

221. 申请号:200710114836.4
名称:一种提高花生仁中白藜芦醇含量的方法
公开(公告)号:CN 101199355
公开(公告)日:2008.06.18
申请(专利权)人:山东省农业科学院高新技术研究中心

222. 申请号:200710072065.7
名称:一种从收获花生果实后的花生植株中提取白藜芦醇的方法
公开(公告)号:CN 101033175
公开(公告)日:2007.09.12
申请(专利权)人:东北林业大学

223. 申请号:200710138580.0
名称:一种花生壳膳食纤维提取方法
公开(公告)号:CN 101356956
公开(公告)日:2009.02.04
申请(专利权)人:安徽淮北天宏集团实业有限公司

224. 申请号:200710156011.9
名称:紫外照射提高花生根、茎中白藜芦醇含量的方法
公开(公告)号:CN 101139263
公开(公告)日:2008.03.12
申请(专利权)人:浙江省农业科学院

225. 申请号:200710054237.8
名称:利用大孔吸附树脂富集纯化花生根中白藜芦醇的方法
公开(公告)号:CN 101074188
公开(公告)日:2007.11.21
申请(专利权)人:河南省农科院农副产品加工研究所

226. 申请号:200710052936.9
名称:一种从花生粕中提取的多糖及其提取方法
公开(公告)号:CN 101104647
公开(公告)日:2008.01.16
申请(专利权)人:华中农业大学

227. 申请号:200710132638.0
名称:花生壳液化及其胶黏剂的制备方法
公开(公告)号:CN 101157834
公开(公告)日:2008.04.09
申请(专利权)人:南京林业大学

228. 申请号:200710064037.0
名称:一种利用花生壳配制的仙客来栽培基质

公开(公告)号:CN 101015266
公开(公告)日:2007.08.15
申请(专利权)人:北京林业大学

229. 申请号:200710054647.2
名称:一种花生蛋白活性多肽及其制备方法
公开(公告)号:CN 101113168
公开(公告)日:2008.01.30
申请(专利权)人:张吉秀

230. 申请号:200710092418.X
名称:灵芝花生饮料及其制备方法
公开(公告)号:CN 101342000
公开(公告)日:2009.01.14
申请(专利权)人:张经才

231. 申请号:200710031751.X
名称:一种花生营养乳及其制备方法
公开(公告)号:CN 101176487
公开(公告)日:2008.05.14
申请(专利权)人:广州合诚实业有限公司

232. 申请号:200710006835.8
名称:一种花生椰子汁饮料及其制备方法
公开(公告)号:CN 101019673
公开(公告)日:2007.08.22
申请(专利权)人:陈廷艺

233. 申请号:200710066094.2
名称:一种花生牛奶豆腐及其制备方法
公开(公告)号:CN 101103790
公开(公告)日:2008.01.16
申请(专利权)人:曹誉百

234. 申请号:200710060691.4
名称:一种玉米花生奶及其制备方法
公开(公告)号:CN 101467565
公开(公告)日:2009.07.01

申请(专利权)人:天津市中英保健食品有限公司

235.申请号:200610166296.X
名称:一种富含生物活性组分的花生超细粉及其加工方法
公开(公告)号:CN 100998429
公开(公告)日:2007.07.18
申请(专利权)人:济南大学

236.申请号:200610166588.3
名称:一种纳米级花生蛋白粉的生产方法
公开(公告)号:CN 101015319
公开(公告)日:2007.08.15
申请(专利权)人:南昌大学

237.申请号:200610010023.6
名称:多维系列速溶花生粉的制备方法
公开(公告)号:CN 1923054
公开(公告)日:2007.03.07
申请(专利权)人:黄有贤

238.申请号:CN200610045504.0
名称:花生分离蛋白粉的方法
公开(公告)号:CN 1899077
公开(公告)日:2007.01.24
申请(专利权)人:菏泽丹盟港龙农副产品开发有限公司

239.申请号:200610106917.5
名称:多功能花生蛋白纤维及其制造方法
公开(公告)号:CN 1912202
公开(公告)日:2007.02.14
申请(专利权)人:袁秋红

240.申请号:200610141980.2
名称:花生饼粕提取食用蛋白质工艺
公开(公告)号:CN1927017
公开(公告)日:2007.03.14
申请(专利权)人:陈翔

241. 申请号:200610104645.5
名称:常温下可长期保存的核桃花生山羊奶饮料及制备方法
公开(公告)号:CN 101151982
公开(公告)日:2008.04.02
申请(专利权)人:西北农林科技大学

242. 申请号:200610112816.9
名称:花生营养饮品
公开(公告)号:CN 1923058
公开(公告)日:2007.03.07
申请(专利权)人:邓申义,谭娜

243. 申请号:200610112479.3
名称:一种花生功能性混合短肽及其制备方法
公开(公告)号:CN 1916181
公开(公告)日:2007.02.21
申请(专利权)人:中国农业科学院农产品加工研究所

244. 申请号:200610107056.2
名称:用花生和红枣制作的口含片及其制备方法
公开(公告)号:CN 1927059
公开(公告)日:2007.03.14
申请(专利权)人:孟祥民
a)申请号:200610020697.4
名称:灵芝花生面及制备方法
公开(公告)号:CN 101053335
公开(公告)日:2007.10.17
申请(专利权)人:王强

245. 申请号:200610045504.0
名称:花生分离蛋白粉的方法
公开(公告)号:CN 1899077
公开(公告)日:2007.01.24
申请(专利权)人:菏泽丹盟港龙农副产品开发有限公司

246. 申请号:200610069326.5
名称:油炸花生制品的生产方法
公开(公告)号:CN 101028112

公开(公告)日:2007.09.05
申请(专利权)人:青岛东生集团股份有限公司

247. 申请号:200610082281.5
名称:花生腐竹的制作
公开(公告)号:CN 101073396
公开(公告)日:2007.11.21
申请(专利权)人:甄增立,王晓忠

248. 申请号:200610129311.3
名称:咖啡花生糖片及其制作方法
公开(公告)号:CN 101176494
公开(公告)日:2008.05.14
申请(专利权)人:戴红谱

249. 申请号:200610127170.1
名称:用花生、芝麻及五谷杂粮制作的方便面及其制作方法
公开(公告)号:CN 1915070
公开(公告)日:2007.02.21
申请(专利权)人:古慈民

250. 申请号:200610069816.5
名称:低过氧化值花生制品的生产方法
公开(公告)号:CN 101028113
公开(公告)日:2007.09.05
申请(专利权)人:青岛东生集团股份有限公司

251. 申请号:200610015772.8
名称:一种五香花生肠及其制作方法
公开(公告)号:CN 101147608
公开(公告)日:2008.03.26
申请(专利权)人:天津中英纳米科技发展有限公司

252. 申请号:200610044499.1
名称:一种花生豆腐皮的制作方法
公开(公告)号:CN 101036507
公开(公告)日:2007.09.19
申请(专利权)人:张媛

253. 申请号:200610130392.9
名称:花生苹果甜饼
公开(公告)号:CN 101697765
公开(公告)日:2010.04.28
申请(专利权)人:张楠

254. 申请号:200610040164.2
名称:一种花生米及其加工方法
公开(公告)号:CN 101061874
公开(公告)日:2007.10.31
申请(专利权)人:陈先保

255. 申请号:200610044994.2
名称:一种间歇式蒸炒粉糁的花生油生产方法
公开(公告)号:CN 101096613
公开(公告)日:2008.01.02
申请(专利权)人:张忠红

256. 申请号:200610146253.5
名称:维A花生油的生产方法
公开(公告)号:CN 1985613
公开(公告)日:2007.06.27
申请(专利权)人:胜利油田胜利动力机械有限公司

257. 申请号:200610076403.X
名称:一种富硒花生油
公开(公告)号:CN 101061821
公开(公告)日:2007.10.31
申请(专利权)人:魏荣海

258. 申请号:200680020217.2
名称:花生油生产
公开(公告)号:CN 101194006
公开(公告)日:2008.06.04
申请(专利权)人:诺维信公司

259. 申请号:200610127440.9
名称:一种利用花生油脚制备生物柴油的方法

公开(公告)号:CN 1919974
公开(公告)日:2007.02.28
申请(专利权)人:王新俊

260. 申请号:200610051224.0
名称:食品添加剂花生红衣精华素及生产方法
公开(公告)号:CN 101011143
公开(公告)日:2007.08.08
申请(专利权)人:李保生

261. 申请号:200610045207.6
名称:花生壳生物有机肥
公开(公告)号:CN 101096323
公开(公告)日:2008.01.02
申请(专利权)人:荆向河

262. 申请号:200610048558.2
名称:超声提取花生根中白黎芦醇的方法
公开(公告)号:CN 1903815
公开(公告)日:2007.01.31
申请(专利权)人:河南省农科院农副产品加工研究所

263. 申请号:200510104929.X
名称:一种花生杏仁露及其加工方法
公开(公告)号:CN 1935038
公开(公告)日:2007.03.28
申请(专利权)人:河北农业大学

264. 申请号:200510026286.1
名称:大豆花生核桃植物乳酸菌饮料的制备方法
公开(公告)号:CN 1871947
公开(公告)日:2006.12.06
申请(专利权)人:上海中懋新生物科技工程有限公司,陕西天宝大豆食品技术研究所

265. 申请号:200510122479.7
名称:苦瓜银耳花生及其制作方法
公开(公告)号:CN 1985652

公开(公告)日:2007.06.27
申请(专利权)人:天津中英纳米科技发展有限公司

266. 申请号:200510122387.9
名称:糯米花生及其生产方法
公开(公告)号:CN 1981636
公开(公告)日: 2007.06.20
申请(专利权)人:天津中英纳米科技发展有限公司

267. 申请号:200510122386.4
名称:菜味花生及其生产方法
公开(公告)号:CN 1981635
公开(公告)日:2007.06.20
申请(专利权)人:天津中英纳米科技发展有限公司

268. 申请号:200510032444.4
名称:咸脆花生的生产方法
公开(公告)号:CN 1765230
公开(公告)日:2006.05.03
申请(专利权)人:义满成

269. 申请号:200510036688.X
名称:一种花生冰淇淋粉及其制备方法
公开(公告)号:CN 1919030
公开(公告)日:2007.02.28
申请(专利权)人:深圳市海川实业股份有限公司

270. 申请号:200510097157.1
名称:一种花生冰淇淋粉
公开(公告)号:CN 1985617
公开(公告)日:2007.06.27
申请(专利权)人:深圳市海川实业股份有限公司

271. 申请号:200510122284.2
名称:一种花生红枣拌芹菜及其制作方法
公开(公告)号:CN 1981613
公开(公告)日:2007.06.20
申请(专利权)人:天津中英纳米科技发展有限公司

272. 申请号:200510060237.X
名称:花生芦荟糕及其制作工艺
公开(公告)号:CN 1729798
公开(公告)日:2006.02.08
申请(专利权)人:汝源

273. 申请号:200510005289.7
名称:一种花生味辣酱的制作方法
公开(公告)号:CN 1813583
公开(公告)日:2006.08.09
申请(专利权)人:黄榕滨

274. 申请号:200510023847.2
名称:花生酱油
公开(公告)号:CN 1813582
公开(公告)日:2006.08.09
申请(专利权)人:占子荣

275. 申请号:200510012167.0
名称:速溶玉米花生糊
公开(公告)号:CN 1895081
公开(公告)日:2007.01.17
申请(专利权)人:郑文惠

276. 申请号:200510042256.X
名称:一种花生食品的生产方法
公开(公告)号:CN 1666664
公开(公告)日:2005.09.14
申请(专利权)人:刘昌水

277. 申请号:200510017615.6
名称:膏状花生酱
公开(公告)号:CN 1692828
公开(公告)日:2005.11.09
申请(专利权)人:王超圣

278. 申请号:200510017990.0
名称:低温压榨花生油同步制取花生蛋白粉的方法

公开(公告)号:CN 1736228
公开(公告)日:2006.02.22
申请(专利权)人:河南唯旺实业有限责任公司

279. 申请号:200510090823.9
名称:低温脱溶制备花生蛋白粉、花生油
公开(公告)号:CN 1915066
公开(公告)日:2007.02.21
申请(专利权)人:北京天申食品有限公司

280. 申请号:200510045043.2
名称:原生态花生油及饼粕生产工艺
公开(公告)号:CN 1793305
公开(公告)日: 2006.06.28
申请(专利权)人:李长东

281. 申请号:200510071095.7
名称:一步法制备花生油、花生蛋白
公开(公告)号:CN 1868297
公开(公告)日:2006.11.29
申请(专利权)人:北京天申食品有限公司

282. 申请号:200510042451.2
名称:一种可保留香味的压榨花生油无水脱磷脂的方法
公开(公告)号:CN 1814719
公开(公告)日:2006.08.09
申请(专利权)人:山东鲁花集团有限公司

283. 申请号:200510040625.1
名称:花生根提取白藜芦醇的生产方法
公开(公告)号:CN
公开(公告)日:2005.12.21
申请(专利权)人:彭秀兰

284. 申请号:200410042730.4
名称:花生蛋白改性聚乙烯醇纤维的制造方法
公开(公告)号:CN 1709846
公开(公告)日:2005.02.23

申请(专利权)人:宋代轮

285. 申请号:200410023938.1
名称:利用花生蛋白生产纤维的方法
公开(公告)号:CN 1683615
公开(公告)日:2005.10.19
申请(专利权)人:青岛润德粮油制品有限公司

286. 申请号:200410093177.7
名称:一种花生露及其制备方法
公开(公告)号:CN 1788624
公开(公告)日:2006.06.21
申请(专利权)人:新昌县天叶兴葡萄酒有限公司

287. 申请号:200410035570.0
名称:一种咸酥茶花生的加工方法
公开(公告)号:CN 1602750
公开(公告)日:2005.04.06
申请(专利权)人:陈伦标

288. 申请号:200410040982.3
名称:花生红衣酱及其生产方法
公开(公告)号:CN 1608517
公开(公告)日:2005.04.27
申请(专利权)人:李保生

289. 申请号:200410037743.2
名称:花生素瘦肉食品以及该食品的生产工艺
公开(公告)号:CN 1568815
公开(公告)日:2005.01.26
申请(专利权)人:刘丁山

290. 申请号:200410026916.0
名称:一种连续提取花生油脂和蛋白质的制备方法
公开(公告)号:CN 1563309
公开(公告)日:2005.01.12
申请(专利权)人:广东省农业科学院作物研究所

291. 申请号:200410013841.2
名称:一种水酶法从花生中提取油与水解蛋白的工艺
公开(公告)号:CN 1555714
公开(公告)日:2004.12.22
申请(专利权)人:江南大学

292. 申请号:200410056944.7
名称:一种提取花生油和生产花生蛋白的方法及其产品
公开(公告)号:CN 1597890
公开(公告)日:2005.03.23
申请(专利权)人:隋利华,曲广坤,桂智

293. 申请号:200410098680.1
名称:调节血糖的花生茎萃取物食品制作方法
公开(公告)号:CN 1788626
公开(公告)日:2006.06.21
申请(专利权)人:陈春米

294. 申请号:03112554.9
名称:花生分离蛋白的生产方法
公开(公告)号:CN 1471833
公开(公告)日:2004.02.04
申请(专利权)人:邢台矿业(集团)有限责任公司

295. 申请号:03120892.4
名称:花生饮料的生产方法及由此生产出的花生饮料
公开(公告)号:CN 1437894
公开(公告)日:2003.08.27
申请(专利权)人:李全宏

296. 申请号:03119247.5
名称:一种花生蛋白奶的制造方法
公开(公告)号:CN1526292
公开(公告)日:2004.09.08
申请(专利权)人:余国民

297. 申请号:03104539.1
名称:花生营养浆

公开(公告)号:CN 1437890
公开(公告)日:2003.08.27
申请(专利权)人:北京世纪康辰科技发展有限公司

298.申请号:200310106728.4
名称:花生蛋白炼乳的制备方法
公开(公告)号:CN 1611121
公开(公告)日:2005.05.04
申请(专利权)人:牛文芳

299.申请号:03119249.1
名称:速溶花生蛋白奶粉制造方法
公开(公告)号:CN 1526293
公开(公告)日:2004.09.08
申请(专利权)人:余国民

300.申请号:200310111396.9
名称:一种花生豆腐生产工艺
公开(公告)号:CN 1615750
公开(公告)日:2005.05.18
申请(专利权)人:洪炎新

301.申请号:03121953.5
名称:花生豆腐的制作方法
公开(公告)号:CN 1537469
公开(公告)日:2004.10.20
申请(专利权)人:吕宗峰

302.申请号:200310110464.X
名称:一种花生豆腐其及制作方法
公开(公告)号:CN 1537468
公开(公告)日:2004.10.20
申请(专利权)人:曾定法

303.申请号:03111939.5
名称:花生芝麻辣油肴
公开(公告)号:CN 143370
公开(公告)日:2003.08.06

申请(专利权)人:程绍明

304.申请号:03119248.3
名称:一种怪味花生豆的制造方法
公开(公告)号:CN 1526323
公开(公告)日:2004.09.08
申请(专利权)人:余国民

305.申请号:03101335.X
名称:以花生饼为原料的花生蛋白酱和食品馅
公开(公告)号:CN1 425328
公开(公告)日:2003.06.25
申请(专利权)人:陈晓华

306.申请号:03147762.3
名称:食用花生乳肉制作方法
公开(公告)号:CN 1565261
公开(公告)日:2005.01.19
申请(专利权)人:李琛

307.申请号:03112553.0
名称:低温花生油的生产方法
公开(公告)号:CN 1470627
公开(公告)日:2004.01.28
申请(专利权)人:邢台矿业(集团)有限责任公司

308.申请号:200310105345.5
名称:一种适合花生、大豆、菜籽乳状磷脂原料生产粉末磷脂的方法
公开(公告)号:CN 1537859
公开(公告)日:2004.10.20
申请(专利权)人:山东师范大学

309.申请号:03122359.1
名称:从花生油中提取不饱和脂肪酸的分离提纯方法
公开(公告)号:CN 1458255
公开(公告)日:2003.11.26
申请(专利权)人:天津大学

310. 申请号:02139706.6
名称:花生蛋白质及油脂的酶法提取工艺
公开(公告)号:CN 1419837
公开(公告)日:2003.05.28
申请(专利权)人:湘潭工学院

311. 申请号:02109203.6
名称:大豆、花生高钙组合组织蛋白及组合高钙油的生产方法
公开(公告)号:CN 1373179
公开(公告)日:2002.10.09
申请(专利权)人:刘佩勇

312. 申请号:02103878.3
名称:焦香红枣花生乳系列饮料及制作方法
公开(公告)号:CN 1449688
公开(公告)日:2003.10.22
申请(专利权)人:米海翔

313. 申请号:02135364.6
名称:莲子花生乳饮料的制作
公开(公告)号:CN 1408277
公开(公告)日:2003.04.09
申请(专利权)人:王健柏

314. 申请号:吉林,CN02109862.X
名称:一种人参与花生蛋白的组合饮品
公开(公告)号:CN 1465296
公开(公告)日:2004.01.07
申请(专利权)人:栾延国

315. 申请号:02121277.5
名称:一种天然绿色保健粉食用冲剂
公开(公告)号:CN 1463628
公开(公告)日: 2003.12.31
申请(专利权)人:樊静

316. 申请号:02121027.6
名称:水晶花生豆腐及花生奶的制作方法

公开(公告)号:CN 1461610
公开(公告)日:2003.12.17
申请(专利权)人:凌义华

317. 申请号:02123983.5
名称:花生水晶豆腐
公开(公告)号:CN 1466903
公开(公告)日:2004.01.14
申请(专利权)人:余国民

318. 申请号:02131286.9
名称:花生豆腐
公开(公告)号:CN 1484976
公开(公告)日:2004.03.31
申请(专利权)人:庞亚波

319. 申请号:02144521.4
名称:孜然多味花生及其制造方法
公开(公告)号:CN 1493221
公开(公告)日:2004.05.05
申请(专利权)人:王永财

320. 申请号:CN02131284.2
名称:一种花生的熟制方法
公开(公告)号:CN 1484985
公开(公告)日:2004.03.31
申请(专利权)人:陈茂林

321. 申请号:02110493.X
名称:一种花生豆腐的制备方法
公开(公告)号:CN 1461609
公开(公告)日:2003.12.17
申请(专利权)人:朱奉雨

322. 申请号:02112938.X
名称:一种煮制花生果的加工方法
公开(公告)号:CN 1389153
公开(公告)日:2003.01.08

申请(专利权)人:陈先保

323. 申请号:02110203.1
名称:花生酒及其制造方法
公开(公告)号:CN 1446895
公开(公告)日:2003.10.08
申请(专利权)人:王好

324. 申请号:02277388.6
名称:肉干粉花生香酥果
公开(公告)号:CN 2580772
公开(公告)日:2003.10.22
申请(专利权)人:康建中

325. 申请号:02155232.0
名称:一种以花生为主要原料制作的豆腐、豆腐脑及方法
公开(公告)号:CN 1505985
公开(公告)日:2004.06.23
申请(专利权)人:赵经山

326. 申请号:02124579.7
名称:富含氨基酸的营养花生酥饼干及其制法
公开(公告)号:CN 1401250
公开(公告)日:2003.03.12
申请(专利权)人:刘治宏

327. 申请号:02135788.9
名称:花生低温脱脂综合加工技术
公开(公告)号:CN 1409981
公开(公告)日:2003.04.16
申请(专利权)人:靳光祥

328. 申请号:02137146.6
名称:花生壳制板
公开(公告)号:CN 1485185
公开(公告)日:2004.03.31
申请(专利权)人:上海仰望房地产经纪有限公司

329. 申请号:01104154.4
名称:五豆花生粉及制作方法
公开(公告)号:CN 1320390
公开(公告)日:2001.11.07
申请(专利权)人:李骏

330. 申请号:01125178.6
名称:花生牛奶精的配制
公开(公告)号:CN1406492
公开(公告)日:2003.04.02
申请(专利权)人:邱润民

331. 申请号:00120993.0
名称:一种食用花生油的榨取方法
公开(公告)号:CN 1337453
公开(公告)日:2002.02.27
申请(专利权)人:吕家顺

332. 申请号:01110368.X
名称:花生香油的加工方法
公开(公告)号:CN 1313380
公开(公告)日:2001.09.19
申请(专利权)人:张廷杰

333. 申请号:01139592.3
名称:花生秆颗粒粕及其制作方法
公开(公告)号:CN 1422540
公开(公告)日:2003.06.11
申请(专利权)人:郭子富

334. 申请号:00130221.3
名称:纯花生粉丝及其制备方法
公开(公告)号:CN 1289571
公开(公告)日: 2001.04.04
申请(专利权)人:刘继明

335. 申请号:00112866.3
名称:干花生、干核桃加工成新鲜花生、新鲜核桃的技术

公开(公告)号:CN 1269974
公开(公告)日:2000.10.18
申请(专利权)人:周松茂

336. 申请号:00133321.6
名称:花生酒
公开(公告)号:CN 1355289
公开(公告)日:2002.06.26
申请(专利权)人:谢镇池

337. 申请号:00111215.5
名称:脆香果仁及其制造方法
公开(公告)号:CN 1280795
公开(公告)日:2001.01.24
申请(专利权)人:卢正利,马金山

338. 申请号:00120993.0
名称:一种食用花生油的榨取方法
公开(公告)号:CN 1337453
公开(公告)日:2002.02.27
申请(专利权)人:吕家顺

二、国外有关花生专利

1. Appl. No.:12/631,325

Name:Process for preparing hypoallergenic and/or non-allergenic peanut butter and associated products

Pub. No:US 2010/0080870 A1

Pub. Date:Apr. 1,2010

Inventors: Mohamed Ahmedna,Greensboro,NC(US);Jianmei Yu,Greensboro,NC(US);Ipek Goktepe,Greensboro,NC(US)

2. Appl. No.: 11/889,829

Name:Method and system for producing peanut hull flour

Pub. No:US 2009/0047411 A1

Pub. Date:Feb. 19,2009

Inventors:Benjamin E. Houston,Panacea,FL(US)

3. Appl. No.: 11/696,016

Name:Direct expanded snack made with peanut flour and method for making

Pub. No:US 2008/0248179 A1

Pub. Date:Oct. 9,2008

Inventors:Ashish Anand, Plano, TX(US); Lewis Conrad Keller, McKinney, TX (US); V. N. Mohan Rao, Plano, TX(US)

4. Appl. No. :12/080,068

Name:Faux peanut butter

Pub. No:US 2008/0241345 A1

Pub. Date:Oct. 2,2008

Inventors: Nando Silenzi, Williamsville, NY (US); Dean O' Brien, Lockport, NY (US)

5. Appl. No. :11/913,421

Name:Peanut Oil Production

Pub. No:US 2009/0181125 A1

Pub. Date:Jul. 16,2009

Inventors:Zhiwei Zhou,Beijing(CN);Hong Zhi Huang,Beijing(CN)

6. Appl. No. :JP2007232557

Name:Germinated peanut-containing health food and health drink

Inventors:Spouts international:KK

7. Appl. No. :JP2009166127

Name:Peanut-containing noodle and method for producting peanut noodle

Inventors:Furuya kiyoshi

8. Appl. No. : JP2009191186

Name:Method for detecting peanut allergen

Inventors:Prima meat packers LTD

9. Appl. No. :JP2007211135

Name:Peanut pickie and method for producting the same

Inventors:Nakajima Mitsuyuki

10. Appl. No. :PCT/US2008/057024

Name:A direct expanded snack made with peanut flour and method for making

Pub. No:WO 2008/124252 A1

Pub. Date:16 October 2008

Inventors:Anand, Ashish[IN/US]; 6900 Preston Road, # 2426, Plano, TX 75024 (US). Keller,Lewis,Conrad[US/US];3013 Palmdale Drive,Mckinney,TX 75070(US). Rao,V. ,N. ,Mohan[US /US];3609 Whitehaven Drive,Plano,TX 75093(US)

11. Appl. No. :PCT/CA2009/001177

Name:Treatment and/or Prevention of Peanut Induced Anaphylaxis

Pub. No:WO 2010/020057 A1

Pub. Date:25 February 2010

Inventors:Jordana, Manel[CA/CA]; 151 Hughson Street South pH1, Hamilton,

Ontario L8N 3Y4(CA). Waserman, Suan[CA/CA]; 35Purdon Drive, Toronto, Ontario M3H 4W8(CA). Aris, Katherine[CA/CA]; 22-31 Moss Boulevard, Hamilton, Ontario L9H 7A6

12. Appl. No. :PCT/US2008/065881

Name:Process for preparing hypoallergenic and non-allergenic peanuts(Arachis hypogaea) utilizing an endopeptidase

Pub. No:WO 2008/154277 A1

Pub. Date:18 December 2008

Inventors: Ahmedna, Mohamed [MR/US]; 3202 Baskerville Court Greensboro, NC17410(US). Yu, Jianmei[CA/US]; 4315 Carlys Way, Greensboro, NC17410(US). Goktepe, Ipek[TR/US]; 3202 Baskerville Court, Greensboro, NC17410(US)

13. Appl. No. :PCT/SD2007/000001

Name:Mobile peanut peeler

Pub. No:WO 2008/127151 A2

Pub. Date:23 October 2008

Inventors:Aboras, Awad Ahmed[SD/SD]; P. O. Box 13009, Elhurriah Street-Saggana, Khartoum(SD)

14. Appl. No. :PCT/CA2009/000321

Name:Diagnostic method for peanut allergy

Pub. No:WO 2009/111891 A1

Pub. Date:17 September 2009

Inventors:Jordana, Manel[CA/CA]; 151 Hughson Street South, pH11, Hamilton, Ontario L8N 3Y4(CA), Waserman, Suan[CA/CA]; 35 Purdon Drive, Toronto, Ontario M3H 4W9(CA)

15. Appl. No. :PCT/CN2009/001395

Name:Detector and method for adulterate peanut oil(掺假花生油检测仪及一种掺假花生油检测方法)

Pub. No:WO 2010/094167 A1

Pub. Date:2010 年 8 月 26 日

Inventors:于爱民(YU, Aimin)[CN/CN];王振德(WANG, Zhengde)[CN/CN]

16. Appl. No. :PCT/CN2009/070947

Name:A breeding method of peanut with high content of oleic acid and high yield (一种高油酸高产花生的育种方法)

Pub. No:WO 2010/108312 A1

Pub. Date:2010 年 9 月 30 日

Inventors:禹山林(YU, Shanlin)[CN/CN];杨庆利(YANG, Qingli)[CN/CN];闵平(MIN, Ping)[CN/CN];曹玉良(CAO, Yuliang)[CN/CN];潘玉娟(PAN, Yujuan)[CN/CN];朱凤(ZHU, Feng)[CN/CN]

附录3 国内外有关花生标准

一、国家标准

1. GB/T 1532—2008 花生
2. GB/T 13383—2008 食用花生饼、粕
3. GB 1534—2003 花生油
4. GB1532—86 花生果
5. GB1533—86 花生仁
6. GB 5009.4—2012 食品中灰分的测定
7. GB 5009.5—2010 食品中蛋白质的测定
8. GB 5009.3—2010 食品中水分的测定
9. GB/T 24903—2010 粮油检验 花生中白藜芦醇的测定 高效液相色谱法
10. GB 5009.12—2010 食品中铅的测定
11. GB/T 5494—2008 粮食、油料的杂质、不完善粒检验
12. GB/T 5519—2008 谷物与豆类 千粒重的测定
13. GB/T 5492—2008 粮食、油料的色泽、气味、口味鉴定
14. GB/T 5499—2008 带壳油料纯仁率检验法
15. GB/T 5009.8—2008 食品中蔗糖的测定
16. GB/T 5009.9—2008 食品中淀粉的测定
17. GB/T 17376—2008 动植物油脂 脂肪酸甲酯制备
18. GB/T 17377—2008 动植物油脂 脂肪酸甲酯的气相色谱分析
19. GB/T 5009.7—2008 食品中还原糖的测定
20. GB/T 19693—2008 地理标志产品 新昌花生(小京生)
21. GB/T 5515—2008/ ISO 6865:2000 粮食中粗纤维素含量测定介质过滤法
22. GB/T 25223—2010/ISO 12228:1999 动植物油脂 甾醇组成和甾醇总量的测定气相色谱法
23. GB/T 5009.6—2003 食品中脂肪的测定
24. GB/T 5009.124—2003 食品中氨基酸的测定
25. GB/T 5009.23 食品中黄曲霉毒素 B_1、B_2、G_1、G_2 的测定
26. GB/T 5009.15—2003 食品中镉的测定
27. GB/T 5009.17—2003 食品中总汞及有机汞的测定
28. GB/T 5009.11—2003 食品中总砷及无机砷的测定
29. GB/T 5009.18—2003 食品中氟的测定
30. GB/T 5009.123—2003 食品中铬的测定
31. GB/T 5009.172—2003 大豆、花生、豆油、花生油中的氟乐灵残留量的测定
32. GB/T 5009.174—2003 花生、大豆中异丙草胺残留量的测定

33. GB/T 5009.180—2003 稻米、花生仁中恶草酮残留量的测定

二、行业标准

1. SN/T 3136—2012 出口花生、谷类及其制品中黄曲霉毒素、赭曲霉毒素、伏马毒素B1、脱氧雪腐镰刀菌烯醇、T-2毒素、HT-2毒素的测定

2. SB/T 10614—2011 熟制花生(仁)

3. NY/T 1893—2010 加工用花生等级规格

4. NY/T 420—2009 绿色食品.花生及制品

5. NY 1500.87.6—2009 农药最大残留限量 溴氰菊酯 花生(仁)

6. NY 1500.85.1—2009 农药最大残留限量 戊唑醇 花生(仁)

7. NY 1500.62.1—2009 农药最大残留限量 毒死蜱 花生

8. NY 1500.73.1—2009 农药最大残留限量 精恶唑禾草灵 花生(仁)

9. SN/T 2158—2008 进出口食品中毒死蜱残留量检测方法

10. NY/T 1598—2008 食用植物油中维生素E组分和含量的测定 高效液相色谱法

11. SN/T 2214—2008 进出口植物源食品中氟草烟、氟硫草啶、氟吡草腙和噻草啶除草剂残留量的测定液相色谱—质谱/质谱法

12. NY 1500.10.1—2007 农药最大残留限量 多效唑 花生(仁)

13. NY 1500.22.3—2007 农药最大残留限量 噻吩磺隆 花生(仁)

14. SN/T 196.1—2007 食品中过敏原成分检测方法 第1部分:酶联免疫法检测花生成分

15. NY 1500.30.4—2007 农药最大残留限量 乙草胺 花生(仁)

16. SN/T 196.2—2007 食品中过敏成分分检测方法 第2部分 实时荧光PCR法检测花生成分

17. NY/T 1286—2007 花生黄曲霉毒素B1的测定 高效液相色谱法

18. SN/T 1989—2007 进出口食品中丁酰肼残留量检测方法 气相色谱—质谱法

19. SN/T 1983—2007 进出口食品中丙炔氟草胺残留量检测方法 气相色谱—质谱法

20. NY/T 1068—2006 油用花生

21. NY/T 1067—2006 食用花生

22. NY/T 958—2006 花生酱

23. NY/T 993—2006 花生摘果机作业质量

24. NY/T 994—2006 花生剥壳机作业质量

25. SN/T1536—2005 进出口花生斑点粒检验方法

26. NY 5303—2005 无公害食品.花生

27. NY/T 855—2004 花生产地环境技术条件

28. NY/T 502—2002 花生收获机作业质量

29. NY/T420—2000 绿色食品花生(果、仁)

30. SN/T 0798—1999 进出口粮油、饲料检验名词术语

31. SN/T 0803.4—1999 进出口油料类型纯度及互混度检验方法
32. NY/T 133—1989 饲料用花生粕
33. NY/T 132—1989 饲料用花生饼
34. SN 0647—1997 出口坚果及坚果制品中抑芽丹残留量检验方法分光光度法
35. SN 0687—1997 出口粮谷及油籽中禾草灵残留量检验方法
36. LS/T 3228—1988 花生色拉油(GB 9849.1—88)
37. LS/T 3232—1988 花生高级烹调油(GB 9850.1—88)
38. SN/T 0327.1—94 出口烤花生果检验规程
39. SN/T 0327.2—94 出口油炸花生仁检验规程

三、地方标准、企业标准

1. DB510824/T 40—2010 无公害食品 花生生产技术规程(代替 DB510824/T40—2008)
2. DB37/T1318.1—2009 出口花生质量安全技术规程
3. DB21/ 1731—2009 地理标志产品 傅家花生
4. DB50/T 326—2009 泡卤花生
5. DB37/T 1166—2009 花生蛋白粉通用技术条件
6. DB37/T 1039—2008 花生主要病害防治技术规程
7. DB37/T 1042—2008 花生栽培植株性状考察标准
8. DB37/T 1033—2008 花生原料干燥与贮藏技术规程
9. DB37/T 1036—2008 鲜食花生生产技术规程
10. DB37/T 1040—2008 花生主要虫害防治技术规程
11. DB37/T 1043—2008 花生高产规范化栽培技术规程
12. DB37/T 1059—2008 良好农业规范 出口花生操作指南
13. DB37/T 1034—2008 花生农家品种资源搜集与鉴定技术规程
14. DB37/T 1037—2008 花生高油栽培技术规程
15. DB37/T 1032—2008 绿色食品 花生生产技术规程
16. DB37/T 1041—2008 出口花生优质高产生产技术规程
17. DB62/T 1744—2008 无公害农产品 庆阳市花生生产技术规范
18. DB37/Z 999—2008 北京奥运会食品安全技术要求 花生酱
19. DB42/T 466—2008 小村红衣米花生
20. DB37/T 904—2007 花生制品生产质量安全控制
21. DB14/T 173—2007 花生原种生产技术规程
22. DB37/T 771—2007 山东咸干花生(果)
23. DB37/T 764—2007 山东烤花生果
24. DB37/T 921—2007 春花生机播覆膜规范化生产技术规程
25. DB37/T 929—2007 花生种子安全贮藏技术规程
26. DB37/T 927—2007 鲁西地区麦田套种花生生产技术规程

27. DB37/T 922—2007 麦田夏直播花生生产技术规程

28. DB37/T 930—2007 花生防黄曲霉毒素污染操作技术规程

29. DB37/T 925—2007 旱薄地花生生产技术规程

30. DB37/T 928—2007 无公害食品花生生产技术规程

31. DB37/T 923—2007 花生连作生产技术规程

32. DB37/T 870—2007 花生制品生产企业 HACCP 应用指南

33. JB/T 5688.2—2007 花生剥壳机 试验方法

34. JB/T 5688.1—2007 花生剥壳机 技术条件（代替 JB/T 5688.1—1991）

35. DB11/T 260—2005 花生生产技术规程

36. DB34/T 533—2005 花生联合播种机械化作业技术规范

37. DB11/T 235—2004 花生原种、良种生产技术操作规程（代替 DB/1100 BE21013—87）

38. DB34/T 434—2004 花生收获机械作业质量评定方法

39. DB34/T 252.5—2003 无公害花生（第五部分 花生秸秆饲用技术规程）

40. DB34/T 252.4—2003 无公害花生（第四部分 花生果（仁））

41. QB/T 2439—1999 植物蛋白饮料. 花生乳（露）

42. QB/T 1733.2—1993 花生类糖制品

43. QB 1733.1—1993 花生制品的试验方法、检验规则和标志、包装、运输、贮存要求

44. QB/T 1733.4—1993 花生酱

45. QB/T 1409—1991 花生米罐头

四、国际标准组织或发达国家有关标准

1. AOAC Official Method 998.03 Aflatoxins in Peanuts

2. AOAC Official Method 993.17 Aflatoxins in Corn and Peanuts

3. AOAC 993.17 Aflatoxins in Corn and Peanuts

4. AOAC 998.03 Aflatoxins in Peanuts

5. AOAC Offical Method 994.08 Aflatoxins in Corn, Almonds, Brazil Nuts, Peanuts, and Pistachio Nuts

6. AOAC Offical Method 999.07 Aflatoxins B1 and Total Aflatoxins in Peanut Butter, Pistachio Paste, Fig Paste, and Paprika Powder

7. AOAC Official Method 871.01 Oil(Peanut)in Oils and Fats

8. AOAC Official Method 935.54 Examination of Peanut Butter Procedure First Action 1935

9. AOAC Official Method 937.11 Oil (Peanut) in Olive, Cottonseed, Corn, and Soybean Oils Modified Bellier Test First Action 1937 Final Action

10. AOAC Official Method 979.18 Aflatoxins in Corn and Peanuts Holaday-Velasco Minicolumn Method First Action 1979 Final Action 1988

11. AOAC Official Method 990.34 Aflatoxins B1, B2, and G1 in Corn, Cotton-

seed, Peanuts, and Peanut Butter Enzyme — Linked Immunosorbent (ImmunoDot Screen Cup) Screening Assay First Action 1990 Final Action 1994

12. AOAC Official Method 990. 33 Aflatoxins in Corn and Peanut Butter Liquid Chromatographic Method First Action 1990 Final Action 1994

13. AOAC Official Method 990. 32 Aflatoxin B1 in Corn and Roasted Peanuts Enzyme—Linked Immunosorbent (Agri—Screen) Screening Assay First Action 1990

14. AOAC Official Method 970. 45 Aflatoxins in Peanuts and Peanut Products BF Method First Action 1970 Final Action 1988

15. AOAC Official Method 993. 17 Aflatoxins in Corn and Peanuts Thin — Layer Chromatographic Method First Action 1993 Final Action 1996

16. AOAC Official Method 871. 01 Oil (Peanut) in Oils and Fats Modified Renard Test First Action 1871 Final Action

17. AOAC Official Method 968. 22 Aflatoxins in Peanuts and Peanut Products CB Method First Action 1968 Final Action 1988

18. AOAC Official Method 991. 45 Total Aflatoxin Levels in Peanut Butter Enzyme-Linked Immunosorbent Assay Method (Biokits) First Action 1991 Final Action 1996

19. AOAC Official Method 991. 31 Aflatoxins in Corn, Raw Peanuts, and Peanut Butter Immunoaffinity Column (Aflatest) Method First Action 1991 Final Action 1994

20. AOAC Official Method 999. 07 Aflatoxin B1 and Total Aflatoxins in Peanut Butter, Pistachio Paste, Fig Paste, and Paprika Powder Immunoaffinity Column Liquid Chromatography with Post-Column DerivitizationFirst Action 1999

21. AOAC Official Method 954. 08 Starch in Peanut Butter First Action 1954

22. AOAC Official Method 998. 03 Aflatoxins in Peanuts Alternative BF Method First Action 1998

23. AOAC Official Method 994. 08 Aflatoxins in Corn, Almonds, Brazil Nuts, Peanuts, and Pistachio Nuts Multifunctional Column (Mycosep) Method First Action 1994 Final Action 1997

24. AOAC Official Method 2005. 08 Aflatoxins in Corn, Raw Peanuts, and Peanut Butter Liquid Chromatography with Post-Column Photochemical Derivatization First Action 2005

25. AOAC Official Method 968. 35 Filth and Extraneous Material in Peanut Butter Sedimentation/Flotation Methods First Action 1968 Final Action 1988

26. CAC/RCP 22—1979 Recommended International Code Of Hygienic Practice For Groundnuts (Peanuts)

27. CAC/RCP 55—2004 Code of practice for the prevention and reduction of aflatoxin contamination in peanuts

28. CODEX STAN 200—1995 Codex standard for peanuts

29. CODEX STAN 209—1999 Maximum level and sampling plan for total aflatoxins in peanuts intended for further processing

30. ISO 6478—1990 Peanuts; specification

31. EN 14123—2007 Foodstuffs —Determination of aflatoxin B1 and the sum of aflatoxin B1, B2,G1 and G2 in hazelnuts,peanuts, pistachios,figs, and paprika powder - High performance liquid chromatographic method with post-column derivatisation and immunoaffinity column cleanup

32. DIN EN 14123—2008 Foodstuffs-Determination of aflatoxin B1 and the sum of aflatoxin B1, B2, G1 and G2 in hazelnuts, peanuts, pistachios, figs and paprika powder — High performance liquid chromatographic method with post column derivatisation and immunoaffinity column cleanup; English version of DIN EN 14123:2008—03

33. ANSI/ASAE S521—1993 Method of Determining Peanut Blanchability

34. (EU)No 178/2010 of 2 March 2010 amending regulation(EU)No 401/2006 as regards groundnuts(peanuts), other oilseeds, tree nuts, apricot kernels, liquorice and vegetable oil